R. F. A. CLEBSCH

THEORIE
DER
ELASTICITÄT FESTER KÖRPER

Elibron Classics
www.elibron.com

Elibron Classics series.

ISBN 0-543-95650-4 (paperback)
ISBN 0-543-95649-0 (hardcover)

This Elibron Classics Replica Edition is an unabridged facsimile of the edition published in 1862 by B. G. Teubner, Leipzig.

THEORIE

DER

ELASTICITÄT FESTER KÖRPER.

THEORIE

DER

ELASTICITÄT FESTER KÖRPER

VON

Dr. A. CLEBSCH,

PROFESSOR AN DER POLYTECHNISCHEN SCHULE ZU CARLSRUHE.

LEIPZIG,

DRUCK UND VERLAG VON B. G. TEUBNER.

1862.

VORREDE.

Es war ursprünglich die Absicht des Verfassers, in dem vorliegenden Buche nicht mehr zu geben, als er zu einem Leitfaden für seine an dem hiesigen Polytechnicum gehaltenen Vorlesungen bedurfte. Aber bei der Ausarbeitung zeigte sich bald so sehr das Bedürfniss, für jene in der Technik üblichen Untersuchungen eine feste Basis zu gewinnen, dass er sich entschloss, ein Lehrbuch der Elasticitätstheorie zu versuchen, welches, so viel der Raum es gestattete, ein vollständiges System dieser Lehre in Grundlage und Anwendung darstellen sollte, wie dies namentlich durch die schönen Untersuchungen von Kirchhoff und de Saint-Vénant heute schon möglich wird. Dabei musste allerdings manches kurz, und vor Allem dasjenige ausführlicher behandelt werden, was zur Herstellung des Systems erforderlich war. So muss denn in Bezug auf die analytischen Transformationen, welche Lamé bezüglich der Grundgleichungen der Elasticität mit so grosser Eleganz ausführen gelehrt hat, auf das bekannte und weit verbreitete Werk dieses ausgezeichneten Gelehrten verwiesen werden. Ebenso wurden alle jene interessanten Untersuchungen ausgeschlossen, welche als Theorie des Lichts ein besonderes und grosses Feld für sich einnehmen, und welches vielleicht später dem Verfasser besonders zu behandeln vergönnt sein wird.

Hingegen schienen, dem ursprünglichen Zwecke gemäss, die Arbeiten von de Saint-Vénant über Stäbe von endlichem Querschnitt eine ausführliche Darstellung zu beanspruchen; um so mehr, als sie sich mit Kirchhoffs Arbeiten über sehr dünne Stäbe in Verbindung setzen liessen, und so eine natürliche Brücke entstand, welche schrittweise von der strengsten Theorie zu den in der Anwendung üblichen Formeln überleitete.

Man wird finden, dass parallel diesen Untersuchungen, welche nur theilweise Neues enthalten, andere gehen, welche grösstentheils neu sind, und zu einer Klasse von bisher wenig versuchten Anwendungen führen können. Wie man Stäbe betrachtet, zuerst von beliebigen, dann aber von sehr kleinen Querdimensionen, so lassen sich Scheiben untersuchen, denen man wieder zunächst eine endliche, dann aber eine sehr geringe (unendlich kleine) Dicke beilegt. Man gelangt so zu Resultaten, welche Kirchhoffs berühmte Theorie der Klangfiguren einschliessen, und welche mannigfacher Ausführung fähig scheinen, wenn auch freilich die ohnehin bedeutend angewachsene Ausdehnung des Buchs oft nur Andeutungen gestattete. Auch diese werden vielleicht, bei so interessanten Gegenständen, nicht unwillkommen sein.

Man kann natürlich nicht erwarten, Probleme der angedeuteten Art ohne einen Theil jener Hülfsmittel behandelt zu sehen, welche die Integralrechnung darbietet. Ich habe versucht diese Hülfsmittel so viel als möglich zu beschränken, und keinerlei Sätze und Anschauungen zu benutzen, welche erst durch das Studium der höchsten Theile der Integralrechnung zugänglich werden. Man wird hierbei unterstützt durch eine allgemeine Eigenschaft mathematisch-physicalischer Untersuchungen. In allen diesen werden die mathematischen Schwierigkeiten durch die aus der Natur der Sache entspringenden Anschauungen so sehr erleichtert, dass der Leser und Lernende im Stande ist, sich bequem über Probleme hinzubewegen, welche in rein mathematischer Fassung zu überwinden die äusserste Anstrengung erfordern würde. Ja, es wird für das Studium dieser Gebiete, wenn man das physicalische Interesse allein im Auge behält, grossentheils die Kenntniss der betreffenden rein mathematischen Theorien weder nothwendig, noch selbst besonders förderlich. Ich erinnere nur an Alles, was die Theorie der partiellen Differentialgleichungen betrifft, und was nicht leicht in den Anwendungen irgendwie zur Benützung gelangen dürfte.

Hoffentlich ist die Zeit nahe, in welcher man aufhören wird, von dem Studium der mathematischen Physik wegen eingebildeter Schwierigkeiten zurückzuschrecken. Und man wird dann vielleicht sehen, dass eben diese physicalischen Studien für den Mathematiker, nach Ueberwindung der Elemente seiner Wissenschaft, den passendsten Eingang zu jenen höheren und abstracteren Theilen bilden, welche, unmittelbar angegriffen, oft fremdartig und dunkel erscheinen, welche aber uns befreundet entgegenkommen und zum weitern Ausbau einzuladen scheinen, nachdem wir sie in dem farbenreichen Gewande physicalischer Anwendung kennen gelernt haben.

Ich habe nichts weiter zu thun, als das Buch der wohlwollenden Nachsicht der Mathematiker, der Physiker und aller Techniker zu empfehlen, denen ein tieferer Einblick in die Natur der von ihnen angewandten Operationen am Herzen liegt.

Carlsruhe, den 30. September 1862.

A. Clebsch.

INHALT.

Theorie elastischer Körper von überall endlichen Dimensionen.

Theorie elastischer Körper, deren Dimensionen zum Theil sehr klein (unendlich klein) sind.

Berichtigungen.

p. 17. Z. 3 v. u. am Ende l. $(t_{11}-T)(t_{22}-T)$.
p. 45. Z. 8 v. o. l. δV statt δU.
p. 47. Z. 1 v. o. l. δV statt V.
p. 110. Z. 5 u. 7 v. u. fehlt ein Factor q.
p. 110. Z. 3. v. u. fehlt im Nenner Eq.

Theorie elastischer Körper von überall endlichen Dimensionen.

§ 1. Ueber die allgemeinen Vorstellungen, welche der Theorie der elastischen Körper zu Grunde liegen.

Die Mechanik im engern Sinne beschäftigt sich mit der Theorie der starren Körper. Indem man von der Erfahrungsthatsache ausgeht, dass jeder Körper, unter dem Einfluss von Kräften, welche eine gewisse von der Individualität des Körpers abhängige Grenze nicht überschreiten, so kleine Gestaltsveränderungen erfährt, dass dieselben sich der Wahrnehmung ganz oder nahezu entziehen, gelangt man zu der Vorstellung, dass die Moleküle des Körpers, schon bei äusserst geringer Veränderung ihrer gegenseitigen Lage hinreichend energische innere Kräfte entwickeln, um den von aussenher wirkenden Kräften, sobald sie die erwähnte Grenze nicht überschreiten, das Gleichgewicht zu halten. Freilich wird immer eine gewisse, wenn auch noch so kleine Näherung oder Entfernung der Moleküle des Körpers hiezu erforderlich sein; aber dieselbe wird um so kleiner ausfallen, je energischer die gegenseitige Einwirkung der Moleküle auf einander ist, und so kann man sich als Abstraction einen Körper vorstellen, bei welchem die durch die äussern Kräfte hervorgebrachten innern Verschiebungen sich der Null in beliebig hohem Grade nähern und endlich ganz verschwinden. Indem man sich erlaubt diese Abstraction an Stelle des wirklichen Körpers unterzuschieben, betrachtet man diesen als starr, und er wird unter einer solchen Anschauungsform Gegenstand der Mechanik der starren Körper.

Diese Abstraction kann als erste Annäherung angesehen werden, deren man in vielen Problemen sich mit Erfolg bedient, und welche im Wesentlichen darin besteht, dass man die kleinen Verschiebungen der Moleküle gegen einander vernachlässigt gegenüber ihren ursprünglichen Abständen.

Aber in vielen Fragen der Technik und der Physik ist es nicht mehr erlaubt, bei einer Annäherung dieser Art stehen zu bleiben. Vielmehr lässt sich eine grosse Anzahl von Problemen nur behandeln, indem man auf jene Verschiebungen, wie klein dieselben auch immer sein mögen, Rücksicht nimmt. Man nennt einen Körper elastisch, insofern man die kleinen Gestaltsveränderungen berücksichtigt, und darf diese Art, den Zustand eines Körpers zu betrachten, als zweite Annäherung an den wirklichen Sachverhalt bezeichnen; als Annäherung in der That; denn es wird keineswegs nöthig sein die eintretenden Verschiebungen in den kleinsten Theilen des Körpers mit vollkommener Genauigkeit zu behandeln; vielmehr wird man immer im Auge behalten, dass dieselben gegen die ursprünglichen Dimensionen derselben sehr klein sind, und dass man also die höhern Potenzen der erstern gegen die der letztern unbedenklich vernachlässigen kann, ja selbst muss, wenn man sich der folgenden Anschauungsweise bedient.

Wenn man die Bedingungen für das Gleichgewicht oder die Bewegung desjenigen Systems von Molekülen aufstellt, welches wir einen festen Körper nennen, und dabei die Verschiebungen benachbarter Moleküle ihrem ursprünglichen Abstand gegenüber immer als sehr klein betrachtet, so sondern die Gleichungen, welche jenen Bedingungen entsprechen, sich sofort in zwei Klassen. Die Gleichungen der ersten Klasse enthalten endliche Grössen neben den sehr kleinen, ja wenn man will unendlich kleinen Verschiebungen der Moleküle; und in diesen Gleichungen ist es dann offenbar erlaubt, die letztern den erstern gegenüber zu vernachlässigen, oder den Körper als starr zu betrachten. Man erhält auf diese Weise die gewöhnlichen Gleichungen für das Gleichgewicht und die Bewegung starrer Körper; und man gelangt zu dem wichtigen Schluss, dass die Bedingungen für das Gleichgewicht und die Bewegung eines starren Körpers noch gültig bleiben müssen wenn derselbe als elastisch betrachtet wird. Aber neben diesen Gleichungen treten noch andere auf, Combinationen eigenthümlicher Art, aus welchen die endlichen Glieder völlig verschwunden sind, und welche daher sofort in die identische Gleichung $0 = 0$ übergehen, sobald man die Verschiebungen der Moleküle nebst den andern etwa darin auftretenden Grössen derselben Ordnung gleich Null setzt. In Gleichungen dieser Art ist es daher zwar erlaubt höhere Potenzen dieser kleinen Grössen den ersten gegenüber zu vernachlässigen, aber diese selbst müssen nothwendig beibehalten werden, da die Gleichungen dann in der That vollkommen den Charakter von Gleichungen haben, welche zwischen endlichen Grössen bestehen. Denn denkt man sich die Grössen der ersten Ordnung, welche in diesen Gleichungen vorkommen, beibehalten und dividirt, da die endlichen Terme fehlen, durch einen derselben, so erhält man sofort Gleichungen, in welchen nur noch die Verhältnisse der sehr kleinen Grössen, also vollkommen endliche Grössen, auftreten. In diesem Sinne kann man es sich deutlich machen, dass auch bei verschwindend kleinen Verschiebungen der Moleküle gegen einander dennoch eine Reihe von Gleichungen auftreten, welche man in der Theorie der starren Körper nicht mehr erhält, und welche ausschliesslich geeignet sind, über die Zustände im Innern des Körper Aufschluss zu geben.

Aber es ist vor Allem wesentlich das eine festzuhalten, dass man in der Theorie nur solche Veränderungen in den Dimensionen der kleinsten Theile eines Körpers behandelt, welche den Dimensionen selbst gegenüber sehr klein sind. Jeder Körper wird in einem solchen Zustande befindlich sein können, sobald die äussern Kräfte innerhalb gewisser Grenzen liegen. Diese Grenzen selbst sind sehr verschieden, und für gewisse sehr elastische Körper, wie Kautschuk, so niedrig, dass sie in der Wirklichkeit fortwährend überschritten werden. Die Theorie schliesst daher von vorn herein die gewöhnlich eintretenden Zustände von Körpern dieser Art aus, für deren Studium in der That auch die erfahrungsmässige Kenntniss noch fehlt.

Hingegen findet sie sofort ihre Anwendung auf diejenigen Materialien, bei deren technischer Anwendung gewisse Forderungen der Beständigkeit und Festigkeit gestellt werden, wie auf Holz und Eisen. Körper dieser Art dürfen nur Kräften unterworfen sein, welche eine gewisse Grenze nicht überschreiten; sobald grössere Kräfte angewandt werden, ist man sehr bald nicht mehr sicher, ob die molekularen Veränderungen in dem Körper wirklich nur vorübergehender Natur sind, und ob sofort wieder die ursprüngliche Gestalt zurückkehrt, sobald die äussern Kräfte aufhören zu wirken. Treten aber in Folge der äusseren Kräfte bleibende Gestaltsveränderungen ein, ist die Elasticitätsgrenze überschritten, so ist der Körper im Grunde nicht mehr der frühere, durch Veränderung der molekularen Gleichgewichtslagen ist ein neuer Körper entstanden; das veränderlich gewordene Material ist nicht mehr zuverlässig und somit technisch nicht mehr verwendbar.

Bei den erwähnten Materialien ist die Lage der Elasticitätsgrenze so beschaffen, dass selbst wenn sie erreicht ist, die Gestaltsveränderungen der kleinsten Theile gegen die ursprünglichen Dimensionen derselben sehr klein sind. Nimmt man noch hinzu, dass wegen der möglichen und stets zu befürchtenden Heterogeneität des Stoffes man es vorziehen wird, bedeutend unterhalb der durchschnittlichen Elasticitätsgrenze des Materials zu bleiben, so leuchtet ein, dass in der That in den Zuständen solcher Körper die oben angeführten Vorstellungen vollkommen zutreffen, dass man wirklich berechtigt ist, die Gestaltsveränderungen der kleinsten Theile als Grössen erster Ordnung gegen die ursprünglichen Dimensionen derselben zu betrachten. Und man erkennt die Grenzen innerhalb deren die Theorie anwendbar ist; eine Theorie, welche ihren Grundprincipien nach weder auf die Ausdehnungen der Körper über die Elasticitätsgrenze hinaus, noch etwa auf diejenigen mathematisch undefinirbaren Zustände anwendbar ist, welche dem Bruch, der völligen Zerstörung des Körpers vorangehen.

Wenn die kleinsten Theile eines Körpers verhältnissmässig kleine Veränderungen erfahren, so gilt dies im Allgemeinen auch für den ganzen Körper selbst. Aber dieser Schluss erfährt einige Ausnahmen, welche man von vorn herein im Auge behalten muss, um nicht in sehr wesentliche Irrthümer zu verfallen. Diese Ausnahmen treten alsdann ein, wenn von den Dimensionen des Körpers eine oder mehrere überall oder doch an einzelnen Stellen sehr klein sind. Eine dünne elastische Feder, eine dünne Scheibe, können so gebogen werden, dass ihre Enden oder Ränder ihre gegenseitige Lage sehr wesentlich ändern, während doch die kleinsten Theile dieser Körper nur unmerklich verschoben sind.

Ausnahmen dieser Art treten auch ein, wenn eine Dimension des Körpers ausserordentlich gross wird, wie bei den Betrachtungen über Säulenfestigkeit, wo die Vernachlässigung dieser Ueberlegung die widersinnigsten Vorstellungen zur Folge gehabt hat.

§ 2. Ausdehnung eines unkrystallinischen Parallelepipedons durch normale Zug- oder Druck-Kräfte. Seitliche Contraction.

Betrachten wir, um die Zustände eines elastischen Körpers unter der Einwirkung äusserer Kräfte zu untersuchen, ein rechtwinkliges Parallelepipedon mit den Kanten a, b, c; das Material desselben sei homogen, unkrystallinisch, so dass also die innere Structur nach allen Richtungen die nämliche ist. Lassen wir auf zwei gegenüberliegenden Seitenflächen (bc) desselben gleichmässig vertheilte Zugkräfte in normaler Richtung wirken, in der Weise, dass auf die Flächeneinheit eine Kraft P wirkt. In Folge derselben wird eine Verlängerung des Parallelepipedons in Richtung der Zugkraft eintreten, eine Verlängerung, deren Grösse abhängig ist von dem Material des Körpers, so wie offenbar proportional der Länge der entsprechenden Kante. Dieser neue Gleichgewichtszustand wird nicht eher eintreten können, als bis die Moleküle des Körpers sich soweit von einander entfernt haben, dass je zwei nächste senkrecht gegen die Zugrichtung liegende Schichten einander mit derselben Kraft anziehen, mit welcher sie auseinandergezogen werden. Es entsteht also im Innern des Körpers im Sinne der Zugrichtung eine Spannung, welche, nach der auf die Flächeneinheit wirkenden Kraft beurtheilt, durch die Zahl P dargestellt wird. Die Veränderung, welche hiebei die Entfernung zweier nächsten Molekülschichten erleidet, und somit auch die Verlängerung α, welche jede Längeneinheit der mit der Zugrichtung parallelen Kante a des Parallelepipedons erfährt, sind offenbar in irgend einer unbekannten Weise von der Spannung P abhängig. Oder umgekehrt ist die Kraft P, welche erforderlich ist, um in der Längeneinheit die Verlängerung α hervorzubringen, ein Function von α,

$$P = f(\alpha).$$

Von dem Zusammenhang der Grössen P, α wissen wir nur, dass beide gleichzeitig verschwinden. Da ferner α eine sehr kleine Grösse ist, so kann man $f(\alpha)$ sich nach Potenzen von α entwickelt denken; und in dieser Reihe, welche kein von α unabhängiges Glied enthalten kann, weil P mit α verschwinden soll, darf man sodann die höhern Potenzen von α gegen die erste vernachlässigen. So wird denn, bei kleinen Gestaltsveränderungen, P mit α proportional oder:

$$P = E . \alpha,$$

und E ist nur noch von der Substanz des Körpers abhängig.

Die Zahl E, welche sehr gross sein muss, damit $\alpha = \frac{P}{E}$ für mässige Werthe der Zugkraft P sehr kleine Werthe annehmen könne, heisst der Elasticitätsmodul des Materials. Eine unmittelbar anschauliche Bedeutung erhält diese Zahl, wenn man die Zugkraft P gleich 1 setzt. Es wird alsdann

$$\alpha = \frac{1}{E},$$

d. h. der reciproke Werth des Elasticitätsmoduls stellt die Verlängerung dar, welche die Längeneinheit erfährt, wenn der Körper der Zugkraft 1 auf jede Querschnittseinheit unterworfen wird.

Inzwischen ist die Ausdehnung in Richtung der Zugkraft nicht die einzige Veränderung, welche mit dem betrachteten Körper vor sich geht. Denn während er sich in dieser Richtung ausdehnt, zieht er sich erfahrungsmässig in jeder darauf senkrechten Richtung zusammen, so dass jede Längeneinheit der Querdimensionen eine Contraction erfährt, welche einem bestimmten Bruchtheil der vorhin untersuchten Ausdehnung gleichkommt. Die Grösse dieses Bruchtheils ist für verschiedenartige Materialien verschieden; man kann aber leicht schliessen, dass derselbe nicht mehr als $\frac{1}{2}$ betragen kann. Zu diesem Ende hat man nur die Veränderung des Volumens zu untersuchen, welche durch die Ausdehnung hervorgebracht wird, und welche erfahrungsgemäss immer positiv ist. Ein Kubus im Innern des Parallelopipedons, welcher ursprünglich die Seite 1 hatte, besitzt, nachdem die Verlängerung eingetreten ist, wenn μ den oben erwähnten Bruchtheil bezeichnet, die Kanten $1 + \alpha$, $1 - \mu\alpha$, $1 - \mu\alpha$, und somit das Volumen

$$(1 + \alpha)\ (1 - \mu\alpha)^2,$$

welches, wenn man höhere Potenzen der sehr kleinen Zahl μ vernachlässigt in

$$1 + (1 - 2\mu)\alpha$$

übergeht. Jede Volumeneinheit des Körpers ist also um $(1 - 2\mu)\alpha$ vergrössert; und dies kann nur eine wirkliche Vergrösserung darstellen, wenn $1 - 2\mu$ positiv ist. Es muss also μ kleiner als $\frac{1}{2}$ sein.

Diese Betrachtungen gelten sofort noch, wenn P und α negativ werden; d. h. wenn eine Druckkraft die Längsrichtung des Körpers verkürzt, während die Querdimensionen sich gleichzeitig vergrössern. Man sieht also, dass innerhalb der Grenzen, für welche diese Betrachtungen überhaupt gültig sind, die von Druckkräften hervorgebrachten Effecte denjenigen genau gleich und entgegengesetzt sind, welche aus ebenso grossen Zugkräften entspringen. Dies ist wirklich innerhalb der hier eingehaltenen engen Grenzen der Fall, während für grössere Ausdehnungen oder Verkürzungen die Erfahrung das Gegentheil nachweist. Aber sobald es nicht mehr erlaubt ist, höhere Potenzen von α zu vernachlässigen, hört in der That der hier gemachte Schluss auf; es ist dann die zur Hervorbringung einer Verlängerung α nothwendige Zugkraft $P = f(\alpha)$ derjenigen, welche dieselbe Verkürzung hervorbringt, nicht mehr nothwendig gleich und entgegengesetzt, da $f(-\alpha)$ im Allgemeinen nicht gleich $-f(\alpha)$ sein darf.

Innerhalb der innegehaltenen Grenzen bestimmen die beiden Coefficienten E, μ völlig das Verhalten eines elastischen Körpers. Beide sind für verschiedene Substanzen verschieden, und nur der zweite in die angegebenen Grenzen 0 und $\frac{1}{2}$ eingeschlossen.

§ 3. Verschiebung paralleler Schichten des Körpers gegen einander.

Ausser durch Druck und Zug kann indess das betrachtete elastische Parallelepipedon noch auf eine dritte Art verschoben werden, indem jeder Querschnitt in seiner eigenen Ebene fortrückt, so dass, während die einzelnen Querschnitte unverändert bleiben, die Längsrichtung a in eine schiefe Lage kommt. Denken wir uns nämlich vier Flächen des Körpers, etwa diejenigen, welche auf den Kanten a, b senkrecht sind, durch Kräfte ergriffen, welche über jene Flächen gleichmässig vertheilt sind, und deren Richtungen folgendermassen bestimmt seien. Diejenigen Kräfte, welche eine gegen a senkrechte Fläche angreifen, sollen in dieser Fläche liegen und der Kante b parallel sein, so aber, dass sie in der gegenüberliegenden Fläche die entgegengesetzte Richtung haben; die Kräfte, welche an den zu b senkrechten Flächen angreifen, sind ebenso mit a parallel und ebenfalls in den beiden Parallelflächen entgegengesetzt gerichtet. Die ersteren Kräfte sind dann, wenn die auf die Flächeneinheit wirkende Kraft durch P dargestellt wird, äquivalent einem Kräftepaar $P.bc$ mit dem Hebelarm a. Ebenso sind die andern Kräfte, wenn für diese die auf die Flächenheit wirkende Kraft durch Q bezeichnet wird, äquivalent einem Kräfte paar $Q.ac$ mit dem Hebelarm b. Damit diese Kräfte sich, das Parallelepipedon als starr betrachtet, das Gleichgewicht halten, ist nur nöthig, dass die Kräftepaare entgegengesetzt zu drehen bemüht sind, und dass die Momente beider Kräftepaare gleich seien, oder dass $Q = P$. Dieselbe Bedingung muss also auch noch für das Gleichgewicht des elastischen Körpers erfüllt sein.

Die Wirkung, welche solche Kräfte auf das Parallelepipedon ausüben, besteht offenbar darin, dass das Rechteck ab in ein Parallelogramm übergeht, dessen Seiten dann nicht mehr rechte Winkel, sondern die Winkel $\frac{\pi}{2} \pm \varphi$ gegen einander bilden, wo φ den sehr kleinen Verschiebungswinkel angiebt. Die Grösse dieses Winkels ist von der Grösse der Kraft P, sowie von der Natur des Körpers abhängig; und da durch eine mässig grosse Kraft P nur ein kleiner Winkel φ hervorgebracht wird, so kann man, ganz wie es oben mit der Ausdehnung der Längeneinheit geschah, P mit φ proportional setzen, oder

(1) . . . . $P = F . \varphi$.

Der Coefficient F inzwischen lässt sich leicht durch die Coefficienten E und μ ausdrücken mit Hülfe der folgenden Betrachtung.

Kehren wir zu dem Parallelepipedon zurück in derjenigen Lage, in welche es durch eine Zugkraft versetzt wird, welche der Kante a parallel ist. Die Grösse derselben sei K. Nehmen wir ferner $a = b$ an, so dass ein Schnitt des Körpers ein

Quadrat wird, und denken uns den Körper durch eine Ebene getheilt, welche durch die Diagonale des Quadrats parallel der dritten Kante hindurchgeht. Wird von dem Körper durch diesen Schnitt also ein dreiseitiges Prisma abgetheilt, so kann dieses ses nicht anders in der durch Anwendung der Zugkraft K ursprünglich hervorgebrachten Gleichgewichtslage verharren, als wenn auf die neue Schnittfläche tangentiale und normale Kräfte gleichmässig vertheilt werden. Die Grösse derselben ist leicht zu bestimmen. Die tangentialen Kräfte, welche für die Flächeneinheit die Grösse T haben mögen, müssen sich mit der entsprechenden Componente von K das Gleichgewicht halten. Zerlegen wir K nach der Normale und Tangente der neuen Schnittfläche, mit welcher K einen Winkel von 45^0 bildet, so wird jede seiner Componenten gleich $K \,.\, \sqrt{\frac{1}{2}}$. Nimmt man hinzu, dass die Fläche, an welcher K wirkt, sich zu der Angriffsfläche von T wie $1 : \sqrt{2}$ verhält, so findet sich als Bedingung des Gleichgewichts zwischen T und der tangentialen Componente von K:

$$T\sqrt{2} = \frac{K}{\sqrt{2}} \text{ oder } T = \frac{K}{2}.$$

Dies zeigt dass die zu der Schnittfläche parallelen Ebenen in dem Parallelepipedon so gegen einander verschoben sein müssen, dass die tangentiale Kraft $\frac{K}{2}$ erforderlich ist, um sie in der verschobenen Lage zu erhalten. Nach dem vorigen wird also eine durch diese Ebenen gelegte Gerade, welche auf denselben ursprünglich senkrecht war, gegen dieselben in Folge der Zugkraft K einen Winkel $\frac{\pi}{2} - \varphi$ bilden, wo φ aus der Formel 1 zu berechnen ist, indem man an Stelle von P die tangentiale Kraft $\frac{K}{2}$ setzt; oder es muss sein:

$$\varphi = \frac{K}{2F}.$$

Aber dieser Winkel φ lässt sich leicht direct auffinden. Denn jene ursprünglich gegen die Schnittebene senkrechte Linie ist nichts anderes als die zweite Diagonale des Quadrats. Sollen nun beide Diagonalen den Winkel $\frac{\pi}{2} - \varphi$ einschliessen, nachdem durch die Zugkraft K die Seiten des Quadrats respective die Längen $a\left(1+\frac{K}{E}\right)$ und $a\left(1-\frac{\mu K}{E}\right)$ angenommen haben, so ist demnach:

$$\operatorname{tg}\left(\frac{\pi}{4}-\frac{\varphi}{2}\right)=\frac{1-\frac{\mu K}{E}}{1+\frac{K}{E}};$$

oder wenn man berücksichtigt, dass φ sehr klein ist, so dass man seine Tangente mit dem Bogen verwechseln kann:

$$\frac{1-\frac{\varphi}{2}}{1+\frac{\varphi}{2}}=\frac{1-\frac{\mu K}{E}}{1+\frac{K}{E}};$$

oder endlich, mit Vernachlässigung sehr kleiner Grössen höherer Ordnung:

$$\varphi=\frac{K}{E}(1+\mu).$$

Diese Formel giebt, mit dem vorher erhaltenen Ausdruck von φ verglichen:

$$F=\frac{E}{2(1+\mu)}$$

was die gesuchte Darstellung ist. Man sieht sofort, da μ zwischen 0 und $\frac{1}{2}$ liegt, dass die Zahl F nie grösser sein kann als die Hälfte, und nie kleiner als ein Drittheil des Elasticitätsmoduls.

§ 4. Gleichgewicht des Parallelepipedons unter dem Einfluss beliebig gerichteter Zug- oder Druckkräfte, welche über die Flächen gleichförmig vertheilt sind.

Nach diesen Vorbereitungen ist es leicht, den Gleichgewichtszustand eines Parallelepipedons zu bestimmen, dessen Seitenflächen durch beliebig gerichtete, gleichmässig über jede Fläche vertheilte Zugkräfte angegriffen werden. Um diesen Fall aus dem Vorigen zu entwickeln, hat man sich nur eines allgemeinen mechanischen Princips zu erinnern, welches bei der Theorie kleiner Schwingungen angeführt zu werden pflegt, und welches im wesentlichen darin besteht, dass eine Reihe von Ursachen, deren jede einzeln eine sehr kleine Wirkung hervorruft, in ihrem Zusammentreffen nur die Summe jener Einzelwirkungen erzeugen. Wird also das Parallelepipedon durch beliebige, auf seine Oberfläche wirkende Kräfte ergriffen, so kann man diese in der Weise zerlegen, dass jede einzelne Kraft einfach Wirkungen nach Art der eben betrachteten hervorbringt, und sodann die Summe aller Wirkungen untersuchen.

Betrachten wir irgend zwei parallele Flächen des Körpers, etwa die beiden, welche gegen die Kante a senkrecht gerichtet sind. Auf diese beiden Flächen sollen gleich grosse und gleich aber entgegengesetzt gerichtete Kräfte wirken. Ich zerlege dieselben nach den Richtungen der Kanten a, b, c und bezeichne die entstehenden Componenten bezüglich durch

$$t_{11}, \quad t_{12}, \quad t_{13}$$

für die eine Fläche, durch dieselben Grössen mit entgegengesetztem Zeichen für die gegenüberliegende. Ebenso zerlege ich die Kräfte, welche auf die gegen b senkrechten Flächen wirken, in die Componenten

$$t_{21}, \quad t_{22}, \quad t_{23},$$

nebst den entgegengesetzten für die Parallelflächen; und endlich die Kräfte, welche auf die zu c senkrechte Fläche wirken, in die Componenten

$$t_{31}, \quad t_{32}, \quad t_{33}.$$

Auf diese Weise entstehen die Zugkräfte t_{11}, t_{22}, t_{33} parallel den Kanten; ausserdem aber Kräftepaare, welche das Parallelepipedon nach Art der oben betrachteten verschieben. Diese Kräftepaare müssen, damit Gleichgewicht bestehen könne, nach dem Vorigen paarweise gleich sein, so dass

$$t_{12} = t_{21}, \quad t_{31} = t_{13}, \quad t_{23} = t_{32}.$$

Sonach werden also die Kanten des Körpers a, b, c ausgedehnt und zugleich die Winkel verändert; wobei nur im Auge zu behalten ist, dass die Veränderung in der Länge jeder Kante nicht nur Folge der in ihrer Richtung wirkenden Zugkraft, sondern auch Folge der Verkürzung ist, welche die in den andern Richtungen wirkenden Zugkräfte bedingen. Jede dieser Verlängerungen erscheint also als Differenz einer, durch die entsprechende Zugkraft hervorgebrachten wirklichen Verlängerung, und der durch die andern beiden entstehenden Verkürzungen.

Bezeichnet man sonach durch

$$a\,(1+\alpha),\ b\,(1+\beta),\ c\,(1+\gamma)$$

die veränderten Längen der Kanten, und bilden unter dem Einfluss der Kräfte t die Kanten

$$b\,,c \text{ den Winkel } \frac{\pi}{2}-\varphi$$

$$c\,,a \text{ den Winkel } \frac{\pi}{2}-\chi$$

$$a\,,b \text{ den Winkel } \frac{\pi}{2}-\psi$$

gegen einander, so sind die Werthe der sehr kleinen Grössen α, β, γ, φ, χ, ψ folgende:

$$(1^a)\ldots\begin{cases}\alpha=\dfrac{1}{E}\left[t_{11}-\mu\,(t_{22}+t_{33})\right]; & \varphi=\dfrac{2\,t_{23}}{E}\,(1+\mu)\\[2ex] \beta=\dfrac{1}{E}\left[t_{22}-\mu\,(t_{33}+t_{11})\right]; & \chi=\dfrac{2\,t_{31}}{E}\,(1+\mu)\\[2ex] \gamma=\dfrac{1}{E}\left[t_{33}-\mu\,(t_{11}+t_{22})\right]; & \psi=\dfrac{2\,t_{12}}{E}\,(1+\mu).\end{cases}$$

Untersuchen wir jetzt die molekularen Zustände im Innern des Körpers welche nothwendig in allen Punkten desselben völlig gleichartig sind. Um einen beliebigen Punkt im Innern werde, bevor der Körper den äussern Kräften unterworfen ist, eine Kugel beschrieben, welche sonach alle diejenigen Moleküle in ihrer Oberfläche enthält, welche ursprünglich von dem Mittelpunkte gleichweit abstanden. Diese Kugel geht durch die Verschiebungen, welche der Körper erfährt, in eine andere Fläche über, und man erkennt leicht, dass dieselbe ein Ellipsoid wird, welches von der Kugelgestalt nur wenig abweicht. Denken wir uns zuerst die Kräfte t_{11}, t_{22}, t_{33} auftretend. Hierdurch werden die drei Dimensionen der Kugel, welche den Kanten a, b, c parallel sind, in verschiedenem Maassstabe ausgedehnt, an Stelle der Kugel tritt also ein dreiaxiges Ellipsoid, dessen Axen den Kanten a, b, c parallel sind, während die Längen derselben, den Radius der Kugel gleich r angenommen, gleich

$$r\,(1+\alpha),\quad r\,(1+\beta),\quad r\,(1+\gamma)$$

sind. Treten nun die Kräfte t_{23}, t_{31}, t_{12} hinzu, so werden weiter keine Ausdehnungen oder Verkürzungen erzeugt. Aber die Kräfte t_{23} verschieben die zu der Fläche b, c, parallelen Schichten des Ellipsoids gegen einander, ebenso verschieben die Kräfte t_{31} die zu a, c parallelen Schichten, und die Kräfte t_{12} die zu a, b parallelen. Durch keine dieser Gestaltsveränderungen hört das Ellipsoid auf, ein solches zu sein; die Punkte ferner, welche ursprünglich einer Hauptaxe angehörten, sind nach der Verschiebung die Verbindungslinien der Mittelpunkte paralleler Schnitte. Daher zeigt es sich, dass diese Linien, welche noch immer den Kanten des verschobenen Parallelepipedons parallel bleiben, und also ebenfalls die Winkel $\frac{\pi}{2} - \varphi$, $\frac{\pi}{2} - \chi$, $\frac{\pi}{2} - \psi$ gegen einander einschliessen, conjugirte Durchmesser des Ellipsoids werden. Und so kann man den Satz aufstellen:

die Punkte des Körpers, welche ursprünglich eine Kugeloberfläche bilden, liegen nach der Verschiebung auf einem Ellipsoid, welches drei conjugirte Durchmesser besitzt, die den Kanten des verschobenen Prismas parallel sind, deren Längen aber sich verhalten wie

$$1 + \alpha : 1 + \beta : 1 + \gamma,$$

durch α, β, γ die Verlängerungen bezeichnet, welche die Längeneinheiten der drei Kanten bei der Verschiebung erfahren.

§ 5. Das Elasticitäts-Ellipsoid.

Von grösserer Wichtigkeit ist ein anderes Ellipsoid, welches im Innern des Körpers construirt werden kann und welches die Spannungen im Innern unmittelbar darstellt. Denken wir uns nämlich durch einen beliebigen Punkt des Parallelepipedons einen Schnitt gelegt, welcher den Körper theilt. Damit der frühere Gleichgewichtszustand aufrecht erhalten werde, muss man dann auf die Schnittfläche gewisse gleichförmig vertheilte Zugkräfte wirken lassen, welche im Allgemeinen nicht gegen diese Fläche senkrecht sein werden, und diese Zugkräfte sind offenbar keine andern als diejenigen elastischen Kräfte, mit welchen der abgeschnitten gedachte Körpertheil in Wirklichkeit auf den betrachteten wirkt. Wir erhalten also die elastischen Spannungskräfte, welche im Innern des Körpers auftreten, sobald wir nur jene Zugkräfte so bestimmen, dass der abgeschnitten gedachte Theil des Prismas, ein Tetraeder, sich im Gleichgewichte befindet.

Denken wir uns Coordinatenaxen, welche, durch den betrachteten Punkt gehend, den Kanten des Körpers parallel sind. Bezeichnen wir durch p, q, r die Winkel, welche die Normale der Schnittebene mit diesen Axen bildet, und durch $\pi, \varkappa, \varrho$ die Winkel, welche die auf dieser Fläche anzubringende Zugkraft mit denselben Axen einschliesst. Diese letztere Kraft selbst sei, auf die Einheit der Fläche bezogen, T, und f die Grösse dieser Fläche. Alsdann ist die absolute Grösse der auf diese Fläche wirkenden Totalkraft Tf, und ihre Componenten sind

$$Tf \cos\pi,\ Tf \cos\varkappa,\ Tf \cos\varrho.$$

Die unteren Seitenflächen des Tetraeders sind die Projectionen von f auf die Coordinatenebenen, deren Grösse offenbar respective $f \cos p$, $f \cos q$, $f \cos r$ ist; demgemäss wirken auf diese Seiten des Körpers folgende Gesammtkräfte:

Nach der X Axe: $t_{11} . f \cos p$, $t_{21} . f \cos q$, $t_{31} . f \cos r$
Nach der Y Axe: $t_{12} . f \cos p$, $t_{22} . f \cos q$, $t_{32} . f \cos r$
Nach der Z Axe: $t_{13} . f \cos p$, $t_{23} . f \cos q$, $t_{33} . f \cos r$.

Die Bedingungen also, unter welchen die Kraft T diesen Kräften das Gleichgewicht hält, sind, mit Uebergehung des Factors f:

$$(2) \ldots \left\{ \begin{array}{l} T \cos\pi = t_{11} \cos p + t_{21} \cos q + t_{31} \cos r \\ T \cos\varkappa = t_{12} \cos p + t_{22} \cos q + t_{32} \cos r \\ T \cos\varrho = t_{13} \cos p + t_{23} \cos q + t_{33} \cos r. \end{array} \right.$$

Diese Gleichungen bestimmen zusammen mit der bekannten Gleichung

$$\cos^2\pi + \cos^2\varkappa + \cos^2\varrho = 1$$

völlig die Kraft T und ihre Richtung, so dass man also die Grösse und Richtung der Spannung angeben kann, welche ein irgendwo im Körper gedachtes ebenes Flächenstück auszuhalten hat.

Aber um die Grösse und Richtung dieser Zugkräfte für verschiedene durch denselben Punkt gelegte Ebenen mit einander vergleichen zu können, bedient man sich einer geometrischen Deutung der Gleichungen (2), welche im Wesentlichen von Lamé herrührt.

Löst man die Gleichungen (2) nach den Veränderlichen $\cos p$, $\cos q$, $\cos r$ auf und bezeichnet durch $\varDelta$ den gemeinschaftlichen Nenner, welcher bei dieser Auflösung eintritt,

$$\varDelta = t_{11} t_{22} t_{33} + 2 t_{12} t_{23} t_{31} - t_{11} t_{23}^2 - t_{22} t_{31}^2 - t_{33} t_{12}^2,$$

so wie durch $\varDelta_{11}$, $\varDelta_{12}$ etc. die folgenden Ausdrücke:

$$\Delta_{11} = t_{22}\,t_{33} - t_{23}^2;\qquad \Delta_{23} = t_{31}\,t_{12} - t_{11}\,t_{23}$$
$$\Delta_{22} = t_{33}\,t_{11} - t_{31}^2;\qquad \Delta_{31} = t_{12}\,t_{23} - t_{22}\,t_{31}$$
$$\Delta_{33} = t_{11}\,t_{22} - t_{12}^2;\qquad \Delta_{12} = t_{23}\,t_{31} - t_{33}\,t_{12}$$

so erhält man die Auflösungen der Gleichungen 2 in folgender Form:

$$(3)\,..\left\{\begin{aligned}\Delta\,.\cos p &= T\,(\Delta_{11}\cos\pi + \Delta_{12}\cos\varkappa + \Delta_{13}\cos\varrho)\\ \Delta\,.\cos q &= T\,(\Delta_{21}\cos\pi + \Delta_{22}\cos\varkappa + \Delta_{23}\cos\varrho)\\ \Delta\,.\cos r &= T\,(\Delta_{31}\cos\pi + \Delta_{32}\cos\varkappa + \Delta_{33}\cos\varrho).\end{aligned}\right.$$

Untersucht man jetzt den Punkt, in welchem die Oberfläche zweiter Ordnung

$$(4)\,..\,\Delta_{11}x^2 + \Delta_{22}y^2 + \Delta_{33}z^2 + 2\Delta_{23}yz + 2\Delta_{31}zx + 2\Delta_{12}xy = k\,\Delta$$

(durch k eine beliebige Constante bezeichnet), deren Mittelpunkt in dem betrachteten Punkte, dem Anfangspunkt der Coordinaten selbst liegt, von der Richtung der Zugkraft T getroffen wird, so ist in jenem Puncte offenbar

$$x : y : z = \cos\pi : \cos\varkappa : \cos\varrho.$$

Es verhalten sich also $\cos p : \cos q : \cos r$ wie die Differentialquotienten der Fläche (4) nach x, y, z, was das Kennzeichen dafür ist, dass p, q, r der Richtung der Normale im Punkte x, y, z angeben. Sonach ist also die Tangentenebene des Punktes x, y, z mit der Schnittfläche parallel, deren Zugkraft nach x, y, z gerichtet war, oder mit anderen Worten:

Ieder durch den betrachteten Punkt gelegten Ebene entspricht als Richtung der sie angreifenden elastischen Zugkraft die Richtung des in Bezug auf die Fläche (4) ihr conjugirten Durchmessers.

Trägt man nun ferner auf dieser conjugirten Richtung die Grösse der Zugkraft T selbst auf, und führt dasselbe für alle durch den Anfangspunkt gehenden Ebenen aus, so erhält man eine neue Fläche, welche durch ihre Radien die elastischen Kräfte der Richtung und Grösse nach darstellt. Doch nur in Verbindung mit der Fläche (4) gestattet sie eine einfache Uebersicht der Verhältnisse. Denn jeder Radius der neuen Fläche giebt Richtung und Grösse derjenigen Zugkraft an, welche die dieser Richtung in Bezug auf die Fläche (4) conjugirte Ebene auszuhalten hat.

Die neue Fläche ist ein Ellipsoid, was mit der Fläche (4) nicht nothwendig der Fall ist. In der That, man erhält diese neue

Fläche, das *Elasticitätsellipsoid*, indem man bemerkt, dass die Coordinaten eines Punkts desselben die Grössen

$$x = T \cos p,\ y = T \cos q,\ z = T \cos r$$

sind. Setzt man dies in die Formel (3) ein und addirt dann die Quadrate jener Gleichungen, so kommt:

$$(5) \ldots \Delta^2 = (\Delta_{11} x + \Delta_{12} y + \Delta_{13} z)^2 + (\Delta_{21} x + \Delta_{22} y + \Delta_{23} z)^2 + (\Delta_{31} x + \Delta_{32} y + \Delta_{33} z)^2.$$

In dieser Gleichung kommen nur noch die Veränderlichen x, y, z vor; und man hat also die Gleichung einer Fläche zweiter Ordnung vor sich. Sie hat abermals ihren Mittelpunkt im Anfangspunkte; und da der rechte Theil offenbar positiv ist, so dürfen die x, y, z auf keine Weise unendlich gross werden: die Fläche kann daher nur ein Ellipsoid sein. Sprechen wir somit den Satz aus:

Wenn man durch einen Punkt des Körpers sämmtliche möglichen Ebenen legt, und die auf sie wirkenden Zugkräfte der Richtung und Grösse nach als Radien einer Fläche betrachtet, so wird dieselbe das Ellipsoid (5).

§ 6. Hauptspannungen; Hauptaxen des Elasticitätsellipsoids.

Es giebt nun immer gewisse Richtungen, in welchen die Zugkraft auf der Ebene, welcher sie angehört, senkrecht steht. Um dieselben zu finden, hat man weiter nichts zu thun, als in den Gleichungen (3) die Winkel π, $\varkappa$, ϱ zusammenfallen zu lassen mit p, q, r; alsdann gehen jene Gleichungen über in die drei Gleichungen

$$(6) \ldots \begin{cases} (t_{11} - T) \cos p + t_{12} \cos q + t_{13} \cos r = 0 \\ t_{12} \cos p + (t_{22} - T) \cos q + t_{23} \cos r = 0 \\ t_{13} \cos p + t_{23} \cos q + (t_{33} - T) \cos r = 0, \end{cases}$$

welche ausser den Verhältnissen von $\cos p : \cos q : \cos r$ noch die unbekannte Grösse T enthalten, die Grösse der Zugkraft, welche der gesuchten Ebene entspricht. Eliminirt man die Verhältnisse der Cosinus aus den Gleichungen (6), so ergiebt sich eine cubische Gleichung für T;

$$(7) \begin{cases} \Theta = (t_{11} - T)(t_{22} - T)(t_{33} - T) + 2\, t_{23}\, t_{31}\, t_{12} \\ \quad - (t_{11} - T)\, t_{23}^2 - (t_{22} - T)\, t_{31}^2 - (t_{33} - T)\, t_{12}^2 = 0. \end{cases}$$

Diese cubische Gleichung hat immer reelle Wurzeln, wie sogleich gezeigt werden soll. Man schliesst also daraus:

In dem Körper giebt es immer drei Ebenen, deren Zugkräfte auf denselben senkrecht stehen; die drei entsprechenden Zugkräfte sind die Wurzeln der Gleichung (7).

Um die Richtungen der Ebenen selbst zu finden, denen diese Zugkräfte angehören, bemerke man, dass, die Gleichung (7) als erfüllt vorausgesetzt, die Gleichungen (6) nur noch zwei von einander verschiedene Gleichungen darstellen. Indem man die erste oder die zweite oder die dritte derselben auslässt, gewinnt man drei verschiedene Bestimmungen für die Verhältnisse der Cosinus, nämlich:

$$\cos p : \cos q : \cos r =$$
$$= (t_{22} - T)(t_{33} - T) - t_{23}^2 : t_{23}t_{31} - t_{21}(t_{33} - T) : t_{12}t_{23} - t_{13}(t_{22} - T)$$
$$= t_{23}t_{31} - t_{21}(t_{33} - T) : (t_{33} - T)(t_{11} - T) - t_{31}^2 : t_{31}t_{12} - t_{23}(t_{11} - T)$$
$$= t_{12}t_{23} - t_{13}(t_{22} - T) : t_{31}t_{12} - t_{23}(t_{11} - T) : (t_{11} - T)(t_{22} - T) - t_{12}^2.$$

In diesen Gleichungen ist sogleich auffallend, dass die Horizontalreihen der 9 Ausdrücke rechts den Verticalreihen genau gleich sind; also nicht nur die Horizontalreihen, sondern auch die Verticalreihen stellen die Verhältnisse der $\cos p$, $\cos q$, $\cos r$ dar. Man schliesst daraus leicht, dass die 6 verschiedenen Ausdrücke, die auf der rechten Seite auftreten, sich verhalten, wie die Quadrate und Producte dieser Cosinus; mit andern Worten, dass es immer eine Zahl m giebt, so dass

$$(8)\begin{cases} m\cos^2 p = (t_{22}-T)(t_{33}-T) - t_{23}^2; & m\cos q\cos r = t_{31}t_{12} - t_{23}(t_{11}-T) \\ m\cos^2 q = (t_{33}-T)(t_{11}-T) - t_{31}^2; & m\cos r\cos p = t_{12}t_{23} - t_{31}(t_{22}-T) \\ m\cos^2 r = (t_{11}-T)(t_{22}-T) - t_{12}^2; & m\cos p\cos q = t_{23}t_{31} - t_{12}(t_{33}-T). \end{cases}$$

Diese Gleichungen geben die einfachste und übersichtlichste Bestimmung dieser Cosinus an. Den unbestimmten Factor m bestimmt man leicht aus der Bedingung, dass die Summe der drei Cosinusquadrate 1 sein muss; es findet sich durch Addition der ersten drei Gleichungen (8).

$$m = (t_{22} - T)(t_{33} - T) + (t_{33} - T)(t_{11} - T) + (t_{11} - T)(t_{22} - T)$$
$$- t_{23}^2 - t_{31}^2 - t_{12}^2,$$

oder wenn man die Gleichung (7) zu Hülfe nimmt:

$$(8a) \ldots\ldots\ldots\ldots, \quad m = -\frac{\partial \Theta}{\partial T},$$

wodurch endlich die Cosinus ihre vollständige Bestimmung erhalten. In der That findet sich dann aus (8):

$$(9)\;\ldots\;\begin{cases} \cos p = \sqrt{\dfrac{(t_{22}-T)(t_{33}-T)-t_{23}^2}{-\dfrac{\partial \Theta}{\partial T}}} \\ \cos q = \sqrt{\dfrac{(t_{33}-T)(t_{11}-T)-t_{31}^2}{-\dfrac{\partial \Theta}{\partial T}}} \\ \cos r = \sqrt{\dfrac{(t_{11}-T)(t_{22}-T)-t_{12}^2}{-\dfrac{\partial \Theta}{\partial T}}} \end{cases}$$

Die Vorzeichen der Quadratwurzeln sind so zu wählen, dass den anderen Gleichungen (8) noch genügt wird; wodurch sämmtliche Zeichen bis auf ein allen gemeinsames Vorzeichen bestimmen. Diese letzte Unbestimmtheit, wonach sämmtliche Cosinus gleichzeitig mit entgegengesetzten Zeichen genommen werden dürfen, ist in der That gleichgültig; sie kommt darauf hinaus, dass die Normale einer Fläche ebensowohl nach der einen als nach der anderen Seite gezogen werden kann.

Es soll nun gezeigt werden, wie die drei Richtungen, für welche die Zugkraft auf ihrer Ebene senkrecht steht, gegen einander liegen; so wie dass sie die gemeinschaftlichen Hauptaxen des Elasticitätsellipsoids und der Fläche (4) sind. Bezeichnen wir zu diesem Ende durch T', T'' zwei Wurzeln der Gleichung (7), und durch p', q', r', p'', q'', r'', die zugehörigen Werthe von p, q, r. Man findet dann sofort aus (6), indem man darin p, q, r durch p', q', r' ersetzt, dann jene Gleichungen respective mit $\cos p''$, $\cos q''$, $\cos r''$ multiplicirt und sie endlich addirt:

$$\begin{aligned} T'(\cos p'\cos p'' + \cos q'\cos q'' + \cos r'\cos r'') = \\ = t_{11}\cos p'\cos p'' + t_{23}(\cos q'\cos r'' + \cos r'\cos q'') \\ + t_{22}\cos q'\cos q'' + t_{31}(\cos r'\cos p'' + \cos p'\cos r'') \\ + t_{33}\cos r'\cos r'' + t_{12}(\cos p'\cos q'' + \cos q'\cos p'') \end{aligned}$$

Die rechte Seite dieser Gleichung ändert sich nicht, wenn man die einmal gestrichenen Buchstaben mit den zweimal gestrichenen vertauscht; dasselbe muss also auch von der linken Seite gelten. Auch in dieser ändert sich der zweite Factor nicht, wohl aber der erste; und wenn nicht etwa $T' = T''$, muss daher nothwendig

(10) . . $\cos p' \cos p'' + \cos q' \cos q'' + \cos r' \cos r'' = 0$

sein. Diese Gleichung sagt aus,

dass jede zwei der betreffenden Zugrichtungen, wofern nicht etwa die entsprechenden Wurzeln der Gleichung (7) gleich werden, aufeinander senkrecht stehen.

Sind also alle Wurzeln ungleich, so bilden diese drei Zugrichtungen drei auf einander senkrechte Linien. Man kann dieselben zu neuen Coordinatenaxen wählen und nennt man die neuen Coordinaten X, Y, Z, den Richtungen der drei Zugkräfte T', T'', T''' entsprechend, bezeichnet man auch durch p''', q''', r''' die der dritten Zugrichtung entsprechenden Winkel, so hat man für die Coordinatentransformation die Formeln:

$$X = x \cos p' + y \cos q' + z \cos r'$$
$$Y = x \cos p'' + y \cos q'' + z \cos r''$$
$$Z = x \cos p''' + y \cos q''' + z \cos r'''.$$

Es ist nun leicht, direct einzusehen, welche Ausdrücke man erhält, wenn man in die Gleichungen der Flächen (4), (5) diese neuen Coordinaten einführt.

Man kann nämlich offenbar das Parallelepipedon ebensowohl durch die ursprünglichen Flächen begränzt denken, als durch irgend drei Paar gegen einander senkrechter Flächen, vorausgesetzt nur, dass man auf diese neuen Flächen die Zugkräfte wirken lässt, welche in dem gegebenen Körper ihren Richtungen entsprechen. Dadurch ändert sich der innere Zustand des Körpers nicht im Mindesten; also auch die Flächen (4), (5), welche nur von den inneren Spannungsverhältnissen abhängen, ändern sich nicht im Mindesten. Da nun im Vorigen drei Flächenrichtungen gefunden sind, auf welchen die betreffenden Zugrichtungen senkrecht stehen, so kann man aus dem gegebenen Parallelepipedon immer ein anderes herausschneiden, bei dem es nur normaler Zugkräfte bedarf, um das frühere Gleichgewicht aufrecht zu erhalten. Legen wir diese Flächen jetzt als Coordinatenebenen zu Grunde und bilden die Gleichungen (4), (5), so haben wir darinnach dem Vorigen nur die neuen Coordinaten an Stelle der alten, die neuen Spannungen an Stelle der ursprünglichen treten zu lassen. Also an Stelle von t_{11}, t_{22}, t_{33} treten T', T'', T''', t_{12}, t_{23}, t_{31} aber verschwinden.

Und so erhält man für

$$\begin{array}{llll} \Delta_{11} \ldots T'' T'''; & \Delta_{23} \ldots 0 & & \\ \Delta_{22} \ldots T''' T'; & \Delta_{31} \ldots 0; & \Delta \ldots T' T'' T''' \\ \Delta_{33} \ldots T' T''; & \Delta_{12} \ldots 0 & & \end{array}$$

wodurch die Gleichungen der Flächen (4), (5) auf die Hauptaxen bezogen erscheinen, in der Form:

$$(4a) \quad . \quad \frac{X^2}{T'} + \frac{Y^2}{T''} + \frac{Z^2}{T'''} = k$$

$$(5a) \quad . \quad \frac{X^2}{T'^2} + \frac{Y^2}{T''^2} + \frac{Z^2}{T'''^2} = 1.$$

Die Hauptspannungen T', T'', T''' stellen, wie man sieht, die Hauptaxen des Elasticitätsellipsoids selbst dar. Die Hauptaxen der andern Fläche sind den Quadratwurzeln dieser Grössen proportional, wenn anders dieselbe ein Ellipsoid ist. Aber man erkennt, dass, k als positive Constante gedacht, das letztere nur eintritt, wenn sämmtliche Hauptspannungen positiv, also wirkliche Zugkräfte sind; geht eine derselben in einen Druck über, so wird die Fläche (4) ein Hyperboloid erster Art; werden zwei derselben Druckkräfte, so wird die Fläche ein Hyperboloid zweiter Art, und endlich bei drei Druckkräften imaginär. Umgekehrt ergiebt sich für ein negativ gedachtes k ein Ellipsoid bei drei Druckkräften, ein erstes oder zweites Hyperboloid, wenn eine oder zwei der Druckkräfte in Zug übergehen, und eine imaginäre Fläche bei drei Zugkräften. Man bemerkt, dass durch passende Wahl des Vorzeichens von k man für diese Fläche immer ein Ellipsoid erhält, wenn die drei Hauptdruckkräfte gleichartig, ein Hyperboloid, wenn sie ungleichartig sind.

Die Gleichung (10) übrigens beweist zugleich die hier angenommene Realität sämmtlicher Wurzeln der Gleichung (7). Wären zwei Wurzeln T nämlich conjugirt imaginär, also jedenfalls verschieden, so wären auch die entsprechenden Werthepaare von $\cos p$, $\cos q$, $\cos r$ conjugirt imaginär. Aber das Product zweier conjugirter Grössen $a + b\sqrt{-1}$, $a - b\sqrt{-1}$ ist gleich der Summe zweier Quadrate $a^2 + b^2$; und so würde die Gleichung (10), wenn T', T'' conjugirt imaginär sein könnten, in die Summe von 6 reellen Quadraten, gleich Null gesetzt, übergehen. Da nun eine solche Gleichung unmöglich ist, so ist damit zugleich die Unmöglichkeit imaginärer Wurzeln für die vorliegende cubische Gleichung dargethan.

§ 7. Untersuchung des Falles, wo das Elasticitätsellipsoid eine Umdrehungsfläche wird.

Wenn zwei Wurzeln einer Gleichung einander gleich werden, so verschwindet bekanntlich nicht nur derjenige Ausdruck, welcher, gleich Null gesetzt, die Gleichung selbst liefert, sondern auch sein Differentialquotient. Sind also zwei Wurzeln T'', T'' der cubischen Gleichung $\Theta = 0$ einander gleich, so verschwindet auch $\frac{\partial \Theta}{\partial T}$, und somit nach (8[a]) der Factor m. Die Gleichungen (8) zeigen dann, da ihre linken Theile verschwinden, dass folgende drei Reihen von Verhältnissen einander gleich sind, durch T jene Doppelwurzel bezeichnet:

$$(11) \quad \ldots\ldots\ldots \begin{cases} t_{11} - T : t_{12} : t_{13} \\ t_{12} : t_{22} - T : t_{23} \\ t_{13} : t_{23} : t_{33} - T. \end{cases}$$

Dies führt gewisse Bedingungen für die Grössen t mit sich, welche hier nicht näher erörtert zu werden brauchen. Aber man sieht, dass in Folge der Gleichheit dieser Verhältnisse die Gleichungen (6) sich auf eine einzige Gleichung reduciren. Wodurch denn die $\cos p$, $\cos q$, $\cos r$ nicht mehr vollständig bestimmt sind. Mit andern Worten, die Richtungen, der beide gleich gewordene Hauptspannungen entsprechen, sind nur noch einer Bedingung unterworfen, welche keine andere sein kann, als dass sie auf der dritten ungleichen Hauptrichtung senkrecht sein müssen. In der That gehen zugleich die Flächen (4), (5), indem dann zwei Axen derselben einander gleich werden, in Rotationsflächen über; die geometrische Axe der Flächen fällt mit der Richtung der ungleichen Hauptspannung zusammen, die anderen Hauptaxen liegen unbestimmt in der zu ihr senkrechten Richtung. In diesem Falle kommt das Problem lediglich darauf hinaus, die Richtung und Grösse der ungleichen Hauptspannung T', so wie die Grösse der gleich gewordenen Spannungen $T'' = T''' = T$ zu finden. Und dies Problem kann man ohne Weiteres auf folgende Art lösen:

Bestimmen wir drei Winkel p', q', r' und einen Factor m' aus den Gleichungen:

$$(12) \quad \ldots\ldots\ldots \begin{cases} m' \cos q' \cos r' = t_{23} \\ m' \cos r' \cos p' = t_{31} \\ m' \cos p' \cos q' = t_{12}. \end{cases}$$

Man findet leicht daraus, indem man immer das Product zweier Gleichungen durch die dritte dividirt:

$$(13) \ldots\ldots \begin{cases} \cos p' = \sqrt{\dfrac{t_{12}\, t_{13}}{m'\, t_{23}}} \\ \cos q' = \sqrt{\dfrac{t_{23}\, t_{21}}{m'\, t_{31}}} \\ \cos r' = \sqrt{\dfrac{t_{31}\, t_{32}}{m'\, t_{12}}}, \end{cases}$$

und da die Quadrate dieser Grössen zusammen gleich 1 sein müssen:

$$m' = \frac{t_{12}\, t_{13}}{t_{23}} + \frac{t_{23}\, t_{21}}{t_{31}} + \frac{t_{31}\, t_{32}}{t_{12}}$$

Die Vorzeichen der Quadratwurzeln gestatten noch mehrere Combinationen; aber unter diesen kann es nur eine (oder zwei, deren eine von der andern sich nur durch die Umkehrung sämmtlicher Zeichen unterscheidet) geben, welche die Gleichungen (12) befriedigt. Die Gleichungen (11) lehren dann, dass gleichzeitig

$$(14) \ldots\ldots \begin{cases} t_{11} - T = m' \cos^2 p' \\ t_{22} - T = m' \cos^2 q' \\ t_{33} - T = m' \cos^2 r'. \end{cases}$$

Hieraus ergiebt sich der Werth von T, welcher aus allen drei Gleichungen der nämliche werden muss. Und da zugleich die Gleichungen (6) mit Uebergehung überflüssiger Factoren in die eine:

$$\cos p' \cos q + \cos q' \cos q + \cos r' \cos r = 0$$

übergehen, so zeigt sich, dass die Winkel p', q', r' die Richtung der ungleichen Hauptspannung T' ohne Weiteres selbst angeben.

Da nun die Doppelwurzel der cubischen Gleichung aus (14) schon gefunden ist, so fehlt nur noch die Grösse der ungleichen Hauptspannung T' selbst. Stellt man sich nun in (6) statt p, q, r geschrieben vor p', q', r', demnach auch T' für T, und drückt zugleich die Werthe der t aus den Gleichungen (13), (14) durch T, m' und die Winkel p', q', r' aus, so gehen jene drei Gleichungen sofort in die eine über:

$$T - T' + m' = 0, \text{ oder}$$

$$(15) \ldots\ldots\ldots\ldots T' = T + m'.$$

Durch die Formeln (13), (14), (15) ist das Problem also vollkommen erledigt.

Wenn es in diesem Falle unendlich viel Ebenen giebt, für welche die Spannung auf der Angriffsebene senkrecht steht, nämlich die auf T' senkrechte, und alle durch T' gelegte Ebenen, denen eben die Zugkraft T entspricht; so werden endlich überhaupt alle Spannungen, wie ihre Angriffsebenen auch gerichtet sein mögen, einander gleich, sobald die Flächen (4), (5) in Kugeln übergehen; also wenn $T' = T'' = T'''$. In diesem Falle müssen (4), (5) sich offenbar schon in ihrer ursprünglichen Gestalt als Gleichungen von Kugeln darstellen; mit andern Worten, es müssen die Spannungen t_{12}, t_{23}, t_{31} verschwinden, die Spannungen t_{11}, t_{22}, t_{33} aber einander gleich sein. Dieser Zustand tritt also nur ein, wenn sämmtliche Seitenflächen mit gleicher Stärke in normaler Richtung gedrückt oder gezogen werden.

§ 9. Das Elasticitätsellipsoid durch Ebenencoordinaten ausgedrückt. Grenzfälle desselben.

Der wahre allgemeine Charakter der Flächen (4), (5) aber tritt, namentlich auch in Bezug auf gewisse sogleich zu erörternde Grenzfälle, erst dann deutlich hervor, wenn man jene Flächen nicht durch Punktcoordinaten, sondern durch Ebenencoordinaten ausdrückt; d. h. wenn man die Bedingung sucht, welche zwischen den Abschnitten stattfindet, die jede Tangentenebene der Fläche auf den Coordinatenaxen bildet. Diese Bedingung kann man ebensowohl wie die Gleichung in x, y, z als Gleichung der Fläche betrachten; man findet dieselbe folgendermassen:

Schreibt man die Gleichung einer Ebene in der Form:

$$(16) \quad \ldots\ldots \quad uX + vY + wZ + 1 = 0,$$

so sollen u, v, w die Coordinaten der Ebene genannt werden. Die Abschnitte auf den Axen erhält man, wenn man je zwei der Grössen X, Y, Z verschwinden lässt und jedesmal die dritte berechnet; diese Abschnitte werden also; $-\frac{1}{u}$, $-\frac{1}{v}$, $-\frac{1}{w}$, wodurch die geometrische Deutung der Grössen u, v, w gegeben ist. Da nun die Tangentenebene einer Fläche $f = 0$ durch die Formel

$$\frac{\partial f}{\partial x}(X - x) + \frac{\partial f}{\partial y}(Y - y) + \frac{\partial f}{\partial z}(Z - z) = 0$$

gegeben ist, so hat man, damit die Gleichung (16) die Tangentenebene von $f = 0$ darstelle, offenbar:

$$(17) \ldots\ldots\ldots \begin{cases} \dfrac{\partial f}{\partial x} = \lambda u \\ \dfrac{\partial f}{\partial y} = \lambda v \\ \dfrac{\partial f}{\partial z} = \lambda w, \end{cases}$$

durch λ einen unbestimmten Factor bezeichnet, und ausserdem, da der Berührungspunkt x auf der Ebene liegen muss, aus (16).

$$(18) \ldots\ldots\ldots ux + vy + wz + 1 = 0.$$

Eliminirt man aus (17), (18) und aus der Gleichung der Fläche die Grössen x, y, z, λ, so bleibt eine Gleichung in u, v, w übrig, die Gleichung der Fläche in Ebenencoordinaten.

Wendet man dies auf die Fläche (4) an, indem man bei der Bildung der Gleichungen (17) nur den von der Differentiation herrührenden Factor 2 in den unbestimmten Factor λ eingehen lässt, so erhält man aus (17) das System:

$$(19) \ldots \begin{cases} \Delta_{11} x + \Delta_{12} y + \Delta_{13} z = \lambda u \\ \Delta_{21} x + \Delta_{22} y + \Delta_{23} z = \lambda v \\ \Delta_{31} x + \Delta_{32} y + \Delta_{33} z = \lambda w. \end{cases}$$

Multiplicirt man nun mit x, y, z und addirt, so wird die linke Seite wegen der Gleichung der Fläche gleich $k.\Delta$, und die rechte wegen (18) gleich $-\lambda$, so dass also

$$\lambda = -k.\Delta;$$

Die Gleichungen (19) erhält man offenbar aus (3), wenn man darin x, y, z an die Stelle von $T\cos\pi$, $T\cos\varkappa$, $T\cos\varrho$, und zugleich $-ku$, $-kv$, $-kw$ an die Stelle von $\cos p$, $\cos q$, $\cos r$ setzt. Da nun die Gleichungen (3) das System (2) nach sich ziehen, so muss man durch dieselben Vertauschungen auch aus diesem System richtige Gleichungen erhalten. Dieselben gehen dann über in:

$$x = -k\,(t_{11}u + t_{12}v + t_{13}w)$$
$$y = -k\,(t_{21}u + t_{22}v + t_{12}w)$$
$$z = -k\,(t_{31}u + t_{32}v + t_{33}w);$$

und wenn man hier mit u, v, w multiplicirt, so dass bei der Addition links -1 kommt, so erhält man endlich die gesuchte Gleichung der Fläche in Ebenencoordinaten:

$$(4b)\ \frac{1}{k} = t_{11}u^2 + t_{22}v^2 + t_{33}w^2 + 2\,t_{23}vw + 2\,t_{31}wu + 2\,t_{12}uv.$$

Diese Gleichung ist der Punktgleichung der Fläche (4) ganz analog, aber auf viel einfachere Weise gebildet, indem an Stelle der Δ die Spannungen t getreten sind.

Wendet man dasselbe Verfahren an auf das Elasticitätsellipsoid, so ergeben sich zunächst aus (17) die Gleichungen:

$$(20) \ldots \quad \begin{aligned} \Delta_{11} M + \Delta_{12} N + \Delta_{13} P &= \lambda u \\ \Delta_{21} M + \Delta_{22} N + \Delta_{23} P &= \lambda v \\ \Delta_{31} M + \Delta_{32} N + \Delta_{33} P &= \lambda w, \end{aligned}$$

wo der Kürze wegen durch M, N, P die drei Ausdrücke

$$\begin{aligned} M &= \Delta_{11} x + \Delta_{12} y + \Delta_{12} z \\ N &= \Delta_{21} x + \Delta_{22} y + \Delta_{23} z \\ P &= \Delta_{31} x + \Delta_{32} y + \Delta_{33} z \end{aligned}$$

gesetzt sind, so dass die Gleichung der Fläche die Gestalt

$$(21) \ldots\ldots\ldots \quad M^2 + N^2 + P^2 = \Delta^2$$

annimmt. Multiplicirt man wieder die Gleichungen (20) mit x, y, z und addirt, so erhält man, ähnlich wie oben:

$$\Delta^2 = - \lambda;$$

und indem man dann die Gleichungen (20) wieder mit dem System (3) vergleicht, von diesem aber auf das System (2) zurückgeht, findet sich, als dasjenige System, aus dessen Auflösung nach u, v, w das System (20) hervorgegangen betrachtet werden kann:

$$\begin{aligned} M &= - \Delta (t_{11} u + t_{12} v + t_{13} w) \\ N &= - \Delta (t_{21} u + t_{22} v + t_{23} w) \\ P &= - \Delta (t_{31} u + t_{32} v + t_{33} w). \end{aligned}$$

Und setzt man dies endlich in die Gleichung (21) ein, so erhält man die folgende einfache Form der Gleichung des Elasticitätsellipsoids in Ebenencoordinaten:

$$(5b) \,.\, 1 = (t_{11}u + t_{12}v + t_{13}w)^2 + (t_{21}u + t_{22}v + t_{23}w)^2 + (t_{31}u + t_{32}v + t_{33}w)^2.$$

Nach dem, was oben entwickelt ist, erhält man die Gleichungen beider Flächen endlich bezogen auf ihre Hauptaxen, wenn man nur die Grössen t_{23}, t_{31}, t_{12} gleich Null setzt, die anderen Grössen t aber durch die Hauptspannungen T', T'', T''' ersetzt. Werden nun in dem System die Hauptaxen die Ebenencoordinaten durch U, V, W bezeichnet, so sind demgemäss die Gleichungen der Flächen auf ihre Hauptaxen bezogen und in Ebenencoordinaten ausgedrückt:

(4c) . . . . . . $T' U^2 + T'' V^2 + T''' W^2 = \frac{1}{k}$,

(5c) . . . . . $T'^2 U^2 + T''^2 V^2 + T'''^2 W^2 = 1$.

Die Formen sind unter anderm von grosser Wichtigkeit bei der Untersuchung derjenigen Grenzfälle, in welchen eine oder mehrere Wurzeln der cubischen Gleichung verschwinden.

Ist etwa $T''' = o$, so reduciren sich die Gleichungen (4^c) und (5^c) auf

(4d) . . . . $T' U^2 + T'' V^2 = \frac{1}{k}$

(5d) . . . . , . $T'^2 U^2 + T'^2 V^2 = 1$.

Untersuchen wir die Bedeutung dieser Gleichungen. Sie sind unabhängig von W; d. h. wenn eine der Flächen (4^d), (5^d) von einer bestimmten Ebene berührt wird, so wird sie von allen Ebenen berührt, welche dieselben Abschnitte auf der XAxe und der YAxe machen. Alle solche Ebenen schneiden sich in einer Geraden, welche in der XYEbene liegt; die Fläche (4^d), (5^d) stellen daher Curven dar, welche in der XYEbene liegen. Diese Curven sind offenbar die nämlichen, wie die, in welchen die Flächen (4^c), (5^c) von denjenigen Ebenen berührt werden, für welche $W = o$ ist; denn für $W = o$ gehen die Gleichungen (4^c), (5^c) in (4^d), (5^d) über.

Diese Ebenen aber, welche die ZAxe im Unendlichen schneiden, bilden den mit dieser Axe parallelen Berührungskegel dieser Flächen, und seine Berührungscurve ist der Schnitt der Flächen (4^c), (5^c) mit der XYEbene. Die Gleichung (5^d) stellt also die Ellipse dar, welche im Allgemeinen das Elasticitätsellipsoid mit der XY-Ebene gemein hat, eine Ellipse mit den Axen T', T''; die Gleichung (4^d) hingegen giebt eine Ellipse oder Hyperbel, je nachdem T', T'' gleiches oder entgegengesetztes Zeichen haben.

Ist also eine Hauptspannung gleich Null, so liegen für alle möglichen Ebenen die ihnen entsprechenden Spannungsrichtungen in einer Ebene, so dass für alle Ebenen, die durch ein und dieselbe in jener liegende Gerade gehen, die Spannung der Richtung und Grösse noch dieselbe ist. Lässt man in jener Ebene die Gerade sich um einen Punkt drehen, so beschreibt der Endpunkt der ihr entsprechenden Zugkraft eine Ellipse. Dieser Zustand tritt z. B. ein, wenn das Parallelepipedon nur auf zwei Flächenpaaren durch normal wirkende Kräfte angegriffen, auf der dritten aber weder gedrückt noch gezogen wird.

Sind endlich zwei Wurzeln der cubischen Gleichung Null, so dass neben T''' auch T'' verschwinden, so gehen die Gleichungen der betrachteten Flächen über in:

$$(4e) \quad \ldots\ldots\ldots\ldots \quad T' U^2 = \frac{1}{k}$$

$$(5e) \quad \ldots\ldots\ldots\ldots \quad T'^2 U^2 = 1.$$

Jede dieser Gleichungen stellt zwei einzelne Punkte dar, welche auf der Hauptaxe X zu beiden Seiten des Anfangspunkts in den Entfernungen $\sqrt{k\,T'}$ und $\pm$ T′ liegen. Denn alle Ebenen welche der Gleichung (4e) genügen, schneiden nothwendig von der XAxe entweder das Stück $\sqrt{k\,T'}$ oder das Stück $-\sqrt{k\,T'}$ ab, müssen also durch einen der hierdurch bestimmmten Punkte gehen, sind aber weiter keiner Bedingung unterworfen. Ebenso schneiden alle der Gleichung (5e) entsprechenden Ebenen von der X-Axe die Strecken $\pm\,T'$ ab und gehen also durch einen der dadurch bestimmten Punkte, ohne weitern Bedingungen unterworfen zu sein. In diesem Falle hat also für alle nur denkbaren Angriffsebenen die Spannung völlig dieselbe Grösse und Richtung. Es tritt das z. B. ein, wenn nur ein einziges Flächenpaar des Körpers normalen Zugkräften unterworfen ist.

§ 10. Spannungen, welche irgend drei gegen einander senkrechten Ebenen entsprechen.

Ich schliesse diese geometrischen Betrachtungen über das Elasticitätsellipsoid mit einem Satz, welcher die Existenz der Hauptzugrichtungen gewissermassen als speciellen Fall eines allgemeinen Verhaltens erscheinen lässt.

Die Zugrichtungen, welche den Flächen des Parallelepipedons selbst entsprechen, erhält man aus den Gleichungen (3), indem man je zwei der Grössen $\cos p$, $\cos q$, $\cos r$ gleich Null sein lässt. Für diese hat man also immer je zwei der drei Gleichungen erfüllt:

$$\begin{aligned} \Delta_{11} \cos\pi + \Delta_{12} \cos\varkappa + \Delta_{13} \cos\varrho &= 0 \\ \Delta_{21} \cos\pi + \Delta_{22} \cos\varkappa + \Delta_{23} \cos\varrho &= 0 \\ \Delta_{31} \cos\pi + \Delta_{32} \cos\varkappa + \Delta_{33} \cos\varrho &= 0. \end{aligned}$$

Inzwischen verhalten sich die Cosinus von π, $\varkappa$, ϱ der Annahme nach zu einander wie die Coordinaten x, y, z des entsprechenden Punktes im Elasticitätsellipsoid, dessen Radius vector eben die durch die Winkel π, $\varkappa$, ϱ bestimmte Zugrichtung darstellt. Diese Zugrichtungen sind also die Schnittlinien der drei Ebenen:

$$(22) \ldots\ldots \begin{cases} \varDelta_{11} X + \varDelta_{12} Y + \varDelta_{13} Z = 0 \\ \varDelta_{21} X + \varDelta_{22} Y + \varDelta_{23} Z = 0 \\ \varDelta_{31} X + \varDelta_{32} Y + \varDelta_{33} Z = 0. \end{cases}$$

Bilden wir nun die Gleichungen der Tangentenebenen, welche in den Endpuncten jener drei Radien sich an das Elasticitätsellipsoid legen lassen, so werden ihre Gleichungen, mit Rücksicht darauf, dass von den Ausdrücken

$$\begin{gathered} \varDelta_{11} x + \varDelta_{12} y + \varDelta_{13} z \\ \varDelta_{21} x + \varDelta_{22} y + \varDelta_{23} z \\ \varDelta_{31} x + \varDelta_{32} y + \varDelta_{33} z. \end{gathered}$$

immer je zwei verschwinden, mit Uebergehung überflüssiger Factoren die folgenden:

$$\begin{gathered} \varDelta_{11} (X - x) + \varDelta_{12} (Y - y) + \varDelta_{13} (Z - z) = 0 \\ \varDelta_{21} (X - x) + \varDelta_{22} (Y - y) + \varDelta_{23} (Z - z) = 0 \\ \varDelta_{31} (X - x) + \varDelta_{32} (Y - y) + \varDelta_{33} (Z - z) = 0. \end{gathered}$$

Da die Coefficienten von X, Y, Z in diesen Gleichungen genau dieselben sind, wie in (22), so sind diese in den Endpunkten der drei Radien gezogenen Tangentenebenen der Reihe nach den Ebenen parallel, welche durch je zwei jener Radien bestimmt sind, oder mit anderen Worten, jene Radien sind conjugirte Durchmesser des Ellipsoids.

Aber, wie oben schon bemerkt wurde, kann man sich den Körper durch irgend welche andere drei Paare auf einander senkrechter Flächen begränzt denken. Dann müssen also, wenn man etwa von diesen ausgeht, nach denselben Betrachtungen auch die ihnen entsprechenden Zugkräfte conjugirte Durchmesser des Ellipsoids sein. Und so findet sich folgender Satz:

Die Zugrichtungen, welche irgend drei auf einander senkrechten Ebenen entsprechen, sind conjugirte Durchmesser des Elasticitätsellipsoids.

§ 11. Krystallinisches Parallelepipedon.

Es soll jetzt untersucht werden, in wie weit die im Vorigen ausgeführten Betrachtungen zu modificiren sind, wenn das untersuchte Parallelepipedon aufhört, in allen Richtungen dieselbe Structur zu besitzen, und in denjenigen Zustand übergeht, welchen man als krystallinisch bezeichnet. Man kann diesen Zustand am einfachsten dahin charakterisiren, dass es in dem Körper dann gewisse Richtungen von Ebenen giebt, in welchen eine Verschiebung paralleler Schichten gegen einander mit besonderer Leichtigkeit erfolgt; so wie dass in gewissen Richtungen der Körper ausdehnenden oder comprimirenden Kräften weniger Widerstand leistet als in andern. Ungleichheiten dieser Art aber finden sich nicht blos in den wirklich krystallisirten Stoffen, sondern auch grösstentheils in grösserem oder geringerem Maasse bei ursprünglich unkrystallinischen Substanzen, welche gewissen immer im nämlichen Sinne wirkenden Einflüssen lange Zeit ausgesetzt gewesen sind.

Stellen wir uns also aus derartigem Material ein Parallelepipedon vor, welches auf seinen Flächen durch beliebig gerichtete gleich vertheilte Kräfte angegriffen wird, die nur wieder auf den parallelen Flächen gleich und entgegengesetzt sein sollen.

Der einfachste Fall wäre der, wo von den erwähnten Schichtungen etwa nur drei auf einander senkrechte existiren, die zugleich den Flächen des Körpers parallel wären. In diesem Fall würde man durch normale Zugkräfte auch nur normale Verschiebungen hervorbringen; und der Körper würde sich für solche Kräfte verhalten, wie ein unkrystallinischer Körper, bei welchem nur in den drei Zugrichtungen der Elasticitätsmodul E wie die entsprechenden Coefficienten μ verschiedene Werthe hätten.

Aber wenn jene Ebenen leichterer Verschieblichkeit gegen die Seitenflächen geneigt sind, so erkennt man sofort, dass selbst normale Zugkräfte bereits neben Ausdehnung auch seitliche Verschiebungen hervorrufen würden. In diesen Falle werden also im Allgemeinen durch jedes System von Zugkräften, normal oder nicht, sowohl der Winkel als die Seiten des Körpers geändert. Bezeichnen wir wieder die Kantenlängen ursprünglich durch a, b, c, nach der Verschiebung aber durch $a(1+\alpha)$, $b(1+\beta)$, $c(1+\gamma)$, so wie die Winkel des verschobenen Parallelepipedons durch $\frac{\pi}{2} - \varphi$, $\frac{\pi}{2} - \chi$, $\frac{\pi}{2} - \psi$, so sind die 6 Grössen $\alpha, \beta, \gamma, \varphi, \chi, \psi$ von sämmtlichen Componenten t_{11}, t_{22}, t_{33}, t_{23}, t_{31}, t_{12} der äussern Kräfte abhängig; daher auch umgekehrt diese als Functionen von jenen betrachtet werden können. In dieser letzten Vorstellung aber kann man den Umstand benützen, dass die sechs Grössen α, β, γ, φ, χ, ψ sämmtlich sehr klein sind; man kann daher die sechs Componenten nach Potenzen dieser Grössen entwickelt denken, und es wird genügen, die ersten Potenzen beizubehalten. Terme, welche von den Verschiebungsgrössen unabhängig sind, können nicht vorkommen, da offenbar die Verschiebungen mit den äussern Kräften zugleich verschwinden müssen. So drücken sich also die Grössen t durch die Verschiebungen auf lineare Weise aus, und man erhält ein System von Gleichungen folgender Form:

$$
(23) \begin{cases}
t_{11} = a_{11,11}\alpha + a_{11,22}\beta + a_{11,33}\gamma + a_{11,23}\varphi + a_{11,31}\chi + a_{11,12}\psi \\
t_{22} = a_{22,11}\alpha + a_{22,22}\beta + a_{22,33}\gamma + a_{22,23}\varphi + a_{22,31}\chi + a_{22,12}\psi \\
t_{33} = a^{3}{}_{3,11}\alpha + a_{33,22}\beta + a_{33,33}\gamma + a_{33,23}\varphi + a_{33,31}\chi + a_{32,12}\psi \\
t_{23} = a_{23,11}\alpha + a_{23,22}\beta + a_{23,33}\gamma + a_{23,23}\varphi + a_{23,31}\chi + a_{23,12}\psi \\
t_{31} = a_{31,11}\alpha + a_{31,22}\beta + a_{31,33}\gamma + a_{31,23}\varphi + a_{31,31}\chi + a_{31,12}\psi \\
t_{12} = a_{12,11}\alpha + a_{12,22}\beta + a_{12,33}\gamma + a_{12,23}\varphi + a_{12,31}\chi + a_{12,12}\psi.
\end{cases}
$$

Die Bezeichnungen in diesem Schema sind so gewählt, dass immer das erste Paar von Indices auf die entsprechende Spannung hindeutet, in deren Ausdruck der Coefficient eingeht, das letzte auf die Verschiebungsgrösse, mit welcher derselbe multiplicirt ist. Und indem dabei der Index 1 immer an die Kante a erinnern soll, 2 an b, 3 an c, entspricht 11 der Verschiebungsgrösse α, welche der Kante a angehört, 12 der Veränderung ψ, welche der Winkel von a gegen b erfahren hat, u. s. w.

Die 36 Constanten a sind nur von der Natur der Substanz abhängig; von denselben muss man einige als gleich betrachten, wovon weiter unten die Rede sein wird.

Die Gleichungen (23) also treten an die Stelle der Gleichungen (1[a]) § 4. Aber die ferneren Betrachtungen, welche im Vorigen an jene Gleichungen geknüpft sind, bleiben hierdurch völlig ungeändert, da in denselben die Ausdrücke der Spannungen durch die Verschiebungen auf keine Weise benützt worden sind. Namentlich also wird das Elasticitätsellipsoid auch hier auf ganz dieselbe Weise zu behandeln sein.

§ 12. Gleichgewichtszustand eines von beliebigen Kräften ergriffenen Körpers.

Die bisher angestellten Betrachtungen wenden wir nun auf die Untersuchung des Gleichgewichtes eines elastischen Körpers an, welcher irgend welchen Kräften unterworfen ist. Die letzteren wirken zum Theil auf die Oberfläche, zum Theil, wie die Schwere, auf das Innere; beide können der Richtung und Grösse nach veränderlich sein von einem Punkte des Körpers zum andern; doch wird das Eine sogleich festzuhalten sein, dass die auf sehr kleine Oberflächentheile wirkenden Kräfte im Allgemeinen von der Ordnung des kleinen Flächenstückes sein werden, so wie die auf ein Volumenelement im Innern wirkenden Kräfte von der Ordnung dieses Elements. Man kann daher, durch *do* ein Oberflächenelement ausgedrückt, die auf dasselbe wirkende Kraft durch das Product einer endlichen Zahl mit dem Element *do* selbst darstellen; und jene endliche Zahl bedeutet dann die äussere Kraft, bezogen auf die Einheit der Fläche; ebenso, wenn *dv* ein Volumenelement ist, kann man die auf dasselbe wirkende Kraft durch das Product einer endlichen Zahl mit *dv* darstellen, und jene Zahl bedeutet die Kraft, bezogen auf die Einheit des Volumens.

Fassen wir nun im Innern des Körpers ein unendlich kleines ursprünglich rechtwinkliches Parallelepipedon ins Auge, dessen Kanten den Axen eines rechtwinkligen Coordinatensystems parallel sein mögen. Dasselbe wird einerseits durch die auf das Innere desselben wirkenden äussern Kräfte angegriffen; andererseits aber festgehalten durch die Spannungskräfte, welche auf die Seitenflächen wirken und ihre Entstehung den durch die Verschiebungen hervorgerufenen Molekularkräften verdanken. Diese Spannungskräfte sind auf die Einheit der Fläche bezogen endliche Grössen; die wirklichen Kräfte, mit welchen in Folge dessen die Seitenflächen angegriffen werden, sind demnach von der Ordnung dieser Flächen selbst, also unendlich kleine Grössen zweiter Ordnung, da die Flächen sich als Producte je zweier unendlich kleiner Kanten darstellen. Dagegen sind die auf das Innere wirkenden Kräfte dem Volumen des Parallelepipedons proportional, also von der dritten Ordnung. Hieraus folgt, dass jene Spannungskräfte sich bis auf unendlich kleine Grössen selbst unter einander das Gleichgewicht halten müssen, dass also auch die auf gegenüberliegende Flächen wirkenden Spannungskräfte bis auf unendlich kleine Grössen gleich, parallel und entgegengesetzt sein werden, so dass ihre Differenzen unendlich klein, und dadurch mit den auf das Innere wirkenden Kräften vergleichbar werden. Hierdurch ist auch die Continuität im innern Verhalten des Körpers gewahrt; insofern demnach jene Spannungen sich von einem Punkte zum benachbarten nur um Grössen ändern, welche von der Ordnung des Abstandes beider Punkte sind.

Die Spannungen werden im Allgemeinen nicht normal auf den Seitenflächen des kleinen Parallelepipedons stehen. Sie sollen daher wieder zerlegt werden nach den Richtungen der Coordinatenaxen; und ihre Componenten seien wieder bezeichnet wie oben; wenn also dx, dy, dz die Kanten des Parallelepipedons sind, so hat man auf den Flächen, welche dem Anfangspunkt zugewandt sind, folgende Componenten:

$$\begin{array}{lllll} \text{auf } dy\,dz & : t_{11}\,dy\,dz, & t_{12}\,dy\,dz, & t_{13}\,dy\,dz \\ \text{auf } dz\,dx & : t_{21}\,dz\,dx, & t_{22}\,dz\,dx, & t_{23}\,dz\,dx \\ \text{auf } dx\,dy & : t_{31}\,dx\,dy, & t_{32}\,dx\,dy, & t_{33}\,dx\,dy. \end{array}$$

Die Spannungen t, welche für die verschiedenen Punkte des Körpers verschieden sind, werden aber nach dem Obigen stetige Functionen von x, y, z; und um also von einer Fläche zur gegenüberliegenden überzugehen, hat man demnach in diesen Functionen nur resp. x um dx, y um dy, z um dz wachsen zu lassen; wodurch jede Kraft t in $t + \frac{\partial t}{\partial x}$ resp. $t + \frac{\partial t}{\partial y}\,dy$, oder $t + \frac{\partial t}{\partial z}$ übergeht. Also wirken auf die gegenüberliegenden Flächen folgende Componenten:

$$\begin{array}{l} \text{auf } dy\,dz : (t_{11} + \frac{\partial t_{11}}{\partial x}dx)\,dy\,dz,\ (t_{12} + \frac{\partial t_{12}}{\partial x}dx)\,dy\,dz,\ (t_{13} + \frac{\partial t_{13}}{\partial x}dx)\,dy\,dz \\ \text{auf } dz\,dx : (t_{21} + \frac{\partial t_{21}}{\partial y}dy)\,dz\,dx,\ (t_{12} + \frac{\partial t_{22}}{\partial y}dy)\,dz\,dx,\ (t_{23} + \frac{\partial t_{23}}{\partial y}dy)\,dz\,dx \\ \text{auf } dx\,dy : (t_{31} + \frac{\partial t_{31}}{\partial z}dz)\,dx\,dz,\ (t_{32} + \frac{\partial t_{32}}{\partial z}dy)\,dx\,dz,\ (t_{33} + \frac{\partial t_{33}}{\partial z}dz)\,dx\,dy. \end{array}$$

Denken wir uns die t als Zugkräfte, wenn sie positiv sind, so wirken diese letzteren Kräfte im Sinne der Coordinatenaxen die ersteren ihnen entgegen. Im Sinne der Axen endlich müssen wir noch die Componenten der äusseren Kräfte rechnen, welche auf das kleine Parallelepipedon wirken und welche durch

$$X\,dx\,dy\,dz,\quad Y\,dx\,dy\,dz,\quad Z\,dx\,dy\,dz$$

bezeichnet sein sollen.

Die Bedingungen für das Gleichgewicht des Parallelepipedons, welche, wenn sie überall erfüllt sind, das innere Gleichgewicht des ganzen Körpers in sich schliessen, bestehen nun erstlich im Verschwinden der Componentensummen nach den drei Axen, sodann aber im Verschwinden der Summen sämmtlicher Drehungsmomente, bezogen auf jede der Axen.

Setzen wir zunächst die Summen entsprechender Componenten gleich Null, und berücksichtigen dabei, dass die Grössen der ersten Tafel, da sie den Axen entgegenwirken, mit negativen Zeichen zu nehmen sind, so heben sich die Glieder zweiter Ordnung auf und indem man den Rest durch $dx\,dy\,dz$ dividirt, bleiben die Gleichungen:

$$(24)\ \ldots\ldots\left\{\begin{aligned}&\frac{\partial t_{11}}{\partial x}+\frac{\partial t_{12}}{\partial y}+\frac{\partial t_{13}}{\partial z}+X=0\\&\frac{\partial t_{21}}{\partial x}+\frac{\partial t_{22}}{\partial y}+\frac{\partial t_{23}}{\partial z}+Y=0\\&\frac{\partial t_{31}}{\partial x}+\frac{\partial t_{32}}{\partial y}+\frac{\partial t_{33}}{\partial z}+Z=0.\end{aligned}\right.$$

Bei der Berechnung der Summen der Drehungsmomente hingegen fallen die Grössen zweiter Ordnung nicht ohne Weiteres fort. Man kann daher, da man die Glieder zweiter Ordnung berücksichtigen muss, ihnen gegenüber die übrigen fortlassen. So werden weder die äusseren Kräfte noch die Differenzen der auf parallele Flächen wirkenden Spannungskräfte zu berücksichtigen sein. Sind aber die auf gegenüberliegende Flächen wirkenden Kräfte gleich und entgegengesetzt, so wurde schon in § 4 nachgewiesen, dass zum Gleichgewicht in Bezug auf Drehung nur das Bestehen der Gleichungen

$$t_{23}=t_{32},\quad t_{31}=t_{13},\quad t_{12}=t_{21}$$

nothwendig sei. Diese Gleichungen bestehen also auch hier, so dass sich die 9 Componenten der Spannungen auf 6 von einander verschiedene reduciren. Dies vorausgesetzt sind daher die Gleichungen (24) die einzigen, welche das innere Gleichgewicht des Körpers fordert.

Das kleine Parallelepipedon $dx\,dy\,dz$ ist, wie man sieht, Zugkräften unterworfen, welche ganz nach Art derjenigen geordnet ist, unter deren Einfluss oben der Zustand eines endlichen Parallelepipedons dargestellt wurde. So sind dann jene Betrachtungen sofort anwendbar, um die Zustände im Innern zu verdeutlichen. Auch hier besteht für jeden Punkt, d. h. für jedes Elementarparallelepipedon ein Ellipsoid, welches alle Punkte umfasst, welche ursprünglich in seiner Kugelfläche gelagert waren. Dies Ellipsoid, welches Verschiebungsellipsoid heissen mag, soll weiter unten genauer untersucht werden. Ebenso werden alle kleinen ebenen Flächen, welche man durch einen beliebigen Punkt legt, noch durch Spannungskräfte angegriffen, deren Richtungen die zu jenen Ebenen in Bezug auf eine bestimmte Fläche zweiter Ordnung conjugirte Durchmesser angeben. Endlich bilden die Endpunkte dieser Spannungskräfte, wenn man jede von dem betrachteten Punkte aus ihrer wahren Richtung und Grösse nach anträgt, ein Elasticitätsellipsoid. Die Formeln und Sätze der §§ 5—10 bleiben ohne die mindeste Modification anwendbar. Aber für jeden einzelnen Punkt des Körpers werden die Spannungen andre, daher auch die Lage jener Flächen und die Grössen ihrer Hauptaxen.

Die Formeln (2) des § 5 dienen nun sofort zur Aufstellung der besonderen Gleichgewichtsbedingungen, welche an der Oberfläche der Körpers eintreten. Ein kleines Parallelepidedon, welches wir in der Nähe der Oberfläche construiren, wird von der Tangentenebene dieser Oberfläche wirklich durchschnitten; es existirt also in einem solchen eine Ebene, für welche Grösse und Richtuug der Spannung gegeben ist, die Grösse und Richtung des Drucks oder Zugs nämlich, welchen das Element der freien Oberfläche oder ihrer Tangentenebene durch die auf die Oberfläche wirkenden äusseren Kräfte erfährt. Ist T diese gegebene Zugkraft, sind π, $\varkappa$, ϱ die Winkel, welche sie gegen die Axen bildet, sind endlich p, q, r die Winkel, welche die nach aussen gerichtete Normale der Fläche oder ihrer Tangentenebene gegen die Axen bildet, und bedeuten, wie immer, die Grössen t die Spannungen, welche in dem betrachteten Punkt die Flächen des Elementarparallelepipedons auszuhalten haben, so müssen die Gleichungen (2) noch immer erfüllt sein, und man muss also noch immer haben:

$$(25)\ldots\begin{cases} t_{11}\cos p + t_{12}\cos q + t_{13}\cos r = T\cos\pi \\ t_{21}\cos p + t_{22}\cos q + t_{23}\cos r = T\cos\varkappa \\ t_{31}\cos p + t_{32}\cos q + t_{33}\cos r = T\cos\varrho. \end{cases}$$

§ 13. Ausdruck der Spannungen durch die Verschiebungen eines Punktes.

Die Gleichungen (24), (25) drücken nun allerdings die Gleichgewichtsbedingungen vollständig aus; aber abgesehen von den Gleichungen (25), welche nur an der Grenze stattfinden, enthalten sie in nur drei Gleichungen sechs unbekannte Functionen. Auch wenn man mit Hülfe der Gleichungen (23) des § 11 die Spannungen durch die Verschiebungsgrössen ausdrückt, ändert sich hierin nichts. Es kommt daher endlich darauf an, diese Verschiebungsgrössen auf nur drei Unbekannte zurückzuführen; und man erreicht dies, wenn man ins Auge fasst, dass die verschiedenen Elementarparallelepipeda den ganzen Körper continuirlich zusammensetzen. Bezeichnet man die ursprünglichen Coordinaten der dem Anfangspunkte zugewandten Ecke des betrachteten Parallelepipedons durch x, y, z, so haben die drei Ecken, welche mit dieser durch die Kanten dx, dy, dz verbunden sind, ursprünglich beziehungsweise die Coordinaten

1.	$x + dy,$	$y,$	$z,$
2.	$x,$	$y + dy,$	$z,$
3.	$x,$	$y,$	$z + dz,$

Durch die Verschiebungen, welche die äussern Kräfte in dem Körper hervorrufen, mag nun die erste Ecke die Coordinaten $x + u$, $y + v$, $z + w$ erhalten, so dass u, v, w die Verschiebungen dieser Ecke in Richtung der Coordinatenaxen bedeuten. Diese Verschiebungen sind für jeden Punkt andere und also Functionen von x, y, z; man erhält somit die Verschiebungen der drei andern Ecken, indem man in den Functionen u, v, w für die erste Ecke x durch $x + dx$, für die zweite y durch $y + dy$, für die dritte z durch $z + dz$ ersetzt. Dann werden die Coordinaten jener Ecken nach der Verschiebung:

$$
\begin{array}{llll}
1. & x+dx+u+\frac{\partial u}{\partial x}dx, & y+v+\frac{\partial v}{\partial x}dx, & z+w+\frac{\partial w}{\partial x}dx, \\
2. & x+u+\frac{\partial u}{\partial y}dy, & y+dy+v+\frac{\partial v}{\partial y}dy, & z+w+\frac{\partial w}{\partial y}dy, \\
3. & x+u+\frac{\partial u}{\partial y}dy, & y+v+\frac{\partial v}{\partial z}dz, & z+dz+w+\frac{\partial w}{\partial z}dz.
\end{array}
$$

Wenn man von den in diesem Schema enthaltenen Grössen bezüglich $x+u$, $y+v$, $z+w$, die Coordinaten der ersten Ecke, abzieht, so ergeben sich die Projectionen der verschobenen und verlängerten Kanten des Parallelepipedons auf die Coordinatenaxen:

$$
\begin{array}{llll}
1. & \left(1+\frac{\partial u}{\partial x}\right)dx, & \frac{\partial v}{\partial x}dx, & \frac{\partial w}{\partial x}dx \\
2. & \frac{\partial u}{\partial y}dy, & \left(1+\frac{\partial v}{\partial y}\right)dy, & \frac{\partial w}{\partial y}dy \\
3. & \frac{\partial u}{\partial z}dz, & \frac{\partial v}{\partial z}dz, & \left(1+\frac{\partial w}{\partial z}\right)dz.
\end{array}
$$

Hieraus ergeben sich die Längen der Kanten nach der Verschiebung, welche gleich $dx(1+\alpha)$, $dy(1+\beta)$, $dz(1+\gamma)$ sind, indem man ihre Quadrate der Quadratsumme ihrer Projectionen gleichsetzt; und wenn man dabei die Factoren dx^2, dy^2, dz^2, übergeht, findet sich:

$$
(26) \ldots \left\{
\begin{aligned}
(1+\alpha)^2 &= \left(1+\frac{\partial u}{\partial x}\right)^2+\left(\frac{\partial v}{\partial x}\right)^2+\left(\frac{\partial w}{\partial x}\right)^2 \\
(1+\beta)^2 &= \left(\frac{\partial u}{\partial y}\right)^2+\left(1+\frac{\partial v}{\partial y}\right)^2+\left(\frac{\partial w}{\partial y}\right)^2 \\
(1+\gamma)^2 &= \left(\frac{\partial u}{\partial z}\right)^2+\left(\frac{\partial v}{\partial z}\right)^2+\left(1+\frac{\partial w}{\partial z}\right)^2.
\end{aligned}
\right.
$$

Die Projectionen dividirt durch die ganzen Längen geben aber die Cosinus, welche die Richtungen der letzteren gegen die Axen bilden; und wenn man die entsprechenden Cosinus zweier Richtungen multiplicirt, so ergiebt sich der Cosinus des Winkels, den beide Richtungen gegen einander bilden, oder es findet sich:

$$(27)\quad\begin{cases}\cos\left(\frac{\pi}{2}-\varphi\right)=\dfrac{\frac{\partial u}{\partial y}\frac{\partial u}{\partial z}+\left(1+\frac{\partial v}{\partial y}\right)\frac{\partial v}{\partial z}+\frac{\partial w}{\partial y}\left(1+\frac{\partial w}{\partial z}\right)}{(1+\beta)(1+\gamma)}\\[2ex]\cos\left(\frac{\pi}{2}-\chi\right)=\dfrac{\frac{\partial u}{\partial z}\left(1+\frac{\partial u}{\partial x}\right)+\frac{\partial v}{\partial z}\frac{\partial v}{\partial x}+\left(1+\frac{\partial w}{\partial z}\right)\frac{\partial w}{\partial x}}{(1+\gamma)(1+\alpha)}\\[2ex]\cos\left(\frac{\pi}{2}-\psi\right)=\dfrac{\left(1+\frac{\partial u}{\partial x}\right)\frac{\partial u}{\partial y}+\frac{\partial v}{\partial x}\left(1+\frac{\partial v}{\partial y}\right)+\frac{\partial w}{\partial x}\frac{\partial w}{\partial y}}{(1+\alpha)(1+\beta)}\end{cases}$$

Hat nun der Körper überall endliche Dimensionen, so sind u, v, w und deren Differentialquotienten überall nothwendig sehr kleine Grössen. Dies ist nicht mehr nothwendig, wenn eine oder zwei Dimensionen des Körpers sehr klein werden, wo denn, ohne die Kleinheit der Verschiebungen in den Elementen zu beeinträchtigen, die Verschiebungen selbst sehr gross werden können; das Beispiel einer sehr dünnen Platte, oder einer elastischen Feder macht dies sofort deutlich. Diesen Fall wollen wir daher hier zunächst ausschliessen und später besonders behandeln. Die Dimensionen des Körpers aber überall endlich vorausgesetzt, kann man dann in den Gleichungen (26), (27) höhere Potenzen und Producte der Differentialquotienten von u, v, w einerseits ebensowohl vernachlässigen, wie höhere Potenzen und Producte der Grössen α, β, γ, φ, χ, ψ andrerseits, und alsdann reduciren sich dieselben auf das einfachere Schema:

$$(28)\ \ldots\ \begin{cases}\alpha=\frac{\partial u}{\partial x}, & \varphi=\frac{\partial v}{\partial z}+\frac{\partial w}{\partial y},\\ \beta=\frac{\partial v}{\partial y}, & \chi=\frac{\partial w}{\partial x}+\frac{\partial u}{\partial z},\\ \gamma=\frac{\partial w}{\partial z}, & \psi=\frac{\partial u}{\partial y}+\frac{\partial v}{\partial x}.\end{cases}$$

Ich füge dieser Gleichung noch den Ausdruck für die Vergrösserung hinzu, welche der Einheit des Volumens entspricht. Da die Kanten des kleinen Körpers nur sehr wenig aus ihrer rechtwinkligen Lage verschoben sind, so kann man noch immer sein Volumen durch das Product seiner Kanten ausdrücken. Das Volumen des verschobenen Prismas ist also

$$dx\,dy\,dz\,(1+\alpha)(1+\beta)(1+\gamma),$$

und da das ursprüngliche Volumen $dx\, dy\, dz$ war, so ist die Volumeneinheit durch die Verschiebungen zu $(1 + \alpha)(1 + \beta)(1 + \gamma)$ geworden, oder, mit Uebergehung höherer Ordnungen zu $1 + (\alpha + \beta + \gamma)$. Es ist daher $\alpha + \beta + \gamma$ die Vergrösserung der Volumeneinheit; und bezeichnen wir sie durch v, so wird nach (28).

$$(29) \quad \ldots\ldots\ldots \quad v = \frac{\partial u}{\partial x} + \frac{\partial v}{\partial y} + \frac{\partial w}{\partial z}.$$

Die Gleichungen (28) lösen nun wirklich die gestellte Aufgabe, indem sie die sechs Verschiebungsgrössen und also auch die sechs Spannungen durch die partiellen Differentialquotienten von drei Functionen u, v, w ausdrücken lehren. Führt man die Werthe (28) in die Gleichungen (23) und sodann diese in (24) ein, so erhält man offenbar drei simultane partielle Differentialgleichungen zweiter Ordnung für u, v, w; es sind die allgemeinen Bedingungsgleichungen für das Gleichgewicht eines elastischen Körpers.

§. 14. Gleichungen für die Bewegung.

Aber auch die Gleichungen der innern Bewegungen eines solchen Körpers, falls deren existiren, lassen sich hiernach leicht aufstellen, indem man sich jenes allgemeinen Princips bedient, welches den Namen d'Alemberts führt. Sei m die Masse der Volumeneinheit, $m\, dx\, dy\, dz$, also die Masse des Elementarparallelepipedons; wir erhalten dann für die Kräfte, welche nöthig sein würden, um den Gleichgewichtszustand des Prismas herzustellen, die negativen Producte dieser Masse mit den in Wirklichkeit auftretenden Beschleunigungen. Inzwischen beschreibt das Element parallel den Axen die Wege u, v, w, welche in jedem Augenblicke seine Verschiebungen ausdrücken, Grössen, welche offenbar in diesem Fall ausser von den Coordinaten x, y, z der Ruhelage, auch noch von der Zeit t abhängig sind. Jene Beschleunigungen sind sonach nichts anders als die zweiten Differentialquotienten

$$\frac{\partial^2 u}{\partial t^2}, \quad \frac{\partial^2 v}{\partial t^2}, \quad \frac{\partial^2 w}{\partial t^2}.$$

Und so kann man wieder die Bedingungsgleichungen des Gleichgewichts aufstellen, wenn man den äusseren Kräften die negativen Producte von $m\, dx\, dy\, dz$ mit diesen Beschleunigungen hinzufügt; oder, da die Kräfte oben auf die Einheit des Volumens bezogen waren, wenn man an Stelle von X, Y, Z die Ausdrücke

$$X - m\,\frac{\partial^2 u}{\partial t^2}$$

$$Y - m\,\frac{\partial^2 v}{\partial t^2}$$

$$Z - m\,\frac{\partial^2 w}{\partial t^2}$$

treten lässt. Und somit leiten sich aus (24) die folgenden allgemeinen Bewegungsgleichungen ab:

$$(30)\quad \ldots\ldots \left\{\begin{aligned} m\,\frac{\partial^2 u}{\partial t^2} &= \frac{\partial t_{11}}{\partial x} + \frac{\partial t_{12}}{\partial y} + \frac{\partial t_{13}}{\partial z} + X \\ m\,\frac{\partial^2 v}{\partial t^2} &= \frac{\partial t_{21}}{\partial x} + \frac{\partial t_{22}}{\partial y} + \frac{\partial t_{23}}{\partial z} + Y \\ m\,\frac{\partial^2 w}{\partial t^2} &= \frac{\partial t_{31}}{\partial x} + \frac{\partial t_{32}}{\partial y} + \frac{\partial t_{33}}{\partial z} + Z. \end{aligned}\right.$$

Auch dies werden drei simultane partielle Differentialgleichungen zur Bestimmung von u, v, w, wenn man darin die Spannungen t zunächst aus (23) durch α, β, γ, φ, χ, ψ, sodann aber diese Grössen mit Hülfe der Gleichungen (28) durch die Differentialquotienten von u, v, w selbst ausdrückt.

Die Betrachtungen über das Elasticitätsellipsoid, sowie die Grenzbedingungen (25) für die Oberflächen des Korpers werden hierdurch nicht im Mindesten verändert; sie enthielten überhaupt die auf das Innere des Elementarparallelepipedons wirkenden Kräften nicht, und es werden also auch die eintretenden Beschleunigungen in ihnen keine Stelle finden.

Die Gleichungen (30) geben zu einem bemerkenswerthen Satze Veranlassung, welcher das Problem, die kleinen innern Bewegungen (Schwingungen) eines elastischen Körpers zu finden, wesentlich vereinfacht. Die Kräfte X, Y, Z nämlich, so wie die auf die Oberfläche wirkenden Kräften $T\cos\pi$, $T\cos\varkappa$, $T\cos\varrho$ sind zwar im Allgemeinen Functionen der Coordinaten des Angriffspunkts und werden demnach während der Bewegung Functionen von $x+u$, $y+v$, $z+w$. Aber da u, v, w sehr kleine Grössen sind, so darf man sie gegen x, y, z vernachlässigen, und kann daher jene Kräfte so berechnen, als wirkten sie auf den Ort ihres Angriffpunkts in der Ruhelage; vorausgesetzt, dass die Kräfte nicht mit der Zeit veränderlich sind, werden sie demnach nur Functionen von x, y, z. Es seien nun u', v', w', diejenigen Verschiebungen, welche die auf das Aeussere und Innere des Körpers wirkenden Kräfte hervorbringen, wenn sie völlig zum Gleichgewichte gekommen sind, was immer möglich sein wird, sofern die Kräfte von der Zeit nicht abhängig sind. Bezeichnet man durch t' dann die entsprechenden Spannungen, welche sich den Gleichungen (23), (28) gemäss aus den Differentialquotienten der u', v', w' auf lineare Weise zusammensetzen, so hat man für die Bestimmung von u', v', w' die Gleichungen:

$$0 = \frac{\partial t'_{11}}{\partial x} + \frac{\partial t'_{12}}{\partial y} + \frac{\partial t'_{13}}{\partial z} + X$$
$$0 = \frac{\partial t'_{21}}{\partial x} + \frac{\partial t'_{22}}{\partial y} + \frac{\partial t'_{23}}{\partial z} + Y$$
$$0 = \frac{\partial t'_{31}}{\partial x} + \frac{\partial t'_{32}}{\partial y} + \frac{\partial t'_{33}}{\partial z} + Z,$$

nebst den Grenzbedingungen für die Oberfläche:

$$T \cos\pi = t'_{11} \cos p + t'_{12} \cos q + t'_{13} \cos r$$
$$T \cos\varkappa = t'_{21} \cos p + t'_{22} \cos q + t'_{23} \cos r$$
$$T \cos\varrho = t'_{31} \cos p + t'_{32} \cos q + t'_{33} \cos r.$$

Setzt man nun für die Bewegungen des Körpers unter dem Einfluss derselben Kräfte:

$$u = u' + u''; \quad t_{11} = t'_{11} + t''_{11}; \quad t_{23} = t'_{23} + t''_{23}$$
$$v = v' + v''; \quad t_{22} = t'_{22} + t''_{22}; \quad t_{31} = t'_{31} + t''_{31}$$
$$w = w' + w''; \quad t_{33} = t'_{33} + t''_{33}; \quad t_{12} = t'_{12} + t''_{12},$$

so dass u'', v'', w'' die Bewegungen werden von der Gleichgewichtslage aus gerechnet, so bleibt mit Rücksicht auf die soeben aufgestellten Gleichungen von den Gleichungen (30) nur übrig:

$$m \frac{\partial^2 u''}{\partial t^2} = \frac{\partial t_{11}''}{\partial x} + \frac{\partial t_{12}''}{\partial y} + \frac{\partial t_{13}''}{\partial z}$$
$$m \frac{\partial^2 v''}{\partial t^{2''}} = \frac{\partial t_{21}''}{\partial x} + \frac{\partial t_{22}''}{\partial y} + \frac{\partial t_{23}''}{\partial z}$$
$$m \frac{\partial^2 w''}{\partial t^2} = \frac{\partial t_{31}''}{\partial x} + \frac{\partial t_{32}''}{\partial y} + \frac{\partial t_{33}'}{\partial z},$$

und von den Grenzbedingungen:

$$
\begin{aligned}
0 &= t_{11}'' \cos p + t_{12}'' \cos q + t_{13}'' \cos r \\
0 &= t_{21}'' \cos p + t_{22}' \cos q + t_{23}'' \cos r \\
0 &= t_{31}'' \cos p + t_{32}'' \cos q + t_{33}'' \cos r.
\end{aligned}
$$

Dies sind aber dieselben Gleichungen, welche man für die Schwingungen um die ursprüngliche Lage x, y, z erhalten würde, wenn weder auf das Innere noch auf das Aeussere überhaupt Kräfte wirkten. Und so hat man den Satz:

Die Schwingungen eines äussern Kräften unterworfenen Körpers um die diesen Kräften entsprechende Gleichgewichtslage sind genau identisch mit den Schwingungen, welche der Körper um seine natürliche Lage ausführt, wenn gar keine Kräfte von aussenher auf ihn wirken.

Die Aufgabe ist dadurch wie man sieht getheilt, in die Aufsuchung einer Gleichgewichtslage und die Bestimmung von Schwingungen ohne Zutritt äusserer Kräfte.

§. 15. Das Verschiebungsellipsoid.

Die Entwicklungen des §. 13 erlauben auch das Verschiebungsellipsoid genauer zu untersuchen. Legen wir durch einen Punkt x, y, z des Körpers ein Coordinatensystem, welches dem gegebenen parallel ist, und bezeichnen durch x', y', z' die Coordinaten eines Punkts in diesem neuen System, so ist

(31) . . . . $x'^2 + y'^2 + z'^2 = \varepsilon^2$

die Gleichung einer Kugel, welche im Punkte x, y, z ihren Mittelpunkt hat, und deren Radius die sehr klein gedachte Zahl ε ist. Die Coordinaten, welche die auf dieser Kugelfläche gelegenen Punkte nach der Verschiebung des Körpers annehmen, erhält man, wenn man in den Coordinaten $x + u$, $y + v$, $z + w$ des verschobenen Mittelpunkts statt seiner ursprünglichen Coordinaten x, y, z die ursprünglichen Coordinaten $x + x'$, $y + y'$, $z + z'$ des Punkts auf der Kugelfläche einführt. Aber wenn x', y', z' sehr klein sind, kann man die Functionen u, v, w nach diesen Grössen entwickeln und nur die ersten Potenzen derselben beibehalten; es werden dann die Coordinaten des verschobenen Punkts der Kugelfläche:

$$x + x' + u + \frac{\partial u}{\partial x} x' + \frac{\partial u}{\partial y} y' + \frac{\partial u}{\partial z} z'$$
$$y + y' + v + \frac{\partial v}{\partial x} x' + \frac{\partial v}{\partial y} y' + \frac{\partial v}{\partial z} z'$$
$$z + z' + w + \frac{\partial w}{\partial x} x' + \frac{\partial w}{\partial y} y' + \frac{\partial w}{\partial z} z'.$$

Die relativen Coordinaten bezogen auf ein durch den verschobenen Kugelmittelpunkt gelegtes Coordinatensystem erhält man, wenn man von den obigen Grössen bezüglich $x + u$, $y + v$, $z + w$ abzieht. Nennt man diese relativen Coordinaten x'', y'', z'', so ist demnach:

$$x'' = x'\left(1 + \frac{\partial u}{\partial x}\right) + y' \frac{\partial u}{\partial y} + z' \frac{\partial u}{\partial z},$$
$$y'' = x' \frac{\partial v}{\partial x} + y'\left(1 + \frac{\partial v}{\partial y}\right) + z' \frac{\partial v}{\partial z},$$
$$z'' = x' \frac{\partial w}{\partial x} + y' \frac{\partial w}{\partial y} + z'\left(1 + \frac{\partial w}{\partial z}\right).$$

Da die Differentialquotienten von u, v, w klein gegen 1 sind, so kann man in denjenigen Gliedern, welche diese Differentialquotienten enthalten x' mit x'', y' mit y'', z' mit z'' vertauschen, wodurch nur ein Fehler höherer Ordnung begangen wird. Dann gehen die obigen Gleichungen über in:

$$(32) \ldots \begin{cases} x' = x''\left(1 - \frac{\partial u}{\partial x}\right) - y'' \frac{\partial u}{\partial y} - z'' \frac{\partial u}{\partial z} \\ y' = -x'' \frac{\partial v}{\partial x} + y''\left(1 - \frac{\partial v}{\partial y}\right) - z'' \frac{\partial v}{\partial z} \\ z' = -x'' \frac{\partial w}{\partial x} - y'' \frac{\partial w}{\partial y} + z''\left(1 - \frac{\partial w}{\partial z}\right). \end{cases}$$

Setzt man dies in die Gleichung (31) ein, so erhält man endlich die Gleichung des Ellipsoids, welches von den ursprünglich auf einer Kugel gelegenen Punkten gebildet wird:

$$(33) \ldots \begin{cases} \varepsilon^2 = \left(x'' - x'' \frac{\partial u}{\partial x} - y'' \frac{\partial u}{\partial y} - z'' \frac{\partial u}{\partial z}\right)^2 \\ \quad + \left(y'' - x'' \frac{\partial v}{\partial y} - y'' \frac{\partial v}{\partial y} - z'' \frac{\partial v}{\partial z}\right)^2 \\ \quad + \left(z'' - x'' \frac{\partial w}{\partial x} - y'' \frac{\partial w}{\partial y} - z'' \frac{\partial w}{\partial z}\right)^2. \end{cases}$$

oder wenn man die Terme höchster Ordnung übergeht;

$$\varepsilon^2 = x''^2 = y''^2 + z''^2.$$

$$(34)\quad \begin{cases} \varepsilon^2 = \left(1 - 2\,\dfrac{\partial u}{\partial x}\right) x''^2 - 2\,\left(\dfrac{\partial v}{\partial z} + \dfrac{\partial w}{\partial y}\right) y''\, z'' \\ \quad + \left(1 - 2\,\dfrac{\partial v}{\partial y}\right) y''^2 - 2\,\left(\dfrac{\partial w}{\partial x} + \dfrac{\partial u}{\partial z}\right) z''\, x'' \\ \quad + \left(1 - 2\,\dfrac{\partial w}{\partial z}\right) z''^2 - 2\,\left(\dfrac{\partial u}{\partial y} + \dfrac{\partial v}{\partial x}\right) x''\, y''. \end{cases}$$

Aus der Form (33) erkennt man sofort mit Hülfe der in §. 10 angestellten Betrachtungen, dass für dies Ellipsoid die Schnittlinien der Ebenen

$$x'' = x''\,\frac{\partial u}{\partial x} + y''\,\frac{\partial u}{\partial y} + z''\,\frac{\partial u}{\partial z}$$

$$y'' = x''\,\frac{\partial u}{\partial x} + y''\,\frac{\partial v}{\partial y} + z''\,\frac{\partial v}{\partial z}$$

$$z'' = x''\,\frac{\partial w}{\partial x} + y''\,\frac{\partial u}{\partial y} + z''\,\frac{\partial w}{\partial z}$$

conjugirte Durchmesser sind.

Aber man erkennt aus (32), dass diese Ebenen in der Ruhelage dargestellt sind durch die Gleichungen

$$x' = o,\ y' = o,\ z' = o,$$

d. h. dass diese Ebenen ursprünglich den Kanten des Parallelepipedons parallel waren. Bemerkt man endlich, dass die Wahl der Coordinatenaxen beliebig war, und man demnach dieselbe Betrachtung für jede drei ursprünglich aufeinander rechtwinkligen Richtungen aussprechen kann, so ist hiermit der Satz bewiesen:

Jede drei ursprünglich aufeinander senkrechten Linien werden conjugirte Durchmesser des Verschiebungsellipsoids,

wie dies in §. 4 bereits angedeutet ist.

Die Form (34) hingegen ist dadurch von Interesse, dass ihre sämmtlichen Coefficienten sofort eine geometrische Deutung empfangen. Denn in Folge der Gleichungen (28) lässt sich diese Gleichung auch so schreiben:

$$\begin{aligned} \varepsilon^2 &= (1 - 2\,\alpha)\, x''^2 - 2\,\varphi\, y''\, z'' \\ &+ (1 - 2\,\beta)\, y''^2 - 2\,\chi\, z''\, x'' \\ &+ (1 - 2\,\gamma)\, z''^2 - 2\,\psi\, x''\, y'' \end{aligned}$$

Es ist leicht, ähnlich wie in §. 6 für das Elasticitätsellipsoid geschehen ist, die Hauptaxen dieser Fläche zu finden. Ich bemerke nur, dass für unkrystallinische Medien die Hauptaxenrichtungen dieser Fläche mit der des Elasticitätsellipsoides zusammen fallen. Führt man nämlich statt der α, β, γ, φ, χ, ψ aus (1^a) § 4 die Spannungen ein, so kann man der obigen Gleichung die Form geben:

$$\varepsilon^2 = (x''^2 + y''^2 + z''^2)\left(1 + 2\mu \frac{t_{11} + t_{22} + t_{33}}{E}\right)$$
$$-2\frac{1+\mu}{E}\left(t_{11}x''^2 + t_{22}y''^2 + t_{33}z''^2 + 2t_{23}y''z'' + 2t_{31}z''x'' + 2t_{12}x''y''\right).$$

Legt man nun die Hauptaxen des Elasticitätsellipsoids als Coordinatenaxen zu Grunde, so hat man nur t_{12}, t_{23}, t_{31} verschwinden zu lassen, und T', T'', T''' an die Stelle von t_{11}, t_{22}, t_{33} zu setzen. Hierdurch nimmt die Gleichung des Verschiebungsellipsoids die Form an:

$$\varepsilon^2 = (x''^2 + y''^2 + z''^2)\left(1 + 2\mu \frac{T' + T'' + T'''}{E}\right)$$
$$-2\frac{1+\mu}{E}\left(T'x''^2 + T''y''^2 + T'''z''^2\right).$$

Da hier die Producte der x'', y'', z'' nicht mehr vorkommen, so ist dies Ellipsoid ebenfalls auf seine Hauptaxen bezogen. Für krystallinische Substanzen findet etwas ähnliches nicht mehr statt.

§. 16. Bestimmung der Arbeitsgrösse für eine kleine Verschiebung. Beziehungen zwischen den 36 Coefficienten, von denen das Verhalten krystallinischer Substanzen abhängt.

Denken wir uns den Körper unter dem Einfluss der äusseren Kräfte, welche auf ihn wirken, irgendwie so bewegt, dass auch seine Gestalt dabei Veränderungen erfahre. Ein Element einer solchen Bewegung sei dadurch dargestellt, dass während eines Augenblickes der Punkt x, y, z des Körpers, dessen Coordinaten im Anfange des betrachteten Zeittheilchens $x+u$, $y+v$, $z+w$ gewesen sein sollen, die kleinen Wege δu, δv, δw parallel den Coordinatenaxen zurücklegt. Die dabei geleistete Arbeit erhalten wir, wenn wir die auf die Einheit des Volumens bezogenen Kräfte, welche die rechten Theile der Bewegungsgleichungen (30) § 14 ausmachen, mit dem Volumenelement multipliciren, wodurch sie auf ihr wirkliches Maass zurückgeführt werden, und sodann die Producte jener Kräfte mit den Verschiebungen δu, δv, δw

bilden, endlich über den ganzen Körper integriren. Die so geleistete kleine Arbeit wird demnach:

$$\delta W = \delta U + \delta V$$

wo

$$\delta U = \iiint (X\,\delta u + Y\,\delta v + Z\,\delta w)\, dx\, dy\, dz$$

die Arbeit der äussern Kräfte bedeutet, welche auf das Innere des Körpers wirken, und

$$\delta V = \iiint \left\{ \begin{aligned} & \delta u \left(\frac{\partial t_{11}}{\partial x} + \frac{\partial t_{12}}{\partial y} + \frac{\partial t_{13}}{\partial z} \right) \\ + & \delta v \left(\frac{\partial t_{21}}{\partial x} + \frac{\partial t_{22}}{\partial y} + \frac{\partial t_{23}}{\partial y} \right) \\ + & \delta w \left(\frac{\partial t_{31}}{\partial x} + \frac{\partial t_{32}}{\partial y} + \frac{\partial t_{33}}{\partial z} \right) \end{aligned} \right\} dx\, dy\, dz$$

die Arbeit der Spannungskräfte, welche von den Anziehungen der Moleküle, oder von den auf die Oberfläche wirkenden Druck- und Zugkräften herrühren.

Betrachten wir ein einzelnes Glied dieses letztern dreifachen Integrals, z. B.

$$\iiint \delta u \frac{\partial t_{11}}{\partial x}\, dx\, dy\, dz.$$

Ich integrire partiell in Richtung de X Axe längs eines Canals vom Querschnitt $dy\, dz$, indem y, z selbst dabei als constant betrachtet werden. Die partielle Integration giebt

$$\iint \left[t_{11}\, \delta u \right] dy\, dz - \iiint t_{11}\, \delta \frac{\partial u}{\partial x} .\, dx\, dy\, dz,$$

wobei nur der Differentialquotient der unendlich kleinen Function δu durch das damit identische Increment des Differentialquotienten von u ersetzt ist. Die eckige Klammer bedeutet, dass statt des eingeklammerten Ausdrucks die Differenz der Werthe zu setzen ist, welche derselbe an den Enden des erwähnten Canals annimmt. Seien nun do, do' die Elemente, welche der Canal auf der Oberfläche abschneidet, p, q, r die Winkel, welchen die nach aussen gerichtete Normale in do gegen die Axen bildet, p', q', r' dasselbe für do'. Ist dann do dem vordern, do' dem hintern Ende des Canals angehörig, so ist offenbar $\cos p$ positiv, $\cos p'$ negativ, und

$$dy\, dz = do \cos p = -\, do' \cos p'.$$

Die Differenz der Grenzwerthe von $t_{11} \,.\, \delta u \,.\, dy \,.\, dz$ geht daher in die Summe der Werthe über, welche der Ausdruck $t_{11} \,.\, \delta u \,.\, do \,.\, \cos p$ für die Enden des Canals annimmt. Statt nun das obige Doppelintegral über die Endpunkte sämmtlicher Canäle auszudehnen, welche man parallel der XAxe legen kann, kann man offenbar geradezu über sämmtliche Elemente do integriren, wobei die Elemente do' denn von selbst mit einbegriffen sind. Man gelangt leicht zu demselben Resultat, wenn der Canal etwa die Oberfläche mehr als zweimal treffen sollte. Die Anzahl der Schnittpunkte des Canals mit der Oberfläche ist nothwendig immer gerade, da derselbe offenbar jedesmal, wenn er bei einem Punkte in das Innere des Körpers eintritt, bei einem andern Punkte austreten muss. Bezeichnen wir diese Punkte durch 1, 2 . . 2n, so hat man in dem Canal über alle diejenigen Theile zu integriren, welche innerhalb des Körpers liegen, also vom Punkte 1 bis zum Punkte 2, von 3 bis 4 etc. Statt $[t_{11}\, \delta u]$ also hat man dann zu schreiben:

$$(t_{11}\, \delta u)_{2n} - (t_{11}\, \delta u)_{2n-1} + - \ldots + (t_{11}\, \delta u)_2 - (t_{11}\, \delta u)_1.$$

Für jeden Punkt nun, wo der Canal eintritt, hat man ähnlich wie oben:

$$dy\; dz = - do_{2k+1} \cos p_{2k+1},$$

für die Punkte des Austritts aber

$$dy\; dz = do_{2k} \cos p_{2k};$$

und so geht das Integral $\int\!\!\int [t_{11}\, \delta u]\; dx\; dy$ über in die Form:

$$\int\!\!\int \left\{ (t_{11}\, \delta u)_{2n} \cos p_{2n}\; do_{2n} + \ldots + (t_{11}\, \delta u)_1 \cos p_1\; do_1 \right\}.$$

Nimmt man also das Integral wieder nicht für alle möglichen der XAxe parallelen Canäle, sondern für alle Elemente do der Oberfläche, so kann man dies, wie oben, ersetzen durch

$$\int t_{11}\, \delta u\; do,$$

was zu beweisen war. So ersetzt man also in jedem Falle den betreffenden Theil von δV durch

$$\int t_{11}\, \delta u\; do \cos p - \int\!\!\int\!\!\int t_{11}\; \delta \frac{\partial u}{\partial x}\; dx\; dy\; dz,$$

wo das erste Integral über die ganze Oberfläche des Körpers auszudehnen ist.

Behandelt man alle Theile von V auf die nämliche Weise, so ergiebt sich

$$\delta V = \delta U_1 - \delta U_2,$$

und man hat:

$$\begin{aligned}\delta U_1 = &\int (t_{11} \cos p + t_{12} \cos q + t_{13} \cos r)\, \delta u\, do \\ &+ \int (t_{21} \cos p + t_{22} \cos q + t_{23} \cos r)\, \delta u\, do \\ &+ \int (t_{31} \cos p + t_{32} \cos q + t_{33} \cos r)\, \delta w\, do.\end{aligned}$$

Aber die eingeklammerten Ausdrücke sind genau dieselben, welche nach den Gleichungen (25) den Componenten der auf die Oberfläche wirkenden Zugkräfte gleich werden, und es ist somit δU_1 nichts anders als die Arbeit dieser Zugkräfte selbst:

$$\delta U_1 = \int T (\cos \pi\, \delta u + \cos \varkappa\, \delta v + \cos \varrho\, \delta w)\, do.$$

Endlich bleibt, wenn man mit Hülfe der Gleichungen (28) die Verschiebungen α, β, γ, φ, χ, ψ einführt:

$$\delta U_2 = \iiint (t_{11}\delta\alpha + t_{22}\delta\beta + t_{33}\delta\gamma + t_{23}\delta\varphi + t_{31}\delta\chi + t_{12}\delta\psi)\, dx\, dy\, dz.$$

Man hat also

$$\delta W = \delta U + \delta U_1 - \delta U_2,$$

wo δU und δU_1 die Arbeiten der äussern Kräfte bedeuten. Demnach ist $-\delta U_2$ nothwendig die Arbeit der innern Kräfte, welche von den Molekularwirkungen herrühren. Aber von der Arbeit solcher Kräfte weiss man, dass dieselbe stets ein vollständiges Differential ist, oder mit andern Worten, dass die bei einer endlichen Verschiebung geleistete Arbeit nur von der Anfangs- und Endposition, nicht aber von dem Wege abhängt, auf welchem der Körper aus einer Lage in die andere geführt wurde. Da nun die t selbst lineare Functionen von α, β, γ, φ, χ, ψ sind, so muss es demnach nothwendig eine homogene Function zweiter Ordnung dieser Grössen geben, deren Differentialquotienten nach α, β, γ, φ, χ, ψ die sechs Spannungen t sind; so dass das vollständige Differential dieser Function, die durch F bezeichnet sein mag, die Gestalt annimmt:

$$(34 \quad . \; . \; \delta F = t_{11}\, \delta\alpha + t_{22}\, \delta\beta + t_{33}\, \delta\gamma + t_{23}\, \delta\varphi + t_{31}\, \delta\chi + t_{12}\, \delta\psi.$$

Für krystallinische Medien folgt hieraus eine Reihe von

Bedingungsgleichungen zwischen den Coefficienten a der Gleichungen 23. Denn es muss z. B. t_{11} nach β differenzirt dasselbe geben wie t_{22} nach α differenzirt. Man kann alle Bedingungen dieser Art der dort gewählten Beziehungsart zufolge durch die eine Gleichung darstellen, in welcher i, k, h, m die Werthe 1, 2, 3 annehmen dürfen:

$$a_{ik,\,hm} = a_{hm,\,ik}\,.$$

Hierdurch sind jene Coefficienten auf nur 21 von einander verschiedene zurückgeführt, wie an der angeführten Stelle bereits angedeutet wurde.

Die Function F ist leicht zu bilden; für unkrystallinische Substanzen wird sie verhältnissmässig einfach. Drückt man nämlich mit Hülfe der Gleichungen (1^a) die t durch α, β, γ, φ, χ, ψ aus, führt dies in den Ausdruck (34) ein, und integrirt, so ergiebt sich:

$$F = \frac{E}{1+\mu}\left\{\frac{\alpha^2+\beta^2+\gamma^2}{2} + \frac{\mu}{1-2\mu}\,\frac{(\alpha+\beta+\gamma)^2}{2} + \frac{\varphi^2+\chi^2+\psi^2}{4}\right\}.$$

§. 17. Gleichungen der Bewegung und des Gleichgewichts für unkrystallinische Substanzen insbesondere.

Die Gleichungen für die Bewegungen und für das Gleichgewicht eines elastischen Körpers, wie sie schliesslich in u, v, w ausgedrückt erscheinen, lassen sich ebenfalls leicht in ihrer definitiven Form darstellen, sobald der Körper unkrystallinisch ist. Durch Auflösung der Gleichungen (1^a) und mit Rücksicht auf die Gleichungen 28) ergeben sich zunächst folgende Ausdrücke der Spannungen:

$$(31)\ \ldots \begin{cases} t_{11} = \dfrac{E}{1+\mu}\left\{\dfrac{\partial u}{\partial x} + \dfrac{\mu}{1-2\mu}\,v\right\}, & t_{23} = \dfrac{E}{2(1+\mu)}\left(\dfrac{\partial v}{\partial z} + \dfrac{\partial w}{\partial y}\right) \\ t_{22} = \dfrac{E}{1+\mu}\left\{\dfrac{\partial v}{\partial y} + \dfrac{\mu}{1-2\mu}\,v\right\}, & t_{31} = \dfrac{E}{2(1+\mu)}\left(\dfrac{\partial w}{\partial x} + \dfrac{\partial u}{\partial z}\right) \\ t_{33} = \dfrac{E}{1+\mu}\left\{\dfrac{\partial w}{\partial z} + \dfrac{\mu}{1-2\mu}\,v\right\}, & t_{12} = \dfrac{E}{2(1+\mu)}\left(\dfrac{\partial u}{\partial y} + \dfrac{\partial v}{\partial x}\right) \end{cases}$$

wo wie in (29) der Kürze wegen v für die Ausdehnung der Volumeneinheit

$$(32) \quad \ldots\ldots\ldots v = \frac{\partial u}{\partial x} + \frac{\partial v}{\partial y} + \frac{\partial w}{\partial z}$$

gesetzt worden ist. Führt man nun diese Werthe in die Gleichungen (30) ein, so erhält man die Gleichungen für die Bewegung ausgedrückt durch u, v, w in folgender Form:

$$(33) \ldots \begin{cases} m\,\dfrac{\partial^2 u}{\partial t^2} = \dfrac{E}{2(1+\mu)}\left\{\dfrac{\partial^2 u}{\partial x^2} + \dfrac{\partial^2 u}{\partial y^2} + \dfrac{\partial^2 u}{\partial z^2} + \dfrac{1}{1-2\mu}\dfrac{\partial v}{\partial x}\right\} + X \\ m\,\dfrac{\partial^2 v}{\partial t^2} = \dfrac{E}{2(1+\mu)}\left\{\dfrac{\partial^2 v}{\partial x^2} + \dfrac{\partial^2 v}{\partial y^2} + \dfrac{\partial^2 v}{\partial z^2} + \dfrac{1}{1-2\mu}\dfrac{\partial v}{\partial y}\right\} + Y \\ m\,\dfrac{\partial^2 x}{\partial t^2} = \dfrac{E}{2(1+\mu)}\left\{\dfrac{\partial^2 w}{\partial x^2} + \dfrac{\partial^2 w}{\partial y^2} + \dfrac{\partial^2 w}{\partial z^2} + \dfrac{1}{1-2\mu}\dfrac{\partial v}{\partial z}\right\} + Z; \end{cases}$$

die Grenzbedingungen aber werden, wenn man in (25) die Werthe der t einführt:

$$(34) \begin{cases} T\cos\pi = \dfrac{E}{2(1+\mu)} \cdot \\ \left\{2\left(\dfrac{\partial u}{\partial x} + \dfrac{\mu}{1-2\mu}v\right)\cos p + \left(\dfrac{\partial u}{\partial y} + \dfrac{\partial v}{\partial x}\right)\cos q + \left(\dfrac{\partial u}{\partial z} + \dfrac{\partial w}{\partial x}\right)\cos r\right\} \\ T\cos\varkappa = \dfrac{E}{2(1+\mu)} \cdot \\ \left\{\left(\dfrac{\partial u}{\partial y} + \dfrac{\partial v}{\partial x}\right)\cos p + 2\left(\dfrac{\partial v}{\partial y} + \dfrac{\mu}{1-2\mu}v\right)\cos q + \left(\dfrac{\partial v}{\partial z} + \dfrac{\partial w}{\partial y}\right)\cos r\right\} \\ T\cos\varrho = \dfrac{E}{2(1+\mu)} \\ \left\{\left(\dfrac{\partial u}{\partial z} + \dfrac{\partial w}{\partial x}\right)\cos p + \left(\dfrac{\partial v}{\partial z} + \dfrac{\partial w}{\partial y}\right)\cos q + 2\left(\dfrac{\partial w}{\partial z} + \dfrac{\mu}{1-2\mu}v\right)\cos r\right\} \end{cases}$$

Ich werde diese Gleichungen zunächst in einigen besonders einfachen Fällen behandeln. Als solche Fälle empfehlen sich immer diejenigen, in welchen die Oberfläche des Körpers durch eine verhältnissmässig einfache Gleichung ausgedrückt ist, wie beim Cylinder und bei der Kugel. Alsdann besteht ein Hauptvortheil darin, dass man im Stande ist, sich besonders einfache Gleichgewichtslagen oder Bewegungsarten vorzustellen, für welche die Rechnung sich wesentlich vereinfacht. So kann man bei der Kugel annehmen, dass alle Theilchen nur auf dem ihnen entsprechenden Radius verschoben seien, und dass alle auf concentrischen Kugeln gelagerten Theile sich völlig gleichmässig verhalten. Dies wird immer eintreten, sobald die auf die Oberfläche wirkenden Kräfte normal und gleichmässig vertheilt sind, während, wie hier angenommen werden soll, auf das Innere überhaupt keine äussern Kräfte X, Y, Z wirken. Auch wird dies Verhalten nicht geändert, wenn im Innern ein Hohlraum existirt, welcher von einer concentrischen Kugelfläche begrenzt ist, und wenn diese innere Fläche ebenfalls constanten und gleichförmig vertheilten Druckkräften ausgesetzt ist.

Aber von grösserer Wichtigkeit ist die Behandlung stabförmiger cylindrischer Körper von beliebigem Querschnitt. Die Gleichgewichtsverhältnisse solcher Körper sollen eingehend behandelt, und dadurch strenge Ausgangspunkte für die angenäherte Behandlung derjenigen Probleme gewonnen werden, welche in der Wirklichkeit eine so bedeutende Rolle spielen.

Ich knüpfe daran ferner Betrachtungen über ebene Platten von endlicher Dicke und die Aufsuchung gewisser Gleichgewichtszustände derselben, Gleichgewichtszustände, welche auch auf cylindrische Körper bezüglich, sich wesentlich dadurch von den ersterwähnten unterscheiden, dass bei den letztern die Endflächen, bei erstern die Seitenflächen keinen äussern Kräften unterworfen sein sollen.

Die beiden letzterwähnten Probleme bilden endlich den Uebergang zu einer strengen Theorie der Körper mit einer oder zwei sehr kleinen Dimensionen, welche Gegenstand der zweiten Abtheilung dieses Buches sein wird.

§. 18. Gleichgewicht einer von normalen, gleichförmig vertheilten Druckkräften ergriffenen Kugelschale.

Sind die Bewegungen oder Verschiebungen im Innern einer Kugel so, dass jeder Punkt nur auf dem ihm angehörigen Radius verschoben wird, und zwar alle auf jeder concentrischen Kugel liegenden Punkte um gleich viel, während der gemeinsame Mittelpunkt in Ruhe bleibt, so ist das aus den Coordinaten des verschobenen Punkts gebildete Parallelepipedon demjenigen ähnlich, welches aus den Coordinaten seiner Ruhelage gebildet wird; oder es sind die Verschiebungen u, v, w den ursprünglichen Coordinaten x, y, z proportional.

Setzt man demnach

$$u = \varrho . x, \quad v = \varrho . y, \quad w = \varrho . z,$$

so bedeutet ϱ die Verlängerung der Längeneinheit, da aus x, y, z durch die Verschiebungen $x\,1 + \varrho$, $y\,1 + \varrho$, $z\,1 + \varrho$ geworden ist. Die Grösse ϱ sollte für alle Punkte jeder concentrischen Kugelschale gemeinsam sein, daher ist ϱ nur noch von der Entfernung

$$r = \sqrt{x^2 + y^2 + z^2}$$

und, falls Bewegung stattfindet, von der Zeit abhängig; die ganze Aufgabe ist gelöst, wenn diese Function gefunden ist.

Führt man die angenommenen Ausdrücke in die Gleichungen 31)—(34) ein, so hat man nur zu bemerken, dass wegen des angegebenen Ausdrucks von r:

$$\frac{\partial r}{\partial x} = \frac{x}{r}, \quad \frac{\partial r}{\partial y} = \frac{y}{r}, \quad \frac{\partial r}{\partial z} = \frac{z}{r}.$$

Bildet man die Differentialquotienten von u, v, w mit Rücksicht hierauf, so findet sich sofort:

$$\begin{aligned}
\frac{\partial u}{\partial x} &= \varrho + \frac{x^2}{r}\frac{\partial \varrho}{\partial r}, & \frac{\partial u}{\partial y} &= \frac{xy}{r}\frac{\partial \varrho}{\partial r}, & \frac{\partial u}{\partial z} &= \frac{xz}{r}\frac{\partial \varrho}{\partial r} \\
\frac{\partial v}{\partial x} &= \frac{xy}{r}\frac{\partial \varrho}{\partial r}, & \frac{\partial v}{\partial y} &= \varrho + \frac{y^2}{r}\frac{\partial \varrho}{\partial r}, & \frac{\partial v}{\partial z} &= \frac{yz}{r}\frac{\partial \varrho}{\partial r} \\
\frac{\partial w}{\partial x} &= \frac{xz}{r}\frac{\partial \varrho}{\partial r}, & \frac{\partial x}{\partial y} &= \frac{yz}{r}\frac{\partial \varrho}{\partial r}, & \frac{\partial w}{\partial z} &= \varrho + \frac{z^2}{r}\frac{\partial \varrho}{\partial r}.
\end{aligned}$$

Hieraus folgt zunächst

$$v = 3\varrho + r\frac{\partial \varrho}{\partial r},$$

sodann aber das folgende Schema der Spannungen:

$$(35) \ldots \left\{\begin{aligned}
t_{11} &= \frac{E}{1+\mu}\left\{\frac{x^2}{r}\frac{\partial \varrho}{\partial r} + \frac{(1+\mu)\varrho + \mu r \frac{\partial \varrho}{\partial r}}{1-2\mu}\right\} \\
& \qquad\qquad t_{23} = \frac{E}{1+\mu}\frac{yz}{r}\frac{\partial \varrho}{\partial r} \\
t_{22} &= \frac{E}{1+\mu}\left\{\frac{y^2}{r}\frac{\partial \varrho}{\partial r} + \frac{(1+\mu)\varrho + \mu r \frac{\partial \varrho}{\partial r}}{1-2\mu}\right\} \\
& \qquad\qquad t_{31} = \frac{E}{1+\mu}\frac{zx}{r}\frac{\partial \varrho}{\partial r}, \\
t_{33} &= \frac{E}{1+\mu}\left\{\frac{z^2}{r}\frac{\partial \varrho}{\partial r} + \frac{(1+\mu)\varrho + \mu r \frac{\partial \varrho}{\partial r}}{1-2\mu}\right\} \\
& \qquad\qquad t_{12} = \frac{E}{1+\mu}\frac{xy}{r}\frac{\partial \varrho}{\partial r}.
\end{aligned}\right.$$

Führt man diese Werthe in die Bewegungsgleichungen ein, in welchen die Glieder X, Y, Z fortfallen mögen, indem keine äussern Kräfte auf das Innere wirken sollen, so reduciren jene Gleichungen sich auf eine einzige, aus welcher die Bestimmung von ϱ erfolgt:

$$(36) \;.\;.\; \left\{ m \frac{\partial^2 \varrho}{\partial t^2} = \frac{E\,(1-\mu)}{(1-2\,\mu)\,(1+\mu)} \left\{ \frac{\partial^2 \varrho}{\partial r^2} + \frac{4}{r}\,\frac{\partial \varrho}{\partial r} \right\} \right. .$$

Die Grenzbedingungen bildet man leicht, wenn man bemerkt, dass der Annahme nach die äussern Kräfte normal wirken, dass also $\pi = p$, $\varkappa = q$, $\varrho = r$ wird, dass endlich die Cosinus der Normale, d. h. die Cosinus der Winkel, welche der nach dem Punkte x, y, z gezogene Kugelradius gegen die Axen bildet, gleich $\frac{x}{r}$, $\frac{y}{r}$, $\frac{z}{r}$ sind. So reduciren sich auch die Gleichungen (34) oder (25) sofort auf eine einzige, nämlich auf:

$$(37) \;.\; T = \frac{E}{(1+\mu)\,(1-2\,\mu)} \left\{ (1+\mu)\,\varrho + (1-\mu)\,r\,\frac{\partial \varrho}{\partial r} \right\}.$$

In dieser Gleichung ist T positiv zu nehmen, wenn es eine auf die Oberfläche wirkende Zugkraft darstellt, negativ, wenn eine Druckkraft. Ist im Innern ein Hohlraum, und im Innern desselben ein anderer Druck wirksam, so gilt eine ganz ähnliche Gleichung für die innere Fläche, nur mit verändertem Werthe von T.

Betrachten wir den Gleichgewichtszustand näher. Für denselben reducirt sich die Gleichung (36), indem das von der Beschleunigung abhängige Glied ausfällt, auf:

$$\frac{\partial^2 \varrho}{\partial r^2} + \frac{4}{r}\,\frac{\partial \varrho}{\partial r} = 0,$$

oder, wenn man mit r^4 multiplicirt, auf

$$\frac{\partial}{\partial r}\left(r^4\,\frac{\partial \varrho}{\partial r} \right) = 0.$$

Durch Integration folgt hieraus:

$$r^4\,\frac{\partial \varrho}{\partial r} = c,$$

und

$$\varrho = \int \frac{c\,dr}{r^4} = c' - \frac{c}{3\,r^3}$$

Ist die Kugel erstlich voll, so ist nothwendig $c = 0$, weil sonst die Ausdehnung ϱ der Längeneinheit im Mittelpunkt, für $r = 0$, unendlich gross sein würde.

In diesem Falle ist also die Ausdehnung resp. Verkürzung der Längeneinheit in Richtung des Radius in der ganzen Kugel constant. Nimmt man an, auf die Oberfläche wirke der Druck D, so erhält man aus (37), indem man $T = -D$, und für ϱ den gefundenen Werth setzt:

$$-D = \frac{E c'}{1 - 2\mu},$$

$$c' = \varrho = -\frac{(1 - 2\mu) D}{E}$$

Die drei Spannungen t_{11}, t_{22}, t_{33} werden hienach einander gleich und zwar gleich $-D$; der ganze Körper befindet sich in gleichförmig comprimirtem Zustand.

Ist hingegen ausser der Oberfläche, deren Radius a sein mag, eine innere Fläche mit dem Radius a' vorhanden, und wirkt auf diese der Druck D', so hat man, indem man in ϱ die Constante c beibehält, aus 37) für $r = a$ und für $r = a'$ die Gleichungen:

$$-\frac{D}{E} = \frac{c'}{1 - 2\mu} + \frac{2c}{3(1 + \mu)} \cdot \frac{1}{a^3}$$

$$-\frac{D'}{E} = \frac{c'}{1 - 2\mu} + \frac{2c}{3(1 + \mu)} \cdot \frac{1}{a'^3},$$

aus welchen man erhält:

$$c' = \frac{(D' a'^3 - D a^3)(1 - 2\mu)}{E(a^3 - a'^3)}, \quad c = \frac{(D - D') \, 3 (1 + \mu) \, a^3 a'^3}{E(a^3 - a'^3)},$$

und demnach:

$$\varrho = \frac{(D' a'^4 - D a^4)(1 - 2\mu) + (D' - D)(1 + \mu) \dfrac{a^3 a'^3}{r^3}}{E(a^3 - a'^3)}.$$

In diesem Falle ist die Kugel nicht mehr überall gleich stark in Richtung des Radius verlängert oder verkürzt; aber die Ausdehnung der Volumeneinheit ist noch für alle Punkte dieselbe; denn man erhält aus den oben angegebenen Formeln

$$v = 3c' = \frac{3(D' a'^3 - D a^3)(1 - 2\mu)}{E(a^3 - a'^3)},$$

eine Grösse, welche positiv oder negativ ist, je nachdem

$D'a'^3 \lessgtr Da^3$; welche Null wird, wenn der äussere und innere Druck sich zu einander umgekehrt verhalten wie die Cuben der ihnen entsprechenden Radien.

Das Elasticitätsellipsoid jedes Punkts muss hier offenbar ein Rotationsellipsoid sein, dessen Rotationsaxe mit der Richtung des Radius zusammenfällt; denn um den Radius ist nach allen Seiten vollständige Symmetrie vorhanden. Man untersucht dasselbe am bequemsten, indem man den betrachteten Punkt etwa in die XAxe verlegt. Man hat dann $y = z = 0$, $x = r$, und die Spannungen
35 werden, mit Benützung des Werthes von ϱ:

$$t_{11} = E\left\{\frac{c'}{1-2\mu} + \frac{2c}{3r^3(1+\mu)}\right\}$$

$$= \frac{D'a'^3\left(1 - \frac{2a^3}{r^3}\right) - Da^3\left(1 - \frac{2a'^3}{r^3}\right)}{a^3 - a'^3}$$

$$t_{22} = t_{33} = E\left\{\frac{c'}{1-2\mu} - \frac{c}{3(1+\mu)r^3}\right\}$$

$$= \frac{D'a'^3\left(1 + \frac{a^3}{r^3}\right) - Da^3\left(1 + \frac{a'^3}{r'^3}\right)}{a^3 - a'^3}$$

$$t_{23} = t_{31} = t_{12} = 0.$$

Hier hat man, da die Seitenspannungen Null geworden sind, sofort die Hauptspannungen vor sich, und zwar sind in der That zwei derselben, welche gegen den Radius senkrecht sind, einander gleich geworden.

Ist D', der innere Druck, sehr gross gegen D, so überwiegen in den gefundenen Ausdrücken die ersten Glieder. Da nun für alle Punkte des Körpers $r < a$, so ist die erste Spannung, der Zug in Richtung des Radius, negativ, und giebt einen Druck an, die andern aber sind positiv. Beschränken wir uns dann auf die ersten Glieder der gefundenen Ausdrücke, so nehmen dieselben, absolut gerechnet, ihre grössten Werthe an für $r = a$, und zwar ist dafür

$$t_{11} = \frac{D'a'^3}{a^3 - a'^3}; \quad t_{22} = t_{33} = \frac{2D'a'^3}{a^3 - a'^3}.$$

Bei sehr grossem Druck überwiegen also diese letzten Zugkräfte, und es ist Gefahr vorhanden, dass ein Zerreissen der äussern Oberfläche hervorgerufen wird.

§. 19. Schwingungen einer Kugel.

Bei der Untersuchung der Schwingungen des betrachteten Körpers kann man nach dem Satze des §. 14 von den äussern Kräften abstrahiren, und also den auf die Oberfläche wirkenden Druck gleich Null setzen, vorausgesetzt, dass dieser selbst nicht als mit der Zeit veränderlich angesehen werden muss. Denn wie oben gezeigt wurde sind die Schwingungen um die im vorigen §. betrachtete Gleichgewichtslage in solchem Fall genau identisch mit denjenigen, welche die Moleküle des Körpers um ihre natürlichen Lagen ausführen, wenn gar keine Kräfte von aussenher auf den Körper wirken. Man hat daher ausser der allgemeinen Gleichung (36).

$$(37) \ldots m \frac{\partial^2 \varrho}{\partial t^2} = \frac{E(1+\mu)}{(1-2\mu)(1+\mu)} \left(\frac{\partial^2 \varrho}{\partial r^2} + \frac{4}{r} \frac{\partial \varrho}{\partial r} \right)$$

für die innere und die äussere Oberfläche hier die vereinfachte Grenzbedingung

$$(38) \ldots\ldots\ldots r \frac{\partial \varrho}{\partial r} + \frac{1+\mu}{1-\mu} \varrho = 0$$

zu erfüllen. Ich werde im Folgenden die Kugel als voll annehmen; alsdann besteht die Gleichung 38 nur für die äussere Fläche. Aber zu dieser Bedingung tritt hinzu, dass die Verschiebungen für das Centrum nothwendig Null sein müssen; man hat dadurch wieder hinreichende Bedingungen um ϱ vollständig zu bestimmen. Dies geschieht auf folgende Weise.

Denken wir uns die Function ϱ in folgender Form:

$$(39) . \begin{cases} \varrho = R_1 \sin(k_1 t) + R_2 \sin(k_2 t) + R_3 \sin(k_3 t) + \ldots \\ \quad + S_1 \cos(k_1 t) + S_2 \cos(k_2 t) + S_3 \cos(k_3 t) + \ldots \end{cases}$$

wo die Coefficienten R, S nur Functionen von r sind, und wo die k weiterhin zu bestimmende constante Grössen bedeuten. Es ist leicht die Bedeutung einer solchen Darstellung von ϱ sich deutlich zu machen. Ein Punkt, der ursprünglich um r vom Mittelpunkt entfernt ist, befindet sich zur Zeit t in der Entfernung $r(1+\varrho)$; er hat sich also um $r \,.\, \varrho$ aus seiner Gleichgewichtslage entfernt. Nun nimmt für jeden bestimmten Punkt mit

r auch jeder der Coefficienten R, S, welche im ϱ vorkommen, einen constanten Werth an, und so erscheint die Entfernung $r.\varrho$ des Punkts aus seiner Ruhelage, als die Summe von einzelnen Gliedern der Form

$$r\,.\,R_n \sin k_n t + r\,.\,S_n \cos k_n t\,,$$

wo $r\,.\,R_n$ und $r\,.\,S_n$ constante Coefficienten sind. Man kann nun die ganze Bewegung als Summe coexistirender Einzelbewegungen auffassen, für deren jede die Entfernung aus der Ruhelage durch den obigen Ausdruck dargestellt wird. Betrachten wir diesen einfachen Ausdruck genauer. Zuvörderst sieht man sofort, dass derselbe sich nicht ändert, wenn man in denselben statt t den Werth $t + \frac{2\pi}{k_n}$ einsetzt, denn hierdurch wird das Argument des Sinus und Cosinus nur um 2π vermehrt, so dass Sinus und Cosinus selbst ungeändert bleiben. Der betrachtete Ausdruck stellt also nach Verlauf der Zeit $\frac{2\pi}{k_n}$ immer wieder dieselben Verschiebungen dar, oder mit andern Worten, er hat die Bedeutung von Schwingungen, deren Dauer gleich $\frac{2\pi}{k_n}$ ist, und welche sich fortwährend mit unveränderlicher Stärke wiederholen.

Bestimmt man eine Zahl M und einen Winkel α, so dass

$$r\,.\,R_n = M \cos\alpha, \quad r\,.\,S_n = M \sin\alpha,$$

so geht der obige Ausdruck über in

$$M \sin(k_n t + \alpha).$$

Dieser neue Ausdruck kann offenbar nur zwischen den Werthen $+ M$ und $- M$ schwanken, da der Sinus selbst sich zwischen $+ 1$ und $- 1$ bewegt. Die Grösse M also, welche nach den obigen Formeln gleich

$$\sqrt{r^2\,(R_n^2 + S_n^2)}$$

ist, giebt uns die Ausdehnung an, welche die Schwingungen nach beiden Seiten der Ruhelage zwar immer wieder erreichen, aber niemals überschreiten können. Diese Grenze selbst ist von r abhängig, und also für verschiedene Punkte des Körpers verschieden, was mit der Zahl k_n und also mit der Schwingungsdauer nicht der Fall ist. Alles zusammengefasst, ergiebt sich für die Form 39 folgende Deutung: Dieser Ausdruck bezeichnet die Schwingungen, welche jeder Punkt des Körpers in Richtung des Radius ausführt, als Summe von Einzelschwingungen, deren jede für die verschiedenen Punkte des Körpers gemeinsame Dauer $\left(\frac{2\pi}{k_n}\right)$, aber verschiedene Ausdehnung (Amplitude) besitzt.

Denken wir uns durch die Schwingungen der Kugel die umgebende Luft in Schwingungen versetzt, so entspricht jeder Einzelschwingung des Körpers eine entsprechende Einzelschwingung der Lufttheilchen, und äussert sich in diesen als Ton, dessen Höhe durch die Anzahl von Schwingungen angegeben wird, welche der Einzelschwingung in jeder Secunde angehören. Diese Zahl ist $\frac{k_n}{2\pi}$; und man kann sonach die Reihe (39) auch deuten durch eine Reihe von Tönen, welche der schwingende Körper gleichzeitig erregt, und deren Höhe bezüglich durch die Schwingungszahlen

$$\frac{k_1}{2\pi},\ \frac{k_2}{2\pi},\ \frac{k_3}{2\pi}\ \ldots\ldots$$

ausgedrückt wird.

Führt man nun den Ausdruck (39) in die Gleichung (37), so wie in die Grenzbedingung (38) ein, und setzt, da alle diese Gleichungen für jeden Augenblick erfüllt sein müssen, die Coefficienten gleicher Sinus und Cosinus auf beiden Seiten jener Gleichungen einander gleich, so erhält man für jede Function R_n die Bedingungen:

$$(40).\ \left\{-\,m\,k_n^2\,R_n = \frac{E\,(1-\mu)}{(1-2\mu)\,(1+\mu)}\left(\frac{\partial^2 R_n}{\partial r^2} + \frac{4}{r}\frac{\partial R_n}{\partial r}\right)\right.$$

für alle Punkte des Körpers; an der Grenze aber, für $r = a$,

$$(41)\ldots\ldots\ldots\left\{\frac{\partial R_n}{\partial r} + \frac{1+\mu}{1-\mu}\,R_n = 0;\right.$$

und für die S_n ganz die nämlichen Gleichungen. Die Gleichung (40) kann man nun leicht auf folgende Weise integriren.

Es sei der Kürze wegen eine Zahl α so bestimmt, dass

$$(42)\ldots\ldots\left\{\alpha = \sqrt{\frac{E\,(1-\mu)}{m\,(1-2\mu)\,(1+\mu)}},\right.$$

wodurch die Differentialgleichung übergeht in:

$$43) \ldots \ldots \frac{\partial^2 R_n}{\partial r^2} + \frac{4}{r}\frac{\partial R_n}{\partial r} = -\frac{k_n^2 R_n}{\alpha^2}.$$

Nun genügt man, wie die einfachste Rechnung lehrt, der Gleichung

$$(44) \ldots \ldots \frac{\partial^2\varphi}{\partial r^2} + \frac{h}{r}\frac{\partial\varphi}{\partial r} = \frac{k^2\varphi}{\alpha^2}$$

immer, wenn man für φ die folgende Reihe einsetzt, welche ich durch $\varphi_h\left(\frac{kr}{\alpha}\right)$ bezeichne:

$$(45) \quad \varphi_h\left(\frac{kr}{\alpha}\right) = 1 - \frac{\frac{k^2 r^2}{\alpha^2}}{2(h+1)} + \frac{\frac{k^4 r^4}{\alpha^4}}{2.4(h+1)(h+3)} - \frac{\frac{k^6 r^6}{\alpha^6}}{2.4.6(h+1)(h+3)(h+5)} + \ldots$$

Da nun die Gleichung (44) mit der Gleichung (43) zusammenfällt, wenn $h = 4$, so wird

$$R_n = \varphi_4\left(\frac{k_n r}{\alpha}\right)$$

ein Integral jener Gleichung. Aber die Gleichung (43) nimmt eine ganz ähnliche Gestalt auch noch an, wenn man

$$R_n = \frac{R'_n}{r^3}$$

setzt; für die neue Veränderliche R'_n erhält man dann die Gleichung:

$$\frac{\partial^2 R'_n}{\partial r^2} - \frac{2}{r}\frac{\partial R'_n}{\partial r} = -\frac{k_n^2 R'_n}{\alpha^2},$$

welche mit der Gleichung (44) zusammenfallt für $h = -2$. Diese letztere Gleichung wird demnach erfüllt, wenn man setzt:

$$R'_n = \varphi_{-2}\left(\frac{k_n r}{\alpha}\right), \text{ oder}$$

$$R_n = \frac{1}{r^3}\,\varphi_{-2}\left(\frac{k_n r}{\alpha}\right).$$

Da nun die Gleichung (43) linear ist, und also auch eine Summe von Einzellösungen, mit beliebigen Constanten multiplicirt, der Gleichung genügt, so hat man die allgemeine Form von R, wenn man aus den gefundenen Integralen den Ausdruck:

$$46 \ldots \Big\} R_n = A_n \, \varphi_1\left(\frac{k_n r}{a}\right) + \frac{B_n}{r^3} \, \varphi_{-2}\left(\frac{k_n r}{a}\right)$$

zusammensetzt, durch A_n und B_n beliebige Constanten bezeichnet.

Nehmen wir aber die Bedingung zu Hülfe, dass die Verschiebung $r.\varrho$ für das Centrum gleich Null sein muss, so erkennt man sofort, dass dieser Forderung nur der in A multiplicirte Theil von R_n genügt, während für den andern, welcher negative Potenzen enthält, für $r = 0$ sogar ein unendlich grosser Werth erhalten wird. Hieraus folgt, dass die Constante B_n verschwinden muss, und dass also

$$47. \ldots\ldots\ldots \Big\} R_n = A_n \, . \, \varphi_1\left(\frac{k_n r}{a}\right).$$

Es bleibt nun noch die Bedingungsgleichung 41 zu erfüllen, welcher für $r = a$ zu genügen ist. Setzt man den gefundenen Werth von R_n in dieselbe ein, so tritt die Constante A_n als Factor heraus und es bleibt die Gleichung übrig:

$$48. \ldots \Big\} a \, \frac{\partial \varphi_1\left(\frac{k_n a}{a}\right)}{\partial a} + \frac{1+\mu}{1-\mu} \, \varphi_1\left(\frac{k_n a}{a}\right) = 0.$$

Diese Gleichung nun enthält ausser k_n nur noch bekannte Grössen; diese Gleichung giebt also in ihren Wurzeln die verschiedenen Grössen k_n, welche man in den Ausdruck 39 einzuführen hat, giebt also auch die Dauer der verschiedenen, der gegebenen Kugel entsprechenden Einzelschwingungen.

Die Wurzeln dieser Gleichung, welche offenbar nur die geraden Potenzen von $\frac{k_n a}{a}$ enthält, haben zwei Eigenschaften, welche, wie im folgenden § entwickelt werden soll, allen Gleichungen zukommen, auf welche ähnliche Schwingungsprobleme führen, ja welche selbst in einer noch bei Weitem ausgedehnteren Classe von Problemen der mathematischen Physik auftreten: die Werthe von k_1^2, welche sich daraus ergeben, sind sammtlich reell und positiv; und wenn k_n, k_1 zwei verschiedene Wurzeln bedeuten, so hat man immer:

$$49 \quad \ldots \quad \int_0^a \varphi_4\left(\frac{k_n r}{\alpha}\right) \cdot \varphi_4\left(\frac{k_m r}{\alpha}\right) r^4 \, . \, dr = 0,$$

so lange n von m verschieden ist. Dass, wenn die k_n^2 sämmtlich reell sind, sie auch positiv sein müssen, und daher die k_n selbst reell, sieht man leicht aus der Gleichung 48, welche nach Potenzen von $z = \frac{k_n a}{\alpha}$ geordnet, die folgende Gestalt annimmt:

$$0 = 1 - \frac{z^2}{2.5}\left(1 + 2\,\frac{1-\mu}{1+\mu}\right) + \frac{z^4}{2.4.5.7}\left(1 + 4\,\frac{1-\mu}{1+\mu}\right) - \ldots.$$

Da die Zeichen der auf einander folgenden Glieder hier fortwährend abwechseln, so folgt nach bekannten Eigenschaften der Gleichungen, dass sämmtliche Wurzeln positiv sind.

Sind die Wurzeln k_n sämmtlich gefunden, so ist demnach R_n bis auf den Factor A_n bekannt. S_n, welches denselben Bedingungen wie R_n unterworfen ist, kann sich von diesem nur durch den Werth dieser Constante unterscheiden; man darf also setzen

$$S_n = B_n \cdot \varphi_4\left(\frac{k_n r}{\alpha}\right),$$

und erhält demnach für ϱ aus (39, folgenden Ausdruck:

$$\varrho = \left\{A_1 \sin(k_1 t) + B_1 \cos(k_2 t)\right\} \varphi_4\left(\frac{k_1 r}{\alpha}\right)$$

$$+ \left\{A_2 \sin(k_2 t) + B_2 \cos(k_2 t)\right\} \varphi_4\left(\frac{k_2 r}{\alpha}\right)$$

$$+ \ldots.$$

Die in diesem Ausdruck noch enthaltenen Constanten A, B bestimmen sich endlich aus dem Anfangszustande des Körpers.

Um die Bewegungen vollständig zu bestimmen, muss nämlich noch die Lage sämmtlicher Punkte des Körpers im ersten Augenblicke nebst den anfänglichen Geschwindigkeiten bekannt sein. Ist im ersten Augenblick, also für $t = 0$, die Verschiebung $r.\varrho$ der verschiedenen Punkte in Richtung des Radius, durch eine gegebene Function $f(r)$, ihre Geschwindigkeit $r.\frac{d\varrho}{dt}$ durch eine andere Function Fr dargestellt, so hat man, indem man für ϱ und $\frac{d\varrho}{dt}$ aus der obigen Formel für ϱ ihre Werthe einführt, sodann aber in denselben t gleich Null setzt, die Gleichungen:

$$(50)\begin{cases} \dfrac{f(r)}{r} = B_1\,\varphi_4\left(\dfrac{k_1 r}{\alpha}\right) + B_2\,\varphi_4\left(\dfrac{k_2 r}{\alpha}\right) + B_3\,\varphi_4\left(\dfrac{k_3 r}{\alpha}\right) + \cdots \\ \dfrac{F(r)}{r} = A_1 k_1\,\varphi_4\left(\dfrac{k_1 r}{\alpha}\right) + A_2 k_2\,\varphi_4\left(\dfrac{k_2 r}{\alpha}\right) + A_3 k_3\,\varphi_4\left(\dfrac{k_3 r}{\alpha}\right) + \cdots . \end{cases}$$

Aus diesen Gleichungen erhält man die Werthe der A, B, ausgedrückt durch bestimmte Integrale, mit Hülfe der Gleichung (49). Multiplicirt man nämlich jede der Gleichungen (50) mit $r^4\;\varphi_4\left(\dfrac{k_n r}{\alpha}\right)$ und integrirt sodann auf beiden Seiten von 0 bis a, so fallen nach der Gleichung 49) sämmtliche Glieder fort bis auf die mit B_n, resp. A_n multiplicirten, und es ergiebt sich daher:

$$\int_0^a f(r)\,.\,\varphi_4\left(\frac{k_n r}{\alpha}\right) r^3\,dr = B_n \int_0^a \varphi_4^2\left(\frac{k_n r}{\alpha}\right) r^4\,dr$$

$$\int_0^a F(r)\,.\,\varphi_4\left(\frac{k_n r}{\alpha}\right) r^3\,dr = k_n A_n \int_0^a \varphi_4^2\left(\frac{k_n r}{\alpha}\right) r^4\,dr,$$

aus welchen für die Constanten A_n, B_n die Werthe folgen:

$$B_n = \frac{\displaystyle\int_0^a f\left(\frac{k_n r}{\alpha}\right) \varphi_4\left(\frac{k_n r}{\alpha}\right) r^3\,dr}{\displaystyle\int_0^a \varphi_4^2\left(\frac{k_n r}{\alpha}\right) r^4\,dr}$$

$$A_n = \frac{\displaystyle\int_0^a F\left(\frac{k_n r}{\alpha}\right) \varphi_4\left(\frac{k_n r}{\alpha}\right) r^3\,dr}{\displaystyle k_n \int \varphi_4^2\left(\frac{k_n r}{\alpha}\right) r^4\,dr}$$

Durch diese Formeln ist die Aufgabe völlig gelöst. Man bemerkt, dass diese letzten Bestimmungen nur noch auf die Amplituden Einfluss haben, welche den Einzelschwingungen zukommen, nicht auf die Schwingungsdauern. Diese letztern zeigen sich vielmehr allein durch die geometrische Gestalt des schwingenden Körpers bedingt.

§. 20. Ueber die Wurzeln der transscendenten Gleichungen, welche die Untersuchung von Schwingungen elastischer Körper mit sich führt.

Die Schwingungen jedes elastischen Körpers, in welcher Weise dieselben auch stattfinden, lassen sich immer, indem man sie als Summe einfacher periodischer Einzelschwingungen auffasst, in derselben Form darstellen, welche oben der Grösse ϱ gegeben wurde, d. h. man kann setzen:

$$\begin{aligned} u &= u_1 \sin(k_1 t) + u_2 \sin(k_2 t) + \dots \\ &\quad + u'_1 \cos(k_1 t) + u_2 \cos(k_2 t) + \dots \\ v &= v_1 \sin(k_1 t) + v_2 \sin(k_2 t) + \dots \\ &\quad + v'_1 \cos(k_1 t) + v'_2 \cos(k_2 t) + \dots \\ w &= w_1 \sin(k_1 t) + w_2 \sin(k_2 t) + \dots \\ &\quad + w'_1 \cos(k_1 t) + w'_2 \cos(k_2 t) + \dots \end{aligned}$$

wo dann immer die mit den nämlichen Sinus oder Cosinus multiplicirten Terme zusammen eine Einzelschwingung darstellen. Diese Glieder müssen, wie man leicht erkennt, jedes System für sich, den Differentialgleichungen genügen. Führt man also in den Gleichungen (30), nachdem X, Y, Z gleich Null gesetzt sind, für u, v, w die Componenten

$$u_n \sin(k_n t),\; v_n \sin(k_n t),\; w_n \sin(k_n t)$$

einer Einzelschwingung ein, so wird dann auch

$$t_{11} = t_{11}^{(n)} \sin(k_n t),\; t_{12} = t_{12}^{(n)} \sin(k_n t),\; \text{etc.}$$

wo die $t^{(n)}$ aus dem t einfach erhalten werden, indem man die u_n, v_n, w_n an die Stelle der u, v, w rücken lässt. Auf diese Weise erhalten sämmtliche Gleichungen den Factor $\sin(k_n t)$, und mit Uebergehung desselben behält man:

$$51) \ldots \left\{ \begin{aligned} - m\, k_n^2 u_n &= \frac{\partial t_{11}^{(n)}}{\partial x} + \frac{\partial t_{12}^{(n)}}{\partial y} + \frac{\partial t_{13}^{(n)}}{\partial z} \\ - m\, k_n^2 v_n &= \frac{\partial t_{12}^{(n)}}{\partial x} + \frac{\partial t_{22}^{(n)}}{\partial y} + \frac{\partial t_{23}^{(n)}}{\partial z} \\ - m\, k_n w^2{}_n &= \frac{\partial t_{13}^{(n)}}{\partial x} + \frac{\partial t_{23}^{(n)}}{\partial y} + \frac{\partial t_{33}^{(n)}}{\partial z} \end{aligned} \right.$$

In diesen Gleichungen kommt die Zeit nicht mehr vor; die u_n, v_n, w_n wie auch die $t^{(n)}$ sind nur noch Functionen der Coordinaten. Aber ausser diesen drei allgemeinen Gleichungen erhält man noch andre in den Grenzen. Man erhält dieselben aus den Gleichungen (25), wenn man die äussern Druckkräfte gleich Null setzt und unter p, q, r die Winkel versteht, welche die nach aussen gerichtete Normale der Körperoberfläche gegen die Coordinatenaxen bildet. Setzt man in jenen Gleichungen für u, v, w ebenfalls die Ausdrücke einer Einzelschwingung ein, so tritt wieder in sämmtlichen Gleichungen der Factor $\sin(k_n t)$ hervor, und es bleibt:

$$(52)\ .\ .\ \begin{cases} t_{11}^{(n)} \cos p + t_{12}^{(n)} \cos q + t_{13}^{(n)} \cos r = 0 \\ t_{12}^{(n)} \cos p + t_{22}^{(n)} \cos q + t_{23}^{(n)} \cos r = 0 \\ t_{13}^{(n)} \cos p + t_{23}^{(n)} \cos q + t_{33}^{(n)} \cos r = 0. \end{cases}$$

Auch in diesen Gleichungen ist von der Zeit t keine Spur mehr vorhanden.

Diese Gleichungen 51), 52) bestimmen nun u_n, v_n, w_n als Functionen der Coordinaten, doch so, dass eine willkürliche Constante sämmtlichen drei Grössen als gemeinschaftlicher Factor hinzugefügt werden darf. Denn offenbar ändern die Gleichungen sich nicht, wenn man darin für u_n, v_n, w_n, einsetzt $K.u_n$, $K.v_n$, $K.w_n$, und unter K eine wilkürliche Constante versteht, indem diese sich sofort als gemeinsamer Factor aus allen jenen Gleichungen heraushebt.

Die Gleichungen (51), (52) aber führen ferner, wie es in dem speciellen Fall des vorigen Paragraphen ausgeführt ist, auf eine transscendente Gleichung für die in den rechten Theilen der Gleichungen 51) auftretende Grösse k^2_n. Diese transscendente Gleichung hat immer nur reelle positive Wurzeln, wie sogleich gezeigt werden soll. Zuvor sei aber bemerkt, dass die Grössen u'_n, v'_n, w'_n auf dieselben Gleichungen führen, wie u_n, v_n, w_n, und sich also nur durch die in ihnen enthaltenen drei willkürlichen Constanten von diesen Grössen unterscheiden können.

Betrachten wir das dreifache Integral

$$J = \iiint (u_n u_k + v_n v_k + w_n w_k)\, dx\, dy\, dz,$$

in welchem k und n zwei verschiedene Zahlen bedeuten sollen, und welches über das ganze Volumen des schwingenden Körpers ausgedehnt werden soll. Es wird übrigens am Folgenden nichts geändert, wenn man u_n, v_n, w_n oder auch zugleich u_k, v_k, w_k durch die entsprechenden gestrichenen Grössen ersetzt. Führt man in dem Integral J statt u_n, v_n, w_n die Ausdrücke ein, denen sie den Gleichungen 51 zufolge gleich werden, so ist

$$-m k^2_n J = \iiint \left\{ \begin{array}{l} u_k \left(\frac{\partial t_{11}^{(n)}}{\partial x} + \frac{\partial t_{12}^{(n)}}{\partial y} + \frac{\partial t_{13}^{(n)}}{\partial z} \right) \\ + v_k \left(\frac{\partial t_{12}^{(n)}}{\partial x} + \frac{\partial t_{22}^{(n)}}{\partial y} + \frac{\partial t_{23}^{(n)}}{\partial z} \right) \\ + w_k \left(\frac{\partial t_{13}^{(n)}}{\partial x} + \frac{\partial t_{23}^{(n)}}{\partial y} + \frac{\partial t_{33}^{(n)}}{\partial z} \right) \end{array} \right\} dx\, dy\, dz.$$

Behandelt man nun dieses Integral ganz ebenso wie das ähnliche in § 16, so erhält man genau wie dort ein Doppelintegral, welches über die ganze Oberfläche des Körpers ausgedehnt wird, und ein dreifaches Integral. Man erhält beide aus den dort angegebenen Grössen δU_1 und $-\delta U_2$, wenn man darin die t durch die $t^{(n)}$, und die δu, δv, δw durch u_k, v_k, w_k ersetzt. Dann erkennt man ohne Weiteres, dass wegen der Gleichungen 52) das erste dieser Integrale verschwindet; und so bleibt denn:

$$m k^2_n J = \iiint \left\{ \begin{array}{l} t_{11}^{(n)} \frac{\partial u_k}{\partial x} + t_{23}^{(n)} \left(\frac{\partial v_k}{\partial z} + \frac{\partial w_k}{\partial y} \right) \\ + t_{22}^{(n)} \frac{\partial v_k}{\partial y} + t_{31}^{(n)} \left(\frac{\partial w_k}{\partial x} + \frac{\partial u_k}{\partial z} \right) \\ + t_{33}^{(n)} \frac{\partial w_k}{\partial z} + t_{12}^{(n)} \left(\frac{\partial u_k}{\partial y} + \frac{\partial v_k}{\partial x} \right) \end{array} \right\} dx\, dy\, dz.$$

Erinnert man sich indess, dass die $t^{(n)}$ lineare Functionen der sechs Grössen $\frac{\partial u_n}{\partial x}$, $\frac{\partial v_n}{\partial z} + \frac{\partial w_n}{\partial y}$, etc. sind, und zwar partielle Differentialquotienten einer und derselben Function zweiter Ordnung nach diesen Grössen genommen, so erkennt man sofort, dass die unter dem Integralzeichen stehende Function sich nicht ändert, wenn man darin die u_k, v_k, w_k mit den u_n, v_n, w_n vertauscht. Dasselbe muss also auch mit der linken Seite der Gleichung stattfinden; da sich nun J nicht ändert, wenn n durch k ersetzt wird, während k^2_n in k^2_k übergeht, so kann jene Seite beider

Vertauschung nur ungeändert bleiben, wenn sie verschwindet. Es ist also, vorausgesetzt, dass n von k verschieden ist:

$$53)\qquad \iiint (u_n\, u_k + v_n\, v_k + w_n\, w_k)\, dx\, dy\, dz = 0.$$

Hätte nun die erwähnte transscendente Gleichung conjugirte imaginäre Wurzeln, so könnte man diese an Stelle von k^2_n und k^2_k setzen. Aber dann könnte man auch u_n, u_k als conjugirte imaginäre Grössen betrachten, ebenso v_n, v_k und w_n, w_k. Nun ist das Product zweier conjugirter Grössen, $\alpha + \beta i$ und $\alpha - \beta i$, gleich $\alpha^2 + \beta^2$, also stets positiv. Das Integral (53) würde also eine Summe von positiven Zahlen darstellen, welche gleich Null sein soll. Da dies unmöglich ist, so kann k^2 nie einer imaginären Zahl gleich werden.

Aber auch positiv müssen sämmtliche k^2 sein, und daher die k selbst reell. Behandelt man nämlich ebenso wie J das Integral

$$J' = \iiint (u^2_n + v^2_n + w^2_n)\, dx\, dy\, dz,$$

wobei die u_n, v_n, w_n wegen der nachgewiesenen Realität der k^2_n ebenfalls als reell gelten dürfen, so erhält man ganz auf die gleiche Weise $m\, k^2_n\, J'$ ausgedrückt durch das oben angegebene dreifache Integral, in dem nur die u_k, v_k, w_k durch die u_n, v_n, w_n ersetzt sind. Der Ausdruck unter dem Integralzeichen wird dann, wie man leicht erkennt, nichts anderes als das Doppelte der Function F, welche in § 16 aufgestellt ist, nur darin u_n, v_n, w_n für u, v, w gesetzt.

Man hat also

$$(54)\quad \ldots\ldots\ m\, k^2_n\, J' = 2 \iiint F\, dx\, dy\, dz.$$

Das negative Differential des dreifachen Integrals rechts bedeutete aber die Arbeit, welche die innern Kräfte bei einer kleinen Verschiebung leisten, daher stellt das Integral selbst, mit entgegengesetzten Zeichen genommen, die Arbeit dar, welche die innern Kräfte leisten, wenn der Körper aus seiner natürlichen Lage verschoben wird, bis er die Verschiebungen u_n, v_n, w_n erhält. Diese Arbeit ist ihrer Natur nach negativ, genau entgegengesetzt der ihr gleichen positiven Arbeit der äussern Kräfte, welche zu einer solchen Verschiebung nothwendig ist. Das dreifache Integral ist also nothwendig positiv; aber auch J', welches eine Summe positiver Glieder ist, daher muss denn auch k^2_n nothwendig positiv sein, was zu beweisen war.

Könnte k_n imaginär werden, so würde auch $\sin(k_n t)$ wie $\cos(k_n t)$ imaginär werden, und die trigonometrischen Functionen würden auf Theile führen, welche die Zeit in Exponentialgrössen enthielten, d. h. auf Glieder, welche mit zunehmender Zeit entweder Null werden oder ins Unendliche wachsen müssten. Der wahre Sinn des soeben bewiesenen Satzes besteht also darin, dass die inneren Bewegungen eines elastischen Körpers, wenn derselbe ganz sich selbst überlassen ist, an Ausdehnung für alle Zeit weder wachsen, noch abnehmen, sondern dass alle Einzelbewegungen in gleichmässigen Perioden innerhalb unveränderlich bestehender Grenzen ausgeführt werden, welche sie niemals überschreiten, aber auch immer nach Verlauf gewisser Zeiten wieder erreichen.

Die Anwendung der Gleichung 53) auf das im Vorigen behandelte Problem ist sehr einfach. In demselben war

$$u = \varrho \,.\, x,\; v = \varrho \,.\, y,\; w = \varrho \,.\, z,$$

daher auch nach der in (39) gewählten Bezeichnung:

$$u_n = R_n \,.\, x, \quad v_n = R_n \,.\, y, \quad w_n = R_n \,.\, z$$
$$u_k = R_k \,.\, x, \quad v_k = R_k \,.\, y, \quad w_k = R_k \,.\, z.$$

Somit nimmt, da

$$x^2 + y^2 + z^2 = r^2,$$

der in (53) zu integrirende Ausdruck den Werth:

$$u_n\, u_k + v_n\, v_k + w_n\, w_k = R_n\, R_k \,.\, r^2$$

an, welcher nur von r noch abhängig ist.

Um diesen Ausdruck über den ganzen Körper zu integriren, kann man zunächst über eine unendlich dünne Kugelschale integriren, deren Radius r und deren Dicke dr ist. Da für alle Punkte dieser Schale $R_n\, R_k \,.\, r^2$ denselben Werth hat, so erhält man sofort diesen Werth mit dem Volumen $4\pi r^2 dr$ der Kugelschale multiplicirt. Man hat also mit Uebergehung des Factors 4π aus (53), indem man noch über die verschiedenen Kugelschalen integrirt:

$$\int_0^a R_n\, R_k\, r^4\, dr = 0.$$

Führt man hier für R_n und R_k ihre Werthe aus (47) ein, so ergiebt sich sofort die Gleichung 49), welche zu beweisen war.

§. 21. Beweis, dass die Probleme des Gleichgewichts elastischer Körper völlig bestimmt sind.

Mit diesen Untersuchungen hängt aufs Genauste der Beweis für den Umstand zusammen, dass wirklich die Probleme des Gleichgewichts elastischer Körper völlig bestimmt sind, wenn die auf das Innere und die Oberfläche wirkenden Kräfte gegeben sind.

Nehmen wir nämlich an, die Aufgabe des Gleichgewichts gestattete zwei von einander verschiedene Lösungen; die eine derselben sei durch die Verschiebungen u, v, w, die andre durch die Verschiebungen u', v', w' dargestellt. Denken wir uns die Bedingungsgleichungen für das Problem hingeschrieben, einmal mit den Veränderlichen u, v, w, das zweite Mal mit den Veränderlichen u', v', w'. Ziehen wir die entsprechenden Gleichungen beider Systeme von einander ab, so erhalten wir ein ähnliches System; in demselben stehen jetzt an Stelle der Veränderlichen u, v, w die Differenzen $u-u'$, $v-v'$, $w-w'$; die äussern Kräfte aber, welche in beiden Systemen durch völlig dieselben Glieder vertreten waren, haben sich bei der Subtraction aufgehoben. Es sind also

$$u-u',\ v-v',\ w-w'$$

Verschiebungen, welche in dem Körper eintreten können, ohne dass äussere Kräfte auf das Innere oder auf die Oberflache wirken. Zeigen wir nun, dass solche Verschiebungen gleich Null sind, so ist dadurch nachgewiesen, dass für die angenommenen Lösungen

$$u = u',\ v = v',\ w = w',$$

d. h. dass es nur einen einzigen Gleichgewichtszustand giebt.

Nehmen wir also an, es wirkten keine äussern Kräfte. Alsdann gelten für diese Verschiebungen dieselben Gleichungen 51), 52), welche im vorigen § benützt sind, nur dass die linken Theile von 51) durch Null zu ersetzen sind; oder mit andern Worten, wir erhalten die hierher gehörigen Gleichungen, wenn wir in den Gleichungen des vorigen §. $k_n = 0$ setzen. Sofort reducirt sich dann 51) auf

$$\iiint F\,dx\,dy\,dz = 0.$$

Dieses Integral hat seiner Bedeutung nach immer einen positiven Werth, welches auch die Functionen u, v, w sein mögen, da es die äussere Arbeit angiebt, welche zur Hervorbringung solcher Verschiebungen nothwendig ist. Aber dieser Charakter kann nicht allgemein dem Integral zukommen, ohne zugleich auch der Function F zuzukommen, da man den Körper beliebig wählen, also selbst auf einen unendlich kleinen Raum beschränken kann, für welchen jenes Integral in F selbst übergeht, multiplicirt mit dem Volumen, also mit einer jedenfalls positiven Grösse.

Da nun das obige Integral sonach eine Summe von positiven Grössen ist, so kann es nur mit diesen selbst verschwinden; es muss also für die untersuchten Verschiebungen $F = 0$ sein. Und da wiederum F eine wesentlich positive Function ist, so kann dies nur geschehen, wenn die sämmtlichen Argumente verschwinden aus denen sie zusammengesetzt ist, d. h. wenn gleichzeitig:

$$(55) \quad \left\{ \begin{array}{ll} \dfrac{\partial u}{\partial x} = 0; & \dfrac{\partial v}{\partial z} + \dfrac{\partial w}{\partial y} = 0 \\ \dfrac{\partial v}{\partial y} = 0; & \dfrac{\partial w}{\partial x} + \dfrac{\partial u}{\partial z} = 0 \\ \dfrac{\partial w}{\partial z} = 0; & \dfrac{\partial u}{\partial y} + \dfrac{\partial v}{\partial x} = 0. \end{array} \right.$$

Betrachten wir z. B. die Function u. Sie darf in Folge der ersten Gleichung nicht x enthalten, so wenig als y in v, z in w auftreten darf. Aber dann zeigt die letzte Gleichung, dass $\dfrac{\partial u}{\partial y}$ nicht y enthalten darf, so dass u für y linear sein muss; und in Folge der fünften Gleichung wird es ebenso linear für z. Also hat man, indem man die Functionen v, w ebenso behandelt:

$$(56) \quad \left\{ \begin{array}{l} u = a + \gamma y - \beta z \\ v = b + \alpha z - \gamma x \\ w = c + \beta x - \alpha y; \end{array} \right.$$

wo die $a, b, c, \alpha, \beta, \gamma$ constante Coefficienten sind; es mussten je zwei Coefficienten gleich und entgegengesetzt angenommen werden, um den letzten drei Gleichungen (55) zu genügen.

Die Gleichungen (56) nun stellen nichts anderes dar, als

solche Verschiebungen, bei denen der Körper als starr zu betrachten ist. Man überzeugt sich hiervon sehr leicht. Lässt man von den sechs Constanten $a, b, c, \alpha, \beta, \gamma$ alle bis auf a verschwinden, so sind $v = w = 0$, $u = a$. Alle Punkte des Körpers sind also parallel der XAxe um die Strecke a verschoben. Ebenso deutet b auf eine Verschiebung des Körpers parallel der YAxe, c auf eine Verschiebung parallel der Axe der Z. Lässt man hingegen nur α bestehen, so ist

$$u = 0, \; v = \alpha z, \; w = -\alpha y.$$

Die Punkte der XAxe, für welche $z = 0$, $y = 0$, sind daher überhaupt in Ruhe geblieben. Ein Punkt aber, dessen Entfernung r von der XAxe ursprünglich mit der ZAxe den Winkel φ bildet, und dessen Coordinaten also ursprünglich

$$z = r \cos\varphi, \; y = r \sin\varphi$$

sind, nimmt bei einer kleinen Drehung des Körpers, bei welcher ein Winkel α um die XAxe beschrieben wird, die Coordinaten an:

$$\begin{aligned} z + w &= r \cos(\varphi + \alpha) \\ y + v &= r \sin(\varphi + \alpha), \end{aligned}$$

oder, wenn α sehr klein ist, so dass sein Sinus mit α selbst, sein Cosinus mit 1 verwechselt werden darf:

$$\begin{aligned} z + w &= r (\cos\varphi - \alpha \sin \varphi) \\ y + v &= r (\sin\varphi + \alpha \cos \varphi), \end{aligned}$$

aus welchen sich sofort

$$\begin{aligned} w &= -\alpha r \sin\varphi = -\alpha y \\ v &= \alpha r \cos\varphi = \alpha z \end{aligned}$$

ergiebt. Die oben angegebenen Formeln entsprechen also einer kleinen Drehung um die XAxe, und ebenso deuten β, γ auf Drehungen um die Y oder ZAxe, also die Gleichungen (56) überhaupt auf die Gesammtheit der Verschiebungen, welche einem starren Körper möglich sind.

Hieraus folgt, dass die Probleme des Gleichgewichts elastischer Körper völlig bestimmt sind, sobald man noch soviel Bedingungen hinzufügt, als genügen, um die Lage eines starren Körpers vollständig zu bestimmen. Solche Bedingungen aber sind folgende:

1) Ein Punkt des Körpers bleibe fest, so dass für ihn u, v, w verschwinden.
2) Ein durch diesen Punkt gezogenes Linienelement soll seine Richtung beibehalten, und
3) Ein durch dieses Linienelement gelegtes unendlich kleines Flächenelement soll in seiner Richtung beharren.

Fügt man diese Bedingungen hinzu, so ist dadurch das Problem völlig und eindeutig bestimmt.

Dass aber die obigen Bestimmungsstücke hinzugefügt werden müssen, hat wesentlich darin seinen Grund, dass die Lage des Coordinatensystems zunächst nur durch endliche Zahlen bestimmt ist, d. h. durch Grössen, gegen welche man die kleinen Verschiebungen vernachlässigt. Treten nun diese Verschiebungen ein, und werden berücksichtigt, so sind möglichenfalls in den Bestimmungsstücken des Coordinatensystems ebenfalls kleine Correctionen anzubringen, welche denn durch das obige geliefert werden. Nur eine secundäre Erscheinung ist es, dass jene in Wahrheit nur zur vollständigen Bestimmung des Coordinatensystems dienenden Correctionen genau das Ansehen haben, als könnte ihnen gemäss der Körper ein wenig verschoben werden, ohne dass das Gleichgewicht aufhörte, was doch offenbar eine Absurdität ist. Nicht der Körper, sondern das Coordinatensystem gegen den Körper kann ein wenig verschoben werden, ohne dass die Bedingungen des Gleichgewichts ihre Form im Mindesten ändern, und nur dies ist es, was durch die in den Formeln (56) übrigbleibende Willkürlichkeit angezeigt wird.

§. 22. Gleichgewicht cylindrischer Körper.

Bei der grossen Wichtigkeit, welche Körper von cylindrischer Form in den Anwendungen haben, ist es begreiflich, dass man versucht hat, dieselben auch in der Theorie vollständiger zu behandeln. Man verdankt eine nähere Kenntniss der bei solchen Körpern auftretenden Erscheinungen den Untersuchungen von de Saint-Vénant[1]), welche, von eigenthümlichen Gesichtspunkten ausgehend, eine Reihe von Gleichgewichtszuständen

---

[1]) Mém. sur la torsion des prismes, 1855; Mém. sur la flexion des prismes, Liouville Journ. IIème série, Tome I. (1856).

allgemeiner und specieller cylindrischer Körper kennen gelehrt haben. Es soll im folgenden eine modificirte Darstellung der betreffenden Untersuchungen in ihren Hauptpunkten gegeben werden.

Denken wir uns einen cylindrischen Körper von beliebigem Querschnitt; von unkrystallinischer Substanz, wie hier der Einfachheit wegen angenommen werden soll, obwohl auch für krystallinische Körper ähnliche Betrachtungen gelten. Der Körper sei, den am Ende des vorigen § angegebenen Bedingungen gemäss, dadurch fixirt, dass in dem einen der ihn begrenzenden Querschnitte ein Punkt, ein Linienelement, und ein Element der Fläche eine gegebene Richtung beibehalten sollen. Sei die Axe der Z der Cylinderaxe parallel, so dass also die Querschnitte des Cylinders der XY Ebene ursprünglich parallel sind; der in der Endfläche gewählte festzulegende Punkt werde der Anfangspunkt, das festzulegende Linienelement gebe die Richtung der X Axe an; das benachbarte Element der Endfläche soll auch nach der Verschiebung der XY Ebene angehören. Man hat also zunächst für $x = 0$, $y = 0$, $z = 0$, auch $u = 0$, $v = 0$, $w = 0$. Geht man ferner zu einem benachbarten Punkt in der Endfläche über, dessen Coordinaten dx, dy, dessen Verschiebungen also

$$\left(\frac{\partial u}{\partial x}\right)_0 dx + \left(\frac{\partial u}{\partial y}\right)_0 dy$$

$$\left(\frac{\partial v}{\partial x}\right)_0 dx + \left(\frac{\partial v}{\partial y}\right)_0 dy$$

$$\left(\frac{\partial w}{\partial x}\right)_0 dx + \left(\frac{\partial w}{\partial y}\right)_0 dy$$

sind, so soll dieser immer in der XY Ebene bleiben, seine Verschiebung nach der Z Axe Null sein; daher nothwendig

$$\left(\frac{\partial w}{\partial x}\right)_0 = 0, \quad \left(\frac{\partial w}{\partial y}\right)_0 = 0;$$

und geht man nur in der X Axe vorwärts, so dass $dy = 0$, so soll das betreffende Element auch nach der Y Axe keine Verschiebung erfahren; es muss somit auch $\left(\frac{\partial v}{\partial y}\right)_0$ verschwinden. Man hat auf solche Weise in dem festen Punkt folgende Bedingungen zu erfüllen:

$$(57) \quad \ldots\ldots \left\{\begin{array}{l} \text{für } x = 0,\ y = 0,\ z = 0: \\ u = 0,\ v = 0,\ w = 0 \\ \frac{\partial v}{\partial x} = 0,\ \frac{\partial w}{\partial x} = 0 \\ \frac{\partial w}{\partial y} = 0. \end{array}\right.$$

Auf die Seitenflächen des Körpers sollen keine Druckkräfte wirken; nur das freie Ende soll durch Kräfte in Anspruch genommen sein, welche auf den letzten Querschnitt wirken.

Auf das Innere des Körpers sollen keinerlei Kräfte wirken; von der Wirkung der Schwere selbst werde abstrahirt.

Der Zustand des Körpers ist vollständig bestimmt, sobald die Kräfte noch gegeben sind, welche auf die Endflächen wirken. Ohne uns aber um die eine, ohne dies zum Theil fixirte Endfläche zu bekümmern, werden wir die auf die freie Endfläche wirkenden Kräfte unbestimmt lassen, und dafür ein andres bestimmendes Element einführen.

Denken wir uns den ganzen Körper aus Fasern von rechtwinkligem Querschnitt zusammengesetzt, deren Richtung der Cylinderaxe parallel ist. Die Seiten der begrenzenden Fasern sind keinen Druckkräften unterworfen. Die Bedingungen, welche dies ausdrücken, erhalten wir aus den allgemeinen Grenzbedingungen (25). In diesen ist die Grösse T, die äussere Zugkraft, gleich Null zu setzen; auch $\cos r$ verschwindet, da die Normale des Cylinders zur Z Axe senkrecht ist; und es wird sodann

$$\cos q = \sin p.$$

So erhält man endlich folgende Grenzbedingungen:

$$t_{11} \cos p + t_{12} \sin p = 0$$
$$t_{21} \cos p + t_{22} \sin p = 0$$
$$t_{31} \cos p + t_{32} \sin p = 0.$$

Man bemerkt nun, dass die ersten beiden Gleichungen immer für solche Zustände des Cylinders erfüllt sind, in denen überhaupt benachbarte Fasern keinen seitlichen Druck oder Zug auf einander ausüben, und in denen auch der Querschnitt der einzelnen Fasern überhaupt nicht verschoben wird. Wegen des ersten Umstands verschwinden dann t_{11}, t_{22}, wegen des zweiten t_{12}. Und man kann sich folgendes Problem stellen:

Welches sind die Gleichgewichtszustände eines

cylindrischen Körpers, auf dessen cylindrische Oberfläche keine Kräfte wirken, und dessen Inneres keinen äussern Kräften unterworfen ist, bei welchen die den Körper zusammensetzenden Fasern keinerlei seitlichen Druck erleiden. Welches sind die Kräfte, welche auf die freie Endfläche wirken müssen, um dergleichen Zustände hervorzurufen.

Dies ist das Saint-Vénant'sche Problem. Dasselbe kann, wie man sehen wird, noch auf mehrfache Weise gelöst werden. Alle jene Lösungen haben die gemeinsame Eigenschaft, dass die Querschnitte der einzelnen Fasern Rechtecke bleiben; so wie dass die seitlichen Contractionen derselben genau den Ausdehnungen entsprechen, welche ihre Längsspannungen hervorzurufen geeignet sind.

Nach dem Früheren waren $\frac{\partial u}{\partial x}$, $\frac{\partial v}{\partial y}$, $\frac{\partial w}{\partial z}$ die Ausdehnungen der Längeneinheiten in Richtung der drei Axen. Da nun kein seitlicher Druck stattfinden soll, muss man haben

$$(58) \quad \ldots\ldots\ldots\ldots \quad t_{33} = E\,\frac{\partial w}{\partial z},$$

wie bei jedem Körper, welcher nur in der Längsrichtung gezogen wird; und da die Quercontractionen zu den Längsausdehnungen dann im Verhältniss von $\mu:1$ stehen, so ist ferner:

$$(59) \quad \ldots\ldots\ldots \quad \frac{\partial u}{\partial x} = \frac{\partial v}{\partial y} = -\,\mu\,\frac{\partial w}{\partial z}.$$

Durch diese Gleichungen sind die Bedingungen $t_{11} = 0$, $t_{22} = 0$ von selbst erfüllt, wie man durch Vergleichung der Ausdrücke (31) ersieht. Die Bedingung aber, dass das Flächenelement des Querschnitts ein Rechteck bleibe, ist identisch mit $t_{12} = 0$, oder mit:

$$(60) \quad \ldots\ldots\ldots\ldots \quad \frac{\partial u}{\partial y} + \frac{\partial u}{\partial x} = 0.$$

Hierdurch endlich gehen die Gleichungen (30), die linken Theile sowie X, Y, Z gleich Null gesetzt, über in:

$$\frac{\partial t_{13}}{\partial z} = 0$$

$$\frac{\partial t_{23}}{\partial z} = 0$$

$$\frac{\partial t_{13}}{\partial x} + \frac{\partial t_{23}}{\partial y} + \frac{\partial t_{33}}{\partial z} = 0,$$

oder auch, indem man die Werthe der Spannungen und die Gleichungen (58) — (60) benützt, in

$$(61) \ldots\ldots\ldots \begin{cases} \dfrac{\partial^2 u}{\partial z^2} + \dfrac{\partial^2 w}{\partial x \partial z} = 0 \\ \dfrac{\partial^2 v}{\partial z^2} + \dfrac{\partial^2 w}{\partial y \partial z} = 0 \\ 2\dfrac{\partial^2 w}{\partial z^2} + \dfrac{\partial^2 w}{\partial x^2} + \dfrac{\partial^2 w}{\partial y^2} = 0. \end{cases}$$

Von den Grenzbedingungen aber ist nur die eine übrig geblieben:

$$0 = t_{13} \cos p + t_{23} \sin p, \text{ oder}$$

$$(62) \ldots 0 = \left(\frac{\partial u}{\partial z} + \frac{\partial w}{\partial x}\right) \cos p + \left(\frac{\partial v}{\partial z} + \frac{\partial w}{\partial y}\right) \sin p,$$

welche auf der ganzen Cylinderfläche erfüllt sein muss.

Die Gesammtheit der Gleichungen (58) — (62) ist nun weiter zu behandeln.

§ 23. Das de Saint-Vénantsche Problem.

Die drei Grössen u, v, w, welche gesucht werden, sind vermöge der dem Körper auferlegten Bedingungen einer Anzahl von Gleichungen unterworfen, welche ihre eigene Anzahl bei weitem übertrifft. Es lässt sich jenen Gleichungen zusammen daher auch nur durch Lösungen von verhältnissmässig speciellem Charakter genügen, ja, man muss es als eine besondere Eigenthümlichkeit jener Gleichungen ansehen, dass sich ihnen überhaupt gleichzeitig genügen lässt. Die fraglichen Gleichungen, soweit dieselben in jedem Punkte des Körpers erfüllt sein müssen, sind folgende:

$$63. \quad \left\{ \begin{array}{ll} [1] & \frac{\partial u}{\partial x} = \frac{\partial v}{\partial y} = -\mu \frac{\partial w}{\partial z} \\ [2] & \frac{\partial u}{\partial y} + \frac{\partial v}{\partial x} = 0 \\ [3] & \frac{\partial^2 u}{\partial z^2} + \frac{\partial^2 w}{\partial x \partial z} = 0 \\ [4] & \frac{\partial^2 v}{\partial z^2} + \frac{\partial^2 w}{\partial y \partial z} = 0 \\ [5] & \frac{\partial^2 w}{\partial x^2} + \frac{\partial^2 w}{\partial y^2} + 2 \frac{\partial^2 w}{\partial z^2} = 0 \end{array} \right.$$

Differenziren wir [5] nach z, und ziehen davon den Differentialquotienten von [3] nach x und den von [4] nach y ab, so bleibt:

$$2 \frac{\partial^3 w}{\partial z^3} + \frac{\partial^3 u}{\partial z^2 \partial x} + \frac{\partial^3 v}{\partial z^2 \partial y} = 0.$$

Da nun nach [1] $\frac{\partial u}{\partial x}$ und $\frac{\partial v}{\partial y}$ sich von $\frac{\partial w}{\partial z}$ nur durch einen Factor unterscheiden, so unterscheiden sich ebenso nur $\frac{\partial^3 u}{\partial z^2 \partial x}$ und $\frac{\partial^3 v}{\partial z^2 \partial y}$ von $\frac{\partial^3 w}{\partial z^3}$; und die abgeleitete Gleichung geht dann über in:

$$\frac{\partial^3 w}{\partial z^3} = 0.$$

Differenzirt man ferner [3] nach y, [4] nach x, so giebt die Summe beider Gleichungen:

$$\frac{\partial^3 u}{\partial x \partial y^2} + \frac{\partial^3 v}{\partial y \partial x^2} + 2 \frac{\partial^3 w}{\partial x \partial y \partial z} = 0.$$

Aber die Summe der ersten beiden Glieder ist Null, wie man erkennt, wenn man [2] nach x und y differenzirt. Es bleibt also:

$$\frac{\partial^3 w}{\partial x \partial y \partial z} = 0.$$

Differenzirt man endlich [5] nach z und berücksichtigt, dass $\frac{\partial^3 w}{\partial z^3}$ verschwindet, so erhält man

$$\frac{\partial^3 w}{\partial z \partial x^2} + \frac{\partial^3 w}{\partial z \partial y^2} = 0.$$

Aber wenn man [3] nach x, [4] nach y differenzirt, so werden die ersten Glieder der Gleichungen [1] wegen gleich; setzt man daher auch die letzten Glieder einander gleich, so kommt:

$$\frac{\partial^3 w}{\partial z\, \partial x^2} = \frac{\partial^3 w}{\partial z\, \partial y^2}.$$

Dies ist mit der vorigen Gleichung nur verträglich, wenn:

$$\frac{\partial^3 w}{\partial z \partial x^2} = 0, \quad \frac{\partial^3 w}{\partial z \partial y^2} = 0.$$

Fasst man alles zusammen, so ist nun bewiesen, dass folgende Differentialquotienten von $\frac{\partial w}{\partial z}$ verschwinden müssen:

$$\frac{\partial^2}{\partial z^2}\left(\frac{\partial w}{\partial z}\right), \quad \frac{\partial^2}{\partial x^2}\left(\frac{\partial w}{\partial z}\right), \quad \frac{\partial^2}{\partial y^2}\left(\frac{\partial w}{\partial z}\right), \quad \frac{\partial^2}{\partial x \partial y}\left(\frac{\partial w}{\partial z}\right).$$

Wegen der ersten drei dieser Gleichungen darf $\frac{\partial w}{\partial z}$ weder von x noch von y oder z eine höhere Potenz enthalten als die erste; und wegen der letzten Gleichung darf selbst das Product $x.y$ nicht vorkommen. Es bleibt für $\frac{\partial w}{\partial z}$ sonach nur die folgende Form übrig, in welcher sämmtliche Coefficienten willkürliche Constanten bedeuten:

$$\frac{\partial w}{\partial z} = (a + a_1\, x + a_2\, y) + z\, (b + b_1\, x + b_2\, y).$$

In Folge der Gleichungen (63 [1]) giebt dies zugleich den Ausdruck für $\frac{\partial u}{\partial x}$ und für $\frac{\partial v}{\partial y}$, so dass

$$\frac{\partial u}{\partial x} = -\,\mu\, \left\{(a + a_1\, x + a_2\, y) + z\, (b + b_1\, x + b_2\, y)\right\}$$

$$\frac{\partial v}{\partial y} = -\,\mu\, \left\{a + a_1\, x + a_2\, y) + z\, b + b_1\, x + b_3\, y)\right\}.$$

Wenn man diese drei Gleichungen respective nach x, y, z integrirt, so erhält man Ausdrücke von u, v, w, welche allerdings nicht sämmtlichen Gleichungen 63 , aber doch einer derselben, der ersten, genügen. Bemerken wir nur, dass die willkürlichen Constanten, welche bei jeder Integration beizufügen sind, in dem vorliegenden Fall keineswegs wirkliche Constante sein dürfen, sondern Functionen sein können, welche nur jedesmal constant sind in Bezug auf die Veränderliche, nach welcher man integrirt, d. h. welche jedesmal diese Veränderliche nicht mehr enthalten.

Man kann daher zu w eine willkürliche Function von x und y, zu u eine solche von y und z, zu v endlich eine Function von x und z hinzufügen. In Bezug auf diese Functionen aber sieht man leicht Folgendes.

Für die Gleichungen [3], [4] kann man jetzt schreiben:

$$(63a) \quad \ldots\ldots\ldots \begin{cases} \dfrac{\partial^2 u}{\partial z^2} = - a_1 - b_1 z \\[2ex] \dfrac{\partial^2 v}{\partial z^2} = - a_2 - b_2 z. \end{cases}$$

Denkt man sich diese Gleichungen zweimal integrirt, so erkennt man, dass z in u und v höchstens zur dritten Potenz vorkommen kann, und zwar ist die zweite und dritte Potenz jedesmal mit einer Constanten multiplicirt.

Sodann folgt aus den obigen Ausdrücken von $\frac{\partial u}{\partial x}$, $\frac{\partial v}{\partial y}$ selbst, dass x in u, y in v höchstens zur zweiten Potenz vorkommen kann. Die zweite Gleichung (63) lehrt dann, dass y in u, und x in v ebenfalls höchstens zur zweiten Potenz vorkommen kann. Die Function also, welche man zu u hinzufügen darf, ist eine ganze Function und steigt nur bis y^2, z^3 auf, ebenso die zu v zu addirende Function bis zu x^2, z^3. Und so ergeben sich für u, v die Formen:

$$u = -\mu\left(ax + a_1 \frac{x^2}{2} + a_2\, xy\right) - \mu z\left(bx + b_1 \frac{x^2}{2} + b_2\, xy\right)$$
$$+ (a' + a'_1 y + a'_2 y^2) + z\,(b' + b'_1 y + b'_2 y^2) - a_1 \frac{z^2}{2} - b_1 \frac{z^3}{6}$$

$$v = -\mu\left(ay + a_1 xy + a_2 \frac{y^2}{2}\right) - \mu z\left(by + b_1 xy + b_2 \frac{y^2}{2}\right)$$
$$+ (a'' + a''_1 x + a''_2 x^2) + z\,(b'' + b''_1 x + b''_2 x^2) - a_2 \frac{z^2}{2} - b_2 \frac{z^3}{6}.$$

Hierdurch sind auch die Gleichungen (63 [3], [4]) vollständig erfüllt: nur die Gleichung [2] giebt noch, wenn man diese Ausdrücke für u, v in dieselbe einführt:

$$a_2'' = -\frac{\mu a_2}{2};\quad a_2' = \frac{\mu a_1}{2};\quad a_1' + a_1'' = 0$$

$$b_2'' = -\frac{\mu b_2}{2};\quad b_2' = \frac{\mu b_1}{2};\quad b_1' + b_1'' = 0.$$

Ich setze daher, übersichtlicherer Bezeichnung wegen:

$$a_1' = -a_1'' = a_0$$

$$b_1' = -b_1'' = b_0$$

und erhalte endlich für u, v die Ausdrücke:

$$64.\quad \begin{cases} u = -\mu\left(ax + a_1\dfrac{x^2-y^2}{2} + a_2\,xy\right) \\ \quad -\mu z\left(bx + b_1\dfrac{x^2-y^2}{2} + b_2\,xy\right) \\ \quad + (a' + a_0 y) + z\left(b' + b_0 y - a_1\dfrac{z^2}{2} - b_1\dfrac{z^3}{6}\right) \\ v = -\mu\left(ay + a_1\,xy + a_2\dfrac{y^2-x^2}{2}\right) \\ \quad -\mu z\left(by + b_1\,xy + b_2\dfrac{y^2-x^2}{2}\right) \\ \quad + (a'' - a_0 y) + z\left(b'' - b_0 y - a_2\dfrac{z^2}{2} - b_2\dfrac{z^3}{6}\right) \end{cases}$$

Diese Formeln genügen den ersten vier Gleichungen (63); sie sind zugleich die allgemeinsten, welche denselben genügen können. Man sieht, dass durch jene Gleichungen u, v bis auf gewisse willkürliche Constanten vollständig bestimmt sind.

Anders verhält es sich mit w. Diese Function hat ausser der Gleichung

$$\frac{\partial w}{\partial z} = (a + a_1 x + a_2 y + z\,(b + b_1 x + b_2 y),$$

nur noch die letzte Gleichung (63) zu befriedigen. Nun folgt aus der Formel für $\frac{\partial w}{\partial z}$ durch Integration:

$$w = z\,(a + a_1 x + a_1 y) + \frac{z^2}{2}(b + b_1 x + b_2 y) + F(x, y),$$

wo F eine ganz beliebige Function seiner Argumente bezeichnen kann. Setzt man dies in die letzte Gleichung (63) ein, so bleibt

$$\frac{\partial^2 F}{\partial x^2} + \frac{\partial^2 F}{\partial y^2} + 2\,(b + b_1 x + b_2 y) = 0$$

als einzige Gleichung zur Bestimmung der Function F. Führt man statt F eine Function Ω von x und y ein mittels der Gleichung

$$F = \Omega - \left(b\,\frac{x^2+y^2}{2} + b_1\,x\,y^2 + b_2\,y\,x^2\right) + c - b'x - b''y,$$

so vereinfacht sich die Gleichung bedeutend, indem sie in

$$\frac{\partial^2 \Omega}{\partial x^2} + \frac{\partial^2 \Omega}{\partial y^2} = 0$$

übergeht. Eine Gleichung dieser Art bestimmt an sich Ω nicht vollständig; wohl aber mit Hinzunahme der Grenzbedingung, welche sogleich zu entwickeln sein wird.

Führen wir inzwischen die gefundenen Ausdrücke von u, v, w auch in die Spannungen ein, so können wir das gesammte Formelsystem folgendermassen hinschreiben:

(65) .

$$\left\{\begin{aligned}
u &= -\mu\left(a\,x + a_1\,\frac{x^2-y^2}{2} + a_2\,x\,y\right)\\
&\quad -\mu z\left(b\,x + b_1\,\frac{x^2-y^2}{2} + b_2\,x\,y\right)\\
&\quad + (a' + a_0\,y) + z\,(b' + b_0\,y) - a_1\,\frac{z^2}{2} - b_2\,\frac{z^3}{6}\\
v &= -\mu\left(a\,y + a_2\,\frac{y^2-x^2}{2} + a_1\,x\,y\right)\\
&\quad -\mu z\left(b\,y + b_2\,\frac{y^2-x^2}{2} + b_1\,x\,y\right)\\
&\quad + (a'' - a_0\,x) + z\,(b'' - b_0\,y) - a_2\,\frac{z^2}{2} - b_2\,\frac{z^3}{6}\\
w &= z\,(a + a_1\,x + a_2\,y) + \frac{z^2}{2}\,(b + b_1\,x + b_2\,y)\\
&\quad + \Omega - b_1\,xy^2 - b_2\,yx^2 - b\,\frac{x^2+y^2}{2}\\
&\quad + c - b'\,x - b''\,y,\\
&\text{Spannungen:}\\
&t_{11} = t_{22} = t_{12} = 0\\
t_{33} &= E\,[\,a + a_1\,x + a_2\,y) + z\,(b + b_1\,x + b_2\,y\,]\\
t_{13} &= \frac{E}{2\,(1+\mu)}\left[b_0 y - b\,(1+\mu)\,x - b_1\,\frac{\mu\,x^2 + (2-\mu)\,y^2}{2}\right.\\
&\qquad\left. - (\mu+2)\,b_2\,xy + \frac{\partial\Omega}{\partial x}\right]\\
t_{23} &= \frac{E}{2\,(1+\mu)}\left[-b_0 x - b\,(1+\mu)\,y - b_2\,\frac{\mu y^2 + (2-\mu)\,x^2}{2}\right.\\
&\qquad\left. - (\mu+2)\,b_1\,xy + \frac{\partial\Omega}{\partial y}\right].
\end{aligned}\right.$$

Mit Hülfe der letzten Ausdrücke ergiebt sich auch sofort die noch fehlende Bedingung für Ω; diese Function muss in jedem Punkte des Querschnitts der Bedingung genügen:

$$66. \quad \frac{\partial^2 \Omega}{\partial x^2} + \frac{\partial^2 \Omega}{\partial y^2} = 0,$$

an der Grenze aber aus (62) der Gleichung

$$(67) \quad \begin{cases} 0 = \cos p \Big[b_0 y - (1+\mu) b x - b_1 \dfrac{\mu x^2 + (2-\mu) y^2}{2} \\ \qquad\qquad - (\mu + 2) b_2 x y + \dfrac{\partial \Omega}{\partial x} \Big] \\ + \sin p \Big[- b_0 x - (1+\mu) b y - b_2 \dfrac{\mu y^2 + (2-\mu) x^2}{2} \\ \qquad\qquad - (\mu + 2) b_1 x y + \dfrac{\partial \Omega}{\partial y} \Big]. \end{cases}$$

§ 24. Ueber die Functionen, deren Bestimmung das de Saint-Vénantsche Problem mit sich führt.

Man kann leicht nachweisen, dass durch die Gleichungen (66), (67) die Function Ω vollständig bestimmt ist. Dies geschieht mit Hülfe einer Methode, von welcher in der mathematischen Physik sehr oft Gebrauch gemacht wird, und welche mit der in § 21 angewandten zum Theil übereinkommt. Gäbe es nämlich zwei verschiedene Functionen Ω, welche den Bedingungen (66), (67) genügten, so müsste ihre Differenz Θ den beiden Gleichungen genügen:

$$(68) \quad \begin{cases} \dfrac{\partial^2 \Theta}{\partial x^2} + \dfrac{\partial^2 \Theta}{\partial y^2} = 0 & \text{in jedem Punkt} \\ \dfrac{\partial \Theta}{\partial x^2} \cos p + \dfrac{\partial \Theta}{\partial y} \sin p = 0 & \text{in der Peripherie.} \end{cases}$$

Betrachtet man nun das Integral

$$J = \iint \Big[\Big(\frac{\partial \Theta}{\partial x}\Big)^2 + \Big(\frac{\partial \Theta}{\partial y}\Big)^2 \Big] dx\, dy,$$

ausgedehnt über den ganzen Querschnitt, und behandelt dasselbe nach der Methode der theilweisen Integration genau wie dies mit dem Integral δV in § 16 geschah, so hat man

$$\int\int\left(\frac{\partial\Theta}{\partial x}\right)^2 dx\,dy = \int\left[\left(\Theta\,\frac{\partial\Theta}{\partial x}\right)_2 - \left(\Theta\,\frac{\partial\Theta}{\partial x}\right)_1\right]dy$$
$$- \int\int\Theta\,\frac{\partial^2\Theta}{\partial x^2}\,dx\,dy$$
$$\int\int\left(\frac{\partial\Theta}{\partial y}\right)^2 dx\,dy = \int\left[\left(\Theta\,\frac{\partial\Theta}{\partial y}\right)^{(2)} - \left(\Theta\,\frac{\partial\Theta}{\partial y}\right)^{(1)}\right]dx$$
$$- \int\int\Theta\,\frac{\partial^2\Theta}{\partial y^2}\,dx\,dy;$$

wo die Indices 2, 1 in der ersten Gleichung auf die Werthe hindeuten, welche $\Theta\frac{\partial\Theta}{\partial x}$ an den Endpunkten eines Streifens von der Breite dy annimmt, der parallel der XAxe aus dem Querschnitt herausgehoben ist, und längs dessen in der ersten Gleichung nach x integrirt wurde. In der zweiten Gleichung hingegen wurde nach y integrirt, d. h. längs eines Streifens von der Breite dx, welcher der YAxe parallel war, und die Indices 2,1 deuten in jener Gleichung auf die Endpunkte dieses Streifens. Nun sieht man leicht, dass, wenn ds_2, ds_1 die Elemente der Peripherie des Querschnitts bedeuten, welche in dem ersten Streifen interceptirt werden, wenn ferner p_2, p_1 den Winkel der nach aussen gerichteten Normale gegen die XAxe angeben

$$ds_2\cos p_2 = dy,\quad ds_1\cos p_1 = -dy,$$

und dass also

$$\int\left[\left(\Theta\,\frac{\partial\Theta}{\partial x}\right)_2 - \left(\Theta\,\frac{\partial\Theta}{\partial x}\right)_1\right]dy = \int\Theta\,\frac{\partial\Theta}{\partial x}\cos p\,ds$$

dies letzte Integral über sämmtliche Elemente der Peripherie ausgedehnt; und ganz auf gleiche Weise hat man

$$\int\left[\left(\Theta\,\frac{\partial\Theta}{\partial y}\right)^{(2)} - \left(\Theta\,\frac{\partial\Theta}{\partial y}\right)^{(1)}\right]dx = \int\Theta\,\frac{\partial\Theta}{\partial y}\sin p\,ds.$$

Setzt man dies in die obigen Formeln ein und addirt beide, so ergiebt sich demnach:

$$J = \int\Theta\left(\frac{\partial\Theta}{\partial x}\cos p + \frac{\partial\Theta}{\partial y}\sin p\right)ds - \int\int\Theta\left(\frac{\partial^2\Theta}{\partial x^2} + \frac{\partial^2\Theta}{\partial y^2}\right)dx\,dy.$$

Wegen der Gleichungen (68) ist nun der unter beiden Integralzeichen nthaltene Ausdruck gleich Null; und also auch $J = 0$. Da aber J eine Summe positiver Grössen ist, so kann dies wieder nur eintreten, wenn die einzelnen Terme von J verschwinden, d. h. wenn überall

$$\frac{\partial \Theta}{\partial x} = 0, \quad \frac{\partial \Theta}{\partial y} = 0.$$

Da sonach Θ weder x noch y enthalten kann, so ist Θ constant; es zeigt sich also, dass die Gleichungen (68) zwar noch verschiedene Lösungen gestatten, dass diese aber sämmtlich sich nur durch additive Constanten von einander unterscheiden können.

Fügt man also noch die Bedingung hinzu, dass Ω an irgend einer Stelle, z. B. für $x = 0$, $y = 0$ verschwinde, so ist dadurch auch diese letzte Constante völlig bestimmt, und somit Ω selbst eindeutig gegeben. Jene Annahme aber kann man immer machen, ohne die Allgemeinheit zu beeinträchtigen, da vorher beim Uebergange von F zu Ω eine willkürliche additive Constante c bereits ausgeschieden wurde. Bestimmt man also auch an irgend einer Stelle ($x = 0$, $y = 0$) den Werth von Ω zu speciell, so wird dies durch das Auftreten der willkürlichen Constanten c wieder compensirt.

Da nun aber mit Hinzunahme dieser Bedingung Ω völlig bestimmt ist, so kann man jede Form, welche man der Function Ω zu geben vermag, sofort als die nothwendige betrachten. Eine solche Form gewinnt man, wenn

$$\Omega = bB + b_0 B_0 + b_1 B_1 + b_2 B_2$$

gesetzt wird, mit der Annahme, dass die Bedingungen (66), (67) für jeden Werth der Zahlen b, b_0, b_1, b_2 erfüllt sein sollen. Diese Zahlen kommen in B, B_0, B_1, B_2 nicht mehr vor; die Gleichung (66) zerfällt daher in die einzelnen Gleichungen:

$$(69)\ldots\ldots\ldots \begin{cases} 0 = \dfrac{\partial^2 B}{\partial x^2} + \dfrac{\partial^2 B}{\partial y^2} \\[2ex] 0 = \dfrac{\partial^2 B_0}{\partial x^2} + \dfrac{\partial^2 B_0}{\partial y^2} \\[2ex] 0 = \dfrac{\partial^2 B_1}{\partial x^2} + \dfrac{\partial^2 B_1}{\partial y^2} \\[2ex] 0 = \dfrac{\partial^2 B_2}{\partial x^2} + \dfrac{\partial^2 B_2}{\partial y^2} \end{cases}$$

und die Gleichung (67), indem man die Coefficienten von b, b_0, b_1 b_2 einzeln verschwinden lässt, löst sich in die folgenden Bedingungen auf, deren jede nur eine der unbekannten Functionen enthält:

$$(70)\ldots\begin{cases}\dfrac{\partial B}{\partial x}\cos p+\dfrac{\partial B}{\partial y}\sin p=(1+\mu)(x\cos p+y\sin p)\\[2mm]\dfrac{\partial B_0}{\partial x}\cos p+\dfrac{\partial B_0}{\partial y}\sin p=x\sin p-y\cos p\\[2mm]\dfrac{\partial B_1}{\partial x}\cos p+\dfrac{\partial B_1}{\partial y}\sin p=\dfrac{\mu x^2+(2-\mu)y^2}{2}\cos p+(\mu+2)xy\sin p\\[2mm]\dfrac{\partial B_2}{\partial x}\cos p+\dfrac{\partial B_2}{\partial y}\sin p=\dfrac{\mu y^2+(2-\mu)x^2}{2}\sin p+(\mu+2)xy\cos p.\end{cases}$$

Je zwei der Gleichungen (69), (70) bestimmen die entsprechende Function vollständig, wie oben Ω vollständig bestimmt wurde, wenn man noch annimmt, dass alle diese Functionen für $x=0$, $y=0$ verschwinden.

Aber aus diesen Gleichungen folgt, dass b verschwinden muss; denn diejenigen unter den Gleichungen (69), (70), welche sich auf B beziehen, können nicht neben einander bestehen. Um dies einzusehen, behandelt man den Ausdruck

$$\iint\left(\frac{\partial^2 B}{\partial x^2}+\frac{\partial^2 B}{\partial y^2}\right)dq,$$

wo dq ein Flächenelement bedeutet und die Integration über den ganzen Querschnitt ausgedehnt werden soll; das Integral ist nothwendig gleich Null. Wird nun $dq = dx\,dy$ gesetzt, und das erste Glied über einen der XAxe parallelen Streifen integrirt, dessen Endpunkte wieder durch untere Indices 1 und 2 bezeichnet sein mögen, das zweite aber über einen der YAxe parallelen Streifen, dessen Endpunkte durch obere Indices (1) und (2) bezeichnet seien, so hat man

$$0=\int\left\{\left(\frac{\partial B}{\partial x}\right)_2-\left(\frac{\partial B}{\partial x}\right)_1\right\}dy+\int\left\{\left(\frac{\partial B}{\partial y}\right)^{(2)}-\left(\frac{\partial B}{\partial y}\right)^{(1)}\right\}dx.$$

Nach den soeben angestellten Betrachtungen kann man dafür setzen:

$$0=\int\left(\frac{\partial B}{\partial x}\cos p+\frac{\partial B}{\partial y}\sin p\right)ds,$$

oder, wegen der ersten Gleichung (70):

$$0=\int(x\cos p+y\sin p)\,ds.$$

Nun kann man sich diese Gleichung, ebenso wie die vorige aus $\iint\left(\frac{\partial^2 B}{\partial x^2}+\frac{\partial^2 B}{\partial y^2}\right)dq=0$, aus der Gleichung:

$$0 = \iint \left(\frac{\partial^2 \frac{x^2 + y^2}{2}}{\partial x^2} + \frac{\partial^2 \frac{x^2 + y^2}{2}}{\partial y^2} \right) dq = 2 \iint dq,$$

entstanden denken. Aber dies Integral giebt die doppelte Fläche des Querschnitts an und kann also nie verschwinden; daher wird auch B unmöglich, und es muss b also, um keinen Widersinn herbeizuführen, gleich Null sein.

Diese Betrachtungen sind von Wichtigkeit, weil sie lehren, dass überhaupt die Lösungen (65) nur die Constanten

$$a,\ a_1,\ a_2,\ a',\ a'',\ a_0;\ b_1,\ b_2,\ b',\ b'',\ b_0,\ c,$$

und zwar alle auf lineare Weise, sonst aber nichts willkürliches enthalten. Denn auch die Function Ω hat sich in einen für diese Constanten linearen Ausdruck aufgelöst, dessen Coefficienten für jeden individuellen Querschnitt völlig bestimmte Functionen sind.

Die obigen 12 Constanten reduciren sich indess noch auf 6, indem man die Gleichungen (57) berücksichtigt, welche die Festlegung des einen Endes ausdrücken. Setzt man die dort angeführten Grössen für den Anfangspunkt gleich Null, so ergeben sich sofort folgende Gleichungen:

$$a' = 0,\ a'' = 0,\ c = 0,\ a_0 = 0,$$

$$(71) \quad \ldots\ldots\ldots \begin{cases} b' = \left(\dfrac{\partial \Omega}{\partial x}\right)_{x=0,\ y=0} \\ b'' = \left(\dfrac{\partial \Omega}{\partial y}\right)_{x=0,\ y=0.} \end{cases}$$

Vier jener Constanten verschwinden also; die beiden letzten Gleichungen zeigen, da Ω sich aus den b_0, b_1, b_2 auf lineare Weise zusammensetzt, wie b' und b'' sich durch jene drei Constanten ausdrücken. Und so bleiben nur noch sechs willkürliche Constanten in der Rechnung:

$$b_0,\ b_1,\ b_2,\ a,\ a_1,\ a_2.$$

Die in (65) angegebenen Werthe der Spannungen, werden hierdurch in keiner Weise modificirt; wohl aber vereinfachen sich die u, v, w, und es wird:

$$(72)\ .\ \begin{cases} u = -\mu\left(a x + a_1 \frac{x^2 - y^2}{2} + a_2\, xy\right) \\ \quad - \mu z \left(b_1 \frac{x^2 - y^2}{2} + b_2\, xy\right) + b_0\, y z \\ \quad + z \left(\frac{\partial \Omega}{\partial x}\right)_0 - a_1 \frac{z^2}{2} - b_1 \frac{z^3}{6} \\ v = -\mu\left(a y + a_2 \frac{y^2 - x^2}{2} + a_1\, xy\right) \\ \quad - \mu z \left(b_2 \frac{y^2 - x^2}{2} + b_1\, xy\right) - b_0\, x z \\ \quad + z \left(\frac{\partial \Omega}{\partial y}\right)_0 - a_2 \frac{z^2}{2} - b_2 \frac{z^3}{6} \\ w = z\,(a + a_1\, x + a_2\, y) + \frac{z^2}{2}\,(b_1\, x + b_2\, y) \\ \quad - b_1\, x\, y^2 - b_2\, y x^2 + \Omega - x \left(\frac{\partial \Omega}{\partial x}\right)_0 - y \left(\frac{\partial \Omega}{\partial y}\right)_0 \end{cases}$$

wo die zu $\frac{\partial \Omega}{\partial x}$, $\frac{\partial \Omega}{\partial y}$ hinzugefügten Indices 0 andeuten, dass in jenen Grössen $x = 0$, $y = 0$ zu setzen ist.

§ 25. Discussion der Lösung. Allgemeine Anschauungen. Ausdehnung.

In den Lösungen des Problems, welche die Gleichungen (72) enthalten, befinden sich noch, in linearer Weise auftretend, sechs willkürliche Constanten. Lässt man von diesen immer fünf verschwinden, so werden u, v, w bestimmt bis auf einen constanten Factor, die sechste Constante. Alsdann ist also die Natur der eintretenden Verschiebungen völlig bestimmt, und nur die Intensität derselben bleibt unbestimmt. Man kann somit die allgemeinen Verschiebungen (72) als das Resultat von sechs gleichzeitig bestehenden Einzelverschiebungen ansehen, deren jede ihrer Natur nach völlig bestimmt ist, deren Intensitäten aber noch veränderlich sind, so dass durch Veränderung der Intensitätsverhältnisse zwischen diesen sechs Grundverschiebungen die mannigfachsten Verschiebungsarten sich zusammensetzen können.

Es ist leicht von der Bedeutung der einzelnen Grundverschiebungen sich Rechenschaft abzulegen. Dabei ist es nicht nöthig, alle sechs gesondert zu betrachten, sondern es genügt die Betrachtung von vier Gruppen, deren zwei ausserdem sich ganz analog verhalten, und deren also auch nur drei zu untersuchen sind. Gehen wir diese Gruppen der Reihe nach durch. Um dieselben bequem untersuchen zu können, schicke ich folgende Bemerkungen voraus.

Wenn in dem Stabe irgend welche Verschiebungen vor sich gegangen sind, so beanspruchen zwei geometrische Untersuchungen vorzugsweise Aufmerksamkeit. Die eine derselben betrifft die Gestalt einer Faser, welche ursprünglich der ZAxe parallel war, die andere die Gestalt eines Querschnitts, welcher ursprüglich eine auf der ZAxe senkrechte Ebene bildete.

Die Coordinaten eines Punktes, welcher ursprünglich der Faser x, y angehörte, sind nach der Verschiebung

$$(73) \ldots\ldots\ldots\ldots \begin{cases} x' = x + u \\ y' = y + v \\ z' = z + w. \end{cases}$$

In diesen Gleichungen sind längs der betrachteten Faser x und y als Constante anzusehen, z hingegen als veränderlich. Eliminirt man also z aus den obigen Gleichungen, so erhält man zwei Gleichungen zwischen x', y', z', die Gleichungen der Curve, in welche die ursprünglich geradlinige Faser übergegangen ist. Diese Elimination ist sehr leicht zu bewerkstelligen. Denn da u, v, w sehr kleine Grössen sind, so begeht man nur einen Fehler höherer Ordnung, wenn man in u, v selbst z durch die davon sehr wenig verschiedene Grösse z' ersetzt. Die Ausdrücke von u, v, welche dadurch entstehen, bezeichne ich durch u', v'; alsdann sind

$$(74) \ldots\ldots\ldots\ldots \begin{cases} x' = x + u' \\ y' = y + v' \end{cases}$$

die Gleichungen der gebogenen Faser, da sie z nicht mehr enthalten.

Für einen ursprüglich ebenen Querschnitt hingegen ist z constant. Will man also aus (73) die Gleichung der Fläche erhalten, in welche der ursprünglich ebene Querschnitt durch die Verschiebung übergeht, so muss man in derselben z als constant ansehen, und x, y aus den drei Gleichungen eliminiren. Dies geschieht auf die nämliche Art, wie zuvor die Elimination von z

bewerkstelligt wurde. Man begeht nur einen Fehler höherer Ordnung, wenn man in w die Grössen x, y durch x' y' ersetzt. Bezeichnen wir durch w' den Ausdruck, in welchen w dadurch übergeht, so ist

(75) . . . . $z' = z + w'$

eine Gleichung, welche x, y nicht mehr enthält, also die Gleichung des gebogenen Querschnitts.

Wenden wir dies nun auf die Untersuchung der Einzelverschiebungen an.

1. Die erste Classe derselben enthält man, wenn man alle Constanten verschwinden lässt bis auf a. Es bleibt dann:

$$u = -\mu a x \qquad t_{13} = 0$$
$$v = -\mu a y \qquad t_{23} = 0$$
$$w = a z \qquad t_{33} = Ea.$$

Diese Verschiebungen geben die einfache Ausdehnung. Jede Stecke z in der Richtung der Längsaxe hat sich um az, also im Verhältniss von $1 : (1 + a)$ ausgedehnt, die Querdimensionen sind ebenso im Verhältniss von $1 : 1 - \mu a)$ verkürzt. Der ganze Stab ist in der Längsrichtung gleichmässig gespannt, jede Faser geradlinig geblieben, jeder Querschnitt eben.

§ 26. Weitere Discussion. Biegung.

2. Lassen wir ferner alle Constanten ausser a_1, b_1 verschwinden, so bleibt:

$$(75a) \quad \begin{cases} u = -a_1 \dfrac{\mu\, x^2 - y^2) + z^2}{2} \\ \qquad - b_1 \left[\dfrac{z^3}{6} + \mu z \dfrac{x^2 - y^2}{2} - z \left(\dfrac{\partial B_1}{\partial x}\right)_0\right] \\ v = -\mu x y\, (a_1 + b_1 z) + z\, b_1 \left(\dfrac{\partial B_1}{\partial y}\right)_0 \\ w = a_1 x z + b_1 \left[\dfrac{z^2}{2} + B_1 - z \left(\dfrac{\partial B_1}{\partial x}\right)_0 - y \left(\dfrac{\partial B_1}{\partial y}\right)_0\right] \\ t_{13} = \dfrac{E b_1}{2\,(1 + \mu)} \left[- \dfrac{\mu\, x^2 + (2 - \mu)\, y^2}{2} + \dfrac{\partial B_1}{\partial x}\right] \\ t_{23} = \dfrac{E b_1}{2\,(1 + \mu)} \left[- (\mu + 2)\, x y + \dfrac{\partial B_1}{\partial y}\right] \\ t_{33} = E x\, (a_1 + b_1 z). \end{cases}$$

Der allgemeine Charakter des Zustandes, welchen diese Formeln bezeichnen, ist der der Biegung. Bemerken wir, dass nach (74) die Gleichungen einer Faser nach der Verschiebung die Gestalt annehmen:

$$x' = x - a_1 \frac{\mu(x^2 - y^2) + z'^2}{2} - b_1 \left[\frac{z'^3}{6} + \mu z' \frac{x^2 - y^2}{2} - z' \left(\frac{\partial B_1}{\partial x}\right)_0\right]$$

$$y' = y - \mu x y (a_1 + b_1 z') + z' b_1 \left(\frac{\partial B_1}{\partial y}\right)_0.$$

Von diesen stellt die letzte eine Ebene dar; jede Faser also bildet eine ebene Curve, deren Ebene (da die letzte Gleichung x' nicht enthält) der XAxe parallel ist. Die Curve selbst ist nach der ersten Gleichung eine Parabel dritter Ordnung, falls nicht etwa $b_1 = 0$ ist, wo denn eine gewöhnliche Parabel, oder (was bei den schwachen Biegungen bis auf Grössen höherer Ordnung dasselbe ist) ein Kreisbogen entsteht. Es giebt insbesondere Fasern, deren Ebene nach der Verschiebung noch der Axe parallel bleibt; wenn nämlich

$$x y = \frac{1}{\mu} \left(\frac{\partial B_1}{\partial y}\right)_0$$

und also

$$y' = y (1 - \mu x a_1)$$

wird. Die obige Gleichung für xy stellt eine gleichseitige Hyperbel dar, deren Asymptoten die X und YAxen selbst sind; auf einer solchen treffen die gedachten Fasern in ihrer ursprünglichen Lage jeden Querschnitt des Körpers.

Die Grösse der Biegung lässt sich nach der Strecke beurtheilen, um welche das Ende der Faser $x = 0$, $y = 0$ gesenkt erscheint; der entsprechende Werth von u wird

$$u_l = -\frac{a_1}{2} l^2 - b_1 \left[\frac{l^3}{6} - \left(\frac{\partial B_1}{\partial x}\right)_0\right]$$

und kann, einer gebräuchlichen Bezeichnung gemäss, Pfeil der Biegung genannt werden, sowie Biegungsebene die durch diese Faser gelegte XZEbene genannt werden soll.

Die Querschnitte erscheinen gebogen, und zwar sind ihre Gestalten nach (75) gegeben durch die Gleichung:

$$z' = (1 + a_1 x') z + b_1 \left[\frac{z^2}{2} + B_1' - x' \left(\frac{\partial B_1}{\partial x}\right)_0 - y' \left(\frac{\partial B_1}{\partial y}\right)_0\right].$$

In dieser Gleichung bedeutet B_1', den frühern Bezeichnungen analog, diejenige Function, in welche B_1 übergeht, wenn darin x', y' an die Stelle von x, y gesetzt werden. Man sieht, dass die Gleichung des gebogenen Querschnitts von B_1, also von der Form seiner Peripherie, abhängig ist, sowie dass die Gestalten der verschiedenen Querschnitte keineswegs congruent sind.

Auch sind die Tangentenebenen dieser Flächen an denjenigen Stellen, welche ursprünglich der Z Axe angehörten, nicht mehr der Ebene XY, der Ebene der ursprünglichen Querschnittsrichtung, parallel. In der That, setzt man x, y sehr klein, und daher für B_1, welches selbst für $x = 0$, $y = 0$ verschwinden sollte, nach dem Taylorschen Satz die Reihe

$$B_1 = x\left(\frac{\partial B_1}{\partial x}\right)_0 + y\left(\frac{\partial B_1}{\partial y}\right)_0 + \ldots,$$

so heben sich die Glieder erster Ordnung auf, und man hat mit Vernachlässigung der Glieder höherer Ordnung:

$$z' = (1 + a_1 x') z + b_1 \frac{z^2}{2}.$$

Dies ist die Gleichung einer Ebene, also der Tangentenebene für $x = 0$, $y = 0$; dieselbe ist, da sie y' nicht enthält, der YAxe parallel (gegen die oben bezeichnete Biegungsebene senkrecht) und bildet gegen die in der Biegungsebene zur Cylinderaxe senkrechte Axe der X den sehr kleinen Winkel, dessen Tangente durch die Formel

$$tg\ \alpha = \frac{dz'}{dx'} = a_1 z$$

bestimmt wird. Derselbe ist Null im Anfang, und nimmt zu gegen das freie Ende des Stabes.

Fügen wir hinzu, dass die Gleichung der Faser $x = 0$, $y = 0$ ist:

$$x' = - a_1 \frac{z'^2}{2} - b_1 \left[\frac{z'^3}{6} - z'\left(\frac{\partial B_1}{\partial x}\right)_0\right],$$

und dass sich aus derselben für die Neigung der Normale gegen die XAxe der Winkel α' ergiebt:

$$tg\ \alpha' = - \frac{dx'}{dz'} = a_1 z + b_1 \left[\frac{z^2}{2} - \left(\frac{\partial B_1}{\partial x}\right)_0\right]$$

so erhält man für die Ablenkung des Querschnitts aus der gegen jene Faser normalen Richtung, mit Rücksicht darauf, dass α, α' sehr klein sind:

$$\alpha' - \alpha = b_1 \left[\frac{z^2}{2} - \left(\frac{\partial B_1}{\partial x}\right)_0\right]$$

was wegen der Vergleichung mit der gewöhnlichen Biegungstheorie von Wichtigkeit ist.

Alle Fasern, welche in der YZ Ebene liegen, in der Ebene, welche gegen die Biegungsebene (XZ) senkrecht durch die ZAxe gelegt ist, erleiden weder Ausdehnung noch Zusammenziehung, da für $x = 0$ t_{33} verschwindet. Zu beiden Seiten dieser Ebene ist, wenn anders $a_1 + b_1 z$ in der ganzen Länge des Stabes sein Zeichen nicht ändert, einerseits Zusammenziehung, andrerseits Ausdehnung. Wenn hingegen für einen gewissen Werth von z die Grösse $a_1 + b_1 z$, also auch t_{33}, verschwindet, so giebt dies einen bestimmten Querschnitt an, dessen Punkte ebenfalls sämmtlich weder Zusammenziehung noch Ausdehnung erfahren, und die Ebene desselben mit der vorhererwähnten theilen den Körper in vier Theile, in denen abwechselnd Zusammenziehung und Ausdehnung vorhanden ist. Die Punkte, in denen die Ausdehnung gleich stark ist, bilden hyperbolische Cylinder, dargestellt durch die Gleichung

$$t_{33} = Ex\,(a_1 + b_1\,z) = \text{Const.},$$

welche die beiden Ebenen ohne Ausdehnung zu Asymptotenebenen haben.

Auf den freien Endquerschnitt müssen, um die in Frage stehenden Verschiebungen hervorzurufen, Kräfte wirken, welche, auf die Einheit der Fläche bezogen, an jeder Stelle den Grössen t_{13}, t_{23}, t_{33} gleich sind. Die Vertheilung der in der Längsrichtung wirkenden Kräfte t_{33} ergiebt sich leicht aus der Formel, nach welcher t_{33} mit x proportional ist. Trägt man in jedem Punkte des Querschnitts diese Zugkraft in ihrer eigenen Richtung an, so bilden die Endpunkte eine der YAxe parallele Ebene, welche sich mit der YZEbene in dem Querschnitt selbst durchschneidet. Die Vertheilung von t_{13}, t_{23} ist von der Gestalt des Querschnitts abhängig; von diesen Kräften, von denen namentlich die erste für die Hervorbringung der Biegung wesentlich ist, wird weiterhin noch die Rede sein.

Lässt man statt a_1, b_1 die Constanten a_2, b_2 allein bestehen, so treten ganz analoge Erscheinungen ein, nur dass jetzt die *YZ* Ebene die Biegungsebene wird. Man erkennt dies sofort, wenn man erwägt, dass die Formeln, welche u, v, w ausdrücken, für x und y ganz symmetrisch gebaut sind, und ebenso symmetrisch für die Constanten a_1, b_1 einerseits und für a_2, b_2 andrerseits.

§ 27. Fortsetzung der Discussion. Torsion. Allgemeiner Satz über die Spannungen.

3. Es bleiben daher nur die Zustände zu besprechen, welche der Constante b_0 entsprechen. Behalten wir diese allein bei, so wird:

$$(75b) \ldots \begin{cases} u = b_0 z \left[y + \left(\frac{\partial B_0}{\partial x}\right)_0\right] \\ v = - b_0 z \left[x - \left(\frac{\partial B_0}{\partial y}\right)_0\right] \\ w = b_0 \left[B_0 - x \left(\frac{\partial B_0}{\partial x}\right)_0 - y \left(\frac{\partial B_0}{\partial y}\right)_0\right] \\ t_{13} = \frac{E b_0}{2(1+\mu)} \cdot \left(y + \frac{\partial B_0}{\partial x}\right) \\ t_{23} = - \frac{E b_0}{2(1+\mu)} \left(x - \frac{\partial B_0}{\partial y}\right) \\ t_{33} = 0. \end{cases}$$

Diese Formeln, welche die **Torsion** ausdrücken, sind nächst denen für die reine Ausdehnung die einfachsten. Der Cylinder erfährt in seiner Längsrichtung keinen Zug, nur Kräfte, welche in der Fläche des letzten Querschnitts parallel der Fläche selbst liegen, bringen diesen Zustand hervor. Die Gleichungen der verschobenen Fasern werden;

$$(76 \ldots\ldots \begin{cases} x' = x + b_0 z' \left[y + \left(\frac{\partial B_0}{\partial x}\right)_0\right] \\ y' = y - b_0 z' \left[y - \left(\frac{\partial B_0}{\partial y}\right)_0\right]. \end{cases}$$

Unter diesen ist eine genau in ihrer ursprünglichen Lage geblieben; es ist diejenige, deren ursprüngliche Coordinaten sind:

$$(77): \ldots\ldots x = \left(\frac{\partial B_0}{\partial y}\right)_0, \; y = - \left(\frac{\partial B_0}{\partial x}\right)_0.$$

Alle andern Fasern bilden nach der Verschiebung geneigte gerade Linien; dieselben sind einerseits dadurch bestimmt, dass die Punkte des theilweise festgelegten Endquerschnitts überhaupt in der Ebene des Querschnittes selbst nicht verschoben werden, da u, v mit z verschwinden. Andrerseits sieht man leicht, dass alle ursprünglich auf einem Kreiscylinder gelegenen Fasern nach der Verschiebung ein einschaliges Hyperboloid bilden. Dies erhält man sehr leicht, wenn man von der Gleichung des Cylinders ausgeht, den die betrachteten Fasern ursprünglich bilden sollen:

(78) . . . . $r^2 = (x - \alpha)^2 + (y - \beta)^2$,

und dann darin x, y durch x', y' ersetzt. Mit Vernachlässigung von Grössen höherer Ordnung kann man in den letzten Gliedern von (76) x', y' für x, y setzen, und erhält dann:

$$x = x' - b_0 z' \left[y' + \left(\frac{\partial B_0}{\partial x}\right)_0\right]$$

$$x = y' + b_0 z' \left[x' - \left(\frac{\partial B_0}{\partial y}\right)_0\right];$$

sodann aber, wenn man dies in (78) einführt und die Glieder höherer Ordnung wieder vernachlässigt:

$$r^2 = (x' - \alpha)^2 + (y' - \beta)^2$$
$$- 2 b_0 z' \left\{\beta x' - \alpha y' + (x' - \alpha)\left(\frac{\partial B_0}{\partial x}\right)_0 + (y' - \beta)\left(\frac{\partial B_0}{\partial y}\right)_0\right\}.$$

Dies ist, da die Terme der dritten Dimension sich aufgehoben haben, wirklich die Gleichung einer Oberfläche zweiter Ordnung, des verlangten Hyperboloids. Dasselbe hat seinen Mittelpunkt in dem festgelegten Schnitte, und zwar in dem Punkte, wo die Axe des Cylinders (78) jene Endfläche trifft: denn setzt man:

$$x' - \alpha = \xi,\ y' - \beta = \eta,$$

so ist das Hyperboloid auf den Mittelpunkt bezogen; seine Gleichung wird:

$$\xi^2 + \eta^2 - 2 b_0 z' \left\{\left[\beta + \left(\frac{\partial B_0}{\partial x}\right)_0\right] \xi - \left[\alpha - \left(\frac{\partial B_0}{\partial y}\right)_0\right] \eta\right\} = r^2,$$

wo die Glieder erster Dimension völlig verschwunden sind. Dasselbe hat immer zwei Erzeugende, welche der Cylinderaxe parallel sind; diese erhält man, indem man die Gleichung des Hyperboloids zerlegt in die beiden Gleichungen:

$$\xi^2 + \eta^2 = r^2$$

$$\xi \left[\beta + \left(\frac{\partial B_0}{\partial x}\right)_0\right] = \eta \left[\alpha - \left(\frac{\partial B_0}{\partial y}\right)_0\right].$$

Durch diese beiden Gleichungen zusammen ist in der That die Gleichung des Hyperboloids erfüllt; beide Gleichungen aber bestimmen zwei Werthe von ξ und η, während z' ganz beliebig bleibt; sie bestimmen zwei Gerade, der ZAxe parallel, welche ganz in dem Hyperboloide enthalten sind.

Das Hyperboloid endlich geht (bis auf Grössen höherer Ordnung) in den ursprünglichen Cylinder selbst über, wenn

$$\alpha = \left(\frac{\partial B_0}{\partial y}\right)_0, \; \beta = -\left(\frac{\partial B_0}{\partial x}\right)_0,$$

d. h. wenn eine Axe des Cylinders mit der obenan geführten Faser (77) zusammenfällt, welche keine Verschiebung erfährt. In diesem Fall ist also jede Seite des Cylinders nur in der ihr entsprechenden Tangentenebene ein wenig verschoben, aus derselben aber, bis auf Grössen höherer Ordnung, nicht herausgetreten.

Es ist oben, § 21. bereits erwähnt, dass eine kleine Drehung eines Körpers um die ZAxe, bei welcher der Winkel α beschrieben wird, ausgedrückt ist durch die Verschiebungen:

$$u = \alpha y, \; v = -\alpha x.$$

Dies stimmt genau mit den vorliegenden Formeln überein, wenn man nicht die ZAxe, sondern die ihr parallele Gerade (77) als Drehungsaxe betrachtet, und daher an die Stelle von y, x die Grössen

$$y + \left(\frac{\partial B_0}{\partial x}\right)_0, \; x - \left(\frac{\partial B_0}{\partial y}\right)_0$$

treten lässt. Die Vergleichung zeigt dann, dass in dem vorliegenden Falle

$$\alpha = b_0 z$$

zu setzen ist. Jeder Querschnitt erscheint also gedreht um einen Winkel, welcher seiner Entfernung z von dem festen Querschnitt proportional ist, und b_0 selbst bezeichnet den Drehungswinkel im Abstande 1; endlich, wenn l die ganze Länge des Stabes bedeutet, ist $b_0 l$ die Drehung des letzten Querschnitts gegen den ersten.

Die einzelnen Querschnitte erscheinen gekrümmt, alle aber, da w von z unabhängig ist, auf völlig dieselbe Weise. Die Art dieser

Krümmung hängt von der Function B_0 ab, also von der Form des Querschnitts.

So sind denn bei der Discussion dieser Resultate die drei Hauptformen, unter welchen ein elastischer Stab sich darstellt, sofort zu Anschauung gekommen: Ausdehnung, Biegung und Torsion. Zugleich ist für die annähernde Behandlung wirklicher Probleme ein sicherer Ausgangspunkt gewonnen, und damit die Basis gegeben, auf welche eine minder strenge Fortentwicklung sich stützen kann. Wie dies geschieht, wird im Folgenden gezeigt werden.

Ich bemerke zum Schluss dieser Betrachtungen noch einen Satz, welcher daraus folgt, dass die Spannungen t_{13}, t_{23} die Veränderliche z nicht mehr enthalten. Man kann dies so aussprechen:

Die Spannungen, welche aus der seitlichen Verschiebung der Fasern gegen einander entspringen, sind längs der ganzen Ausdehnung jeder Faser constant.

§ 28. Angenäherte Anwendung auf wirkliche Probleme.

In wirklichen Problemen liegt grösstentheils die umgekehrte Aufgabe vor, aus gegebenen Kräften, welche die freie Endfläche in beliebiger Weise angreifen, die Ausdehnungen, Biegungen, Drehungen zu bestimmen, welche der Körper durch sie erfährt. Aber es ist bisher kaum in irgend einem Falle gelungen, ein solches Problem durchzuführen. Man wird es daher immerhin als einen wesentlichen Gewinn betrachten dürfen, wenn es gelingt, die im Vorigen behandelten Zustände irgend welchen gegebenen soviel als möglich anzunähern, indem man dabei die Vertheilung der auf die freie Endfläche wirkenden Kräfte ein wenig modificirt. Man erinnert sich aus der Theorie der starren Körper, dass dort die Wirkung eines Kräftesystems lediglich von sechs Combinationen der Kräfte abhängt, den drei Componentensummen in Bezug auf die Coordinatenaxen, und den drei Drehungsmomenten, welche in Bezug auf dieselben Axen berechnet werden. Hat man also einerseits ein gegebenes Kräftesystem, welches auf die Endfläche wirkt, andrerseits die oben untersuchten Zustände, welche gewisse auf die Endfläche wirkende Kräftesysteme erfordern, in denen nur noch eine begrenzte Anzahl willkürlicher Constanten auftritt, so kann man sich dieser Constanten bedienen, um jene Kräftesysteme einander möglichst gleich zu machen, indem man die sechs Ausdrücke, von denen bei einem starren Körper die Wirkung allein abhängen würde, für beide Systeme berechnet und einander gleich setzt. Allerdings ist die Wirkung beider Kräftesysteme auf den elastischen Körper dann noch nicht völlig gleich; doch darf man es immerhin als eine bedeutende Annäherung betrachten, wenn man für das gegebene Kräftesystem das für unser Problem geforderte substituirt, versehen mit passenden Werthen der willkürlichen Constanten, und wenn man sodann die aus unserm Problem folgenden Verschiebungen und Spannungen an Stelle derjenigen setzt, welche aus der unbekannten strengen Lösung des Problems sich ergeben würden.

Man hat auf diese Weise sechs Gleichungen mit Hülfe der Constanten zu erfüllen. Zerlegen wir sämmtliche gegebenen Kräfte welche auf die freie Endfläche wirken, in ihre Componenten nach den Coordinatenaxen, und nennen A die Summe aller Componenten nach der XAxe, ebenso B die Summe aller Componenten nach der YAxe, C die Summe aller Componenten nach der ZAxe; nennen wir endlich A', B', C' die Summen der statischen Momente, welche sich ergeben, wenn man die Coordinatenaxen der Reihe nach als Axen betrachtet, um welche die äussern Kräfte den Körper zu drehen bestrebt sind. Die Momente rechne ich so, dass sie positiv gelten, wenn, von der positiven Coordinatenaxe aus gesehen, die entsprechenden Kräfte in dem gleichen Sinne drehen, wie sich der Zeiger einer Uhr bewegt, negativ, wenn entgegengesetzt; das Coordinatensystem aber soll so liegen, dass, von der positiven XAxe gesehen, der Zeiger einer Uhr sich durch 90^0 von der positiven YAxe zur positiven ZAxe bewegen würde. In diesem Sinne müssen dann A, B, C, A', B', C' den entsprechenden Grössen gleich werden, die man berechnet, indem man im freien Querschnitt Kräfte zu Grunde legt, welche den dort erzeugten Spannungen genau gleich sind. Diese Spannungen aber erhält man aus t_{13}, t_{23}, t_{33}, wenn man in denselben $z = l$ setzt; reducirt man dann die auf das Flächenelement dq wirkende Kraft auf ihren wirklichen Werth, indem man die auf die Flächeneinheit bezogenen Kräfte t_{13}, t_{23}, t_{33} mit dem Flächenelement selbst multiplicirt, so wirken nunmehr die Kräfte

$$t_{13}\,dq,\quad t_{23}\,dq,\quad t_{33}\,dq$$

in dem Elemente dq, dessen Coordinaten x, y, l sind. Und indem man die Summen und Drehungsmomente dieser Componenten den gegebenen Grössen A, B, C, A', B', C' gleich setzt, erhält man folgende Gleichungen:

$$(79) \ldots \begin{cases} \int t_{13}\, dq = A; & \int (t_{33}\, y - t_{23}\, l)\, dq = A' \\ \int t_{23}\, dq = B; & \int (t_{13}\, l - t_{33}\, x)\, dq = B' \\ \int t_{33}\, dq = C; & \int (t_{23}\, x - t_{13}\, y)\, dq = C', \end{cases}$$

wo die Integrale über die ganze Fläche des Querschnitts auszudehnen sind.

Da die Functionen t_{13}, t_{23}, t_{33} die unbekannten Constanten a, b nur auf lineare Weise enthalten, die Functionen aber, mit welchen dieselben darin multiplicirt erscheinen, durch die Integrationen in numerische Coefficienten übergehen, so hat man in den Gleichungen (79) ein System von sechs Gleichungen ersten Grades vor sich, welche zur Bestimmung der Constanten vollkommen hinreichend sind.

Wenn nicht besondere Verhältnisse vorliegen, die das Gegentheil wünschenswerth machen, so kann man die Behandlung dieser Gleichungen noch vereinfachen, indem man den festgelegten Punkt und die Richtung der XYAxen im ersten Querschnitt in passender Weise wählt. Und zwar empfiehlt sich als festzulegender Punkt vor Allem der Schwerpunkt des Querschnittes, so dass die ZAxe dann die S c h w e r p u n k t s l i n i e wird, die Gerade, welche die Schwerpunkte sämmtlicher Querschnitte mit einander verbindet. Da die Coordinaten des Schwerpunkts einer Fläche bekanntlich immer durch die Formeln

$$\xi = \frac{\int x\, dq}{\int dq}, \quad \eta = \frac{\int y\, dq}{\int dq}$$

gegeben sind, so folgt hieraus, dass das Verlegen des Anfangspunktes in den Schwerpunkt das Verschwinden von ξ und η, d. h. das Verschwinden der Integrale mit sich führt, welche die Zähler jener Ausdrücke bilden. Man hat also für die gedachte Lage des Anfangspunkts immer:

$$(80) \ldots\ldots \int x\, dq = 0, \quad \int y\, dq = 0.$$

Endlich kann man die Richtung der Axen noch immer so wählen, dass

81) . . . . $\int x\, y\, dq = 0$

wird, wo dann das Coordinatensystem das System der Hauptaxen genannt wird. In der That ist es leicht, den Winkel zu finden, um welchen ein irgendwie gegebenes Coordinatensystem gedreht werden muss, damit es das Hauptaxensystem ergebe. Sind die X, Y Axen irgendwie gegeben, und setzen wir in Polarcoordinaten

$$x = r \cos\varphi,\ y = r \sin\varphi,$$

so wird, beim Uebergange in ein neues Coordinatensystem, welches den Winkel α mit dem gegebenen bildet, nur φ um α vermindert, und die Coordinaten desselben Punktes im neuen System werden

$$x' = r \cos(\varphi - \alpha),\ y' = r \sin(\varphi - \alpha).$$

Soll nun dies neue System das System der Hauptaxen werden, so muss man haben:

$$0 = \int x'\, y'\, dq = \tfrac{1}{2}\int r^2 \sin 2\,(\varphi - \alpha)\, dq,$$

oder, wenn man den Sinus auflöst, und bemerkt, dass der Drehungswinkel α für alle Punkte der Fläche gemeinsam ist, und somit als von der Integration unabhängig vor das Integralzeichen gesetzt werden darf:

$$0 = \cos 2\alpha \int r^2 \sin 2\varphi\, dq - \sin 2\alpha \int r^2 \cos 2\varphi\, dq.$$

Hieraus ergiebt sich sofort:

$$tg\ 2\alpha = \frac{\int r^2 \sin 2\varphi\, dq}{\int r^2 \cos 2\varphi\, dq}.$$

Führt man unter dem Integralzeichen wieder x, y ein, so ist nach bekannten Formeln:

$$r^2 \sin 2\varphi = 2\,x\,y,\quad r^2 \cos 2\varphi = x^2 - y^2,$$

daher auch

$$tg\ 2\alpha = \frac{2\int x\, y\, dq}{\int (x^2 - y^2)\, dq}.$$

Hier stehen rechts nur gegebene Grössen, Integrale, welche sich auf eine bekannte Querschnittsform und eine bekannte Lage des Coordinatensystems beziehen. Der Winkel α ist hieraus zu bestimmen; zwar folgt er nicht eindeutig daraus, sondern der Gleichung genügen mehrere Werthe von α, aber man übersieht sogleich, dass diese Werthe sich nur um Vielfache eines rechten Winkels unterscheiden. Hat man also ein Coordinatensystem durch Wahl eines bestimmten Werthes von α gefunden, so findet man die übrigen noch möglichen durch wiederholte Drehung des Systems um einen rechten Winkel. Aber hiedurch ändert sich das neue Coordinatensystem selbst keineswegs, nur die Bezeichnung der Axen wird verändert. Man darf also allerdings die Lage des Coordinatensystems dadurch als eindeutig bestimmt ansehen.

Es sei nun ferner der ganze Querschnitt durch q bezeichnet, durch $\varkappa$, λ aber die Trägheitsradien für die Hauptaxen X, Y; man hat dann in Folge dieser Definitionen die weitern Gleichungen:

$$82 \ldots\ldots\ldots \begin{cases} \int dq = q \\ \int x^2\, dq = \lambda^2 q \\ \int y^2\, dq = \varkappa^2 q. \end{cases}$$

Und wenn man nun mit Hülfe der Ausdrücke 65) für die Spannungen der Integrale in (79) wirklich bildet, so gehen diese Gleichungen leicht in die folgenden über:

$$83 \ldots \begin{cases} a = \dfrac{C}{Eq} \\ -b_1 \dfrac{\mu\lambda^2 + (2-\mu)\varkappa^2}{2} + \dfrac{1}{q}\displaystyle\int \dfrac{\partial\Omega}{\partial x}\, dq = \dfrac{2(1+\mu)A}{Eq} \\ -b_2 \dfrac{\mu\varkappa^2 + (2-\mu)\lambda^2}{2} + \dfrac{1}{q}\displaystyle\int \dfrac{\partial\Omega}{\partial y}\, dq = \dfrac{2(1+\mu)B}{Eq} \\ a_2 + b_2\, l = \dfrac{l\,B + A'}{Eq\,\varkappa^2} \\ a_1 + b_1\, l = \dfrac{l\,A - B'}{Eq\,\lambda^2} \\ -b_0(\varkappa^2 + \lambda^2) + \dfrac{1}{q}\displaystyle\int\left(x\dfrac{\partial\Omega}{\partial y} - y\dfrac{\partial\Omega}{\partial x}\right)dq \\ \quad + \dfrac{b_1}{q}\displaystyle\int \dfrac{(2-\mu)y^3 - (\mu+4)x^2 y}{2}\, dq \\ \quad - \dfrac{b_2}{q}\displaystyle\int \dfrac{(2-\mu)x^3 - (\mu+4)y^2 x}{2}\, dq = \dfrac{2(1+\mu)C'}{Eq}. \end{cases}$$

§ 29. Ueber die Bestimmung der Constanten des de Saint-Vénantsche Problems für angenäherte Anwendung.

Die Bestimmung der Constanten a, b für ein gegebenes Kräftesystem hängt hienach von der Aufsuchung der Function Ω ab, deren Form man wenigstens allgemein anzugeben nicht im Stande ist, wenn auch ihre Bestimmung für gewisse individuelle Querschnittsformen gelingt. Aber es ist ein sehr merkwürdiger, und für die Theorie höchst wichtiger Umstand, dass man ohne die Function Ω zu kennen, dennoch im Stande ist den Werth der beiden Integrale

$$\int \frac{\partial \Omega}{\partial x} dq, \int \frac{\partial \Omega}{\partial y} dq$$

ganz allgemein von vorn herein anzugeben, indem man dabei sich nur auf die Bedingungen stützt, denen die Function Ω zu genügen genöthigt ist. Es geschieht dies wieder durch ein Verfahren der theilweisen Integration, demjenigen ähnlich, von welchem im Vorigen mannigfacher Gebrauch gemacht worden ist.

Drücken wir nämlich das Flächenelement dq durch das kleine Rechteck $dx \,.\, dy$ aus, und integriren zunächst partiell über einen Flächenstreifen von der Breite dy, dessen Endpunkte durch die der x Coordinate beigefügten Indices 0 und 1 bezeichnet werden sollen, so hat man:

$$\int \frac{\partial \Omega}{\partial x} dq = \int\int \frac{\partial \Omega}{\partial x} dx\, dy$$

$$= \int \left\{ \left(x \frac{\partial \Omega}{\partial x} \right)_1 - \left(x \frac{\partial \Omega}{\partial x} \right)_0 \right\} dy - \int\int x \frac{\partial^2 \Omega}{\partial x^2} dx\, dy.$$

Da nun Ω der Gleichung

$$\frac{\partial^2 \Omega}{\partial x^2} + \frac{\partial^2 \Omega}{\partial y^2} = 0$$

genügt, so kann man auch setzen

$$-\int\int x \frac{\partial^2 \Omega}{\partial x^2} dx\, dy = \int\int x \frac{\partial^2 \Omega}{\partial y^2} dx\, dy\,;$$

und wenn man jetzt über einen Flächenstreifen parallel der Y Axe integrirt, dessen Breite dy ist, und dessen Endcoordinaten durch die oben zugesetzten Indices 0, 1 unterschieden werden mögen, so hat dies Integral den Werth

$$\int \left\{ \left(x \frac{\partial \Omega}{\partial y} \right)^1 - \left(x \frac{\partial \Omega}{\partial y} \right)^0 \right\} dx,$$

so dass

$$\int\int \frac{\partial \Omega}{\partial x} dx\, dy = \int \left\{ \left(x \frac{\partial \Omega}{\partial x} \right)_1 - \left(x \frac{\partial \Omega}{\partial x} \right)_0 \right\} dy$$
$$+ \int \left\{ \left(x \frac{\partial \Omega}{\partial y} \right)^1 - \left(x \frac{\partial \Omega}{\partial y} \right)^0 \right\} dx.$$

Hier ist das erste Integral rechts über alle Flächenstreifen auszudehnen, welche sich der YAxe parallel legen lassen, oder, was dasselbe ist, über alle Paare von Bogenelementen, welche durch solche Streifen auf der Peripherie der Curve abgeschnitten werden. Ist nun ds dieses Bogenelement und p der Winkel der nach aussen gerichteten Normale gegen die XAxe, und sei derselbe p_0 im Punkte x_0, p_1 im Punkte x_1, so hat man offenbar

$$dy = ds_1 \cos p_1 = - ds_0 \cos p_0,$$

und somit das erste Integral gleich

$$\int \left(x \frac{\partial \Omega}{\partial x} \cos p \right)_1 ds_1 + \int \left(x \frac{\partial \Omega}{\partial x} \cos p \right)_0 ds_0,$$

oder wenn man das Integral einfach über alle Bogenelemente ds ausdehnt, gleich

$$\int x \frac{\partial \Omega}{\partial y} \cos p\; ds.$$

Auf dieselbe Art wird das zweite Integral gleich:

$$\int x \frac{\partial \Omega}{\partial y} \sin p\; ds,$$

und also

$$\int\int \frac{\partial \Omega}{\partial x} dx\, dy = \int x \left(\frac{\partial \Omega}{\partial x} \cos p + \frac{\partial \Omega}{\partial y} \sin p \right) ds.$$

Inzwischen ist der Werth, den der eingeklammerte Ausdruck in den Punkten der Peripherie annimmt, aus der Gleichung 67) bekannt; nämlich es ist nach jener Gleichung

$$\frac{\partial \Omega}{\partial x} \cos p + \frac{\partial \Omega}{\partial y} \sin p = X \cos p + Y \sin p,$$

wo der Kürze wegen gesetzt ist:

$$(84) \begin{cases} X = - b_0 y + b_1 \dfrac{\mu x^2 + (2 - \mu) y^2}{2} + (\mu + 2) b_2 x y \\ Y = b_0 x + b_2 \dfrac{\mu y^2 + (2 - \mu) x^2}{2} + (\mu + 2) b_1 x y \end{cases}$$

Demnach ist auch

$$\int\int \frac{\partial \Omega}{\partial x}\, dx\, dy = \int x\,(X \cos p + Y \sin p)\, ds,$$

ein Ausdruck, aus welchem jede Spur der Function Ω verschwunden ist.

Gehen wir nun, um den Werth dieses Ausdrucks zu bestimmen, auf dem oben eingeschlagenen Wege rückwärts, so kann man für denselben zunächst setzen:

$$\int \left\{ (x\, X)_1 - (x\, X)_0 \right\} dy + \int \left\{ (x\, Y)^1 - (x\, Y)^0 \right\} dx;$$

oder auch, wenn man die in jeder Klammer befindliche Differenz als Resultat der Integration nach einem der oben betrachteten Flächenstreifen ansieht:

$$\int\int \frac{\partial . x\, X}{\partial x}\, dx\, dy + \int\int \frac{\partial . x\, Y}{\partial y}\, dx\, dy.$$

Und so erhält man die Formel

$$\int\int \frac{\partial \Omega}{\partial y}\, dx\, dy = \int\int \left(\frac{\partial . x\, X}{\partial x} + \frac{\partial . x\, Y}{\partial y} \right) dx\, dy,$$

welcher sich offenbar die ganz ähnlich gebildete anschliesst, welche sich ergiebt, wenn man x und y überall vertauscht. Setzt man endlich wieder dq für $dx\, dy$, so hat man demnach folgende beide Formeln:

$$\int \frac{\partial \Omega}{\partial x}\, dq = \int \left(\frac{\partial . x\, X}{\partial x} + \frac{\partial . x\, Y}{\partial y} \right) dq$$

$$\int \frac{\partial \Omega}{\partial y}\, dq = \int \left(\frac{\partial . y\, X}{\partial x} + \frac{\partial . y\, Y}{\partial y} \right) dq.$$

Führt man nun hier die Werthe (84) für X und Y ein, so kommt die Berechnung der rechten Theile auf die oben bereits angegebenen Integrale

$$\int x\, dq, \quad \int y\, dq, \quad \int x\, y\, dq, \quad \int x^2\, dq, \quad \int y^2\, dq$$

zurück, von denen der Annahme nach die drei ersten verschwinden, indess die letzten beiden die Werthe $\lambda^2 q$, $\varkappa^2 q$ annehmen. Und so wird also endlich:

$$(85)\;.\;\left\{ \begin{aligned} \int \frac{\partial \Omega}{\partial x}\, dq &= \frac{b_1\, q}{2} \left\{ (5\,\mu + 4)\, \lambda^2 + (2 - \mu)\, \varkappa^2 \right\}. \\ \int \frac{\partial \Omega}{\partial y}\, dq &= \frac{b_2\, q}{2} \left\{ (5\,\mu + 4)\, \varkappa^2 + (2 - \mu)\, \lambda^2 \right\}. \end{aligned} \right.$$

Diese an sich merkwürdigen Bestimmungen ertheilen nun den Gleichungen (83) die folgende, mit Ausnahme der letzten höchst einfache Form:

$$
(86) \quad . \quad \begin{cases}
a = \dfrac{C}{Eq} \\[2ex]
b_1 = \dfrac{A}{E.\lambda^2 q} \qquad a_1 = -\dfrac{B'}{E.\lambda^2 q} \\[2ex]
b_2 = \dfrac{B}{E.\varkappa^2 q} \qquad a_2 = \dfrac{A'}{E.\varkappa^2 q} \\[2ex]
-b_0(\varkappa^2 + \lambda^2) + \dfrac{b_1}{q}\displaystyle\int \frac{(2-\mu)\, y^3 - (\mu - 4)\, x^2 y}{2}\, dq \\[2ex]
\qquad -\dfrac{b_2}{q}\displaystyle\int \frac{(2-\mu)\, x^3 - (\mu - 1)\, y^2 x}{2}\, dq \\[2ex]
\qquad -\dfrac{1}{q}\displaystyle\int \left(x \frac{\partial \Omega}{\partial y} - y \frac{\partial \Omega}{\partial x} \right) dq = \frac{2(1+\mu)\, C'}{Eq}.
\end{cases}
$$

Das Eigenthümliche dieser Formeln liegt darin, dass a nur von C, ebenso b nur von A, a_1 von B', b_2 von B, a_2 von A' abhängt; nur die letzte Gleichung enthält dann noch sämmtliche Grössen, so dass b_0 sich durch alle mit Ausnahme von C ausdrückt. Dieses Resultat kann man durch folgenden Satz interpretiren:

> Die Componente der äussern Kräfte, welche in der Richtung der Längsaxe wirkt, ruft nur Ausdehnung hervor. Die parallel der Endfläche nach einer Hauptaxe gerichtete Componente zusammen mit dem in Bezug auf die andern Hauptaxe genommenen Drehungsmoment bringen eine Biegung hervor, deren Biegungsebene durch die erste Hauptaxe hindurch geht, doch mit begleitender Torsion. Das Drehungsmoment endlich in Bezug auf die Längsaxe ruft nur Torsion hervor.

§ 30. Symmetrische Querschnitte.

Diese Betrachtungen vereinfachen sich noch weiter, wenn man dem Querschnitt eine Gestalt giebt, welche gegen zwei auf einander senkrechte Gerade symmetrisch ist. In diesem Fall werden die erwähnten Geraden von selbst die Hauptaxen des Schnittes, ihr

Durchschnittspunkt der Schwerpunkt. Um dies einzusehen kann man sich des folgenden Satzes bedienen:

Wenn F eine Function von x und y ist, welche die Eigenschaft hat, ihr Zeichen zu wechseln, wenn man x in $-x$, oder y in $-y$ übergehen lässt, so ist immer das Integral

$$\int F\, dq,$$

ausgedehnt über eine in Bezug auf die Coordinatenaxen symmetrische Fläche, gleich Null.

Man sieht dies leicht ein. Denn zu jedem Elemente dq, für welches die Function F einen gewissen Werth annimmt, findet sich dann ein anderes, symmetrisch gelegenes, für welches F den entgegengesetzten Werth hat; das Produkt $F\, dq$ hat dann für solche Elemente gleiche und entgegengesetzte Werthe, und in dem Integral heben sich daher je zwei Terme auf, welche von solchen Elementenpaaren herrühren. Wegen der symmetrischen Form des Querschnitts aber lässt sich derselbe vollständig in solche Elementenpaare auflösen, und das ganze Integral verschwindet also, indem je zwei seiner Terme sich gegen einander aufheben.

So ist sofort

$$\int x\, dq = 0, \quad \int y\, dq = 0, \quad \int xy\, dq = 0,$$

wodurch der Anfangspunkt als Schwerpunkt, die Axen als Hauptaxen bezeichnet werden. Ferner ist

$$\int y^3\, dp = 0, \quad \int x y^2\, dq = 0, \quad \int x^2 y\, dq = 0, \quad \int x^3\, dq = 0,$$

wodurch die letzte Gleichung (86) sich noch wesentlich vereinfacht.

Aber dies ist nicht Alles. Nennen wir der Kürze wegen eine Function in Bezug auf eine in ihr vorkommende Veränderliche gerade, wenn sie ihren Werth nicht ändert, sobald die Veränderliche nur das Zeichen wechselt, ungerade, wenn sie hiedurch gleichfalls ihr Vorzeichen ändert, während ihr absoluter Werth der nämliche bleibt. So ist für jeden symmetrischen Querschnitt der Cosinus der nach aussen gerichteten Normale gegen die XAxe, $\cos p$, eine ungerade Function von x und eine gerade von y, $\sin p$ umgekehrt ungerade für y, gerade für x. Denn geht man von einem Punkte x, y der Peripherie zu einem andern über, der dasselbe x, aber das entgegengesetzte y hat, so verwandelt sich p in $-p$, also $\cos p$ in $\cos p$, $\sin p$ in $-\sin p$; geht man hingegen zu einem Punkte über, der dasselbe y, aber das entgegengesetzte x hat, so verwandelt sich p in $180^0 - p$, also $\cos p$ in $-\cos p$, $\sin p$ in $\sin p$. Demnach erkennt man dass die linken Theile der drei letzten Gleichungen (70) der Reihe nach

ungerade für x und y,
ungerade für x und gerade für y,
gerade für x und ungerade für y

sind. Dasselbe muss für die linken Theile jener Gleichungen gelten. Bemerkt man nun, dass, wenn eine Function für eine Veränderliche gerade ist, ihr Differentialquotient nach derselben ungerade wird, und umgekehrt, so sieht man dass es genügt, wenn man

B_0 ungerade für x und y,
B_1 ungerade für x, gerade für y,
B_2 gerade für x, ungerade für y

annimmt, was auch den Gleichungen (69) keineswegs widerspricht. Führt man nun in (86) den Werth von Ω

$$\Omega = b_0 B_0 + b_1 B_1 + b_2 B_2$$

ein, so zerfällt das Integral

$$\int \left(x \frac{\partial \Omega}{\partial y} - y \frac{\partial \Omega}{\partial x} \right) dq$$

in drei Theile, welche respective mit b_0, b_1, b_2 multiplicirt sind. Und von diesen verschwinden wegen des oben ausgesprochenen Satzes alle bis auf das mit b_0 multiplicirte Integral

$$\int \left(x \frac{\partial B_0}{\partial y} - y \frac{\partial B_0}{\partial x} \right) dq,$$

bei welchem die zu integrirende Function sowohl für y als für x gerade wird. Die letzte Gleichung (86) also reducirt sich auf:

$$87) \quad . \left\{ b_0 = \frac{-2(1+\mu) C'}{E \left\{ (\varkappa^2 + \lambda^2) q - \int \left(x \frac{\partial B_0}{\partial y} - y \frac{\partial B_0}{\partial x} \right) dq \right\}} \right.$$

In diesem Falle wird daher auch b_0 nur abhängig von dem Drehungsmoment C'; Ausdehnung, die beiden Classen der Biegung, und Torsion bilden hier vier völlig abgesonderte Probleme, indem auch die Torsion ausfällt, welche im Allgemeinen die Biegung begleitet.

Die Wirkung der Kraft A und des Moments B' zusammen, welche hienach in einer blossen Biegung bestehen, können wir nun durch die Gleichungen (75ᵃ) darstellen, welche der reinen Biegung entsprechen, indem darin die Constanten a_1, b_1 durch ihre Werthe ersetzt werden. Da B_1 in Bezug auf y gerade, also $\frac{\partial B_1}{\partial y}$ ungerade ist, so verschwindet auch in jenen Gleichungen $\left(\frac{\partial B_1}{\partial y}\right)_0$, wie jede ungerade Function, deren Veränderliche verschwindet. Und es bleibt dann:

$$(88) \;.\; \left\{\begin{aligned}
E\,q\lambda^2 \,.\, u &= B' \; \frac{\mu\,(x^2 - y^2) + z^2}{2} \\
&\quad - A\;\left\{\frac{z^3}{6} + \mu\,z\,\frac{x^2 - y^2}{2} - z\left(\frac{\partial B_1}{\partial x}\right)_0\right\} \\
E\,q\lambda^2 \,.\, v &= \mu\,x\,y\,(B' - A\,z) \\
E\,q\lambda^2 \,.\, w &= - B'\,x\,z + A\;\left\{\frac{z^2}{2} + B_1 - x\left(\frac{\partial B_1}{\partial x}\right)_0\right\} \\
q\lambda^2 \,.\, t_{13} &= \frac{A}{2\,(1+\mu)}\left[\frac{\partial B_1}{\partial x} - \frac{\mu\,x^2 + (2-\mu)\,y^2}{2}\right] \\
q\lambda^2 \,.\, t_{23} &= \frac{A}{2\,(1+\mu)}\left[\frac{\partial B_1}{\partial y} - (\mu + 2)\,x\,y\right] \\
q\lambda^2 \,.\, t_{33} &= (A\,z - B')\,x
\end{aligned}\right.$$

In dem gewöhnlich betrachteten Falle ist die Biegung allein durch eine Kraft A hervorgebracht, welche im Schwerpunkte des freien Querschnitts angreift. In diesem Falle hat man also noch

$$B' = A\,l,$$

wodurch denn die ersten drei und die letzte Formel des vorigen Systems die Gestalt annehmen:

$$(89) \;.\; \left\{\begin{aligned}
u &= \frac{A}{E\,q\lambda^2}\;\left\{\mu\,\frac{x^2 - y^2}{2}\,(l - z) + \frac{z^2\,l}{2} - \frac{z^3}{6} + z\left(\frac{\partial B_1}{\partial x}\right)_0\right\} \\
v &= \frac{A}{E\,q\lambda^2}\;.\;\mu\,x\,y\,(l - z) \\
w &= \frac{A}{E\,q\lambda^2}\;\left\{- l\,x\,z + \frac{z^2}{2} + B_1 - x\left(\frac{\partial B_1}{\partial x}\right)_0\right\} \\
t_{33} &= - \frac{A\,x\,(l - z)}{q\lambda^2}.
\end{aligned}\right.$$

Es ist bemerkenswerth, dass der in § 24 erwähnte Querschnitt, dessen Elemente keine Längsspannung t_{33} erfahren, hier mit dem letzten Querschnitt zusammenfällt. In diesem Falle also theilt sich der Stab durch die YZEbene in zwei Räume, von denen einer nur Contractionen, der andere nur Ausdehnungen in der Längsrichtung aufweist. Der freie Querschnitt zeigt auch noch die Eigenschaft, dass (bei $z = l$ u und v von x und y unabhängig werden, dass also die Punkte dieses Querschnitts zwar gegen die Fläche desselben vorwärts oder rückwärts verschoben erscheinen, nicht aber in der Fläche selbst verschoben sind.

Der Pfeil der Biegung:

$$u_l = \frac{A}{Eq\,\lambda^2}\left\{\frac{l^3}{3} + l\left(\frac{\partial B_1}{\partial x}\right)_0\right\}$$

erscheint von der Form des Querschnitts abhängig, aber nur in sehr geringem Grade Denn das zweite Glied dieses Ausdrucks ist, wie B_1 selbst, von der Gestalt des Querschnitts allerdings bedingt; aber eben deswegen enthält es nur Terme, welche von der Ordnung der Querdimensionen sind, mit der ersten Potenz der Länge multiplicirt. Aber wenn nur, wie es im Allgemeinen der Fall sein wird, die Querdimensionen klein sind gegen die Länge des Stabes, so ist dies Glied unbedeutend gegen das erste, welches man in der gewöhnlichen Theorie allein erhält.

Die Formeln für die Torsion vereinfachen sich ebenfalls ein wenig. Denn da B_0 sowohl für x als für y ungerade ist, so sind seine Differentialquotienten noch immer ungerade für eine dieser Veränderlichen. Es verschwinden also $\frac{\partial B_0}{\partial x}$, $\frac{\partial B_0}{\partial y}$, wenn $x = 0$, $y = 0$; und man erhält aus (75^b) folgende Formeln, in denen für b_0 der Werth 87) einzuführen ist:

$$(90)\;.\quad \begin{cases} u = b_0\,z\,y; & t_{13} = \dfrac{Eb_0}{2(1+\mu)}\left(y + \dfrac{\partial B_0}{\partial x}\right) \\ v = -\,b_0\,z\,x; & t_{23} = -\dfrac{Eb_0}{2(1+\mu)}\left(x - \dfrac{\partial B_0}{\partial y}\right) \\ w = b_0\,B_0; & t_{33} = 0. \end{cases}$$

Es wird dadurch an den früheren Betrachtungen nichts verändert, als dass die durch die Torsion nicht verschobene Faser hier mit der Schwerpunktsfaser zusammenfällt.

§ 31. Bestimmung der Function Ω für einen elliptischen Querschnitt.

Im Vorigen blieb noch immer die Bestimmung gewisser Functionen übrig, welche für jede Querschnittsform besonders ausgeführt werden muss. Ich werde für eine einfache Form die Bestimmung vollends ausführen. Betrachten wir den Fall, wo die Peripherie des Querschnitts durch eine Ellipse gebildet ist, in welchem dann die Symmetrie in Bezug auf zwei gegen einander senkrechte Axen in der That stattfindet. Die Functionen B_0, B_1, B_2 sind in diesem Falle sehr leicht bestimmt. Bemerken wir nämlich, dass die Differentialgleichung

$$\frac{\partial^2 \varphi}{\partial x^2} + \frac{\partial^2 \varphi}{\partial y^2} = 0,$$

welcher jene Functionen sämmtlich genügen müssen, befriedigt wird, wenn man darin φ durch die Summe einer beliebigen Function von $x + y\sqrt{-1}$ und einer beliebigen Function von $x - y\sqrt{-1}$ ersetzt:

$$\varphi = f(x + y\sqrt{-1}) + F(x - y\sqrt{-1}),$$

was durch Differentiation sofort bewiesen wird.

So genügen z. B. jener Differentialgleichung Summe und Differenz gleich hoher Potenzen von $x + y\sqrt{-1}$ und $x - y\sqrt{-1}$, mit beliebigen Constanten multiplicirt; wenn man diese Summen und Differenzen für die nullte, erste, zweite etc. Potenz bildet, jedesmal mit einer willkürlichen Constanten multiplicirt, und endlich alle so gefundene Lösungen addirt, so findet man folgenden Ausdruck, der wieder durch wirklich ausgeführte Differentiation ohne Mühe verificirt werden kann:

$$(91) \;.\; \begin{cases} \varphi = \alpha + \alpha_1 x + \beta_1 y + \alpha_2 (x^2 - y^2) + \beta_2 x y \\ \qquad + \alpha_3 (x^3 - 3 x y^2) + \beta_3 (y^3 - 3 y x^2) + \dots \end{cases}$$

Man wird sehen, dass jede der Functionen B_0, B_1, B_1 in dieser Form enthalten ist.

Sei die Ellipse, welche den Querschnitt begrenzt, dargestellt durch die Gleichung

$$\frac{x^2}{m^2} + \frac{y^2}{n^2} = 1,$$

so dass m und n die Axen der Ellipse werden. Differenzirt man diese Gleichung, so erhält man für die Tangente des Winkels, den die geometrische Tangente der Curve gegen die XAxe bildet,

$$\frac{dy}{dx} = - \frac{\frac{x}{m^2}}{\frac{y}{n^2}};$$

und da p sich von diesem Winkel um nur 90^0 unterscheidet, so findet sich für den Winkel der Normale gegen die XAxe:

$$tg\ p = - \frac{dx}{dy} = \frac{\frac{y}{n^2}}{\frac{x}{m^2}}$$

oder

$$\sin p : \cos p = \frac{y}{n^2} : \frac{x}{m^2}.$$

Die Grenzbedingungen (70), welche in der Peripherie zu erfüllen sind, gehen hierdurch in die folgenden über:

$$\frac{x}{m^2} \frac{\partial B_0}{\partial x} + \frac{y}{n^2} \frac{\partial B_0}{\partial y} = x\, y \left(\frac{1}{n^2} - \frac{1}{m^2}\right)$$

$$\frac{x}{m^2} \frac{\partial B_1}{\partial x} + \frac{y}{n^2} \frac{\partial B_1}{\partial y} = \frac{\mu\, x^3 + (2 - \mu\ y^2\, x}{2\, m^2} + (\mu + 2) \frac{x\, y^2}{n^2}$$

$$\frac{x}{m^2} \frac{\partial B_2}{\partial x} + \frac{y}{n^2} \frac{\partial B_2}{\partial y} = (\mu + 2) \frac{x^2\, y}{m^2} + \frac{\mu y^3 + (2 - \mu\ x^2\, y}{2\, n^2}.$$

Man erkennt nun leicht, dass diesen drei Gleichungen genügt wird, wenn man in Uebereinstimmung mit der Formel (91) setzt:

$$B_0 = \beta_2\, x\, y$$
$$B_1 = \alpha_1\, x + \alpha_3\, (x^3 - 3\, x\, y^2$$
$$B_2 = \beta_1\, y + \beta_3\, (y^3 - 3\, y\, x^2.$$

Hierdurch geht die Bedingungsgleichung für B_0 sofort über in:

$$\beta_2 = \frac{m^2 - n^2}{m^2 + n^2}.$$

Die Gleichungen für B_1, B_2 modificirt man zweckmässig dadurch, dass man nach Ausführung der Differentiation die Glieder erster Dimension mit $\frac{x^2}{m^2} + \frac{y^2}{n^2}$, was in der Peripherie 1 ist, multiplicirt. Dadurch erhält man die für x und y homogenen Gleichungen:

$$\frac{x}{m^2}\left[\alpha_1\left(\frac{x^2}{m^2}+\frac{y^2}{n^2}\right)+3\,\alpha_3\,(x^2-y^2)\right]-6\,\alpha_3\,\frac{x\,y^2}{n^2}$$
$$=\frac{\mu\,x^3+(2-\mu)\,y^2\,x}{2\,m^2}+(\mu+2)\,\frac{x\,y^2}{n^2}$$

$$\frac{y}{n^2}\left[\beta_1\left(\frac{x^2}{m^2}+\frac{y^2}{n^2}\right)+3\,\beta_3\,(y^2-x^2)\right]-6\,\beta_3\,\frac{y\,x^2}{m^2}$$
$$=\frac{\mu\,y^3+(2-\mu)\,y\,x^2}{2\,n^2}+(\mu+2)\,\frac{y\,x^2}{m^2};$$

und wenn man hierin die Coefficienten gleicher Potenzen auf beiden Seiten einander gleich setzt, erhält man folgende Gleichungen zur Bestimmung von α_1, α_3, β_1, β_3.

$$\frac{\alpha_1}{m^2}+3\,\alpha_2=\frac{\mu}{2};\quad \frac{\alpha_1}{m^2\,n^2}-3\,\alpha_3\left(\frac{1}{m^2}+\frac{2}{n^2}\right)=\frac{2-\mu}{2\,m^2}+\frac{2+\mu}{n^2}$$
$$\frac{\beta_1}{n^2}+3\,\beta_3=\frac{\mu}{2};\quad \frac{\beta_1}{m^2\,n^2}-3\,\beta_3\left(\frac{1}{n^2}+\frac{2}{m^2}\right)=\frac{2-\mu}{2\,n^2}+\frac{2+\mu}{m^2}.$$

Aus denselben ergeben sich die Werthe:

$$\alpha_1=\frac{m^2\,[2\,m^2\,(1+\mu)+n^2]}{3\,m^2+n^2};\quad \alpha_3=-\frac{m^2\,(4+\mu)+n^2\,(2-\mu)}{6\,(3\,m^2+n^2)}$$
$$\beta_1=\frac{n^2\,[2\,n^2\,(1+\mu)+m^2]}{3\,n^2+m^2};\quad \beta_3=-\frac{n^2\,(4+\mu)+m^2\,(2-\mu)}{6\,(3\,n^2+m^2)},$$

so dass endlich die Functionen B_0, B_1, B_2 folgende Ausdrücke erhalten:

$$B_0=\frac{m^2-n^2}{m^2+n^2}\,x\,y$$

$$B_1=\frac{m^2\,[2\,m^2\,(1+\mu)+n^2]\,x-[m^2\,(4+\mu)+n^2\,(2-\mu)]\,\frac{x^3-3\,y^2\,x}{6}}{3\,m^2+n^2}$$

$$B_2=\frac{n^2\,[2\,n^2\,(1+\mu)+m^2]\,y-[n^2\,(4+\mu)+m^2\,(2-\mu)]\,\frac{y^3-3\,x^2\,y}{6}}{3\,n^2+m^2}.$$

Die zweite dieser Gleichungen giebt:

$$\left(\frac{\partial B_1}{\partial x}\right)_0=\frac{m^2\,[2\,m^2\,(1+\mu)+n^2]}{3\,m^2+n^2},$$

eine Formel, welche zur Bestätigung der oben ausgesprochenen Behauptung dient, dass diese Grösse im Allgemeinen sehr klein gegen l^2 ist, und auf den Pfeil der Biegung nur unbedeutenden

Einfluss hat. Die Fläche, in welche die Querschnitte nach der Biegung übergehen, wird

$$z' = z + w',$$

oder, wenn man den Werth der Function w aus (89) entnimmt, für den Fall, wo die Biegung durch eine am Schwerpunkt der Endfläche wirkende Kraft A hervorgerufen wird:

$$z' = z + \frac{A}{Eq\lambda^2}\left\{-lxz + \frac{z^2}{2} - \frac{m^2(1+\mu)+n^2(2-\mu)}{18m^2+6n^2}(x'^3 - 3x'y'^2)\right\},$$

eine Fläche der dritten Ordnung, welche gegen die Biegungsebene symmetrisch ist, und von den Ebenen, welche der Längsaxe parallel und zur Biegungsebene senkrecht sind $x' =$ Const. in Parabeln geschnitten wird, da für $x' =$ Const. die obige Gleichung z' nur in der ersten, y' in der zweiten Potenz enthält.

Von der Berechnung der Grössen $\varkappa$, λ wird später besonders zu handeln sein. Ich bemerke, dass hier

$$\lambda = \frac{m}{2}, \quad \varkappa = \frac{n}{2}.$$

Auf den Fall der Torsion ist es nöthig genauer einzugehen. Da

$$B_0 = \frac{m^2 - n^2}{m^2 + n^2}\, xy,$$

so wird

$$\int\left(x\frac{\partial B_0}{\partial y} - y\frac{\partial B_0}{\partial x}\right) dq = \frac{m^2 - n^2}{m^2 + n^2}\int(x^2 - y^2)\,dq,$$

oder nach den früher eingeführten Bezeichnungen

$$= \frac{m^2 - n^2}{m^2 + n^2}(\lambda^2 - \varkappa^2),$$

und endlich wegen der hier einzuführenden Werthe von λ, $\varkappa$;

$$= \frac{(m^2 - n^2)^2}{4(m^2 + n^2)}.$$

In Folge dessen giebt die Gleichung (87):

$$b_0 = -\frac{2(1+\mu)(m^2+n^2)C'}{m^2n^2};$$

und aus (90) entspringt dann für Verschiebungen und Spannungen das System:

$$92). \begin{cases} u = -\dfrac{2(1+\mu)C'}{Eq}\dfrac{m^2+n^2}{m^2 n^2} z y; & t_{13} = -\dfrac{2C' y}{n^2 q} \\ v = \dfrac{2(1+\mu)C'}{Eq}\dfrac{m^2+n^2}{m^2 n^2} z x; & t_{23} = \dfrac{2C' x}{m^2 q} \\ w = \dfrac{2(1+\mu)C'}{Eq}\dfrac{m^2-n^2}{m^2+n^2} x y; & t_{33} = 0. \end{cases}$$

Der Winkel, um welchen die freie Endfläche gegen ihre ursprüngliche Lage gedreht erscheint, wird [vergl. § (27)]:

$$\alpha = b_0 l = -\frac{2(1+\mu)C' l}{Eq} \cdot \frac{m^2+n^2}{m^2 n^2},$$

oder es ist das dem Winkel α entsprechende Drehungsmoment:

$$C' = -\frac{E}{2(1+\mu)} \cdot \frac{\alpha}{l} \cdot \frac{m^2 n^2 q}{m^2+n^2}.$$

Bemerkenswerth ist hiebei der letzte Factor, welcher von dem in der gewöhnlichen Theorie üblichen Factor

$$\frac{m^2+n^2}{2}$$

abweicht. Der Unterschied zwischen beiden ist nicht bedeutend, wenn die Axen der Ellipse wenig verschieden sind, und verschwindet gänzlich für den Kreis. Dies wird erklärlich, wenn man bedenkt, dass die gewöhnliche Theorie zunächst nur für den Kreis entwickelt, und dann auf andre Querschnittsformen übertragen wird, so dass dieselbe in der That nur für Formen, welche vom Kreise wenig abweichen, auf Genauigkeit Anspruch machen kann.

Die Gleichung für die verschobenen Querschnitte wird:

$$z' = z + w' = z + \frac{2(1+\mu)C'}{Eq} \cdot \frac{m^2-n^2}{m^2+n^2} x' y'.$$

Für den Kreis, wo $m = n$, bleibt also $z' = z$, und demnach der Querschnitt eben. Im Allgemeinen stellt aber obige Gleichung eine Fläche zweiter Ordnung dar. Sie geht in die Gleichung einer Ebene über, wenn man x' oder y' constant setzt, d. h. sie wird von Ebenen, welche der XZEbene oder der YZEbene parallel gehen, in geraden Linien geschnitten. Die Fläche ist demnach ein hyperbolisches Paraboloid, bei welchem eine Schaar von Erzeugenden der XZEbene, die andre der YZEbene parallel ist.

§ 32. Hohlcylinder.

Wenn der betrachtete Cylinder einen Hohlraum hat, in dessen Inneres die Schwerpunktslinie hineinfällt, so kann man dessen ungeachtet der in den §§ 22—27 entwickelten Formeln mit ganz geringen Modificationen sich bedienen. Zwar die Constantenbestimmung, welche im Vorigen angewandt wurde, verliert insofern zum Theil ihre Deutung, als natürlich von einer Festlegung der dem Schwerpunkte benachbarten Elemente hier nicht die Rede sein kann. Aber man kann jener Constantenbestimmung noch eine andere Deutung beilegen. Die Ausdrücke (72) für u, v, w haben die Eigenschaft, dass für $y = 0$, $z = 0$ die Grösse v, für $x = 0$, $z = 0$ die Grösse u verschwindet. Dies heisst also, dass in dem äussersten Querschnitt die Punkte jeder Hauptaxe genöthigt sind, sich nur in der durch diese Hauptaxe und die Längsaxe gelegten Ebene zu verschieben. Diese Bestimmung ist äquivalent damit, dass die Constanten a_0, a', a'' (vergl. § 24 am Ende verschwinden. Die Constanten c, b', b'' aber kann man dann bestehen lassen und etwa die Forderung hinzufügen, dass irgend drei in jenen Hauptaxen gelegene Punkte in ihrem ursprünglichen Querschnitte bleiben sollen, so dass für diese dann auch w verschwindet. Dies heisst nach den Gleichungen (65), man bestimmt c, b', b'' durch die anderen Constanten mit Hülfe der Gleichungen:

$$\Omega_{(x-0)} - y^2 + c - b'' y = 0$$

oder

$$\Omega_{(y-0)} - x^2 + c - b' x = 0,$$

deren eine oder die andre für drei Punkte der Hauptaxen erfüllt sein soll. Es ändert sich dadurch weiter nichts, als dass die im Vorigen durch $\left(\frac{\partial \Omega}{\partial x}\right)_0$, $\left(\frac{\partial \Omega}{\partial x}\right)_0$ bezeichneten Constanten andre Werthe annehmen, und dass zu w die Constante c tritt; die Spannungen aber und die ganze Discussion bleiben völlig unverändert.

§ 33. Allgemeine Hülfsmittel zur Bestimmung der Functionen B_0, B_1, B_2.

Ich werde als Beispiel den Fall behandeln, wo die Begrenzung des Querschnitts durch zwei Ellipsen mit gemeinsamen Brennpunkten gebildet wird. Obgleich dieser Fall unter denen, wo die Begrenzung vom Kreise abweicht, der einfachste ist, so erfordert er doch einige Vorbereitungen, und giebt Gelegenheit, die Hülfsmittel zu entwickeln, durch welche in einigen Fällen die Bestimmung der Functionen B_0, B_1, B_2 gelingt. Ich schicke daher die folgenden allgemeinen Betrachtungen voraus.

Zunächst bemerke ich, dass die linken Theile der Gleichungen 70), welche die Grenzbedingungen für die Functionen B_0 etc. enthalten, einer einfachen Interpretation fähig sind. Gehen wir nämlich von einem Punkte der Peripherie in der Richtung der Normale um eine sehr kleine Strecke ε vorwärts, und untersuchen die Veränderung, welche die Function B_0 (oder eine der andern, für welche B_0 beispielsweise gewählt ist) erleidet, wenn wir ihren Werth auf der Peripherie mit dem Werthe vergleichen, welchen sie im Endpunkte jener kleinen Strecke annimmt. Bei dem Fortschreiten um ε in der Richtung, welche den Winkel p gegen die XAxe bildet, wächst x um $\varepsilon \cos p$, y um $\varepsilon \sin p$. Am Ende der Strecke ε also erhält man den entsprechenden Werth der Function, wenn man in dieser x durch $x + \varepsilon \cos p$, y durch $y + \varepsilon \sin p$ ersetzt. Entwickelt man nach dem Taylorschen Satz, und vernachlässigt die höhern Potenzen von ε, so wird der neue Werth der Function:

$$B_0 + \varepsilon \left(\frac{\partial B_0}{\partial x} \cos p + \frac{\partial B_0}{\partial y} \sin p \right),$$

oder endlich, es wird der Zuwachs der Function, dividirt durch die kleine Strecke, eine Grösse, welche der Differentialquotient nach der Normale heissen mag, und demgemäss durch $\frac{\partial B_0}{\partial \nu}$ ausgedrückt sein soll:

$$(92) \quad \ldots\ldots \frac{\partial B_0}{\partial \nu} = \frac{\partial B_0}{\partial x} \cos p + \frac{\partial B_0}{\partial y} \sin p$$

Dies ist die einfache Deutung des linken Theiles jener Gleichungen, durch welche dieselben in folgende übergehen:

$$93) \ldots \begin{cases} \dfrac{\partial B_0}{\partial \nu} = x \sin p - y \cos p \\ \dfrac{\partial B_1}{\partial \nu} = \dfrac{\mu x^2 + (2-\mu) y^2}{2} \cos p + (\mu + 2)\, xy \sin p \\ \dfrac{\partial B_2}{\partial \nu} = \dfrac{\mu y^2 + (2-\mu) x^2}{2} \sin p + (\mu + 2)\, xy \cos p. \end{cases}$$

Denken wir uns nun die Punkte des Querschnitts nicht durch rechtwinklige Coordinaten bestimmt, sondern dadurch, dass man zwei Schaaren von Curven in der Ebene zieht, dergestalt, dass durch jeden Punkt der Ebene eine Curve der einen Schaar und eine Curve der andern Schaar hindurchgeht. Man kann dann jeden Punkt dadurch bestimmen, dass man die beiden Schaaren angehörigen Curven bezeichnet, welche sich in jenem Punkte durchschneiden. Diese Schaaren von Curven seien dargestellt durch die Gleichungen

$$(94) \ldots\ldots\ldots\ldots \begin{cases} f(x, y) = \alpha \\ F(x, y) = \beta; \end{cases}$$

so dass man die Gleichungen aller Curven der einen Schaar aus der ersten Gleichung erhält, wenn man der Constanten α alle möglichen Werthe beilegt, alle Curven der zweiten Schaar aber aus der zweiten Gleichung, wenn der Grösse β alle möglichen constanten Werthe zuertheilt werden. Man kann sich dann auch des Ausdrucks bedienen, α und β seien neue Veränderliche, durch welche die Punkte der Ebene bestimmt werden, und welche mit den ursprünglichen Veränderlichen x, y durch die Gleichungen (94) verbunden sind.

Nehmen wir an, die beiden Schaaren seien so gewählt, dass die Curven, welche nicht derselben Schaar angehören, sich überall rechtwinklig schneiden. Gehen wir dann von einem Punkte x, y in der Curve der einen Schaar vorwärts, und bezeichnen durch dx, dy die Veränderungen, welche die Coordinaten dann erleiden, so ist

$$f'(x)\, dx + f'(y)\, dy = 0,$$

wofür man auch schreiben kann

$$\frac{\partial \alpha}{\partial x}\, dx + \frac{\partial \alpha}{\partial y}\, dy = 0.$$

Geht man hingegen in der Curve der andern Schaar vorwärts, und ändern sich die Coordinaten um dx', dy', so hat man

$$\frac{\partial F}{\partial x}\,dx' + \frac{\partial F}{\partial y}\,dy' = 0,$$

oder, was dasselbe ist

$$\frac{\partial \beta}{\partial x}\,dx' + \frac{\partial \beta}{\partial y}\,dy' = 0.$$

Sollen nun die Curven sich überall rechtwinklig durchschneiden, so muss an jeder Stelle sein:

$$\frac{dy}{dx} = -\frac{dx'}{dy'},$$

oder, wenn man die Werthe dieser Verhältnisse den obigen Gleichungen entnimmt, und die entstehende Gleichung ordnet, es muss für alle Werthe von x und y die Gleichung bestehen:

$$(95 \;\ldots\ldots\; \frac{\partial \alpha}{\partial x}\cdot\frac{\partial \beta}{\partial x} + \frac{\partial \alpha}{\partial y}\cdot\frac{\partial \beta}{\partial y} = 0.$$

Ich werde endlich diese Schaaren so gewählt denken, dass eine Curve der ersten Schaar, diejenige für welche α den Werth Null annimmt, mit der Begrenzungscurve des Querschnitts zusammenfalle. Geht man dann von der Peripherie in der Richtung der Normale vorwärts, so bleibt man auf einer Curve der zweiten Schaar, es ändert sich also nur α, nicht aber β, der Differentialquotient nach der Normale fällt mit dem Differentialquotienten nach α zusammen, oder unterscheidet sich von demselben nur durch einen Factor.

Untersuchen wir aber zunächst, welche Form die allgemeinen Bestimmungsgleichungen (69) annehmen, von denen ich die eine:

$$\frac{\partial^2 B_0}{\partial x^2} + \frac{\partial^2 B_0}{\partial y^2} = 0$$

beispielshalber hervorhebe.

Sieht man darin B_0 als eine Function von α und β an, so gewinnt man für die Differentialquotienten nach x und y die Ausdrücke:

$$(96) \ldots\ldots \begin{cases} \dfrac{\partial B_0}{\partial x} = \dfrac{\partial B_0}{\partial \alpha}\cdot\dfrac{\partial \alpha}{\partial x} + \dfrac{\partial B_0}{\partial \beta}\cdot\dfrac{\partial \beta}{\partial x} \\[2ex] \dfrac{\partial B_0}{\partial y} = \dfrac{\partial B_0}{\partial \alpha}\cdot\dfrac{\partial \alpha}{\partial y} + \dfrac{\partial B_0}{\partial \beta}\cdot\dfrac{\partial \beta}{\partial y}. \end{cases}$$

Multiplicirt man aber diese Gleichungen mit $\frac{\partial\alpha}{\partial x}$, $\frac{\partial\alpha}{\partial y}$ und addirt, oder mit $\frac{\partial\beta}{\partial x}$, $\frac{\partial\beta}{\partial y}$ und addirt, so kommt wegen (95):

$$(97)\ldots\ldots\begin{cases}\frac{\partial B_0}{\partial x}\cdot\frac{\partial\alpha}{\partial x}+\frac{\partial B_0}{\partial y}\cdot\frac{\partial\alpha}{\partial y}=\frac{1}{A}\frac{\partial B_0}{\partial\alpha}\\ \frac{\partial B_0}{\partial x}\cdot\frac{\partial\beta}{\partial x}+\frac{\partial B_0}{\partial y}\cdot\frac{\partial\beta}{\partial y}=\frac{1}{B}\frac{\partial B_0}{\partial\beta},\end{cases}$$

wo

$$(98)\ldots\ldots\ldots\begin{cases}\frac{1}{A}=\left(\frac{\partial\alpha}{\partial x}\right)^2+\left(\frac{\partial\alpha}{\partial y}\right)^2\\ \frac{1}{B}=\left(\frac{\partial\beta}{\partial x}\right)^2+\left(\frac{\partial\beta}{\partial y}\right)^2\end{cases}$$

gesetzt worden ist.

Vergleicht man nun die Gleichungen (97), welche von der Natur der Function B_0 ganz unabhängig sein müssen, mit den Gleichungen, welche sich aus den bekannten Regeln der Differentiation ergeben:

$$\frac{\partial B_0}{\partial\alpha}=\frac{\partial B_0}{\partial x}\frac{\partial x}{\partial\alpha}+\frac{\partial B_0}{\partial y}\frac{\partial y}{\partial\alpha}$$

$$\frac{\partial B_0}{\partial\beta}=\frac{\partial B_0}{\partial x}\frac{\partial x}{\partial\beta}+\frac{\partial B_0}{\partial y}\frac{\partial y}{\partial\beta},$$

so folgt durch Gleichsetzung entsprechender Coefficienten:

$$(99)\ldots\ldots\ldots\begin{cases}\frac{\partial x}{\partial\alpha}=A\frac{\partial\alpha}{\partial x},\ \frac{\partial y}{\partial\alpha}=A\frac{\partial\alpha}{\partial y}\\ \frac{\partial x}{\partial\beta}=B\frac{\partial\beta}{\partial x},\ \frac{\partial y}{\partial\beta}=B\frac{\partial\beta}{\partial y};\end{cases}$$

aus welchen sich auch, wenn die Quadrate der in gleicher Horizontale stehenden Gleichungen addirt werden, mit Rücksicht auf 98) die neuen Ausdrücke für A, B ergeben:

$$100)\ldots\ldots\ldots\begin{cases}\left(\frac{\partial x}{\partial\alpha}\right)^2+\left(\frac{\partial y}{\partial\alpha}\right)^2=A\\ \left(\frac{\partial x}{\partial\beta}\right)^2+\left(\frac{\partial y}{\partial\beta}\right)^2=B,\end{cases}$$

aus welchen ferner mit Rücksicht auf (95) sich die Beziehung ergiebt:

$$101) \ldots\ldots\ldots \frac{\partial x}{\partial \alpha}\frac{\partial x}{\partial \beta} + \frac{\partial y}{\partial \alpha}\frac{\partial y}{\partial \beta} = 0.$$

Inzwischen erhält man für die linke Seite der gegebenen Gleichung nach den Regeln der Differentiation, wenn man B_0 durch α und β ausgedrückt denkt:

$$\frac{\partial^2 B_0}{\partial x^2} + \frac{\partial^2 B_0}{\partial y^2} = \frac{\partial^2 B_0}{\partial \alpha^2}\left\{\left(\frac{\partial \alpha}{\partial x}\right)^2 + \left(\frac{\partial \alpha}{\partial y}\right)^2\right\} + \frac{\partial^2 B_0}{\partial \beta^2}\left\{\left(\frac{\partial \beta}{\partial x}\right)^2 + \left(\frac{\partial \beta}{\partial y}\right)^2\right\}$$
$$+ 2\frac{\partial^2 B_0}{\partial \alpha \partial \beta}\left\{\frac{\partial \alpha}{\partial x}\frac{\partial \beta}{\partial x} + \frac{\partial \alpha}{\partial y}\frac{\partial \beta}{\partial y}\right\}$$
$$+ \frac{\partial B_0}{\partial \alpha}\left(\frac{\partial^2 \alpha}{\partial x} + \frac{\partial^2 \alpha}{\partial y^2}\right) + \frac{\partial B_0}{\partial \beta}\left(\frac{\partial^2 \beta}{\partial x^2} + \frac{\partial^2 \beta}{\partial y^2}\right)$$

Von den in dieser Gleichung auftretenden Coefficienten ist der erste gleich $\frac{1}{A}$, der zweite $\frac{1}{B}$, der dritte Null, nur die beiden letzten sind noch zu berechnen. Hierzu führt leicht die Bemerkung, dass die linke Seite dieser Gleichung verschwindet, wenn man darin $B_0 = x$, oder $B_0 = y$ setzt; dies zu thun ist immer erlaubt, da diese Gleichung noch für jede beliebige Function identisch erfüllt werden muss. Und so erhält man folgende beide Gleichungen:

$$0 = \frac{1}{A}\frac{\partial^2 x}{\partial \alpha^2} + \frac{1}{B}\frac{\partial^2 x}{\partial \beta^2}$$
$$+ \frac{\partial x}{\partial \alpha}\left(\frac{\partial^2 \alpha}{\partial x^2} + \frac{\partial^2 \alpha}{\partial y^2}\right) + \frac{\partial x}{\partial \beta}\left(\frac{\partial^2 \beta}{\partial x^2} + \frac{\partial^2 \beta}{\partial y^2}\right)$$
$$0 = \frac{1}{A}\frac{\partial^2 y}{\partial \alpha^2} + \frac{1}{B}\frac{\partial^2 y}{\partial \beta^2}$$
$$+ \frac{\partial y}{\partial \alpha}\left(\frac{\partial^2 \alpha}{\partial x^2} + \frac{\partial^2 \alpha}{\partial y^2}\right) + \frac{\partial y}{\partial \beta}\left(\frac{\partial^2 \beta}{\partial x^2} + \frac{\partial^2 \beta}{\partial y^2}\right).$$

Multiplicirt man die erste derselben mit $\frac{\partial x}{\partial \alpha}$, die zweite mit $\frac{\partial y}{\partial \beta}$ und addirt, oder multiplicirt man die erste mit $\frac{\partial x}{\partial \beta}$, die zweite mit $\frac{\partial y}{\partial \beta}$ und addirt abermals, so erhält man zwei Gleichungen, aus denen wegen 95) jedesmal eine der gesuchten Grössen verschwunden ist:

$$0 = \frac{1}{A}\left(\frac{\partial^2 x}{\partial \alpha^2}\frac{\partial x}{\partial \alpha} + \frac{\partial^2 y}{\partial \alpha^2}\frac{\partial y}{\partial \alpha}\right) + \frac{1}{B}\left(\frac{\partial^2 x}{\partial \beta^2}\frac{\partial x}{\partial \alpha} + \frac{\partial^2 y}{\partial \beta^2}\frac{\partial y}{\partial \alpha}\right)$$
$$+ A\left(\frac{\partial^2 \alpha}{\partial x^2} + \frac{\partial^2 \alpha}{\partial y^2}\right)$$
$$0 = \frac{1}{A}\left(\frac{\partial^2 x}{\partial \alpha^2}\frac{\partial x}{\partial \beta} + \frac{\partial^2 y}{\partial \alpha^2}\frac{\partial y}{\partial \beta}\right) + \frac{1}{B}\left(\frac{\partial^2 x}{\partial \beta^2}\frac{\partial x}{\partial \beta} + \frac{\partial^2 y}{\partial \beta^2}\frac{\partial y}{\partial \beta}\right)$$
$$+ B\left(\frac{\partial^2 \beta}{\partial x^2} + \frac{\partial^2 \beta}{\partial y^2}\right).$$

Differenzirt man indess die Gleichungen (98), (99) nach α und β, so erhält man.

$$\frac{\partial^2 x}{\partial \alpha^2}\frac{\partial x}{\partial \alpha} + \frac{\partial^2 y}{\partial \alpha^2}\frac{\partial y}{\partial \alpha} = \frac{1}{2}\frac{\partial A}{\partial \alpha}$$
$$\frac{\partial^2 x}{\partial \beta^2}\frac{\partial x}{\partial \beta} + \frac{\partial^2 y}{\partial \beta^2}\frac{\partial y}{\partial \beta} = \frac{1}{2}\frac{\partial B}{\partial \beta}$$
$$\frac{\partial^2 x}{\partial \alpha^2}\frac{\partial x}{\partial \beta} + \frac{\partial^2 y}{\partial \alpha^2}\frac{\partial y}{\partial \beta} = -\left(\frac{\partial x}{\partial \alpha}\frac{\partial^2 x}{\partial \alpha\,\partial \beta} + \frac{\partial y}{\partial \alpha}\frac{\partial^2 y}{\partial \alpha\,\partial \beta}\right) = -\frac{1}{2}\frac{\partial A}{\partial \beta}$$
$$\frac{\partial^2 x}{\partial \beta^2}\frac{\partial x}{\partial \alpha} + \frac{\partial^2 y}{\partial \beta^2}\frac{\partial y}{\partial \alpha} = -\left(\frac{\partial x}{\partial \beta}\frac{\partial^2 x}{\partial \alpha\,\partial \beta} + \frac{\partial y}{\partial \beta}\frac{\partial^2 y}{\partial \alpha\,\partial \beta}\right) = -\frac{1}{2}\frac{\partial B}{\partial \alpha},$$

und hiernach gewinnt man aus den obigen Gleichungen folgende Werthe der gesuchten Coefficienten:

$$\frac{\partial^2 \alpha}{\partial x^2} + \frac{\partial^2 \alpha}{\partial y^2} = \frac{1}{2A}\left(\frac{1}{B}\frac{\partial B}{\partial \alpha} - \frac{1}{A}\frac{\partial A}{\partial \alpha}\right)$$
$$\frac{\partial^2 \beta}{\partial x^2} + \frac{\partial^2 \beta}{\partial y^2} = \frac{1}{2B}\left(\frac{1}{A}\frac{\partial A}{\partial \beta} - \frac{1}{B}\frac{\partial B}{\partial \beta}\right).$$

Führt man dies in den oben gefundenen transformirten Ausdruck des linken Theiles der Gleichung für B_0 ein, so nimmt derselbe folgenden Ausdruck an;

$$(102)\quad \frac{\partial^2 B_0}{\partial x^2} + \frac{\partial^2 B_0}{\partial y^2} = \frac{1}{A}\frac{\partial^2 B_0}{\partial \alpha^2} + \frac{1}{B}\frac{\partial^2 B_0}{\partial \beta^2}$$
$$+ \frac{1}{2A}\left(\frac{1}{B}\frac{\partial B}{\partial \alpha} - \frac{1}{A}\frac{\partial A}{\partial \alpha}\right)\frac{\partial B_0}{\partial \alpha}$$
$$+ \frac{1}{2B}\left(\frac{1}{A}\frac{\partial A}{\partial \beta} - \frac{1}{B}\frac{\partial B}{\partial \beta}\right)\frac{\partial B_0}{\partial \beta}$$
$$= \frac{1}{\sqrt{AB}}\left\{\frac{\partial}{\partial \alpha}\left(\sqrt{\frac{B}{A}}\frac{\partial B_0}{\partial \alpha}\right) + \frac{\partial}{\partial \beta}\left(\sqrt{\frac{A}{B}}\frac{\partial B_0}{\partial \beta}\right)\right\}.$$

Man kann das Resultat dieser, in vielen Fällen mit grossem

Nutzen angewandten. Transformationen in folgendem Theorem aussprechen:

Sind α, β zwei Functionen von x, y, welche Constanten gleich gesetzt, Curven darstellen, die einander immer rechtwinklig schneiden, ist ferner

$$A = \left(\frac{\partial x}{\partial \alpha}\right)^2 + \left(\frac{\partial y}{\partial \alpha}\right)^2$$
$$B = \left(\frac{\partial x}{\partial \beta}\right)^2 + \left(\frac{\partial y}{\partial \beta}\right)^2,$$

so kann man die Gleichung

$$\frac{\partial^2 B_0}{\partial x^2} + \frac{\partial^2 B_0}{\partial y^2} = 0,$$

wenn darin α, β als Veränderliche statt x, y eingeführt werden, durch folgende ersetzen:

(103 . . $$\frac{\partial}{\partial\alpha}\left(\sqrt{\frac{B}{A}}\frac{\partial B_0}{\partial\alpha}\right) + \frac{\partial}{\partial\beta}\left(\sqrt{\frac{A}{B}}\frac{\partial B_0}{\partial\beta}\right) = 0.$$

Zur Bildung dieser Gleichung ist in den Gleichungen des Theorems alles Nothwendige angegeben, sobald man sich die Ausdrücke von x und y durch die neuen Veränderlichen α, β als bekannt vorstellt. Die Rechnung wird noch erleichtert, wenn man sich des Ausdrucks für das Linienelement ds bedient, welches in irgend einer Richtung in der Ebene gezogen wird. Man hat offenbar ursprünglich

$$ds^2 = dx^2 + dy^2;$$

dann aber, wenn man die Ausdrücke von dx und dy durch $d\alpha$ und $d\beta$, nämlich die Werthe

$$dx = \frac{\partial x}{\partial\alpha} d\alpha + \frac{\partial x}{\partial\beta} d\beta$$
$$dy = \frac{\partial y}{\partial\alpha} d\alpha + \frac{\partial y}{\partial\beta} d\beta,$$

in diesen Ausdruck einführt, sieht man dass der Coefficient von $d\alpha\, d\beta$ der Gleichung (101) wegen verschwindet, und mit Rücksicht auf die in (100) gegebene Definition von A und B erhält man:

(104) . . . . $ds^2 = A d\alpha^2 + B d\beta^2.$

Es sind also A, B die Coefficienten von $d\alpha^2$, $d\beta^2$ in dem Ausdrucke, welchen das Quadrat des Linienelements annimmt.

Im Frühern war bereits bemerkt worden, dass wenn man von der Peripherie des Querschnitts in normaler Richtung fortgeht, nur α sich ändert, während $d\beta$ verschwindet. Die oben durch ε bezeichnete Strecke, um welche man in dieser Richtung fortschreitet, wird dann also

$$ds = d\alpha \sqrt{A},$$

und demnach hat man

$$(105) \ldots \frac{\partial B_0}{\partial \nu} = \frac{1}{\sqrt{A}} \frac{\partial B_0}{\partial \alpha} = \frac{\partial B_0}{\partial x} \cos p + \frac{\partial B_0}{\partial y} \sin p.$$

Setzt man für $\frac{\partial B_0}{\partial \alpha}$ den ihm gleichen Ausdruck

$$\frac{\partial B_0}{\partial \alpha} = \frac{\partial B_0}{\partial x} \frac{\partial x}{\partial \alpha} + \frac{\partial B_0}{\partial y} \frac{\partial y}{\partial \alpha},$$

so giebt die Vergleichung dieses Ausdrucks mit dem Vorigen die Werthe von $\cos p$ und $\sin p$, ausgedrückt durch die neuen Veränderlichen:

$$(106) \ldots \cos p = \frac{1}{\sqrt{A}} \frac{\partial x}{\partial \alpha}, \quad \sin p = \frac{1}{\sqrt{A}} \frac{\partial y}{\partial \alpha}.$$

Diese Gleichungen, mit 105) zusammen, genügen vollständig, auch die Grenzbedingungen für die Functionen B_0, B_1, B_2 zu bilen.

§ 34. Anwendung der allgemeinen Transformation auf elliptische Begrenzung.

In dem Fall, wo die Begrenzung aus einer Ellipse besteht, ist es sehr leicht Curvensysteme zu finden, welche sich überall rechtwinklig schneiden, und für welche die Begrenzung des Querschnitts Glied einer Curvenschaar wird. Man gelangt zu solchen Systemen durch die Betrachtung von Kegelschnitten, welche gemeinsame Brennpunkte haben. Legen wir durch irgend einen Punkt eine Ellipse und eine Hyperbel, welche die Brennpunkte der gegebenen Ellipse zu Brennpunkten haben, so bilden bekanntlich die Tangenten beider Curven gleiche Winkel mit den nämlichen beiden Geraden, den nach den Brennpunkten gezogenen Strahlen. Beide Curven müssen sich daher senkrecht durchschneiden, und wenn man daher alle nur möglichen Ellipsen und Hyperbeln zieht, welche die nämlichen Brennpunkte haben, so bilden dieselben zwei Schaaren von Curven, welche allen oben geforderten Bedingungen entsprechen.

Alle Gleichungen solcher Kegelschnitte sind aber in der Formel enthalten

$$(107) \quad \ldots\ldots \quad \frac{x^2}{m^2+t} + \frac{y^2}{n^2+t} - 1 = 0.$$

Diese Gleichung stellt in der That Kegelschnitte vor, deren Axen $\sqrt{m^2+t}$, $\sqrt{n^2+t}$ sind, und bei denen also die Entfernung eines Brennpunktes vom gemeinsamen Mittelpunkte den gemeinsamen Werthe $\sqrt{m^2-n^2}$ annimmt. Lassen wir in der Gleichung 107 t alle Werthe von $-n^2$ bis $+\infty$ annehmen ($m^2 > n^2$ vorausgesetzt), so erhalten wir immer Ellipsen; Hyperbeln hingegen, wenn t zwischen $-n^2$ und $-m^2$ variirt. Sehen wir in (107) x und y als gegeben an, so wird die Gleichung quadratisch zur Bestimmung von t, und indem man sie auflöst, erhält man die Werthe von t für die bestimmte Ellipse und Hyperbel, welche durch den Punkt x, y gehen. Man sieht auch leicht, dass wirklich zwei solche Curven existiren. Denkt man sich nämlich t in dem Intervalle $-m^2$ bis $-n^2$ wenig von $-m^2$ entfernt, so überwiegt in der Gleichung 107) das erste Glied, und dies, somit auch der ganze Ausdruck links ist positiv; nähert sich hingegen t dem Werth $-n^2$, so überwiegt das zweite Glied, und ist negativ; somit wird dann auch die ganze linke Seite der Gleichung negativ. Zwischen beiden Werthen muss sich daher ein Werth von t befinden, für welchen der linke Theil gerade Null wird, d. h. eine Wurzel der Gleichung, und es giebt also immer eine durch den Punkt gehende Hyperbel. Liegt ferner t in dem Intervall $-n^2$ bis $+\infty$ nahe an $-n^2$, so überwiegt abermals das zweite Glied, ist aber diesmal positiv und giebt also auch der ganzen linken Seite dasselbe Zeichen, nähert sich hingegen t dem Werthe $+\infty$, so werden beide erste Glieder nahezu Null, und das dritte Glied überwiegt, welches negativ ist. Daher muss die linke Seite der Gleichung für einen zwischen $t = -n^2$ und $t - \infty$ gelegenen Werth von t durch Null gegangen sein; es giebt also auch in diesem Intervall eine Wurzel der Gleichung und eine ihr entsprechende Ellipse, welche durch den gegebenen Punkt geht.

Nennen wir nun α diejenige Wurzel, welche der Ellipse, β diejenige, welche der Hyperbel entspricht. Bringen wir dann den ganzen Ausdruck auf der linken Seite der Gleichung (107) auf gleichen Nenner, wobei der Coefficient von t^2 im Zähler gleich -1 wird, so kann der Zähler, welcher ausserdem für $t=\alpha$ und $t=\beta$ verschwinden muss, nur noch gleich $-(t-\alpha)(t-\beta)$ sein, und man hat daher die für t identische Gleichung:

$$\frac{x^2}{m^2+t}+\frac{y^2}{n^2+t}-1=-\frac{(t-\alpha)(t-\beta)}{(m^2+t)(n^2+t)}.$$

Multiplicirt man diese Gleichung mit m^2+t und setzt dann $t=-m^2$, und multiplicirt ferner mit n^2+t, um dann $t=-n^2$ zu setzen, so erhält man die folgenden einfachen Ausdrücke für x^2 und y^2 durch α und β:

$$(108)\quad\ldots\ldots\ldots\quad \begin{cases} x^2=\dfrac{(m^2+\alpha)(m^2+\beta)}{m^2-n^2} \\[2ex] y^2=\dfrac{(n^2+\alpha)(n^2+\beta)}{n^2-m^2}. \end{cases}$$

Durch Differentation ergiebt sich daraus, wenn man zuvor auf beiden Seiten die Quadratwurzel gezogen:

$$dx=\frac{1}{2\sqrt{m^2-n^2}}\left\{\sqrt{\frac{m^2+\beta}{m^2+\alpha}}\,d\alpha+\sqrt{\frac{m^2+\alpha}{m^2+\beta}}\,d\beta\right\}$$

$$dy=\frac{1}{2\sqrt{n^2-m^2}}\left\{\sqrt{\frac{n^2+\beta}{n^2+\alpha}}\,d\alpha+\sqrt{\frac{n^2+\alpha}{n^2+\beta}}\,d\beta\right\};$$

sodann aber, indem man die Quadrate beider Gleichungen addirt und so das Quadrat des Linienelementes bildet, kommt nach kleinen Reductionen:

$$ds^2=\frac{\alpha-\beta}{4}\left\{\frac{d\alpha^2}{(m^2+\alpha)(n^2+\alpha)}-\frac{d\beta^2}{(m^2+\beta)(n^2+\beta)}\right\}.$$

Hier hat man bereits die Ausdrücke A, B gefunden, welche zur Bildung der transformirten Differentialgleichung nothwendig sind; es sind die Coefficienten von $d\alpha^2$, $d\beta^2$:

$$A=\frac{\alpha-\beta}{4}\cdot\frac{1}{(m^2+\alpha)(n^2+\alpha)}$$

$$B=-\frac{\alpha-\beta}{4}\cdot\frac{1}{(m^2+\beta)(n^2+\beta)}.$$

Die transformirte Differentialgleichung (103) ist also:

$$109) \ldots 0 = \frac{\partial}{\partial\alpha}\left\{\sqrt{-\frac{(m^2+\alpha)(n^2+\alpha)}{(m^2+\beta)(n^2+\beta}}\,\frac{\partial B_0}{\partial\alpha}\right\} + \frac{\partial}{\partial\beta}\left\{\sqrt{-\frac{(m^2+\beta)(n^2+\beta)}{(m^2+\alpha)(n^2+\alpha)}}\,\frac{\partial B_0}{\partial\beta}\right\}.$$

Die Gleichung vereinfacht sich noch mehr, wenn man statt der Veränderlichen α, β die beiden folgenden einführt:

$$\alpha' = \int_{-n^2}^{\alpha}\frac{d\alpha}{\sqrt{(m^2+\alpha)(n^2+\alpha)}}$$

$$\beta' = \int_{-m^2}^{\beta}\frac{d\beta}{\sqrt{-(m^2+\beta)(n^2+\beta)}};$$

denn alsdann wird

$$(110) \ldots\ldots \begin{cases} d\alpha' = \dfrac{d\alpha}{\sqrt{(m^2+\alpha)\ n^2+\alpha)}} \\ d\beta' = \dfrac{d\beta}{\sqrt{-(m^2+\alpha)(n^2+\beta)}}, \end{cases}$$

und daher auch

$$\sqrt{(m^2+\alpha)(n^2+\alpha)}\,\frac{\partial B_0}{\partial\alpha} = \frac{\partial B_0}{\partial\alpha'}$$

$$\sqrt{-(m^2+\beta)(n^2+\beta)}\,\frac{\partial B_0}{\partial\beta} = \frac{\partial B_0}{\partial\beta'},$$

endlich aber die transformirte Differentialgleichung selbst:

$$111) \ldots\ldots\ldots \frac{\partial^2 B_0}{\partial\alpha'^2} + \frac{\partial^2 B_0}{\partial\beta'^2} = 0,$$

was genau wieder die ursprüngliche Form ist.

§. 35. Anwendung auf einen Hohlcylinder, dessen Querschnitt von zwei confocalen Ellipsen begrenzt wird.

Diese Formeln sollen nun auf den Fall angewandt werden, wo der Querschnitt durch zwei confocale Ellipsen:

$$\frac{x^2}{m^2+\alpha_1} + \frac{y^2}{n^2+\alpha_1} = 1$$

$$\frac{x^2}{m^2+\alpha_0} + \frac{y^2}{n^2+\alpha_0} = 1$$

begrenzt ist; dergestalt, dass auf allen Punkten der ausseren Peripherie die Veränderliche α den constanten Werth α_1, auf allen Punkten der innern den constanten Werth α_0 annimmt. Wenn ich mich dabei auf die Bestimmung der Function B_0 beschränke, so geschieht dies einerseits, weil die Functionen B_1, B_2 auf die Endformeln einen geringeren Einfluss haben, andrerseits wird man an der Bestimmung von B_0 die Methode hinlänglich erkennen, welche in ganz ähnlicher Weise auch zur Auffindnng der andern Functionen führt.

Untersuchen wir zunächst die Grenzbedingungen. Wenn man auf die Gleichungen (93) zurückgeht, in denselben $\frac{\partial B_0}{\partial \nu}$, $\cos p$, $\sin p$ aus 105, (106), einführt, und endlich die darin vorkommenden Werthe von x, y aus (108 entnimmt, so geht die Grenzbedingung für B_0 in die Form über:

$$112) \ldots\ldots \frac{\partial B_0}{\partial \alpha} = \frac{1}{2} \frac{\sqrt{-(m^2+\beta)(n^2+\beta)}}{\sqrt{(m^2+\alpha)(n^2+\alpha)}}.$$

Diese Gleichung muss für $\alpha = \alpha_1$ und für $\alpha = \alpha_0$ erfullt sein. Da nun durch die Einführung dieser Werthe der Werth von β in keiner Weise beschränkt wird — die Gleichung muss für jeden Punkt erfüllt sein, wo eine Hyperbel β die Ellipsen α_0 und α_1 schneidet —, so liegt die Vermuthung nahe, dass man setzen könne:

$$(113) \ldots\ldots B_0 = K \cdot \sqrt{-(m^2+\beta)(n^2+\beta)},$$

wo K eine Function von α allein ist. Alsdann geht die Gleichung (112) in die von β völlig freie Gleichung

$$(114) \ldots\ldots \frac{\partial K}{\partial \alpha} = \frac{1}{2\sqrt{(m^2+\alpha)(n^2+\alpha)}}$$

über, welche, $\alpha = \alpha_0$ oder $\alpha = \alpha_1$ gesetzt, eine blosse Beziehung zwischen Constanten angiebt.

Es ist nur fraglich, ob der Ausdruck (113) auch der allgemeinen Gleichung gemäss sei, welche durch die Function B_0 an je dem Punkte des Querschnitts befriedigt werden muss, und welche nach (109) für die Veränderlichen α, β die folgende Gestaltan nimmt:

$$0 = \frac{\partial}{\partial \alpha}\left\{\sqrt{-\frac{(m^2+\alpha)(n^2+\alpha)}{(m^2+\beta)(n^2+\beta)}}\frac{\partial B_0}{\partial \alpha}\right\} + \frac{\partial}{\partial \beta}\left\{\sqrt{-\frac{(m^2+\beta)(n^2+\beta)}{(m^2+\alpha)(n^2+\alpha)}}\frac{\partial B_0}{\partial \beta}\right\}.$$

Führt man nun hier versuchsweise für B_0 den Ausdruck (113 ein, so zeigt sich, dass jene Form wirklich eine mögliche Lösung der vorliegenden Gleichung involvirt, denn indem β aus der Gleichung ganz verschwindet, bleibt für K die Gleichung übrig, welche dasselbe als Function von α definirt:

$$0 = \sqrt{(m^2+\alpha)(n^2+\alpha)} \cdot \frac{d}{d\alpha}\left(\sqrt{(m^2+\alpha)(n^2+\alpha} \cdot \frac{dK}{d\alpha}\right) - K.$$

Man vereinfacht diese Gleichung, indem man die im vorigen § bereits benutzte Grösse

$$\alpha' = \int_0^\alpha \frac{d\alpha}{\sqrt{m^2+\alpha)(n^2+\alpha)}} = 2 \log \frac{\sqrt{m^2+\alpha} + \sqrt{n^2+\alpha}}{\sqrt{m^2-n^2}}$$

statt α als Veränderliche einführt. Denn da sonach

$$d\alpha' = \frac{d\alpha}{\sqrt{m^2+\alpha\; n^2+\alpha)}},$$

so geht die obige Gleichung in die sehr einfache und bekannte Form über:

$$\frac{d^2K}{d\alpha'^2} - K = 0,$$

eine Gleichung, welcher, wie man sich leicht überzeugt, genügt wird durch die Annahme:

$$K = Me^{\alpha'} + Ne^{-\alpha'},$$

wo M, N willkürliche Constanten bedeuten.

Bezeichnet man nun durch α_1', α_0' die Werthe von α', welche den Werthen α_1, α_0 von α entsprechen, so kann man die Bedingungsgleichung (114) auch in der Form darstellen:

$$\frac{dK}{d\alpha'} = \tfrac{1}{2},$$

oder wenn man den Werth von K und die Werthe von α' für beide Grenzcurven einsetzt:

$$Me^{\alpha_1'} - Ne^{-\alpha_1'} = \tfrac{1}{2}$$
$$Me^{\alpha_0'} - Ne^{-\alpha_0'} = \tfrac{1}{2}.$$

Aus diesen Gleichungen bestimmen sich die Constanten M und N; und zwar wird:

$$M = \tfrac{1}{2} \frac{e^{-\alpha_0'} - e^{-\alpha_1'}}{e^{\alpha_1' - \alpha_0'} - e^{\alpha_0' - \alpha_1'}}$$

$$N = \tfrac{1}{2} \frac{e^{\alpha_0'} - e^{\alpha_1'}}{e^{\alpha_1' - \alpha_0'} - e^{\alpha_0' - \alpha_1'}}.$$

Setzt man dies in den Ausdruck von K, so erhält man:

$$K = \tfrac{1}{2} \frac{\left(e^{(\alpha' - \alpha_0')} + e^{-(\alpha' - \alpha_0')}\right) - \left(e^{(\alpha' - \alpha_1')} + e^{-(\alpha' - \alpha_1')}\right)}{e^{(\alpha_1' - \alpha_0')} - e^{-(\alpha_1' - \alpha_0')}}.$$

Führt man endlich für α', α_1', α_0' ihre Werthe ein:

$$\alpha' = 2 \log \frac{\sqrt{m^2 + \alpha} + \sqrt{n^2 + \alpha}}{\sqrt{m^2 - n^2}}, \quad \alpha_1' = 2 \log \frac{\sqrt{m^2 + \alpha_1} + \sqrt{n^2 + \alpha_1}}{\sqrt{m^2 - n^2}},$$

$$\alpha_0' = 2 \log \frac{\sqrt{m^2 + \alpha_0} + \sqrt{n^2 + \alpha_0}}{\sqrt{m^2 - n^2}},$$

so wird:

$$e^{\alpha' - \alpha_0'} = \left(\frac{\sqrt{m^2 + \alpha} + \sqrt{n^2 + \alpha}}{\sqrt{m^2 + \alpha_0} + \sqrt{n^2 + \alpha_0}}\right)^2$$

$$e^{\alpha' - \alpha_1'} = \left(\frac{\sqrt{m^2 + \alpha} + \sqrt{n^2 + \alpha}}{\sqrt{m^2 + \alpha_1} + \sqrt{n^2 + \alpha_1}}\right)^2$$

$$e^{\alpha_1' - \alpha_0'} = \left(\frac{\sqrt{m^2 + \alpha_1} + \sqrt{n^2 + \alpha_1}}{\sqrt{m^2 + \alpha_0} + \sqrt{n^2 + \alpha_0}}\right)^2,$$

und endlich, nach einigen kleinen Reductionen:

$$(115). \quad K - \tfrac{1}{2} . \frac{(\sqrt{m^2+\alpha}+\sqrt{n^2+\alpha})^4 - (\sqrt{m^2+\alpha_1}+\sqrt{n^2+\alpha_1})^2 (\sqrt{m^2+\alpha_0}+\sqrt{n^2+\alpha_0})^2}{(\sqrt{m^2+\alpha}+\sqrt{n^2+\alpha})^2 \left\{(\sqrt{m^2+\alpha_1}+\sqrt{n^2+\alpha_1})^2 + (\sqrt{m^2+\alpha_0}+\sqrt{n^2+\alpha_0})^2\right\}}.$$

Setzt man also

$$B_0 = K . \sqrt{-(m^2 + \beta)(n^2 + \beta)},$$

so ist allen Bedingungen der Aufgabe genügt. Man kann zu diesem Werthe noch eine willkürliche Constante addiren, welche aber, da B_0 wie Ω nur in w, und dort mit der willkürlichen Constante c verbunden, auftritt, auch ausgelassen werden kann, ohne die Allgemeinheit zu beeinträchtigen.

Bilden wir jetzt das Integral

$$J = \int \left(x \frac{\partial B_0}{\partial y} - y \frac{\partial B_0}{\partial x} \right) dq$$

von dessen Kenntniss die Bestimmung des Torsionswinkels abhängt. Um den Werth dieses Integrals zu finden, integrire ich den ersten Theil, nachdem das Rechteck $dx\,dy$ an die Stelle von dq gesetzt ist, über einen der YAxe parallelen Streifen von der Breite dx, dessen Endpunkte, so wie die ihnen entsprechenden Functionswerthe durch die Indices 1,0 bezeichnet sein sollen, wenn der Streifen die Fläche nur einfach durchschneidet, durchschneidet er aber die ringförmige Fläche zweimal, so mögen die Endpunkte des einen Theils durch 0′,0 die des andern durch 1,1′ bezeichnet sein, so dass die Punkte 1,0 stets der äussern, 1′,0′ dem innern Rande angehören. Für die Streifen der ersten Art giebt dann das Integral des ersten Gliedes von B_0:

$$\int \left\{ x B_{0\,1} - (x B_{0\,0}) \right\} dx,$$

und dies Integral bezieht sich dann noch auf alle Streifen, welche die Fläche nur einmal schneiden. Die Streifen andrer Art hingegen geben

$$\int \left\{ (x B_0)_1 - (x B_0)_{1'} + (x B_0)_{0'} - (x B_{0\,0}) \right\} dx.$$

Nehmen wir das erste und vierte Glied mit dem vorigen Integral zusammen, so kann man schreiben:

$$\iint x \frac{\partial B_0}{\partial y} dx\,dy = \int \left\{ (x B_0)_1 - (x B_{0\,0}) \right\} dx - \int \left\{ x B_{0\,1'} \quad (x B_{0\,0'}) \right\} dx$$

wo sich das erste Integral jetzt auf die Endpunktspaare sämmtlicher Streifen bezieht, welche sich der YAxe parallel durch die äussere, das zweite auf sämmtliche Streifen, welche sich durch die innere Ellipse legen lassen.

Sind nun ds_1, ds_0 Elemente, in denen ein Streifen die äussere Ellipse schneidet, p_1, p_0 die Winkel ihrer nach aussen gerichteten Normalen gegen die Axen, sind ebenso ds_1', ds_0' die entsprechenden Elemente der innern Ellipse, p_1', p_0' die Winkel ihrer ins Innere des Körpers gerichteten Normalen gegen die XAxe, so hat man, wie immer:

$$dx = ds_1 \sin p_1 = -ds_0 \sin p_0$$
$$dx' = ds_1' \sin p_1' = -ds_0' \sin p_0',$$

und daher, wenn man die Integrale nicht mehr auf die sämmtlichen Streifen, sondern auf alle Bogenelemente der betreffenden Ellipsen ausdehnt:

$$\iint x\,\frac{\partial B_0}{\partial y}\,dx\,dy = \int x\,B_0\,\sin p\,ds - \int x\,B_0\,\sin p'\,ds',$$

wo ds, ds' jetzt als Repräsentanten respective von ds_1, ds_0 und von ds_1', ds_0' gesetzt sind.

Ganz ebenso wird

$$\iint y\,\frac{\partial B_0}{\partial y}\,dx\,dy = \int y\,B_0\,\cos p\,ds - \int y\,B_0\,\cos p'\,ds';$$

und also endlich:

$$J = \int B_0\,(x\,\sin p - y\,\cos p)\,ds - \int B_0\,(x\,\sin p' - y\,\cos p'\,ds'.$$

Gehen wir nun auf die Formeln (104, (106) des § 33 zurück. Da das Element ds einer Ellipse angehört, auf welcher α einen constanten Werth hat, so ist nach (104), indem $d\alpha$ gleich Null wird, das Bogenelement.

$$ds = d\beta\,\sqrt{B},$$

wo nur im ersten Integral α_1 für α, im zweiten α_0 für α zu setzen ist. Nehmen wir aus (106) die Werthe von $\cos p$, $\sin p$ hinzu, so wird der erste Theil von J:

$$\int B_0\,(x\,\sin p - y\,\cos p)\,\partial s = \int B_0 \sqrt{\frac{B}{A}}\left(x\,\frac{\partial y}{\partial \alpha} - y\,\frac{\partial x}{\partial \alpha}\right) d\beta,$$

darin $\alpha = \alpha_1$ gesetzt; der zweite Theil nimmt dieselbe Form an, und es ist nur $\alpha = \alpha_0$ zu setzen.

Die Integrale sind über alle Werthe auszudehnen, welche β annehmen kann, d. h. über alle Ellipsenelemente die durch die verschiedenen möglichen Hyperbeln abgeschnitten werden. Inzwischen schneiden schon einen einzigen Quadranten der Ellipse sämmtliche Hyperbeln; ertheilt man daher der Grösse β alle ihr zukommenden Werthe (nach § 34 zwischen $-m^2$ und $-n^2$ befindlich), so erhält man das Integral nur über einen Quadranten ausgedehnt, und man muss also das Integral rechts, nachdem man die Grenzen $-m^2$, $-n^2$ eingeführt hat, noch mit 4 multipliciren um alle Quadranten der Ellipse zu berücksichtigen. Führt man zugleich den Werth von B_0, und aus (108) und den folgenden

Gleichungen die Werthe von x, y, A, B ein, so erhält man endlich folgendes Integral:

$$J = 2 \left\{(K)_1 - (K)_0\right\} \int_{-m^2}^{-n^2} \sqrt{-(m^2+\beta)(n^2+\beta)}\, d\beta,$$

wo $(K)_1$, $(K)_0$ die Werthe der Function K für $\alpha = \alpha_1$ und $\alpha = \alpha_0$ bedeuten. Nun findet sich aus (115)

$$(K)_1 = -(K)_0 = \frac{1}{2} \frac{(\sqrt{m^2+\alpha_1}+\sqrt{n^2+\alpha_1})^2 - (\sqrt{m^2+\alpha_0}+\sqrt{n^2+\alpha_0})^2}{(\sqrt{m^2+\alpha_1}+\sqrt{n^2+\alpha_1})^2 + (\sqrt{m^2+\alpha_0}+\sqrt{n^2+\alpha_0})^2};$$

und zugleich wird, wenn man

$$\beta = -m^2 \cos^2\varphi - n^2 \sin^2\varphi$$

setzt:

$$\int_{-m^2}^{-n^2} \sqrt{-(m^2+\beta)(n^2+\beta)}\, d\beta = 2(m^2-n^2)^2 \int_0^{\frac{\pi}{2}} \sin^2\varphi \cos^2\varphi\, d\varphi$$

$$= \frac{(m^2-n^2)^2\, \pi}{8},$$

so dass endlich

$$J = \frac{(m^2-n^2)^2}{8} \cdot \frac{(\sqrt{m^2+\alpha_1}+\sqrt{n^2+\alpha_1})^2 - (\sqrt{m^2+\alpha_0}+\sqrt{n^2+\alpha_0})^2}{(\sqrt{m^2+\alpha_1}+\sqrt{n^2+\alpha_1})^2 + (\sqrt{m^2+\alpha_0}+\sqrt{n^2+\alpha_0})^2}.$$

Die Trägheitsmomente $\lambda^2 q$, $\varkappa^2 q$ erhält man leicht, wenn man sie als die Differenzen der Trägheitsmomente voller Ellipsen betrachtet. Da wie oben erwähnt wurde, für eine volle Ellipse von den Axen m, n die Grössen λ, $\varkappa$ die Werthe $\frac{m}{2}$, $\frac{n}{2}$ haben, so sind die Trägheitsmomente $\lambda^2 q$ und $\varkappa^2 q$:

$$\frac{m^3 n}{4}\pi, \quad \frac{m n^3}{4}\pi;$$

in dem vorliegenden Fall also, wo die Axen der äussern Ellipse $\sqrt{m^2+\alpha_1}$, $\sqrt{n^2+\alpha_1}$, die der innern $\sqrt{m^2+\alpha_0}$, $\sqrt{n^2+\alpha_0}$ sind, hat man als Differenz der entsprechenden Trägheitsmomente:

$$\lambda^2 q = \frac{\pi}{4} \left\{\sqrt{(m^2+\alpha_1)^3}\, \sqrt{n^2+\alpha_1} - \sqrt{(m^2+\alpha_0)^3}\, \sqrt{n^2+\alpha_0}\right\}$$

$$\varkappa^2 q = \frac{\pi}{4} \left\{\sqrt{(m^2+\alpha_1)^3}\, \sqrt{n^2+\alpha_1} - \sqrt{(m^2+\alpha_0)^3}\, \sqrt{n^2+\alpha_0}\right\},$$

welches dann die Trägheitsmomente der Ringfigur sind.

Nehmen wir alles zusammen, so drückt sich der Torsionswinkel φ durch das Drehungsmoment C' mittels folgender Formel aus:

$$\varphi = b_0 l = -\frac{2(1+\mu)C'l}{E\left\{(\varkappa^2+\lambda^2)q - \int\left(x\frac{\partial B_0}{\partial y} - y\frac{\partial B_0}{\partial x}\right)dq\right\}}$$

$$= -\frac{8(1+\mu)C'l}{E\pi\left\{m_1 n_1(m_1^2+n_1^2) - m_0 n_0(m_0^2+n_0^2) - \frac{(m^2-n^2)^2}{2}\cdot\frac{(m_1+n_1)^2-(m_0+n_0)^2}{(m_1+n_1)^2+(m_0+n_0)^2}\right\}}$$

wo der Kürze wegen m_1 n_1 für die Axen der äussern, m_0, n_0 für die der innern Ellipse gesetzt sind, so dass:

$$m_1 = \sqrt{m^2+\alpha_1} \qquad n_1 = \sqrt{n^2+\alpha_1}$$
$$m_0 = \sqrt{m^2+\alpha_0} \qquad n_0 = \sqrt{n^2+\alpha_0}.$$

§ 36. Untersuchung des Elasticitätsellipsoides.

Es sollen jetzt die Spannungen näher untersucht werden, welche im Innern der bisher betrachteten Körper herrschen. Gehen wir zu diesem Zweck auf die Untersuchungen des § 6 zurück, welche an das Elasticitätsellipsoid anknüpfen. Wenn wir für irgend einen Punkt des Körpers die Richtung und Grösse der Hauptspannungen suchen, so wird die letztere aus der cubischen Gleichung (7) bestimmt, die zugehörigen Richtungen aber ergeben sich aus den Formeln (8). Inzwischen tritt in dem vorliegenden Falle die besondere Vereinfachung auf, dass für jeden Punkt die Spannungen t_{11}, t_{12}, t_{22} verschwinden. Hierdurch reducirt sich die cubische Gleichung auf:

$$T^3 - t_{33}\,T^2 - (t^2_{13} + t^2_{23})\,T = 0.$$

Dieselbe enthält, wie man sieht, den Factor T, also die Wurzel $T = 0$, welche den a. a. O. eingeführten Bezeichnungen gemäss durch T''' bezeichnet sein mag. Es tritt also hier der im § 9 behandelte besondere Fall ein, in welchem durch das Verschwinden einer Axe das Elasticitätsellipsoid sich auf eine Ellipse reducirt. Die Ebene dieser Ellipse, oder vielmehr die Richtung der Normale dieser Ebene findet man aus (8), indem man darin den Werth $T = T''' = 0$ einführt. Die zugehörigen Werthe von p, q, r seien p''', q''', r'''; dann ist zunächst

$$\cos r''' = 0,$$

d. h. die Normale der Ebene steht auf der ZAxe senkrecht, die Ebene der Ellipse geht der Axe des Cylinders parallel. Da $\cos r''' = 0$, so ist $\cos q''' = \sin p'''$, und $(p''' - 90^0)$ bezeichnet den Winkel, welchen die Ebene der Ellipse gegen die XZEbene bildet. Die übrig bleibenden Gleichungen (8) werden sonach:

$$m \cos^2 p''' = - t^2_{23}$$
$$m \sin^2 p''' = - t^2_{13}$$
$$m \sin p''' \cos p''' = t_{13}\, t_{23},$$

Gleichungen, welche man in die eine Gleichung

$$tg\, p''' = - \frac{t_{13}}{t_{23}}$$

zusammenfassen kann. Demnach ist auch

$$tg\, (p''' - 90^0) = \frac{t_{23}}{t_{13}}.$$

Diese Formel, welche den Winkel der Ellipsenebene gegen die XZEbene bestimmt, ist einer sehr einfachen geometrischen Deutung fähig, Trägt man von dem betrachteten Punkte aus die Kräfte t_{13}, t_{23} in ihrer eignen Richtung an, d. h. parallel der X und YAxe, so bildet die Resultirende $\sqrt{t^2_{13} + t^2_{23}}$ beider Kräfte den Winkel $p''' - 90^0$ gegen die XAxe; die Ebene der Ellipse ist also durch diese Resultirende und die Richtung der Cylinderaxe bestimmt.

Die beiden andern Hauptspannungen T', T'' sind nun noch die Wurzeln der quadratischen Gleichung

$$T^2 - t_{33}\, T - (t_{13}^2 + t_{23}^2) = 0,$$

so dass

$$T' = \frac{t_{33}}{2} + \sqrt{t_{13}^2 + t_{23}^2 + \frac{t_{33}^2}{4}}$$
$$T'' = \frac{t_{33}}{2} - \sqrt{t_{13}^2 + t_{23}^2 + \frac{t_{33}^2}{4}}.$$

Man bemerkt zunächst, dass diese beiden Grössen immer entgegengesetztes Zeichen haben, weil die Wurzelgrösse grösser ist als der absolute Werth von $\frac{t_{33}}{2}$, und somit das Vorzeichen der Wurzel immer das Zeichen der Hauptspannung bestimmt. Es findet sonach immer in einer Hauptrichtung ein Zug (T'), in der andern ein Druck (T'') statt. Ist t_{33} positiv, d. h. wird die betrachtete Stelle in der Längsrichtung gezogen, so ist immer die positive Wurzel grösser, und also die grösste Hauptspannung ebenfalls eine Zugkraft; ist hingegen t_{33} negativ, also die betrachtete Stelle in der Längsrichtung gedrückt, so ist die negative Wurzel die grössere, die grösste Hauptspannung wird ein **Druck**; im ersten Fall ist der Körper an der betrachteten Stelle der Gefahr des Zerreissens, im zweiten Fall der Gefahr des Zerdrückens ausgesetzt.

Bestimmen wir jetzt die Richtungen von T' und T''. Aus (8) fliessen, wenn T nicht Null ist, mit Hülfe der quadratischen Gleichung für T die Formeln:

$$m\cos^2 p = T^2 - Tt_{33} - t_{23}^2 = t_{13}^2; \quad m\cos q\cos r = t_{23}\,T$$
$$m\cos^2 q = T^2 - Tt_{33} - t_{13}^2 = t_{23}^2; \quad m\cos r\cos p = t_{13}\,T$$
$$m\cos^2 r = T^2; \quad m\cos p\cos q = t_{13}\,t_{23}.$$

Aus der ersten Gleichung folgt, da die Summe der Cosinusquadrate 1 ist,

$$m = t_{13}^2 + t_{23}^2 + T^2,$$

und sämmtliche obigen Gleichungen werden befriedigt, wenn man setzt:

$$\cos p = \frac{t_{13}}{\sqrt{t_{13}^2 + t_{23}^2 + T^2}}$$
$$\cos q = \frac{t_{23}}{\sqrt{t_{13}^2 + t_{23}^2 + T^2}}$$
$$\cos r = \frac{T}{\sqrt{t_{13}^2 + t_{23}^2 + T^2}}.$$

Diese Gleichungen bestimmen die Richtungen von T' oder T'', jenachdem man darin eine oder die andere dieser Grössen an Stelle von T einführt. Sie sind ebenfalls einer einfachen geometrischen Deutung fähig. Denkt man sich neben den oben bereits verwendeten Kräften t_{13}, t_{23} auch noch die betreffende Spannung T, und zwar letztere in Richtung der ZAxe aufgetragen, und setzt diese drei Kräfte zu einer einzigen Resultirenden zusammen, so giebt die Richtung derselben die **Richtung** von T an. In der That wird die Grösse jener Resultirenden

$$m = \sqrt{t_{13}^2 + t_{23}^2 + T^2},$$

und da t_{13}, t_{23}, T die Projectionen dieser Resultirenden auf die Coordinatenaxen sind, so werden die Cosinus ihrer Richtung gegen die Axen:

$$\frac{t_{13}}{m}, \quad \frac{t_{23}}{m}, \quad \frac{T}{m},$$

d. h., nach den obigen Formeln, es bildet die Resultirende die Winkel p, q, r gegen die Axen, und bezeichnet also die Richtung der Kraft T.

Die beiden Spannungen T', T'' bezeichnen durch Grösse und Richtung zugleich die Hauptaxen der Ellipse, in welche das Elasticitätsellipsoid übergeht, wodurch die Ellipse denn vollständig bestimmt ist. Man fasst aber die obigen zu ihrer Berechnung gegebenen Formeln leicht in die folgende Construction zusammen, welche sich ohne Mühe beweisen lässt:

Durch den betrachteten Punkt O ziehe man drei Gerade den Coordinatenaxen parallel, und schneide auf denselben die Strecken $OX = t_{13}$, $OY = t_{23}$, $OZ = t_{33}$ ab, so dass diese Strecken der Grösse und Richtung nach die auf den Querschnitt wirkenden Spannungscomponenten repräsentiren. Man setze dann aus OX und OY die Resultirende OE zusammen, und beschreibe in der Ebene EOZ von der Mitte M der Strecke OZ als Mittelpunkt einen Kreis, welcher durch E geht. Er schneidet auf der ZAxe die Strecken OA, OB ab; diese Strecken stellen die Grössen der Hauptspannungen dar, und zwar die nach der positiven Richtung der ZAxe liegende Strecke einen Zug, die entgegengesetzt liegende einen Druck. In A, B ziehe man Tangenten an den Kreis, welche eine durch E parallel der ZAxe gelegte Gerade in C und D treffe. Es giebt dann OC die Richtung derjenigen Hauptspannung an, deren Grösse OA ist, OD die Richtung derjenigen, deren Grösse OB ist. Trägt man auf jenen Richtungen diese Grössen auf, so bilden die erhaltenen Strecken der Grösse und Richtung nach die Hauptaxen der Ellipse, in welche das Elasticitätsellipsoid übergeht.

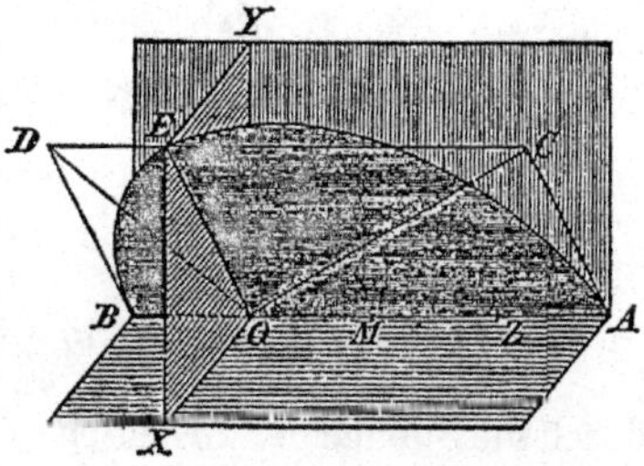

Bemerkenswerth ist der Fall, wo die Componente t_{33} verschwindet, wo also an der betrachteten Stelle keine Längsspannung existirt. Alsdann fällt O und Z mit M zusammen: die Hauptspannungen, Druck und Zug werden dann gleich, und die Ellipse geht in einen Kreis über. Da

$$t_{33} = E(a + a_1 x + a_2 y) + z(b_1 x + b_2 y),$$

so liegen alle Punkte, für welche dies eintritt, auf der Fläche zweiter Ordnung

$$(a + a_1 x + a_2 y) + z(b_1 x + b_2 y) = 0.$$

Bemerken wir, dass diese Gleichung in die einer Ebene übergeht, wenn man z constant setzt; mit andern Worten: jeder Querschnitt ($z =$ Const.) schneidet diese Fläche in einer Geraden, durch welche eben auch jene Ebene hindurchgeht. Die Fläche ist sonach ein hyberbolisches Paraboloid, dessen Erzeugende den Querschnitten parallel, oder senkrecht zur Cylinderaxe sind. Nur wenn Torsion allein auftritt, wo t_{33} absolut Null ist, haben nicht Punkte einer bestimmten Fläche, sondern alle Punkte des Körpers jene Eigenschaft. Bei blosser Ausdehnung hingegen, wo t_{33} constant wird, kommen Punkte solcher Art überhaupt nicht vor.

§ 37. Grenzen für die Grösse der äussern Kräfte.

Die grösste Spannung in jedem Punkte wird, wie man sieht, durch die Summe der absoluten Werthe von $\frac{t_{33}}{2}$ und $\sqrt{t_{13}^2 + t_{23}^2 + \frac{t_{33}^2}{2}}$ dargestellt. Um nun die Grenzen festzustellen, innerhalb deren die äussern Kräfte bleiben müssen, hat man nur den grössten Werth festzustellen, welchen diese Summe annehmen kann, und dafür zu sorgen, dass dieser grösste Werth die vorgeschriebene Maximalspannung, welche durch T bezeichnet sein mag nicht überschreite. Was nun die am stärksten angegriffene Stelle betrifft, so ist wenigstens das eine leicht zu übersehen, dass nämlich dieselbe nur in einem der Endquerschnitte liegen kann. Dies folgt daraus, dass t_{13}, t_{23} die Coordinate z überhaupt nicht enthalten, t_{33} aber nur in der ersten Potenz. Längs jeder einzelnen Faser tritt also der grösste Werth jener Summe ein, wo t_{33} seinen grössten Werth annimmt; indess da t_{33} von der Form $p + qz$ ist, kann dies nur bei dem grössten oder kleinsten Werthe von z

eintreten, d. h. in einem der Endquerschnitte. Die am stärksten angegriffene Stelle liegt daher jedenfalls in einer der Endflächen; wo sie aber in derselben liegt, hängt noch von der Function Ω, also von der Gestalt des Querschnitts ab.

Nur diejenigen Fälle machen eine Ausnahme, wo b_1 und b_2 verschwinden; dies tritt immer dann ein, wenn A und B verschwinden, wenn also die Resultirende der äussern Kräfte auf die freie Endfläche senkrecht wirkt. In diesem Fall, welcher noch Ausdehnung, Torsion und Biegung durch blosse Kräftepaare umfassen kann, ergiebt sich t_{33} als unabhängig von z. Es wird also dann jede Faser in ihrer ganzen Länge gleichförmig gespannt, und man kann zwar noch von einer am stärksten gespannten Faser, nicht aber von einer am stärksten angegriffenen Stelle sprechen. Die Ueberschreitung der Elasticitätsgrenze ist alsdann für alle Punkte der am stärksten gespannten Faser gleich wahrscheinlich.

Mit dem Umstande, dass nur t_{33} die Coordinate z enthält, hängt aufs genaueste zusammen, dass nur in den Ausdrücken von t_{33} die Länge l des Stabes auftritt. Ja, nur die von der Biegung durch Kräfte herrührenden Theile dieser Spannung enthalten die Grösse l; so tritt sie in den Formeln (89) auf, wo man sofort erkennt, dass bei $z = 0$ der gefährliche Querschnitt eintritt. Nun ist aber im Allgemeinen l sehr gross gegen die Querdimensionen, von denen die andern Spannungen allein abhängen. Also ist jedenfalls bei solcher Biegung t_{33} vorherrschend; bei der Ausdehnung tritt es vollends allein auf. Ist also nur das Torsionsmoment C' nicht überwiegend gross, oder findet etwa Biegung hauptsächlich durch Kräftepaare statt, sind also die Drehungsmomente nicht sehr gross gegen die senkrecht gegen die Stabaxe wirkenden Kräfte, so überwiegt wenigstens in den äussern Fasern des gefährlichen Querschnitts t_{33} so bedeutend, dass man die Hauptspannung T in diesen Punkten mit grosser Annäherung durch t_{33} ersetzen kann. Und alsdann ist es sehr leicht, die Lage der am stärksten angegriffenen Stelle zu bestimmen.

Man erhält nämlich dann aus den allgemeinen Formeln (65), wenn man darin nur b verschwinden lässt, die übrigen Constanten aber durch die äussern Kräfte ausdrückt:

$$(116 \ldots \quad t_{33} = \frac{\left(C - \frac{B'x}{\lambda^2} + \frac{A'y}{\varkappa^2}\right) + z\left(\frac{Ax}{\lambda^2} + \frac{By}{\varkappa^2}\right)}{q}.$$

Ich werde nur den besonderen Fall betrachten, wo die Kräfte A, B, C am Schwerpunkte der freien Endfläche wirken, ohne dass Kräftepaare hinzutreten, obgleich der allgemeine Fall ganz ebenso behandelt werden kann. Unter dieser Voraussetzung ist:

$$B' = A\,l, \quad A' = -B\,l, \text{ und}$$

$$t_{33} = \frac{C - (l - z)\left(\frac{Ax}{\lambda^2} + \frac{By}{\varkappa^2}\right)}{q}.$$

Die am stärksten angegriffene Stelle tritt nach dem obigen entweder bei $z = l$ oder bei $z = 0$ ein. Aber man sieht leicht, dass sie in der That bei $z = 0$ eintritt. Denn im Querschnitt $z = l$ ist überall $t_{33} = \frac{C}{q}$, für $z = 0$ aber

$$t_{33} = \frac{C - l\left(\frac{Ax}{\lambda^2} + \frac{By}{\varkappa^2}\right)}{q}.$$

Denkt man sich nun den Querschnitt durch die Gerade

$$\frac{Ax}{\lambda^2} + \frac{By}{\varkappa^2} = 0$$

in zwei Theile zerlegt, so ist zu einer Seite derselben offenbar $\frac{Ax}{\lambda^2} + \frac{By}{\varkappa^2}$ positiv, auf der andern negativ. Auf derjenigen Seite also, wo das Zeichen dieser Grösse dem von C entgegengesetzt ist, wird der absolute Werth von t_{33} den Werth $\frac{C}{q}$ übertreffen, und also kann die grösste Spannung bei $z = l$ nicht eintreten. Um nun in dem Querschnitt $z = 0$ die am stärksten gespannte Faser zu finden, muss man diejenigen Punkte suchen, für welche $\frac{Ax}{\lambda^2} + \frac{By}{\varkappa^2}$ möglichst gross ist, und die Spannungen in solchen Punkten vergleichen. Und dies kommt offenbar mit folgender Regel überein;

Man ziehe an den festgelegten Querschnitt Tangenten, welche der Linie $\frac{Ax}{\lambda^2} + \frac{By}{\varkappa^2} = 0$ parallel sind.

und vergleiche die Spannungen in den Berührungspunkten; diejenige Stelle, welche von diesen die grösste Spannung besitzt, ist die am meisten gespannte (resp. gedrückte Stelle des Körpers; die in ihr herrschende Spannung giebt also an, wie stark der Körper in Anspruch genommen sei.

Auch in demjenigen Falle wird die Aufgabe verhältnissmässig einfach, wenn Torsion allein auftritt.

Dann handelt es sich nun um Aufsuchung der am stärksten angegriffenen Faser, d. h. um Aufsuchung des Maximums von

$$\sqrt{t_{13}^2 + t_{23}^2},$$

wo unter dem Wurzelzeichen nur x und y vorkommen. Wenden wir als Beispiel etwa den oben behandelten Fall eines tordirten elliptischen Cylinders an. Nach den Formeln p. 111, oben, hat man

$$\sqrt{t_{13}^2 + t_{23}^2} = \frac{2C'}{q}\sqrt{\frac{x^2}{m^4} + \frac{y^2}{n^4}}.$$

Aus der Form dieses Ausdrucks erkennt man, dass die Spannung wächst, wenn man x und y zugleich in gleichem Verhältniss wachsen lässt, d. h. wenn man sich vom Mittelpunkt in gerader Linie gegen die Peripherie bewegt. Die am stärksten angegriffene Faser liegt also jedenfalls auf der Peripherie. Für die Punkte derselben aber kann man nach einer bekannten Eigenschaft der Ellipse setzen:

$$x = m \cos\varphi, \; z = n \sin\varphi;$$

daher ist nur das Maximum von

$$\frac{x^2}{m^4} + \frac{y^2}{n^4} = \frac{\cos^2\varphi}{m^2} + \frac{\sin^2\varphi}{n^2}$$

zu suchen. Die Differentiation inzwischen giebt:

$$\cos\varphi \, . \, \sin\varphi = 0,$$

d. h. die gesuchte Faser liegt am Endpunkte der grossen Axe ($\sin\varphi = 0$ oder der kleinen Axe ($\cos\varphi = 0$. Nun wird im ersten Fall der Werth des differenzirten Ausdrucks $\frac{1}{m^2}$, im anderen $\frac{1}{n^2}$, mithin am grössten im letzten Falle, da $m > n$ vorausgesetzt wurde. Die grösste Spannung findet also am Ende der kleinen Axe der Ellipse statt, und sie hat daselbst den Werth

$$\frac{2\,C'm}{n^2 q},$$

so dass der ganze Stab gesichert ist, sobald diese Grösse die vorgesetzte Spannung nicht überschreitet.

Bei der Angabe der Maximalspannung ist im Vorigen nicht darauf Rücksicht genommen worden, ob dieselbe positiv oder negativ sei. In der That bringt nach den angewandten Principien und innerhalb der aufrecht erhaltenen Grenzen dieselbe Kraft dieselbe Verschiebung hervor, gleichviel ob dabei Compression oder Ausdehnung stattfindet. Dies ist nicht mehr der Fall, wenn man sich der Elasticitätsgrenze nähert oder dieselbe gar überschreitet. Aber da überhaupt in Wirklichkeit diese Grenze ohne Gefahr bei weitem nicht erreicht werden darf, so wird auch die Maximalspannung, welche den Umständen nach gestattet ist, immer unterhalb des Gebiets liegen, innerhalb dessen ein Unterschied in der quantitativen Wirkung von Zugkräften und Druckkräften merkbar wird. Freilich kann man dann nicht mehr die sogenannten Festigkeits- oder Tragmoduln als Maass für erlaubte Spannungen benützen, Zahlen, welche ausdrücklich Spannungen entsprechen, die über die erlaubten Grenzen hinaus liegen. Da diese Spannungen selbstverständlich nicht erreicht werden dürfen, so hat man wohl gewisse erfahrungsmässige Bruchtheile derselben festgesetzt, und die erlaubte Maximalspannung durch sie ausgedrückt. Aber indem man so eine Reihe von Zahlen eingeführt hat, deren einige in der That mit dem wirklichen Sachverhalt in losem oder gar keinem Zusammenhang stehen, ist nur die Anzahl der nothwendigen Angaben gehäuft, denen man durch Anwendung einer einzigen, wesentlichen Zahl entgehen kann. Denkt man sich für jedes bestimmte Material eine gewisse Maximalspannung erfahrungsmässig festgesetzt, welche ohne Nachtheil nicht überschritten werden darf, so ergiebt sich der engen Grenzen wegen, in welche die Verschiebungen ohnehin eingeschlossen sein müssen, dass diese Zahl für Druck und Zug nur dieselbe sein kann. Von dieser Anschauung ist im Vorigen Gebrauch gemacht, und dieselbe wird auch im Folgenden stets festgehalten werden.

§ 38. Vergleichung mit der gewöhnlichen Theorie. Grundlagen für weitere Anwendungen.

Die Grundvorstellungen, von welchen man in der gewöhnlichen Theorie ausgeht, wie sie in der Technik üblich ist, sind wesentlich andere als diejenigen, auf welche die vorliegenden Untersuchungen geführt haben. Wenn daher auch die Resultate grösstentheils in bemerkenswerther Uebereinstimmung sind, so muss es dennoch als ein wesentlicher Gewinn angesehen werden, wenn diese Resultate aus einer Theorie hervorgehen, welche in keinem ihrer Punkte gegen die Möglichkeit verstösst, welche jedes Problem annähernd auf eines zurückführt, das zwar mit dem gegebenen vielleicht nicht völlig übereinstimmt, welches aber dennoch in sich völlig klar ist, und keinerlei Widersprüche in sich trägt.

Dies bezieht sich namentlich auf die Biegungstheorie. In derselben geht man von der Grundvorstellung aus, dass es erlaubt sei, nach der Verschiebung jeden ursprünglich ebenen Querschnitt noch als eben zu betrachten, sowie dass dieser Querschnitt auch die gebogenen Fasern noch immer normal durchschneide. Die vorliegende Theorie zeigt, dass beide Voraussetzungen in Wirklichkeit bei weitem nicht zutreffen. Ja die unmittelbare Ueberlegung zeigt, dass ein solcher Zustand die Abwesenheit der Seitenspannungen t_{13}, t_{23} nach sich ziehen würde, eine Vorstellung, welche mit der Existenz einer am Ende parallel dem letzten Querschnitte wirkenden Kraft schlechterdings nicht zu vereinigen ist. Aber in der That trägt jene Theorie den Stempel der Unvollkommenheit von vorn herein an sich. Denn indem man das Gleichgewicht eines Stabtheils untersucht, welcher von einem beliebigen und dem freien Endquerschnitte begrenzt wird, erhält man nach jener Theorie eine Gleichung, welche die wesentliche Grundlage derselben bildet, und welche aussagt, dass der betrachtete Theil des Körpers um den Schwerpunkt jenes beliebigen Querschnitts nicht gedreht wird. Aber bekanntlich sind es, selbst eine Symmetrie gegen die Biegungsebene vorausgesetzt, immer noch drei Gleichungen, welche das äussere Gleichgewicht eines Körpers erfordert. Zwei von diesen waren von vorn herein vernachlässigt.

Um diesem Uebelstande einigermaassen zu begegnen, liess man die ursprüngliche Ansicht fallen, dass bei einer Biegung durch eine im freien Querschnitt ihm parallel wirkende Kraft die Schwerpunktslinie weder Ausdehnung noch Zusammenziehung erfahre. Man unterschied zwischen der Schwerpunktslinie, und einer sogenannten neutralen Linie, welche alle diejenigen Punkte mit einander verband, in denen keine Spannung auftrat — keine Längsspannung, denn die andern Spannungen sind ohnedies für jene Theorie nicht vorhanden. Durch die Einführung dieser Linie gelang es, eine zweite jener Gleichgewichtsbedingungen zu befriedigen; nur eine noch blieb unerfüllt.

Die vorliegende strenge Theorie zeigt, dass die Trennung der neutralen Linie von der Schwerpunktslinie unstatthaft ist. Man hat gesehen, dass die Punkte gleicher Längsspannung, wenn die angreifende Kraft einer Hauptaxe des Querschnitts parallel ist, hyperbolische Cylinder bilden, deren gemeinsame Asymptotenebenen die Orte ohne Längsspannung enthalten. Die Ebenen sind die freie Endfläche und diejenige Ebene, welche durch die Schwerpunktslinie und die zweite Hauptaxe gelegt ist. So fällt die neutrale Linie, oder besser Fläche, zusammen mit der durch die Schwerpunktslinie gelegten Ebene, welche gegen die Biegungsebene senkrecht ist.

Es ist sehr bemerkenswerth, dass jene ursprünglichen Gleichungen, welche aus der Betrachtung der Drehungsmomente flossen, in der vorliegenden Theorie wiederkehren. Ich meine die Gleichungen (63ᵃ), welche nach Einführung der Werthe (86) für a_1, a_2, b_1, b_2 folgende Ausdrücke annehmen:

$$E\,\lambda^2\, q\,.\,\frac{\partial^2 u}{\partial z^2} = B' - Az$$

$$E\,\varkappa^2\, q\,.\,\frac{\partial^2 v}{\partial z^2} = -A' - Bz.$$

Die rechten Theile stellen hier nichts anders dar, als die Drehungsmomente der gegebenen Kräfte in Bezug auf die Hauptaxen des Querschnitts, welcher sich in der Entfernung z von dem festgelegten Ende befindet. Um dies einzusehen, denke man sich alle X und Y Componenten der gegebenen Kräfte gleich und zugleich entgegengesetzt im Anfangspunkte angetragen. Die X Componenten haben die Summe A, die Y Componenten die

Summe B; und diese in den Anfangspunkt übertragenen Kräfte geben in Bezug auf die, den $X\,Y$ Axen parallel durch den Schwerpunkt des Querschnitts z gelegten Axen die Drehungsmomente $-Az$, $+Bz$. Zugleich bilden die entgegengesetzt eingeführten Kräfte mit den gegebenen Kräftepaare, deren Momente in Bezug auf jene Axen B' und A' sind. So stellt $B' - Az$ das Drehungsmoment um die der X parallele Axe dar, $A' + Bz$ das Moment um die der Y parallele Axe. Die letztere erscheint oben mit entgegengesetztem Zeichen. Beide Momente aber werden positiv, wenn man dieselben nicht in dem früher festgestellten Sinn berechnet, sondern so, dass ein Moment als positiv gilt, wenn die ihm entsprechende Drehung bestrebt ist, die Lage der Längsaxe durch 90° in die Lage einer der andern positiven Axen überzuführen.

Nennen wir die Momente, in diesem Sinn gezählt, M und N, so werden die obigen Gleichungen:

$$(117) \ldots \ldots \left\{ \begin{aligned} E\,\lambda^2\,q\,.\,\frac{\partial^2 u}{\partial z^2} &= M \\ E\,\varkappa^2\,q\,.\,\frac{\partial^2 v}{\partial z^2} &= N. \end{aligned} \right.$$

In diesen Gleichungen bezeichnen ferner $\frac{\partial^2 u}{\partial z^2}$, $\frac{\partial^2 v}{\partial z^2}$ die reciproken Krümmungsradien, welche die Projectionen der gebogenen Faser in den beiden Biegungsebenen aufweisen. Denn streng genommen zwar drücken sich diese Grössen aus durch:

$$\frac{\frac{d^2 x'}{dz'^2}}{\sqrt{1 + \left(\frac{dx'}{dz'}\right)^2}^{\,3}}, \qquad \frac{\frac{d^2 y'}{dz'^2}}{\sqrt{1 + \left(\frac{dy'}{dz'}\right)^2}^{\,3}},$$

wo

$$x' = x + u, \quad y' = y + v, \quad z' = z + w;$$

aber da längs jeder Faser x und y constant sind, so kann man, indem man z als die unabhängige Veränderliche betrachtet, setzen

$$\frac{dx'}{dz'} = \frac{\frac{\partial u}{\partial z}}{1 + \frac{\partial w}{\partial z}}, \qquad \frac{dy'}{dz'} = \frac{\frac{\partial v}{\partial z}}{1 + \frac{\partial w}{\partial z}},$$

oder indem man $\frac{\partial w}{\partial z}$ gegen 1 vernachlässigt:

$$\frac{dx'}{dz'} = \frac{\partial u}{\partial z}, \quad \frac{dy'}{dz'} = \frac{\partial v}{\partial z}; \text{ daher auch}$$

$$\frac{d^2x'}{dz'^2} = \frac{\partial^2 u}{\partial z^2}, \quad \frac{d^2y'}{\partial z'^2} = \frac{\partial^2 v}{\partial z^2},$$

was endlich auch die Werthe der reciproken Krümmungshalbmesser angiebt, sobald man in den strengen Formeln die Quadrate der kleinen Grössen $\frac{dx'}{dz'}$, $\frac{dy'}{dz'}$ vernachlässigt.

Die Gleichungen (117) sind zunächst nur für den Fall bewiesen, wo constante Kräfte auf das freie Ende wirken. Es wird eine weitere Aufgabe der strengen Theorie sein, ähnliche Gleichungen für allgemeinere Fälle aufzustellen. Da dies inzwischen bisher nicht gelungen ist, so wird man einstweilen jener Gleichungen sich auch fortfahren zu bedienen, wenn das Innere des Körpers durch Kräfte ergriffen wird, oder wenn an verschiedenen Stellen des Körpers Einzelkräfte angreifen. Man wird sich aber dabei den Mangel an Strenge nicht verhehlen dürfen. In einem spätern Abschnitt wird sich zeigen, dass für sehr kleine Querschnitte dies Verfahren allerdings zulässig ist.

Aber bemerken wir zugleich, dass bei der Bildung der Gleichungen (117) ausdrücklich vorausgesetzt ist, es sei das Coordinatensystem der Hauptaxen zu Grunde gelegt. In der gewöhnlichen Theorie bedient man sich derselben für jedes beliebige durch den Schwerpunkt gelegte Axensystem, indem man dasselbe so einrichtet, dass nur um die eine Axe ein Drehungsmoment existirt, während dasselbe in Bezug auf die andre verschwindet. Sehen wir, wie dies Verfahren mit den Gleichungen (117) selbst in Widerspruch geräth, und demnach unhaltbar ist.

Denken wir uns M und N als die Momente zweier Kräftepaare, welche um die Axen der Y und X drehen. Nach den bekannten Sätzen über die Kräftepaare kann man diese zu einem einzigen vereinigen; man trägt jedes Moment auf der Axe an, um welche es dreht (N also, welches ursprünglich im negativen Sinne zu zählen war, nach der negativen Seite der X Axe), und vereinigt diese Linien, als wären es Kräfte, von denen die Resultirende, durch Grösse und Lage, Moment und Axe des resultirenden

Paars darstellt. Sei M dies Moment, ϑ sein Winkel gegen die YAxe, so dass

$$M = M \cos\vartheta, \quad N = M \sin\vartheta.$$

Als Biegungsebene werde ich jetzt eine solche durch die Längsaxe gelegte Ebene definiren, dass die Projection jeder gegebenen Faser auf eine durch dieselbe Axe senkrecht zu jener gelegten Ebene geradlinig erscheint. Ist nur ein Moment N um die XAxe vorhanden, so ist die YZEbene Biegungsebene, ist hingegen nur ein Moment M um die YAxe da, so wird die XZEbene Biegungsebene. Nach der gewöhnlichen Theorie müsste die Biegungsebene immer parallel der Ebene des resultirenden Kräftepaars sein. In Wirklichkeit ist dies, ausser in jenen beiden einfachsten Fällen nur dann der Fall, wenn $\lambda = \varkappa$. Zugleich existirt aber eine solche Ebene (d. h. sind die sämmtlichen gekrümmten Fasern noch in Ebenen enthalten) überhaupt nur unter der Bedingung dass das Verhältniss $\frac{M}{N}$ von z unabhängig, also der Winkel ϑ constant sei; wie dies z. B. immer der Fall ist, wenn nur die Kräfte A, B im Schwerpunkt der Endfläche wirken. Man hat dann

$$M = A\,(l - z), \quad N = B\,(l - z)$$

$$tg\,\vartheta = \frac{B}{A}, \quad M = R\,(l - z),$$

wo $R = \sqrt{A^2 + B^2}$ die resultirende Zugkraft angiebt; der Winkel des resultirenden Moments M gegen die YAxe ist identisch mit dem Winkel der aus B, A resultirenden Kraft gegen die XAxe.

Betrachten wir diesen letzten Fall genauer. Soll eine Biegungsebene existiren, und bilde dieselbe den Winkel α gegen die YZEbene, so zerlege man die Verschiebungen u, v eines Punkts statt nach der XYAxe nach denjenigen Geraden X', Y', in welchen die Biegungsebene und die zu ihr senkrecht durch die ZAxe gelegte Ebene die XYEbene durchschneiden. Die Verschiebungen eines Punkts nach diesen Richtungen sind dann:

$$u' = u \cos\alpha + v \sin\alpha$$
$$v' = -u \sin\alpha + v \cos\alpha;$$

und aus den Gleichungen

$$E\,\lambda^2\,q\,\frac{\partial^2 u}{\partial z^2} = R\cos\vartheta\,.\,(l - z)$$

$$E\,\varkappa^2\,q\,\frac{\partial^2 v}{\partial z^2} = R\,\sin\vartheta\,.\,(l - z)$$

folgt:

$$(118)\,.\begin{cases} E\,q\,\dfrac{\partial^2 u'}{\partial z^2} = R\left(\dfrac{\cos\vartheta\,\cos\alpha}{\lambda^2} + \dfrac{\sin\vartheta\,\sin\alpha}{\varkappa^2}\right)(l - z) \\ E\,q\,\dfrac{\partial^2 v'}{\partial z^2} = R\left(-\dfrac{\cos\vartheta\,\sin\alpha}{\lambda^2} + \dfrac{\sin\vartheta\,\cos\alpha}{\varkappa^2}\right)(l - z) \end{cases}$$

Der Definition nach müssen nun die Projectionen der gebogenen Fasern auf die zur Biegungsebene senkrechte Ebene $O\,Y'Z$ stets gerade Linien sein, d. h. der reciproke Krümmungsradius $\frac{\partial^2 v'}{\partial z^2}$ diesen Projectionen muss verschwinden, oder es muss sein:

$$(119)\,\ldots\ldots\quad \frac{\cos\vartheta\,\sin\alpha}{\lambda^2} = \frac{\sin\vartheta\,\cos\alpha}{\varkappa^2}.$$

Denken wir uns jetzt mit den Axen λ, $\varkappa$ eine Ellipse construirt, deren Axenrichtungen mit den Hauptaxen zusammenfallen, und suchen den Punkt derselben, x, y, dessen Normale mit der Biegungsebene parallel ist, so wird:

$$\frac{x^2}{\lambda^2} + \frac{y^2}{\varkappa^2} = 1,$$

$$\frac{dy}{dx} = -\,\frac{\frac{x}{\lambda^2}}{\frac{y}{\varkappa^2}} = -\,tg\,\alpha,$$

oder, wegen der Gleichung (119):

$$tg\vartheta = \frac{y}{x},$$

d. h. der Radius vector des Punkts fällt in die resultirende Kraft.

Die Normale der Biegungsebene ist also parallel der im Durchschnitt der Resultirenden mit der Ellipse gezogenen Tangente, oder sie ist die conjugirte Richtung zu der Richtung der Resultirenden, so dass man den Satz hat:

Trägt man den Trägheitsradius jeder Hauptaxe senkrecht gegen dieselbe vom Schwerpunkt aus an und construirt über diesen Strecken als

Axen eine Ellipse, so ist die der resultirenden Kraft in Bezug auf dieselbe conjugirte Richtung die Normale der zugehörigen Biegungsebene.

Man erkennt hieraus eine Reciprocität zwischen der Richtung der Resultirenden und der Normale der Biegungsebene, vermöge deren man beide mit einander vertauschen kann. Aber rechtwinklig gegen einander können sie nur werden, und die Kraft demnach in der Biegungsebene nur liegen, sobald dieselbe mit der Richtung einer der Hauptaxen zusammenfällt.

Aus (119) folgt

$$\cos\alpha = \frac{\frac{\cos\vartheta}{\lambda^2}}{\sqrt{\frac{\cos^2\vartheta}{\lambda^4} + \frac{\sin^2\vartheta}{\varkappa^4}}}, \quad \sin\alpha = \frac{\frac{\sin\vartheta}{\varkappa^2}}{\sqrt{\frac{\cos^2\vartheta}{\lambda^4} + \frac{\sin^2\vartheta}{\varkappa^4}}},$$

und hierdurch geht die erste Gleichung (118) über in die folgende:

$$(120) \quad . \; Eq\frac{\partial^2 u'}{\partial z^2} = R\,(l - z)\,.\,\sqrt{\frac{\cos^2\vartheta}{\lambda^4} + \frac{\sin^2\vartheta}{\varkappa^4}}.$$

Diese Gleichung giebt die Gestalt der auf die Biegungsebene projicirten Faser. Aber hier ist $\sqrt{\frac{\cos^2\vartheta}{\lambda^4} + \frac{\sin^2\vartheta}{\varkappa^4}}$ nicht mehr das reciproke Quadrat eines Trägheitsradius, wie die gewöhnliche Theorie es verlangen würde.

Man erkennt aus Allem die Nothwendigkeit, jede Biegung in zwei Biegungen zu zerlegen, deren jede durch Kräfte hervorgerufen wird, welche einer Hauptaxe parallel sind.

In genauem Zusammenhang hiemit steht die Aufsuchung der am meisten gespannten Faser. Nach dem Vorigen tritt sie auf, wo t_{33} seinen grössten Werth hat, indem die Seitenspannungen dagegen zurücktreten. Aber der Ausdruck von t_{33}:

$$t_{33} = E\,(a + a_1\,x + a_2\,y) + Ez\,(b_1\,x + b_1\,y)$$

lässt sich nach den eben und früher angeführten Bezeichnungen in die Gestalt kleiden:

$$(121) \; \ldots\ldots\ldots \; t_{33} = \frac{C}{q} - \frac{x\,M}{\lambda^2\,q} - \frac{y\,N}{\varkappa^2\,q},$$

so dass der grösste Werth, den dieser Ausdruck annehmen kann, über die am stärksten angegriffene Faser entscheidet. Ist wieder

$$M = A\,(l - z), \quad N = B\,(l - z),$$

so war im vorigen § gezeigt, dass der gefährliche Querschnitt der festgelegte war, und dass die Faser der grössten Spannung gefunden wurde, wenn man an den Querschnitt eine Tangente legte parallel der Geraden:

$$\frac{Ax}{\lambda^2} + \frac{By}{\varkappa^2} = 0.$$

Da nun $A = R\cos\vartheta$, $B = R\sin\vartheta$ gesetzt war, so giebt dies auch

$$\frac{x\cos\vartheta}{\lambda^2} + \frac{y\sin\vartheta}{\varkappa^2} = 0,$$

oder im Vergleich mit (119):

$$\frac{x}{y} = -\,tg\,\alpha.$$

Diese Gerade ist also keine andre als die Normale der Biegungsebene.

Ich erinnere noch daran, dass man in der gewöhnlichen Theorie die Tangente der Schwerpunktslinie im festgelegten Querschnitt der ursprünglichen Längsaxe parallel annimmt. Dies ist hier nicht strenge der Fall, denn man erhält aus (72).

$$\left(\frac{\partial u}{\partial z}\right)_0 = \left(\frac{\partial \Omega}{\partial x}\right)_0, \quad \left(\frac{\partial v}{\partial z}\right)_0 = \left(\frac{\partial \Omega}{\partial y}\right)_0.$$

Indess kann man sich über die Vernachlässigung dieser Grössen aus dem schon oft angeführten Grunde beruhigen, dass diese Grössen wieder von der Länge des Stabes unabhängig, nur von der Ordnung der Querdimensionen, und deswegen gegen die übrigen eintretenden Verschiebungen verhältnissmässig klein sind.

Ungünstiger erscheint die ganze Theorie, sowohl die strengere als die angenäherte, der Torsion gegenüber. Es liegt dies in der Natur der Sache. Wo, wie hier, Alles von der Ordnung der Querdimensionen wird, kommt es offenbar viel mehr auf die genaue Bestimmung der Verschiebungen an, welche im Innern der Querschnitte vor sich gehen. Dass die gewöhnliche Formel für das Torsionsmoment, welche dasselbe gleich $\frac{E}{2(1+\mu)}$ geben würde, multiplicirt mit dem Drehungswinkel, dividirt durch die Länge, und multiplicirt mit dem Trägheitsmoment des Querschnitts in Bezug auf die Längsaxe — dass diese Formel strenge genommen nur für den Kreis ausreicht, ist oben bereits erwähnt. Man wird daher, wenn der Querschnitt von dieser Form wesentlich abweicht, wirklich auf die Aufsuchung der Function B_0 eingehen, und somit die Torsion völlig der strengen Theorie überweisen müssen.

Aber nicht übergehen kann ich einen Punkt, welcher die gewöhnliche Theorie der Torsion auf das seltsamste zu entstellen pflegt, ich meine die abenteuerliche Ableitung der Torsionsformel aus der Vorstellung, dass die Fasern bei der Drehung Längsspannungen erfahren, wie man dies in einigen Lehrbüchern findet. Untersucht man jene Ableitung genauer, so findet sich, dass ganz der Erfahrung gemäss diese Längsspannung eine Grösse höherer Ordnung sei — natürlich, da es bekanntlich keiner Zugkraft bedarf, um ein tordirtes Prisma unverkürzt zu erhalten. Aber es ist dies nicht der einzige Fall, wo der Mangel einer klaren Vorstellung über die verschiedenen Ordnungen sehr kleiner Grössen, die in der Rechnung auftreten, zu den bedenklichsten Irrthümern geführt hat. Man begnügt sich nicht mit jenem einfachen und natürlichen Resultat, welches freilich auch als solches der Rede kaum werth sein würde; durch ein eigenthümliches Taschenspielerkunststück entwickelt man durch unmögliche Zerlegungen aus dieser unendlich kleinen Längsspannung eine Componente niederer Ordnung, und siehe da die Torsionsformel ist fertig. Wo die andere Componente bleibt, sehe sie selbst zu — ja, man wundert sich nicht einmal darüber, dass in der Torsionsformel statt des eigenthümlichen Torsionscoefficienten $\left(\frac{E}{2(1+\mu)}\right)$ der halbe Elasticitätsmodul steht. Man ist gewohnt, dergleichen Kleinigkeiten eher einer Unvollkommenheit der Theorie als einer Unrichtigkeit in ihrer Anwendung zuzuschreiben. Oder wäre etwa die Theorie in gewissen Kreisen so ungünstig angesehen, wenn diese Verwechslung nicht leider nur allzuoft vorkäme?

Seit mehreren Jahren bin ich gewohnt die Theorie der Torsion in meinen Vorträgen in elementarer Weise auf ihre wahre Principien zurückzuführen, wie dies weiter unten an seinem

Ort ausgeführt werden soll. Der wahre Grund der Torsion liegt darin, dass die einzelnen Querschnitte einer Faser in paralleler Richtung gegen einander verschoben werden, wobei eine elastische Kraft entwickelt wird, deren Grösse nach § 3 zu bestimmen ist. Wenn es auch nicht immer gelingt, die strenge Theorie so weit zu führen, dass sie einfache und augenfällige Resultate darbietet, so wird sie wenigstens auf die wahren inneren Gründe der Erscheinungen hinweisen, und dieser Dienst ist keiner der unerheblichsten unter denen, welche sie zu leisten vermag.

§ 39. Ueber das Gleichgewicht von Platten, welche nur in ihrer cylindrischen Seitenfläche äussern Kräften unterworfen sind.

Man kann den in den vorigen Betrachtungen eingeschlagenen Weg als einen solchen bezeichnen, auf welchem an das Studium gewisser Gleichgewichtszustände die Aufsuchung derjenigen Probleme geknüpft wurde, welche auf dieselben möglicherweise führen können. Wurde nun im Vorigen, bei einem cylindrischen Körper von überwiegender Längsdimension als allgemeines Merkmal jener Gleichgewichtszustände die Abwesenheit seitlicher Druckkräfte hervorgehoben, so kann man analoge Betrachtungen den obigen gegenüber stellen, in welchen Platten behandelt werden, cylindrische Körper mit vorwaltenden Querdimensionen, und es kann die Abwesenheit jeder Spannung in der zur Platte senkrechten Richtung als charakteristisch für die zu untersuchenden Zustände aufgestellt werden.

Denken wir uns eine cylindrische Platte, deren Dicke nicht sehr klein sein soll, und welche lediglich durch Kräfte ergriffen wird, die auf die cylindrische Seitenfläche der Platte wirken. Es sei wieder die ZAxe senkrecht zur Platte, die Cylinderaxe; der Anfangspunkt liege in der Mitte der Platte, so dass die Ebene der XY die Platte in zwei congruente Hälften theilt. Die Normale der beiden ebenen Flächen der Platte ist also die ZAxe selbst, daher in den Formeln, welche sich auf diesen Theil der Oberfläche beziehen, $\cos p = \cos q = 0$; und da auf diesen Flächen keine äussern Kräfte wirken sollen, so gehen die Grenzbedingungen für dieselben über in:

$$t_{13} = 0, \quad t_{23} = 0, \quad t_{33} = 0.$$

Diese Gleichungen gelten zunächst nur für die Werthe von z, welche den Grenzflächen der Platte entsprechen. Ich werde aber nur diejenigen Zustände untersuchen, für welche diese Gleichungen für jeden Punkt der Platte erfüllt sind. Man sieht, dass dann jedenfalls die auf die cylindrischen Seitenflächen wirkenden Kräfte keine der ZAxe parallele, also zu der Platte normale Componente liefern dürfen, weil sonst wenigstens am Rande jene Spannungen nicht verschwinden würden.

Das Verschwinden der obigen Spannungen führt nach (31) p. 48 die Gleichungen mit sich:

$$(122) \ldots \ldots \left\{ \begin{aligned} \frac{\partial w}{\partial x} + \frac{\partial u}{\partial z} &= 0 \\ \frac{\partial w}{\partial y} + \frac{\partial v}{\partial z} &= 0 \\ \frac{\partial w}{\partial z} + \frac{\mu}{1 - 2\mu}\, v &= 0, \end{aligned} \right.$$

wo

$$v = \frac{\partial u}{\partial x} + \frac{\partial v}{\partial y} + \frac{\partial w}{\partial z}$$

die Ausdehnung der Volumeneinheit bedeutet. Nehmen wir nun an, dass keine äussern Kräfte auf das Innere der Platte wirken, so liefern die Gleichungen (33) p. 49 folgende in jedem Punkt zu erfüllende Gleichgewichtsbedingungen:

$$(123) \ldots \left\{ \begin{aligned} \frac{\partial^2 u}{\partial x^2} + \frac{\partial^2 u}{\partial y^2} + \frac{\partial^2 u}{\partial z^2} + \frac{1}{1 - 2\mu} \frac{\partial v}{\partial x} &= 0 \\ \frac{\partial^2 v}{\partial x^2} + \frac{\partial^2 v}{\partial y^2} + \frac{\partial^2 v}{\partial z^2} + \frac{1}{1 - 2\mu} \frac{\partial v}{\partial y} &= 0 \\ \frac{\partial^2 w}{\partial x^2} + \frac{\partial^2 w}{\partial y^2} + \frac{\partial^2 w}{\partial z^2} + \frac{1}{1 - 2\mu} \frac{\partial v}{\partial z} &= 0, \end{aligned} \right.$$

von denen übrigens die letzte durch die Gleichungen (122) an sich erfüllt wird. Die Untersuchung dreht sich zunächst um die Aufsuchung der Fälle, in welchen die Gleichungen (122), (123) neben einander bestehen können.

Differenziren wir entweder die erste der Gleichungen (123) nach z und addiren dazu die letzte, nach x differenzirt, oder differenziren wir die zweite nach z, und addiren dazu die letzte, nach y differenzirt, so verschwindet beidemal wegen (122) alles bis auf die von v abhängigen Terme, und man erhält die einfachen Gleichungen:

$$(124) \quad \ldots\ldots \quad \frac{\partial^2 v}{\partial x\, \partial z} = 0, \quad \frac{\partial^2 v}{\partial y\, \partial z} = 0.$$

Diese Gleichungen zeigen, dass v nur aus der Summe zweier Glieder bestehen kann, deren eines von z allein, deren anderes von x und y allein abhängt, da $\frac{\partial v}{\partial z}$ sowohl von x als von y unabhängig sein soll. Aber man erhält ferner, indem man die Gleichungen (123) respective nach x, y, z differenzirt und dann addirt, mit Rücksicht auf die Bedeutung von v:

$$\frac{\partial^2 v}{\partial x^2} + \frac{\partial^2 v}{\partial y^2} + \frac{\partial^2 v}{\partial z^2} = 0.$$

Hier sind nach dem Vorigen die ersten beiden Glieder nur von x, y, das letzte nur von z abhängig; und es muss also die Summe der ersten beiden Glieder einer Constanten gleich sein, das letzte gleich derselben Constanten mit entgegengesetztem Zeichen. So wird denn gesetzt werden dürfen:

$$(125) \quad \ldots\ldots \quad \begin{cases} \frac{\partial^2 v}{\partial x^2} + \frac{\partial^2 v}{\partial y^2} = c\,(1 - 2\,\mu) \\ \qquad\qquad \frac{\partial^2 v}{\partial z^2} = -\,c\,(1 - 2\,\mu), \end{cases}$$

Gleichungen, von denen die letzte mit (124) zusammen für v den Ausdruck liefert:

$$(126) \quad v = \left\{ -\,c\,\frac{z^2}{2} + c'\,z + F + c\,\frac{x^2 + y^2}{4} \right\} (1 - 2\,\mu)$$

wo c' eine Constante, F eine Function von x und y ist. Von dieser sind absichtlich die Terme $c \,.\, \frac{x^2 + y^2}{4}$, die man auch darin hätte eingehen lassen können, abgesondert, weil so die erste Gleichung (125) für F die einfache Bedingung giebt:

$$(127) \quad \ldots\ldots\ldots \quad \frac{\partial^2 F}{\partial x^2} + \frac{\partial^2 F}{\partial y^2} = 0.$$

Der Factor $(1 - 2\,\mu)$ ist aber überall beigefügt zur Vereinfachung der folgenden Rechnungen. Führt man nun den erhaltenen Werth von v in die letzte Gleichung (122) ein und integrirt nach z, wobei statt der Integrationsconstante eine willkürliche Function von x, y beizufügen ist, so kommt:

$$w = \frac{c\,z^3}{6} - c' \frac{z^2}{2} - z\,F - c\,z\,\frac{x^2+y^2}{4} + f - c'\,(1-\mu)\,\frac{x^2+y^2}{4}.$$

Hier ist f die willkürliche Function, aus welcher der Term

$$-\,c' \,.\, (1-\mu) \,.\, \frac{x^2+y^2}{4}$$

ausgeschieden ist, um eine einfache Bedingungsgleichung für f zu erhalten. Dieselbe ergiebt sich, wenn man die gefundenen Formen in die letzte Gleichung (123) einsetzt, welche dann übergeht in:

$$-\,c\,z + \frac{\partial^2 f}{\partial x^2} + \frac{\partial^2 f}{\partial y^2} = 0$$

oder in $c = 0$, und in

$$(128) \quad \ldots\ldots\ldots \quad \frac{\partial^2 f}{\partial x^2} + \frac{\partial^2 f}{\partial y^2} = 0.$$

Ferner geben, mittelst des gefundenen Werths von w ($c = 0$ gesetzt) die ersten beiden Gleichungen (122):

$$(129) \quad \begin{cases} u = \mu\,\dfrac{z^2}{2}\,\dfrac{\partial F}{\partial x} - z\left(\dfrac{\partial f}{\partial x} - (1-\mu)\,\dfrac{c'\,x}{2}\right) + \varphi \\[2ex] v = \mu\,\dfrac{z^2}{2}\,\dfrac{\partial F}{\partial y} - z\left(\dfrac{\partial f}{\partial y} - (1-\mu)\,\dfrac{c'\,y}{2}\right) + \psi, \end{cases}$$

wo φ und ψ abermals willkürliche Functionen von x und y bedeuten, welche an Stelle der Integrationsconstanten hinzugefügt sind.

Durch die erhaltenen Ausdrücke werden die Gleichungen (122) befriedigt. Setzt man diese Ausdrücke aber in v ein, welches den Werth (126) annehmen soll, so erhält man eine weitere Bedingung, und noch zwei andre, wenn man die Ausdrücke von u, v, w in die Gleichungen (123) einführt. Diese drei Bedingungen sind:

$$(129\text{a}) \quad \ldots \quad \begin{cases} \dfrac{\partial\varphi}{\partial x} + \dfrac{\partial\psi}{\partial y} = (1-\mu)\,F \\[2ex] \dfrac{\partial^2\varphi}{\partial x^2} + \dfrac{\partial^2\varphi}{\partial y^2} + (1+\mu)\,\dfrac{\partial F}{\partial x} = 0 \\[2ex] \dfrac{\partial^2\psi}{\partial x^2} + \dfrac{\partial^2\psi}{\partial y^2} + (1+\mu)\,\dfrac{\partial F}{\partial y} = 0. \end{cases}$$

Differenzirt man die zweite dieser Gleichungen nach x, die dritte nach y, und benützt die erste, so kommt die Gleichung

(127) für F heraus; jene Gleichung ist also in diesen dreien enthalten. Sonach kann man denn auch die erste dieser drei Gleichungen benützen, um F aus denselben zu eliminiren, wodurch die beiden andern übergehen in:

$$2\,\frac{\partial^2\varphi}{\partial x^2} + (1-\mu)\,\frac{\partial^2\varphi}{\partial y^2} + (1+\mu)\,\frac{\partial^2\psi}{\partial x\,\partial y} = 0$$

$$2\,\frac{\partial^2\psi}{\partial y^2} + (1-\mu)\,\frac{\partial^2\psi}{\partial x^2} + (1+\mu)\,\frac{\partial^2\varphi}{\partial x\,\partial y} = 0.$$

Bestimmt man φ und ψ diesen beiden Gleichungen gemäss, so sind alle Gleichungen des Problems befriedigt, und wir haben also für die betrachteten Gleichgewichtszustände folgende Verschiebungen:

$$(130)\left\{\begin{aligned} u &= \frac{\mu}{1-\mu}\,\frac{z^2}{2}\left(\frac{\partial^2\varphi}{\partial x^2}+\frac{\partial^2\psi}{\partial x\,\partial y}\right)+\varphi - z\left(\frac{\partial f}{\partial x}-(1-\mu)\frac{c'x}{2}\right)\\ v &= \frac{\mu}{1-\mu}\,\frac{z^2}{2}\left(\frac{\partial^2\varphi}{\partial x\,\partial y}+\frac{\partial^2\psi}{\partial y^2}\right)+\psi - z\left(\frac{\partial f}{\partial y}-(1-\mu)\frac{c'y}{2}\right)\\ w &= -\mu\,\frac{c'z^2}{2} - z\,\frac{\mu}{1-\mu}\left(\frac{\partial\varphi}{\partial x}+\frac{\partial\psi}{\partial y}\right)+f-c'(1-\mu)\frac{x^2+y^2}{4}.\end{aligned}\right.$$

In denselben haben die Functionen φ, ψ, f den Gleichungen zu genügen:

$$(131)\;.\;.\left\{\begin{aligned} &2\,\frac{\partial^2\varphi}{\partial x^2}+(1-\mu)\,\frac{\partial^2\varphi}{\partial y^2}+(1+\mu)\,\frac{\partial^2\psi}{\partial x\,\partial y}=0\\ &2\,\frac{\partial^2\psi}{\partial y^2}+(1-\mu)\,\frac{\partial^2\psi}{\partial x^2}+(1+\mu)\,\frac{\partial^2\varphi}{\partial x\,\partial y}=0\\ &\frac{\partial^2 f}{\partial x^2}+\frac{\partial^2 f}{\partial y^2}=0.\end{aligned}\right.$$

Die Ausdrücke der nicht verschwindenden Spannungen werden in Folge der Werthe der Verschiebungen:

$$(132)\left\{\begin{aligned} t_{11} &= \frac{E}{1+\mu}\cdot\\ &\left\{\frac{\mu}{1-\mu}\,\frac{z^2}{2}\left(\frac{\partial^3\varphi}{\partial x^3}+\frac{\partial^3\psi}{\partial x^2\partial y}\right)+\frac{1}{1-\mu}\left(\frac{\partial\varphi}{\partial x}+\mu\,\frac{\partial\psi}{\partial y}\right)-z\left(\frac{\partial^2 f}{\partial x^2}-(1+\mu)\frac{c'}{2}\right)\right\}\\ t_{22} &= \frac{E}{1+\mu}\cdot\\ &\left\{\frac{\mu}{1-\mu}\,\frac{z^2}{2}\left(\frac{\partial^3\varphi}{\partial x\,\partial y^2}+\frac{\partial^3\psi}{\partial y^3}\right)+\frac{1}{1-\mu}\left(\mu\,\frac{\partial\varphi}{\partial x}+\frac{\partial\psi}{\partial y}\right)-z\left(\frac{\partial^2 f}{\partial y^2}-(1+\mu)\frac{c'}{2}\right)\right\}\\ t_{12} &= \frac{E}{1+\mu}\cdot\\ &\left\{\frac{\mu}{1-\mu}\,\frac{z^2}{2}\left(\frac{\partial^3\varphi}{\partial x^2\partial y}+\frac{\partial^3\psi}{\partial x\,\partial y^2}\right)+\tfrac{1}{2}\left(\frac{\partial\varphi}{\partial y}+\frac{\partial\psi}{\partial x}\right)-z\,\frac{\partial^2 f}{\partial x\,\partial y}\right\}.\end{aligned}\right.$$

Aus diesen Ausdrücken endlich setzen sich die Bedingungsgleichungen zusammen, welche an der Cylinderwand zu erfüllen sind. Die nach aussen gerichtete Normale eines Punkts dieser Wand bilde den Winkel p gegen die XAxe, so dass in (34) p. 49

$$\cos q = \sin p, \quad \cos r = 0;$$

sind dann noch X, Y die entsprechenden Componenten der auf jenen Punkt wirkenden äussern Kraft (die dritte Componente muss einer oben gemachten Bemerkung zufolge verschwinden), so hat man die Bedingungen an der Oberfläche:

$$(133) \dots\dots\dots \begin{cases} X = t_{11} \cos p + t_{12} \sin p \\ Y = t_{21} \cos p + t_{22} \sin p, \end{cases}$$

in welchen die t durch die Ausdrücke (132) zu ersetzen sind.

Aus diesen Gleichungen, welche unabhängig von z in allen Punkten der Cylinderwand erfüllt sein müssen, geht bereits hervor, dass X, Y nicht beliebig gegebene Functionen sein können, dass vielmehr eine bestimmte Vertheilung der äussern Kräfte nothwendig ist, damit die untersuchten Zustände eintreten können. Vor allem sieht man, dass die Spannungen t nur die erste und zweite Potenz von z enthalten; von derselben Form müssen also auch die Ausdrücke der auf die Oberfläche wirkenden Kräfte X, Y sein, und man muss also haben:

$$(134) \dots\dots \begin{cases} X = X_0 + X_1 z + X_2 z^2 \\ Y = Y_0 + Y_1 z + Y_2 z^2, \end{cases}$$

wo die Ausdrücke der X_0, Y_0 etc. von z unabhängig sein müssen.

Wendet man diese Form an, und benützt die Ausdrücke der Spannungen, so lösen sich die Gleichungen (133) in folgende sechs Gleichungen auf:

$$(135) \begin{cases} X_0 = \dfrac{E}{1+\mu} \left\{ \dfrac{1}{1-\mu} \left(\dfrac{\partial \varphi}{\partial x} + \mu \dfrac{\partial \psi}{\partial y} \right) \cos p + \dfrac{1}{2} \left(\dfrac{\partial \varphi}{\partial y} + \dfrac{\partial \psi}{\partial x} \right) \sin p \right\} \\ Y_0 = \dfrac{E}{1+\mu} \left\{ \dfrac{1}{1-\mu} \left(\mu \dfrac{\partial \varphi}{\partial x} + \dfrac{\partial \psi}{\partial y} \right) \sin p + \dfrac{1}{2} \left(\dfrac{\partial \varphi}{\partial y} + \dfrac{\partial \psi}{\partial x} \right) \cos p \right\} \\ X_2 = \dfrac{E\mu}{2(1-\mu^2)} \left\{ \left(\dfrac{\partial^3 \varphi}{\partial x^3} + \dfrac{\partial^3 \psi}{\partial x^2 \partial y} \right) \cos p + \left(\dfrac{\partial^3 \varphi}{\partial x^2 \partial y} + \dfrac{\partial^3 \psi}{\partial x \partial y^2} \right) \sin p \right\} \\ Y_2 = \dfrac{E\mu}{2(1-\mu^2)} \left\{ \left(\dfrac{\partial^3 \varphi}{\partial x \partial y^2} + \dfrac{\partial^3 \psi}{\partial y^3} \right) \sin p + \left(\dfrac{\partial^3 \varphi}{\partial x^2 \partial y} + \dfrac{\partial^3 \psi}{\partial x \partial y^2} \right) \cos p \right\} \\ X_1 = - \dfrac{E}{1+\mu} \left\{ \left(\dfrac{\partial^2 f}{\partial x^2} - (1+\mu) \dfrac{c'}{2} \right) \cos p + \dfrac{\partial^2 f}{\partial x \partial y} \sin p \right\} \\ Y_1 = - \dfrac{E}{1+\mu} \left\{ \left(\dfrac{\partial^2 f}{\partial y^2} - (1+\mu) \dfrac{c'}{2} \right) \sin p + \dfrac{\partial^2 f}{\partial x \partial y} \cos p \right\}. \end{cases}$$

Aber auch die Grössen X_0, Y_0 etc. können nicht willkürlich gegeben sein, denn diese Bedingungen, sechs an der Zahl, können im Allgemeinen nicht durch drei Functionen f, φ, ψ erfüllt werden, zu deren Bestimmung im Allgemeinen je eine Bedingungsgleichung ausreicht.

§ 40. Discussion der in diesen Resultaten enthaltenen Zustände. Gleichförmige Ausdehnung der Platte.

Bemerken wir vor allem, dass, wie in den Gleichungen (131), so auch in den Bedingungsgleichungen (135) die Function f von den Functionen φ, ψ völlig gesondert auftritt, allein verbunden mit der willkürlichen Constante c'. Die im Obigen enthaltenen Zustände setzen sich demnach aus zwei Arten zusammen, deren einer die von f, c', deren anderer die von φ, ψ abhängigen Terme entsprechen. Die Natur beider Zustände erkennt man leicht durch Betrachtung des Antheils in den Kräften X, Y, welcher dieselben hervorruft. Die Zustände, welche die Functionen φ, ψ mit sich führen, hängen nur von X_0, Y_0, X_2, Y_2 ab, treten also auf, wenn

$$X = X_0 + X_2 z^2, \quad Y = Y_0 + Y_2 z^2.$$

Da diese Ausdrücke sich nicht ändern, wenn z in $-z$ übergeht, so sind in diesem Falle auf jeder Seite des Cylinders die äussern Kräfte zu beiden Seiten der XYEbene symmetrisch vertheilt. Sie üben also im Wesentlichen einen Zug ohne Drehung aus, und demnach ist der Hauptcharakter dieser Zustände der der Ausdehnung. Die entsprechenden Werthe der Verschiebungen haben die Form:

$$(136) \ldots\ldots\ldots \begin{cases} u = u_0 + u_2 z^2 \\ v = v_0 + v_2 z^2 \\ w = -w_1 z, \end{cases}$$

wo u_0, v_0, u_2, v_2, w_1 nur von x und y abhängen. Man sieht, dass die Punkte der Mittelfläche ($z = 0$) in dieser Fläche selbst geblieben sind, da w mit z verschwindet. Die einzelnen zur Platte senkrechten Fasern aber erscheinen gekrümmt; nach § 25 sind die Gleichungen derselben nach der Verschiebung:

$$(137) \ldots\ldots\ldots \begin{cases} x' = x + u_0 + u_2 z'^2 \\ y' = y + v_0 + v_2 z'^2, \end{cases}$$

Gleichungen, in denen x, y als constant anzusehen sind. Die hierdurch dargestellte Curve ist eine Parabel deren Scheitel in der Mittelfläche liegt, und deren Ebene senkrecht zur Mittelfläche ist. Denn die Gleichungen (137), deren jede von einer der Veränderlichen x', y' frei ist, stellen die Projectionen der Curve auf die YZ und XZ Ebene dar, welche offenbar Parabeln der angegebenen Art sind; eliminirt man hingegen z', so kommt als Gleichung der Projection auf die Mittelfläche selbst:

$$v_2 x' - u_2 y' + v_2 (x + u_0) - u_2 (y + v_0) = 0,$$

die Gleichung einer Geraden; die wirkliche Curve liegt daher, wie angegeben, in einer zu Mittelfläche senkrechten Ebene.

Unter dieser Art von Gleichgewichtszuständen sind diejenigen besonders hervorzuheben, welche man als **reine Ausdehnung** bezeichnen kann; es sind die, für welche u und v von z unabhängig werden. Man hat dann nothwendig, indem man die Coefficienten von z^2 in u und v (130) verschwinden lässt:

$$0 = \frac{\partial}{\partial x}\left(\frac{\partial \varphi}{\partial x} + \frac{\partial \psi}{\partial y}\right)$$

$$0 = \frac{\partial}{\partial y}\left(\frac{\partial \varphi}{\partial x} + \frac{\partial \psi}{\partial y}\right).$$

Also ist der Ausdruck $\frac{\partial \varphi}{\partial x} + \frac{\partial \psi}{\partial y}$ constant; setzt man diesen constanten Werth gleich $\varkappa$, so wird nach (129a):

$$(138) \quad \ldots\ldots\ldots\ldots \begin{cases} \dfrac{\partial \varphi}{\partial x} + \dfrac{\partial \psi}{\partial y} = \varkappa \\[2ex] \dfrac{\partial^2 \varphi}{\partial x^2} + \dfrac{\partial^2 \varphi}{\partial y^2} = 0 \\[2ex] \dfrac{\partial^2 \psi}{\partial x^2} + \dfrac{\partial^2 \psi}{\partial y^2} = 0. \end{cases}$$

Diese Gleichungen widersprechen sich nicht, es sind also Zustände dieser Art überhaupt möglich. Den Gleichungen (138) selbst aber giebt man leicht eine einfachere Form. Denn drückt man in der zweiten $\frac{\partial^2 \varphi}{\partial x^2}$, in der dritten $\frac{\partial^2 \psi}{\partial y^2}$ mit Hülfe der ersten Gleichung aus, so bleibt:

$$\frac{\partial}{\partial y}\left(\frac{\partial \varphi}{\partial y} - \frac{\partial \psi}{\partial x}\right) = 0$$

$$\frac{\partial}{\partial x}\left(\frac{\partial \varphi}{\partial y} - \frac{\partial \psi}{\partial x}\right) = 0.$$

Also muss auch der Ausdruck $\frac{\partial \varphi}{\partial y} - \frac{\partial \psi}{\partial x}$ einer Constanten gleich werden; und ist dieselbe $\varkappa'$, so hat man an Stelle der Gleichungen (138) die beiden folgenden:

$$\frac{\partial \varphi}{\partial x} + \frac{\partial \psi}{\partial y} = \varkappa$$

$$\frac{\partial \varphi}{\partial y} - \frac{\partial \psi}{\partial x} = \varkappa',$$

Gleichungen, welche jene vollständig ersetzen. In diesen endlich kann man setzen:

$$\varphi = \frac{\varkappa x + \varkappa' y}{2} + u_0, \quad \psi = \frac{\varkappa y - \varkappa' x}{2} + v_0,$$

wo denn die Functionen u_0, v_0 definirt sind durch die Gleichungen:

$$(140) \ldots\ldots\ldots \begin{cases} \frac{\partial u_0}{\partial x} + \frac{\partial v_0}{\partial y} = 0 \\ \frac{\partial u_0}{\partial y} - \frac{\partial v_0}{\partial x} = 0. \end{cases}$$

Die von $\varkappa$, $\varkappa'$ abhängigen Glieder geben für sich:

$$(141) \ldots\ldots u = \frac{\varkappa x + \varkappa' y}{2}, \quad v = \frac{\varkappa y - \varkappa' x}{2},$$

und die auf den Rand wirkenden Kräfte, welche diese Verschiebungen hervorzurufen geeignet sind, werden nach (135):

$$(142) \ldots X_0 = \frac{E\varkappa}{2(1-\mu)}\cos p, \quad Y_0 = \frac{E\varkappa}{2(1-\mu)}\sin p,$$

d. h. constant und in normaler Richtung wirkend. Diese Verschiebungen zeigen also jene gleichförmige Ausdehnung der ganzen Platte an, welche durch überall gleiche normale Zugkräfte erreicht wird. Die Constante $\varkappa'$ bezieht sich nur auf eine willkürliche kleine Drehung, welche man dem Coordinatensystem geben kann, ohne dass im Uebrigen die Gleichgewichtebedingungen ihre Form ändern (vergl. p. 69).

§ 41. Verschiebung der Plattenelemente ohne Biegung bei überall gleicher Volumenausdehnung.

Uebergehen wir diese Ausdehnungen und betrachten die Zustände allein, welche durch die in den Gleichungen (140) definirten Grössen u_0, v_0 ausgedrückt sind. Für alle diese verschwindet w; man hat also Ausdehnungen und Zusammenziehungen solcher Art vor sich, welche allein parallel der Fläche der Platte vor sich gehen. Hieraus folgt, dass, während eine Hauptspannung, der Normale der Fläche entsprechend, verschwindet, die beiden andern gleich und entgegengesetzt werden müssen; so dass jedes Element in einer gewissen Richtung ausgedehnt, in der darauf senkrechten um ebenso viel zusammengedrückt erscheint. Das Elasticitätsellipsoid reducirt sich für diesen Fall auf einen, den Endflächen der Platte parallel liegenden Kreis; wie man dies auch aus den Gleichungen des § 9 einsieht, wenn man bemerkt, dass $t_{11} = - t_{22}$ wird, während t_{13}, t_{23}, t_{33} verschwinden.

Untersuchen wir diesen Fall genauer. Für die betrachteten Verschiebungen wird $u = u_0$, $v = v_0$; man kann daher in den Gleichungen (140) die Indices 0 auslassen und dafür schreiben:

$$\frac{\partial u}{\partial x} + \frac{\partial v}{\partial y} = 0$$

$$\frac{\partial u}{\partial y} - \frac{\partial v}{\partial x} = 0.$$

Aus diesen Gleichungen folgen die Combinationen;

$$\frac{\partial . (u + v\sqrt{-1})}{\partial x} = \sqrt{-1}\,\frac{\partial . (u + v\sqrt{-1})}{\partial y}$$

$$\frac{\partial . (u - v\sqrt{-1})}{\partial x} = \sqrt{-1}\,\frac{\partial . (u - v\sqrt{-1})}{\partial y}$$

Dieselben sagen nichts aus, als dass $u + v\sqrt{-1}$ nur eine Function, und zwar jede beliebige, der Verbindung $x - y\sqrt{-1}$ und ebenso $u - v\sqrt{-1}$ nur eine Function der Verbindung $x + y\sqrt{-1}$ sein dürfe. Man kann also setzen:

$$(143) \ldots \begin{cases} u + v\sqrt{-1} = f\,(x - y\sqrt{-1}) \\ u - v\sqrt{-1} = F\,(x + y\sqrt{-1}), \end{cases}$$

wo f und F willkürliche Functionen ihrer Argumente sind. Dieselben lassen sich immer so bestimmen, dass folgende allgemeine Aufgabe gelöst wird:

Eine Platte soll durch Kräfte, welche auf den Rand derselben wirken, so ausgedehnt werden, dass die Contraction senkrecht gegen die Fläche der Platte überall dieselbe ist, während die sämmtlichen Punkte des Randes nach der Normale desselben willkürlich vorausbestimmte Verschiebungen erfahren.*)

Dieses Problem lässt sich sofort in zwei Theile sondern. Die Kräfte, welche zu der verlangten Verschiebung nothwendig, theilen wir in einen constanten, überall normal wirkenden Zug D, und in andere Kräfte X_0, Y_0, welche auf jede Seite des Randes in weiterhin zu bestimmender Weise wirken sollen. Den Zug D nun kann man so einrichten, dass die ganze Fläche der Platte durch ihn allein genau dieselbe Ausdehnung erfahren würde, welche in dem gegebenen Problem auftreten soll. Die von den Kräften X_0, Y_0 herrührenden Verschiebungen können dann von keiner Contraction nach der Normale der Platte mehr begleitet sein; denn D allein bewirkt überall die gleiche Contraction, das Problem selbst verlangt ebenfalls überall gleiche Contraction; daher müssten denn die von X_0, Y_0 herrührenden Contractionen ebenfalls gleich sein, und somit müsste jedes Flächenelement der Platte gleiche Ausdehnung erfahren. Da nun die von X_0, Y_0 herrührende Gesammtausdehnung verschwinden sollte, so auch die Ausdehnung jedes Elements, so wie die Contraction nach der Normale der Fläche

Die von den Kräften X_0, Y_0 herrührenden Verschiebungen sind so in denjenigen enthalten, welche soeben betrachtet sind. Zu den Gleichungen, welche im Vorigen entwickelt sind, tritt dann nur die Bedingung hinzu, dass die Verschiebung nach der Normale, d. h. die Grösse $u \cos p + v \sin p$ eine für die ganze Peripherie gegebene Grösse sein soll.

Sei für das vorgelegte Problem N diese gegebene Function von x und y, so dass

$$u \cos p + v \sin p = N.$$

---

*) Allgemeiner: während die Peripherie eine beliebig vorgeschriebene, natürlich von der ursprünglichen wenig abweichende Curve beschreiben soll. Dies Problem lässt sich ähnlich behandeln; vgl. unten § 46.

Nun ruft der noch unbestimmte Zug D, nach (141), indem man die dort als unwesentlich bezeichnete Constante $\varkappa'$ verschwinden lässt, die Verschiebungen

$$(144) \ldots\ldots\ldots u = \frac{\varkappa x}{2}, \quad v = \frac{\varkappa y}{2}$$

hervor, und nach (142) hat man zu setzen:

$$(145) \ldots\ldots\ldots D = \frac{E \varkappa}{2(1-\mu)},$$

wenn die Zugkraft D eben diese Verschiebungen hervorrufen soll. Die Grösse $\varkappa$ selbst bestimmt sich leicht aus der Bedingung, dass die aus D entspringende Gesammtausdehnung der Fläche gleich derjenigen sein soll, welche durch die Verschiebungen N bedingt wird. Die Normalverschiebung ist sehr klein; man kann also die ganze Vergrösserung der Fläche aus kleinen Rechtecken zusammengesetzt denken, deren eine Seite ein Element ds der Peripherie ist, während die andere sich durch die entsprechende normale Verschiebung N ausdrückt. Der ganze Zuwachs ist also

$$\int N\, ds,$$

die Summe aller dieser Rechtecke, ausgedehnt über die ganze Peripherie der Platte. Indess vergrössert sich in Folge des Zuges D jedes Element $dxdy$ nach den Gleichungen (144) zu:

$$d(x+u) \,.\, d(y+v) = dx\, dy \left(1 + \frac{\varkappa}{2}\right)^2,$$

oder jede Einheit der Fläche wird um $\left(1+\frac{\varkappa}{2}\right)^2 - 1 = \varkappa$ ausgedehnt, wobei das Quadrat der kleinen Grösse $\varkappa$ zu vernachlässigen ist. Nennt man nun J die ganze Fläche der Platte, so muss man die Gleichung haben:

$$\varkappa J = \int N\, ds,$$

damit die durch D hervorgerufene Ausdehnung der verlangten gleichkomme. So findet sich denn endlich

$$\varkappa = \frac{1}{J} \int N\, ds,$$

$$(146) \ldots\ldots\ldots D = \frac{E \int N\, ds}{2J(1-\mu)},$$

und die von D herrührenden Verschiebungen sind:

$$(147) \quad \ldots\ldots \quad u = \frac{x}{2J} \int N\,ds, \quad v = \frac{y}{2J} \int N\,ds.$$

Diese Verschiebungen geben:

$$u \cos p + v \sin p = \frac{x \cos p + y \sin p}{2J} \int N\,ds.$$

Für den Rest des Problems bleibt also noch übrig, den zweiten Theil der Verschiebungen so zu bestimmen, dass dieselben den Gleichungen (143) genügen, während zugleich die ihnen entsprechende normale Verschiebung, nach Abzug der durch den ersten Theil bereits hervorgerufenen, den gegebenen Werth hat:

$$u \cos p + v \sin p = N - \frac{x \cos p + y \sin p}{2J} \int N\,ds.$$

§ 42. Besonderer Fall einer kreisförmigen Platte.

Man kann das obige Problem nicht allgemein lösen, sondern nur sobald eine bestimmte Form der Platte gegeben ist. Ich begnüge mich es für den Fall einer kreisförmigen Platte zu lösen.

Führen wir Polarcoordinaten ein. Es sei r die Entfernung eines Punkts in der Mittelfläche der Platte von ihrem Mittelpunkt, φ der Winkel von r gegen die XAxe; dann ist

$$x = r \cos\varphi, \quad y = r \sin\varphi,$$

daher auch, nach bekannten Sätzen:

$$x + y\sqrt{-1} = r\,(\cos\varphi + \sqrt{-1}\,.\,\sin\varphi) = r\,e^{\varphi\sqrt{-1}}$$
$$x - y\sqrt{-1} = r\,(\cos\varphi - \sqrt{-1}\,.\,\sin\varphi) = r\,e^{-\varphi\sqrt{-1}}$$

Denken wir uns nun die Functionen f, F nach Potenzen ihrer Argumente entwickelt, — nach aufsteigenden; denn u und v dürfen offenbar keine negativen Potenzen von r enthalten, damit für das Centrum, wo $r = 0$, u und v nicht unendlich werden. So hat man denn:

$$(148) \begin{cases} u + v\sqrt{-1} = A + A_1\, r\, e^{-\varphi\sqrt{-1}} + A_2 r^2 e^{-2\varphi\sqrt{-1}} + \cdots \\ u - v\sqrt{-1} = B + B_1\, r\, e^{\varphi\sqrt{-1}} + B_2 r^2 e^{2\varphi\sqrt{-1}} + \cdots, \end{cases}$$

wobei A, $A_1 \ldots B$, $B_1 \ldots$ willkürliche Constanten bezeichnen.

Bemerken wir nun, dass

$$(u - v\sqrt{-1})\, e^{\varphi\sqrt{-1}} + (u + v\sqrt{-1})\, e^{-\varphi\sqrt{-1}}$$
$$= (u - v\sqrt{-1})(\cos\varphi + \sqrt{-1}\sin\varphi) + (u + v\sqrt{-1})(\cos\varphi - \sqrt{-1}\sin\varphi)$$
$$= 2\,(u\cos\varphi + v\sin\varphi),$$

sowie, dass für den Kreis die Normale gegen die XAxe den Winkel φ selbst bildet, dass also $p = \varphi$, so hat man in der Peripherie eben diesen Ausdruck gleich dem doppelten der gegebenen Function

$$N - \frac{x\cos p + y\sin p}{2J}\int N\,ds$$

zu setzen. Sei a der Radius der Peripherie, so hat man noch

$$ds = a\,d\varphi,\quad x\cos p + y\sin p = a,\quad J = a^2\pi;$$

und die gegebene Function wird sonach

$$N - \frac{1}{2\pi}\int_0^{2\pi} N\,d\varphi;$$

die Function N selbst, welche nur auf der Peripherie gegeben ist, kann man sich dabei unmittelbar als Function von φ denken. Setzt man nun dies dem Ausdruck

$$\tfrac{1}{2}\left((u - v\sqrt{-1})\, e^{\varphi\sqrt{-1}} + (u + v\sqrt{-1})\, e^{-\varphi\sqrt{-1}}\right)$$

gleich, und ersetzt $u - v\sqrt{-1}$, $u + v\sqrt{-1}$ durch ihre oben gegebenen Werthe, r aber durch a, so erhält man zur Bestimmung der Constanten A, B folgende Gleichung:

$$N - \frac{1}{2\pi}\int_0^{2\pi} N\,d\varphi = \tfrac{1}{2}\Big\{A\,e^{-\varphi\sqrt{-1}} + A_1\,a\,e^{-2\varphi\sqrt{-1}} + \ldots$$
$$+ B\,e^{\varphi\sqrt{-1}} + B_1\,a\,e^{2\varphi\sqrt{-1}} + \ldots\Big\}.$$

Die Bestimmung der Constanten erfolgt hieraus mit Hülfe des bekannten Satzes, dass

$$\int_0^{2\pi} e^{\varkappa\varphi\sqrt{-1}}\,d\varphi = \frac{1}{\varkappa\sqrt{-1}}\left(e^{2\pi\varkappa\sqrt{-1}} - 1\right)$$

jedesmal verschwindet, wenn $\varkappa$ eine von Null verschiedene positive oder negative ganze Zahl ist, wo denn immer:

$$e^{2\pi\varkappa\sqrt{-1}} = \cos(2\varkappa\pi) + \sqrt{-1}\sin(2\varkappa\pi) = 1.$$

Wenn aber $\varkappa = 0$, so wird das Integral gleich 2π. Multiplicirt man also die obige Gleichung mit $e^{n\varphi\sqrt{-1}}$ oder mit $e^{-n\varphi\sqrt{-1}}$

und integrirt von 0 bis 2π, so fallen rechts jedesmal alle Glieder bis auf eines fort, und es wird:

$$\int_0^{2\pi} N e^{n\varphi\sqrt{-1}}\, d\varphi = \pi\, A_{n-1}\, a^{n-1}$$

$$\int_0^{2\pi} N e^{-n\varphi\sqrt{-1}}\, d\varphi = \pi\, B_{n-1}\, a^{n-1}$$

Ersetzen wir die imaginären Exponentialgrössen durch ihre trigonometrischen Ausdrücke, so wird:

$$A_{n-1} \cdot a^{n-1} = \frac{1}{\pi}\left(\int_0^{2\pi} N \cos n\varphi\, d\varphi + \sqrt{-1}\int_0^{2\pi} N \sin n\varphi\, d\varphi\right)$$

$$B_{n-1} \cdot a^{n-1} = \frac{1}{\pi}\left(\int_0^{2\pi} N \cos n\varphi\, d\varphi - \sqrt{-1}\int_0^{2\pi} N \sin n\varphi\, d\varphi\right),$$

und setzt man

$$(149)\qquad C_n = \frac{1}{\pi}\int_0^{2\pi} N \cos n\varphi\, d\varphi,\quad S_n = \frac{1}{\pi}\int_0^{2\pi} N \sin n\varphi\, d\varphi,$$

so ist

$$A_{n-1} = \frac{C_n + S_n\sqrt{-1}}{a^{n-1}},\quad B_{n-1} = \frac{C_n - S_n\sqrt{-1}}{a^{n-1}}.$$

Endlich ergiebt sich durch Einführung dieser Werthe in die Ausdrücke (148) und durch Scheidung des Reellen vom Imaginären:

$$(150)\begin{cases} u = C_1 + (C_2 \cos\varphi + S_2 \sin\varphi)\dfrac{r}{a} + (C_3 \cos 2\varphi + S_3 \sin 2\varphi)\dfrac{r^2}{a^2} + \cdots \\ v = S_1 + (S_2 \cos\varphi - C_2 \sin\varphi)\dfrac{r}{a} + (S_3 \cos 2\varphi - S_3 \sin 2\varphi)\dfrac{r^2}{a^2} + \cdots \end{cases}$$

Nehmen wir hinzu, dass der Antheil der Verschiebungen, welche von der Zugkraft D herrührt, hier den Ausdruck erhält [vgl. (147)]:

$$u = C \cos\varphi,\quad v = C \sin\varphi,$$

wo C das Integral

$$(151)\ \ldots\ldots\ldots\quad C = \frac{1}{2\pi}\int_0^{2\pi} N\, d\varphi$$

bedeutet, so ergeben sich als die Gesammtverschiebungen für das vorgelegte Problem:

$$(152)\ldots\quad\begin{cases} u = C_1 + [(C + C_2)\cos\varphi + S_2 \sin\varphi)\,\dfrac{r}{a} \\ \qquad\qquad + (C_3 \cos 2\varphi + S_3 \sin 2\varphi)\,\dfrac{r^2}{a^2} + \ldots \\ v = S_1 + [S_2 \cos\varphi + (C - C_2)\sin\varphi]\,\dfrac{r}{a} \\ \qquad\qquad + (S_3 \cos 2\varphi - C_3 \sin 2\varphi)\,\dfrac{r^2}{a^2} + \ldots \end{cases}$$

Diese Formeln, mit (149), (151) zusammen, bestimmen vollständig die in der Aufgabe auftretenden Verschiebungen.

Untersuchen wir jetzt die Kräfte, welche geeignet sind, dieselben hervorzubringen. Zunächst wird der überall gleichförmig wirkende normale Zug D, aus (146):

$$D = \frac{E\,C}{a\,(1 - \mu)}.$$

Die Kräfte X_0, Y_0 findet man aus den ersten beiden Formeln (135), wenn man darin φ, ψ durch u, v ersetzt, und u, v selbst aus den Gleichungen (150) entnimmt. Dies wird sehr erleichtert, wenn man zunächst mit Hülfe der Gleichungen

$$\frac{\partial u}{\partial v} + \frac{\partial v}{\partial y} = 0, \quad \frac{\partial u}{\partial y} - \frac{\partial v}{\partial x} = 0$$

den Ausdrücken von X_0, Y_0 in (135) die einfache Gestalt giebt:

$$X_0 = \frac{E}{1 + \mu}\left(\frac{\partial u}{\partial x}\cos p + \frac{\partial u}{\partial y}\sin p\right)$$

$$Y_0 = \frac{E}{1 + \mu}\left(\frac{\partial v}{\partial x}\cos p + \frac{\partial v}{\partial y}\sin p\right).$$

Es ist bereits in § 27, (94) gezeigt, dass die eingeklammerten Ausdrücke rechts nichts anders sind als die Differentialquotienten von u und v nach der Normale. Da hier nun die Normale mit dem Radius zusammenfällt, so hat man die einfachen Ausdrücke:

$$X_0 = \frac{E}{1 + \mu}\,\frac{\partial u}{\partial r}, \quad Y_0 = \frac{E}{1 + \mu}\,\frac{\partial v}{\partial r};$$

und mit Anwendung der Gleichungen (150) ergeben sich also

folgende Kräfte, welche neben D auf den Rand der Platte wirken müssen:

$$X_0 = \frac{E}{a(1+\mu)} \left\{ (C_2 \cos\varphi + S_2 \sin\varphi) + 2 (C_3 \cos 2\varphi + S_3 \sin 2\varphi) \frac{r}{a} + \dots \right\}$$

$$Y_0 = \frac{E}{a(1+\mu)} \left\{ (S_2 \cos\varphi - C_2 \sin\varphi) + 2 (S_3 \cos 2\varphi - C_3 \sin 2\varphi) \frac{r}{a} + \dots \right\}.$$

§ 43. Anwendung auf angenäherte Lösung allgemeiner Aufgaben.

Aber aus der Betrachtung derjenigen Zustände, denen wir im Beginne des § 40 vorzugsweise den Charakter der Ausdehnung zuerkannt haben, lässt sich noch weiterer Nutzen ziehen.

Das allgemeine Problem:

> Den Gleichgewichtszustand einer Platte zu bestimmen, auf deren cylindrische Seitenflächen, parallel den ebenen Endflächen der Platte, beliebige Kräfte wirken,

lässt sich freilich in aller Strenge nicht behandeln, da wie oben schon erwähnt wurde, die in jenen Zuständen auftretenden Kräfte eigenthümlichen Bedingungen unterworfen waren. Aber wenn wir nun voraussetzen, dass die auf jede unendlich schmale Seite der cylindrischen Oberfläche wirkenden Kräfte auf derselben symmetrisch vertheilt seien, dass sie also wirklich nur Zug, keine Drehung hervorzurufen bestrebt sind, so kann man mit einiger Annäherung in folgender Weise obiges allgemeines Problem durch ein anderes ersetzen, welches in den Formeln des § 39 enthalten ist.

Es sei $A\,ds$ die Summe sämmtlicher X Componenten von äussern Kräften, welche auf eine Seite der cylindrischen Fläche wirken, deren Breite ds ist, ein Element der Peripherie der Platte. Ebenso sei $B\,ds$ die Summe der Y Componenten. In dem Problem des § 39 erhält man die analogen Grössen, wenn man die Componenten der auf die Oberflächeneinheit wirkenden Kräfte:

$$X = X_0 + X_1 z + X_2 z^2$$
$$Y = Y_0 + Y_1 z + Y_2 z^2$$

zunächst mit dem Element $dz\,.\,ds$ der unendlich schmalen Cylinderseite multiplicirt, und sodann die Summe nach z nimmt über die ganze Seite, also, wenn h die Dicke der Platte bezeichnet, von $-\frac{h}{2}$ bis $+\frac{h}{2}$. Diese Integration liefert:

$$ds\int_{-\frac{h}{2}}^{+\frac{h}{2}} X\,dz = \left(X_0\,h + X_2\,\frac{h^3}{12}\right) ds$$

$$ds\int_{-\frac{h}{2}}^{+\frac{h}{2}} Y\,dz = \left(Y_0\,h + Y_2\,\frac{h^3}{12}\right) ds,$$

wo die Glieder, welche von X_1, Y_1 abhängen, ganz verschwunden sind.

Nun wird jenes allgemeine Problem offenbar dem in § 39 enthaltenen möglichst genähert werden, wenn man die Functionen X, Y so bestimmt denkt, dass die jeder Cylinderseite entsprechenden Componentensummen in dem ursprünglichen und in dem zu substituirenden Problem denselben Werth haben. Setzen wir also

$$(153) \quad \ldots\ldots\ldots \begin{cases} A = X_0\,h + X_2\,\frac{h^3}{12} \\ B = Y_0\,h + Y_2\,\frac{h^3}{12}, \end{cases}$$

wo A, B vorgeschriebene Functionen von x und y sind; und ersetzen dann das gegebene Problem durch dasjenige, in welchem die auf die Cylinderfläche wirkenden Kräfte durch das Gesetz:

$$X = X_0 + X_2\,z^2$$
$$Y = Y_0 + Y_2\,z^2$$

bestimmt werden. Bemerken wir, dass aus den Gleichungen (153) die vier Functionen X_0, Y_0, X_2, Y_2 keineswegs völlig bestimmt sind, sondern nur zwei Verbindungen derselben, so zeigt sich, dass auch die Bedingungen (135) keineswegs sämmtlich als solche wirklich anzusehen sind, sondern nur diejenigen Verbindungen derselben, aus welchen die Functionen X_0 Y_0, X_2, Y_2 mit Hülfe der Gleichungen (153) sich eliminiren lassen. Und so erhält man aus (135) nur folgende zwei Bedingungen, indem man in (153) die X_0, Y_0, X_2, Y_2 mittels der Gleichungen (135) ausdrückt:

$$
(154)\begin{cases}
\dfrac{2(1-\mu^2)A}{h\;E} = \\
= \cos p \left\{ 2\left(\dfrac{\partial\varphi}{\partial x} + \mu\,\dfrac{\partial\psi}{\partial y}\right) + \dfrac{\mu h^2}{12}\left(\dfrac{\partial^3\varphi}{\partial x^3} + \dfrac{\partial^3\psi}{\partial x^2\partial y}\right)\right\} \\
+ \sin p \left\{(1-\mu)\left(\dfrac{\partial\varphi}{\partial y} + \dfrac{\partial\psi}{\partial x}\right) + \dfrac{\mu h^2}{12}\left(\dfrac{\partial^3\varphi}{\partial x^2\partial y} + \dfrac{\partial^3\psi}{\partial x\partial y^2}\right)\right\}, \\
\dfrac{2(1-\mu^2)B}{h\;E} = \\
= \cos p \left\{(1-\mu)\left(\dfrac{\partial\varphi}{\partial y} + \dfrac{\partial\psi}{\partial x}\right) + \dfrac{\mu h^2}{12}\left(\dfrac{\partial^3\varphi}{\partial x^2\partial y} + \dfrac{\partial^3\psi}{\partial x\partial y^2}\right)\right\} \\
+ \sin p \left\{ 2\left(\mu\,\dfrac{\partial\varphi}{\partial x} + \dfrac{\partial\psi}{\partial y}\right) + \dfrac{\mu h^2}{12}\left(\dfrac{\partial^3\varphi}{\partial x\partial y^2} + \dfrac{\partial^3\psi}{\partial y^3}\right)\right\}.
\end{cases}
$$

Erinnern wir uns, dass die Gleichungen (135) an Zahl zu gross waren, um bei beliebiger Wahl der Functionen X_0, Y_0, X_2, Y_2 noch gleichzeitig erfüllbar zu sein. Diese Schwierigkeit existirt in den Bedingungsgleichungen (154) nicht mehr; diese kann man immer erfüllen, wie auch A und B als Functionen von x, y gegeben seien. Und wenn man also auch das im Eingange dieses § aufgestellte allgemeine Problem mit Hülfe dieser Betrachtungen zu lösen nicht im Stande ist, so kann man doch das Problem lösen, für welches die Summen der auf jede Cylinderseite wirkenden Componenten beliebig gegebene Grössen sind. Die Lösungen dieses Problems sind nach (130) ausgedrückt durch die Gleichungen:

$$
(155)\;\ldots\;\begin{cases}
u = \varphi + \dfrac{\mu}{1-\mu}\left(\dfrac{\partial^2\varphi}{\partial x^2} + \dfrac{\partial^2\psi}{\partial x\partial y}\right)\cdot\dfrac{z^2}{2} \\
v = \psi + \dfrac{\mu}{1-\mu}\left(\dfrac{\partial^2\varphi}{\partial x\partial y} + \dfrac{\partial^2\psi}{\partial y^2}\right)\cdot\dfrac{z^2}{2} \\
w = -\dfrac{\mu}{1-\mu}\left(\dfrac{\partial\varphi}{\partial x} + \dfrac{\partial\psi}{\partial y}\right)\cdot z;
\end{cases}
$$

wobei die Functionen φ, ψ ausser den Grenzbedingungen (154) noch überall den Gleichungen zu genügen haben (131):

$$
(156)\;\ldots\;\begin{cases}
2\,\dfrac{\partial^2\varphi}{\partial x^2} + (1-\mu)\,\dfrac{\partial^2\varphi}{\partial y^2} + (1+\mu)\,\dfrac{\partial^2\psi}{\partial x\partial y} = 0 \\
2\,\dfrac{\partial^2\psi}{\partial y^2} + (1-\mu)\,\dfrac{\partial^2\psi}{\partial x^2} + (1+\mu)\,\dfrac{\partial^2\varphi}{\partial x\partial y} = 0.
\end{cases}
$$

§ 44. Angenäherte Lösung des allgemeinen Problems für eine kreisförmige Platte.

Ich werde diese Gleichungen auf den einfachen Fall einer kreisförmigen Platte anwenden. Wir führen Polarcoordinaten r, ϑ ein, und stellen uns dann A und B als gegebene Functionen von φ vor, während in den Gleichungen (154) r den constanten Werth a zu erhalten hat, welcher der Peripherie der Platte entspricht.

Setzen wir ferner der Kürze wegen:

$$(157) \dots \begin{cases} \frac{\partial \varphi}{\partial x} + \frac{\partial \psi}{\partial y} = \xi, & \frac{\partial \varphi}{\partial y} - \frac{\partial \psi}{\partial x} = \eta, \\ \frac{\partial \varphi}{\partial x} - \frac{\partial \psi}{\partial y} = \xi', & \frac{\partial \varphi}{\partial y} + \frac{\partial \psi}{\partial x} = \eta', \end{cases}$$

so nehmen die Gleichungen (154), (156) einfachere Gestalten an. Der Winkel p wird durch den Winkel ϑ zu ersetzen sein, welchen der Radius r mit der XAxe bildet, da die Normale der Peripherie mit dem Radius zusammenfällt, und man hat also aus (156) die allgemeinen Bedingungen:

$$(158) \dots\dots \begin{cases} 2 \frac{\partial \xi}{\partial x} + (1-\mu) \frac{\partial \eta}{\partial y} = 0 \\ 2 \frac{\partial \xi}{\partial y} - (1-\mu) \frac{\partial \eta}{\partial x} = 0; \end{cases}$$

aus (154) die Grenzbedingungen:

$$(159) \cdot \begin{cases} \frac{2(1-\mu^2) A}{h E} = \cos\vartheta \left\{ (1+\mu)\xi + (1-\mu)\xi' + \frac{\mu h^2}{12} \frac{\partial^2 \xi}{\partial x^2} \right\} \\ \qquad + \sin\vartheta \left\{ (1-\mu)\eta' + \frac{\mu h^2}{12} \frac{\partial^2 \xi}{\partial x \partial y} \right\} \\ \frac{2(1-\mu^2) B}{h E} = \cos\vartheta \left\{ (1-\mu)\eta' + \frac{\mu h^2}{12} \frac{\partial^2 \xi}{\partial x \partial y} \right\} \\ \qquad + \sin\vartheta \left\{ (1+\mu)\xi - (1-\mu)\xi' + \frac{\mu h^2}{12} \frac{\partial^2 \xi}{\partial y^2} \right\}. \end{cases}$$

Aus den Gleichungen aber, welche die Grössen ξ, ξ', η, η' definirten ergiebt sich noch weiter:

$$(160) \ldots \begin{cases} \dfrac{\partial\varphi}{\partial x} = \dfrac{\xi+\xi'}{2}; & \dfrac{\partial\psi}{\partial x} = -\dfrac{\eta-\eta'}{2} \\ \dfrac{\partial\varphi}{\partial y} = \dfrac{\eta+\eta'}{2}; & \dfrac{\partial\psi}{\partial y} = \dfrac{\xi-\xi'}{2} \end{cases}$$

Daher müssen die Grössen ξ, ξ', η, η' noch die Gleichungen befriedigen:

$$(161) \ldots \begin{cases} \dfrac{\partial.(\xi+\xi')}{\partial y} = \dfrac{\partial.(\eta+\eta')}{\partial x} \\ \dfrac{\partial.(\xi-\xi')}{\partial x} = -\dfrac{\partial.(\eta-\eta')}{\partial y}. \end{cases}$$

Hat man aus diesen Gleichungen und den Gleichungen (158) die Functionen ξ, ξ', η, η' bestimmt, so findet sich schliesslich aus (160):

$$(162) \ldots \begin{cases} d\varphi = \dfrac{\xi+\xi'}{2}\,dx + \dfrac{\eta+\eta'}{2}\,dy \\ d\psi = -\dfrac{\eta-\eta'}{2}\,dx + \dfrac{\xi-\xi'}{2}\,dy, \end{cases}$$

und daher φ und ψ durch einfache Integration.

Die Polarcoordinaten sind eingeführt durch die Gleichungen

$$x = r\cos\vartheta, \quad y = r\sin\vartheta,$$

aus welchen durch Differentiation und Auflösung der differenzirten Gleichungen sich die Systeme ergeben:

$$\begin{aligned} dx &= dr\cos\vartheta - r\sin\vartheta\,d\vartheta, & dr &= dx\cos\vartheta + dy\sin\vartheta \\ dy &= dr\sin\vartheta + r\cos\vartheta\,d\vartheta, & rd\vartheta &= -dx\sin\vartheta + dy\cos\vartheta. \end{aligned}$$

Man hat also, wenn man sich irgend eine Function Ω einmal durch x, y, das andere Mal durch r, ϑ ausgedrückt denkt:

$$(163) \begin{cases} \dfrac{\partial\Omega}{\partial x} = \dfrac{\partial\Omega}{\partial r}\cos\vartheta - \dfrac{\partial\Omega}{r\partial\vartheta}\sin\vartheta, & \dfrac{\partial\Omega}{\partial r} = \dfrac{\partial\Omega}{\partial x}\cos\vartheta + \dfrac{\partial\Omega}{\partial y}\sin\vartheta \\ \dfrac{\partial\Omega}{\partial y} = \dfrac{\partial\Omega}{\partial r}\sin\vartheta + \dfrac{\partial\Omega}{r\partial\vartheta}\cos\vartheta, & \dfrac{\partial\Omega}{r\partial\vartheta} = -\dfrac{\partial\Omega}{\partial x}\sin\vartheta + \dfrac{\partial\Omega}{\partial y}\cos\vartheta. \end{cases}$$

Diese Grundformeln für den Zusammenhang der verschiedenartigen Differentiationen gestatten nun den Gleichungen (158)—(161) solche Formen zu geben, dass darin nur noch die Differentialquotienten nach r und ϑ erscheinen. Multiplicirt man nämlich die erste Gleichung (158) mit $\cos\vartheta$, die zweite mit $\sin\vartheta$ und addirt, oder die erste mit $-\sin\vartheta$, die zweite mit $\cos\vartheta$, und addirt, so kommt, mit Rücksicht auf die für jede Function gültigen Gleichungen (163):

$$(164) \quad \ldots\ldots \begin{cases} 2\,\frac{\partial\xi}{\partial r} + (1-\mu)\,\frac{\partial\eta}{r\,\partial\vartheta} = 0 \\ 2\,\frac{\partial\xi}{r\,\partial\vartheta} - (1-\mu)\,\frac{\partial\eta}{\partial r} = 0. \end{cases}$$

Denken wir uns nun sowohl ξ als η nach den Sinus und Cosinus der Vielfachen von ϑ entwickelt, während die Coefficienten der Entwickelungen nur von r abhängen; setzen wir also

$$2\,\xi = R_0 + R_1 \cos\vartheta + R_2 \cos 2\vartheta \ldots + R'_1 \sin\vartheta + R'_2 \sin 2\vartheta \ldots$$
$$(1-\mu)\,\eta = S_0 + S_1 \cos\vartheta + S_2 \cos 2\vartheta \ldots + S'_1 \sin\vartheta + S'_2 \sin 2\vartheta \ldots$$

und setzen dann auf beiden Seiten der Gleichungen (164) die Coefficienten gleicher Sinus und Cosinus einander gleich, so kommt:

$$\frac{\partial R_0}{\partial r} = 0, \qquad \frac{\partial S_0}{\partial r} = 0$$
$$\frac{\partial R_i}{\partial r} + \frac{i}{r}\,S'_i = 0, \qquad \frac{\partial S_i}{\partial r} - \frac{i}{r}\,R'_i = 0$$
$$\frac{\partial R'_i}{\partial r} - \frac{i}{r}\,S_i = 0, \qquad \frac{\partial S'_i}{\partial r} + \frac{i}{r}\,R_i = 0.$$

Es sind also R_0, S_0 constant, und R_i mit S'_i, R'_i mit S_i verbunden durch die Gleichungen

$$\frac{\partial R_i}{\partial r} + \frac{i}{r}\,S'_i = 0 \qquad \frac{\partial R'_i}{\partial r} + \frac{i}{r}\,S_i = 0$$
$$\frac{\partial S'_i}{\partial r} - \frac{i}{r}\,R_i = 0 \qquad \frac{\partial S_i}{\partial r} - \frac{i}{r}\,R'_i = 0.$$

Eliminirt man R'_i und S'_i, so erhält man für R_i und S_i die nämliche Differentialgleichung zweiter Ordnung

$$r\,\frac{\partial}{\partial r}\left(r\,\frac{\partial R_i}{\partial r}\right) - i^2\,R_i = 0, \quad r\,\frac{\partial}{\partial r}\left(\frac{\partial S_i}{\partial r}\right) - i^2\,S_i = 0,$$

deren jede, vollständig integrirt, zwei willkürliche Constante mit sich führen muss. Man genügt diesen Gleichungen aber durch die Annahme:

$$R_i = A_i\,r^i + \frac{C_i}{r^i}, \quad S_i = R_i\,r^i + \frac{D_i}{r^i},$$

wo A_i, B_i, C_i, D_i willkürliche Constante sind. Da die Anzahl derselben gross genug ist, so stellen diese Ausdrücke zugleich die allgemeinsten Formen von R_i, S_i vor.

Aber die Constanten C_i, D_i müssen immer Null sein, damit man für $r = 0$, im Mittelpunkt der Platte, nirgend unendlich grosse Werthe erhalte. Es bleibt also:

$$R_i = A_i\, r^i, \quad S_i = \quad B_i\, r^i; \text{ daher auch}$$
$$R'_i = B_i\, r^i, \quad S_i = - A_i\, r^i,$$

so dass die Ausdrücke von ξ, η die Gestalt annehmen:

$$(165)\begin{cases} \xi = \quad \frac{1}{2}[A_0 + A_1\, r \cos\vartheta + A_2\, r^2 \cos 2\,\vartheta \dots \\ \qquad\qquad + B_1 r \sin\vartheta + B_2\, r^2 \sin 2\,\vartheta \dots] \\ \eta = \frac{1}{1-\mu}[B_0 + B_1\, r \cos\vartheta + B_2\, r^2 \cos 2\,\vartheta \dots \\ \qquad\qquad - A_1\, r \sin\vartheta - A_2\, r^2 \sin 2\,\vartheta \dots]. \end{cases}$$

Um nun die Functionen ξ', η' zu finden, bringe man zunächst die Gleichungen (161) in die Form:

$$\frac{\partial\xi'}{\partial x} + \frac{\partial\eta'}{\partial y} = \frac{\partial\xi}{\partial x} + \frac{\partial\eta}{\partial y} = \left(\frac{\partial\xi}{\partial r} + \frac{\partial\eta}{r\,\partial\vartheta}\right)\cos\vartheta$$
$$+ \left(\frac{\partial\eta}{\partial r} - \frac{\partial\xi}{r\,\partial\vartheta}\right)\sin\vartheta$$
$$\frac{\partial\xi'}{\partial y} - \frac{\partial\eta'}{\partial x} = - \frac{\partial\xi}{\partial y} + \frac{\partial\eta}{\partial x} = - \left(\frac{\partial\xi}{\partial r} + \frac{\partial\eta}{r\,\partial\vartheta}\right)\sin\vartheta$$
$$+ \left(\frac{\partial\eta}{\partial r} - \frac{\partial\xi}{r\,\partial\vartheta}\right)\cos\vartheta,$$

wo nur die rechten Theile auf die nach r, ϑ genommenen Differentialquotienten zurückgeführt sind. Multiplicirt man nun wieder die erste Gleichung mit $\cos\vartheta$, die zweite mit $\sin\vartheta$, oder die erste mit $-\sin\vartheta$, die zweite mit $\cos\vartheta$ und addirt jedesmal, so kommt mit Rücksicht auf die allgemeinen Gleichungen (163):

$$(166)\begin{cases} \frac{\partial\xi'}{\partial r} + \frac{\partial\eta'}{r\,\partial\vartheta} = \left(\frac{\partial\xi}{\partial r} + \frac{\partial\eta}{r\,\partial\vartheta}\right)\cos 2\vartheta + \left(\frac{\partial\eta}{\partial r} - \frac{\partial\xi}{r\,\partial\vartheta}\right)\sin 2\vartheta \\ \frac{\partial\xi'}{r\,\partial\vartheta} - \frac{\partial\eta'}{\partial r} = -\left(\frac{\partial\xi}{\partial r} + \frac{\partial\eta}{r\,\partial\vartheta}\right)\sin 2\vartheta + \left(\frac{\partial\eta}{\partial r} - \frac{\partial\xi}{r\,\partial\vartheta}\right)\cos 2\vartheta. \end{cases}$$

Bemerken wir, dass die linken Theile dieser Gleichungen genau die Form der Gleichungen (164) haben, nur dass ξ' an die Stelle von 2ξ, η' an die Stelle von $(1-\mu)\,\eta$ getreten ist. Denken wir uns nun irgend eine specielle Lösung ξ'_0, η'_0 der Gleichungen

(166) gefunden, eine Lösung welcher man passender Weise die Form geben kann

$$(167) \ldots\ldots \begin{cases} \xi'_0 = \varrho \cos 2\vartheta + \sigma \sin 2\vartheta \\ \eta'_0 = \varrho \sin 2\vartheta - \sigma \cos 2\vartheta, \end{cases}$$

so sind die linken Theile der Gleichungen (166) den Ausdrücken

$$\frac{\partial \xi'_0}{\partial r} + \frac{\partial \eta'_0}{r \partial \vartheta}, \quad \frac{\partial \xi'_0}{r \partial \vartheta} - \frac{\partial \eta'_0}{\partial r}$$

gleich, oder jene Gleichungen gehen über in:

$$\frac{\partial(\xi' - \xi'_0)}{\partial r} + \frac{\partial(\eta' - \eta'_0)}{r \partial \vartheta} = 0$$

$$\frac{\partial(\xi' - \xi'_0)}{r \partial \vartheta} - \frac{\partial(\eta' - \eta'_0)}{\partial r} = 0;$$

es müssen daher die Differenzen $\xi' - \xi'_0$, $\eta' - \eta'_0$ genau von der Form sein, welche oben für 2ξ und $(1 - \mu)\eta$ gefunden wurde, d. h. man hat:

$$(168) \ldots \begin{cases} \xi' = \xi'_0 + C_0 + C_1 r \cos\vartheta + C_2 r^2 \cos 2\vartheta + \ldots \\ \qquad\qquad + D_1 r \sin\vartheta + D_2 r^2 \sin 2\vartheta + \ldots \\ \eta' = \eta'_0 + D_0 + D_1 r \cos\vartheta + D_2 r^2 \cos 2\vartheta + \ldots \\ \qquad\qquad - C_1 r \sin\vartheta - C_2 r^2 \sin 2\vartheta + \ldots \end{cases}$$

wobei die C, D willkürliche Constanten bedeuten.

Es ist nur noch eine specielle Lösung ξ'_0, η'_0 oder ein Ausdruck der Functionen ϱ, σ zu finden. Denken wir uns die Ausdrücke (167) für ξ', η' in (166) eingesetzt, so nehmen die linken Theile jener Gleichungen die Form an:

$$\left(\frac{\partial \varrho}{\partial r} - \frac{\partial \sigma}{r \partial \vartheta} + \frac{2\varrho}{r}\right) \cos 2\vartheta + \left(\frac{\partial \sigma}{\partial r} + \frac{\partial \varrho}{r \partial \vartheta} + \frac{2\sigma}{r}\right) \sin 2\vartheta$$

$$-\left(\frac{\partial \varrho}{\partial r} - \frac{\partial \sigma}{r \partial \vartheta} + \frac{2\varrho}{r}\right) \sin 2\vartheta + \left(\frac{\partial \sigma}{\partial r} + \frac{\partial \varrho}{r \partial \vartheta} + \frac{2\sigma}{r}\right) \cos 2\vartheta.$$

Man erhält daher aus der Vergleichung dieser Form mit den rechten Theilen von (166) die einfacheren Gleichungen:

$$\frac{\partial \varrho}{\partial r} - \frac{\partial \sigma}{r \partial \vartheta} + \frac{2\varrho}{r} = \frac{\partial \xi}{\partial r} + \frac{\partial \eta}{r \partial \vartheta}$$

$$\frac{\partial \sigma}{\partial r} + \frac{\partial \varrho}{r \partial \vartheta} + \frac{2\sigma}{r} = \frac{\partial \eta}{\partial r} - \frac{\partial \xi}{r \partial \vartheta};$$

oder endlich, wenn man links für ξ, η ihre Ausdrücke aus den Gleichungen (165) einführt:

$$\frac{\partial \varrho}{\partial r} - \frac{\partial \sigma}{r \partial \vartheta} + \frac{2\varrho}{r} = - \frac{1+\mu}{2(1-\mu)} \cdot$$

$$[B_1 \sin\vartheta + 2 B_2 r \sin 2\vartheta \ldots + A_1 \cos\vartheta + 2 A_2 r \cos 2\vartheta \ldots]$$

$$\frac{\partial \sigma}{\partial r} + \frac{\partial \varrho}{r \partial \vartheta} + \frac{2\sigma}{r} = \frac{1+\mu}{2(1-\mu)} \cdot$$

$$[B_1 \cos\vartheta + 2 B_2 r \cos 2\vartheta \ldots - A_1 \sin\vartheta - 2 A_2 r \sin 2\vartheta \ldots]$$

Setzt man demnach:

$$\varrho = E_1 r \sin\vartheta + E_2 r^2 \sin 2\vartheta + \ldots + F_1 r \cos\vartheta + F_2 r^2 \cos 2\vartheta \ldots$$

$$\sigma = G_1 r \sin\vartheta + G_2 r^2 \sin 2\vartheta + \ldots + H_1 r \cos\vartheta + H_2 r^2 \cos 2\vartheta \ldots$$

so erhält man durch Vergleichung der beiderseitigen Coefficienten:

$$H_i = - E_i = \frac{1+\mu}{4(1-\mu)} \, i \, B_i$$

$$G_i = F_i = - \frac{1+\mu}{4(1-\mu)} \, i \, A_i .$$

Und so hat man endlich:

$$(168\text{a}) \begin{cases} \varrho = - \dfrac{1+\mu}{4(1-\mu)} \cdot \\ \qquad [B_1 r \sin\vartheta + 2 B_2 r^2 \sin 2\vartheta \ldots + A_1 r \cos\vartheta + 2 A_2 r^2 \cos 2\vartheta \ldots] \\ \sigma = - \dfrac{1+\mu}{4(1-\mu)} \cdot \\ \qquad [A_1 r \sin\vartheta + 2 A_2 r^2 \sin 2\vartheta \ldots - B_1 r \cos\vartheta - 2 B_2 r^2 \cos 2\vartheta \ldots], \end{cases}$$

oder, wenn man will:

$$\varrho = - \frac{1+\mu}{2(1-\mu)} r \frac{\partial \xi}{\partial r}, \qquad \sigma = \frac{1+\mu}{4} r \frac{\partial \eta}{\partial r}.$$

Man hat auf diese Weise die Form der Functionen ξ, η, ξ', η' vollständig bestimmt, und es bleibt nur die Betrachtung der Grenzbedingungen übrig, welche auf die Constantenbestimmung führen. In Betreff der Gleichungen (159), welche diese Grenzbedingungen enthalten, bemerke ich zunächst, dass wegen der allgemeinen Gleichungen (163):

$$\frac{\partial^2 \xi}{\partial x^2} \cos\vartheta + \frac{\partial^2 \xi}{\partial x \partial y} \sin\vartheta = \frac{\partial}{\partial r} \left(\frac{\partial \xi}{\partial x} \right)$$

$$\frac{\partial^2 \xi}{\partial x \partial y} \cos\vartheta + \frac{\partial^2 \xi}{\partial y^2} \sin\vartheta = \frac{\partial}{\partial r} \left(\frac{\partial \xi}{\partial y} \right)$$

Multiplicirt man daher jene Gleichungen bezüglich mit $\cos\vartheta$, $\sin\vartheta$, oder mit $-\sin\vartheta$, $\cos\vartheta$ und addirt jedesmal, so ergeben sich die einfacheren Gleichungen:

$$\frac{2(1-\mu^2)}{hE}(A\cos\vartheta + B\sin\vartheta)$$
$$= \frac{\mu h^2}{12}\frac{\partial^2\xi}{\partial r^2} + (1-\mu)(\xi'\cos 2\vartheta + \eta'\sin 2\vartheta) + (1+\mu)\xi$$
$$\frac{2(1-\mu^2)}{hE}(B\cos\vartheta - A\sin\vartheta)$$
$$= \frac{\mu h^2}{12}\frac{\partial}{\partial r}\left(\frac{1}{r}\frac{\partial\xi}{\partial\vartheta}\right) + (1-\mu)(\eta'\cos 2\vartheta - \xi'\sin 2\vartheta).$$

Die Gleichungen gelten nur für $r=a$, aber für alle Werthe von ϑ. Setzt man in denselben für ξ, ξ', η' ihre oben gefundenen Werthe ein, und zugleich $r=a$, so erhält man daher folgende Gleichungen, welche für alle Werthe von ϑ erfüllt sein müssen:

$$\frac{2(1-\mu^2)}{hE}(A\cos\vartheta + B\sin\vartheta).$$
$$= \frac{\mu h^2}{24}\big[1.2\,A_2\cos 2\vartheta + 2.3 A_3\,a\cos 3\vartheta \ldots$$
$$+ 1.2.\,B_2\sin 2\vartheta + 2.3\,B_3\,a\sin 3\vartheta \ldots\big]$$
$$+ \frac{1+\mu}{2}\big[A_0 + A_1\,a\cos\vartheta + A_2\,a^2\cos 2\vartheta \ldots$$
$$+ B_1\,a\sin\vartheta + B_2\,a^2\sin 2\vartheta \ldots\big]$$
$$- \frac{1+\mu}{4}\big[A_1\,a\cos\vartheta + 2\,A_2\,a^2\cos 2\vartheta \ldots$$
$$+ B_1\,a\sin\vartheta + 2B_2\,a^2\sin 2\vartheta \ldots\big]$$
$$+ (1-\mu)\big[C_0\cos 2\vartheta + C_1\,a\cos 3\vartheta + C_2\,a^2\cos 4\vartheta \ldots$$
$$+ D_1\,a\sin 3\vartheta + D_2\,a^2\sin 4\vartheta \ldots\big]$$
$$\frac{2(1-\mu^2)}{hE}(B\cos\vartheta - A\sin\vartheta)$$
$$= \frac{\mu h^2}{24}\big[-1.2\,A_2\sin 2\vartheta - 2.3\,A_3\,a\sin 3\vartheta \ldots$$
$$+ 1.2\,B_2\cos 2\vartheta + 2.3.\,B_3\cos 3\vartheta \ldots\big]$$
$$+ \frac{1+\mu}{4}\big[A_1\,a\sin\vartheta + 2\,A_2\,a^2\sin 2\vartheta \ldots$$
$$- B_1\,a\cos\vartheta - 2\,B_2\,a^2\cos 2\vartheta \ldots\big]$$
$$+ (1-\mu)\big[D_0\cos 2\vartheta + D_1\,a\cos 3\vartheta + D_2\,a^2\cos 4\vartheta \ldots$$
$$- C_1\,a\sin 3\vartheta - C_2\,a^2\sin 4\vartheta \ldots\big].$$

Um die Constanten hieraus zu bestimmen, hat man nur einer bekannten Eigenschaft der trigonometrischen Integrale zu gedenken, nach welcher, wenn m und n verschieden sind:

$$(168b) \dots \left\{ \begin{array}{l} \int_0^{2\pi} \cos m\vartheta \cos n\vartheta \, d\vartheta = 0 \\ \int_0^{2\pi} \cos m\vartheta \sin n\vartheta \, d\vartheta = 0 \\ \int_0^{2\pi} \sin m\vartheta \sin n\vartheta \, d\vartheta = 0, \end{array} \right.$$

Gleichungen von denen die zweite auch noch für $m = n$ besteht, während

$$(168c) \dots \int_0^{2\pi} \cos^2 m\vartheta \, d\vartheta = \int_0^{2\pi} \sin^2 m\vartheta \, d\vartheta = \pi;$$

nur für $m = 0$ hat man

$$\int_0^{2\pi} d\vartheta = 2\pi.$$

Integrirt man also die obigen Gleichungen von 0 bis 2π, nachdem man sie mit 1 oder mit $\cos\vartheta$ oder mit $\sin\vartheta$ multiplicirt hat, so ergeben sich folgende Gleichungen, welche nur noch die Constanten selbst und bekannte Grössen enthalten:

$$(169) \left\{ \begin{array}{l} \frac{2(1-\mu^2)}{hE} \int_0^{2\pi} (A\cos\vartheta + B\sin\vartheta)\, d\vartheta = (1+\mu)\, A_0 \pi \\ \frac{2(1-\mu^2)}{hE} \int_0^{2\pi} (B\cos\vartheta - A\sin\vartheta)\, d\vartheta = 0. \\ \frac{2(1-\mu^2)}{hE} \int_0^{2\pi} (A\cos\vartheta + B\sin\vartheta) \cos\vartheta \, d\vartheta = \frac{1+\mu}{4} A_1\, a\pi \\ \frac{2(1-\mu^2)}{hE} \int_0^{2\pi} (A\cos\vartheta + B\sin\vartheta) \sin\vartheta \, d\vartheta = \frac{1+\mu}{4} B_1\, a\pi \\ \frac{2(1-\mu^2)}{hE} \int_0^{2\pi} (B\cos\vartheta - A\sin\vartheta) \cos\vartheta \, d\vartheta = -\frac{1+\mu}{4} B_1\, a\pi \\ \frac{2(1-\mu^2)}{hE} \int_0^{2\pi} (B\cos\vartheta - A\sin\vartheta) \sin\vartheta \, d\vartheta = \frac{1+\mu}{4} A_1\, a\pi. \end{array} \right.$$

Ferner aber wird allgemein für jedes i, welches grösser als 1 ist:

$$\frac{2(1-\mu^2)}{hE}\int_0^{2\pi}(A\cos\vartheta + B\sin\vartheta)\cos i\vartheta\, d\vartheta$$

$$= \pi A_i\left(\frac{i(i-1)\mu h^2 a^{i-2}}{24} - \frac{(1+\mu)(i-2)}{4}a^i\right) + (1-\mu)\pi C_{i-2}\, a^{i-2}$$

$$\frac{2(1-\mu^2)}{hE}\int_0^{2\pi}(A\cos\vartheta + B\sin\vartheta)\sin i\vartheta\, d\vartheta$$

$$= \pi B_i\left(\frac{i(i-1)\mu h^2 a^{i-2}}{24} - \frac{(1+\mu)(i-2)}{4}a^i\right) + (1-\mu)\pi D_{i-2}\, a^{i-2}$$

$$\frac{2(1-\mu^2)}{hE}\int_0^{2\pi}(B\cos\vartheta - A\sin\vartheta)\cos i\vartheta\, d\vartheta$$

$$= \pi B_i\left(\frac{i(i-1)\mu h^2 a^{i-2}}{24} - \frac{1+\mu}{4}\, i a^i\right) + (1-\mu)\pi D_{i-2}\, a^{i-2}$$

$$\frac{2(1-\mu^2)}{hE}\int_0^{2\pi}(B\cos\vartheta - A\sin\vartheta)\sin i\vartheta\, d\vartheta$$

$$= -\pi A_i\left(\frac{i(i-1)\mu h^2 a^{i-2}}{24} - \frac{1+\mu}{4}\, i a^i\right) - (1-\mu)\pi C_{i-2}\, a^{i-2}.$$

Aus diesen Gleichungen bestimmen die Constanten sich vollständig; denn man hat:

$$A_0 = \frac{2(1-\mu)}{hE\pi}\int_0^{2\pi}(A\cos\vartheta + B\sin\vartheta)\, d\vartheta$$

$$A_1 = \frac{8(1-\mu)}{a hE\pi}\int_0^{2\pi}(A\cos\vartheta + B\sin\vartheta)\cos\vartheta\, d\vartheta$$

$$B_1 = \frac{8(1-\mu)}{a hE\pi}\int_0^{2\pi}(A\cos\vartheta + B\sin\vartheta)\sin\vartheta\, d\vartheta$$

$$A_i = \frac{4(1-\mu)}{a^i hE\pi}\int_0^{2\pi}[A\cos(i+1)\vartheta + B\sin(i+1)\vartheta]\, d\vartheta$$

$$B_i = \frac{4(1-\mu)}{a^i hE\pi}\int_0^{2\pi}[A\sin(i+1)\vartheta - B\cos(i+1)\vartheta]\, d\vartheta$$

$$C_i = -\frac{i(i-1)\mu h^2 - 6(1+\mu)a^2 i}{6a^i hE\pi}\int_0^{2\pi}[A\cos(i+1)\vartheta + B\sin(i+1)\vartheta]\,d\vartheta$$

$$-\frac{2(1+\mu)}{hEa^{i-2}\pi}\int_0^{2\pi}(B\sin\vartheta - A\sin\vartheta)\sin i\vartheta\,d\vartheta$$

$$D_i = -\frac{i(i-1)\mu h^2 - 6(1+\mu)a^2 i}{6a^i hE\pi}\int_0^{2\pi}[A\sin(i+1)\vartheta - B\cos(i+1)\vartheta]\,d\vartheta$$

$$+\frac{2(1+\mu)}{hEa^{i-2}\pi}\int_0^{2\pi}(B\cos\vartheta - A\sin\vartheta)\cos i\vartheta\,d\vartheta.$$

Ausserdem folgen aus den obigen Gleichungen noch drei Bedingungen, welche die Constanten nicht mehr enthalten, und welche daher den äussern Kräften besondere Eigenschaften beizulegen scheinen. Eine dieser Gleichungen ist die zweite der Gleichungen (169) selbst; die Addition der vierten und fünften giebt eine andre, die letzte jener Gleichungen von der dritten abgezogen eine weitere. Aber die so erhaltenen Gleichungen, nämlich

$$\int_0^{2\pi}(B\cos\vartheta - A\sin\vartheta)\,d\vartheta = 0,\quad \int_0^{2\pi}A\,d\vartheta = 0,\quad \int_0^{2\pi}B\,d\vartheta = 0$$

sind in Wahrheit nichts anders als die Bedingungen, welche aussagen, dass die äussern Kräfte sich an der Platte das Gleichgewicht halten. Bezeichnet man nämlich durch ds ein Element der Peripherie, durch x, y seine Coordinaten, so sind,

$$\int A\,ds,\quad \int B\,ds$$

die Summen der Componenten, und

$$\int (Bx - Ay)\,ds$$

ist die Summe der Drehungsmomente. Sollen sich die äussern Kräfte nun das Gleichgewicht halten, so müssen diese drei Ausdrücke verschwinden; und indem man sie gleich Null setzt, für x, y, ds aber $a\cos\vartheta$, $a\sin\vartheta$, $a\,d\vartheta$ setzt, erhält man die in Rede stehenden Gleichungen.

So ist denn also die Constantenbestimmung durchgeführt,

und die Zahl der Bedingungen hat sich als hinreichend, das Problem als ein bestimmtes erwiesen. Nur die Constante B_0 ist unbestimmt geblieben; es wird sich weiterhin zeigen, dass dies der Bestimmtheit des Problems keinen Eintrag thut.

Es bleibt übrig, endlich die Functionen φ, ψ selbst zu bestimmen, und dadurch zu dem allgemeinen Ausdruck der Verschiebungen u, v, w zu gelangen. Dies geschieht mit Hülfe folgender Betrachtung.

In Folge der Gleichungen (160) hat man:

$$(170)\quad \begin{cases} \dfrac{\partial\varphi}{\partial r} = \dfrac{\xi+\xi'}{2}\cos\vartheta + \dfrac{\eta+\eta'}{2}\sin\vartheta, \\ \dfrac{\partial\psi}{\partial r} = -\dfrac{\eta-\eta'}{2}\cos\vartheta + \dfrac{\xi-\xi}{2}\sin\vartheta \\ \dfrac{\partial\varphi}{r\partial\vartheta} = -\dfrac{\xi+\xi}{2}\sin\vartheta + \dfrac{\eta+\eta'}{2}\cos\vartheta \\ \dfrac{\partial\psi}{r\partial\vartheta} = \dfrac{\eta-\eta'}{2}\sin\vartheta + \dfrac{\xi-\xi'}{2}\cos\vartheta. \end{cases}$$

In Folge der ersten Gleichungen kann man setzen:

$$(171)\quad \begin{cases} \varphi = \cos\vartheta\displaystyle\int_0^r \frac{\xi+\xi'}{2}\,dr + \sin\vartheta\int_0^r \frac{\eta+\eta'}{2}\,dr + \Theta_1 \\ \psi = -\cos\vartheta\displaystyle\int_0^r \frac{\eta-\eta'}{2}\,dr + \sin\vartheta\int_0^r \frac{\xi-\xi'}{2}\,dr + \Theta_2, \end{cases}$$

wo Θ_1 und Θ_2 nur noch Functionen von ϑ sind. Diese Ausdrücke ergeben bereits, nach r differenzirt, die verlangten Werthe; die Functionen Θ_1, Θ_2 sind so zu bestimmen, dass auch die Werthe der Differentialquotienten nach ϑ den Gleichungen (170) gemäss sind. Die Differentiation der vorstehenden Ausdrücke nach ϑ giebt aber:

$$\frac{\partial\varphi}{\partial\vartheta} = \frac{\cos\vartheta}{2}\int_0^r \frac{\partial(\xi+\xi')}{\partial\vartheta}\,dr + \frac{\sin\vartheta}{2}\int_0^r \frac{\partial(\eta+\eta')}{\partial\vartheta}\,dr + \frac{\partial\Theta_1}{\partial\vartheta}$$
$$-\frac{\sin\vartheta}{2}\int_0^r (\xi+\xi')\,dr + \frac{\cos\vartheta}{2}\int_0^r (\eta+\eta')\,dr$$

$$\frac{\partial \psi}{\partial \vartheta} = -\frac{\cos\vartheta}{2}\int\limits_0^r \frac{\partial(\eta-\eta')}{\partial\vartheta}\,dr + \frac{\sin\vartheta}{2}\int\limits_0^r \frac{\partial(\xi-\xi')}{\partial\vartheta}\,dr + \frac{\partial\Theta_2}{\partial\vartheta}$$

$$+ \frac{\sin\vartheta}{2}\int\limits_0^r (\eta-\eta')\,dr + \frac{\cos\vartheta}{2}\int\limits_0^r (\xi-\xi')\,dr.$$

Ersetzt man nun zunächst in den Gleichungen (161) die Differentialquotienten nach x, y durch die Differentialquotienten nach r, ϑ, wodurch diese Gleichungen übergehen in:

$$\frac{\partial(\xi+\xi')}{\partial r}\sin\vartheta - \frac{\partial(\eta+\eta')}{\partial r}\cos\vartheta + \frac{\partial(\xi+\xi')}{r\partial\vartheta}\cos\vartheta + \frac{\partial(\eta+\eta')}{r\partial\vartheta}\sin\vartheta = 0$$

$$\frac{\partial(\xi-\xi')}{\partial r}\cos\vartheta + \frac{\partial(\eta-\eta')}{\partial r}\sin\vartheta - \frac{\partial(\xi-\xi')}{r\partial\vartheta}\sin\vartheta + \frac{\partial(\eta-\eta')}{r\partial\vartheta}\cos\vartheta = 0,$$

so lassen sich in den vorstehenden Gleichungen die nach ϑ genommenen Differentialquotienten überall durch die nach r genommenen ersetzen, und man erhält:

$$\frac{\partial\varphi}{\partial\vartheta} = \frac{\cos\vartheta}{2}\int\limits_0^r \left(\eta+\eta' + r\,\frac{\partial(\eta+\eta')}{\partial r}\right)dr$$

$$-\frac{\sin\vartheta}{2}\int\limits_0^r \left(\xi+\xi' + r\,\frac{\partial(\xi+\xi')}{\partial r}\right)dr + \frac{\partial\Theta_1}{\partial\vartheta}$$

$$\frac{\partial\psi}{\partial\vartheta} = \frac{\cos\vartheta}{2}\int\limits_0^r \left(\xi-\xi' + r\,\frac{\partial(\xi-\xi')}{\partial r}\right)dr$$

$$+\frac{\sin\vartheta}{2}\int\limits_0^r \left(\eta-\eta' + r\,\frac{\partial(\eta-\eta')}{\partial r}\right)dr + \frac{\partial\Theta_2}{\partial\vartheta}.$$

Die Integrale rechts kann man nun ausführen, und erhält, da die integrirten Functionen $r(\eta+\eta')$, $r(\xi+\xi')$ für die untere Grenze $r=0$ verschwinden:

$$\frac{\partial\varphi}{\partial\vartheta} = r\left(\cos\vartheta\,\frac{\eta+\eta'}{2} - \sin\vartheta\,\frac{\xi+\xi'}{2}\right) + \frac{\partial\Theta_1}{\partial\vartheta}$$

$$\frac{\partial\psi}{\partial\vartheta} = r\left(\cos\vartheta\,\frac{\xi-\xi'}{2} + \sin\vartheta\,\frac{\eta-\eta'}{2}\right) + \frac{\partial\Theta_2}{\partial\vartheta}.$$

Dies stimmt mit den Gleichungen (170) völlig überein, wenn man nur Θ_1, Θ_2 constant annimmt, so dass ihre Differentialquotienten nach ϑ verschwinden. Hält man diese Bedeutung der Grössen Θ fest, so geben also die Gleichungen (171) die richtigen Ausdrücke für φ und ψ.

Um nun die Integration auszuführen, bemerke man, dass ξ', η' nach (168) die Form haben:

$$\xi' = \xi'_0 + \xi'_1, \quad \eta' = \eta'_0 + \eta'_1,$$

und dass nach (167):

$$\xi'_0 \cos\vartheta + \eta'_0 \sin\vartheta = \varrho \cos\vartheta + \sigma \sin\vartheta$$
$$\eta'_0 \cos\vartheta + \xi'_0 \sin\vartheta = \varrho \sin\vartheta - \sigma \cos\vartheta.$$

Man kann daher auch schreiben:

$$\varphi = \frac{\cos\vartheta}{2} \int_0^r (\xi + \xi'_1 + \varrho)\, dr + \frac{\sin\vartheta}{2} \int_0^r (\eta + \eta'_1 + \sigma)\, dr + \Theta_1.$$

$$\psi = -\frac{\cos\vartheta}{2} \int_0^r (\eta - \eta'_1 + \sigma)\, dr + \frac{\sin\vartheta}{2} \int_0^r (\xi - \xi'_1 + \varrho)\, dr + \Theta_2.$$

Den Verbindungen $\xi + \varrho$, $\eta + \sigma$ kann man ferner mit Hülfe der Entwicklungen (165) und (168[a]) sehr leicht die Form geben:

$$\xi + \varrho = \frac{3-\mu}{4(1-\mu)}[A_0 + A_1 r\cos\vartheta + B_1 r\sin\vartheta + A_2 r^2 \cos 2\vartheta + B_2 r^2 \sin 2\vartheta \ldots]$$
$$- \frac{1+\mu}{4(1-\mu)}[A_0 + 2A_1 r\cos\vartheta + 2B_1 r\sin\vartheta + 3A_2 r^2\cos 2\vartheta + 3B_2 r^2 \sin 2\vartheta \ldots]$$

$$\eta + \sigma = \frac{3-\mu}{4(1-\mu)}[B_0 + B_1 r\cos\vartheta - A_1 r\sin\vartheta + B_2 r^2 \cos 2\vartheta - A_2 r^2 \sin 2\vartheta \ldots]$$
$$+ \frac{1+\mu}{4(1-\mu)}[B_0 + 2B_1 r\cos\vartheta - 2A_1 r\sin\vartheta + 3B_2 r^2\cos 2\vartheta - 3A_2 r^2 \sin 2\vartheta \ldots]$$

Entnimmt man noch die Werthe von ξ'_1, ξ'_2 aus (168), so ergeben sich durch Integration endlich für φ und ψ folgende Entwicklungen:

$$\varphi = \Theta_1 + \frac{3-\mu}{8(1-\mu)}\Big\{ r(A_0 \cos\vartheta + B_0 \sin\vartheta) + \frac{r^2}{2}(A_1 \cos 2\vartheta + B_1 \sin 2\vartheta)$$
$$+ \frac{r^3}{3}(A_2 \cos 3\vartheta + B_2 \sin 3\vartheta) \ldots \Big\}$$
$$- \frac{1+\mu}{8(1-\mu)}\Big\{ r(A_0 \cos\vartheta - B_0 \sin\vartheta) + r^2 A_1 + r^3 (A_2 \cos\vartheta + B_2 \sin\vartheta)$$
$$+ r^4 (A_3 \cos 2\vartheta + B_3 \sin 2\vartheta) \ldots \Big\}$$

$$+ \frac{1}{2} \Big\{ r\,(C_0 \cos\vartheta + D_0 \sin\vartheta) + \frac{r^2}{2}\,(C_1 \cos 2\vartheta + D_1 \sin 2\vartheta)$$

$$+ \frac{r^3}{3}\,(C_2 \cos 3\vartheta + B_2 \sin 3\vartheta) \ldots \Big\}$$

$$\psi = \Theta_2 + \frac{3-\mu}{8(1-\mu)} \Big\{ r\,(A_0 \sin\vartheta - B_0 \cos\vartheta) + \frac{r^2}{2}\,(A_1 \sin 2\vartheta - B_1 \cos 2\vartheta)$$

$$+ \frac{r^3}{3}\,(A_2 \sin 3\vartheta - B_2 \sin 3\vartheta) \ldots \Big\}$$

$$- \frac{1+\mu}{8(1-\mu)} \Big\{ r(A_0 \sin\vartheta - B_0 \cos\vartheta) - r^2 B_1 + r^3\,(A_2 \sin\vartheta - B_2 \cos\vartheta)$$

$$+ r^4\,(A_3 \sin 2\vartheta - B_3 \cos 2\vartheta) \ldots \Big\}$$

$$+ \frac{1}{2} \Big\{ r\,(C_0 \sin\vartheta - D_0 \cos\vartheta) + \frac{r^2}{2}\,(C_1 \sin 2\vartheta - D_1 \cos 2\vartheta)$$

$$+ \frac{r^3}{3}\,(C_2 \sin 3\vartheta - D_2 \cos 3\vartheta) \ldots \Big\}$$

Nachdem ich diese vollständigen Entwickelungen gegeben habe, wird es hinreichen, auf die Gestalt kurz hinzuweisen, welche die Verschiebungen u, v, w und die Spannungen annehmen; führt man in den Ausdrücken (130), (132) nach Beseitigung der Glieder mit z überall die Functionen ξ, η, ξ', η' und die nach r, ϑ genommenen Differentialquotienten ein, so erhält man:

$$u = \frac{\mu z^2}{2(1-\mu)} \Big\{ \frac{\partial \xi}{\partial r} \cos\vartheta - \frac{\partial \xi}{r \partial \vartheta} \sin\vartheta \Big\} + \varphi$$

$$v = \frac{\mu z^2}{2(1-\mu)} \Big\{ \frac{\partial \xi}{\partial r} \sin\vartheta + \frac{\partial \xi}{r \partial \vartheta} \cos\vartheta \Big\} + \psi$$

$$w = - \frac{\mu z}{1-\mu}\, \xi,$$

und für die Spannungen:

$$t_{11} = \frac{E}{2(1-\mu^2)} \Big\{ (1+\mu)\,\xi + (1-\mu)\,\xi' + \mu z^2 \Big[\frac{\partial^2 \xi}{\partial r^2} \cos^2\vartheta$$

$$+ 2 \left(\frac{\partial \xi}{r^2 \partial \vartheta} - \frac{\partial^2 \xi}{r \partial r \partial \vartheta} \right) \sin\vartheta \cos\vartheta + \left(\frac{\partial^2 \xi}{r^2 \partial \vartheta^2} + \frac{\partial \xi}{r \partial r} \right) \sin^2\vartheta \Big] \Big\}$$

$$t_{22} = \frac{E}{2(1-\mu^2)} \Big\{ (1+\mu)\,\xi - (1-\mu)\,\xi' + \mu z^2 \Big[\frac{\partial^2 \xi}{\partial r^2} \cos^2\vartheta$$

$$- 2 \left(\frac{\partial \xi}{r \partial \vartheta} - \frac{\partial^2 \xi}{r \partial r \partial \vartheta} \right) \sin\vartheta \cos\vartheta + \left(\frac{\partial^2 \xi}{r^2 \partial \vartheta^2} + \frac{\partial \xi}{r \partial r} \right) \sin^2\vartheta \Big] \Big\}$$

$$t_{12} = \frac{E}{2(1-\mu^2)} \left\{ (1-\mu)\,\eta' + \mu z^2 \left[\left(\frac{\partial^2 \xi}{r \partial r \partial \vartheta} - \frac{\partial \xi}{r \partial \vartheta} \right) (\cos^2\vartheta - \sin^2\vartheta) \right.\right.$$
$$\left.\left. + \left(\frac{\partial^2 \xi}{\partial r^2} - \frac{\partial^2 \xi}{r^2 \partial \vartheta^2} - \frac{\partial \xi}{r \partial r} \right) \sin\vartheta \cos\vartheta \right] \right\}.$$

In den Ausdrücken der Verschiebungen kommen noch drei unbestimmte Constanten vor, B, Θ_1, Θ_2. Aber diese kommen weder in ξ', η' vor, noch in den Differentialquotienten von ξ; die Spannungen sind also jedenfalls bestimmt. Um ihren Einfluss auf u, v, w zu erkennen, lassen wir auf den Augenblick alles andre verschwinden. Es bleibt dann:

$$u = \Theta_1 + \tfrac{1}{4} B\, r \sin\vartheta = \Theta_1 + \frac{Bx}{4}$$

$$v = \Theta_2 - \tfrac{1}{4} B\, r \cos\vartheta = \Theta_2 - \frac{By}{4}$$

$$w = 0.$$

Es ist schon oft erwähnt, dass Formeln dieser Art nur eine kleine Verschiebung des Coordinatensystems angeben, und zwar hier, wo $w=0$, nur eine Verschiebung parallel der XY Ebene. Die Unbestimmtheit von Θ_1, Θ_2, B ist also auf das innere Verhalten des Körpers ohne Einfluss; man kann jene Constanten ohne Weiteres verschwinden lassen oder ihnen beliebige Werthe beilegen. Es ist also die völlige Bestimmtheit des vorgelegten Problems hierdurch endlich erwiesen.

Es ist ohne Zweifel möglich, das entsprechende Problem auch für andre Formen der Platte zu lösen, als für die hier angenommene. Indess wird es genügen, in einem Fall Weg und Auflösung vollständig dargestellt zu haben, zumal schon dieser einfachste Fall nicht ohne Verwickelung erscheint.

§ 45. Biegung der Platte durch Kräftepaare die auf den Rand wirken. Gleichförmige Biegung durch überall gleiche Kräftepaare, welche um die Tangenten der Randcurve der Mittelfläche drehen.

Ich habe endlich, anknüpfend an den § 40, noch von der zweiten Art von Gleichgewichtszuständen zu sprechen, welche in den allgemeinen Gleichungen (130), (132) enthalten sind. Für diese hat man:

$$(172) \ldots \begin{cases} u = -z\left(\dfrac{\partial f}{\partial x} - (1-\mu)\dfrac{c'x}{2}\right), \\ v = -z\left(\dfrac{\partial f}{\partial y} - (1-\mu)\dfrac{c'y}{2}\right), \\ w = f - c'(1-\mu)\dfrac{x^2+y^2}{2} - \mu\dfrac{c'z^2}{2}; \end{cases}$$

die Function f ist definirt durch die Gleichung

$$(173) \ldots\ldots \frac{\partial^2 f}{\partial x^2} + \frac{\partial^2 f}{\partial y^2} = 0,$$

und die Spannungen werden:

$$(174) \ldots \begin{cases} t_{11} = -\dfrac{Ez}{1+\mu}\left(\dfrac{\partial^2 f}{\partial x^2} - (1-\mu)\dfrac{c'}{2}\right) \\ t_{22} = -\dfrac{Ez}{1+\mu}\left(\dfrac{\partial^2 f}{\partial y^2} - (1-\mu)\dfrac{c'}{2}\right) \\ t_{12} = -\dfrac{Ez}{1+\mu}\dfrac{\partial^2 f}{\partial x\,\partial y}. \end{cases}$$

Es ist charakteristisch, dass sämmtliche Spannungen hier mit z das Zeichen wechseln; dass die Spannungen also im untern Theil der Platte den Spannungen im obern Theil genau gleich und entgegengesetzt sind. Auch die Zugkräfte also, welche der Platte parallel auf den Rand derselben wirken, sind zu beiden Seiten der Mittelfläche gleich und entgegengesetzt. Sie üben daher in ihrer Gesammtheit weder Zug noch Druck aus, sondern wirken nur als Drehungsmomente; und so ist der Charakter der vorliegenden Formeln und der durch sie ausgedrückten Verschiebungen Biegung durch blosse Kräftepaare.

Die Mittelfläche selbst erfährt keinerlei Spannungen, wohl aber eine Gestaltsveränderung, in der Weise, dass ihre Punkte nicht seitlich (denn u und v verschwinden mit z) sondern normal verschoben werden. Die einzelnen Fasern hingegen bleiben geradlinig, indem sie nur ihre Richtung ändern. Setzt man nämlich $x' = x + u$, $y' = y + v$, $z' = z + w$, so kann man aus (172) bis auf Grössen höherer Ordnung die Gleichungen ableiten:

$$x' = x - z'\left(\frac{\partial f}{\partial x} - (1-\mu)\frac{c'x}{2}\right)$$

$$y' = y - z'\left(\frac{\partial f}{\partial y} - (1-\mu)\frac{c'y}{2}\right).$$

Betrachtet man x, y, die Coordinaten für die natürliche Lage der Faser, als constant, so sind dies die Gleichungen zweier Ebenen, welche sich in der verschobenen Lage der Faser durchschneiden.

Der einfachste aller Fälle ist der, wo auch f verschwindet, und also nur übrig bleibt:

$$u = \frac{1-\mu}{2} c' x z, \quad v = \frac{1-\mu}{2} c' y z$$

$$w = -\frac{c'}{2} [(1-\mu)(x^2+y^2)+\mu z^2]$$

$$t_{11} = t_{22} = \frac{E z c' (1-\mu)}{2(1+\mu)}, \qquad t_{12} = 0.$$

Dieser Zustand kann offenbar bei jeder Platte, ganz unabhängig von der Gestalt derselben, auftreten. Jede Fläche, welche der Mittelfläche parallel geht, hat in jedem ihrer Punkte gleiche Spannung, da t_{11}, t_{22}, von x, y unabhängig sind; und diese Spannung besteht in einfachen nach allen Seiten hin gleichen Ausdehnungen, da $t_{11} = t_{22}$ und da die auf Verschiebungen der Elemente gegen einander hindeutende Spannung t_{12} verschwindet.

Die Gleichungen der verschobenen Fasern werden

$$x' = x \left(1 + \frac{1-\mu}{2} c' z'\right)$$

$$y' = y \left(1 + \frac{1-\mu}{2} c' z'\right).$$

Die Geraden, welche hiedurch dargestellt sind, schneiden sich alle in demselben Punkt der ZAxe,

$$x' = 0, \quad y' = 0, \quad z' = -\frac{2}{(1-\mu) c'}.$$

Man kann also die verschobenen Fasern als Strahlen auffassen, welche von einem einzigen Punkte ausgehen. Endlich wird die Gleichung einer der Mittelfläche parallelen Fläche nach der Verschiebung, bis auf Grössen höherer Ordnung, indem man $z' = z + w$ bildet und in w die ursprünglichen Coordinaten x, y durch die verschobenenen x' y' ersetzt:

$$z' = z - \frac{c'}{2} [(1-\mu)(x'^2 + y'^2) + \mu z^2)].$$

Man erkennt hierin sofort eine Rotationsparaboloid, dessen Scheitel durch

$$x' = 0,\ y' = 0,\ z' = z - \frac{\mu c'}{2} z^2$$

gegeben ist. Bezeichnet man für den Augenblick die Coordinaten z' des Scheitels durch ζ, so kann man die obige Gleichung auch in der Form schreiben:

$$z' - \zeta = -\frac{c'}{2}(1-\mu)(x'^2 + y'^2).$$

Man sieht daraus, dass die verschiedenen Paraboloide congruent sind und sich nur durch die Lage des Scheitels unterscheiden, da die unterscheidende Grösse z nur in ζ enthalten ist.

Diese äussern Kräfte, welche diesen Zustand hervorzubringen im Stande sind, werden durch die Gleichungen (134), (135) gegeben. Man hat für den vorliegenden Fall:

$$X = X_1 z = \frac{E c' z}{2} \cos p$$

$$Y = Y_1 z = \frac{E c' z}{2} \sin p.$$

Die Kräfte sind also für jede Seite des den Rand bildenden Cylinders dieselben, und überall normal, da $X : Y = \cos p : \sin p$. Sie sind endlich in den verschiedenen Punkten derselben Cylinderseite den Abständen von der Mittelfläche proportional; Null in dieser selbst, wachsen sie nach beiden Seiten derselben in entgegengesetztem Sinne.

§ 46. Biegung durch Kräftepaare, bei welcher die Peripherie der Mittellinie auf eine gegebene Oberfläche zu liegen kommt.

In der allgemeinen Untersuchung, wo auch die Function f auftritt, werden die am Rande der Platte zu erfüllenden Bedingungen aus (135):

$$(174a)\quad \begin{cases} X_1 = \dfrac{E c' \cos p}{2} - \dfrac{E}{1+\mu}\left(\dfrac{\partial^2 f}{\partial x^2}\cos p + \dfrac{\partial^2 f}{\partial x\,\partial y}\sin p\right) \\[2ex] Y_1 = \dfrac{E c' \sin p}{2} - \dfrac{E}{1+\mu}\left(\dfrac{\partial^2 f}{\partial x\,\partial y}\cos p + \dfrac{\partial^2 f}{\partial y^2}\sin p\right). \end{cases}$$

Die auf den Punkt x, y, z des Randes wirkenden Kräfte haben dann die Componenten $X_1 z$, $Y_1 z$; es ist bereits darauf aufmerksam gemacht worden, dass die Functionen X, Y nicht beliebig gewählt werden dürfen. Das Problem also, die Biegung der Platte beliebig in der oben angegebenen Weise zu bestimmen, lässt sich durch die hier angewandten Vorstellungen nicht lösen. Aber man kann eine Reihe von andern bemerkenswerthen Problemen lösen, von denen ich hier nur eines erwähne:

Durch passende, in der angegebenen Weise wirkende Kräftepaare soll die Platte so gebogen werden, dass die Peripherie der Mittelfläche nach der Biegung auf einer beliebig vorgeschriebenen, der ursprünglichen Peripherie sehr nahe kommenden Oberfläche liegt.

Sei nämlich die Gleichung der gegebenen Fläche

$$F(x, y, z) = 0,$$

so dass für alle Punkte in der Peripherie der Mittelfläche diese Function einen sehr kleinen Werth habe. Führen wir nun statt x, y, z die Coordinaten $x + u$, $y + v$, $z + w$ ein, welche nach der Verschiebung auftreten; die Bedingung des Problems ist, dass in der Peripherie der Mittelfläche

$$F(x + u,\ x + v,\ z + w) = 0$$

sei. Entwickeln wir nach Potenzen von u, v, w und vernachlässigen die höhern, so erhalten wir

$$F(x, y, z) + u\,F'(x) + v\,F'(y) + w\,F'(z) = 0,$$

eine Gleichung, deren Terme sämmtlich sehr klein und unter einander vergleichbar sind, wenn nur der Werth von $F(x, y, z)$ d. h. die Abstände der ursprünglichen Peripherie von der gegebenen Fläche sich innerhalb gehöriger Grenzen befinden. Aber für die Mittelfläche, wo $z = 0$, hat man aus (172):

$$u = v = 0,\ w = f - c'(1 - \mu)\frac{x^2 + y^2}{2}.$$

Die Bedingungsgleichung reducirt sich also auf

$$w = f - c'(1 - \mu)\frac{x^2 + y^2}{2} = -\frac{F(x, y, z)}{F'(z)};$$

oder es lässt sich das Problem ersetzen durch das einfachere:

Die Platte soll durch die Kräftepaare so gebogen

werden, dass die Peripherie der Mittelfläche senkrecht zu dieser Fläche selbst gegebene Verschiebungen erleidet.

Ist N die Function, welche diese Verschiebungen darstellt, so muss also f ausser der allgemeinen Bedingung

$$\frac{\partial^2 f}{\partial x^2} + \frac{\partial^2 f}{\partial y^2} = 0$$

noch die Bedingung

$$(175) \quad \ldots\ldots \quad w = f - c'(1-\mu)\frac{x^2+y^2}{2} = N$$

an der Peripherie der Mittelfläche erfüllen.

Dies ist auf unendlich viele Arten möglich; man kann nämlich der Constanten c' noch alle möglichen Werthe beilegen, dann aber ist f jedesmal vollständig bestimmt. Man kann also eine Lage der Platte der vorgeschriebenen Bedingung gemäss jedesmal finden, indem man ihren ganzen Rand noch beliebigen aber überall gleichen Kräftepaaren unterwirft, welche um die Tangenten der Peripherie der Mittelfläche drehen.

Ich werde die Aufgabe für den speciellen Fall durchführen, wo die Peripherie ein Kreis ist. Setzt man dann wieder

$$x = r\cos\vartheta,\ y = r\sin\vartheta,$$

so ist die allgemeinste Lösung der Gleichung für f, welche hier zulässig ist, indem sie für $r = 0$ keinen unendlich grosen Werth ergiebt, folgende:

$$f = B + A_1 r\cos\vartheta + A_2 r^2\cos 2\vartheta \ldots + B_1 r\sin\vartheta + B_2 r^2 \sin 2\vartheta \ldots$$

Um dies einzusehen, darf man etwa nur auf das in § 44 behandelte Problem zurückgehn, wo für die Function ξ, wenn man aus (158) η eliminirt, die nämliche Gleichung gefunden wird, welche hier für f gilt, und wo in (165) die Reihenentwickelung von ξ genau mit der für f angenommenen übereinstimmt.

Ist nun a der Radius der Peripherie, so nimmt die Bedingungsgleichung (175) die Gestalt an:

$$N = A - \frac{c'(1-\mu)}{2}a^2 + A_1 a\cos\vartheta + A_2 a^2\cos 2\vartheta \ldots$$
$$+ B_1 a\sin\vartheta + B_2 a^2\sin 2\vartheta \ldots$$

Die gegebene Grösse N kann man sich dabei als Function von ϑ denken. Die Formeln (168^b), (168^c) p. 174 und die dort angewandte Methode liefern dann sofort die folgende Bestimmung der Constanten:

$$A = \frac{c'(1-\mu)}{2} a^2 + \frac{1}{2\pi}\int_0^{2\pi} N\,\delta\vartheta$$

$$A_i = \frac{1}{a^i\,\pi}\int_0^{2\pi} N \cos i\vartheta\, d\vartheta,$$

$$B_i = \frac{1}{a^i\,\pi}\int_0^{2\pi} N \sin i\vartheta\, d\vartheta,$$

wodurch das Problem gelöst ist.

Statt der Verschiebungen u, v bestimmt man bequemer die Verschiebungen parallel dem Radius r und senkrecht dagegen. Diese werden nach (172) und mit Rücksicht auf die Darstellung der Differentialquotienten nach r und ϑ in (163):

$$u\cos\vartheta + v\sin\vartheta = -z\left(\frac{\partial f}{\partial r} - \frac{c'(1-\mu)}{2} r\right)$$

$$v\cos\vartheta - u\sin\vartheta = -z\,\frac{\partial f}{r\partial\vartheta}$$

$$w = f - \frac{c'(1-\mu)}{2} r^2 - \frac{\mu\, c' z^2}{2},$$

oder, wenn man die obigen Reihen einführt:

$$\begin{aligned}
u\cos\vartheta + v\sin\vartheta &= z\Big(\frac{c'(1-\mu)}{2} r - A_1\cos\vartheta - 2A_2 r\cos 2\vartheta \ldots \\
&\qquad - B_1\sin\vartheta - 2B_2 r\sin 2\vartheta \ldots\Big)\\
v\cos\vartheta - u\sin\vartheta &= z(A_1\sin\vartheta + 2A_2 r\sin 2\vartheta \ldots \\
&\qquad - B_1\cos\vartheta - 2B_2 r\cos 2\vartheta \ldots)\\
w = A + \frac{c'(1-\mu)(a^2-r^2) - \mu z^2}{2} &+ A_1 r\cos\vartheta + A_2 r^2\cos 2\vartheta \ldots \\
&+ B_1 r\sin\vartheta + B_2 r^2 \sin 2\vartheta \ldots .
\end{aligned}$$

Die Kräfte, welche diese Zustände hervorzubringen geeignet sind, haben nach dem Vorigen die Componenten

$$X = X_1 z, \quad Y = Y_1 z,$$

wo X_1, Y_1 aus den Gleichungen (174^a) zu entnehmen sind. Auch hier ist es zweckmässig nicht die den Axen parallelen Componenten zu bestimmen, sondern diejenigen, welche in die Richtung des Radius und in die Richtung der Tangente der Peripherie fallen. Bemerken wir, dass im vorliegenden Fall für jene Formeln p mit ϑ zusammenfällt, und dass für jede Function φ [nach (163)]:

$$\frac{\partial\varphi}{\partial x}\cos\vartheta+\frac{\partial\varphi}{\partial y}\sin\vartheta=\frac{\partial\varphi}{\partial r}$$

$$-\frac{\partial\varphi}{\partial x}\sin\vartheta+\frac{\partial\varphi}{\partial y}\cos\vartheta=\frac{\partial\varphi}{r\partial\vartheta},$$

so hat man zunächst aus (174ª):

$$X_1=\frac{Ec'\cos\vartheta}{2}-\frac{E}{1+\mu}\frac{\partial}{\partial r}\left(\frac{\partial f}{\partial x}\right)$$

$$Y_1=\frac{Ec'\sin\vartheta}{2}-\frac{E}{1+\mu}\frac{\partial}{\partial r}\left(\frac{\partial f}{\partial y}\right),$$

ferner aber, mit Anwendung derselben Formeln:

$$X_1\cos\vartheta+Y_1\sin\vartheta=\frac{Ec'}{2}-\frac{E}{1+\mu}\frac{\partial^2 f}{\partial r^2}$$

$$X_1\sin\vartheta-Y_1\cos\vartheta=\frac{E}{1+\mu}\frac{\partial^2}{\partial r\partial\vartheta}\left(\frac{f}{r}\right).$$

Dies giebt die gesuchten Componenten, wenn man mit z multiplicirt; die erste wirkt dann in Richtung des Radius und dreht um die Tangente, die zweite wirkt umgekehrt in Richtung der Tangente und dreht um den Radius. Die Einführung des Werths von f giebt endlich, wenn R, T die soeben beschriebenen Componenten bezeichnen:

$$R=\frac{Ec'z}{2}-\frac{Ez}{1+\mu}(2A_2\cos 2\vartheta+6A_3 r\cos 3\vartheta+\ldots$$
$$+2B_2\sin 2\vartheta+6B_3 r\sin 3\vartheta\ldots)$$

$$T=-\frac{Ez}{1+\mu}(2A_2\sin 2\vartheta+6A_3 r\sin 3\vartheta+\ldots$$
$$-2B_2\cos 2\vartheta-6B_3 r\cos 3\vartheta\ldots).$$

Ich füge noch eine Bemerkung hinzu, welche geeignet ist das Problem in ein helleres Licht zu setzen.

Nach den Formeln (31), (32) p. 48 ist die Veränderung v der Volumenheit auch dargestellt durch die Gleichung

$$v = \frac{1-2\mu}{E}(t_{11} + t_{22} + t_{33}).$$

In dem vorliegenden Falle ist $t_{33} = 0$, und wegen der Gleichung für f erhält man aus (174):

$$t_{11} + t_{22} = Ec'z \cdot \frac{1-\mu}{1+\mu},$$

also auch

$$v = \frac{(1-\mu)(1-2\mu)}{1+\mu} \cdot c'z$$

Diese Grösse verschwindet mit c'; es ist also ein besonderes Kennzeichen derjenigen Verschiebungen, welche von der Function f allein abhängen, dass bei denselben nirgend eine Volumenveränderung auftritt. So ist also das im Vorigen behandelte Problem, welches, wie wir sahen, unendlich viel Auflösungen gestattete, auf eine, und nur auf eine Weise lösbar, wenn man die Bedingung hinzufügt, dass an keiner Stelle der Platte Volumenveränderungen erscheinen sollen. Alsdann muss die bisher willkürlich gebliebene Constante c' verschwinden. Jedem andern speciellen Werth von c' aber entsprechen ganz bestimmte Volumenveränderungen in der Platte, welche in der Mittelfläche verschwinden, zu beiden Seiten derselben proportional der Entfernung von dieser Fläche zunehmen, indem sie auf der einen Seite als stetig wachsende Ausdehnungen, auf der andern als stetig wachsende Zusammenziehungen erscheinen.

Theorie elastischer Körper, deren Dimensionen zum Theil sehr klein (unendlich klein) sind.

§ 47. Allgemeine Grundlage der Theorie von Körpern, deren eine oder zwei Dimensionen sehr klein sind.

Eine strenge Theorie solcher Körper, deren ein oder zwei Dimensionen sehr klein werden, verdanken wir Kirchhoff, welcher in seiner Abhandlung „über das Gleichgewicht und die Bewegung eines unendlich dünnen elastischen Stabes" (Crelles Journal Bd. 56.) die zu befolgenden Principien entwickelt hat. Ich werde im Folgenden seine Methode mit einigen Modificationen darstellen, indem ich mich jedoch dabei auf uncrystallinische Körper beschränke. Die Methode wird dadurch in nichts verändert, die Rechnung bedeutend vereinfacht.

Es ist schon oben (§ 13) erwähnt, dass in dem Fall eines Körpers dessen Dimensionen in irgend einer Richtung sehr klein sind, die Verschiebungen nicht mehr sehr klein anzunehmen sind, wenn allerdings auch die Verschiebungen innerhalb eines Elementarparallelepipedons, welche oben durch α, β, γ, φ, χ, ψ bezeichnet wurden, nicht aufhören dürfen, sehr klein zu sein. Denken wir uns den ganzen Körper in kleine Theile zerlegt; einen Stab in kleine Stäbe, deren Querschnitt der sehr kleine Querschnitt des gegebenen, deren Längen die Elemente einer Längsaxe werden; eine Scheibe in kleine Prismen, deren Höhe mit der sehr kleinen Dicke der gegebenen Scheibe übereinkommt, und deren Querschnitte Elemente ihrer Mittelfläche sind. In jedem Fall dürfen diese kleinsten Theile nur sehr kleine Verschiebungen in sich erleiden; aber die Verschiebungen der einzelnen Elemente können sich in der Weise addiren, dass die räumliche Verschiebung eines Elements sehr bedeutend wird.

Aber selbst die kleinen innern Verschiebungen können hier

einen etwas andern Charakter annehmen, wie in den früher betrachteten Fällen. Die Biegungen eines Stabes von endlichem Querschnitt blieben überall sehr klein, indem die dabei auftretenden Constanten, denen die Biegungen proportional wurden, sehr kleine Werthe erhielten. Dies ist nicht mehr nöthig, wenn die Dimensionen in irgend einer Richtung sehr klein werden. Denn alsdann kommen durch die Kleinheit dieser Dimensionen in die Formeln sehr kleine Factoren, welche von der Ordnung der Dimensionen selbst sind; daher können jene die Verschiebungen begleitenden Constanten endliche, selbst sehr grosse Werthe annehmen, ohne dass die Kleinheit der innern Verschiebungen eines Elements beeinträchtigt wird. Was in solchem Fall nicht mehr durch die Kleinheit der begleitenden Constanten erreicht wird, ist dann eine Folge der Kleinheit derjenigen Factoren, welche den sehr kleinen Dimensionen proportional sind.

Jedenfalls darf man die Gleichungen, von welchen oben das elastische Verhalten der Körper abhängig gemacht wurde, hier nicht mehr anwenden, da sie wesentlich auf der Vernachlässigung von Quadraten und Producten der Verschiebungen und ihrer Differentialquotienten beruhen. Aber allerdings sind sie noch anwendbar auf die innern Verschiebungen der Elemente, in welche soeben die hier zu betrachtenden Körper zerlegt wurden. Ueber die Anwendung jener Gleichungen nun auf diese Elemente besteht ein Satz, welcher von Kirchhoff herrührt, und von dessen Richtigkeit man sich leicht von vorn herein überzeugt. Dieser Satz, eine der wesentlichsten Grundlagen der Theorie, ist folgender:

> Die innern Verschiebungen eines sehr kleinen Körpers sind nur abhängig von den Kräften, welche auf seine Oberfläche wirken, nicht aber von denjenigen, welche auf sein Inneres wirken, vorausgesetzt, dass die letztern nicht gegen die erstern ausserordentlich gross sind.

Man sieht diesen Satz sofort ein, wenn man folgende Erwägung anstellt. Nehmen wir an, dass die Grösse der auf das Aeussere wirkenden Kräfte, bezogen auf die Flächeneinheit, und die Grösse der auf das Innere wirkenden Kräfte, bezogen auf die Volumeneinheit, entweder vergleichbar seien, oder die erstere sehr gross gegen letztere; nur der umgekehrte Fall sei ausgeschlossen. Dann ist die Grösse der wirklich auf die Oberfläche des kleinen

Körpers wirkenden Kraft der ganzen Oberfläche oder einem Theil derselben proportional, erhält also jedenfalls einen Faktor, welcher von der Ordnung der Grösse dieser Oberfläche ist. Die absolute Grösse der auf das Innere wirkenden Kraft hingegen wird proportional mit seinem Volumen. Sind nun die Dimensionen des kleinen Körpers kleine Grössen erster Ordnung, so ist seine Fläche von der zweiten Ordnung, sein Volumen von der dritten; der Faktor also, mit welchem die auf das Aeussere wirkenden Kräfte behaftet sind, ist um eine Ordnung niedriger, als derjenige, mit welchem die auf das Innere wirkenden Kräfte behaftet sind. Sind also nur die letzten nicht an sich gegen die erstern sehr gross, so wird ihre Wirkung sehr klein gegen letztere und ist somit zu vernachlässigen. Ich bemerke, dass genau dasselbe Princip bereits im Anfang unserer Untersuchung benützt wurde, indem man die innern Verschiebungen eines Elements nur von den auf seine Oberfläche wirkenden Spannungen, nicht aber von den auf sein Inneres wirkenden Kräften abhängig machte. Was dort auf Körper von unendlich kleinen Dimensionen angewandt wurde, erscheint hier als zulässig bei Körpern von sehr kleinen Dimensionen: in jedem Fall aus dem nämlichen Grunde, dass man Grössen, welche die kleinen Dimensionen in höherer Ordnung enthalten, gegen solche vernachlässigt, in denen niedrigere Ordnungen auftreten.

So werden denn also die innern Zustände jener Elemente nur von den Kräften abhängig, welche auf ihre Oberfläche wirken. Denken wir uns auf die freien Oberflächentheile keine äussern Kräfte wirkend, so sind es die von den angrenzenden Theilen herrührenden Spannungen, welche allein bestimmend werden. Die auf das Innere wirkenden Kräfte sind deshalb nicht wirkungslos. Denn denken wir uns ein endliches Stück aus dem Körper herausgelöst, so sind die Spannungen selbst, welche das Stück mit den angrenzenden Theilen verbinden, durch die auf sein Inneres wirkenden Kräfte wesentlich bedingt, denen sie das Gleichgewicht halten müssen.

§ 48. Dünne Stäbe (Federn, Drähte). Betrachtung der Elemente.

Ich werde mich zunächst mit Körpern beschäftigen, bei welchen zwei Dimensionen sehr klein sind, also mit sehr dünnen

Stäben. Und zwar denke ich mir dieselben zunächst als ursprünglich geradlinig; der Querschnitt soll überall derselbe sein. Der Stab wurde oben bereits als aus kleinen Elementen der Länge nach zusammengesetzt gedacht; aus kleinen Cylindern, deren krumme Oberfläche keinen Kräften unterworfen ist, bei welchen man die auf das innere wirkenden Kräfte vernachlässigen kann, welche an den ebenen Endflächen durch die von den angrenzenden Theilen herrührenden elastischen Kräfte ergriffen sind. Nun wurde aber im Früheren das Problem behandelt, den Gleichgewichtszustand eines Cylinders zu bestimmen, wenn die Componenten und Drehungsmomente gegeben sind, welche auf seine Endflächen wirken. Zwar waren jene Formeln nur bei einer gewissen Vertheilung der Kräfte streng richtig, aus welchen jene Componenten und Drehungsmomente sich zusammensetzen. Aber die dabei eintretende Ungenauigkeit wird offenbar um so grösser, je grösser der Querschnitt ist, und wird verschwindend klein, wenn der Querschnitt selbst verschwindend klein ist, wie in dem vorliegenden Fall. Wie also auch dann in Wirklichkeit die eintretenden Spannungen über den Querschnitt vertheilt seien, immer wird man sie sich bis auf Grössen höherer Ordnung so vertheilt denken können, wie die oben in dem de Saint-Vénantschen Problem erhaltenen Formeln sie ergeben. Man kann also jene Formeln sofort auf die kleinen Verschiebungen anwenden, welche im Innern eines der gedachten Elemente auftreten.

Es sind die Gleichungen (65) p. 79 auf welche ich mich stütze, und in welchen nur, wie oben bewiesen, $b = 0$ zu setzen ist. Legen wir den Anfang der Coordinaten in denjenigen Punkt, welchen, in der verschobenen Lage, der Schwerpunkt des einen das Element begrenzenden Querschnittes einnimmt; die positive ZAxe sei die Tangente der Curve, welche die Schwerpunktslinie des Elements dann bildet. Es müssen also in jenen Gleichungen u, v, w für $x=0$, $y=0$, $z=0$ verschwinden, und da Ω ohnedies für diese Werthe seiner Definition nach verschwinden sollte, so folgt daraus:

$$a' = 0, \quad a'' = 0, \quad c = 0.$$

Aber auch für den nächsten Punkt der Axe, dessen Coordinaten 0, 0, dz sind, sollen u, v verschwinden, da derselbe der ZAxe angehören soll. Es folgt daraus weiter, dass

$$b' = 0, \quad b'' = 0.$$

Endlich legen wir die XAxe so, dass sie die Curve im Anfangspunkt berührt, welche durch die Projection der verschobenen Lage einer Hauptaxe der Endfläche auf die zur ZAxe senkrechte Ebene gebildet wird; die YAxe fällt dann von selbst in die gleiche Richtung bezüglich der andern Hauptaxe. In der That wird beides erreicht, wenn man

$$a_0 = 0$$

setzt; denn für die auf den Hauptaxen dem Anfangspunkt sehr nahe liegenden Punkte, deren Coordinaten sind:

$$\begin{matrix} dx, & 0, & 0 \\ 0, & dy, & 0 \end{matrix}$$

hat man dann die Verschiebungen:

$$\begin{aligned} u &= -\mu a\, dx, \quad v = 0, \\ u &= 0, \quad v = -\mu a\, dy; \end{aligned}$$

so dass also die Projection des ersten Punkts auf den Querschnitt auch nach der Verschiebung auf der XAxe, die des zweiten auf der YAxe bleibt. Durch diese Annahmen ist die geometrische Lage des Coordinatensystems völlig bestimmt. In der natürlichen Lage des Stabes rückt dasselbe, wenn man es mit dem Element fest verbunden denkt in diejenige Lage hinein, in welcher die ZAxe mit der Richtung der ganzen Stabaxe zusammenfällt, die X, YAxen aber die Hauptaxen des Querschnitts werden. Die Ausdrücke der Verschiebungen im Innern des Elements werden nunmehr:

$$(1)\ldots \begin{cases} u = -\mu\left(ax + a_1\dfrac{x^2-y^2}{2} + a_2 xy\right) - \mu z\left(b_1\dfrac{x^2-y^2}{2} + b_2 xy\right) \\ \qquad + b_0 yz - a_1\dfrac{z^2}{2} - b_1\dfrac{z^3}{6} \\ v = -\mu\left(ay + a_1 xy + a_2\dfrac{y^2-x^2}{2}\right) - \mu z\left(b_1 xy + b_2\dfrac{y^2-x^2}{2}\right) \\ \qquad - b_0 zx - a_2\dfrac{z^2}{2} - b_2\dfrac{z^3}{6} \\ w = z(a + a_1 x + a_2 y) + \dfrac{z^2}{2}(b_1 x + b_2 y) \\ \qquad + \Omega - b_1 xy^2 - b_2 x^2 y; \end{cases}$$

die Spannungen aber sind:

$$(1a)\ldots\begin{cases} t_{11} = 0, \quad t_{22} = 0, \quad t_{12} = 0 \\ t_{33} = E\left[(a + a_1 x + a_2 y) + z(b_1 x + b_2 y)\right] \\ t_{13} = \\ \quad \dfrac{E}{2(1+\mu)}\left[b_0 y - b_1 \dfrac{\mu x^2 + (2-\mu)y^2}{2} - (\mu+2) b_2 xy + \dfrac{\partial\Omega}{\partial x}\right] \\ t_{23} = \\ \quad \dfrac{E}{2(1+\mu)}\left[-b_0 x - (\mu+2) b_1 xy - b_2 \dfrac{\mu y^2 + (2-\mu)x^2}{2} + \dfrac{\partial\Omega}{\partial y}\right]. \end{cases}$$

Die geometrische Lage des Coordinatensystems ist hier ein wenig anders bestimmt, als in den früheren Betrachtungen; die Ausdrücke der Spannungen werden selbstverständlich dadurch in keiner Weise geändert.

Diese Gleichungen gelten nur für sehr kleine Werthe von x, y, z; für sehr kleine Werthe von x und y, insofern die Querschnitte des gegebenen Körpers sich nur auf ein sehr kleines Gebiet in der XYEbene erstrecken; für sehr kleine Werthe von z, insofern dieselben ausdrücklich nur auf ein kleines Stück des Stabes angewandt werden.

Es ist vor allem wichtig, sich über die Ordnung der in diesen Formeln auftretenden Grössen zu orientiren. Bezeichnen wir durch ε eine Zahl, welche von der Ordnung der Querdimensionen des Stabes ist, so sind x, y, z von der Ordnung ε. Die Grössen, a, a_1, a_2, b_0, b_1, b_2 drücken sich nach den Formeln (86) p. 102 durch die Componenten und Drehungsmomente aus, welche auf den Endquerschnitt des Elements wirken, und welche im Allgemeinen von gleicher Ordnung sind, oder wenigstens nicht unterhalb einer gewissen allen gemeinsamen Ordnung fallen. Nimmt man der Einfachheit wegen den Querschnitt für die Hauptaxen symmetrisch an, so sind jene Formeln:

$$(2)\ \ldots\ldots\begin{cases} a = \dfrac{C}{Eq}, & b_0 = -\dfrac{C'}{E\vartheta^2 q} \\ a_1 = -\dfrac{B'}{E\lambda^2 q}, & b_1 = \dfrac{A}{E\lambda^2 q} \\ a_2 = \dfrac{A'}{E\varkappa^2 q}, & b_2 = \dfrac{B}{E\varkappa^2 q}, \end{cases}$$

wo der Kürze wegen:

$$(3)\ .\ \vartheta^2 = \frac{1}{2(1+\mu)} \left[\varkappa^2 + \lambda^2 - \frac{1}{q}\int\left(x\frac{dB_0}{\partial y} - y\frac{dB_0}{\partial x}\right)dq\right]$$

gesetzt ist. Hier sind die Trägheitsradien $\varkappa$, λ von der ersten Ordnung; ebenso ϑ, wie aus der Untersuchung von B_0 folgt, welche zugleich mit der von B_1, B_2, den andern in Ω auftretenden Functionen, geführt werden soll.

Man hatte:

$$\Omega = b_0 B_0 + b_1 B_1 + b_2 B_2,$$

wo die Functionen B im ganzen Querschnitt den Gleichungen

$$\frac{\partial^2 B_0}{\partial x^2} + \frac{\partial^2 B_0}{\partial y^2} = 0$$

$$\frac{\partial^2 B_1}{\partial x^2} + \frac{\partial^2 B_1}{\partial y^2} = 0$$

$$\frac{\partial^2 B_2}{\partial x^2} + \frac{\partial^2 B_2}{\partial y^2} = 0$$

genügen mussten, in der Peripherie aber den Gleichungen:

$$\frac{\partial B_0}{\partial x}\cos p + \frac{\partial B_0}{\partial y}\sin p = x\sin p - y\cos p$$

$$\frac{\partial B_1}{\partial x}\cos p + \frac{\partial B_1}{\partial y}\sin p = \frac{\mu x^2 + (2-\mu)y^2}{2}\cos p + (\mu+2)\,xy\sin p$$

$$\frac{\partial B_2}{\partial x}\cos p + \frac{\partial B_2}{\partial y}\sin p = (\mu+2)\,xy\cos p + \frac{\mu y^2 + (2-\mu)x^2}{2}\sin p.$$

Setzen wir in diesen Gleichungen

$$x = \varepsilon x', \quad y = \varepsilon y',$$

so sind, da x, y überall von der Ordnung ε sind, x', y' endliche Zahlen; die Gleichung des Querschnitts geht in eine Gleichung zwischen x' und y' über, welche nichts anderes darstellt als die Figur des Querschnitts selbst, im Verhältniss von $\varepsilon : 1$ vergrössert, mithin eine Figur von endlichen Dimensionen, da die Dimensionen der ursprünglichen Figur von der Ordnung ε waren. Die Grössen $\cos p$, $\sin p$ bleiben bei diesem Uebergang endlich. Und man erhält also für die Peripherie die Gleichungen:

$$\frac{\partial B_0}{\varepsilon\partial x'}\cos p + \frac{\partial B_0}{\varepsilon\partial y'}\sin p = \varepsilon\,(x'\sin p + y'\cos p)$$

$$\frac{\partial B_1}{\varepsilon\partial x'}\cos p + \frac{\partial B_1}{\varepsilon\partial y'}\sin p = \varepsilon^2\left\{\frac{\mu x'^2 + (2-\mu)y'^2}{2}\cos p + (\mu+2)\,x'y'\sin p\right\}$$

$$\frac{\partial B_2}{\varepsilon\partial x'}\cos p + \frac{\partial B_2}{\varepsilon\partial y'}\sin p = \varepsilon^2\left\{(\mu+2)\,x'y'\cos p + \frac{\mu y'^2 + (2-\mu)x'^2}{2}\sin p\right\}$$

wo alle vorkommenden Grössen bis auf ε endlich sind. Mittlerweile verändern sich die allgemein zu erfüllenden Gleichungen für B_0, B_1, B_2 durch diese Substitution gar nicht, nur dass x', y' in denselben an die Stelle von x, y treten. Aus allen Gleichungen also verschwindet ε gänzlich, wenn man setzt:

$$B_0 = \varepsilon^2 B_0', \quad B_1 = \varepsilon^3 B_1', \quad B_2 = \varepsilon^3 B_2';$$

und man darf daher B_0', B_1', B_2' als überall innerhalb des Querschnitts endliche Grössen betrachten. Man sieht also, dass B_0 von der Ordnung ε^2 ist, B_1 und B_2 aber von der Ordnung ε^3; die Differentialquotienten von B_0 sind dann nach den eben entwickelten Betrachtungen von der Ordnung ε^2.

Hieraus erkennt man, dass ϑ wirklich von der ersten Ordnung ist, indem alle Glieder von ϑ^2 von der zweiten werden. Reducirt man aber die Ausdrücke der u, v, w mit Hülfe der Gleichungen (2) und der soeben angestellten Betrachtungen auf die Terme niedrigster Ordnung, so bleibt:

$$(4) \ldots \begin{cases} Eq\,u = -\mu A' \dfrac{xy}{\varkappa^2} + B' \dfrac{\mu(x^2-y^2)+z^2}{2\lambda^2} - \dfrac{C' y z}{\vartheta^2} \\ Eq\,v = \mu B' \dfrac{xy}{\lambda^2} + A' \dfrac{\mu(x^2-y^2)-z^2}{2\varkappa^2} + \dfrac{C' x z}{\vartheta^2} \\ Eq\,w = -B' \dfrac{xz}{\lambda^2} + A' \dfrac{yz}{\varkappa^2} - C' \dfrac{B_0}{\vartheta^2}, \end{cases}$$

Gleichungen, welche nur noch von den Drehungsmomenten abhängen, von den Componenten A, B, C aber völlig frei geworden sind. Will man auch den Fall berücksichtigen, wo die längs der Axe des Elements wirkende Componente C vorwiegend gross wird, so hat man diesen Gleichungen nur die Glieder

$$(4a) \ldots\ldots\ldots\ldots -\mu C x, \quad -\mu C y, \quad C z$$

hinzuzufügen. Der Fall wo A, B vorwiegend gross werden, erfordert ebenso die Beibehaltung der Terme:

$$(4b) \ldots \begin{cases} -\mu z \left(A \dfrac{x^2-y^2}{2\lambda^2} + B \dfrac{xy}{\varkappa^2}\right) - \dfrac{Az^3}{6\lambda^2} \\ -\mu z \left(\dfrac{Axy}{\lambda^2} + B \dfrac{y^2-x^2}{2\varkappa^2}\right) - \dfrac{Bz^3}{6\varkappa^2} \\ \dfrac{z^2}{2}\left(\dfrac{Ax}{\lambda^2} + \dfrac{By}{\varkappa^2}\right) + \dfrac{AB_1}{\lambda^2} + \dfrac{BB_2}{\varkappa^2} - \dfrac{Axy^2}{\lambda^2} - \dfrac{Bx^2y}{\varkappa^2} \end{cases}$$

und in Folge dessen besondere Betrachtungen.

§ 49. Bedingungen für die Continuität des aus den betrachteten Elementen gebildeten Stabes.

Wenn so Ausdrücke gefunden wurden, welche Zustände eines dem Körper angehörigen Elements darstellen können, so ist es noch fraglich, ob diese Zustände auch der Art sind, dass Elemente, welche sich in denselben befinden, einen continuirlichen Körper bilden können, wie es hier der Fall sein muss. Zur Entscheidung dieser Frage, und zugleich zur Bestimmung der Gestalt des gebogenen Stabes führt folgende Untersuchung.

Seien, bezogen auf irgend ein gegebenes Coordinatensystem, ξ, η, ζ die Coordinaten desjenigen Punktes, den wir oben, in Bezug auf ein Element des Stabes, zum Anfang der Coordinaten x, y, z gewählt haben. Dieselben sind verschieden für die verschiedenen Elemente, und zwar bildet die Reihenfolge aller Punkte ξ, η, ζ die Schwerpunktslinie des Stabes. Diese ist ursprünglich gerade gedacht; ist dann s die Entfernung des Punktes, welcher später die Coordinaten ξ, η, ζ annimmt, von dem einen Ende des Stabes, so kann man ξ, η, ζ als Functionen von s betrachten.

Die Lage des in jenem Element angenommenen Coordinatensystems ist in Bezug auf das im Raum fixirte System X', Y', Z' in folgender Weise bestimmt. Ziehen wir in dem Coordinatensystem der x, y, z von dem Anfangspunkt ξ, η, ζ nach dem Punkt x, y, z eine gebrochene Linie, welche Anfangs, eine Strecke x hindurch, auf der XAxe, vom Ende dieser Strecke, eine Strecke y hindurch parallel der YAxe verläuft, endlich vom Ende dieser zweiten Strecke, parallel der ZAxe, eine Strecke z hindurch vorwärts geht; diese gebrochene Linie endigt im Punkte x, y, z. Die Coordinaten x', y', z', dieses Punkts bezüglich des festen Systems im Raum bestehen dann respective aus den Strecken ξ, η, ζ und aus den Projectionen der gebrochenen Linie auf die Axen der x', y', z'.

Bezeichnen wir nun die Cosinus der Winkel, welche die XAxe gegen die Axen der x', y', z' bildet, durch α_1, β_1, γ_1, die Cosinus der Winkel, welche die Y und ZAxen bilden, ebenso durch α_2, β_2, γ_2 und durch α, β, γ. Dann erhält man auf die angegebene Weise für die Coordinaten x', y', z' folgende Ausdrücke:

$$x' = \xi + \alpha_1 x + \alpha_2 y + \alpha z$$
$$y' = \eta + \beta_1 x + \beta_2 y + \beta z$$
$$z' = \zeta + \gamma_1 x + \gamma_2 y + \gamma z.$$

Nach der Verschiebung aber hat der Punkt x, y, z die Coordinaten $x + u$, $y + v$, $z + w$ gewonnen. Die vorstehenden Gleichungen also geben sofort, statt allgemeiner Beziehungen zwischen Coordinatensystemen, die verschobenen Coordinaten des in einem Element ξ, η, ζ befindlichen Punktes x, y, z, durch die Formeln an:

$$(4c) \quad \ldots \begin{cases} x' = \xi + \alpha_1 (x + u) + \alpha_2 (y + v) + \alpha (z + w) \\ y' = \eta + \beta_1 (x + u) + \beta_2 (y + v) + \beta (z + w) \\ z' = \zeta + \gamma_1 (x + u) + \gamma_2 (y + v) + \gamma (z + w). \end{cases}$$

Betrachten wir jetzt den Stab als Ganzes, so sind darin nicht blos ξ, η, ζ sondern auch die Coefficienten α etc. von einem Element zum andern veränderlich, und daher als Functionen von s anzusehen. Bemerken wir aber, dass wir von einem Punkte des Stabes zu einem, in der Richtung der Stabaxe ihm benachbarten, auf doppelte Weise fortschreiten können; einmal indem wir ihn als benachbarten Punkt desselben Elements auffassen und also z in $z + dz$ verwandeln; zweitens aber indem wir denselben in dem folgenden Elemente als genau ebenso gelegen auffassen, wie der erste Punkt in dem vorhergehenden Elemente liegt, indem wir also z ungeändert lassen, aber, von einem Element zum folgenden vorgehend, s in $s + ds$ verwandeln. Durch die eine Operation gehen x', y', z' über in

$$x' + \frac{\partial x'}{\partial z} dz, \quad y' + \frac{\partial y'}{\partial z} \partial z, \quad z' + \frac{\partial z'}{\partial z} dz,$$

durch die andere in:

$$x' + \frac{\partial x'}{\partial s} ds, \quad y' + \frac{\partial y'}{\partial s} ds, \quad z' + \frac{\partial z'}{\partial s} ds.$$

Endlich ist aber $ds = dz$, da beide Grössen die Entfernung der betrachteten Punkte in ihrer natürlichen Lage ausdrücken. Die Continuität des Stabes ist nun offenbar gewahrt, wenn die obigen beiden Fortschreitungsarten wirklich immer auf denselben Punkt führen, d. h. wenn:

$$\frac{\partial x'}{\partial z} = \frac{\partial x'}{\partial s}, \quad \frac{\partial y'}{\partial z} = \frac{\partial y'}{\partial s}, \quad \frac{\partial z'}{\partial z} = \frac{\partial z'}{\partial s}.$$

Und man bildet also die für die Continuität des Stabes erforderlichen Beziehungen, wenn man die obigen Ausdrücke von x', y', z' auf beide Weise differenzirt und die Resultate einander gleichsetzt. Hiebei tritt s in ξ, η, ζ, $\alpha\ldots$, und auch möglicher Weise in den Constanten a, b auf, welche die in dem Element eintretenden Verschiebungen u, v, w enthalten. Man hat daher aus den gegebenen Werthen von ξ, η, ζ folgende Gleichungen:

$$\alpha_1 \frac{\partial u}{\partial z} + \alpha_2 \frac{\partial v}{\partial z} + \alpha \left(1 + \frac{\partial w}{\partial z}\right) = \alpha_1 \frac{\partial u}{\partial s} + \alpha_2 \frac{\partial v}{\partial s} + \alpha \frac{\partial w}{\partial s}$$
$$+ \frac{d\xi}{ds} + (x+u)\frac{d\alpha_1}{ds} + (y+v)\frac{d\alpha_2}{ds} + (z+w)\frac{d\alpha}{ds}$$

$$\beta_1 \frac{\partial u}{\partial z} + \beta_2 \frac{\partial v}{\partial z} + \beta \left(1 + \frac{\partial w}{\partial z}\right) = \beta_1 \frac{\partial u}{\partial s} + \beta_2 \frac{\partial v}{\partial s} + \beta \frac{\partial w}{\partial s}$$
$$+ \frac{d\eta}{ds} + (x+u)\frac{d\beta_1}{ds} + (y+v)\frac{d\beta_2}{ds} + (z+w)\frac{d\beta}{ds}$$

$$\gamma_1 \frac{\partial u}{\partial z} + \gamma_2 \frac{\partial v}{\partial z} + \gamma \left(1 + \frac{\partial w}{\partial z}\right) = \gamma_1 \frac{\partial u}{\partial s} + \gamma_2 \frac{\partial v}{\partial s} + \gamma \frac{\partial w}{\partial s}$$
$$+ \frac{d\zeta}{ds} + (x+u)\frac{d\gamma_1}{ds} + (y+v)\frac{d\gamma_2}{ds} + (z+w)\frac{d\gamma}{ds}.$$

Diese Gleichungen vereinfachen sich sehr, wenn man folgende Erwägungen anstellt.

Die neun Cosinus α, β, γ etc. sind nicht unabhängig von einander. Denn erstlich sind α, β, γ Cosinus, welche eine bestimmte Richtung gegen die Axen der x', y', z' bildet, ebenso α, β, γ sind die Cosinus einer zweiten, α_2, β_2, γ_2 die einer dritten Richtung. Zwischen diesen Grössen bestehen also die Gleichungen, welche für die Cosinus einer jeden Richtung gelten:

$$(5) \ldots\ldots\ldots \begin{cases} \alpha_1^2 + \beta_1^2 + \gamma_1^2 = 1 \\ \alpha_2^2 + \beta_2^2 + \gamma_2^2 = 1 \\ \alpha^2 + \beta^2 + \gamma^2 = 1. \end{cases}$$

Aber jene drei Richtungen bilden die Axen der x, y, z und sind also gegen einander senkrecht. Es verschwinden also die Cosinus der Winkel, welche diese Richtungen gegen einander bilden, oder man hat:

$$(6) \ldots\ldots\ldots \begin{cases} \alpha_2\alpha + \beta_2\beta + \gamma_2\gamma = 0 \\ \alpha\,\alpha_1 + \beta\,\beta_1 + \gamma\,\gamma_1 = 0 \\ \alpha_1\alpha_2 + \beta_1\beta_2 + \gamma_1\gamma_2 = 0. \end{cases}$$

Endlich treten auch zwischen den ξ, η, ζ und diesen Cosinus Beziehungen ein. Denn die Richtung α, β, γ fällt mit dem Element der Schwerpunktslinie zusammen, dessen Projectionen auf die Axen der x', y', z' die Grössen $d\xi$, $d\eta$, $d\zeta$ sind. Die ursprüngliche Länge dieses Elements war ds. Hat sich dasselbe um $\sigma\, ds$ verlängert, wo σ eine kleine Grösse erster Ordnung ist, so werden also die Projectionen des Elements auch $\alpha\, ds\,(1+\sigma)$, $\beta\, ds\,(1+\sigma)$, $\gamma\, ds\,(1+\sigma)$, und man hat also die Beziehungen:

$$(7) \ldots \frac{d\xi}{ds} = \alpha\,(1+\sigma), \quad \frac{d\eta}{ds} = \beta\,(1+\sigma), \quad \frac{d\zeta}{ds} = \gamma\,(1+\sigma),$$

welche, mit Vernachlässigung der sehr kleinen Grösse σ auch übergehen in:

$$(8) \ldots\ldots \frac{d\xi}{ds} = \alpha, \quad \frac{d\eta}{ds} = \beta, \quad \frac{d\zeta}{ds} = \gamma.$$

Aus den zwischen den α etc. angeführten Beziehungen ergeben sich nun weitere durch Differentiation nach s, von welchem diese Grössen allein abhängen, nämlich:

$$(9) \ldots \begin{cases} \alpha_1 \dfrac{d\alpha_1}{ds} + \beta_1 \dfrac{d\beta_1}{ds} + \gamma_1 \dfrac{d\gamma_1}{ds} = 0 \\ \alpha_2 \dfrac{d\alpha_2}{ds} + \beta_2 \dfrac{d\beta_2}{ds} + \gamma_2 \dfrac{d\gamma_2}{ds} = 0 \\ \alpha \dfrac{d\alpha}{ds} + \beta \dfrac{d\beta}{ds} + \gamma \dfrac{d\gamma}{ds} = 0, \end{cases}$$

$$(10) \cdot \begin{cases} \alpha_2 \dfrac{d\alpha}{ds} + \beta_2 \dfrac{d\beta}{ds} + \gamma_2 \dfrac{d\gamma}{ds} = -\alpha \dfrac{d\alpha_2}{ds} - \beta \dfrac{d\beta_2}{ds} - \gamma \dfrac{d\gamma_2}{ds} = r_1 \\ \alpha \dfrac{d\alpha_1}{ds} + \beta \dfrac{d\beta_1}{ds} + \gamma \dfrac{d\gamma_1}{ds} = -\alpha_1 \dfrac{d\alpha}{ds} - \beta_1 \dfrac{d\beta}{ds} - \gamma_1 \dfrac{d\gamma}{ds} = r_2 \\ \alpha_1 \dfrac{d\alpha_2}{ds} + \beta_1 \dfrac{d\beta_2}{ds} + \gamma_1 \dfrac{d\gamma_2}{ds} = -\alpha_2 \dfrac{d\alpha_1}{ds} - \beta_2 \dfrac{d\beta_1}{ds} - \gamma_2 \dfrac{d\gamma_1}{ds} = r, \end{cases}$$

wobei r_1, r_2, r als neue Bezeichnungen eingeführt sind.

Multiplicirt man nun die oben entwickelten Gleichungen zwischen den Differentialquotienten von u, v, w zuerst mit α_1, β_1, γ_1, dann mit α_2, β_2, γ_2, endlich mit α, β, γ und addirt jedesmal, so erhält man mit Hülfe der so eben dargestellten Gleichungen die einfacheren Formeln:

$$(11) \ldots \begin{cases} \frac{\partial u}{\partial z} = \frac{\partial u}{\partial s} + r(y+v) - r_2(z+w) \\ \frac{\partial v}{\partial z} = \frac{\partial v}{\partial s} + r_1(z+w) - r(x+u) \\ \frac{\partial w}{\partial z} = \frac{\partial w}{\partial s} + r_2(x+u) - r_1(y+v) + \sigma. \end{cases}$$

Diese Gleichungen müssen nun, wenn die Formeln (4) wirklich mögliche Verschiebungen der Elemente, als einem continuirlichen Körper angehörig, darstellen können, bis auf Grössen höherer Ordnung durch jene Formeln erfüllt sein. Bemerken wir nun, dass bei der Differentiation nach z sich die Grössen u, v, w immer um eine Ordnung unendlich kleiner Grössen erniedrigen, was bei der Differentiation nach s im Allgemeinen nicht geschehen wird, und dass u, v, w klein gegen x, y, z, so reduciren diese Gleichungen sich auch auf:

$$\frac{\partial u}{\partial z} = r\,y - r_2 z$$

$$\frac{\partial v}{\partial z} = r_1 z - r\,x$$

$$\frac{\partial w}{\partial z} = r_2 x - r_1 y + \sigma,$$

und wenn man hier aus (4) die Werthe der u, v, w einführt, so erhält man durch Vergleichung der Coefficienten:

$$(12) \ldots\ldots\ldots\ldots \begin{cases} r_1 = -\frac{A'}{Eq\,\varkappa^2} \\ r_2 = -\frac{B'}{Eq\,\lambda^2} \\ r = -\frac{C'}{Eq\vartheta^2}, \end{cases}$$

während im Allgemeinen σ, welchem in $\frac{\partial w}{\partial z}$ kein Glied entspricht, von höherer Ordnung sein muss. Stellt man sich hingegen C als gross vor gegen A', B', C', und berücksichtigt noch die Terme (4a), so erhält man weiter

$$(12a) \ldots\ldots\ldots\ldots \sigma = \frac{C}{Eq}.$$

Die Berücksichtigung der Terme (4b), welche von den Kräften A, B abhängen, ist in dieser Weise nur dann möglich, wenn man die Voraussetzung aufgiebt, dass die Differentialquotienten von u, v, w nach s von derselben Ordnung bleiben, wie u, v, w. Vielmehr muss man dazu annehmen, dass in den Ausdrücken von $\frac{\partial u}{\partial s}$, $\frac{\partial v}{\partial s}$, $\frac{\partial w}{\partial s}$ die Glieder $\frac{dr_1}{ds}$, $\frac{dr_2}{ds}$ sehr gross werden gegen die Werthe von r_1, r_2; und man erhält dann, indem man in den Gleichungen (11) die betreffenden Terme von $\frac{\partial u}{\partial s}$, $\frac{\partial v}{\partial s}$, $\frac{\partial w}{\partial s}$ zurückbehält:

$$(12b) \quad \ldots\ldots \frac{dr_2}{ds} = \frac{A}{E\lambda^2 q}, \quad \frac{dr_1}{ds} = -\frac{B}{E\varkappa^2 q}.$$

Diese Erscheinung hat eine einfache Bedeutung. Man sieht daraus, dass der Stab im Allgemeinen bestrebt sein wird, eine Gestalt anzunehmen, in welcher für keinen seiner Querschnitte die seitlichen Gesammtcomponenten unverhältnissmässig gross werden. Ist es ihm nicht möglich eine derartige Gestalt in allen seinen Theilen anzunehmen, so werden gewisse ausgezeichnete Punkte auftreten, in denen die gegen die Axe des Elements senkrechten Kräfte A, B vorwiegend werden, und in denen dann zugleich eine der Grössen $\frac{dr_1}{ds}$, $\frac{dr_2}{ds}$ oder beide sehr grosse Werthe erhalten. Um die geometrische Bedeutung hiervon einzusehen, bemerke man nun, dass für $z = 0$, also in der Axe des Stabes nach (4):

$$\frac{\partial^2 u}{\partial z^2} = \frac{B'}{Eq\lambda^2} = -r_2, \quad \frac{\partial^2 v}{\partial z^2} = -\frac{A'}{Eq\varkappa^2} = r_1.$$

Nun ist bereits früher (§ 38) darauf hingewiesen, dass die Grössen links bis auf sehr kleine Grössen die reciproken Krümmungshalbmesser derjenigen Curven bedeuten, welche man aus der Projection der Schwerpunktslinie auf die, durch die Axe des Elements und je eine Hauptaxe des Querschnitts gelegten Ebenen erhält. Eben diese Bedeutung haben also, abgesehen vom Zeichen, r_1 und r_2. Und in der Nähe jener ausgezeichneten Punkte muss also wenigstens einer dieser Krümmungshalbmesser sich sehr schnell ändern, da einer wenigstens von den Differentialquotienten $\frac{dr_1}{ds}$, $\frac{dr_2}{ds}$ verhältnissmässig gross wird.

Es mag hiebei auch sogleich an die geometrische Bedeutung von r erinnert werden. Schon in § 27 wurde gezeigt, dass der Torsionswinkel eines Stabes von der Länge l durch $b_0 l$ ausgedrückt sei. In unserm Falle ist für l die Länge ds eines Elements zu setzen; ferner ist

$$b_0 = -\frac{C'}{E\vartheta^2 q} = r,$$

und es hat also r die Bedeutung, dass $r\,ds$ die Torsion des Elementes ds anzeigt.

§ 50. Bedingungen für das Gleichgewicht des Stabes.

Um nun endlich zur Bestimmung der wirklichen Gestalt des Stabes zu gelangen, bilden wir die Bedingungen des äussern Gleichgewichts für ein Element von der Länge ds, welches durch die aus den benachbarten Elementen entspringenden Componenten und Drehungsmomente, ausserdem aber durch äussere Kräfte ergriffen wird, welche auf das Innere des Elements wirken; wodurch dann zugleich das äussere Gleichgewicht des ganzen Stabes gesichert ist.

Es wurden die Componenten, welche auf das Ende eines Stabes (hier eines Elements) in dessen Schwerpunkt wirkten, durch A, B, C bezeichnet, die Drehungsmomente durch A', B', C'; alles bezogen auf das Coordinatensystem der x, y, z. Die Componenten, bezogen auf das im Raum feste System der x', y', z', sind dann, indem man jede Componente auf die betreffende Axe projicirt und die Summe der Projectionen nimmt:

$$\begin{aligned}
&\text{nach der Axe } X' : A\alpha_1 + B\alpha_2 + C\alpha \\
&\text{nach der Axe } Y' : A\beta_1 + B\beta_2 + C\beta \\
&\text{nach der Axe } Z' : A\gamma_1 + B\gamma_2 + C\gamma;
\end{aligned}$$

um ebenso erhält man die Drehungsmomente oder Kräftepaare:

$$\begin{aligned}
&\text{um die Axe } X' : A'\alpha_1 + B'\alpha_2 + C'\alpha \\
&\text{um die Axe } Y' : A'\beta_1 + B'\beta_2 + C'\beta \\
&\text{um die Axe } Z' : A'\gamma_1 + B'\gamma_2 + C'\gamma.
\end{aligned}$$

Diese wirken mit entgegengesetzten Vorzeichen auf die eine Endfläche des Elements; auf die andere, mit beibehaltenem Zeichen, die Grössen, welche durch den Uebergang von s in $s + ds$ aus diesen hervorgehen. Zu beiden treten äussere Kräfte. Es seien nun $X' dx\,dy\,ds$, $Y' dx\,dy\,ds$, $Z' dx\,dy\,ds$ die nach den Raumaxen gerichteten Componenten der äussern Kräfte, welche auf das Element $dx\,dy\,ds$ des Körpers wirken. Die Summen dieser Componenten, erstreckt über das betrachtete Element $q\,ds$, sind dann

$$U ds, \quad V ds, \quad W ds,$$

wenn U, V, W die Integrale

$$U = \int\!\!\int X' dx\,dy, \quad V = \int\!\!\int Y' dx\,dy, \quad W = \int\!\!\int Z' dx\,dy$$

bezeichnen, ausgedehnt über den ganzen Querschnitt.

Bilden wir nun zuerst drei Gleichgewichtsgleichungen, indem wir die Summen entsprechender Componenten verschwinden lassen, so erhalten wir, nach Division mit ds, folgende Gleichungen:

$$(13) \quad \ldots \ldots \begin{cases} \frac{d}{ds}(A\alpha_1 + B\alpha_1 + C\alpha) + U = 0 \\ \frac{d}{ds}(A\beta_1 + B\beta_2 + C\beta) + V = 0 \\ \frac{d}{ds}(A\gamma_1 + B\gamma_2 + C\gamma) + W = 0. \end{cases}$$

Bilden wir gleicherweise drei weitere Gleichgewichtsbedingungen, indem wir die auf das Element wirkenden Kräftepaare, welche um jede der Axen X', Y', Z' drehen, addiren und die Summen einzeln gleich Null setzen, so ist zu bemerken, dass aus den Kräften A, B Kräftepaare entspringen, indem diese, im Abstand ds von einander, parallel, entgegengesetzt, und bis auf unendlich kleine Grössen gleich, auf die entgegengesetzten Flächen des Elements wirken. Die Kräfte C, welche in die Axe des Elements selbst, also (bis auf unendlich kleine Grössen höherer Ordnung) in dieselbe Richtung fallen, geben kein Kräftepaar.

Die Momente der erwähnten Kräftepaare sind $A\,ds$, $B\,ds$; wenn man ferner die Bezeichnung festhält, dass von der Seite der Axe gesehen, das Kräftepaar drehen soll, wie der Zeiger einer Uhr, und sich erinnert, dass von der positiven XAxe gesehen, der Zeiger einer Uhr sich durch 90^0 von der positiven YAxe zur positiven ZAxe bewegen sollte, so fallen die Axen der Paare in die $+ Y$Axe und in die $- X$Axe. Ihre Componenten bezüglich der Axen X', Y', Z' sind also;

$$\begin{array}{lll} \alpha_2 A\,ds, & \beta_2 A\,ds, & \gamma_2 A\,ds \\ -\alpha_1 B\,ds, & -\beta_1 B\,ds, & -\gamma_1 B\,ds. \end{array}$$

Zu diesen können noch Kräftepaare treten, welche von den äussern, auf das Innere wirkenden Kräften herrühren. Nach den im Vorigen gewählten Bezeichnungen sind ihre Momente nichts anderes, als die Drehungsmomente der Kräfte $X' dx\, dy\, ds$, $Y' dx\, dy\, dz$, $Z' dx\, dy\, dz$, bezogen auf die den Raumaxen parallel durch den Punkt ξ, η, ζ gelegten Drehungsaxen. Die Angriffspunkte der betrachteten Kräfte, soweit sie auf jenes Element wirken, liegen alle in demselben Querschnitte, oder es ist für dieselbe in demjenigen Coordinatensystem X, Y, Z, dessen Anfangspunkt in ξ, η, ζ liegt, $z = 0$. Die gedachten Drehungsmomente werden also mit Rücksicht auf (4^c) p. 199:

$$ds \iint \left[Z' (y' - \eta) - Y' (z' - \zeta) \right] dx\, dy$$
$$= ds \iint \left[Z' (\beta_1 x + \beta_2 y) - Y' (\gamma_1 x + \gamma_2 y) \right] dx\, dy$$
$$ds \iint \left[X' (z' - \zeta) - Z' (x' - \xi) \right] dx\, dy$$
$$= ds \iint \left[X' (\gamma_1 x + \gamma_2 y) - Z' (\alpha_1 x + \alpha_2 y) \right] dx\, dy$$
$$ds \iint \left[Y' (x' - \xi) - X' (y' - \eta) \right] dx\, dy$$
$$= ds \iint \left[Y' (\alpha_1 x + \alpha_2 y) - X' (\beta_1 x + \beta_2 y) \right] dx\, dy,$$

wo die Integrale wieder über den ganzen Querschnitt auszudehnen sind.

Führt man indess die Bezeichnungen ein:

$$U_1 = \iint X' x\, dx\, dy, \quad U_2 = \iint X' y\, dx\, dy$$
$$V_1 = \iint Y' x\, dx\, dy, \quad V_2 = \iint Y' y\, dx\, dy$$
$$W_1 = \iint Z' x\, dx\, dy, \quad W_2 = \iint Z' y\, dx\, dy,$$

so erhält man für diese Momente die einfachere Form:

$$(\beta_1 W_1 + \beta_2 W_2 - \gamma_1 V_1 - \gamma_2 V_2)\, ds$$
$$(\gamma_1 U_1 + \gamma_2 U_2 - \alpha_1 W_1 - \alpha_2 W_2)\, ds$$
$$(\alpha_1 V_1 + \alpha_2 V_2 - \beta_1 U_1 - \beta_2 U_2)\, ds;$$

und wenn man jetzt die Summen der Momente entsprechender Kräftepaare verschwinden lässt, so ergeben sich, nach Division mit ds, folgende drei weitere Gleichgewichtsbedingungen:

$$
(14)\,.\begin{cases}
\frac{d}{ds}(A'\alpha_1 + B'\alpha_2 + C'\alpha) + A\alpha_2 - B\alpha_1 \\
\qquad + \beta_1 W_1 + \beta_2 W_2 - \gamma_1 V_1 - \gamma_2 V_2 = 0 \\
\frac{d}{ds}(A'\beta_1 + B'\beta_2 + C'\beta) + A\beta_2 - B\beta_1 \\
\qquad + \gamma_1 U_1 + \gamma_2 U_2 - \alpha_1 W_1 - \alpha_2 W_2 = 0 \\
\frac{d}{ds}(A'\gamma_1 + B'\gamma_2 + C'\gamma) + A\gamma_2 - B\gamma_1 \\
\qquad + \alpha_1 V_1 + \alpha_2 V_2 - \beta_1 U_1 - \beta_2 U_2 = 0.
\end{cases}
$$

Die Gleichungen (13), (14) sind die sechs Gleichgewichtsbedingungen, um welche es sich handelt. Ich denke mir die in denselben vorkommenden Differentiationen ausgeführt, und vereinfache sie, indem ich die drei Gleichungen jedes Systems respective mit α_1, β_1, γ_1, oder mit α_2, β_2, γ_2, oder endlich mit α, β, γ multiplicire und jedesmal addire. Mit Rücksicht auf die Gleichungen (2) — (6) erhält man dann aus (13) sofort:

$$
(15)\,.\begin{cases}
\frac{dA}{ds} + (r\,B - r_2 C) + \alpha_1 U + \beta_1 V + \gamma_2 W = 0 \\
\frac{dB}{ds} + (r_1 C - r\,A) + \alpha_2 U + \beta_2 V + \gamma_2 W = 0 \\
\frac{dC}{ds} + (r_2 A - r_1 B) + \alpha\, U + \beta\, V + \gamma\, W = 0.
\end{cases}
$$

Um auch die aus (14) entspringenden Gleichungen bequem zu bilden, bemerke ich, dass die angegebenen Operationen im Grunde nichts weiter bedeuten, als dass man die Kräfte, resp. Kräftepaare, nach den Axen X, Y, Z zerlegt, statt nach den Axen X', Y', Z'. Man kann daher die von den äussern Kräften herrührenden Terme in den entstehenden Gleichungen a priori bilden, was zu einfacheren Formen führt. Wenn man die Kräfte $X'dx\,dy\,ds$, etc. nach den Axen X, Y, Z zerlegt, so erhält man offenbar die Componenten:

$$
\begin{gathered}
(\alpha_1 X' + \beta_1 Y' + \gamma_1 Z')\; dx\,dy\,ds \\
(\alpha_2 X' + \beta_2 Y' + \gamma_2 Z')\; dx\,dy\,ds \\
(\alpha\, X + \beta\, Y + \gamma\, Z\,)\; dx\,dy\,ds.
\end{gathered}
$$

Die Summen der in dem Elemente $q\,ds$ von diesen Kräften herrührenden Kräftepaare, bezogen auf die Axen der X, Y, Z sind also, da die Coordinate z überall innerhalb des Elementes gleich Null ist:

$$ds \iint (\alpha X' + \beta Y' + \gamma Z') y \, dx \, dy = (\alpha U_2 + \beta V_2 + \gamma W_2) ds$$

$$-ds \iint (\alpha X' + \beta Y' + \gamma Z') x \, dx \, dy = -(\alpha U_1 + \beta V_1 + \gamma W_1) ds$$

$$ds \iint \left[(\alpha_2 X' + \beta_2 Y' + \gamma_2 Z') x - (\alpha_1 X' + \beta_1 Y' + \gamma_1 Z') y \right] dx \, dy$$

$$= (\alpha_2 U_1 + \beta_2 V_1 + \gamma_2 W_1 - \alpha_1 U_2 - \beta_1 V_2 - \gamma_1 W_2) \, ds.$$

Die Gleichungen (14) gehen also, wenn man die oben angegebenen Operationen an denselben ausführt, in folgende über, wobei die ersten Glieder mit Hülfe der Gleichungen (2) — (6) umgestaltet, die letzten aber den obigen Bestimmungen gemäss gebildet sind:

$$(16) \ldots \begin{cases} \dfrac{dA'}{ds} + B'r - C'r_2 - B + \alpha U_2 + \beta V_2 + \gamma W_2 = 0 \\ \dfrac{dB'}{ds} + C'r_1 - A'r + A - \alpha U_1 - \beta V_1 - \gamma W_1 = 0 \\ \dfrac{dC'}{ds} + A'r_2 - B'r_1 \qquad + \alpha_2 U_1 + \beta_2 V_1 + \gamma_2 W_1 \\ \qquad\qquad - \alpha_1 U_2 - \beta_1 V_2 - \gamma_1 W_2 = 0. \end{cases}$$

Die unmittelbare Ausführung der gedachten Operationen giebt die von den $U, V \ldots$ abhängigen Terme in etwas anderer Form; und die Vergleichung beider Formen giebt Gelegenheit, ein merkwürdiges System von Formeln aufzustellen, welches neue Eigenschaften der Coefficienten $\alpha, \beta \ldots$ enthüllt, und weiterhin wiederholt Anwendung finden wird, nämlich das System:

$$(17) \ldots \begin{cases} \alpha_1 = \beta_2 \gamma - \gamma_2 \beta, & \beta_1 = \gamma_2 \alpha - \alpha_2 \gamma, & \gamma_1 = \alpha_2 \beta - \beta_2 \alpha \\ \alpha_2 = \beta \gamma_1 - \gamma \beta_1, & \beta_2 = \gamma \alpha_1 - \alpha \gamma_1, & \gamma_2 = \alpha \beta_1 - \beta \alpha_1 \\ \alpha = \beta_1 \gamma_2 - \gamma_1 \beta_2, & \beta = \gamma_1 \alpha_2 - \alpha_1 \gamma_2, & \gamma = \alpha_1 \beta_2 - \beta_1 \alpha_2, \end{cases}$$

welches hier beiläufig angemerkt werden mag.

Die Gleichungen (15), (16) können überall statt (13), (14) angewandt werden, und vertreten vollkommen deren Stelle.

Bedenkt man nun, dass $U, V, W, U_1, \ldots$ im Allgemeinen von ξ, η, ζ, und also auch von den $\alpha, \ldots$ abhängen; führt man sodann statt der A', B', C' aus (12) die Grössen r ein, welche der Definition nach sich ebenfalls durch die $\alpha, \ldots$ ausdrücken; erwägt man endlich, dass die 9 Grössen $\alpha, \ldots$ sich vermöge der Gleichungen (3), (6) durch drei derselben ausdrücken lassen, so kann man die vorstehenden Gleichungen, sei es in der Form

(13), (14), oder in der Form (15), (16), als ein System betrachten, welches sechs Unbekannte enthält, und diese bestimmen lehrt; diese sechs Unbekannten sind A, B, C und diejenigen drei unter den Coefficienten α, durch welche die übrigen ausgedrückt gedacht wurden. Ich werde an einigen Beispielen die Benützung jener Gleichungen darstellen.

§. 51. Untersuchung des Falls, wo nur das Ende des Stabes durch Kräfte und Kräftepaare ergriffen ist.

Betrachten wir den Fall, wo gar keine äussern Kräfte auf das Innere des Stabes wirken, sondern wo ihr Zustand lediglich von Kräften und Drehungsmomenten herrührt, welche ihr Ende angreifen. In diesem Fall sind U, V etc. gleich Null, und die Gleichungen (13) werden integrirbar; es folgt aus denselben:

$$(18) \quad \ldots\ldots \left\{ \begin{aligned} A\alpha_1 + B\alpha_2 + C\alpha &= K \\ A\beta_1 + B\beta_2 + C\beta &= L \\ A\gamma_1 + B\gamma_2 + C\gamma &= M, \end{aligned} \right.$$

wo K, L, M. willkürliche Constanten bedeuten. Die Grössen links in diesen Gleichungen stellen aber nichts anders dar, als die Componenten, welche auf einen Querschnitt wirken, parallel den im Raum festgelegten Axen. Da diese constant werden, so zeigt sich also, dass die Resultirende, welche in den Querschnitten als Zugkraft auftritt, überall dieselbe absolute Grösse und Richtung hat, wie diese Querschnitte auch in dem gebogenen Stabe gerichtet sein mögen.

Führt man aus (18) die Werthe von A, B, C in die Gleichungen (15) ein, und ersetzt zugleich die A', B', C' durch ihre Werthe aus (12), so erhält man das merkwürdige System:

$$(19) \left\{ \begin{aligned} &\varkappa^2 \frac{dr_1}{ds} + (\lambda^2 - \vartheta^2)\, r_2 r + \frac{1}{Eq}(K\alpha_2 + L\beta_2 + M\gamma_2) = 0 \\ &\lambda^2 \frac{dr_2}{ds} + (\vartheta^2 - \varkappa^2)\, r r_1 - \frac{1}{Eq}(K\alpha_1 + L\beta_1 + M\gamma_1) = 0 \\ &\vartheta^2 \frac{dr}{ds} + (\varkappa^2 - \lambda^2)\, r_1 r_2 = 0, \end{aligned} \right.$$

welches, wie Kirchhoff bemerkt, mit dem System genau identisch wird, auf welches das Problem der Rotation eines schweren Körpers um einen festen Punkt führt. Dieses Problem erhält man unmittelbar, wenn man statt s die Zeit einführt, unter $\varkappa^2$, λ^2, ϑ^2 die Hauptträgheitsradien des Körpers in Bezug auf den festen Punkt versteht, und unter den Cosinus α, etc. diejenigen, welche ein im Raum festes Coordinatensystem gegen ein in dem bewegten Körper festes bildet.

Es ist übrigens zu bemerken, dass in den Gleichungen (19) die Grössen $\varkappa^2$, λ^2, ϑ^2 sehr kleine Grössen der zweiten Ordnung sind. Damit also die Gleichungen (19) erfüllt sein können, muss von zwei Fällen einer eintreten. Entweder nämlich sind die Ausdrücke:

$$K\alpha_2 + L\beta_2 + M\gamma_2$$
$$K\alpha_1 + L\beta_1 + M\gamma_1$$

überall sehr klein, während K, L, M mässig gross bleiben. In diesem Fall sind also die Componenten der aufs Ende wirkenden Kraft, genommen nach den Hauptaxen eines beliebigen Querschnitts, sehr klein, d. h. alle Querschnitte stehen nahezu senkrecht gegen die auf das Ende wirkende Kraft, und der ganze Stab ist dann nahezu gerade, dieser Kraft parallel gerichtet. Es können aber äussere Bedingungen vorhanden sein, welche dies für alle Punkte des Stabes nicht möglich machen; so bei einer Feder, die an irgend einem ihrer Punkte genöthigt ist, mit der Richtung jener Kraft einen endlichen Winkel zu bilden. Und dann treten nothwendig solche Ausnahmspunkte auf, in denen die Krümmung sich sehr schnell ändert, in denen also die in (19) mit $\varkappa^2$, λ^2, ϑ^2 multiplicirten Glieder sehr gross werden, und auf diese Weise die Möglichkeit jener Gleichungen auch für die Stellen wieder herstellen, an denen jene Componenten aufhören müssen sehr klein zu sein. Der zweite mögliche Fall ist der, wo K, L, M selbst sehr klein sind; und in diesem Fall treten keine Ausnahmspunkte auf, das Bestehen der Gleichungen (19) ist an jeder Stelle ermöglicht.

Vor Allem von Interesse ist derjenige Fall, wo K, L, M selbst verschwinden, wo also der Stab nur durch Kräftepaare, nicht aber durch Zugkräfte ergriffen ist. Alsdann verschwinden die Componenten A, B, C in jedem Punkte des Stabes; jedes Element desselben wird also nur gebogen, nicht ausgedehnt. Die Gleichungen (18) werden für diesen Fall, entsprechend der Rotation eines Körpers um seinen Schwerpunkt:

$$(19a) \quad \begin{cases} \varkappa^2 \dfrac{dr_1}{ds} + (\lambda^2 - \vartheta^2)\, r_2\, r = 0 \\ \lambda^2 \dfrac{dr_2}{ds} + (\vartheta^2 - \varkappa^2)\, r\, r_1 = 0 \\ \vartheta^2 \dfrac{dr}{ds} + (\varkappa^2 - \lambda^2)\, r_1\, r_2 = 0. \end{cases}$$

Diese Gleichungen haben die bemerkenswerthe Eigenschaft, dass in ihnen nur r_1, r_2, r, keine Spur aber der Coefficienten $\alpha, \ldots$ auftritt. Man kann das Problem sonach sondern in einen ersten Theil, welcher sich mit der Aufsuchung von r, r_1, r_2 aus diesen Gleichungen beschäftigt, und in einen zweiten, dessen Gegenstand, nach Auffindung der r, die Bestimmung der Coefficienten α zum Gegenstand hat.

Man löst den ersten Theil des Problems, indem man zunächst die Gleichungen (19^a) der Reihe nach mit r_1, r_2, r multiplicirt und addirt, sodann aber mit $\varkappa^2 r_1^2$, $\lambda^2 r_2^2$, $\vartheta^2 r^2$ multiplicirt und abermals addirt. In allen Fällen erhält man integrirbare Gleichungen, nämlich:

$$\varkappa^2 r_1 \frac{dr_1}{ds} + \lambda^2 r_2 \frac{dr_2}{\partial s} + \vartheta^2 r \frac{dr}{ds} = 0$$

$$\varkappa^4 r_1 \frac{dr_1}{ds} + \lambda^4 r_2 \frac{dr_2}{ds} + \vartheta^4 r \frac{dr}{ds} = 0,$$

aus denen durch Integration folgt:

$$(20) \quad \begin{cases} \varkappa^2 r_1^2 + \lambda^2 r_2^2 + \vartheta^2 r^2 = h^2, \\ \varkappa^4 r_1^2 + \lambda^4 r_2^2 + \vartheta^4 r^2 = m^2, \end{cases}$$

wo h und m willkürliche Constanten bezeichnen. Drückt man nun zwei der Grössen r mittels dieser Gleichungen durch die dritte aus, und führt dies in eine der Gleichungen

$$(20a) \quad ds = \frac{\vartheta^2 - \lambda^2}{\varkappa^2} r_2\, r\, dr_1 = \frac{\varkappa^2 - \vartheta^2}{\lambda^2} r\, r_1\, dr_2 = \frac{\lambda^2 - \varkappa^2}{\vartheta^2} r_1\, r_2\, dr$$

ein, so erhält man ds ausgedrückt durch eine der Grössen r, und durch Integration s als Function dieser letztern. Indem man die so erhaltene Gleichung auflöst, findet sich umgekehrt jene Grösse r durch s ausgedrückt, und dann aus den Gleichungen (20) auch die beiden andern. Die Theorie der elliptischen Functionen lehrt die Endresultate vollständig aufstellen.

Sind die Grössen r gefunden, so kann man den zweiten Theil der Aufgabe folgendermassen ausführen.

Entnimmt man den Systemen (9), (10) die drei Gleichungen:

$$\alpha \frac{d\alpha}{ds} + \beta \frac{d\beta}{ds} + \gamma \frac{d\gamma}{ds} = 0$$

$$\alpha_1 \frac{d\alpha}{ds} + \beta_1 \frac{d\beta}{ds} + \gamma_1 \frac{d\gamma}{ds} = - r_2$$

$$\alpha_2 \frac{d\alpha}{ds} + \beta_2 \frac{d\beta}{ds} + \gamma_2 \frac{d\gamma}{ds} = \quad r_1,$$

multiplicirt man dieselben respective mit α, α_1, α_2 oder mit β, β_1, β_2, oder mit γ, γ_1, γ_2 und addirt jedesmal, so erhält man daraus:

$$(21) \quad \ldots\ldots\ldots \begin{cases} \dfrac{d\alpha}{ds} = r_1 \alpha_2 - r_2 \alpha_1 \\ \dfrac{d\beta}{ds} = r_1 \beta_2 - r_2 \beta_1 \\ \dfrac{d\gamma}{ds} = r_1 \gamma_2 - r_2 \gamma_1. \end{cases}$$

Durch Combination anderer unter den Gleichungen (9), (10) ergiebt sich ganz ebenso:

$$(22) \quad . \begin{cases} \dfrac{d\alpha_1}{ds} = r_2 \alpha - r \alpha_2 & \dfrac{d\alpha_2}{ds} = r \alpha_1 - r_1 \alpha \\ \dfrac{d\beta_1}{ds} = r_2 \beta - r \beta_2 & \dfrac{d\beta_2}{ds} = r \beta_1 - r_1 \beta \\ \dfrac{d\gamma_1}{ds} = r_2 \gamma - r \gamma_2 & \dfrac{d\gamma_2}{ds} = r \gamma_1 - r_1 \gamma. \end{cases}$$

Bemerken wir, dass die Gleichungen, welche in jedem dieser Systeme die erste Stelle einnehmen, nur die α enthalten, also gewissermassen ein System für sich bilden; ebenso enthalten die an zweiter Stelle stehenden Gleichungen nur die β, die an dritter Stelle stehenden nur die γ. Eines nun dieser Systeme, etwa das letzte, kann man erfüllen durch die Annahme:

$$(23) \quad \ldots . \ \gamma_1 = \frac{\varkappa^2 r_1}{m}, \quad \gamma_2 = \frac{\lambda^2 r_2}{m}, \quad \gamma = \frac{\vartheta^2 r}{m}.$$

Denn durch diese Annahme gehen die letzten Gleichungen der obigen Systeme in die Gleichungen (19^a) selbst über; andrerseits erfüllen die Grössen γ, γ_1, γ_2 auf diese Art nach (20) wirklich die Bedingung

$$\gamma_1^2 + \gamma_2^2 + \gamma^2 = 1,$$

welcher deswegen genügt werden muss, weil γ_1, γ_2, γ die Cosinus einer Richtung, der im Raum festen Axe Z', gegen das in dem Stabelement fixirte Coordinatensystem bedeuten. Allerdings involvirt die Annahme der Gleichungen (23) eine in ganz bestimmter Weise gewählte Richtung der ursprünglich beliebig gelassenen Axe Z'. Für das Studium der Frage genügt es, überhaupt die Möglichkeit einer solchen Lage eingesehen zu haben.

Sind nun die γ bekannt, so kennt man auch die folgenden Verbindungen der α, β unter einander:

$$\begin{aligned}
\alpha_1^2 + \beta_1^2 &= 1 - \gamma_1^2, & \alpha_1\alpha + \beta_1\beta &= -\gamma_1\gamma \\
\alpha_2^2 + \beta_2^2 &= 1 - \gamma_2^2, & \alpha_2\alpha + \beta_1\beta &= -\gamma_2\gamma \\
\alpha^2 + \beta^2 &= 1 - \gamma^2, & \alpha_1\alpha_2 + \beta_1\beta_2 &= -\gamma_1\gamma_2.
\end{aligned}$$

Man kann diesen Gleichungen gemäss setzen:

$$(24) \ldots \left\{ \begin{aligned}
\alpha_1 &= \sqrt{1-\gamma_1^2}\cos w_1 & \beta_1 &= \sqrt{1-\gamma_1^2}\sin w_1 \\
\alpha_2 &= \sqrt{1-\gamma_2^2}\cos w_2 & \beta_2 &= \sqrt{1-\gamma_2^2}\sin w_2 \\
\alpha &= \sqrt{1-\gamma^2}\cos w & \beta &= \sqrt{1-\gamma^2}\sin w.
\end{aligned} \right.$$

Hierdurch sind von den vorstehenden Gleichungen die drei ersten erfüllt; die drei andern aber gehen über in:

$$(24a) \ldots \left\{ \begin{aligned}
\cos(w_1 - w) &= -\frac{\gamma\gamma_1}{\sqrt{1-\gamma^2}\sqrt{1-\gamma_1^2}} \\
\cos(w - w_2) &= -\frac{\gamma\gamma_2}{\sqrt{1-\gamma^2}\sqrt{1-\gamma_2^2}} \\
\cos(w_2 - w_1) &= -\frac{\gamma_1\gamma_2}{\sqrt{1-\gamma_1^2}\sqrt{1-\gamma_2^2}},
\end{aligned} \right.$$

woraus man die Winkel w sämmtlich berechnen kann, wenn einer derselben bekannt ist. Um einen derselben zu bestimmen, kann man sich folgenden Verfahrens bedienen.

Erinnern wir uns der bereits in § 50 (17) angegebenen Relationen:

$$(25) \left\{ \begin{aligned}
\alpha &= \beta_1\gamma_2 - \beta_2\gamma_1, & \alpha_1 &= \beta_2\gamma - \beta\gamma_2, & \alpha_2 &= \beta\gamma_1 - \beta_1\gamma \\
\beta &= \gamma_2\alpha_1 - \gamma_1\alpha_2, & \beta_1 &= \gamma_2\alpha - \gamma\alpha_2, & \beta_2 &= \gamma\alpha_1 - \gamma_1\alpha \\
\gamma &= \alpha_1\beta_2 - \alpha_2\beta_1, & \gamma_1 &= \alpha_2\beta - \alpha\beta_2, & \gamma_2 &= \alpha\beta_1 - \alpha_1\beta.
\end{aligned} \right.$$

Man verificirt diese Gleichungen leicht, indem man ihre Quadrate und Producte bildet und von den so erhaltenen Gleichungen nachweist, dass sie mit Hülfe der Gleichungen (5), (6) identisch werden. Hienach könnte es nur noch fraglich scheinen, ob die rechten Theile sämmtlich mit dem angegebenen, oder mit dem entgegengesetzten Zeichen zu behaften sind; denn die erwähnte Verification bleibt noch gültig, wenn alle rechten Theile mit entgegengesetztem Zeichen genommen werden. Da inzwischen die obigen Relationen für jede gegenseitige Lage der beiden Coordinatensysteme gelten, so muss auch das fragliche Vorzeichen für alle Lagen dasselbe sein. Nun wurde schon oben (§ 49) angenommen, die Aufeinanderfolge der Axen sei in beiden Coordinatensystemen so, dass durch passende Drehung die positiven Axen des einen Systems den entsprechenden positiven Axen des andern parallel gemacht werden können. Dann ist für eine solche Lage $\alpha_1 = \beta_2 = \gamma = 1$ und alle andern Coefficienten verschwinden. Da aber für diesen Fall die Gleichungen (25) offenbar mit dem angenommenen Vorzeichen richtig sind, so bleiben sie immer richtig, so lange die Voraussetzung über die gleichartige Aufeinanderfolge der Axen festgehalten wird.

Inzwischen folgt aus (24):

$$\frac{\beta}{\alpha} = tg\, w, \quad \frac{\beta}{\alpha_1} = tg\, w_1, \quad \frac{\beta_2}{\alpha_2} = tg\, w_2, \qquad \text{oder}$$

$$w = \text{arc}\, tg\, \frac{\beta}{\alpha}, \quad w_1 = \text{arc}\, tg\, \frac{\beta_1}{\alpha_1}, \quad w_2 = \text{arc}\, tg \frac{\beta_2}{\alpha_2}.$$

Hieraus findet sich durch Differentiation:

$$dw = \frac{\alpha\, d\beta - \beta\, d\alpha}{\alpha^2 + \beta^2}, \; dw_1 = \frac{\alpha_1\, d\beta_1 - \beta_1\, d\alpha_1}{\alpha_1^{\,2} + \beta_1^{\,2}}, \; dw_2 = \frac{\alpha_2 d\beta_2 - \beta_2\, d\alpha_2}{\alpha_2^{\,2} + \beta_2^{\,2}},$$

oder, wenn man durch die Gleichungen (21), (22) die $d\beta$, $d\alpha$ ausdrückt, und die Gleichungen (25) zur Vereinfachung der Zähler benützt:

$$(26) \; \ldots\ldots \; \begin{cases} dw = -\dfrac{r_1\gamma_1 + r_2\gamma_2}{1-\gamma^2}\, ds \\ dw_1 = -\dfrac{r_2\gamma_2 + r\gamma}{1-\gamma^2}\, ds \\ dw_2 = -\dfrac{r\gamma + r_1\gamma_1}{1-\gamma^2}\, ds. \end{cases}$$

Da nun hier rechts nur Grössen stehen, welche man durch

s bereits ausdrücken gelernt hat, so findet man die w, w_1, w_2, oder irgend eines derselben, sofort durch Integration.

Fassen wir alles zusammen, so geben die Gleichungen (20), (20[a]) die r als Functionen von s, die Gleichungen (23), (24), (24[a]) und (26) aber liefern sämmtliche Coefficienten $\alpha, \ldots$ Berechnet man endlich ξ, η, ζ mittels der Gleichungen:

$$\frac{d\xi}{ds} = \alpha, \qquad \frac{d\eta}{ds} = \beta, \qquad \frac{d\zeta}{ds} = \gamma$$

durch Integration, so hat man ξ, η, ζ als Functionen von s und damit die Gleichungen für die gekrümmte Axe des Stabes.

§ 52. Anwendung auf den Fall eines Stabes, dessen Hauptträgheitsradien gleich sind, und dessen Enden nur durch Kräftepaare ergriffen werden.

Ich wende diese Betrachtungen an auf denjenigen Fall, bei welchem man die Theorie der elliptischen Functionen entbehren kann, wenn nämlich die Hauptträgheitsradien $\varkappa$, λ des Querschnitts gleich werden. Dies tritt etwa ein, wenn der Querschnitt ein Kreis oder ein regelmässiges Polygon ist. Die Gleichungen (19) nehmen dann die Form an:

$$\frac{dr}{ds} = 0, \quad \frac{dr_1}{ds} = \varepsilon\, r_2, \quad \frac{dr_2}{ds} = -\,\varepsilon\, r_1.$$

Die erste Gleichung zeigt, dass r, die Torsion, in allen Elementen denselben constanten Werth hat; es ist deswegen

$$\varepsilon = \frac{\vartheta^2 - \varkappa^2}{\varkappa^2}\, r$$

ebenfalls eine Constante, und in Folge dessen werden die r_1, r_2 enthaltenden Gleichungen integrirt durch die Gleichungen:

$$(27) \quad \ldots\ldots, \quad \begin{cases} r_1 = a \sin\varepsilon s + b \cos\varepsilon s \\ r_2 = a \cos\varepsilon s - b \sin\varepsilon s, \end{cases}$$

wobei a, b willkürliche Constanten bedeuten. Auch haben diese Integrale die nöthige Allgemeinheit, da zwei willkürliche Constante in denselben vorkommen. Die Gleichungen (20) sind hiedurch erfüllt; und zwar wird:

$$h^2 = \varkappa^2 (a^2 + b^2) + \vartheta^2 r^2, \quad m^2 = \varkappa^4 (a^2 + b^2) + \vartheta^4 r^2;$$

die Gleichungen (23) geben also

$$(28) \quad \ldots \ldots \begin{cases} \gamma_1 = \varkappa^2 \dfrac{a \sin \varepsilon s + b \cos \varepsilon s}{\sqrt{\varkappa^4 (a^2 + b^2) + \vartheta^4 r^2}} \\ \gamma_2 = \varkappa^2 \dfrac{a \cos \varepsilon s - b \sin \varepsilon s}{\sqrt{\varkappa^4 (a^2 + b^2) + \vartheta^4 r^2}} \\ \gamma = \dfrac{\vartheta^2 r}{\sqrt{\varkappa^4 (a^2 + b^2) + \vartheta^4 r^2}} . \end{cases}$$

Die erste der Gleichungen (26) giebt ferner:

$$w = c - \frac{\sqrt{\varkappa^4 (a^2 + b^2) + \vartheta^4 r^2}}{\varkappa^2} s,$$

wo c wieder eine willkürliche Constante bedeutet; man hat daher aus (23), (24) zusammen:

$$\alpha = \frac{\varkappa^2 \sqrt{a^2 + b^2}}{\sqrt{\varkappa^4 (a^2 + b^2) + \vartheta^4 r^2}} \cos \left(c - \frac{\sqrt{\varkappa^4 (a^2 + b^2) + \vartheta^4 r^2}}{\varkappa^2} s \right)$$

$$\beta = \frac{\varkappa^2 \sqrt{a^2 + b^2}}{\sqrt{\varkappa^4 (a^2 + b^2) + \vartheta^4 r^2}} \sin \left(c - \frac{\sqrt{\varkappa^4 (a^2 + b^2) + \vartheta^4 r^2}}{\varkappa^2} s \right)$$

$$\gamma = \frac{\vartheta^2 r}{\sqrt{\varkappa^4 (a^2 + b^2) + \vartheta^4 r^2}},$$

und endlich durch Integration:

$$\xi = \xi_0 - \frac{\varkappa^4 \sqrt{a^2 + b^2}}{\varkappa^4 (a^2 + b^2) + \vartheta^4 r^2} \sin \left(c - \frac{s}{\varkappa^2} \sqrt{\varkappa^4 (a^2 + b^2) + \vartheta^4 r^2} \right)$$

$$\eta = \eta_0 + \frac{\varkappa^4 \sqrt{a^2 + b^2}}{\varkappa^4 (a^2 + b^2) + \vartheta^4 r^2} \cos \left(c - \frac{s}{\varkappa^2} \sqrt{\varkappa^4 (a^2 + b^2) + \vartheta^4 r^2} \right)$$

$$\zeta = \zeta_0 + \frac{\vartheta^2 r s}{\sqrt{\varkappa^4 (a^2 + b^2) + \vartheta^4 r^2}},$$

wo auch ξ_0, η_0, ζ_0 willkürliche Constante bezeichnen.

Diese Gleichungen stellen nichts anderes dar, als eine Schraubenlinie, deren Axe die Z' Axe ist, jene Axe, deren Richtung den Formeln (23) gemäss in bestimmter Weise gewählt wurde. Verlegen wir den Anfangspunkt in das eine Ende des Stabes und denken uns dieses bei der Verbiegung festgehalten; legen wir ferner die X Axe so, dass die Tangente der Schraubenlinie im Anfangspunkte in die Ebene X', Z' fällt, so muss für $s = 0$ auch ξ, η, ζ, $\frac{d\eta}{ds}$ verschwinden. Demnach hat man

$$\xi_0 = 0, \quad \eta_0 = 0, \quad \zeta_0 = 0, \quad c = 0,$$

und so erhält man dann die gewöhnlichen Gleichungen einer Schraubenlinie

$$\xi = \varrho \sin \frac{s}{\sqrt{\varrho^2 + \frac{h^2}{4\pi^2}}}, \qquad \eta = \varrho \cos \frac{s}{\sqrt{\varrho^2 + \frac{h^2}{4\pi^2}}}$$

$$\zeta = \frac{hs}{2\pi \sqrt{\varrho^2 + \frac{h^2}{4\pi^2}}},$$

wenn man ϱ, den Radius des Schraubencylinders, und die Steighöhe h aus den Formeln bestimmt:

$$\varrho = \frac{\varkappa^4 \sqrt{a^2 + b^2}}{\varkappa^4 (a^2 + b^2) + \vartheta^4 r^2}$$

$$\frac{h}{2\pi} = \frac{\varkappa^2 \vartheta^2 r}{\varkappa^4 (a^2 + b^2) + \vartheta^4 r^2}.$$

Sei l die ganze Länge des Stabes. An seinem Ende denken wir uns die mit dem letzten Querschnitt der Lage nach fest verbundenen Drehungsmomente A', B', C' wirkend, welche die Gestaltsveränderungen hervorrufen. Dann hat man nach (12) und (27), für $s = l$:

$$A' = - Eq\, \varkappa^2 \,(a \sin \varepsilon l + b \cos \varepsilon l)$$
$$B' = - Eq\, \varkappa^2 \,(a \cos \varepsilon l - b \sin \varepsilon l)$$
$$C' = - Eq\, \vartheta^2\, r;$$

zugleich aber aus (28), ebenfalls für $s = l$:

$$\gamma_1 : \gamma_2 : \gamma = A' : B' : C'.$$

Diese letzten Gleichungen lehren, dass die Axe der Schraube, welche die Winkel γ_1, γ_2, γ gegen die Axen X, Y, Z des Elements bildet, parallel wird mit der Axe des Kräftepaares, welches sich aus A', B', C' zusammensetzen lässt. Hierdurch ist die Lage der Schraubenaxe bestimmt. Radius und Steighöhe ergiebt sich ebenfalls, ausgedrückt durch die Momente dieser Kräftepaare, wenn man bemerkt, dass

$$r = - \frac{C'}{Eq\,\vartheta^2}, \quad \sqrt{a^2 + b^2} = \frac{\sqrt{A'^2 + B'^2}}{Eq\,\varkappa^2};$$

dies eingesetzt in die obigen Formeln für ϱ und h, führt auf die Bestimmungen:

$$\varrho = \frac{Eq\varkappa^2\sqrt{A'^2+B'^2}}{A'^2+B'^2+C'^2}, \quad \frac{h}{2\pi} = -\frac{Eq\varkappa^2 C'}{A'^2+B'^2+C'^2}.$$

§ 53. Biegung eines Stabes in einer Ebene, welche eine Hauptaxe seines Querschnitts enthält.

Als zweites Beispiel behandle ich die Biegung in einer Ebene. Indem ich als diese Ebene die $X'Z'$Ebene annehme, lege ich den Anfangspunkt in das eine Ende des Stabes, die Axe Z' parallel der Zugkraft, welche auf das andere Ende wirken soll. Da die Axe der Y in diesem Fall mit der Axe Y' parallel ist, und beide auf der Biegungsebene senkrecht stehen, so hat man

$$\alpha_2 = 0,\ \gamma_2 = 0,\ \beta_1 = 0,\ \beta = 0,\ \beta_2 = 1,$$

daher auch aus (10):

$$r = 0, \quad r_1 = 0.$$

Bezeichnet man ferner durch φ den Winkel der Axen ZZ' oder XX' gegen einander, durch $90 - \varphi$ den von X' gegen Z, so hat man:

$$\alpha_1 = \cos\varphi,\ \alpha = \sin\varphi,\ \gamma_1 = -\sin\varphi,\ \gamma = \cos\varphi,$$

und sonach aus (10):

$$r_2 = -\frac{d\varphi}{ds}.$$

Wie man aus (12) sieht, und wie von vorn herein selbstverständlich ist, verschwinden die Drehungsmomente sämmtlich bis auf dasjenige, welches um die YAxe dreht:

$$B' = -Eq\lambda^2 r_2 = Eq\lambda^2 \frac{d\varphi}{ds}.$$

Von den sechs Gleichungen des Problems (16), (17) geben hienach die letztern nur die Gleichungen:

$$A = K\cos\varphi - M\sin\varphi$$
$$C = K\sin\varphi + M\cos\varphi.$$

Es sind dabei K, M constante Zugkräfte, welche in jedem Querschnitt auftreten, parallel den Axen X', Z'. Da indess der Annahme nach am Ende des Stabes nur eine Zugkraft der Z'Axe parallel wirken sollte, so muss hier, und also überhaupt, K verschwinden, so dass

$$A = - M \sin\varphi, \quad C = M \cos\varphi,$$

und M selbst eine positive gegebene Zugkraft darstellen.

Und endlich geben dann die Gleichungen (16):

$$Eq\, \lambda^2 \frac{d^2\varphi}{ds^2} = M \sin\varphi,$$

als Gleichung für die Krümmung des Stabes. Es ist bemerkenswerth, dass die Gleichungen (12^h) welche an solchen Stellen, in denen sich die Krümmung sehr rasch ändert, besondere Betrachtungen erfordern können, hiebei von selbst erfüllt sind.

Multiplicirt man die obige Gleichung mit $\frac{d\varphi}{ds}$ und integrirt auf beiden Seiten, so kann man der erhaltenen Gleichung die Form geben:

$$\left(\frac{d\varphi}{ds}\right)^2 = c - 2 \frac{M}{Eq\lambda^2} \cos\varphi.$$

Ich erinnere daran, dass $\frac{d\varphi}{ds}$ der reciproke Krümmungshalbmesser der Schwerpunktslinie ist, da φ den Winkel der Tangente gegen die Z'Axe bedeutet. Am freien Ende des Stabes, wo wir kein Drehungsmoment wirkend denken, ist der Krümmungsradius unendlich und also $\frac{d\varphi}{ds} = 0$; bezeichnet man ferner durch φ_1 den Winkel, den die letzte Tangente des Stabes gegen die Z'Axe bildet, so wird nach der obigen Gleichung für diesen Endpunkt:

$$0 = c - \frac{2M}{Eq\,\lambda^2} \cos\varphi_1.$$

Und wenn man hieraus den Werth von c entnimmt, geht die obige allgemeine Gleichung über in:

$$\left(\frac{d\varphi}{ds}\right)^2 = \frac{2M}{Eq\,\lambda^2} (\cos\varphi_1 - \cos\varphi).$$

Aus dieser Form folgt dann weiter:

$$ds \,.\, \sqrt{\frac{M}{Eq\,\lambda^2}} = \pm \frac{d\varphi}{\sqrt{2(\cos\varphi_1 - \cos\varphi)}}.$$

oder wenn man integrirt von einer unbestimmten Stelle s, φ bis zum freien Ende, wo $s = l$, $\varphi = \varphi_1$;

$$(29) \ldots (l-s)\sqrt{\frac{M}{Eq\,\lambda^2}} = \int_{\varphi}^{\varphi_1} \frac{\pm\, d\varphi}{\sqrt{2(\cos\varphi_1 - \cos\varphi)}}.$$

In dieser Gleichung kommt nur eine einzige willkürliche Constante vor, φ_1, welche zu bestimmen sein wird. Denken wir uns die Richtung der Tangente im festen Endpuncte gegeben, so dass daselbst $\varphi = \varphi_0$, wobei, damit $\sqrt{\cos\varphi_1 - \cos\varphi}$ nicht imaginär werde, nothwendig $\cos\varphi_0 < \cos\varphi_1$, so wird, wenn man in der obigen Gleichung zugleich $s = 0$, $\varphi = \varphi_0$ setzt:

$$(30) \ldots\ldots l\sqrt{\frac{M}{Eq\,\lambda^2}} = \int_{\varphi_0}^{\varphi_1} \frac{\pm\, d\varphi}{\sqrt{2(\cos\varphi_1 - \cos\varphi)}}.$$

Aus dieser Gleichung bestimmt sich φ_1, welches darin allein unbekannt ist.

Ich werde den besonderen Fall genauer verfolgen, wo $\varphi_0 = \pi$, wo also die anfängliche Richtung des Stabes der Richtung der Zugkraft genau entgegengesetzt ist. In diesem Fall nimmt offenbar φ stetig ab von φ_0 bis φ_1, und indem man also, damit das Element des Integrals (30) stets positiv sei, das untere Zeichen nimmt, geht (30) über in:

$$l\sqrt{\frac{M}{Eq\,\lambda^2}} = \int_{\varphi_1}^{\pi} \frac{d\varphi}{\sqrt{2(\cos\varphi_1 - \cos\varphi)}} = \int_{\varphi_1}^{\pi} \frac{d\varphi}{\sqrt{4\left(\cos^2\frac{\varphi_1}{2} - \cos^2\frac{\varphi}{2}\right)}}.$$

Da hier $\cos\frac{\varphi_1}{2}$ nothwendig grösser ist als $\cos\frac{\varphi}{2}$, so kommt man leicht auf den Gedanken, das Integral zu transformiren, indem man statt φ einen Winkel ψ mittels der Formel

$$\cos\frac{\varphi}{2} = \cos\frac{\varphi_1}{2}\sin\psi$$

einführt. Dieser neue Winkel geht von 0 bis $\frac{\pi}{2}$, während φ von π bis φ_1 sinkt, und die obige Gleichung wird:

$$l\sqrt{\frac{M}{Eq\,\lambda^2}} = \int_0^{\frac{\pi}{2}} \frac{d\psi}{\sqrt{1 - \cos^2\frac{\varphi_1}{2}\sin^2\psi}}.$$

Diese Formel führt zu einem bemerkenswerthen Resultat. Da der Nenner immer kleiner ist als 1, so ist das Integral grösser als dasjenige, welches man erhält, wenn man im Nenner statt der Wurzelgrösse immer 1 setzt. Dadurch aber geht das Integral über in:

$$\int_0^{\frac{\pi}{2}} d\psi = \frac{\pi}{2}.$$

Es muss als nothwendig

$$l\sqrt{\frac{M}{Eq\,\lambda^2}} > \frac{\pi}{2}$$

sein; oder, mit andern Worten, wenn die Länge l oder die Kraft M nicht die Grenzen überschreiten, welche durch diese Gleichung gegeben sind, so findet überhaupt keine Biegung statt. Sind aber l, M gross genug um diese Ungleichung zu erfüllen, so giebt die Theorie der elliptischen Functionen für die Behandlung des Problems folgende Regel: Man bestimme zunächst eine, im Allgemeinen sehr kleine Grösse p aus der Gleichung:

$$\sqrt{\frac{2l}{\pi}\sqrt{\frac{M}{Eq\,\lambda^2}}} = 1 + 2p + 2p^4 + 2p^9 + \ldots,$$

was, wenn l oder M nicht sehr gross sind, leicht geschieht. Sofort hat man dann:

$$\sqrt{\cos\frac{\varphi_1}{2}} = \frac{2\sqrt[4]{p} + 2\sqrt[4]{p^9} + 2\sqrt[4]{p^{25}}\ldots}{1 + 2p + 2p^4 + 2p^9\ldots};$$

und zugleich die allgemeine Entwicklung:

$$\cos\frac{\varphi}{2} = \sqrt{\cos\frac{\varphi_1}{2}}\cdot\frac{2\sqrt[4]{p}\sin\frac{\pi s}{2l} - 2\sqrt[4]{p^9}\sin\frac{3\pi s}{2l}\cdots}{1 - 2p\cos\frac{\pi s}{l} + 2p^4\cos\frac{2\pi s}{l}\cdots}$$

wodurch die Richtung der Tangente in jedem Punkte bestimmt ist. Auch die Coordinate ξ ergiebt sich daraus sofort aus der Formel:

$$\xi = \int_0^s \sin\varphi\,ds = \left(\sqrt{2(\cos\varphi_1 - \cos\varphi)} - \sqrt{2(\cos\varphi_1 + 1)}\right)\sqrt{\frac{Eq\,\lambda^2}{M}}$$

während sich für ζ die Formel findet:

$$\zeta = -\frac{Eq\lambda^2}{Ml^2}\left\{\frac{\pi^2 s}{4}\cdot\frac{1-9p-25p^3\ldots(2n+1)^2(-p)^{\frac{n.n+1}{2}}\ldots}{1-p-p^3\ldots(-p)^{\frac{n.n+1}{2}}\ldots}\right.$$

$$+\,l\pi\,\frac{4p\sin\frac{\pi s}{l}-8p^4\sin\frac{2\pi s}{l}+12p^9\sin\frac{3\pi s}{l}\ldots}{1-2p\cos\frac{\pi s}{l}+2p^4\cos\frac{2\pi s}{l}-2p^9\cos\frac{3\pi s}{l}\ldots}.$$

Wenn l und M so gross sind, dass in diesen Entwicklungen p nahe an 1 liegt, so werden diese Formeln nicht mehr anwendbar. Alsdann führt man an Stelle von p eine andere Grösse p' ein mit Hülfe der Formel:

$$\sqrt{2l\sqrt{\frac{M}{Eq\lambda^2}}} = \sqrt{-\log p'}\,(1+2p'+2p'^4+2p'^9\ldots)$$

Diese Grösse ist immer sehr klein, wenn p nahezu 1 wird, und man erhält folgende sehr convergente Entwicklungen:

$$\sqrt{\cos\frac{\varphi_1}{2}} = \frac{1-2p'+2p'^4-2p'^9\ldots}{1+2p'+2p'^4+2p'^9\ldots}$$

$$\cos\frac{\varphi}{2} = \frac{\cos\frac{\varphi_1}{2}}{\sqrt{\sin\frac{\varphi_1}{2}}}\cdot\frac{1-p'\left(e^{\frac{\pi s}{l'}}+e^{-\frac{\pi s}{l'}}\right)+p'^4\left(e^{\frac{2\pi s}{l'}}+e^{-\frac{2\pi s}{l'}}\right)-\ldots}{1+p'\left(e^{\frac{\pi s}{l'}}+e^{-\frac{\pi s}{l'}}\right)+p'^4\left(e^{\frac{2\pi s}{l'}}+e^{-\frac{2\pi s}{l'}}\right)+\ldots}$$

$$\xi = \left\{\sqrt{2(\cos\varphi_1-\cos\varphi)}-\sqrt{2(\cos\varphi_1+1)}\right\}\sqrt{\frac{Eq\lambda^2}{M}}$$

$$\zeta = \frac{Eq\lambda^2\log p'}{Ml^2}\left\{s\left(1+\frac{\log p'}{4}\cdot\frac{1-9p'-25p'^3\ldots(2n+1)^2(-p')^{\frac{n.n+1}{2}}\ldots}{1-p'-p'^3\ldots(-p')^{\frac{n.n+1}{2}}\ldots}\right)\right.$$

$$+\,l\,\frac{\sqrt[4]{p'}\left(e^{\frac{\pi s}{2l'}}-e^{-\frac{\pi s}{2l'}}\right)-3\sqrt[4]{p'^9}\left(e^{\frac{3\pi s}{2l'}}-e^{-\frac{3\pi s}{2l'}}\right)+\ldots}{\sqrt[4]{p'}\left(e^{\frac{\pi s}{2l'}}+e^{-\frac{\pi s}{2l'}}\right)+\sqrt[4]{p'^9}\left(e^{\frac{3\pi s}{2l'}}+e^{-\frac{3\pi s}{2l'}}\right)+\ldots}$$

wo der Kürze wegen

$$l' = -\frac{l\pi}{\log p'}$$

gesetzt ist.

§ 54. Zusammenhang mit der gewöhnlichen Theorie. Kleine Verschiebungen.

Ich füge diesen Untersuchungen einige Bemerkungen hinzu, welche geeignet sind, einerseits den Zusammenhang der vorliegenden Formeln mit der gewöhnlichen Theorie aufzudecken, andrerseits aber die gewonnenen Resultate wesentlich zu erweitern.

Um den ersten Punkt ins Licht zu setzen, werde ich in den Grundgleichungen (13), (14) die Grössen A', B', C' durch ihre aus (12) entnommenen Werthe ersetzen, zugleich aber statt r_1, r_2, r drei Grössen ϱ so einführen, dass

$$r_1 = \frac{1}{\varrho_1}, \quad r_2 = \frac{1}{\varrho_2}, \quad r = \frac{1}{\varrho}.$$

Es sind dann nach dem früheren ϱ_1, ϱ_2 die Krümmungshalbmesser der Projection der Schwerpunktscurve auf die in dem Element festgehaltenen Hauptebenen, welche durch die Axe des Elements und je eine Hauptaxe des Querschnitts gehen; $\frac{ds}{\varrho}$ aber zeigt die Torsion des Elements an. Die Gleichungen (13), (14) werden:

$$(31) \quad \left\{ \begin{aligned} &\frac{d}{ds}(A\alpha_1 + B\alpha_2 + C\alpha) = -U \\ &\frac{d}{ds}(A\beta_1 + B\beta_2 + C\beta) = -V \\ &\frac{d}{ds}(A\gamma_1 + B\gamma_2 + C\gamma) = -W \\ &Eq\frac{d}{ds}\left(\frac{\varkappa^2\alpha_1}{\varrho_1} + \frac{\lambda^2\alpha_2}{\varrho_2} + \frac{\vartheta^2\alpha}{\varrho}\right) - A\alpha_2 + B\alpha_1 \\ &\qquad - \beta_1 w_1 - \beta_2 W_2 + \gamma_1 V_1 + \gamma_2 V_2 = 0 \\ &Eq\frac{d}{ds}\left(\frac{\varkappa^2\beta_1}{\varrho_1} + \frac{\lambda^2\beta_2}{\varrho_2} + \frac{\vartheta^2\beta}{\varrho}\right) - A\beta_2 + B\beta_1 \\ &\qquad - \gamma_1 U_1 - \gamma_2 U_2 + \alpha_1 W_1 + \alpha_2 W_2 = 0 \\ &Eq\frac{d}{ds}\left(\frac{\varkappa^2\gamma_1}{\varrho_1} + \frac{\lambda^2\gamma_2}{\varrho_2} + \frac{\vartheta^2\gamma}{\varrho}\right) - A\gamma_2 + B\gamma_1 \\ &\qquad - \alpha_1 V_1 - \alpha_2 V_2 + \beta_1 U_1 + \beta_2 U_2 = 0. \end{aligned} \right.$$

Und aus den Gleichungen (12) kann man sofort Grenzbedingungen entwickeln, indem sie, angewandt auf das Ende des Stabes, Krümmung und Torsion aus den auf das Ende wirkenden Drehungsmomenten bestimmen lehren, mittels der Gleichungen:

$$(32) \quad \frac{1}{\varrho_1} = -\frac{A'}{Eq\varkappa^2}, \quad \frac{1}{\varrho_2} = -\frac{B'}{Eq\lambda^2}, \quad \frac{1}{\varrho} = -\frac{C'}{Eq\vartheta^2}.$$

Beiläufig sei hier bemerkt, was bereits oben benützt wurde, dass die Gleichungen des Problems sich für eine ebene Biegung auf die drei reduciren:

$$(33) \quad \begin{cases} \dfrac{d}{ds}(A\cos\varphi + C\sin\varphi) = -U \\[2ex] \dfrac{d}{ds}(-A\sin\varphi + C\cos\varphi) = -W \\[2ex] Eq\lambda^2 . \dfrac{d\dfrac{1}{\varrho_2}}{ds} - A + U_1\sin\varphi + W_1\cos\varphi = 0. \end{cases}$$

Alle diese Gleichungen aber vereinfachen sich wesentlich, und kommen dann zum Theil auf die gebräuchlichen Formen zurück, wenn man die Verschiebungen des Stabes überall sehr klein annimmt. Dann sind die beiden Coordinatensysteme X, Y, Z und $X'\ Y'\ Z'$ überall nur sehr wenig von einander verschieden, also $\alpha_1, \beta_2, \gamma$ nahezu 1, die übrigen Coefficienten nahezu Null. Und so gehen die Gleichungen (31) dann über in:

$$(33a) \quad \begin{cases} \dfrac{dA}{ds} = -U, & Eq\varkappa^2 \dfrac{d\dfrac{1}{\varrho_1}}{ds} + B - W_2 = 0 \\[2ex] \dfrac{dB}{ds} = -V, & Eq\lambda^2 \dfrac{d\dfrac{1}{\varrho_2}}{ds} - A + W_1 = 0 \\[2ex] \dfrac{dC}{ds} = -W, & Eq\vartheta^2 \dfrac{d\dfrac{1}{\varrho}}{ds} + V_1 - U_2 = 0. \end{cases}$$

wo nun in $U, V \ldots$ überall die verschobenen Coordinaten durch die ursprünglichen ersetzt werden können, so dass diese Grössen dann nur noch von s abhängen.

Die beiden letzten Gleichungen haben sich hier zur Bestimmung der Torsion und der Längsspannung abgesondert. Bestimmt man nun A, B aus den Gleichungen der ersten Columne, indem man von s bis l integrirt und durch A_l, B_l die Werthe von A, B am Ende des Stabes bezeichnet, so hat man für die Gleichungen der ersten Reihe:

$$(33b)\ldots\begin{cases} A = A_l + \int_s^l U\,ds, & Eq\lambda^2 \frac{d\frac{1}{\varrho_2}}{ds} = A_l + \int_s^l U\,ds - W_1 \\ B = B_l + \int_s^l V\,ds, & Eq\varkappa^2 \frac{d\frac{1}{\varrho_1}}{ds} = -B_l - \int_s^l V\,ds + W_2. \end{cases}$$

Sehen wir indess, in welcher Weise die Ausdrücke der ϱ sich vereinfachen. Wenn das Coordinatensystem der X, Y, Z mit dem Systeme der X', Y', Z' stets sehr nahezu coincidirt, so sind die Cosinus α_1, β_2, γ nahezu gleich 1, die übrigen aber sehr klein; ja, man sieht aus den Gleichungen (5), dass α_1, β_2, γ sich sogar nur um Grössen zweiter Ordnung von 1 unterscheiden können, während die Gleichungen (6), mit Vernachlässigung sehr kleiner Grössen, in folgende übergehen:

$$\beta + \gamma_2 = 0, \quad \gamma_1 + \alpha = 0, \quad \alpha_2 + \beta_1 = 0.$$

Zugleich findet sich aus den Gleichungen (7) mit Vernachlässigung von Grössen höherer Ordnung:

$$\alpha = \frac{d\xi}{ds}, \quad \beta = \frac{d\eta}{ds}.$$

Nun kann man bis auf zu vernachlässigende Grössen auch statt s die nach der Verschiebung der ursprünglichen Stabaxe parallel gerechnete Ordinate z setzen, für ξ, η aber die kleinen Ausschreitungen u, v eines Punkts der Schwerpunktslinie senkrecht zu dieser. Für ζ kann man zugleich $z + w$ setzen, so dass w die longitudinalen Ausschreitungen eines Punktes bezeichnet.

Man erhält dann an Stelle der obigen Formeln diese:

$$\alpha = -\gamma_1 = \frac{du}{dz}$$

$$\beta = -\gamma_2 = \frac{dv}{dz}.$$

Die Grössen α_2, β_1 lassen sich nicht durch u, v, w ausdrücken. In der That bestimmen diese zusammen eine besondere Art von Verschiebungen, der Torsion entsprechend, bei welcher der Schwerpunkt nicht verschoben wird. Setzen wir

$$-\alpha_2 = \beta_1 = \varphi,$$

so dass der Winkel φ die Drehung des Querschnitts aus seiner ursprünglichen Lage bezeichnet, so erhalten wir nun aus (10) folgende Ausdrücke für die r oder die ϱ:

$$r_1 = \frac{1}{\varrho_1} = \frac{d\beta}{ds} = \frac{d^2v}{dz^2}$$

$$r_2 = \frac{1}{\varrho_2} = \frac{d\gamma_1}{ds} = -\frac{d^2u}{dz^2}$$

$$r = \frac{1}{\varrho} = \frac{d\alpha_2}{ds} = -\frac{d\varphi}{dz}.$$

Dies stimmt in der That vollkommen damit überein, dass ϱ_1, ϱ_2 Krümmungshalbmesser, $\frac{1}{\varrho}$ das Mass der Torsion ist. Nur vereinfacht sich die Bedeutung von ϱ_1, ϱ_2 insofern, als man die Schwerpunktslinie nicht mehr auf zwei für jedes Element anders liegende Ebenen zu projiciren hat, um durch die Krümmungshalbmesser derselben ϱ_1, ϱ_1 darzustellen, sondern man kann, mit Vernachlässigung sehr kleiner Grössen, für dieselben sofort die beiden Ebenen annehmen, welche in der natürlichen Lage des Stabes durch die Schwerpunktslinie gehen und die Hauptaxen der Schnitte enthalten.

Mit Hülfe dieser Betrachtungen erhält man nun aus (33^b) mittels einer Differentiation nach s oder z:

$$(34) \quad \ldots\ldots \quad \begin{cases} Eq\lambda^2 \dfrac{d^4u}{dz^4} = U + \dfrac{dW_1}{dz} \\ Eq\varkappa^2 \dfrac{d^4v}{dz^4} = V + \dfrac{dW_2}{dz} \end{cases}$$

nebst den für $z = l$ $(s = l)$ zu erfüllenden Grenzbedingungen:

$$(34a) \quad \ldots \quad \begin{cases} Eq\lambda^2 \left(\dfrac{d^3u}{dz^3}\right)_l = -A_l + (W_1)_l \\ Eq\varkappa^2 \left(\dfrac{d^3v}{dz^3}\right)_l = -B_l + (W_2)_l. \end{cases}$$

Wenn man will, kann man noch aus (32) die weitern Grenzbedingungen hinzufügen:

$$(34b) \quad \ldots\ldots \quad \begin{cases} Eq\lambda^2 \left(\dfrac{d^2u}{dz^2}\right)_l = (A')_l \\ Eq\varkappa^2 \left(\dfrac{d^2v}{dz^2}\right)_l = -(B')_l. \end{cases}$$

wo $(A')_l$, $(B')_l$ die etwa auf das Ende wirkenden Kräftepaare bedeuten und hat damit das ganze, gewöhnlich angewandte Formelsystem vereinigt, wie es sich der Hauptsache nach z. B. in Poissons traité de mécanique findet. Aber ist von wesentlichster Bedeutung, dass man hier genau die Tragweite dieser Formeln, sowie die allgemeinern, auf endliche Biegungen bezüglichen kennen gelernt hat, aus welchen dieselben entspringen.

Diese Formeln werden sonst abgeleitet, indem man die Formel zu Grunde legt, nach der für jeden Querschnitt $\frac{Eq\varkappa^2}{\varrho_1}$ gleich gesetzt wird dem Drehungsmoment der äussern Kräfte; wobeï dann nur diejenigen Kräfte in Rücksicht gezogen werden, welche von dem betrachteten Querschnitt an nach der Seite des wachsenden s ihre Angriffspunkte haben. Eine solche Formel wurde bereits in § 38, (118) streng bewiesen, für den Fall endlicher Querschnitte, und unter der Annahme, dass nur die Enden des Stabes äussern Kräften unterworfen seien. Die jetzt angestellten Betrachtungen lehren also, dass die Anwendung jener Formeln allerdings gerechtfertigt ist, auch wenn beliebige Kräfte auf den Stab wirken. Aber dieselben geben dann nur angenäherte Resultate, welche vollkommen richtig werden, wenn der Querschnitt sehr klein ist, und also überhaupt sich um so mehr der Wahrheit nähern, je geringer die Dimensionen des Querschnitts ausfallen. So ist denn auch für diese Anwendungen eine feste Basis gewonnen.

Die Formeln (34), (34a) können einer Modification bedürftig sein, welche unter Umständen wesentlich wird; dann nämlich, wenn die ganze Längsspannung sehr gross ist. In diesem Falle darf man möglicherweise in den Gleichungen (31) die Glieder $C\alpha$, $C\beta$ nicht mehr vernachlässigen. Man erhält dann statt (33a) die folgenden Gleichungen:

$$(34c) \quad \ldots\ldots \quad \left\{ \begin{aligned} A + C\alpha &= K + \int_s^l U\,ds \\ B + C\beta &= L + \int_s^l V\,ds \\ C &= M + \int_s^l W\,ds, \end{aligned} \right.$$

wo K, L, M die auf das Ende des Stabes wirkenden Componenten bedeuten. Von diesen ist im vorliegenden Fall M sehr gross, und man darf also in den ersten Gleichungen C durch M ersetzen. Es war aber auch bis auf Grössen höherer Ordnung $\alpha = \frac{du}{dz}$, $\beta = \frac{dv}{dz}$, und so wird:

$$A = K - M\frac{du}{dz} + \int_s^l U\,ds, \quad A_l = K - M\left(\frac{du}{dz}\right)_l$$

$$B = L - M\frac{dv}{dz} + \int_s^l V\,ds, \quad B_l = L - M\left(\frac{dv}{dz}\right)_l$$

Daher treten an Stelle von (34), (34a) die Gleichungen:

$$(34d). \begin{cases} Eq\lambda^2\frac{d^4u}{dz^4} = -\frac{dA}{ds} = M\frac{d^2u}{dz^2} + U + \frac{dW_1}{dz}. \\ Eq\varkappa^2\frac{d^4v}{dz^4} = -\frac{dB}{ds} = M\frac{d^2v}{dz^2} + V + \frac{dW_2}{dz}, \\ Eq\lambda^2\left(\frac{d^3u}{dz^3}\right)_l = -A_l + (W_1)_l = +K + M\left(\frac{du}{dz}\right)_l + (W_1)_l \\ Eq\varkappa^2\left(\frac{d^3v}{dz^3}\right)_l = -B_l + (W_2)_l = -L + M\left(\frac{dv}{dz}\right)_l + (W_2)_l. \end{cases}$$

Es ist bemerkenswerth, dass auch hier ebenso wie früher, u und v völlig von einander getrennt erscheinen, und unabhängig von einander zu bestimmen sind.

Aus der letzten Gleichung (34^c) ergiebt sich noch eine weitere Folgerung, das Gesetz der Ausdehnung, welche die verschiedenen Stabelemente erleiden. Nach (12a) hat man, durch σ die Ausdehnung der Längeneinheit oder die verhältnissmässige Längenausdehnung bezeichnet, in jedem Element:

$$\sigma = \frac{C}{Eq};$$

eine Gleichung, die übrigens selbstverständlich wird, wenn man sich die Zugkraft C über den Querschnitt gleichförmig vertheilt denkt. Ein Element ds oder dz erhält nach der Verschiebung die Länge $dz\,(1 + \sigma)$; die Coordinate $\zeta = z + w$ eines Querschnitts z nach der Verschiebung ist also:

$$z + w = \int_0^z (1 + \sigma)\,dz,$$

oder man hat

$$\sigma = \frac{dw}{dz}.$$

Hierdurch geht die letzte Gleichung (34^c) über in:

$$Eq\,\frac{dw}{dz} = M + \int_z^l W\,ds,$$

oder auch, nach nochmaliger Differentiation, in

$$(34e) \ldots\ldots\ldots\ldots\quad Eq\,\frac{d^2w}{dz^2} = -\,W,$$

nebst der für $z = l$ entspringenden Grenzbedingung:

$$(34f) \ldots\ldots\ldots\ldots\quad Eq\left(\frac{dw}{dz}\right)_l = M.$$

Diese Formeln bestimmen das Gesetz der Längsausdehnung und diese Bestimmung wird, wie man sieht, unabhängig von der Bestimmung von u, v.

Ebenso findet man unabhängig von u, v, w den Torsionswinkel φ. Denn setzt man in der letzten Gleichung (33^a) für $\frac{1}{\varrho}$ den oben gefundenen Ausdruck $-\frac{d\varphi}{dz}$ so kann man an Stelle jener Gleichung folgende treten lassen:

$$(34g) \ldots\ldots\ldots\quad Eq\vartheta^2\,\frac{d^2\varphi}{dz^2} = V_1 - U_2$$

und aus (32) ergiebt sich die Grenzbedingung, dass wenn C' das auf das freie Ende des Stabes wirkende Torsionsmoment bedeutet, an diesem Ende:

$$(34h) \ldots\ldots\ldots\quad Eq\,\vartheta^2\,\frac{d\varphi}{dz} = C'.$$

§ 55. Biegung ursprünglich gekrümmter Stäbe.

Kehren wir zu den vollständigen Formeln zurück. Kirchhoff hat denselben eine grosse Ausdehnung dadurch gegeben, dass er sie mit geringen Modificationen auch auf gekrümmte Stäbe angewandt hat. Man gelangt zu dieser Ausdehnung durch folgende Betrachtung.

Bei den kleinen Verschiebungen, die in unsern Untersuchungen die Elemente der Körper erleiden, ist es ein Grundprincip, dass die Wirkungen äusserer Kräfte auf die kleinsten Theile sich einfach addiren. Wenn wir also die Wirkung eines Kräftesystems auf das Element untersuchen wollen, so ist es gleichgültig, ob man dasselbe so betrachtet, wie es sich ursprünglich verhielt, ehe Kräfte auf dasselbe einwirkten; oder so, wie es durch andre Kräfte bereits verschoben ist.

Definiren wir einen ursprünglich krummen Stab von überall gleichen, nicht nothwendig überall gleichliegendem, sehr kleinem Querschnitt, aber überall endlicher Krümmung so, dass wir sagen, es gebe immer eine System auf das Innere wirkender Kräfte, welches im Stande ist den Stab auf eine gerade cylindrische Form von überall gleichem Querschnitt zurückzuführen. Denken wir uns demnach ein Kräftesystem, welches den Effect hat, den Stab in eine gerade cylindrische Gestalt zu bringen. Lassen wir nun auf den entstehenden geraden Stab die entgegengesetzten Kräfte wirken, so kehrt er in seine natürliche Lage zurück; diese Lage kann aber so berechnet werden, als wäre die gerade Gestalt des Stabes seine natürliche. Man erhält auf diese Weise in jedem Querschnitt gewisse Componenten und Drehungsmomente $\overline{A}$, $\overline{B}$, $\overline{C}$, $\overline{A'}$, $\overline{B'}$, $\overline{C'}$, die in Wahrheit sich genau aufheben gegen diejenigen, welche durch die Biegung des Stabes in die gerade Lage erzeugt werden. Von diesen kann man die drei letzten aus den Gleichungen (12), p. 202 sofort berechnen. Denn da unter ihrem Einfluss der Stab in seine natürliche Lage zurückkehrt, so nimmt er dann wieder die Krümmungsradien $\overline{\varrho}_1$, $\overline{\varrho}_2$ und die Torsion $\overline{\varrho}$ an, welche er seiner geometrischen Gestalt nach ursprünglich besessen. Man muss also setzen:

$$\overline{A'} = -\frac{Eq\,\varkappa^2}{\overline{\varrho}_1},\ \overline{B'} = -\frac{Eq\,\lambda^2}{\overline{\varrho}_2},\ \overline{C'} = -\frac{Eq\,\vartheta^2}{\overline{\varrho}}.$$

In Wirklichkeit werden die diesen Grössen entgegengesetzten Drehungsmomente hervorgerufen, sobald der Stab gerade gemacht wird.

Wenn man nun also den Stab aus seiner natürlichen Lage in irgend einen veränderten Zustand bringt, und sich dabei vorstellt, er gehe zuerst in den geraden Zustand über und von dort erst in seinen neuen, so werden bei dem ersten Uebergange in jedem Querschnitt die Drehungsmomente

$$\frac{Eq\,\varkappa^2}{\bar{\varrho}_1}, \quad \frac{Eq\,\lambda^2}{\bar{\varrho}_2}, \quad \frac{Eq\,\vartheta^2}{\bar{\varrho}}$$

hervorgerufen, bei dem zweiten aber, ganz wie früher, die Drehungsmomente:

$$-\frac{Eq\,\varkappa^2}{\varrho_1}, \quad -\frac{Eq\,\lambda^2}{\varrho_2}, \quad -\frac{Eq\,\vartheta^2}{\varrho}.$$

Und so hat man denn an Stelle der Grössen A', B', C' in den Gleichungen (14) oder (16) nur die Differenzen

$$Eq\,\varkappa^2\left(\frac{1}{\bar{\varrho}_1}-\frac{1}{\varrho_1}\right), \quad Eq\,\lambda^2\left(\frac{1}{\bar{\varrho}_2}-\frac{1}{\varrho_2}\right), \quad Eq\,\vartheta^2\left(\frac{1}{\bar{\varrho}}-\frac{1}{\varrho}\right)$$

einzusetzen, während jene Gleichungen selbst nach wie vor bestehen bleiben, da bei ihrer Ableitung die Voraussetzung, der Stab sei ursprünglich gerade, gar nicht benützt ist. Es werden also die Gleichungen für den gekrümmten Stab von ursprünglich bereits gekrümmter Form folgende:

$$(35)\quad \left\{\begin{aligned}
&\frac{d}{ds}(A\alpha_1 + B\alpha_2 + C\alpha) = -U\\
&\frac{d}{ds}(A\beta_1 + B\beta_2 + C\beta = -V\\
&\frac{d}{ds}(A\gamma_1 + B\gamma_2 + C\gamma) = -W\\
&\varkappa^2\frac{d}{ds}\left(\frac{1}{\varrho_1}-\frac{1}{\bar{\varrho}_1}\right)+\frac{\lambda^2}{\varrho}\left(\frac{1}{\varrho_2}-\frac{1}{\bar{\varrho}_2}\right)-\frac{\vartheta^2}{\varrho_2}\left(\frac{1}{\varrho}-\frac{1}{\bar{\varrho}}\right)\\
&\qquad=\frac{1}{Eq}[-B+\alpha\,U_2+\beta\,V_2+\gamma\,W_2]\\
&\lambda^2\frac{d}{ds}\left(\frac{1}{\varrho_2}-\frac{1}{\bar{\varrho}}\right)+\frac{\vartheta^2}{\varrho_1}\left(\frac{1}{\varrho}-\frac{1}{\bar{\varrho}}\right)-\frac{\varkappa^2}{\varrho}\left(\frac{1}{\varrho_1}-\frac{1}{\bar{\varrho}_1}\right)\\
&\qquad=\frac{1}{Eq}[\;A-\alpha\,U_1-\beta\,V_1-\gamma\,W_1]\\
&\vartheta^2\frac{d}{ds}\left(\frac{1}{\varrho}-\frac{1}{\bar{\varrho}}\right)+\frac{\varkappa^2}{\varrho_2}\left(\frac{1}{\varrho_1}-\frac{1}{\bar{\varrho}_1}\right)-\frac{\lambda^2}{\varrho_1}\left(\frac{1}{\varrho_2}-\frac{1}{\bar{\varrho}_2}\right)\\
&\qquad=\frac{1}{Eq}[\alpha_2U_1+\beta_2V_1+\gamma_2W_1-\alpha_1U_2-\beta_1V_2-\gamma_1W_2],
\end{aligned}\right.$$

wo denn $\bar{\varrho}$, $\bar{\varrho}_1$, $\bar{\varrho}_2$ bekannte, aus der Gestalt des gegebenen Stabes bestimmbare Functionen von s bedeuten.

§ 56. Biegung eines ursprünglich einfach gekrümmten Stabes in seiner Ebene.

Als Beispiel werde ich den einfachen Fall eines Stabes behandeln, der ursprünglich ohne Torsion ist, und dessen ganze Schwerpunktslinie mit der einen Hauptaxe jedes Querschnitts in derselben Ebene $X'Z'$ enthalten ist. Ferner sollen keine Kräfte auf das Innere des Stabes wirken, und auch auf seine Enden nur Drehungsmomente, deren Axen auf der Ebene des Stabes senkrecht stehen, ihn also in seiner Ebene lassen. Schon oben wurde gezeigt, dass dann, wenn φ den Winkel der Tangente des gebogenen Stabes gegen die Z' Axe bezeichnet:

$$r_2 = \frac{1}{\varrho_2} = -\frac{d\varphi}{ds}.$$

Bezeichnet man ebenso durch $\overline{\varphi}$ den entsprechenden Winkel vor der Biegung, so ist auch

$$\frac{1}{\overline{\varrho}_2} = -\frac{d\overline{\varphi}}{ds}.$$

Die andern Grössen r, so wie die Componenten A, B, C und die Momente A', C' verschwinden, und es bleibt aus (35) nur die einfache Gleichung übrig;

$$\frac{d}{ds}\left(\frac{1}{\varrho_2} - \frac{1}{\overline{\varrho}_2}\right) = -\frac{d^2(\varphi - \overline{\varphi})}{ds^2} = 0.$$

Man hat also durch zweimalige Integration:

$$\varphi = \overline{\varphi} + as + b$$

wo a und b willkürliche Constanten sind. Die eine derselben, b, kann man gleich Null setzen, indem man annimmt, dass der Stab an einem Ende ($s = 0$) in der Weise fixirt ist, dass er seine Richtung nicht ändern kann. Für $s = 0$ ist dann $\varphi = \overline{\varphi}$, also $b = 0$. Die andre Constante bestimmt sich aus der Bemerkung, dass bei der Ableitung der Gleichungen (35) für das auf irgend ein Element wirkende Drehungsmoment B' der Ausdruck gefunden wurde:

$$B' = -Eq\lambda^2\left(\frac{1}{\varrho_2} - \frac{1}{\overline{\varrho}_2}\right);$$

was hier die Bestimmung giebt:

$$B' = Eq\,\lambda^2 \frac{d\,(\varphi - \overline{\varphi})}{ds} = Eq\,\lambda^2 a,$$

oder

$$a = \frac{B'}{Eq\,\lambda^2}.$$

Hieraus ist a bekannt, wenn man die Gleichung auf das Ende des Stabes anwendet und unter B' das daselbst auftretende Moment versteht.

Um nun die Gestalt des gekrümmten Stabes selbst zu finden, erinnere man sich, dass bekanntlich:

$$\frac{d\xi}{ds} = \sin\varphi, \quad \frac{d\zeta}{ds} = \cos\varphi;$$

woraus dann mit Benutzung des Werthes von φ durch Integration gefunden wird:

$$\xi = \int_0^s \sin\left(\overline{\varphi} + \frac{B's}{Eq\,\lambda^2}\right) ds$$

$$\zeta = \int_0^s \cos\left(\overline{\varphi} + \frac{B's}{Eq\,\lambda^2}\right) ds.$$

Denkt man sich die ursprüngliche Gestalt des Stabes dadurch gegeben, dass die Coordinaten $\overline{\xi}$, $\overline{\zeta}$ jedes Elements als Functionen von s bekannt sind, so ist auch

$$\frac{d\overline{\xi}}{ds} = \sin\overline{\varphi}, \quad \frac{d\overline{\zeta}}{ds} = \cos\overline{\varphi},$$

und man kann daher schreiben:

$$\xi = \int_0^s \left(\frac{d\overline{\xi}}{ds} \cos \frac{B's}{Eq\,\lambda^2} + \frac{d\overline{\zeta}}{ds} \sin \frac{B's}{Eq\,\lambda^2}\right) ds$$

$$\zeta = \int_0^s \left(\frac{d\overline{\zeta}}{ds} \cos \frac{B's}{Eq\,\lambda^2} - \frac{d\overline{\xi}}{ds} \sin \frac{B's}{Eq\,\lambda^2}\right) ds. -$$

§ 57. Kleine Gestaltsveränderungen ursprünglich gekrümmter Stäbe.

Von der grössten Wichtigkeit für die Anwendung aber ist die Aufstellung von Formeln, welche sehr kleine Gestaltsveränderungen ursprünglich krummer Stäbe darstellen. Um diese zu entwickeln, bemerke ich zunächst, dass offenbar die Coefficienten $\alpha, \beta \ldots$, welche alsdann nach der Verschiebung die Lage eines Elements bestimmen, von den entsprechenden Werthen $\bar{\alpha}, \bar{\beta} \ldots$ vor der Verschiebung nur sehr wenig verschieden sind. Man kann also setzen:

$$\alpha = \bar{\alpha} + \alpha', \quad \beta = \bar{\beta} + \beta' \text{ etc.}$$

wo die α', β' etc. so klein sind, dass man ihre Quadrate und Producte vernachlässigen kann. Führt man diese Werthe in die Bedingungsgleichungen (5), (6) ein, denen die $\alpha, \beta \ldots$ genügen müssen, so erhält man, mit Rücksicht darauf, dass die $\bar{\alpha}, \bar{\beta}$, ebenfalls jenen Gleichungen genügen, für die $\alpha', \beta' \ldots$ die Gleichungen:

$$\begin{gathered}
\bar{\alpha}_1\alpha'_1 + \bar{\beta}_1\beta'_1 + \bar{\gamma}_1\gamma'_1 = 0 \\
\bar{\alpha}_2\alpha'_2 + \bar{\beta}_2\beta'_2 + \bar{\gamma}_2\gamma'_2 = 0 \\
\bar{\alpha}\alpha' + \bar{\beta}\beta' + \bar{\gamma}\gamma' = 0 \\
(\bar{\alpha}_1\alpha'_2 + \bar{\beta}_1\beta'_2 + \bar{\gamma}_1\gamma'_2) + (\bar{\alpha}_2\alpha'_1 + \bar{\beta}_2\beta'_1 + \bar{\gamma}_2\gamma'_1) = 0 \\
(\bar{\alpha}_2\alpha' + \bar{\beta}_2\beta' + \bar{\gamma}_2\gamma') + (\bar{\alpha}\alpha'_2 + \bar{\beta}\beta'_2 + \bar{\gamma}\gamma'_2) = 0 \\
(\bar{\alpha}\alpha'_1 + \bar{\beta}\beta'_1 + \bar{\gamma}\gamma'_1) + (\bar{\alpha}_1\alpha' + \bar{\beta}_1\beta' + \bar{\gamma}_1\gamma') = 0.
\end{gathered}$$

Alle diese Gleichungen erfüllt man gleichzeitig, wenn man statt der 9 Grössen $\alpha', \beta' \ldots$ 3 Grössen p, p_1, p_2 einführt, und erstere durch diese ausdrückt mittels der Formeln:

$$(35a) \ldots \left\{\begin{array}{lll}
\alpha'_1 = p_2\bar{\alpha} - p\bar{\alpha}_2, & \alpha'_2 = p\bar{\alpha}_1 - p_1\bar{\alpha}, & \alpha' = p_1\bar{\alpha}_2 - p_2\bar{\alpha}_1 \\
\beta'_1 = p_2\bar{\beta} - p\bar{\beta}_2, & \beta'_2 = p\bar{\beta}_1 - p_1\bar{\beta}, & \beta' = p_1\bar{\beta}_2 - p_2\bar{\beta}_1 \\
\gamma'_1 = p_2\bar{\gamma} - p\bar{\gamma}_2, & \gamma'_2 = p\bar{\gamma}_1 - p_1\bar{\gamma}, & \gamma' = p_1\bar{\gamma}_2 - p_2\bar{\gamma}_1.
\end{array}\right.$$

Setzt man nun auch in die Gleichungen (10), durch welche die r definirt wurden, die Werthe $\alpha = \bar{\alpha} + \alpha'$ etc. ein, und vernachlässigt wieder höhere Potenzen und Producte der α' etc. oder der p, und bezeichnet man auch durch $\bar{r}$ die Grössen, welche sich aus den $\bar{\alpha}$ zusammensetzen wie die r aus den α, so erhält man:

$$\begin{aligned}
r_1 &= \bar{r}_1 + \frac{dp_1}{ds} + p_2\bar{r} - p\bar{r}_2 \\
r_2 &= \bar{r}_2 + \frac{dp_2}{ds} + p\bar{r}_1 - p_1\bar{r} \\
r &= \bar{r} + \frac{dp}{ds} + p_1\bar{r}_2 - p_2\bar{r}_1,
\end{aligned}$$

oder wenn man statt der r die reciproken Werthe der Krümmungsradien und der Torsion einführt:

$$(35b) \dots\dots \begin{cases} \frac{1}{\varrho_1} - \frac{1}{\overline{\varrho}_1} = \frac{dp_1}{ds} + \frac{p_2}{\varrho} - \frac{p}{\varrho_2} \\ \frac{1}{\varrho_2} - \frac{1}{\overline{\varrho}_2} = \frac{dp_2}{ds} + \frac{p}{\varrho_1} - \frac{p_1}{\varrho} \\ \frac{1}{\varrho} - \frac{1}{\overline{\varrho}} = \frac{dp}{ds} + \frac{p_1}{\varrho_2} - \frac{p_2}{\varrho_1}. \end{cases}$$

Diese Differenzen sind sehr klein; man kann daher in den Gleichungen (35) überall, wo ϱ, ϱ_1, ϱ_2 allein stehen, diese Grössen durch $\overline{\varrho}$, $\overline{\varrho}_1$, $\overline{\varrho}_2$ ersetzen; ebenso in den ersten drei Gleichungen (35) die α durch die $\overline{\alpha}$. Endlich kann man noch die äussern Kräfte U, V, W, U_1 ... als bekannt ansehen; denn wenn dieselben auch ursprünglich die Coordinaten ξ, η, ζ des verschobenen Angriffspunktes enthalten, so kann man doch statt derselben bis auf Grössen höherer Ordnung die ursprünglichen Coordinaten $\overline{\xi}$, $\overline{\eta}$, $\overline{\zeta}$ des entsprechenden Elements einführen, so wie an Stelle der damit multiplicirten Cosinus α, β... deren angenäherte Werthe $\overline{\alpha}$, $\overline{\beta}$... treten lassen. In diesem Sinn kann man also die ersten drei Gleichungen (35) ohne Weiteres integriren, und findet demnach:

$$A\overline{\alpha}_1 + B\overline{\alpha}_2 + C\overline{\alpha} = \int_s^l U ds + K$$

$$A\overline{\beta}_1 + B\overline{\beta}_2 + C\overline{\beta} = \int_s^l V ds + L$$

$$A\overline{\gamma}_1 + B\overline{\gamma}_2 + C\overline{\gamma} = \int_s^l W ds + M.$$

Stellen wir uns vor, das eine Ende des Stabes ($s = 0$) sei fest, das andere ($s = l$) durch äussere Kräfte ergriffen, so sind die Componenten der letztern nichts anderes, als die Werthe der links in diesen Gleichungen auftretenden Grössen für $s = l$, d. h. sie sind K, L, M selbst, da die Integrale für $s = l$ verschwinden. So finden die Integrationsconstanten sofort ihre mechanische Bedeutung. Multiplicirt man diese Gleichungen mit α_1, β_1, γ_1 oder α_2, β_2, γ_2 oder α, β, γ und addirt jedesmal, so ergeben sich die Ausdrücke von A, B, C selbst:

$$(36)\ .\ \begin{cases} A = \bar{\alpha}_1 \int_s^l U ds + \bar{\beta}_1 \int_s^l V ds + \bar{\gamma}_1 \int_s^l W ds \\ \qquad + K\bar{\alpha}_1 + L\bar{\beta}_1 + M\bar{\gamma}_1 \\ B = \bar{\alpha}_2 \int_s^l U ds + \bar{\beta}_2 \int_s^l V ds + \bar{\gamma}_2 \int_s^l W ds \\ \qquad + K\bar{\alpha}_2 + L\bar{\beta}_2 + M\bar{\gamma}_2 \\ C = \bar{\alpha} \int_s^l U ds + \bar{\beta} \int_s^l V ds + \bar{\gamma} \int_s^l W ds \\ \qquad + K\bar{\alpha} + L\bar{\beta} + M\bar{\gamma}. \end{cases}$$

Nachdem auf diese Weise A, B, C bestimmt sind und also als bekannte Grössen angesehen werden dürfen, nehmen die andern drei Gleichungen (35) durch Einführung der Grössen p nunmehr die Form an:

$$(37)\ .\ \begin{cases} \varkappa^2 \frac{d}{ds}\left(\frac{dp_1}{ds} + \frac{p_2}{\bar{\varrho}} - \frac{p}{\bar{\varrho}_2}\right) + \frac{\lambda^2}{\bar{\varrho}}\left(\frac{dp_2}{ds} + \frac{p}{\bar{\varrho}_1} - \frac{p_1}{\bar{\varrho}}\right) \\ \quad - \frac{\vartheta^2}{\bar{\varrho}_2}\left(\frac{dp}{ds} + \frac{p_1}{\bar{\varrho}_2} - \frac{p_2}{\bar{\varrho}_1}\right) = \frac{1}{Eq}[-B + \bar{\alpha} U_2 + \bar{\beta} V_2 + \bar{\gamma} W_2] \\ \lambda^2 \frac{d}{ds}\left(\frac{dp_2}{ds} + \frac{p}{\bar{\varrho}_1} - \frac{p_1}{\bar{\varrho}}\right) + \frac{\vartheta^2}{\bar{\varrho}_1}\left(\frac{dp}{ds} + \frac{p_1}{\bar{\varrho}_2} - \frac{p_2}{\bar{\varrho}_1}\right) \\ \quad - \frac{\varkappa^2}{\bar{\varrho}}\left(\frac{dp_1}{ds} + \frac{p_2}{\bar{\varrho}} - \frac{p}{\bar{\varrho}_2}\right) = \frac{1}{Eq}[A - \bar{\alpha} U_1 - \bar{\beta} V_1 - \bar{\gamma} W_1] \\ \vartheta^2 \frac{d}{ds}\left(\frac{dp}{ds} + \frac{p_1}{\bar{\varrho}_2} - \frac{p_2}{\bar{\varrho}_1}\right) + \frac{\varkappa^2}{\bar{\varrho}_2}\left(\frac{dp_1}{ds} + \frac{p_2}{\bar{\varrho}} - \frac{p}{\bar{\varrho}_2}\right) \\ \quad - \frac{\lambda^2}{\bar{\varrho}_1}\left(\frac{dp_2}{ds} + \frac{p}{\bar{\varrho}_1} - \frac{p_1}{\bar{\varrho}}\right) = \frac{1}{Eq}[\bar{\alpha}_2 U_1 + \bar{\beta}_2 V_1 + \bar{\gamma}_2 W_1 \\ \qquad - \bar{\alpha}_1 U_2 - \bar{\beta}_1 V_2 - \bar{\gamma}_1 W_2]. \end{cases}$$

Dies sind lineare Differentialgleichungen für p, p_1, p_2; aber die Coefficienten sind von s abhängig, da $\bar{\varrho}$, $\bar{\varrho}_1$, $\bar{\varrho}_2$ ganz beliebige Functionen von s werden dürfen. Die in § 54 aufgestellten Gleichungen für kleine Verschiebungen ursprünglich geradliniger Stäbe sind als specielle Fälle in diesen Gleichungen enthalten, wenigstens insofern nicht in jenen Gleichungen eine sehr grosse Längsspannung auftrat; ein solcher Fall allerdings findet in den vorliegenden Gleichungen keine Analogie.

Hat man die Gleichungen (37) integrirt, und also die Ausdrücke von p, p_1, p_2 gefunden, so findet man schliesslich leicht die Gestalt des verbogenen Stabes. Setzt man nämlich auch

$$\xi = \bar{\xi} + \xi', \ \eta = \bar{\eta} + \eta', \ \zeta = \bar{\zeta} + \zeta',$$

wo ξ', η', ζ' die kleinen Verschiebungen, $\bar{\xi}$, $\bar{\eta}$, $\bar{\zeta}$ die Coordinaten eines Elements bezeichnen, so ist

$$\xi = \int_0^s \alpha\,(1+\sigma)\,ds = \int_0^s (\bar{\alpha} + \alpha')\,(1+\sigma)\,ds$$

$$\eta = \int_0^s \beta\,(1+\sigma)\,ds = \int_0^s (\bar{\beta} + \beta')\,(1+\sigma)\,ds$$

$$\zeta = \int_0^s \gamma\,(1+\sigma)\,ds = \int_0^s (\bar{\gamma} + \gamma')\,(1+\sigma)\,ds;$$

aber auch

$$\bar{\xi} = \int_0^s \bar{\alpha}\,ds, \ \bar{\eta} = \int_0^s \bar{\beta}\,ds, \ \bar{\zeta} = \int_0^s \bar{\gamma}\,ds,$$

und daher, bis auf Grössen höherer Ordnung:

$$(38)\quad \begin{cases} \xi' = \xi - \bar{\xi} = \int_0^s (\alpha' + \sigma\,\bar{\alpha})\,ds = \int_0^s (p_1\,\bar{\alpha}_2 - p_2\,\bar{\alpha}_1 + \sigma\,\bar{\alpha})\,ds \\ \eta' = \eta - \bar{\eta} = \int_0^s (\beta' + \sigma\,\bar{\beta})\,ds = \int_0^s (p_1\,\bar{\beta}_2 - p_2\,\bar{\beta}_1 + \sigma\,\beta)\,ds \\ \zeta' = \zeta - \bar{\zeta} = \int_0^s (\gamma' + \sigma\,\bar{\gamma})\,ds = \int_0^s (p_1\,\bar{\gamma}_2 - p_2\,\bar{\gamma}_1 + \sigma\,\gamma)\,ds. \end{cases}$$

Man darf die in σ multiplicirten Terme hier nicht, wie im frühern, vernachlässigen, da sie mit den α', β' etc. herrührenden von gleicher Ordnung sein können. Vielmehr bestimmt sich σ nach (12[a]) sofort aus der Formel

$$\sigma = \frac{C}{Eq};$$

und indem man diesen Werth, sowie die Werthe von p, p_1, p_2 in die obigen Ausdrücke einführt, hat man die vollständige Lösung des Problems vor sich.

§ 58. Integration der Gleichungen für kleine Verbiegungen ursprünglich krummer Stäbe.

Die Gleichungen (37) sind unter allen Umständen integrirbar, vorausgesetzt, dass die Functionen $\bar{\varrho}$, $\bar{\alpha}$, $\bar{\beta}$, $\bar{\gamma}$ für die natürliche Lage des Stabes als Functionen von s gegeben sind.

Setzen wir der Kürze wegen:

$$u_1 = \frac{1}{Eq}[-B + \bar{\alpha}\, U_2 + \bar{\beta}\, V_2 + \bar{\gamma}\, W_2]$$

$$u_2 = \frac{1}{Eq}[\quad A - \bar{\alpha}\, U_1 - \bar{\beta}\, V_1 - \bar{\gamma}\, W_1]$$

$$u = \frac{1}{Eq}[\quad \bar{\alpha}_2 U_1 + \bar{\beta}_2 V_1 + \bar{\gamma}_2 W_1 - \bar{\alpha}_1 U_2 - \bar{\beta}_1 V_2 - \bar{\gamma}_1 W_2],$$

wobei die Werthe von A, B aus (36) zu entnehmen sind, und führen wir zugleich die Bezeichnungen ein:

$$(39) \quad \ldots\ldots \quad \begin{cases} \dfrac{dp_1}{ds} + \dfrac{p_2}{\bar{\varrho}} - \dfrac{p}{\bar{\varrho}_2} = \dfrac{v_1}{\varkappa^2} \\[2ex] \dfrac{dp_2}{ds} + \dfrac{p}{\bar{\varrho}_1} - \dfrac{p_1}{\bar{\varrho}} = \dfrac{v_2}{\lambda^2} \\[2ex] \dfrac{dp}{ds} + \dfrac{p_1}{\bar{\varrho}_2} - \dfrac{p_2}{\bar{\varrho}_1} = \dfrac{v}{\vartheta^2}, \end{cases}$$

so gehen die Gleichungen (37) über in:

$$(40) \quad \ldots\ldots \quad \begin{cases} \dfrac{dv_1}{ds} + \dfrac{v_2}{\bar{\varrho}} - \dfrac{v}{\bar{\varrho}_2} = u_1 \\[2ex] \dfrac{dv_2}{ds} + \dfrac{v}{\bar{\varrho}_1} - \dfrac{v_1}{\bar{\varrho}} = u_2 \\[2ex] \dfrac{dv}{ds} + \dfrac{v_1}{\bar{\varrho}_2} - \dfrac{v_2}{\bar{\varrho}_1} = u. \end{cases}$$

Diese beiden Systeme (39), (40) sind offenbar ganz gleicher Natur, und unterscheiden sich nur durch ihre rechten Theile. Diese sind in System (40) sofort bekannt, in (39), sobald man vermittelst der Gleichungen (40) die Grössen v, d. h. die Veränderungen, welche die Grössen $\bar{r}$ erfahren, bestimmt hat. Beide Systeme sind linear, und man kennt die Methoden, mit deren Hülfe solche Systeme integrirt werden. Wenden wir uns zuerst zu dem Systeme (40). In diesem übergeht man zunächst die rechten Theile, d. h. man behandelt das System:

$$(41) \ldots\ldots \begin{cases} \frac{dv_1}{ds} + \frac{v_2}{\bar{\varrho}} - \frac{v}{\bar{\varrho}_2} = 0 \\ \frac{dv_2}{ds} + \frac{v}{\bar{\varrho}_1} - \frac{v_1}{\bar{\varrho}} = 0 \\ \frac{dv}{ds} + \frac{v_1}{\bar{\varrho}_2} - \frac{v_2}{\bar{\varrho}_1} = 0. \end{cases}$$

Nachdem dasselbe integrirt, finden sich die vollständigen Integrale des Systems (40) durch Variation der Constanten. Und das System (39) führt sodann ebenfalls auf das System (41), nebst Anwendung der Variation der Constanten. Es kommt also alles auf die Integration jenes Systemes zurück.

Erwägt man indessen, dass die Grössen $\bar{\varrho}$ die reciproken Werthe der $\bar{r}$ sind, und dass die Coefficienten $\bar{\alpha}$, $\bar{\beta}$,... einem System von der Form (21), (22) genügen müssen, in welchem nur die $\bar{r}$ oder $\frac{1}{\bar{\varrho}}$ an Stelle der r treten, so sieht man sofort, dass die vollständigen Integrale der Gleichungen (41) folgende sind:

$$(42) \ldots\ldots \begin{cases} v_1 = a\bar{\alpha}_1 + b\bar{\beta}_1 + c\bar{\gamma}_1 \\ v_2 = a\bar{\alpha}_2 + b\bar{\beta}_2 + c\bar{\gamma}_2 \\ v = a\bar{\alpha} + b\bar{\beta} + c\bar{\gamma}, \end{cases}$$

wo die a, b, c willkürliche Constanten bedeuten. Und wendet man nun auf diese Formen die Methode der Variation der Constanten an, indem man a, b, c als Veränderliche betrachtet, so gehen die Gleichungen (40) über in:

$$\bar{\alpha}_1 \frac{da}{ds} + \bar{\beta}_1 \frac{db}{ds} + \bar{\gamma}_1 \frac{dc}{ds} = u_1$$

$$\bar{\alpha}_2 \frac{da}{ds} + \bar{\beta}_2 \frac{db}{ds} + \bar{\gamma}_2 \frac{dc}{ds} = u_2$$

$$\bar{\alpha} \frac{da}{ds} + \bar{\beta} \frac{db}{ds} + \bar{\gamma} \frac{dc}{ds} = u,$$

aus denen sich zunächst durch Auflösung findet:

$$\frac{da}{ds} = \bar{\alpha}_1 u_1 + \bar{\alpha}_1 u_2 + \bar{\alpha}\, u$$

$$\frac{db}{ds} = \bar{\beta}_1 u_1 + \bar{\beta}_2 u_2 + \bar{\beta}\, u$$

$$\frac{dc}{ds} = \bar{\gamma}_1 u_1 + \bar{\gamma}_2 u_2 + \bar{\gamma}\, u,$$

sodann aber durch Integration:

$$(42a)\ldots\begin{cases} a = -\int_s^l (\overline{\alpha}_1 u_1 + \overline{\alpha}_2 u_2 + \overline{\alpha}\, u)\, ds + a_0 \\ b = -\int_s^l (\overline{\beta}_1 u_1 + \overline{\beta}_2 u_2 + \overline{\beta}\, u)\, ds + b_0 \\ c = -\int_s^l (\overline{\gamma}_1 u_1 + \overline{\gamma}_2 u_2 + \overline{\gamma}\, u)\, ds + c_0, \end{cases}$$

durch a_0, b_0, c_0 willkürliche Constanten bezeichnet.

Auch diese bestimmen sich leicht. Ich nehme an, das eine Ende des Stabes ($s = 0$) sei fest, also daselbst $\alpha' = 0$, $\beta' = 0$ etc., oder $p = 0$, $p_1 = 0$, $p_2 = 0$. Am andern Ende seien N, P, Q die Drehungsmomente der äussern Kräfte, zerlegt nach den Raumaxen X', Y', Z'. Ebendieselben geben, zerlegt nach den Axen X, Y, Z, die Drehungsmomente:

$$M_1 = (N\overline{\alpha}_1 + P\overline{\beta}_1 + Q\overline{\gamma}_1)_l$$
$$M_2 = (N\overline{\alpha}_2 + P\overline{\beta}_2 + Q\overline{\gamma}_2)_l$$
$$M = (N\overline{\alpha} + P\overline{\beta} + Q\overline{\gamma})_l.$$

Nach p. 231, 235 müssen nun diese Grössen den Werthen gleich werden, welche die Ausdrücke

$$-Eq\,\varkappa^2\left(\frac{dp_1}{ds} + \frac{p_2}{\varrho} - \frac{p}{\varrho_2}\right) = -Eq\,\varkappa^2\, v_1$$

$$-Eq\,\lambda^2\left(\frac{dp_2}{ds} + \frac{p}{\varrho_1} - \frac{p_1}{\varrho}\right) = -Eq\,\lambda^2\, v_2$$

$$-Eq\,\vartheta^2\left(\frac{dp}{ds} + \frac{p_1}{\varrho_2} - \frac{p_2}{\varrho_1}\right) = -Eq\,\vartheta^2\, v$$

für $s = l$ annehmen; oder man hat, mit Benützung der Werthe von v_1, v_2, v bei $s = l$ die Gleichungen:

$$-M_1 = (\overline{\alpha}_1 a_0 + \overline{\beta}_1 b_0 + \overline{\gamma}_1 c_0)_l \,.\, Eq\,\varkappa^2$$
$$-M_2 = (\overline{\alpha}_2 a_0 + \overline{\beta}_2 b_0 + \overline{\gamma}_2 c_0)_l \,.\, Eq\,\lambda^2$$
$$-M = (\overline{\alpha}\, a_0 + \overline{\beta}\, b_0 + \overline{\gamma}\, c_0)_l \,.\, Eq\,\vartheta^2$$

aus welchen sich durch Auflösung die folgenden Werthe der Constanten ergeben:

$$a_0 = -\frac{1}{Eq}\left\{\frac{\overline{\alpha}_1 M_1}{\varkappa^2} + \frac{\overline{\alpha}_2 M_2}{\lambda^2} + \frac{\overline{\alpha} M}{\vartheta^2}\right\}_l$$

$$b_0 = -\frac{1}{Eq}\left\{\frac{\overline{\beta}_1 M_1}{\varkappa^2} + \frac{\overline{\beta}_2 M_2}{\lambda^2} + \frac{\overline{\beta} M}{\vartheta^2}\right\}_l$$

$$c_0 = -\frac{1}{Eq}\left\{\frac{\overline{\gamma}_1 M_1}{\varkappa^2} + \frac{\overline{\gamma}_2 M_2}{\lambda^2} + \frac{\overline{\gamma} M}{\vartheta^2}\right\}_l.$$

Auf diese Weise sind, wie man sieht, die v völlig bestimmt. Gehen wir nun zu dem System (39), so können wir offenbar ganz ebenso setzen:

$$(43) \quad \ldots\ldots\ldots \begin{cases} p_1 = f\overline{\alpha}_1 + g\overline{\beta}_1 + h\overline{\gamma}_1 \\ p_2 = f\overline{\alpha}_2 + g\overline{\beta}_2 + h\overline{\gamma}_2 \\ p\ \ = f\overline{\alpha} + g\overline{\beta} + h\overline{\gamma}, \end{cases}$$

wo f, g, h zu variirende Constanten bedeuten. Und durch Variation derselben findet sich aus (39) entsprechend den Gleichungen (42^a):

$$f = \int_0^s \left(\frac{\overline{\alpha}_1 v_1}{\varkappa^2} + \frac{\overline{\alpha}_2 v_2}{\lambda^2} + \frac{\overline{\alpha} v}{\vartheta^2}\right) ds + f_0$$

$$g = \int_0^s \left(\frac{\overline{\beta}_1 v_1}{\varkappa^2} + \frac{\overline{\beta}_2 v_2}{\lambda^2} + \frac{\overline{\beta} v}{\vartheta^2}\right) ds + g_0$$

$$h = \int_0^s \left(\frac{\overline{\gamma}_1 v_1}{\varkappa^2} + \frac{\overline{\gamma}_2 v_2}{\lambda^2} + \frac{\overline{\gamma} v}{\vartheta^2}\right) ds + h_0.$$

Nur die Integrationsgrenzen sind hier anders gewählt. Sie bieten den Vortheil, dass bei den festgehaltenen Voraussetzungen, wo die p mit s verschwinden sollten, die Constanten f_0, g_0, h_0 die Werthe Null annehmen. Die Frage der Constantenbestimmung ist also sofort erledigt.

Die gegebenen Formeln vereinfachen sich erheblich für speciellere Formen. Ist etwa die Schwerpunktslinie des Stabes ein Kreisbogen vom Radius a, und enthält die Ebene $X'Z'$ desselben zugleich die eine Hauptaxe eines jeden Querschnitts, legt man ferner den Anfangspunkt in den Punkt $s = 0$, und lässt die Axe Z' die Schwerpunktslinie daselbst so berühren, dass der gegebene Kreisbogen in den Quadranten der positiven Z' und der negativen X' fällt, so hat man:

$$\overline{\alpha}_2 = \overline{\gamma}_2 = \overline{\beta} = \overline{\beta}_1 = 0, \quad \overline{\beta}_2 = 1$$

$$\overline{\alpha}_1 = \overline{\gamma} = \cos\frac{s}{a}, \quad \overline{\gamma}_1 = - \overline{\alpha} = \sin\frac{s}{a},$$

daher

$$\overline{\varrho}_2 = a, \quad \overline{\varrho}_1 = \overline{\varrho} = \infty.$$

Man sieht, dass diese Werthe das Verschwinden einer Menge von Termen in den obigen Formeln herbeiführen.

§ 59. Bewegungsgleichungen.

Eine fernere Erweiterung in der Benützung der vorliegenden Betrachtungen erhält man, wenn man von dem Falle des Gleichgewichts zu dem der Bewegung übergeht. Dies geschieht bekanntlich immer, indem man, nach dem d'Alembertschen Principe, den auf das Innere wirkenden Kräften, welche in den Gleichungen des Gleichgewichts auftreten, solche Kräfte hinzufügt, welche geeignet sind, die in dem Körper auftretenden Beschleunigungen zu zerstören, und also in jedem Augenblick den Gleichgewichtszustand herzustellen. Die Beschleunigungen, welche ein Punkt zur Zeit t in Richtung der Coordinatenaxen X', Y', Z' besitzt, sind nichts anders als die zweiten Differentialquotienten seiner Coordinaten nach t selbst. Ist nun G das Gewicht der Volumeneinheit, so ist das Gewicht eines unendlich kleinen Prismas $dx\, dy\, ds$ gleich $G\, dx\, dy\, ds$, und wenn wir durch x', y', z' die Raumcoordinaten irgend eines solchen Elements im Stabe bezeichnen, so sind die Kräfte, vermöge deren die ihm zur Zeit t zukommenden Beschleunigungen zerstört werden:

$$-\frac{G}{g}\, dx\, dy\, ds \, . \, \frac{\partial^2 x'}{\partial t^2}, \quad -\frac{G}{g}\, dx\, dy\, ds \, . \, \frac{\partial^2 y'}{dt^2},$$

$$-\frac{G}{g}\, dx\, dy\, ds \, . \, \frac{\partial^2 z'}{\partial t^2}.$$

Inzwischen kann man die Coordinaten eines jeden Punktes im Stabe mittels der Gleichungen (4^c) p. 199 durch ξ, η, ζ, α_1 etc. ausdrücken. Dabei kann man die Grössen u, v, w als von höherer Ordnung übergehen, und z gleich Null setzen, da es sich nur um Punkte eines Querschnitts handelt, welcher einem bestimmten Werthe von s entspricht. Man hat also:

$$\frac{\partial^2 x'}{\partial t^2} = \frac{\partial^2 \xi}{\partial t^2} + x \frac{\partial^2 \alpha_1}{\partial t^2} + y \frac{\partial^2 \alpha_2}{\partial t^2}$$

$$\frac{\partial^2 y'}{\partial t^2} = \frac{\partial^2 \eta}{\partial t^2} + x \frac{\partial^2 \beta_1}{\partial t^2} + y \frac{\partial^2 \beta_2}{\partial t^2}$$

$$\frac{\partial^2 z'}{\partial t^2} = \frac{\partial^2 \zeta}{\partial t^2} + x \frac{\partial^2 \gamma_1}{\partial t^2} + y \frac{\partial^2 \gamma_2}{\partial t^2}.$$

Führen wir dies in die obigen Ausdrücke ein, und bilden dann die Summen der diesen Kräften entsprechenden Componenten und Drehungsmomente. Die Summen der Componenten sind:

$$-\frac{G}{g} ds \iint \frac{\partial^2 x'}{\partial t^2} dx\, dy$$

$$= -\frac{G}{g} ds \iint \left(\frac{\partial^2 \xi}{\partial t^2} + x \frac{\partial^2 \alpha_1}{\partial t^2} + y \frac{\partial^2 \alpha_2}{\partial t^2}\right) dx\, dy,$$

$$-\frac{G}{g} ds \iint \frac{\partial^2 y'}{\partial t^2} dx\, dy$$

$$= -\frac{G}{g} ds \iint \left(\frac{\partial^2 \eta}{\partial t^2} + x \frac{\partial^2 \beta_1}{\partial t^2} + y \frac{\partial^2 \beta_2}{\partial t^2}\right) dx\, dy,$$

$$-\frac{G}{g} ds \iint \frac{\partial^2 z'}{\partial t^2} dx\, dy$$

$$= -\frac{G}{g} ds \iint \left(\frac{\partial^2 \zeta}{\partial t^2} + x \frac{\partial^2 \gamma_1}{\partial t^2} + y \frac{\partial^2 \gamma_2}{\partial t^2}\right) dx\, dy.$$

Da indess die $\xi, \eta, \zeta, \alpha \ldots$ von x, y unabhängig sind, so nehmen diese Ausdrücke mit Rücksicht auf die Gleichungen

$$\iint x\, dx\, dy = 0, \quad \iint y\, dx\, dy = 0$$

die einfachen Werthe an:

$$-\frac{G}{g} q\, ds \frac{\partial^2 \xi}{\partial t^2}, \quad -\frac{G}{g} q\, ds \frac{\partial^2 \eta}{\partial t^2}, \quad -\frac{G}{g} q\, ds \frac{\partial^2 \zeta}{\partial t^2}.$$

Aehnlich ist es mit den Kräftepaaren. Diese sind identisch mit den Drehungsmomenten in Bezug auf Axen, welche den im Raume festen Coordinatenaxen parallel durch den Punkt ξ, η, ζ gelegt werden. Die Hebelarme, an denen die oben aufgeführten Componenten wirken, sind dann $x'-\xi$, $y'-\eta$, $z'-\zeta$, und die Summen der Momente werden also:

$$-\frac{G}{g}\,ds\iint\left(\frac{\partial^2 z'}{\partial t^2}(y'-\eta)-\frac{\partial^2 y'}{\partial t^2}(z'-\zeta)\right)dx\,dy$$

$$=-\frac{G}{g}\,ds\iint\Big[\left(\frac{\partial^2\zeta}{\partial t^2}+x\,\frac{\partial^2\gamma_1}{\partial t^2}+y\,\frac{\partial^2\gamma_2}{\partial t^2}\right)(x\beta_1+y\beta_2)$$

$$-\left(\frac{\partial^2\eta}{\partial t^2}+x\,\frac{\partial^2\beta_1}{\partial t^2}+y\,\frac{\partial^2\beta_2}{dt^2}\right)(x\gamma_1+y\gamma_2)\Big]\,dx\,dy,$$

$$-\frac{G}{g}\,ds\iint\left(\frac{\partial^2 x'}{\partial t^2}(z'-\zeta)-\frac{\partial^2 z'}{\partial t^2}(x'-\xi)\right)dx\,dy$$

$$=-\frac{G}{g}\,ds\iint\Big[\left(\frac{\partial^2\xi}{\partial t^2}+x\,\frac{\partial^2\alpha_1}{\partial t^2}+y\,\frac{\partial^2\alpha_2}{\partial t^2}\right)(x\gamma_1+y\gamma_2)$$

$$-\left(\frac{\partial^2\zeta}{\partial t^2}+x\,\frac{\partial^2\gamma_1}{\partial t^2}+y\,\frac{\partial^2\gamma_2}{\partial t^2}\right)(x\alpha_1+y\alpha_2)\Big]\,dx\,dy,$$

$$-\frac{G}{g}\,ds\iint\left(\frac{\partial^2 y'}{\partial t^2}(x'-\xi)-\frac{\partial^2 x'}{\partial t^2}(y'-\eta)\right)dx\,dy$$

$$=-\frac{G}{g}\,ds\iint\Big[\left(\frac{\partial^2\eta}{\partial t^2}+x\,\frac{\partial^2\beta_1}{\partial t^2}+y\,\frac{\partial^2\beta_2}{\partial t^2}\right)(x\alpha_1+y\alpha_2)$$

$$-\left(\frac{\partial^2\xi}{\partial t^2}+x\,\frac{\partial^2\alpha_1}{\partial t^2}+y\,\frac{\partial^2\alpha_2}{\partial t^2}\right)(x\beta_1+y\beta_2)\Big]\,dx\,dy.$$

Erinnert man sich nun neben den bereits aufgeführten Gleichungen noch der Gleichungen

$$\iint x\,y\,dx\,dy=0,\quad \iint x^2\,dx\,dy=\lambda^2 q,\quad \iint y^2\,dx\,dy=\varkappa^2 q,$$

so erhält man für diese Summen die Werthe:

$$-\frac{G}{g}\,q\,ds\left\{\lambda^2\left(\beta_1\,\frac{\partial^2\gamma_1}{\partial t^2}-\gamma_1\,\frac{\partial^2\beta_1}{\partial t^2}\right)+\varkappa^2\left(\beta_2\,\frac{\partial^2\gamma_2}{\partial t^2}-\gamma\,\frac{\partial^2\beta_2}{\partial t^2}\right)\right\}$$

$$-\frac{G}{g}\,q\,ds\left\{\lambda^2\left(\gamma_1\,\frac{\partial^2\alpha_1}{\partial t^2}-\alpha_1\,\frac{\partial^2\gamma_1}{\partial t^2}\right)+\varkappa^2\left(\gamma_2\,\frac{\partial^2\alpha_2}{\partial t^2}-\alpha_2\,\frac{\partial^2\gamma_2}{\partial t^2}\right)\right\}$$

$$-\frac{G}{g}\,q\,ds\left\{\lambda^2\left(\alpha_1\,\frac{\partial^2\beta_1}{\partial t^2}-\beta_1\,\frac{\partial^2\alpha_1}{\partial t^2}\right)+\varkappa^2\left(\alpha_2\,\frac{\partial^2\beta_2}{\partial t^2}-\beta_2\,\frac{\partial^2\alpha_2}{\partial t^2}\right)\right\}.$$

Diese Kräfte und Momente sind es, welche den gegebenen zuzufügen sind. Vergleicht man ihre Ausdrücke mit den entsprechenden des § 50, welche die gegebenen Kräfte enthalten, so sind also an Stelle von U, V, W, U_1, etc. nunmehr folgende Ausdrücke zu setzen:

$$U - \frac{G}{g} q \frac{\partial^2 \xi}{\partial t^2},$$

$$V - \frac{G}{g} q \frac{\partial^2 \eta}{\partial t^2},$$

$$W - \frac{G}{g} q \frac{\partial^2 \zeta}{\partial t^2},$$

$$U_1 - \frac{G}{g} q \lambda^2 \frac{\partial^2 \alpha_1}{\partial t^2}, \quad U_1 - \frac{G}{g} q \varkappa^2 \frac{\partial^2 \alpha_2}{\partial t^2}$$

$$V_1 - \frac{G}{g} q \lambda^2 \frac{\partial^2 \beta_1}{\partial t^2}, \quad V_2 - \frac{G}{g} q \varkappa^2 \frac{\partial^2 \beta_2}{\partial t^2}$$

$$W_1 - \frac{G}{g} q \lambda^2 \frac{\partial^2 \gamma_1}{\partial t^2}, \quad W_2 - \frac{G}{g} q \varkappa^2 \frac{\partial^2 \gamma}{\partial t^2}{}_2.$$

Durch diese Operation kann man aus allen im Vorigen aufgestellten Systemen Bewegungsgleichungen ableiten. Ich werde mich nur mit dem Fall näher beschäftigen, wo der Stab ursprünglich gerade und die Abweichung der Elemente aus ihrer natürlichen Lage stets sehr gering ist. In diesem Fall kann man α_1, β_2, γ durch 1 ersetzen, während die übrigen Cosinus sehr klein sind; und zwar darf man nach den Ausführungen des § 54 setzen:

$$\alpha_1 = \beta_2 = \gamma = 1$$

$$\alpha = - \gamma_1 = \frac{\partial u}{\partial z}, \quad \beta = - \gamma_2 = \frac{\partial v}{\partial z},$$

$$- \alpha_2 = \beta_1 = \varphi,$$

$$\xi = u, \quad \eta = v, \quad \zeta = z + w.$$

Die obigen Componenten und Drehungsmomente werden dann:

$$U - \frac{G}{g} q \frac{\partial^2 u}{\partial t^2}, \quad U_1, \quad U_2 + \frac{G}{g} q \varkappa^2 \frac{\partial^2 \varphi}{\partial t^2}$$

$$V - \frac{G}{g} q \frac{\partial^2 v}{\partial t^2}, \quad V_1 - \frac{G}{g} q \lambda^2 \frac{\partial^2 \varphi}{\partial t^2}, \quad V_2$$

$$W - \frac{G}{g} q \frac{\partial^2 w}{\partial t^2}, \quad W_1 + \frac{G}{g} q \lambda^2 \frac{\partial^3 v}{\partial t^2 \partial z}, \quad W_2 + \frac{G}{g} q \varkappa^2 \frac{\partial^3 v}{\partial t^2 \partial z}.$$

Man bemerkt leicht, dass durch die Einführung dieser Grössen in die Gleichungen (34) .. (34^h) die schöne Eigenschaft jener Gleichungen, die Variabeln getrennt zu enthalten, keineswegs zerstört wird. Es bestimmen sich also in diesem Fall die nach den Hauptaxen eintretenden Transversalschwingungen, sowie die Longitudinalschwingungen und die Torsionsschwingungen abgesondert von einander; und zwar erhält man aus den angeführten Gleichgewichtsgleichungen nunmehr die folgenden für die Bewegung:

Transversalschwingungen:

$$Eq\,\lambda^2 \frac{\partial^4 u}{\partial z^4} = M \frac{\partial^2 u}{\partial z^2} + U + \frac{\partial W_1}{\partial z} - \frac{G}{g} q \frac{\partial^2 u}{\partial t^2} + \frac{G}{g} \lambda^2 q \frac{\partial^4 u}{\partial z^2 \partial t^2}$$

$$Eq\,\varkappa^2 \frac{\partial^4 v}{\partial z^4} = M \frac{\partial^2 v}{\partial z^2} + V + \frac{\partial W_2'}{\partial z} - \frac{G}{g} q \frac{\partial^2 v}{\partial t^2} + \frac{G}{g} \varkappa^2 q \frac{\partial^4 v}{\partial z^2 \partial t^2}$$

mit den Grenzbedingungen:

$$Eq\,\lambda^2 \left(\frac{\partial^3 u}{\partial z^3}\right)_l = -K + M\left(\frac{\partial u}{\partial z}\right)_l + (W_1)_l + \frac{G}{g}\lambda^2 q \left(\frac{\partial^3 u}{\partial z\,\partial t^2}\right)_l$$

$$Eq\,\varkappa^2 \left(\frac{\partial^3 v}{\partial z^3}\right)_l = -L + M\left(\frac{\partial v}{\partial z}\right)_l + (W_2)_l + \frac{G}{g}\varkappa^2 q \left(\frac{\partial^3 v}{\partial z\,\partial t^2}\right)_l$$

und

$$Eq\,\lambda^2 \left(\frac{\partial^2 u}{\partial z^2}\right)_l = (A')_l$$

$$Eq\,\varkappa^2 \left(\frac{\partial^2 v}{\partial z^2}\right)_l = -(B')_l.$$

Longitudinalschwingungen:

$$Eq \frac{\partial^2 w}{\partial z^2} = -W + \frac{G}{g} q \frac{\partial^2 w}{\partial t^2}$$

mit der Grenzbedingung:

$$Eq \left(\frac{\partial w}{\partial z}\right)_l = M.$$

Torsionsschwingungen:

$$Eq\,\vartheta^2 \frac{\partial^2 \varphi}{\partial z^2} = V_1 - U_2 + \frac{G}{g} q (\lambda^2 + \varkappa^2) \frac{\partial^2 \varphi}{\partial t^2};$$

mit der Grenzbedingung:

$$Eq\,\vartheta^2 \frac{\partial \varphi}{\partial z} = C'.$$

Die allgemeinen Vorstellungen bezüglich solcher Schwingungen sind bereits in § 19 entwickelt worden. Indem man Lösungen der allgemeinen Bewegungsgleichungen sucht, welche sich durch $\cos(\varkappa_n t)$ oder $\sin(\varkappa_n t)$ darstellen, multiplicirt mit einer Function der Coordinaten (hier von z), gelangt man zu der Bestimmung der Einzelschwingungen, deren der Stab unter gegebenen Verhältnissen fähig ist; man gelangt zu einer transcendenten Gleichung für $\varkappa_n$, deren Wurzeln sämmtlich reell und positiv sind. Diese Wurzeln bestimmen die Höhe der Töne, welche der Stab angiebt, indem die verschiedenen Werthe von $\frac{\varkappa_n}{2\pi}$ die Anzahl der Schwingungen darstellen, die jene Töne in der Secunde ausführen.

§ 60. Longitudinal-Schwingungen eines geraden Stabes.

Für die Longitudinalschwingungen ist die Aufstellung der transcendenten Gleichung sehr einfach. Setzt man:

$$w = w_n \cos(\varkappa_n t),$$

wo w_n nur von z abhängt, so geht die entsprechende Gleichung der vorigen Seite, die äussern Kräfte gleich Null gesetzt, in die folgende über:

$$(44) \; \ldots\ldots\ldots \; \frac{d^2 w_n}{dz^2} = -\frac{G\varkappa_n^2 w_n}{Eg},$$

deren allgemeinstes Integral ist:

$$(45) \, . \; w_n = A_n \cos\left(\varkappa_n z \sqrt{\frac{G}{Eg}}\right) + B_n \sin\left(\varkappa_n z \sqrt{\frac{G}{Eg}}\right).$$

Nehmen wir nun an, das Ende $z = 0$ sei jedenfalls fest, so muss w und also auch w_n für dieses Ende, welches an den Oscillationen nicht Theil nehmen kann, offenbar verschwinden, und man hat daher jedenfalls

$$A_n = 0,$$

da sich sonst mit $z = 0$ w_n auf A_n, also nicht auf Null reduciren würde. So bleibt:

$$(46) \; \ldots\ldots \; w = B_n \sin\left(\varkappa_n z \sqrt{\frac{G}{Eg}}\right) \cos(\varkappa_n t).$$

Ist nun das andere Ende des Stabes ebenfalls festgehalten, so muss w auch noch für $z = l$ verschwinden: und dies ist nicht anders möglich als wenn:

$$\sin\left(\varkappa_n l \sqrt{\frac{G}{Eg}}\right) = 0.$$

Dies ist in diesem Fall die transcendente Gleichung von welcher oben die Rede war. Ihre Wurzeln sind leicht zu erhalten; der Sinus kann nur verschwinden, wenn das Argument ein Vielfaches von π wird, und die Wurzeln der Gleichung sind also:

$$\varkappa_n = \frac{\pi}{l}\sqrt{\frac{Eg}{G}},\ \frac{2\pi}{l}\sqrt{\frac{Eg}{G}},\ \frac{3\pi}{l}\sqrt{\frac{Eg}{G}} \dots ;$$

die zugehörigen Schwingungszahlen werden:

$$\frac{\varkappa_n}{2\pi} = \frac{1}{2l}\sqrt{\frac{Eg}{G}},\ \frac{2}{2l}\sqrt{\frac{Eg}{G}},\ \frac{3}{2l}\sqrt{\frac{Eg}{G}} \dots$$

Die erste Zahl giebt den Grundton des Stabes an, die andern die höhern Begleittöne; dieselben sind, da sie die doppelte, dreifache etc. Schwingungszahl haben, seine Octave, die Quinte der Octave u. s. w., Töne, welche je höher sie werden, einander um so näher rücken, da das Verhältniss $\frac{n}{n+1}$ zweier auf einander folgender Schwingungszahlen sich der Einheit immer mehr nähert, je grösser n selbst ist.

Der Grundton bestimmt also die Begleittöne vollständig. Seine eigene Schwingungszahl ist, wie man sieht, der Länge des Stabes umgekehrt proportional, und ebenso der Quadratwurzel des specifischen Gewichts, hingegen direct proportional der Quadratwurzel des Elasticitätsmoduls, den man sonach aus der Höhe des Grundtons selbst zu bestimmen vermag.

Der Grundton, und damit die ganze Tonreihe, vertieft sich sich also mit zunehmender Länge und mit grösserem specifischen Gewicht, erhöht sich mit zunehmendem Elasticitätsmodul.

Es verdient bemerkt zu werden, dass nur für den Grundton der ganze Stab in zusammenhängenden Schwingungen begriffen ist. Die Amplitude der Schwingung an verschiedenen Stellen ist abhängig von dem Factor $\sin\left(\varkappa_n z \sqrt{\frac{G}{Eq}}\right)$, mit welchem w behaftet ist. Führt man hier für $\varkappa_n$ seinen Werth

$$\varkappa_n = \frac{n\pi}{l}\sqrt{\frac{Eq}{G}}$$

ein, so wird dieser Factor $\sin \frac{n \pi z}{l}$. Für $n = 1$ nun wächst dieser Factor, also die Intensität der Schwingung, vom Ende bis zur Mitte, um dort bei $z = \frac{l}{2}$ sein Maximum 1 zu erreichen. Aber im Allgemeinen verschwindet dieser Factor bei

$$z = \frac{lk}{n},$$

wo k irgend eine ganze Zahl ist; d. h. es giebt für den $n$ten Ton des Stabes $n - 1$ sogenannte Knotenpunkte, welche an der Schwingung überhaupt nicht theilnehmen, und welche, in gleichen Abständen gelegen, den Stab in n gleiche Theile zerlegen. Der Stab schwingt also für den zweiten Ton so, als wäre er aus zwei gleich langen Stäben zusammengesetzt, für den dritten so, als wäre er aus dreien zusammengesetzt, u. s. w.

Die Intensität mit der jeder einzelne Ton auftritt, hängt von der Erregungsart ab. Da die obigen Betrachtungen völlig in derselben Weise auch dann noch gelten, wenn man in w den Factor $\cos(\varkappa_n t)$ durch $\sin(\varkappa_n t)$ ersetzt, so erhält man den allgemeinsten Ausdruck von w, indem man die Summe aller ähnlich gebildeten Glieder einführt, für die $\varkappa_n$ aber die gefundenen Werthe setzt, in der Form:

$$\begin{aligned} w = & \sin \frac{z\pi}{l}\left(B_1 \cos \frac{a\pi t}{l} + C_1 \sin \frac{a\pi t}{l}\right) \\ & + \sin \frac{2z\pi}{l}\left(B_2 \cos \frac{2a\pi t}{l} + C_2 \sin \frac{2a\pi t}{l}\right) \\ & + \sin \frac{3z\pi}{l}\left(B_3 \cos \frac{3a\pi t}{l} + C_3 \sin \frac{3a\pi t}{l}\right) + \ldots, \end{aligned}$$

wobei die B, C willkürliche Constanten bedeuten, und wo der Kürze wegen:

$$a = \sqrt{\frac{Eq}{G}}$$

gesetzt ist. Die Constanten B, C nun lassen sich immer so bestimmen, dass der Stab einen beliebig vorausbestimmten Anfangszustand erhält; dass also die im ersten Augenblick ($t = 0$) vorhandenen Verschiebungen und Geschwindigkeiten der Elemente sich durch gegebene Functionen von z darstellen. Seien diese

Functionen $f(z)$, $F(z)$, so erhält man aus dem obigen Ausdrucke von w, für $t = 0$:

$$w = f(z) = B_1 \sin \frac{z\pi}{l} + B_2 \sin \frac{2z\pi}{l} + B_3 \sin \frac{3z\pi}{l} + \dots$$

$$\frac{\partial w}{\partial t} = F(z) = \frac{a\pi}{l}\left(C_1 \sin \frac{z\pi}{l} + 2C_2 \sin \frac{2z\pi}{l} + 3C_3 \sin \frac{3z\pi}{l} + \dots\right)$$

Wie sich aus Gleichungen dieser Art die Coefficienten B, C bestimmen, davon ist im Frühern schon wiederholt die Rede gewesen. Multiplicirt man nämlich die Gleichungen mit $\sin \frac{hz\pi}{l}$ und integrirt sodann über den ganzen Stab, also von Null bis l, so fallen rechts alle Glieder fort bis auf B_h, C_h, und man erhält:

$$\int_0^l f(z) \sin \frac{hz\pi}{l}\, dz = \frac{l}{2} B_h$$

$$\int_0^l F(z) \sin \frac{hz\pi}{l}\, dz = \frac{ha\pi}{l} C_h,$$

woraus die Coefficienten B_h, C_h sich aufs Einfachste bestimmen, wenn die Functionen f, F bekannt sind. So sieht man, wie durch diese Functionen endlich das ganze Problem ein vollkommen bestimmtes wird. Aber nur auf die Intensitätsverhältnisse haben sie Einfluss, während die Höhe der verschiedenen Töne sich ausschliesslich durch die Grenzbedingungen, durch die Befestigungsart, bestimmt.

Indem man diese letztere variirt, werden denn auch wirklich die erregten Tonreihen verändert. Nehmen wir nicht, wie im Vorigen, das Ende $z = l$ fest an, sondern denken uns dasselbe frei, so muss nicht w für $z = l$ verschwinden, sondern die Spannung muss an diesem Ende schlechterdings Null sein, da keinerlei Zugkraft auf dasselbe wirkt. Gehen wir auf die Gleichungen von p. 248 zurück, so ist dies gleichbedeutend mit $M = 0$ oder mit $\frac{\partial w}{\partial z} = 0$; man erhält also in diesem Falle, wenn man für w wieder den Ausdruck (46) benützt, und seinen Differentialquotienten nach z verschwinden lässt:

$$\cos\left(\varkappa_n l \sqrt{\frac{G}{Eg}}\right) = 0.$$

Die Wurzeln dieser Gleichung erhält man, wenn man das Argument des Cosinus einem ungeraden Vielfachen von $\frac{\pi}{2}$ gleichsetzt, also:

$$\varkappa_n = \frac{\pi}{2l}\sqrt{\frac{Eg}{G}},\ \frac{3\pi}{2l}\sqrt{\frac{Eg}{G}},\ \frac{5\pi}{2l}\sqrt{\frac{Eg}{G}}\ \ldots\ldots$$

Diese Tonreihe ist der vorigen ganz ähnlich; aber der Grundton ist um eine Octave tiefer wie im vorigen Fall, da die Schwingungszahl nur halb so gross ist; auf den Grundton folgt hier sogleich die Quinte seiner Octave, u. s. w. Auch die Lage der Knotenpunkte für jede Einzelschwingung wird dadurch modificirt. Denn da allgemein:

$$\varkappa_n = \frac{2n-1}{2}\cdot\frac{\pi}{l}\sqrt{\frac{Eg}{G}},$$

so wird der von z abhängige Factor in (46):

$$\sin\left(\frac{2n-1}{2}\,\frac{\pi z}{l}\right),$$

und dieser verschwindet, wenn man

$$z = \frac{2hl}{2n-1}$$

setzt. Um die Knotenpunkte zu finden, muss man also die Länge des Stabes in soviel Theile theilen, als diejenige Zahl beträgt, welche das Verhältniss der Schwingungszahl des Begleittones zu der des Grundtones angiebt, und alle geraden Theilpunkte zu nehmen, vom festen Ende des Stabes an gerechnet.

Die Einführung der Anfangszustände erfolgt ganz ähnlich wie im vorigen Falle. Der allgemeinste Ausdruck von w, welcher sich aus den Einzellösungen zusammensetzen lässt, hat hier die Form:

$$w = \sin\frac{z\pi}{2l}\left(B_1\cos\frac{a\pi t}{2l} + C_1\sin\frac{a\pi t}{2l}\right)$$
$$+ \sin\frac{3z\pi}{2l}\left(B_2\cos\frac{3a\pi t}{2l} + C_2\sin\frac{3a\pi t}{2l}\right) + \ldots$$

wo a wieder die Bedeutung $\sqrt{\frac{Eg}{G}}$ hat. Bezeichnen wieder $f(z)$, $F(z)$ diejenigen Functionen, welche die anfänglichen Auschreitungen und Geschwindigkeiten der Elemente angeben, so hat man für $t = 0$:

$$w = f(z) = B_1 \sin \frac{z\pi}{2l} + B_2 \sin \frac{3z\pi}{2l} + \dots$$

$$\frac{\partial w}{\partial t} = F(z) = \frac{a\pi}{2l}\left(C_1 \sin \frac{z\pi}{2l} + 3C_2 \sin \frac{3z\pi}{2l} + \dots\right).$$

Um daraus die Constanten B, C dem Anfangszustande gemäss zu bestimmen, multiplicirt man beide Gleichungen mit $\sin \frac{(2h-1)z\pi}{2l}$, und integrirt über die ganze Länge des Stabes, von $z = 0$ bis $z = l$; es verschwinden dann rechts alle Glieder bis auf B_h, C_h, und man hat:

$$\int_0^l f(z) \sin \frac{(2h-1)z\pi}{2l}\, dz = \frac{l}{2} B_h$$

$$\int_0^l F(z) \sin \frac{(2h-1)z\pi}{2l}\, dz = \frac{l}{2} C_h,$$

so dass die B, C unmittelbar sich finden lassen, wenn die Functionen f, F gegeben sind.

§ 61. Transversalschwingungen.

Ich komme zu dem Problem der Transversalschwingungen, welches namentlich in Bezug auf Saitenschwingungen von der grössten Wichtigkeit ist. Das Problem der schwingenden Saiten, seit d'Alembert mannigfach behandelt, wird gewöhnlich in etwas anderer Weise gefasst, indem man dasselbe aus der Theorie der absolut biegsamen Körper deducirt. Dies kommt mit anderen Worten darauf hinaus, dass man in den Gleichungen p. 248 die von dem Elasticitätsmodul und den Trägheitsradien abhängigen Grössen vernachlässigt. Aber einerseits darf man in der That Saiten, namentlich Stahlsaiten, keineswegs als völlig biegsame Körper betrachten; andrerseits scheint es von vorn herein misslich, in jenen Gleichungen gerade die Glieder zu vernachlässigen, welche die höchsten Differentialquotienten enthalten; ein Verfahren, welches höchstens durch den Erfolg, nie aber a priori gerechtfertigt werden kann.

Nehmen wir also an, beide Enden der Saite werden festgehalten, ohne aber in ihrer Richtung bestimmt zu sein;

man hat sonach für beide Enden die Bedingung, dass die Ausschreitungen u, v verschwinden müssen, während die Tangenten der Schwerpunktslinie beliebig bleiben. Aber eine weitere Bestimmung entsteht daraus, dass die Enden eben nur festgehalten, also keinerlei Drehungsmomenten unterworfen sein sollen. Da somit $(A')_l$, $(B')_l$, verschwinden, so hat man für beide Enden neben den Bedingungen $u = 0$, $v = 0$ noch aus p. 248:

$$\left(\frac{\partial^2 u}{\partial z^2}\right)_l = 0, \quad \left(\frac{\partial^2 v}{\partial z^2}\right)_l = 0,$$

wodurch denn das Problem vollständig bestimmt ist.

Man bemerkt, dass die Bedingungen für u und v völlig übereinstimmen, bis auf den Umstand, dass in der zweiten Gleichung p. 248 $\varkappa^2$ steht, wo in der ersten λ^2 erscheint. Dieser Umstand ist von einiger Bedeutung; es geht daraus hervor, dass wenn die beiden Hauptträgheitsmomente des Querschnitts nicht gleich sind, die ursprünglich erregten Schwingungen sich in zwei Componenten sondern, von denen die eine der einen, die andere der andern Hauptaxe des Querschnitts parallel gerichtet ist; und dass die Tonreihen, welche bei diesen beiden Theilen der Schwingung erzeugt werden, nicht völlig identisch sind, sondern um so verschiedener, je verschiedener jene Trägheitsmomente.

Denken wir uns die Anfangszustände und die anfänglichen Geschwindigkeiten von vorn herein in die betreffenden Componenten zerlegt, so entspringen aus jeder derselben nur Schwingungen, welche der betreffenden Axe parallel sind. Beide Theile des Problems können gesondert behandelt werden, und da die sie bedingenden Gleichungen völlig gleichartig sind, so wird es genügen, einen derselben, also etwa die Schwingungen u, zu betrachten.

Diese Schwingungen hängen von folgenden Gleichungen ab: im ganzen Stabe:

$$(47) \ldots\ E q \lambda^2 \frac{\partial^4 u}{\partial z^4} = M \frac{\partial^2 u}{\partial z^2} - \frac{G}{g} q \frac{\partial^2 u}{\partial t^2} + \frac{G}{g} \lambda^2 q \frac{\partial^4 u}{\partial t^2 \partial z^2};$$

bei $z = 0$:

$$(47\text{a}) \ldots\ u = 0, \quad \frac{\partial^2 u}{\partial z^2} = 0,$$

bei $z = l$:

$$(47\text{b}) \ldots\ u = 0, \quad \frac{\partial^2 u}{\partial z^2} = 0;$$

endlich, wegen des gegebenen Anfangszustandes:

für $t = 0$:

$$(47c) \quad \ldots\ldots\ldots \quad u = f(z), \quad \frac{\partial u}{\partial t} = F(z),$$

wo $f(z)$ die anfänglichen Verschiebungen, $F(z)$ die anfänglich vorhandenen Geschwindigkeiten (parallel der X Axe) darstellt.

Setzen wir nun zunächst, um die Einzelschwingungen zu finden:

$$u = u_n \cos \varkappa_n t,$$

wo u_n eine Function von z allein bedeutet. Führen wir dies in die Gleichung (47) ein, so erhalten wir eine Gleichung für u_n, nämlich:

$$(48) \ldots \quad E q \lambda^2 \frac{d^4 u_n}{dz^4} = M \frac{d^2 u_n}{\partial z^2} + \frac{G}{g} q \varkappa_n^2 u_n - \frac{G}{g} \lambda^2 q \varkappa_n^2 \frac{d^2 u_n}{dz}.$$

Diese Gleichung, welche linear und von der vierten Ordnung ist, besitzt im Allgemeinen vier specielle Integrale von der Form $e^{\alpha_n z}$, aus denen sich das allgemeine Integral auf lineare Weise zusammensetzt. In der That, wenn man für u_n die Form $e^{\alpha_n z}$ annimmt, und dies in jene Gleichung einführt, erhält man, mit Beseitigung des gemeinschaftlichen Factors $e^{\alpha_n z}$ die Gleichung für α_n:

$$E q \lambda^2 . \alpha_n^4 = M \alpha_n^2 + \frac{G}{g} q \varkappa_n^2 + \frac{G}{g} \lambda^2 q \varkappa_n^2 \alpha_n^2$$

aus welcher sich ergiebt:

$$\alpha_n^2 = \frac{M}{2 E q \lambda^2} - \frac{G \varkappa_n}{2 g E} \pm \sqrt{\left(\frac{M}{2 E q \lambda^2} - \frac{G \varkappa_n^2}{2 g E}\right)^2 + \frac{G \varkappa_n^2}{E g \lambda^2}}$$

oder, wenn man der Kürze wegen:

$$\frac{M}{2 E q \lambda^2} = a^2, \quad \frac{G}{E g \lambda^2} = b^2$$

setzt:

$$\alpha_n^2 = a^2 - \frac{b^2 \lambda^2 \varkappa_n^2}{2} \pm \sqrt{\left(a^2 - \frac{b^2 \lambda^2 \varkappa_n^2}{2}\right)^2 + b^2 \varkappa_n^2} \; ;$$

wo denn b nur noch von der Gestalt und Masse des Stabes, a ausserdem von der Spannung M desselben abhängt. Ist $\varkappa_n$ reell, so ist von den beiden Werthen von α_n^2 der erste

$$(49) \quad \alpha_n^2 = a^2 - \frac{b^2 \lambda^2 \varkappa_n^2}{2} + \sqrt{\left(a^2 - \frac{b^2 \lambda^2 \varkappa_n^2}{2}\right)^2 + b^2 \varkappa_n^2}.$$

positiv und α_n reell, der andre aber wird negativ und also α_n imaginär; ich setze daher für diesen Werth $-\beta_n^2$ an Stelle von α_n^2, und habe dann:

$$(50) \quad \beta_n^2 = -a^2 + \frac{b^2 \lambda^2 \varkappa_n^2}{2} + \sqrt{\left(a^2 - \frac{b^2 \lambda^2 \varkappa_n^2}{2}\right)^2 + b^2 \varkappa_n^2}.$$

Die diesem Werth entsprechenden Exponentialgrössen $e^{\beta z \sqrt{-1}}$ verwandeln sich in Sinus und Cosinus; und statt der vier besondern Integrale

$$e^{\alpha_n z}, \quad e^{-\alpha_n z}, \quad e^{\beta_n z \sqrt{-1}}, \quad e^{-\beta_n z \sqrt{-1}}$$

kann man dann die vier folgenden einführen:

$$e^{\alpha_n z}, \quad e^{-\alpha_n z}, \quad \cos \beta_n z, \quad \sin \beta_n z,$$

so dass der allgemeine Werth von u_n ist:

$$(51) \quad u_n = A_n \cos \beta_n z + B_n \sin \beta_n z + C_n e^{\alpha_n z} + D_n e^{-\alpha_n z},$$

wo A_n, B_n, C_n, D_n willkürliche Constanten bezeichnen.

Führen wir dies in die Bedingungen (47^a), (47^b) ein, so erhalten wir für die Constanten folgende Bestimmungen:

$$A_n + C_n + D_n = 0$$

$$-\beta_n^2 A_n + \alpha_n^2 (C_n + D_n) = 0$$

$$A_n \cos \beta_n l + B_n \sin \beta_n l + C_n e^{\alpha_n l} + D_n e^{-\alpha_n l} = 0$$

$$-\beta_n^2 (A_n \cos \beta_n l + B_n \sin \beta_n l) + \alpha_n^2 \left(C_n e^{\alpha_n l} + D_n e^{-\alpha_n l}\right) = 0.$$

Schliessen wir hier die Möglichkeit $\alpha_n^2 = \beta_n^2$ aus, welche sogleich besonders untersucht werden soll, so zerfallen diese Gleichungen sofort in:

$$A_n = 0, \quad C_n + D_n = 0$$

$$B_n \sin \beta_n l = 0, \quad C_n e^{\alpha_n l} + D_n e^{-\alpha_n l} = 0.$$

Hier sind nur zwei Fälle möglich; einmal dass $C_n = 0$, $D_n = 0$, und

$$\sin \beta_n l = 0;$$

dann muss $\beta_n l$ einem der Werthe

$$(52) \quad \ldots\ldots\ldots\ldots \beta_n l = \pi, \quad 2\pi, \quad 3\pi \ldots$$

gleich werden. Oder es müsste $B_n = 0$ sein, $C_n = - D_n$ und daher

$$e^{\alpha_n l} = e^{-\alpha_n l}.$$

In diesem Falle würde man erhalten:

$$\alpha_n l = \pi \sqrt{-1}, \quad 2\pi \sqrt{-1}, \quad 3\pi \sqrt{-1} \ldots$$

Man sieht; dass dies dieselbe Reihe ist, wie die vorher für $\beta_n l$ erhaltene, nur multiplicirt mit $\sqrt{-1}$. Genauer betrachtet heisst dies nichts anderes, als dass man die vorige Lösung reproducirt, nur jedesmal $\frac{\alpha}{\sqrt{-1}}$ statt β geschrieben; auch gehen die in dem Ausdruck von u_n dort scheinbar übrig bleibenden Exponentialgrössen wegen des imaginären Exponenten in genau dieselben trigonometrischen Glieder über, welche zuvor aus den beibehaltenen Gliedern mit β_n sich ergaben; genug, dieser Fall giebt nichts Neues, und braucht also gar nicht berücksichtigt zu werden.

Aber eine kurze Erwägung erheischt noch der Fall, wo etwa α_n^2, β_n^2 einander gleich sein könnten. Dies tritt ein, wenn

$$\left(a^2 - \frac{b^2 \lambda^2 \varkappa_n^2}{2}\right)^2 + b^2 \varkappa_n^2 = 0.$$

In diesem Falle ist der Ausdruck (51) nicht das vollständige Integral der Gleichung (48), welche die Gestalt

$$\frac{d^4 u_n}{dz^4} - 2c^2 \frac{d^2 u_n}{dz^2} + c^4 u_n = 0, \quad c^2 = \frac{M}{2\,Eq\,\lambda^2} - \frac{G \varkappa_n^2}{2\,g\,E}$$

annimmt; sondern ihr vollständiges Integral ist:

$$u_n = (A_n + B_n z)\, e^{cz} + (C_n + D_n z)\, e^{-cz},$$

was man durch Differentiation leicht verificirt. Die Bedingungsgleichungen (47^a), (47^b) geben nun:

$$A_n + C_n = 0, \; c^2 (A_n + C_n) + 2c\,(B_n - D_n) = 0$$

$$(A_n + B_n l)\, e^{cl} + (C_n + D_n l)\, e^{-cl} = 0$$

$$c^2 (A_n + B_n l)\, e^{cl} + c^2 (C_n + D_n l)\, e^{-cl} + 2c\left(B_n e^{cl} + D_n e^{-cl}\right) = 0.$$

Man schliesst hieraus leicht, dass $A_n = B_n = C_n = D_n = 0$, und dass also Einzelschwingungen dieser Art nicht existiren können.

So bleibt denn nur die Lösung (52) übrig, nach welcher β_n die Werthe

$$\frac{\pi}{l},\ \frac{2\pi}{l},\ \frac{3\pi}{l}\ \ldots\ \frac{n\pi}{l}\ \ldots$$

annehmen kann, und nach welcher also, wenn man auf die Gleichung (50) zurückgeht, für $\varkappa_n^2$ die folgenden Werthe gefunden werden;

$$\varkappa_n^2 = \frac{\pi}{lb}\sqrt{\frac{2a^2l^2+\pi^2}{l^2+\lambda^2\pi^2}},\ \frac{2\pi}{lb}\sqrt{\frac{2a^2l^2+4\pi^2}{l^2+4\lambda^2\pi^2}},\ldots \frac{n\pi}{lb}\sqrt{\frac{2a^2l^2+n^2\pi^2}{l^2+n^2\lambda^2\pi^2}}\ldots.$$

Diese Werthe sind sämmtlich reell; was eine Bestätigung des Satzes giebt, dass überhaupt nur reelle Schwingungen, d. h. rein periodische Bewegungen eintreten können. Diese Tonreihe aber, deren Schwingungszahlen man erhält, indem man die obigen Zahlen durch 2π dividirt, hat im Allgemeinen nicht den einfachen Charakter der im Vorigen betrachteten Reihen, indem die einzelnen Schwingungzahlen nicht rein numerische Verhältnisse haben. Indess ist dies dennoch mit grosser Annäherung der Fall, wenn die Spannung sehr gross, der Querschnitt ausserordentlich klein ist. Führen wir nämlich in das allgemeine Glied der obigen Reihe für a, b ihre Werthe wieder ein, so kommt:

$$\varkappa_n = \frac{n\pi}{l}\sqrt{\frac{g(Ml^2+n^2\pi^2Eq\lambda^2)}{Gq(l^2+n^2\pi^2\lambda^2)}}.$$

Wenn also λ so klein wird, dass trotz des grossen Elasticitätsmoduls unter der Wurzel die ersten Glieder überwiegen, so erhält man die arithmetische Reihe

$$\frac{\pi}{l}\sqrt{\frac{M}{G}},\ \frac{2\pi}{l}\sqrt{\frac{M}{G}},\ \frac{3\pi}{l}\sqrt{\frac{M}{G}}\ldots;$$

und es wird die Annäherung um so grösser sein, je kleiner n, also grösser für die ersten Glieder der Reihe. Die obige Reihe aber ist wieder die schon bei den longitudinalen Schwingungen erhaltene Reihe von Grundton, Octave, Quinte der Octave u. s. w, welche man allgemein auch für transversal schwingende Saiten annimmt. Die Schwingungszahl des Grundtons ist proportional mit $\frac{1}{l}\sqrt{\frac{M}{G}}$; dieser Ton und mit ihm die ganze Reihe, erhöht sich also mit wachsender Spannung M, vertieft sich mit wachsender Länge und mit grösserem specifischen Gewicht. Namentlich aber ist es auch bemerkenswerth, dass λ aus diesen Zahlen ganz verschwunden ist, so dass also jene erwähnte Ungleichheit der Tonreihen für die den beiden Hauptaxen parallel gezählten Schwingungen unter dieser Annahme aufhört.

Ganz anders wird es, wenn umgekehrt die Spannung gering oder Null ist, wie dies bei einer elastischen Feder eintreten kann, deren Enden nur einfach festgehalten sind. Behält man in diesem Fall nur die zweiten Glieder unter dem Wurzelzeichen bei, indem man auch, wenigstens für kleinere n, $n^2\pi^2\lambda^2$ gegen l^2 vernachlässigt, so ist

$$\varkappa_n = \frac{n^2\pi^2}{l^2}\sqrt{\frac{E\lambda^2 g}{G}}.$$

Auch in diesem Fall erhalten wir eine in einfachen Verhältnissen fortschreitende Tonreihe. Aber die Schwingungszahlen bilden die Reihe der Quadratzahlen; auf den Grundton folgt sofort seine zweite Octave.

In dem allgemeinsten Fall tritt nun eine solche einfache Tonreihe nicht auf, da n noch unter der Quadratwurzel enthalten ist; und erst aus den Schwingungszahlen zweier Töne ist die ganze Reihe numerisch bestimmt. Um so bemerkenswerther ist es, dass die Lage der Knotenpunkte unter allen Umständen dieselbe, und ganz einfach bestimmt ist. Denn der von z abhängige Factor in u_n wird, da $\beta_n = \frac{n\pi}{l}$ ist, zu

$$\sin\frac{nz\pi}{l},$$

ein Ausdruck, welcher für $z = \frac{hl}{n}$ verschwindet. Die Knotenpunkte des $n$ten Tons theilen also unter allen Umständen die Länge l in n gleiche Theile, so dass der ganze Stab sich dem $n$ten Tone gegenüber ebenso verhält, als bestände er aus n gleichlangen Stäben, welche sämmtlich ihren Grundton angeben.

In etwas haben die speciellen Werthe der $\varkappa_n$ Einfluss auf die Einführung des Anfangszustandes. Der allgemeinste Ausdruck von u wird nach dem Vorigen

$$u = \sum_{n=0}^{n=\infty}(B_n\cos\varkappa_n t + C_n\sin\varkappa_n t)\sin\frac{nz\pi}{l}.$$

Man hat also für $t = 0$:

$$u = f(z) = \sum_{n=0}^{n=\infty} B_n \sin \frac{n z \pi}{l}$$

$$\frac{\partial u}{\partial t} = F(z) = \sum_{n=0}^{n=\infty} \varkappa_n C_n \sin \frac{n z \pi}{l},$$

ganz wie bei den Longitudinalschwingungen; und dasselbe Verfahren, welches dort angewandt wurde, gibt also auch hier:

$$\int_0^l f(z) \sin \frac{n z \pi}{l} dz = \frac{l}{2} B_n$$

$$\int_0^l F(z) \sin \frac{n z \pi}{l} dz = \varkappa_n \cdot \frac{l}{2} C_n.$$

Ich will dies auf ein specielles Beispiel anwenden. Ursprünglich soll sich der ganze Stab in seiner natürlichen Lage befinden; diejenigen Theile, welche auf einem sehr kleinen Stück des Stabes zwischen $z = h + \varepsilon$ und $z = h - \varepsilon$ enthalten sind, haben die Anfangsgeschwindigkeit u_0 erhalten; alle übrigen Punkte besitzen auch keine Anfangsgeschwindigkeiten. Es ist also $f(z)$ überhaupt Null, und somit verschwinden sämmtliche B; $F(z)$ hingegen ist von Null verschieden zwischen $z = h - \varepsilon$ und $z = h + \varepsilon$, und hat dort den Werth u_0. Da nun die Function F ausserhalb dieses Intervalls verschwindet, so ist auch bei der Integration nur dies Intervall zu berücksichtigen, und es wird also:

$$C_n = \frac{2 u_0}{l \varkappa_n} \int_{h-\varepsilon}^{h+\varepsilon} \sin \frac{n z \pi}{l} dz$$

$$= \frac{2 u_0}{n \pi \varkappa_n} \left[\cos \frac{n \pi (h - \varepsilon)}{l} - \cos \frac{n \pi (h + \varepsilon)}{l} \right]$$

$$= \frac{4 u_0}{n \pi \varkappa_n} \sin \frac{n \pi h}{l} \sin \frac{n \pi \varepsilon}{l}.$$

Ist nun ε, wie ich angenommen habe, sehr klein, so kann man $\sin \frac{n \pi \varepsilon}{l}$ durch $\frac{n \pi \varepsilon}{l}$ ersetzen, und es bleibt endlich:

$$C_n = \frac{4 u_0 \varepsilon}{l \varkappa_n} \sin \frac{n \pi h}{l}.$$

So wird denn der ganze Schwingungszustand dargestellt durch die Reihe:

$$u = \frac{4u_0\varepsilon}{l}\left(\frac{1}{\varkappa_1}\sin\frac{\pi h}{l}\sin\frac{\pi z}{l}\sin\varkappa_1 t\right.$$
$$\left.+\frac{1}{\varkappa_2}\sin\frac{2\pi h}{l}\sin\frac{2\pi z}{l}\sin\varkappa_2 t+\cdots\right).$$

Die Terme der Reihe nehmen offenbar ab, da die Zahlen $\varkappa_1, \varkappa_2, \ldots$ zunehmen; es wird also der Grundton vorherrschen, die begleitenden werden schnell schwächer in dem Maass wie ihre Höhe zunimmt. Von diesen Nebentönen kann selbst einer oder der andere ganz ausbleiben. Ist nämlich die Erregungsstelle Knotenpunkt eines Tons, etwa des $n$ten, so hat man nach der Definition der Knotenpunkte $\sin\frac{n\pi h}{l} = 0$, und es verschwindet mit diesem Factor das entsprechende Glied der Reihe.

Ich werde auf andere Fälle der Befestigungsart nicht eingehen, da es vorzüglich auf Darstellung der Methode ankam, welche im Vorigen auseinander gesetzt ist. Man findet insbesondere solche Fälle, in denen die Spannung M nicht vorhanden ist, behandelt bei Poisson, traité de Mécanique, 2me éd. tome II, p. 368 folgg., worauf hier verwiesen sein mag.

§ 62. Torsionsschwingungen.

Die Torsionsschwingungen verhalten sich den Longitudinalschwingungen so sehr analog, dass es genügen wird, dieselben ganz kurz zu behandeln. Nimmt man an, dass keine Kraft auf das Innere des Stabes wirke, so ist die Differentialgleichung, welche die Stellung des Querschnitts in jedem Augenblick angiebt, nach § 59, p. 248:

$$E\,\vartheta^2\frac{\partial^2\varphi}{\partial z^2} = \frac{G}{g}(\lambda^2+\varkappa^2)\frac{\partial^2\varphi}{\partial t^2}.$$

Dieselbe unterscheidet sich von der Gleichung für die longitudinalen Schwingungen nur dadurch, dass hier der Coefficient $\frac{G}{gE}\frac{\lambda^2+\varkappa^2}{\vartheta^2}$ auftritt, wo dort der Coefficient $\frac{G}{gE}$ erschien. Mit Rücksicht hierauf kann man die in § 60 aufgestellten Formeln ohne Weiteres benützen, wenn man nur dem dort durch a bezeichneten Ausdruck hier den Werth:

$$a = \sqrt{\frac{Eg}{G} \cdot \frac{\vartheta^2}{\lambda^2 + \varkappa^2}}$$

beilegt. Die Reihen der Schwingungszahlen sind:

$$\frac{\pi a}{2l}, \quad \frac{2\pi a}{2l}, \quad \frac{3\pi a}{2l} \ldots$$

für den Fall, wo beide Enden des Stabes befestigt sind, hingegen:

$$\frac{\pi a}{2l}, \quad \frac{3\pi a}{2l}, \quad \frac{5\pi a}{2l} \ldots,$$

wenn das eine Ende vollkommen frei ist. Freilich kann man diese Zahlen in diesem Fall nicht mehr als die Repräsentanten von Tönen ansehen, aber ihre Bedeutung für die Einzelschwingungen, so wie das über die Lage der Knotenpunkte Gesagte bleibt vollkommen unverändert.

§ 63. Spannungen im Innern.

Die Spannungen, welche im Innern eines Körpers von kleinem Querschnitt auftreten, sind im Frühern bereits angegeben worden; doch ist es der Wichtigkeit in den Anwendungen wegen gut, dieselben nochmals an dieser Stelle besonders hervorzuheben.

In jedem Element sind bis auf Grössen höherer Ordnung nur die Spannungen t_{13}, t_{23}, t_{33} vorhanden, von denen die beiden ersten den Hauptaxen des Querschnitts parallel auf die Querschnitte selbst, und der Axe des Elements parallel auf diejenigen Längsschnitte wirken, welche durch die Axe des Elements und je eine Hauptaxe des Querschnitts geführt werden. Diese Spannungen haben nach (1^a), p. 195 die Ausdrücke:

$$t_{33} = E\,[(a + a_1\,x + a_2\,y) + z\,(b_1\,x + b_2\,y)]$$

$$t_{13} = \frac{E}{2\,(1+\mu)}\left(b_0\,y - b_1\,\frac{\mu x^2 + (2-\mu)y^2}{2} - (\mu + 2)\,b_2\,xy\right.$$

$$\left. + \, b_0\,\frac{\partial B_0}{\partial x} + b_1\,\frac{\partial B_1}{\partial x} + b_2\,\frac{\partial B_2}{\partial x}\right)$$

$$t_{23}=\frac{E}{2(1+\mu)}\Big(-b_0x-(\mu+2)\,b_1\,xy-b_2\frac{\mu y^2+(2-\mu)\,x^2}{2}$$
$$+\,b_0\frac{\partial B_0}{\partial y}+b_1\frac{\partial B_1}{\partial y}+b_2\frac{\partial B_2}{\partial y}\Big),$$

oder, wenn man aus (2) die Werthe der a etc. einführt:

$$t_{33}=\frac{1}{q}\left\{\left(C-B'\frac{x}{\lambda^2}+A'\frac{y}{\varkappa^2}\right)+z\left(A\frac{x}{\lambda^2}+B\frac{y}{\varkappa^2}\right)\right\}$$

$$t_{13}=\frac{1}{2q(1+\mu)}\left\{-\frac{C'}{\vartheta^2}\left(y+\frac{\partial B_0}{\partial x}\right)-\frac{A}{\lambda^2}\left(\frac{\mu x^2+(2-\mu)\,y^2}{2}-\frac{\partial B_1}{\partial x}\right)\right.$$
$$\left.-\frac{B}{\varkappa^2}\left((\mu+2)\,xy-\frac{\partial B_2}{\partial x}\right)\right\}$$

$$t_{23}=\frac{1}{2q(1+\mu)}\left\{\frac{C'}{\vartheta^2}\left(x-\frac{\partial B_0}{\partial y}\right)-\frac{B}{\varkappa^2}\left(\frac{\mu y^2+(2-\mu)\,x^2}{2}-\frac{\partial B_2}{\partial y}\right)\right.$$
$$\left.-\frac{A}{\lambda^2}\left((\mu+2)\,xy-\frac{\partial B_1}{\partial y}\right)\right\}.$$

Erinnert man sich nun, dass die Function B_0 von der zweiten Ordnung war, B_1, B_2 von der dritten, ihre Differentialquotienten jedesmal von der um 1 niedrigeren Ordnung, dass ebenso λ, $\varkappa$, ϑ von der ersten Ordnung waren, so reducirt sich dies System, mit Beibehaltung allein der Grössen niedrigster Ordnung auf:

$$(53)\ldots\ldots\begin{cases}t_{33}=\dfrac{1}{q}\left(A'\dfrac{y}{\varkappa^2}-B'\dfrac{x}{\lambda^2}\right)\\[2mm] t_{13}=-\dfrac{1}{2q(1+\mu)}\dfrac{C'}{\vartheta^2}\left(y+\dfrac{\partial B_0}{\partial x}\right)\\[2mm] t_{23}=\dfrac{1}{2q(1+\mu)}\dfrac{C'}{\vartheta^2}\left(x-\dfrac{\partial B_0}{\partial y}\right);\end{cases}$$

und es werden also im Allgemeinen diese Glieder allein beizubehalten sein. Auf die von A, B abhängigen Glieder wird man nur bei etwaigen besonderen Punkten zurückkommen müssen, in denen die Krümmung des Stabes sich sehr rasch ändert, und deren in § 49 Erwähnung gethan ist. Hingegen kann es bei Stäben, welche nahezu geradlinig bleiben, nothwendig werden bei t_{33} das von C abhängige Glied zu berücksichtigen, sofern eine bedeutende Längsspannung eintritt, und dann zu schreiben:

$$t_{33} = \frac{1}{q}\left(C + \frac{A'y}{\varkappa^2} - \frac{B'x}{\lambda^2}\right).$$

Führt man an Stelle der Momente A', B', C' wieder die reciproken Krümmungsradien $\frac{1}{\varrho_1}$, $\frac{1}{\varrho_2}$ und die Torsion $\frac{1}{\varrho}$ ein, so hat man:

$$(54) \quad \ldots\ldots \begin{cases} t_{33} = \dfrac{C}{q} + E\left(\dfrac{x}{\varrho_2} - \dfrac{y}{\varrho_1}\right) \\ t_{23} = \dfrac{E}{2(1+\mu)\varrho}\left(y + \dfrac{\partial B_0}{\partial x}\right) \\ t_{13} = \dfrac{E}{2(1+\mu)\varrho}\left(-x + \dfrac{\partial B_0}{\partial y}\right). \end{cases}$$

Die beiden letzten Spannungen verschwinden, wie man sieht, mit der Torsion; in dem Fall der blossen Biegung bleibt also im Allgemeinen nur die Längsspannung t_{33} zurück. Diese setzt sich aus zwei Theilen zusammen, aus dem von C herrührenden Antheil $\frac{C}{q}$, welcher allen Punkten des Querschnitts gemeinsam ist, und aus der Grösse

$$E\left(\frac{x}{\varrho_2} - \frac{y}{\varrho_1}\right),$$

welche in der Axe verschwindet, und nach der Peripherie zu wächst, aber verschieden in verschiedenen Richtungen. Die am meisten gespannte Stelle liegt also in der Peripherie, und ist nach dieser Formel leicht zu bestimmen.

Bleibt insbesondere der Stab nahezu gerade, und bezeichnet man durch u, v kleine Ausschreitungen der Schwerpunktslinie in Richtung der X und Y Axen, so wird nach § 54 $\frac{1}{\varrho_2} = -\frac{\partial^2 u}{\partial z^2}$, $\frac{1}{\varrho_1} = \frac{\partial^2 v}{\partial z^2}$, also

$$(55) \quad \ldots\ldots \quad t_{33} = \frac{C}{q} - E\left(x\frac{\partial^2 u}{\partial z^2} + y\frac{\partial^2 v}{\partial z^2}\right);$$

eine Formel, welche bei der Biegung dünner Stäbe zur Anwendung kommt, und welche in die übliche Formel übergeht, wenn man nur e i n e der beiden Biegungen u, v für sich betrachtet.

§ 64. Grundlage für die Behandlung dünner Platten.

Die Theorie einer elastischen Scheibe*) lässt sich auf ähnliche Art behandeln wie die soeben ausgeführte Theorie dünner Drähte. Auch hier ist es zunächst eine Fundamentalanschauung, dass man für das innere Gleichgewicht der Elemente die auf das Innere wirkenden Kräfte vernachlässigen könne; auch hier werden wir so verfahren, dass wir zunächst dieses Gleichgewicht begründen, die Continuitätsbedingungen erfüllen, und endlich, indem wir die Bedingungen des äussern Gleichgewichts der Elemente feststellen, zu den Gleichungen für das Gleichgewicht der ganzen Scheibe gelangen.

Denken wir uns im Raum drei Coordinatenaxen, X', Y', Z', so dass etwa ursprünglich die Mittelfläche einer gegebenen, sehr dünnen ebenen Platte mit der Ebene X', Y', zusammenfällt. In dieser Mittelfläche seien a, b die Coordinaten eines Punkts. Legen wir von diesem Punkte als Anfangspunkt ein Coordinatensystem X, Y, Z dem ersten parallel, welches nur für die in der Nähe von a, b liegenden Punkte benützt werden soll. Und zwar denke ich mir die XAxe mit einem durch a, b der X'Axe parallel gezogenen Linienelement in solcher Weise fest verbunden, dass sie auch nach jeder beliebigen Verbiegung an demselben haftet, ebenso die XYEbene mit dem Flächenelement der Mittelfläche fest verbunden, so dass sie zwar über demselben hingleiten, nie aber die Ebene desselben verlassen kann. Ziehen wir also in der ursprünglichen Lage der Mittelfläche durch a, b zwei den Axen X', Y' parallele Elemente da, db, so soll auch nach jeder Verbiegung das Coordinatensystem der X, Y, Z so mitbewegt erscheinen, dass die XAxe desselben fortwährend mit dem Element da zusammenfällt, die ZAxe fortwährend auf da, db senkrecht steht.

---

*) Die wahren Gleichungen für kleine Verschiebungen und Schwingungen dünner Platten sind zuerst von Kirchhoff in Crelles Journal, Bd. 40 gegeben; später in Folge einer von Kirchhoff in Betreff der Methode gemachten Bemerkung (Crelles Journal, Bd. 56) von Gehring in seiner Dissertation *de aequationibus diff. quibus aequilibrium et motus laminae crystallinae definiuntur*, Berlin, abgeleitet und zugleich auf krystallinische Medien ausgedehnt. Endliche Verbiegungen sind bisher nicht behandelt worden.

In diesem Coordinatensystem seien nun ursprünglich x, y, z die Coordinaten eines Punktes, welcher dem Punkte a, b sehr nahe liegt; also $x + a$, $y + b$, z die ursprünglichen Coordinaten des Punktes x, y, z im Raum. Nach der Verbiegung soll der Punkt a, b im Raum die Coordinaten ξ, η, ζ besitzen. Das Coordinatensystem X, Y, Z hat sich mitbewegt in der oben angegebenen Weise, und jener Punkt welcher in demselben ursprünglich die Coordinaten x, y, z hatte, besitzt jetzt in demselben die Coordinaten $x + u$, $y + v$, $z + w$. Betrachten wir zunächst die Zustände in dem Elemente der Platte, welches dem Punkt a, b oder ξ, η, ζ benachbart ist.

Der Zusammenhang des verschobenen Coordinatensystems X, Y, Z mit dem im Raum festen System X', Y', Z' drückt sich, da ξ, η, ζ die Coordinaten des neuen Anfangspunktes sind, nach den Formeln (4[c]), p. 199 mittels der Gleichungen aus:

$$(56) \quad . \; . \left\{ \begin{array}{l} x' = \xi + \alpha_1 (x + u) + \alpha_2 (y + v) + \alpha (z + w) \\ y' = \eta + \beta_1 (x + u) + \beta_2 (y + v) + \beta (z + w) \\ z' = \zeta + \gamma_1 (x + u) + \gamma_2 (y + v) + \gamma (z + w), \end{array} \right.$$

wo x', y', z' die wahren Coordinaten des verschobenen Punktes x, y, z im Raum bedeuten, und wo die Grössen $\alpha_1, \beta_1, \gamma_1$ die Cosinus der verschobenen XAxe gegen die festen Axen im Raum sind, ebenso $\alpha_2, \beta_2, \gamma_2$ die der YAxe, α, β, γ die der ZAxe.

Zwischen diesen Cosinus bestehen die Bedingungen (5), (6):

$$(57) \quad . \; . \left\{ \begin{array}{ll} \alpha_1^2 + \beta_1^2 + \gamma_1^2 = 1 & \alpha_2 \alpha + \beta_2 \beta + \gamma_2 \gamma = 0 \\ \alpha_2^2 + \beta_2^2 + \gamma_2^2 = 1, & \alpha \alpha_1 + \beta \beta_1 + \gamma \gamma_1 = 0 \\ \alpha^2 + \beta^2 + \gamma^2 = 1, & \alpha_1 \alpha_2 + \beta_1 \beta_2 + \gamma_1 \gamma_2 = 0. \end{array} \right.$$

Die Grössen ξ, η, ζ, sowie die 9 Cosinus α, β etc. sind als Functionen von a, b zu betrachten, welche die ursprünglichen Coordinaten des Anfangspunktes von X, Y, Z waren; das ganze Problem ist gelöst, wenn man jene Grössen als Functionen von a, b bestimmt hat.

Inzwischen ist das Element da ein wenig verlängert, und etwa in

$$da\,(1 + \sigma_1)$$

übergegangen, wo σ_1 eine sehr kleine Grösse ist; ebenso ist db in

$$db\,(1 + \sigma_2)$$

übergegangen, wo auch σ_2 sehr klein. Und beide Elemente, welche ursprünglich gegen einander senkrecht waren, sind dies nach der Verschiebung im Allgemeinen nicht mehr, sondern bilden einen Winkel $90^0 - \tau$, wo τ ebenfalls sehr klein ist. Wir können die Endpunkte dieser Elemente nun in doppelter Weise auffassen. Das erste ist nach der Verschiebung noch immer der Axe X angehörig, seine Projectionen auf die Raumaxen sind also nachher:

(57a) . . . $\alpha_1\, da\,(1+\sigma_1)$, $\beta_1\, da\,(1+\sigma_1)$, $\gamma_1\, da\,(1+\sigma_1)$.

Die Projectionen des andern bilden wir, indem wir von seinem Endpunkte auf die YAxe ein Loth fällen; die Katheten des entstehenden rechtwinkligen Dreiecks sind dann, mit Rücksicht darauf, dass τ sehr klein, also $\cos\tau = 1$, $\sin\tau = \tau$: $db\,(1+\sigma_2)$ und $\tau\, db\,(1+\sigma_2)$. Projiciren wir nun statt der Hypotenuse beide Katheten und addiren beide Projectionen, so erhalten wir, da die eine Kathete, der XAxe parallel, gegen das Raumsystem die Cosinus $\alpha_1, \beta_1, \gamma_1$, das andre, der YAxe parallel, die Cosinus $\alpha_2, \beta_2, \gamma_2$ bildet, für diese Projectionen:

(57b) $(\alpha_2+\alpha_1\tau)\, db\,(1+\sigma_2)$, $(\beta_2+\beta_1\tau)\, db\,(1+\sigma_2)$, $(\gamma_2+\gamma_1\tau)\, db\,(1+\sigma_2)$.

Aber man kann die Endpunkte jener Elemente auch als Anfangspunkte von Coordinatensystemen wie X, Y, Z betrachten, welche nur benachbarten Punkten, nicht mehr dem Punkt a, b selbst entsprechen. War nun die neue Lage des Anfangspunktes, welcher oben betrachtet wurde und ursprünglich die Coordinaten a, b hatte, durch ξ, η, ζ bezeichnet, so werden in gleicher Weise die neuen Lagen der benachbarten Punkte $a + da$, b und a, $b + db$ folgende:

$$\xi + \frac{\partial\xi}{\partial a}\, da, \quad \eta + \frac{\partial\eta}{\partial a}\, da, \quad \zeta + \frac{\partial\zeta}{\partial a}\, da,$$

$$\xi + \frac{\partial\xi}{\partial b}\, db, \quad \eta + \frac{\partial\eta}{\partial b}\, db, \quad \zeta + \frac{\partial\zeta}{\partial b}\, db,$$

und die Projectionen der Verbindungslinien von ξ, η, ζ mit diesen Punkten, d. h. die Projectionen der verschobenen Elemente da, db werden:

$$\frac{\partial \xi}{\partial a}\,da,\quad \frac{\partial \eta}{\partial a}\,da,\quad \frac{\partial \zeta}{\partial a}\,da$$

$$\frac{\partial \xi}{\partial b}\,db,\quad \frac{\partial \eta}{\partial b}\,db,\quad \frac{\partial \zeta}{\partial b}\,db.$$

Die Vergleichung mit den früheren Ausdrücken giebt also:

$$(58)\ .\ \begin{cases} \dfrac{\partial \xi}{\partial a} = \alpha_1\,(1+\sigma_1), & \dfrac{\partial \xi}{\partial b} = (\alpha_2 + \tau\,\alpha_1)\,(1+\sigma_2) \\ \dfrac{\partial \eta}{\partial a} = \beta_1\,(1+\sigma_1), & \dfrac{\partial \eta}{\partial b} = (\beta_2 + \tau\,\beta_1)\,(1+\sigma_2) \\ \dfrac{\partial \zeta}{\partial a} = \gamma_1\,(1+\sigma_1), & \dfrac{\partial \zeta}{\partial b} = (\gamma_2 + \tau\,\gamma_1)\,(1+\sigma_2). \end{cases}$$

Mittels dieser Gleichungen kann man sich die Coefficienten $\alpha, \beta \ldots$ sämmtlich durch die Differentialquotienten von ξ, η, ζ ausgedrückt vorstellen. Denn σ_1, σ_2 finden sich sofort, indem man die Quadrate der vorliegenden Gleichungen addirt, und nur τ^2 vernachlässigt:

$$(59)\ \ldots\ \begin{cases} 1+\sigma_1 = \sqrt{\left(\dfrac{\partial \xi}{\partial a}\right)^2 + \left(\dfrac{\partial \eta}{\partial a}\right)^2 + \left(\dfrac{\partial \zeta}{\partial a}\right)^2} \\ 1+\sigma_2 = \sqrt{\left(\dfrac{\partial \xi}{\partial b}\right)^2 + \left(\dfrac{\partial \eta}{\partial b}\right)^2 + \left(\dfrac{\partial \zeta}{\partial b}\right)^2}\,; \end{cases}$$

multiplicirt man aber die entsprechenden Gleichungen (58) mit einander und addirt dann, so kommt:

$$\tau\,(1+\sigma_1)\,(1+\sigma_2) = \frac{\partial \xi}{\partial a}\frac{\partial \xi}{\partial b} + \frac{\partial \eta}{\partial a}\frac{\partial \eta}{\partial b} + \frac{\partial \zeta}{\partial a}\frac{\partial \zeta}{\partial b}.$$

Daher denn die obigen Gleichungen sofort $\alpha_1, \beta_1, \gamma_1, \alpha_2, \beta_2, \gamma_2$ ergeben; α, β, γ erhält man dann aus den Beziehungen (57). So erscheint das Problem auf nur drei Unbekannte zurückgeführt.

§ 65. Ausdrücke für die Verschiebungen in den Elementen.

Verfahren wir nun ganz wie in § 49, indem wir nur statt einer unabhängigen Veränderlichen s hier zwei, a, b, haben, so ergeben sich zunächst aus (57) folgende Systeme von Formeln und Bezeichnungen:

$$
(60)\left\{\begin{array}{l}
\alpha_1 \dfrac{\partial \alpha_1}{\partial a} + \beta_1 \dfrac{\partial \beta_1}{\partial a} + \gamma_1 \dfrac{\partial \gamma_1}{\partial a} = 0, \quad \alpha_1 \dfrac{\partial \alpha_1}{\partial b} + \beta_1 \dfrac{\partial \beta_1}{\partial b} + \gamma_1 \dfrac{\partial \gamma_1}{\partial b} = 0 \\
\alpha_2 \dfrac{\partial \alpha_2}{\partial a} + \beta_2 \dfrac{\partial \beta_2}{\partial a} + \gamma_2 \dfrac{\partial \gamma_2}{\partial a} = 0, \quad \alpha_2 \dfrac{\partial \alpha_2}{\partial b} + \beta_2 \dfrac{\partial \beta_2}{\partial b} + \gamma_2 \dfrac{\partial \gamma_2}{\partial b} = 0 \\
\alpha \dfrac{\partial \alpha}{\partial a} + \beta \dfrac{\partial \beta}{\partial a} + \gamma \dfrac{\partial \gamma}{\partial a} = 0, \quad \alpha \dfrac{\partial \alpha}{\partial b} + \beta \dfrac{\partial \beta}{\partial b} + \gamma \dfrac{\partial \gamma}{\partial b} = 0 \\
\alpha_2 \dfrac{\partial \alpha}{\partial a} + \beta_2 \dfrac{\partial \beta}{\partial a} + \gamma_2 \dfrac{\partial \gamma}{\partial a} = -\alpha \dfrac{\partial \alpha_2}{\partial a} - \beta \dfrac{\partial \beta_2}{\partial a} - \gamma \dfrac{\partial \gamma_2}{\partial a} = r_1 \\
\alpha \dfrac{\partial \alpha_1}{\partial a} + \beta \dfrac{\partial \beta_1}{\partial a} + \gamma \dfrac{\partial \gamma_1}{\partial a} = -\alpha_1 \dfrac{\partial \alpha}{\partial a} - \beta_1 \dfrac{\partial \beta}{\partial a} - \gamma_1 \dfrac{\partial \gamma}{\partial a} = r_2 \\
\alpha_1 \dfrac{\partial \alpha_2}{\partial a} + \beta_1 \dfrac{\partial \beta_2}{\partial a} + \gamma_1 \dfrac{\partial \gamma_2}{\partial a} = -\alpha_2 \dfrac{\partial \alpha_1}{\partial a} - \beta_2 \dfrac{\partial \beta_1}{\partial a} - \gamma_2 \dfrac{\partial \gamma_1}{\partial a} = r_0 \\
\alpha_2 \dfrac{\partial \alpha}{\partial b} + \beta_2 \dfrac{\partial \beta}{\partial b} + \gamma_2 \dfrac{\partial \gamma}{\partial b} = -\alpha \dfrac{\partial \alpha_2}{\partial b} - \beta \dfrac{\partial \beta_2}{\partial b} - \gamma \dfrac{\partial \gamma_2}{\partial b} = s_1 \\
\beta \dfrac{\partial \alpha_1}{\partial b} + \beta \dfrac{\partial \beta_1}{\partial b} + \gamma \dfrac{\partial \gamma_1}{\partial b} = -\alpha_1 \dfrac{\partial \alpha}{\partial b} - \beta_1 \dfrac{\partial \beta}{\partial b} - \gamma_1 \dfrac{\partial \gamma}{\partial b} = s_2 \\
\alpha_1 \dfrac{\partial \alpha_2}{\partial b} + \beta_1 \dfrac{\partial \beta_2}{\partial b} + \gamma_1 \dfrac{\partial \gamma_2}{\partial b} = -\alpha_2 \dfrac{\partial \alpha_1}{\partial b} - \beta_2 \dfrac{\partial \beta_1}{\partial b} - \gamma_2 \dfrac{\partial \gamma_1}{\partial b} = s_0 .
\end{array}\right.
$$

Man kann aber sodann wieder bemerken, dass nach der schon bei den Elementen da, db entwickelten doppelten Anschauungsweise die Coordinaten x', y', z' eines verschobenen Punktes, nach a, b differenzirt dieselben Resultate geben müssen wie nach x, y differenzirt. Oder wenn man will: in der natürlichen Lage hat ein Punkt des Körpers die Coordinaten $x + a$, $y + b$, z: es können also auch x', y', z' nur Functionen dieser drei Grössen sein; und es muss daher gleichgültig werden, ob man x', y', z' nach x oder nach a, nach y oder nach b differenzirt.

Führt man aber dies aus, setzt die Resultate einander gleich, und schliesst dann ganz wie in § 49, so erhält man den dort angeführten Formeln (11) analog:

$$
(60\text{a}) \quad . \; . \left\{\begin{array}{l}
\dfrac{\partial u}{\partial x} = \dfrac{\partial u}{\partial a} + r_0 (y + v) - r_2 (z + w) + \sigma_1 \\
\dfrac{\partial v}{\partial x} = \dfrac{\partial v}{\partial a} + r_1 (z + w) - r_0 (x + u) \\
\dfrac{\partial w}{\partial x} = \dfrac{\partial w}{\partial a} + r_2 (x + u) - r_1 (y + v),
\end{array}\right.
$$

$$(60b)\ldots\quad\begin{cases}\dfrac{\partial u}{\partial y}=\dfrac{\partial u}{\partial b}+s_0(y+v)-s_2(z+w)+\tau(1+\sigma_1)\\[2mm]\dfrac{\partial v}{\partial y}=\dfrac{\partial v}{\partial b}+s_1(z+w)-s_0(x+u)+\sigma_2\\[2mm]\dfrac{\partial w}{\partial y}=\dfrac{\partial w}{\partial b}+s_2(x+u)-s_1(y+v).\end{cases}$$

Schliessen wir nun die Fälle aus, wo die Krümmung der Platte sehr schnell sich ändert, was auch im analogen Fall der Stäbe auf besondere Betrachtungen führte, so können wir diese Gleichungen, die ohnedies nur auf sehr kleine Theile der Platte angewandt werden sollten, sehr vereinfachen. Es sind x, y, z dann sehr klein, u, v, w wiederum sehr klein selbst gegen diese; und während die Differentation von u, v, w nach x, y im Allgemeinen die Ordnung der sehr kleinen Grössen erniedrigt, indem sie jedesmal einen sehr kleinen Factor beseitigt, so findet dies bei der Differentiation nach a, b, welche endliche Grössen sind, keineswegs statt. Es werden also die Differentialquotienten nach a, b gegen die nach x, y im Allgemeinen klein sein. Vernachlässigt man endlich noch das Product $\tau.\sigma_2$, so erhält man folgendes System:

$$(61)\ldots\quad\begin{cases}\dfrac{\partial u}{\partial x}=r_0y-r_2z+\sigma_1, & \dfrac{\partial u}{\partial y}=s_0y-s_2z+\tau\\[2mm]\dfrac{\partial v}{\partial x}=r_1z-r_0x, & \dfrac{\partial v}{\partial y}=s_1z-s_0x+\sigma_2\\[2mm]\dfrac{\partial w}{\partial x}=r_2x-r_1y, & \dfrac{\partial w}{\partial y}=s_2x-s_1y.\end{cases}$$

Diese Gleichungen sind es, welche, indem man u, v, w ihnen gemäss bestimmt, die Bedingung ausdrücken, dass die Platte aus einer continuirlichen Folge von Elementen gebildet werde. Da in denselben die r, s, σ, τ nur von a, b abhängen, von x, y, z unabhängig sind, so ist es sehr leicht, die Ausdrücke für u, v, w zu bestimmen; d. h. die relativen Verschiebungen zu bestimmen, welche die benachbarten Theile eines Elements erleiden können, ohne dass der Zusammenhang aller Elemente unter einander gestört wird.

Die Ausdrücke (61) indess reduciren sich zunächst noch weiter, wenn man die Gleichungen (58) beachtet. Man erkennt nämlich aus diesen sehr leicht, dass r und s selbst sehr kleine

Grössen sein müssen, und dass s_2 von $-r_1$ sich nur sehr wenig unterscheiden kann. In der That, es folgt aus (58) mit Vernachlässigung der sehr kleinen Grössen σ_1, σ_2, τ:

$$(62) \quad \left\{ \begin{array}{l} \frac{\partial^2 \xi}{\partial a\, \partial b} = \frac{\partial \alpha_1}{\partial b} = \frac{\partial \alpha_2}{\partial a} \\ \frac{\partial^2 \eta}{\partial a\, db} = \frac{\partial \beta_1}{\partial b} = \frac{\partial \beta_2}{\partial a} \\ \frac{\partial^2 \zeta}{\partial a\, \partial b} = \frac{\partial \gamma_1}{\partial b} = \frac{\partial \gamma_2}{\partial a}. \end{array} \right.$$

Bis auf Grössen höherer Ordnung hat man also aus (60):

$$r_0 = \alpha_1 \frac{\partial \alpha_2}{\partial a} + \beta_1 \frac{\partial \beta_2}{da} + \gamma_1 \frac{\partial \gamma_2}{\partial a}$$
$$= \alpha_1 \frac{\partial \alpha_1}{\partial b} + \beta_1 \frac{\partial \beta_1}{\partial b} + \gamma_1 \frac{\partial \gamma_1}{\partial b}$$
$$s_0 = -\alpha_2 \frac{\partial \alpha_1}{\partial b} - \beta_2 \frac{\partial \beta_1}{\partial b} - \gamma_2 \frac{\partial \gamma_1}{\partial b}$$
$$= -\alpha_2 \frac{\partial \alpha_2}{\partial a} - \beta_2 \frac{\partial \beta_2}{\partial a} - \gamma_2 \frac{\partial \gamma_2}{\partial a},$$

was der Gleichungen

$$\alpha_1^2 + \beta_1^2 + \gamma_1^2 = 1, \quad \alpha_2^2 + \beta_2^2 + \gamma_2^2 = 1$$

wegen verschwindet. Und ferner

$$\alpha \frac{\partial \alpha_1}{\partial b} + \beta \frac{\partial \beta_1}{\partial b} + \gamma \frac{\partial \gamma_1}{\partial b} = \alpha \frac{\partial \alpha_2}{\partial a} + \beta \frac{\partial \beta_2}{\partial a} + \gamma \frac{\partial \gamma_2}{\partial a},$$

oder

$$s_2 = -r_1.$$

In den Gleichungen (61) kann man daher bis auf Grössen höherer Ordnung

$$(63) \quad \ldots\ldots\ldots \quad r_0 = 0, \quad s_0 = 0, \quad s_2 = -r_1$$

setzen, und dieselben demnach übergehen lassen in:

$$\frac{\partial u}{\partial x} = -r_2 z + \sigma_1 \qquad \frac{\partial u}{\partial y} = r_1 z + \tau$$
$$\frac{\partial v}{\partial x} = r_1 z \qquad \frac{\partial v}{\partial y} = s_1 z + \sigma_2$$
$$\frac{\partial w}{\partial x} = r_2 x - r_1 y \qquad \frac{\partial w}{\partial y} = -r_1 x - s_1 y,$$

wobei nur Grössen zweiter Ordnung vernachlässigt sind. Aus diesen Gleichungen aber ergiebt sich sofort durch Integration:

$$(64) \ldots \left\{\begin{aligned} u &= - r_2 z x + r_1 z y + \sigma_1 x + \tau y + u_0 \\ v &= \quad r_1 z x + s_1 z y + \sigma_2 y + v_0 \\ w &= \quad r_2 \frac{x^2}{2} - r_1 x y - s_1 \frac{y^2}{2} + w_0 ; \end{aligned}\right.$$

wo nun u_0, v_0, w_0 nicht mehr x, y, wohl aber z, a, b enthalten können. Diese Grössen unterliegen indess noch gewissen geometrischen Bedingungen, welche in der Wahl des Coordinatensystems der x, y, z ihren Grund haben. Denn der Punkt a, b, dessen relative Coordinaten x, y, z gleich Null sind, sollte bei der Verschiebung noch Anfangspunkt bleiben, das durch ihn gezogene Element dx noch auf der XAxe bleiben, das ursprünglich mit der YAxe zusammenfallende Element dy noch nach der Verschiebung in der XYEbene enthalten sein. Es müssen also u, v, w sämmtlich mit x, y, z verschwinden, für $x = dx$, $y = 0$, $z = 0$ müssen noch v und w, für $x = 0$, $y = dy$, $z = 0$ noch w verschwinden; oder mit andern Worten, es müssen für $x = 0$, $y = 0$, $z = 0$ folgende Grössen Null sein:

$$u, \; v, \; w, \; \frac{\partial v}{\partial x}, \; \frac{\partial w}{\partial x}, \; \frac{\partial w}{\partial y}.$$

Dies in die Ausdrücke (64) eingeführt, zeigt dann, dass mit z die Grössen u_0, v_0, w_0 verschwinden müssen, wodurch alles übrige von selbst erfüllt ist.

§ 66. Inneres Gleichgewicht der Elemente.

Bisher ist ausschliesslich der geometrische Zusammenhang der Elemente ins Auge gefasst worden. Aber die Ausdrücke, welche wir für u, v, w erhalten haben, müssen nun auch den Bedingungsgleichungen genügen, welche für den Gleichgewichtszustand im Innern des Elementes erforderlich sind. Bilden wir nach (31), § 17 die Ausdrücke der Spannungen, wie dieselben auf die Seitenfläche eines unendlich kleinen Parallelepipedons wirken, welche im Innern des Elements mit seinen Flächen den Ebenen der X, Y, Z parallel ist, so erhalten wir:

$$t_{11} = \frac{E}{1+\mu}\left\{\sigma_1 - r_2 z + \frac{\mu}{1-2\mu}\left(\sigma_1 + \sigma_2 + (s_1 - r_2) z + \frac{\partial w_0}{\partial z}\right)\right\}$$

$$t_{22} = \frac{E}{1+\mu}\left\{\sigma_2 + s_1 z + \frac{\mu}{1-2\mu}\left(\sigma_1 + \sigma_2 + (s_1 - r_2) z + \frac{\partial w_0}{\partial z}\right)\right\}$$

$$t_{33} = \frac{E}{1+\mu}\left\{\frac{\partial w_0}{\partial z} + \frac{\mu}{1-2\mu}\left(\sigma_1 + \sigma_2 + (s_1 - r_2) z + \frac{\partial w_0}{\partial z}\right)\right\}$$

$$t_{23} = \frac{E}{2(1+\mu)}\frac{\partial v_0}{\partial z}, \quad t_{31} = \frac{E}{2(1+\mu)}\frac{\partial u_0}{\partial z}, \quad t_{12} = \frac{E}{2(1+\mu)}(2 r_1 z + \tau).$$

Und bilden wir nun die Bedingungen des innern Gleichgewichts, welche, da man nach dem Frühern von äussern Kräften abstrahiren kann (§ 47), die Form annehmen:

$$\frac{\partial t_{11}}{\partial x} + \frac{\partial t_{12}}{\partial y} + \frac{\partial t_{13}}{\partial z} = 0$$

$$\frac{\partial t_{21}}{\partial x} + \frac{\partial t_{22}}{\partial y} + \frac{\partial t_{23}}{\partial z} = 0$$

$$\frac{\partial t_{31}}{\partial x} + \frac{\partial t_{32}}{\partial y} + \frac{\partial t_{33}}{\partial z} = 0,$$

so erhalten wir die einfachen Gleichungen:

$$\frac{\partial^2 u_0}{\partial z^2} = 0, \quad \frac{\partial^2 v_0}{\partial z^2} = 0, \quad \frac{\partial}{\partial z}\left(\frac{\partial w_0}{\partial z} + \frac{\mu}{1-2\mu}\left[\sigma_1 + \sigma_2 + (s_1 - r_2) z + \frac{\partial w_0}{\partial z}\right]\right)$$

Die ersten beiden Gleichungen zeigen, dass $\frac{\partial u_0}{\partial z}$, $\frac{\partial v_0}{\partial z}$ constant sein müssen, also auch die Spannungscomponenten t_{13}, t_{23}, t_{33} constant. Bemerken wir indess, dass an der freien Oberfläche des Elements, welche der XY Ebene parallel geht, keine äussere Spannung vorhanden sein kann, da, wie wir immer voraussetzen, keine äussern Kräfte auf diese Flächen wirken sollen; dass also t_{13}, t_{23}, t_{33} daselbst Null sind, so folgt, dass auch die Grössen, welche man durch einmalige Integration der obigen Gleichungen erhält, nur Null sein können:

$$\frac{\partial u_0}{\partial z} = 0, \quad \frac{\partial v_0}{\partial z} = 0, \quad \frac{\partial w_0}{\partial z} + \frac{\mu}{1-\mu}\left[\sigma_1 + \sigma_2 + (s_1 - r_2) z\right] = 0.$$

Und hieraus folgt weiter, dass u_0, v_0 selbst constant sind; und sogar Null, da, wie am Ende des vorigen § gezeigt wurde, dieselben für $z = 0$ verschwinden sollten. Auch w_0 wurde dort derselben Bedingung unterworfen; man findet also, indem man die letzte Gleichung integrirt, und dieser Bedingung gemäss die Integrationsconstante verschwinden lässt:

$$w_0 = -\frac{\mu}{1-\mu}\left\{(\sigma_1+\sigma_2)\,z + (s_1 - r_2)\,\frac{z^2}{2}\right\}.$$

Und sonach erhält man endlich für u, v, w folgende Ausdrücke:

$$(65) \cdot \begin{cases} u = -r_2\,z\,x + r_1\,z\,y + \sigma_1\,x + \tau\,y \\ v = \quad r_1\,z\,x + s_1\,z\,y + \sigma_2\,y \\ w = \quad r_2\,\frac{x^2}{2} - r_1\,x\,y - s_1\,\frac{y^2}{2} \\ \qquad - \frac{\mu}{1-\mu}\left\{(\sigma_1+\sigma_2)\,z + (s_1-r_2)\,\frac{z^2}{2}\right\}, \\ t_{11} = \frac{E}{1-\mu^2}\left[(\sigma_1+\mu\,\sigma_2) - z\,(r_2-\mu\,s_1)\right] \\ t_{22} = \frac{E}{1-\mu^2}\left[(\sigma_2+\mu\,\sigma_1) + z\,(s_1-\mu\,r_2)\right] \\ t_{12} = \frac{E}{2(1+\mu)}(2\,r_1\,z+\tau) \\ t_{13} = t_{23} = t_{33} = 0. \end{cases}$$

Ich bemerke, dass die durch diese Formeln dargestellten Zustände in den allgemeinen Formeln enthalten sind, welche früher für Platten von beliebiger Dicke entwickelt wurden [(130), p. 152]. Denn setzt man in jenen Formeln:

$$\varphi = \sigma_1\,x + \tau\,y, \quad \psi = \sigma_2\,y$$

$$f = \frac{s_1+r_2}{4}\,(x^2-y^2) - r_1\,x\,y, \quad c' = \frac{s_1-r_2}{1-\mu},$$

so erhält man genau die obigen Ausdrücke. Man sieht daraus, dass auf ein Element der Platte die allgemeinen Vorstellungen Anwendung finden, welche dort entwickelt wurden. Das Element ist nur durch Spannungskräfte ergriffen, welche der Ebene seiner Mittelfläche parallel sind, und durch Kräftepaare, deren Axen in jener Ebene liegen. Man darf deswegen nicht sagen, dass die Spannungen oder die auf den Rand wirkenden Kräfte, welche eine andere Richtung hätten, absolut verschwinden müssen; aber sie nehmen Werthe an, vermöge deren sie nur Verschiebungen hervorbringen, welche gegenüber den andern Verschiebungen von einer höheren Ordnung sind. Es ist wichtig dies zu bemerken in Bezug auf die Tragweite der hier zu entwickelnden Formeln. Denn betrachten wir den Rand der Platte, so können die auf denselben wirkenden Kräfte entweder im Stande sein, denselben so zu biegen, dass die äussern Kräfte wirklich tangential zur Platte wirken; und in diesem Fall ist kein Widerspruch vorhanden. Ist aber dies nicht der Fall, so müssen entweder die Kräfte, welche auf den Rand wirken und gegen denselben senkrecht sind, selbst äusserst klein (Grössen höherer Ordnung) werden, oder es müssen sich Ausnahmspunkte der Art ergeben, wie sie hier nicht behandelt werden sollen, und in welchen eigenthümliche grosse Krümmungen eintreten. Auf eine analoge Erscheinung bei Stäben ist in § 51 hingewiesen worden.

§ 67. Angenäherte Form der Mittelfläche. Sie bildet eine abwickelbare Fläche. Einführung des allgemeinen Schemas derselben.

Die Gleichungen (58) sind von der grössten Wichtigkeit. Sie erlauben nämlich von vorn herein, ohne die weiteren Gleichgewichtsbedingungen nur aufgestellt zu haben, den allgemeinen Charakter derjenigen Formen in erster Annäherung anzugeben, welche die gebogene Platte überhaupt allein anzunehmen im Stande ist. Die erwähnten Gleichungen werden, mit Vernachlässigung sehr kleiner Grössen:

$$(66) \quad \ldots\ldots\ldots \begin{cases} \dfrac{\partial \xi}{\partial a} = \alpha_1, & \dfrac{\partial \xi}{\partial b} = \alpha_2 \\[2mm] \dfrac{\partial \eta}{\partial a} = \beta_1, & \dfrac{\partial \eta}{\partial b} = \beta_2 \\[2mm] \dfrac{\partial \zeta}{\partial a} = \gamma_1, & \dfrac{\partial \zeta}{\partial b} = \gamma_2. \end{cases}$$

Kann man nun zeigen, dass die strenge Erfüllung dieser Gleichungen nur gewisse Classen von Oberflächen als Gestalt der gebogenen Mittelfläche zulässt, so folgt sofort, dass die wirkliche Gestalt der Fläche nur unendlich wenig von einer solchen verschieden sein kann, und dass nach Bestimmung deraus jenen Gleichungen entspringenden Form nur noch sehr kleine Abweichungen als zweite Näherung anzugeben sind, welche den Einfluss der auf das Innere der Fläche wirkenden Kräfte darstellen. Und selbst diese zweite Näherung wird bei endlichen Verbiegungen der Platte kein wesentliches Interesse haben, sobald man nur die Spannungen bestimmt hat, es wird daher im Allgemeinen für die Formänderung die Lösung des Näherungsproblems genügen, und nur dann wird es nöthig sein, zu der zweiten Annäherung überzugehen, wenn in erster Annäherung die Platte eben bleibt, d. h. wenn nur sehr kleine Verbiegungen in derselben eintreten.

Die Gleichungen (66), welche man wegen der zwischen den α auftretenden Beziehungen auch durch die folgenden ersetzen kann:

$$(67) \quad \begin{cases} \left(\frac{\partial \xi}{\partial a}\right)^2 + \left(\frac{\partial \eta}{\partial a}\right)^2 + \left(\frac{\partial \zeta}{\partial a}\right)^2 = 1 \\ \left(\frac{\partial \xi}{\partial b}\right)^2 + \left(\frac{\partial \eta}{\partial b}\right)^2 + \left(\frac{\partial \zeta}{\partial b}\right)^2 = 1 \\ \frac{\partial \xi}{\partial a}\frac{\partial \xi}{\partial b} + \frac{\partial \eta}{\partial a}\frac{\partial \eta}{\partial b} + \frac{\partial \zeta}{\partial a}\frac{\partial \zeta}{\partial b} = 0, \end{cases}$$

die nur noch ξ, η, ζ enthalten, — diese Gleichungen also stellen in der That nichts anderes dar als eine abwickelbare Fläche allgemeinster Natur. Man findet dies direct durch Integration der Gleichungen (67). Aber in dem vorliegenden Fall ist es nicht nothwendig, auf die zu derselben erforderlichen Operationen einzugehen, denn man kann aus der Natur der Sache selbst sofort die Richtigkeit des Satzes erkennen. Die Vernachlässigung der Grössen σ_1, σ_2, τ ist offenbar nichts anderes, als die in erster Annäherung zu erfüllende Forderung, dass bei der Verbiegung der Fläche alle Elemente vollkommen unverändert bleiben sollen. Inzwischen erkennt man ohne Weiteres, dass eine solche Biegung nur möglich ist, wenn die Fläche nach gewissen Geraden gebrochen wird, welche ihrerseits völlig so bleiben, wie sie ursprünglich gewesen sind. Man muss sich also in der Platte ein System von Geraden vorstellen, welche auch nach der Biegung gerade bleiben; damit keine Faltungen eintreten, dürfen diese Geraden sich nicht innerhalb der Platte durchschneiden. Je zwei auf einander folgende Geraden schliessen ein unendlich schmales Trapez ein, und die Biegung geschieht dadurch, dass jedes Trapez gegen das vorangehende um die beiden gemeinschaftliche Gerade ein wenig gedreht wird.

Um das allgemeine Schema einer so entstehenden krummen Fläche zu bilden, hat man nur die Gratlinie derselben ins Auge zu fassen, die Curve, in welcher je zwei auf einanderfolgende Gerade des erwähnten Systems einander schneiden. Da auf jeder Geraden zwei nächste Punkte der Curve liegen, so sind die Geraden selbst nichts anderes als das System ihrer Tangenten.

Diese Curve nun ist ursprünglich eben, in der Mittelfläche der Platte gelegen, sie wird bei der Biegung eine Curve doppelter Krümmung. Aber dieselbe hängt mit der ursprünglichen Curve dadurch zusammen, dass nicht nur die Bogenelemente, sondern auch die Winkel zweier nächster Tangenten, oder, was dasselbe gilt, die Krümmungshalbmesser bei der Biegung ungeändert geblieben sind. Ist durch diese beiden Stücke, wenn sie in jedem Punkt gegeben vorliegen, die Gestalt der ebenen Curve völlig bestimmt, so tritt bei der Raumcurve ein drittes Element hinzu, der Winkel zweier nächster Schmiegungsebenen, durch welchen endlich auch diese völlig bestimmt ist.

Bezeichnen wir jetzt durch σ den Bogen der Gratlinie, von einem beliebigen Punkte derselben gerechnet, durch ξ_0, η_0, ζ_0 den zu σ gehörigen Punkt der Curve, durch λ eine Strecke, welche auf der in diesem Punkt gezogenen Tangente der Gratlinie von dem Berührungspunkt an gezählt wird. Wenn man die Gratlinie kennt, so ist jeder Punkt der gekrümmten Fläche durch die zugehörigen Werthe von σ, λ gegeben, sofern jeder Punkt auf einer bestimmten Tangente der Gratlinie gelegen ist.

Ich werde ξ_0, η_0, ζ_0, σ als Functionen einer unabhängigen Veränderlichen betrachten, deren geometrische Bedeutung vorläufig unbestimmt bleiben mag; man erhält die verschiedenen Punkte der Gratlinie, indem man dieser Veränderlichen verschiedene Werthe beilegt. Da es schliesslich passend ist, als diese Veränderliche den Bogen der Randcurve der Mittelfläche zu betrachten, so werde ich sie durch s bezeichnen; die Differentialquotienten aber von ξ_0 etc. nach s sollen durch oben angesetzte Striche bezeichnet werden, deren Zahl die Ordnung des Differentialquotienten anzeigt. Es sind dann

$$\frac{d\xi_0}{d\sigma} = \frac{\xi_0'}{\sigma'}, \quad \frac{d\eta_0}{d\sigma} = \frac{\eta_0'}{\sigma'}, \quad \frac{d\zeta_0}{d\sigma} = \frac{\zeta_0'}{\sigma'}$$

die Cosinus der Winkel, welche die Tangente der Gratlinie, oder die Richtung von λ, gegen die im Raume festen Coordinatenaxen bildet. Die Coordinaten eines Punkts ξ, η, ζ der Fläche, welcher auf dieser Tangente im Abstande λ vom Berührungspunkt liegt, werden also:

$$(68) \ldots\ldots\ldots\ldots \begin{cases} \xi = \xi_0 + \lambda \dfrac{\xi_0'}{\sigma'} \\ \eta = \eta_0 + \lambda \dfrac{\eta_0'}{\sigma'} \\ \zeta = \zeta_0 + \lambda \dfrac{\zeta_0'}{\sigma'} \end{cases}$$

und man hat zugleich die Gleichung:

$$(69) \ldots\ldots\ldots \xi_0'^2 + \eta_0'^2 + \zeta_0'^2 = \sigma'^2.$$

Wegen dieser Beziehung vertreten ξ_0, η_0, ζ_0, σ nur die Stelle von drei willkürlichen Functionen ihres Arguments s; aber eben wegen dieser Willkürlichkeit stellen die Gleichungen (68) eine ganz allgemeine abwickelbare Fläche dar, welche erst durch die Bestimmung jener willkürlichen Functionen individualisirt wird.

Untersuchen wir nun, in welchem Zusammenhang die Gleichungen (68) mit der ebenen Fläche stehen, aus der die abwickelbare Fläche entstanden ist. Bezeichnen wir in der Ebene der erstern durch a, b und a_0, b_0 die Coordinaten derjenigen Punkte, welche bei der Bildung der abwickelbaren Fläche in ξ, η, ζ und ξ_0, η_0, ζ_0 übergehen. Die Punkte a_0, b_0 bilden also in der Ebene eine Curve, welche bei der Biegung in die Gratlinie übergeht.

Bei dem Uebergange aus der Ebene in die abwickelbare Fläche bleiben drei Grössen unverändert: die Strecke λ, der Contingenzwinkel und das Bogenelement der Gratlinie; statt des Contingenzwinkel kann auch der Krümmungshalbmesser betrachtet werden, welcher als Quotient des Bogenelements durch den Contingenzwinkel gleichfalls ungeändert bleibt.

Ebenso daher wie die Gleichungen (68) alle Punkte der abwickelbaren Fläche darstellen, geben die Gleichungen

$$(70) \ldots\ldots\ldots\ldots \begin{cases} a = a_0 + \lambda \dfrac{a_0'}{\sigma'} \\ b = b_0 + \lambda \dfrac{b_0'}{\sigma'} \end{cases}$$

alle entsprechenden Punkte der ursprünglichen Ebene, sobald man den Veränderlichen s und λ alle möglichen Werthe beilegt. Und der Gleichung (69) entsprechend hat man

(71) . . . . $a_0'^2 + b_0'^2 = \sigma'^2$,

wodurch zusammen mit (69) die Unveränderlichkeit des Bogenelements ausgesprochen ist.

Sei ferner, in der Ebene, φ der Winkel des Bogenelements $d\sigma$ gegen die Axe der a. Es ist dann

(72) . . . . $\frac{a_0'}{\sigma'} = \cos\varphi, \quad \frac{b_0'}{\sigma'} = \sin\varphi$,

und $d\varphi$ der Contingenzwinkel, der reciproke Krümmungshalbmesser aber:

(73) . . . . $\frac{1}{\varrho} = \frac{d\varphi}{d\sigma} = \frac{a_0' b_0'' - b_0' a_0''}{\sigma'^2} = \frac{\varphi'}{\sigma'}$.

Denselben Werth nun muss der Krümmungshalbmesser für die Gratlinie annehmen. Erinnern wir uns der bekannten Formel, mittels deren der Sinus des Winkels v zweier Geraden gegen einander ausgedrückt wird, wenn diese einzeln die Cosinus α, β, γ und λ, μ, ν gegen die Axen bilden:

$$\sin^2 v = (\beta\nu - \gamma\mu)^2 + (\gamma\lambda - \alpha\nu)^2 + (\alpha\mu - \beta\lambda)^2,$$

so ist der Sinus der Winkels, welchen die durch die Cosinus

$$\frac{\xi_0'}{\sigma'}, \quad \frac{\eta_0'}{\sigma'}, \quad \frac{\zeta_0'}{\sigma'}$$

bestimmte Tangente mit der durch die Cosinus

$$\frac{\xi_0'}{\sigma'} + d\frac{\xi_0'}{\sigma'}, \quad \frac{\eta_0'}{\sigma'} + d\frac{\eta_0'}{\sigma'}, \quad \frac{\zeta_0'}{\sigma'} + d\frac{\zeta_0'}{\sigma'}$$

bestimmten nächsten Tangente bildet, durch die Gleichung gegeben:

$$\sin^2 v = (d\varphi)^2 = \left(\frac{\eta_0'}{\sigma'}\, d\,\frac{\zeta_0'}{\sigma'} - \frac{\zeta_0'}{\sigma'}\, d\,\frac{\eta_0'}{\sigma'}\right)^2 + \left(\frac{\zeta_0'}{\sigma'}\, d\,\frac{\xi_0'}{\sigma'} - \frac{\xi_0'}{\sigma'}\, d\,\frac{\zeta_0'}{\sigma'}\right)^2$$
$$+ \left(\frac{\xi_0'}{\sigma'}\, d\,\frac{\eta_0'}{\sigma'} - \frac{\eta_0'}{\sigma'}\, d\,\frac{\xi_0'}{\sigma'}\right)^2$$

oder man hat:

$$\frac{1}{\varrho^2} = \frac{\varphi'^2}{\sigma'^2} = \frac{(\eta_0'\zeta_0'' - \zeta_0'\eta_0'')^2 + (\zeta_0'\xi_0'' - \xi_0'\zeta_0'')^2 + (\xi_0'\eta_0'' - \eta_0'\xi_0'')^2}{\sigma'^6};$$

ein Ausdruck, dem man leicht auch die Form giebt:

$$(74)\ldots\begin{cases}\dfrac{1}{\varrho^2}=\dfrac{(\xi_0'^2+\eta_0'^2+\zeta_0'^2)(\xi_0''^2+\eta_0''^2+\zeta_0''^2)-(\xi_0'\xi_0''+\eta_0'\eta_0''+\zeta_0'\zeta_0'')^2}{\sigma'^6}\\[2mm] \quad=\dfrac{\xi_0''^2+\eta_0''^2+\zeta_0''^2-\sigma''^2}{\sigma'^4}.\end{cases}$$

Diese Gleichung zusammen mit (73) spricht die Unveränderlichkeit des Contingenzwinkels aus.

Ich bemerkte bereits, dass während die ebene Curve, welche der Gratlinie entspricht, durch Bogenelement und Krümmungshalbmesser bestimmt ist, bei der Gratlinie selbst ein drittes Element hinzutritt, der Torsionsradius, oder der Winkel dw zweier nächster Schmiegungsebenen dividirt durch das Bogenelement, welcher Quotient dem reciproken Torsionsradius $\frac{1}{R}$ gleich ist. Ehe ich denselben bestimme, werde ich aber auf die Coefficienten α, $\beta\ldots$, so wie auf die Grössen r, s näher eingehen.

Differenzirt man die Gleichungen (68) nach a, b, indem man s, λ als Functionen dieser Veränderlichen betrachtet, so findet sich:

$$(75)\ldots\begin{cases}\dfrac{\partial\xi}{\partial a}=\xi_0'\left(\dfrac{\partial s}{\partial a}+\dfrac{1}{\sigma'}\dfrac{\partial\lambda}{\partial a}\right)+\lambda\dfrac{\xi_0''\sigma'-\sigma''\xi_0'}{\sigma'^2}\dfrac{\partial s}{\partial a},\\[2mm] \dfrac{\partial\eta}{\partial a}=\eta_0'\left(\dfrac{\partial s}{\partial a}+\dfrac{1}{\sigma'}\dfrac{\partial\lambda}{\partial a}\right)+\lambda\dfrac{\eta_0''\sigma'-\sigma''\eta_0'}{\sigma'^2}\dfrac{\partial s}{\partial a},\\[2mm] \dfrac{\partial\zeta}{\partial a}=\zeta_0'\left(\dfrac{\partial s}{\partial a}+\dfrac{1}{\sigma'}\dfrac{\partial\lambda}{\partial a}\right)+\lambda\dfrac{\zeta_0''\sigma'-\sigma''\zeta_0'}{\sigma'^2}\dfrac{\partial s}{\partial a},\\[2mm] \dfrac{\partial\xi}{\partial b}=\xi_0'\left(\dfrac{\partial s}{\partial b}+\dfrac{1}{\sigma'}\dfrac{\partial\lambda}{\partial b}\right)+\lambda\dfrac{\xi_0''\sigma'-\sigma''\xi_0'}{\sigma'^2}\dfrac{\partial s}{\partial b},\\[2mm] \dfrac{\partial\eta}{\partial b}=\eta_0'\left(\dfrac{\partial s}{\partial b}+\dfrac{1}{\sigma'}\dfrac{\partial\lambda}{\partial b}\right)+\lambda\dfrac{\eta_0''\sigma'-\sigma''\eta_0'}{\sigma'^2}\dfrac{\partial s}{\partial b},\\[2mm] \dfrac{\partial\zeta}{\partial b}=\zeta_0'\left(\dfrac{\partial s}{\partial b}+\dfrac{1}{\sigma'}\dfrac{\partial\lambda}{\partial b}\right)+\lambda\dfrac{\zeta_0''\sigma'-\sigma''\zeta_0'}{\sigma'^2}\dfrac{\partial s}{\partial b}.\end{cases}$$

Dies sind nach (58) die angenäherten Werthe der Coefffcienten α_1, β_1, γ_1, α_2, β_2, γ_2. Sie enthalten noch die Differentialquotienten von s und λ: diese aber drückt man leicht mit Hülfe der Gleichungen (70), (72) aus. Denn indem man die Gleichungen (70) differenzirt und die Gleichungen (72) berücksichtigt, findet man:

$$1 = \sigma' \cos\varphi \left(\frac{\partial s}{\partial a} + \frac{1}{\sigma'}\frac{\partial \lambda}{\partial a}\right) - \lambda \sin\varphi \,.\, \varphi' \frac{\partial s}{\partial a},$$
$$0 = \sigma' \cos\varphi \left(\frac{\partial s}{\partial b} + \frac{1}{\sigma'}\frac{\partial \lambda}{\partial b}\right) - \lambda \sin\varphi \,.\, \varphi' \frac{\partial s}{\partial b},$$
$$0 = \sigma' \sin\varphi \left(\frac{\partial s}{\partial a} + \frac{1}{\sigma'}\frac{\partial \lambda}{\partial a}\right) + \lambda \cos\varphi \,.\, \varphi' \frac{\partial s}{\partial a},$$
$$1 = \sigma' \sin\varphi \left(\frac{\partial s}{\partial b} + \frac{1}{\sigma'}\frac{\partial \lambda}{\partial b}\right) + \lambda \cos\varphi \,.\, \varphi' \frac{\partial s}{\partial b}.$$

Betrachtet man in diesen Gleichungen die Differentialquotienten von s und λ als die Unbekannten, so erhält man durch Auflösung:

$$(76) \quad . \; . \left\{\begin{aligned} &\frac{\partial s}{\partial a} + \frac{1}{\sigma'}\frac{\partial \lambda}{\partial a} = \frac{\cos\varphi}{\sigma'}, \; \lambda \frac{\partial s}{\partial a} = -\frac{\sin\varphi}{\varphi'} \\ &\frac{\partial s}{\partial b} + \frac{1}{\sigma'}\frac{\partial \lambda}{\partial b} = \frac{\sin\varphi}{\sigma'}, \; \lambda \frac{\partial s}{\partial b} = \frac{\cos\varphi}{\varphi'}, \end{aligned}\right.$$

und demnach aus (75) folgende angenäherte Werthe jener sechs Cosinus:

$$(77) \; . \left\{\begin{aligned} \alpha_1 &= \frac{\xi_0'}{\sigma'}\cos\varphi - \frac{\xi_0''\sigma' - \sigma''\xi_0'}{\sigma'^2\varphi'}\sin\varphi = \frac{\xi_0' b_0'' - \xi_0'' b_0'}{\sigma'^2\varphi'} \\ \beta_1 &= \frac{\eta_0'}{\sigma'}\cos\varphi - \frac{\eta_0''\sigma' - \sigma''\eta_0'}{\sigma'^2\varphi'}\sin\varphi = \frac{\eta_0' b_0'' - \eta_0'' b_0'}{\sigma'^2\varphi'} \\ \gamma_1 &= \frac{\zeta_0'}{\sigma'}\cos\varphi - \frac{\zeta_0''\sigma' - \sigma''\zeta_0'}{\sigma'^2\varphi'}\sin\varphi = \frac{\zeta_0' b_0'' - \zeta_0'' b_0'}{\sigma'^2\varphi'} \\ \alpha_2 &= \frac{\xi_0'}{\sigma'}\sin\varphi + \frac{\xi_0''\sigma' - \sigma''\xi_0'}{\sigma'^2\varphi'}\cos\varphi = -\frac{\xi_0' a_0'' - \xi_0'' a_0'}{\sigma'^2\varphi'} \\ \beta_2 &= \frac{\eta_0'}{\sigma'}\sin\varphi + \frac{\eta_0''\sigma' - \sigma''\eta_0'}{\sigma'^2\varphi'}\cos\varphi = -\frac{\eta_0' a_0'' - \eta_0'' a_0'}{\sigma'^2\varphi'} \\ \gamma_2 &= \frac{\zeta_0'}{\sigma'}\sin\varphi + \frac{\zeta_0''\sigma' - \sigma''\zeta_0'}{\sigma'^2\varphi'}\cos\varphi = -\frac{\zeta_0' a_0'' - \zeta_0'' a_0'}{\sigma'^2\varphi'}. \end{aligned}\right.$$

Die Werthe von α, β, γ aber kann man mittels dieser Ausdrücke sofort bilden [vgl. (17), p. 208]:

$$(78) \; . \; . \; . \; . \; . \left\{\begin{aligned} \alpha &= \beta_1\gamma_2 - \beta_2\gamma_1 = \frac{\eta_0'\zeta_0'' - \zeta_0'\eta_0''}{\sigma'^2\varphi'} \\ \beta &= \gamma_1\alpha_2 - \gamma_2\alpha_1 = \frac{\zeta_0'\xi_0'' - \xi_0'\zeta_0''}{\sigma'^2\varphi'} \\ \gamma &= \alpha_1\beta_2 - \alpha_2\beta_1 = \frac{\xi_0'\eta_0'' - \eta_0'\xi_0''}{\sigma'^2\varphi'}. \end{aligned}\right.$$

Man bemerkt, dass alle diese Ausdrücke von λ frei sind, und nur noch s enthalten. Dies ist der Ausdruck dafür, dass die Coordinatensysteme X, Y, Z aller längs einer Linie λ gelegenen Elemente nicht bloss im natürlichen Zustand der Platte, sondern auch noch nach der Biegung einander parallel sein müssen.

Eben aus diesem Grunde hat man die Differentialformeln:

$$(79) \ldots \left\{ \begin{aligned} \frac{\partial \alpha}{\partial a} &= \alpha' \cdot \frac{\partial s}{\partial a} = -\frac{\sin\varphi}{\lambda\varphi'} \cdot \alpha' \quad \text{u. s. w.} \\ \frac{\partial \alpha}{\partial b} &= \alpha' \cdot \frac{\partial s}{\partial b} = \frac{\cos\varphi}{\lambda\varphi'} \cdot \alpha' \quad \text{u. s. w.}; \end{aligned} \right.$$

und indem man dies in die Ausdrücke (60) der r, s einsetzt, die Differentialquotienten α' etc. aber den obigen Gleichungen entnimmt, findet sich:

$$(80) \ldots \left\{ \begin{aligned} r_1 &= \frac{\sin\varphi\cos\varphi}{\lambda}\,\Omega, \qquad s_1 = -\frac{\cos^2\varphi}{\lambda}\,\Omega, \\ r_2 &= \frac{\sin^2\varphi}{\lambda}\,\Omega, \qquad s_2 = -\frac{\sin\varphi\cos\varphi}{\lambda}\,\Omega, \end{aligned} \right.$$

wo Ω den Ausdruck darstellt:

$$(80a). \; \Omega = \frac{\xi_0'''(\eta_0'\zeta_0'' - \zeta_0'\eta_0'') + \eta_0'''(\zeta_0'\xi_0'' - \xi_0'\zeta_0'') + \zeta_0'''(\xi_0'\eta_0'' - \eta_0'\xi_0'')}{\varphi'^3\,\sigma'^3}.$$

Dieser Ausdruck hat eine sehr einfache geometrische Bedeutung. Es war schon oben von dem Torsionsradius R die Rede, dessen reciproker Werth gleich dem Winkel dw zweier nächster Schwingungsebenen ist, dividirt durch das Bogenelement ds. Nun sind die Normalen der Schmiegungsebenen dieselben Linien, deren Richtung durch die Cosinus α, β, γ bezeichnet wird; zwei nächste Linien dieser Art schliessen also gleichfalls den Winkel dw ein. Man erhält somit diesen Winkel ganz wie oben $d\varphi$, indem man nur α, β, γ an die Stelle der dort auftretenden Grössen $\frac{\xi_0'}{\sigma'}$, $\frac{\eta_0'}{\sigma'}$, $\frac{\zeta_0'}{\sigma'}$, treten lässt; oder es wird

$$\begin{aligned} dw^2 &= (\beta\,d\gamma - \gamma\,d\beta)^2 + (\gamma\,d\alpha - \alpha\,d\gamma)^2 + (\alpha\,d\beta - \beta\,d\alpha)^2, \\ &= (\alpha^2 + \beta^2 + \gamma^2)(d\alpha^2 + d\beta^2 + d\gamma^2) - (\alpha\,d\alpha + \beta\,d\beta + \gamma\,d\gamma)^2, \end{aligned}$$

und endlich, wegen (57), (60):

$$dw^2 = d\alpha^2 + d\beta^2 + d\gamma^2.$$

Bedient man sich nun der Formeln

$$(80b) \ldots \begin{cases} \dfrac{\partial\alpha}{\partial a} = r_1\,\alpha_2 - r_2\,\alpha_1, & \dfrac{\partial\alpha}{\partial b} = s_1\,\alpha_2 - s_2\,\alpha_1 \\ \dfrac{\partial\beta}{\partial a} = r_1\,\beta_2 - r_2\,\beta_1, & \dfrac{\partial\beta}{\partial b} = s_1\,\beta_2 - s_2\,\beta_1 \\ \dfrac{\partial\gamma}{\partial a} = r_1\,\gamma_2 - r_2\,\gamma_1, & \dfrac{\partial\gamma}{\partial b} = s_1\,\gamma_2 - s_2\,\gamma_1, \end{cases}$$

welche sich aus (60) genau ebenso ergeben, wie die Formeln (21), p. 210 aus (9), (10), p. 201 abgeleitet wurden, so hat man zunächst

$$\left(\frac{\partial\alpha}{\partial a}\right)^2 + \left(\frac{\partial\beta}{\partial a}\right)^2 + \left(\frac{\partial\gamma}{\partial a}\right)^2 + \left(\frac{\partial\alpha}{\partial b}\right)^2 + \left(\frac{\partial\beta}{\partial b}\right)^2 + \left(\frac{\partial\gamma}{\partial b}\right)^2$$
$$= r_1^2 + r_2^2 + s_1^2 + s_2^2.$$

Aber die linke Seite wird aus (79) gleich

$$\frac{\alpha'^2 + \beta'^2 + \gamma'^2}{\lambda^2\,\varphi'^2},$$

während die rechte nach (80) gleich $\dfrac{\Omega^2}{\lambda^2}$ ist; und so hat man also

$$\alpha'^2 + \beta'^2 + \gamma'^2 = \varphi'^2\,\Omega^2,$$

und demnach

$$\frac{1}{R^2} = \left(\frac{dw}{d\sigma}\right)^2 = \frac{\alpha'^2 + \beta'^2 + \gamma'^2}{\sigma'^2} = \frac{\varphi'^2\Omega^2}{\sigma'^2}, \quad \frac{1}{R} = \frac{\varphi'\,\Omega}{\sigma'}.$$

Erinnert man sich, dass $\dfrac{\sigma'}{\varphi'}$ den Krümmungsradius bedeutete, so sieht man, dass Ω nichts anderes ist, als der Quotient des Krümmungsradius durch den Torsionsradius.

Die vorstehenden Entwicklungen zeigen, wie die Einführung der abwickelbaren Fläche die willkürlichen Functionen ξ_0, η_0, ζ_0 mit sich führt, und wie alles sich durch diese Functionen ausdrücken lässt. Es bleibt übrig in jedem besondern Fall diese Functionen den Umständen gemäss zu bestimmen. Dazu aber bedarf man der Bedingungen, welche das Gleichgewicht der Platte erfordert, zu deren Aufstellung ich mich jetzt wende.

§ 68. Aeusseres Gleichgewicht der Elemente.

Auf jedes Elementarparallelepipedon, welches senkrecht zur Platte aus derselben geschnitten wird, wirken nun einerseits die

Spannungen, welche oben berechnet wurden, andrerseits aber Componenten und Kräftepaare, welche von äussern Kräften herrühren.

Um die Gleichgewichtsbedingungen herzuleiten, werde ich das Princip der virtuellen Geschwindigkeiten anwenden, nach welchem bei einer kleinen Verschiebung des Körpers die Summe der geleisteten Arbeit stets Null sein muss. Die Theilchen der Platte können nicht beliebig gegen einander verschoben werden. Um den allgemeinsten zulässigen Ausdruck für diese Verschiebungen zu finden, können wir auf die Gleichungen (56) zurückgehen, welche die verschobenen Coordinaten irgend eines Theilchens durch ξ, η, ζ und die Coefficienten α etc. ausdrücken lehren. Ja man kann in jenen Gleichungen $x = y = 0$ setzen; denn wenn man nur den Grössen a, b, z alle möglichen Werthe beilegt, so erhält man bereits alle verschiedenen Punkte der Scheibe. Hiernach ist also der allgemeinste Ausdruck der Coordinaten eines Elements der irgendwie gebogenen Platte bis auf Grössen höherer Ordnung:

$$x' = \xi + \alpha z$$
$$y' = \eta + \beta z$$
$$z' = \zeta + \gamma z.$$

Sollen sämmtliche Elemente unendlich wenig verschoben werden, so heisst dies nichts anderes, als dass die Grössen ξ, η, ζ, α, β, γ kleine Veränderungen erfahren sollen. Führt man solche Veränderungen ein, so ergeben sich sofort die Verschiebungen des betrachteten Punkts in der Form:

(81) . . . . $$\begin{cases} \delta x' = \delta\xi + z\,\delta\alpha \\ \delta y' = \delta\eta + z\,\delta\beta \\ \delta z' = \delta\zeta + z\,\delta\gamma. \end{cases}$$

Hiedurch sind die Verschiebungen sämmtlicher Punkte der Platte auf die Veränderungen von 6 Functionen zurückgeführt, welche nur noch von a, b abhängen. Aber auch diese Functionen sind nicht von einander unabhängig; denn in Folge der Gleichungen (57), (58 bestehen zwischen ihnen die Relationen:

$$\alpha^2 + \beta^2 + \gamma^2 = 1$$
$$\alpha \frac{\partial\xi}{\partial a} + \beta \frac{\partial\eta}{\partial a} + \gamma \frac{\partial\zeta}{\partial a} = 0$$
$$\alpha \frac{\partial\xi}{\partial b} + \beta \frac{\partial\eta}{\partial b} + \gamma \frac{\partial\zeta}{\partial b} = 0.$$

so dass die Variationen $\delta\xi$ etc. den Bedingungen genügen müssen, welche sich aus der Variation dieser Gleichungen ergeben:

$$(82) \ldots \begin{cases} \alpha\delta\alpha + \beta\delta\beta + \gamma\delta\gamma = 0 \\ \alpha\dfrac{\partial\delta\xi}{\partial a} + \beta\dfrac{\partial\delta\eta}{\partial a} + \gamma\dfrac{\partial\delta\zeta}{\partial a} + \dfrac{\partial\xi}{\partial a}\delta\alpha + \dfrac{\partial\eta}{\partial a}\delta\beta + \dfrac{\partial\zeta}{\partial a}\delta\gamma = 0 \\ \alpha\dfrac{\partial\delta\xi}{\partial b} + \beta\dfrac{\partial\delta\eta}{\partial b} + \gamma\dfrac{\partial\delta\zeta}{\partial b} + \dfrac{\partial\xi}{\partial b}\delta\alpha + \dfrac{\partial\eta}{\partial b}\delta\beta + \dfrac{\partial\zeta}{\partial b}\delta\gamma = 0. \end{cases}$$

Nehmen wir nun an, es seien $X da\,db\,dz$, $Y da\,db\,dz$, $Z da\,db\,dz$ die Ausdrücke der auf ein Element $da\,db\,dz$ wirkenden Componenten, wie dieselben sich aus den oben berechneten Spannungen und aus den äussern Kräften darstellen lassen. Dann ist

$$(X\delta x' + Y\delta y' + Z\delta z')\, da\,db\,dz$$

die an diesem Element bei einer kleinen Verschiebung geleistete Arbeit. Integriren wir dieselbe über die ganze Platte, so erhalten wir das dreifache Integral

$$\delta\Omega = \iiint (X\delta x' + Y\delta y' + Z\delta z')\, da\,db\,dz$$

als die Summe der Arbeit, welche in allen Elementen geleistet wurde.

Dabei sind nur noch die Elemente des Randes besonders zu berücksichtigen. Bilden wir die Kräfte X, Y, Z für alle Elemente des Körpers auf gleiche Weise, wie das in der Formel für $\delta\Omega$ vorausgesetzt werden soll, so hat man in sofern einen Fehler begangen, als an den äussern Flächen der Randelemente Spannungen in Rechnung gebracht worden sind, welche gar nicht existiren; denn auf diese Fläche wirken äussere Kräfte, nicht Spannungen. Es muss daher die Arbeit der auf den Rand wirkenden äussern Kräfte noch hinzugefügt, die der fälschlich angesetzten Spannungen abgezogen werden. Die Differenzen nun zwischen jenen Kräften und diesen Spannungen mögen in einem Element $ds\,dz$ des Randes die Componenten $\Xi ds\,dz$, $H ds\,dz$, $Z ds\,dz$ geben; es sind dann zu $\delta\Omega$ noch die Summe aller von diesen geleisteten Arbeiten zu addiren, d. h. der Ausdruck

$$\delta\Omega' = \iint (\Xi\delta x' + H\delta y' + Z\delta z')\, ds\,dz,$$

wo sich das Integral über die ganze Randfläche erstreckt.

In den Integralen $\delta\Omega$, $\delta\Omega'$ kann man zunächst die Integration nach z sofort ausführen. Die Variationen $\delta\xi$ etc. sind, wie die variirten Functionen selbst, von z unabhängig; führt man also in $\delta\Omega$, $\delta\Omega'$ für $\delta x'$, $\delta y'$, $\delta z'$ ihre Werthe (81) ein, und setzt:

$$(83) \ldots \begin{cases} \int X dz = X', \quad \int Xz dz = X'', \quad \int \Xi dz = \Xi', \quad \int \Xi z dz = \Xi'' \\ \int Y dz = Y', \quad \int Yz dz = Y'', \quad \int H dz = H', \quad \int Hz dz = H'' \\ \int Z dz = Z', \quad \int Zz dz = Z'', \quad \int Z dz = Z', \quad \int Zz dz = Z'', \end{cases}$$

so ergiebt sich:

$$\delta\Omega = \int\int (X'\delta\xi + Y'\delta\eta + Z'\delta\zeta + X''\delta\alpha + Y''\delta\beta + Z''\delta\gamma)\, da\, db$$

$$\delta\Omega' = \int (\Xi'\delta\xi + H'\delta\eta + Z'\delta\zeta + \Xi''\delta\alpha + H''\delta\beta + Z''\delta\gamma)\, ds,$$

wo das erste Integral noch über die ganze Mittelfläche, das zweite noch über die Peripherie derselben auszudehnen ist.

Das Princip der virtuellen Geschwindigkeiten sagt nun aus, dass die Summe

$$\delta\Omega + \delta\Omega'$$

für alle möglichen Verschiebungen gleich Null sein muss, damit die Platte sich im Gleichgewicht befinde.

Wären die $\delta\xi$ etc. sämmtlich von einander unabhängig, so müssten desshalb in $\delta\Omega$ und $\delta\Omega'$ die Coefficienten der sämmtlichen Variationen verschwinden. Aber zwischen diesen treten die Bedingungen (82) ein. Man könnte deswegen so verfahren, dass man mit Hülfe dieser Gleichungen einige der Variationen durch die übrigen ausdrückte, und indem man die erhaltenen Werthe in $\delta\Omega$ einführte, die Coefficienten der übriggebliebenen Variationen verschwinden liesse. Bequemer und symmetrischer führt die Methode der Lagrangeschen Multiplicatoren zum Ziel. Nach dieser multiplicirt man die Bedingungsgleichungen (82) mit unbestimmten Factoren Q, Q_1, Q_2, addirt die so erhaltenen Ausdrücke zu der unter den Integralzeichen stehenden Function in $\delta\Omega$ hinzu, und behandelt sodann die $\delta\xi$ etc. als vollkommen von einander unabhängig. Nach dieser Methode setzt man also zunächst:

$$\delta\Omega = \iint \left\{ \begin{array}{l} (X'\delta\xi + Y'\delta\eta + Z'\delta\zeta) + (X''\delta\alpha + Y''\delta\beta + Z''\delta\gamma) \\ + Q\,(\alpha\delta\alpha + \beta\delta\beta + \gamma\delta\gamma) \\ + Q_1 \left(\alpha \dfrac{\partial\delta\xi}{\partial a} + \beta \dfrac{\partial\delta\eta}{\partial a} + \gamma \dfrac{\partial\delta\zeta}{\partial a} \right. \\ \qquad\qquad \left. + \dfrac{\partial\xi}{\partial a}\delta\alpha + \dfrac{\partial\eta}{\partial a}\delta\beta + \dfrac{\partial\zeta}{\partial a}\delta\gamma \right) \\ + Q_2 \left(\alpha \dfrac{\partial\delta\xi}{\partial b} + \beta \dfrac{\partial\delta\eta}{\partial b} + \gamma \dfrac{\partial\delta\zeta}{\partial b} \right. \\ \qquad\qquad \left. + \dfrac{\partial\xi}{\partial b}\delta\alpha + \dfrac{\partial\eta}{\partial b}\delta\beta + \dfrac{\partial\zeta}{\partial b}\delta\gamma \right) \end{array} \right\} da\,db.$$

Aber hier treten nun ausser den Variationen selbst auch Differentialquotienten derselben auf. Um diese herauszuschaffen kann man die betreffenden Theile mit Hülfe der theilweisen Integration umformen. Bei denjenigen Gliedern, welche Differentialquotienten der Variationen nach a enthalten, integrirt man partiell nach a, über einen der Axe X' (in der natürlichen Lage) parallelen Streifen, ebenso bei den Gliedern, in welchen die Variationen nach b differenzirt werden, nach b über einen der Axe der Y' parallelen Streifen. Nach der oft angewandten Methode ergiebt sich dann sofort, wenn p den Winkel der Normale der Randcurve gegen die X Axe bedeutet:

$$\iint Q_1 \left(\alpha \frac{\partial\delta\xi}{\partial a} + \beta \frac{\partial\delta\eta}{\partial a} + \gamma \frac{\partial\delta\zeta}{\partial a} \right) da\,db$$

$$= \int Q_1\,(\alpha\delta\xi + \beta\delta\eta + \gamma\delta\zeta) \cos p\,ds$$

$$- \iint \left(\delta\xi \frac{\partial . Q_1\alpha}{\partial a} + \delta\eta \frac{\partial . Q_1\beta}{\partial a} + \delta\zeta \frac{\partial . Q_1\gamma}{\partial a} \right) da\,db$$

$$\iint Q_2 \left(\alpha \frac{\partial\delta\xi}{\partial b} + \beta \frac{\partial\delta\eta}{\partial b} + \gamma \frac{\partial\delta\zeta}{\partial b} \right) da\,db$$

$$= \int Q_2\,(\alpha\delta\xi + \beta\delta\eta + \gamma\delta\zeta) \sin p\,ds$$

$$- \iint \left(\delta\xi \frac{\partial . Q_2\alpha}{\partial b} + \delta\eta \frac{\partial . Q_2\beta}{\partial b} + \delta\zeta \frac{\partial . Q_2\gamma}{\partial b} \right) da\,db.$$

So zerfällt nun $\delta\Omega$ in einen Theil, welcher ein Doppelintegral enthält und einen andern, welcher durch ein einfaches ausgedrückt ist. Dieser letztere vereinigt sich in der Gleichung

$$\delta\Omega + \delta\Omega' = 0$$

mit $\delta\Omega'$; der andere aber enthält nur noch die Variationen $\delta\xi$ etc. selbst. Lässt man in diesem die Coefficienten der einzelnen Variationen verschwinden, so erhält man folgendes, in jedem Punkte der Mittelfläche zu erfüllendes System:

$$(84)\quad \begin{cases} X' - \dfrac{\partial . Q_1\alpha}{\partial a} - \dfrac{\partial . Q_2\alpha}{\partial b} = 0, & X'' + Q\alpha + Q_1\dfrac{\partial\xi}{\partial a} + Q_2\dfrac{\partial\xi}{\partial b} = 0. \\ Y' - \dfrac{\partial . Q_1\beta}{\partial a} - \dfrac{\partial . Q_2\beta}{\partial b} = 0, & Y'' + Q\beta + Q_1\dfrac{\partial\eta}{\partial a} + Q_2\dfrac{\partial\eta}{\partial b} = 0 \\ Z' - \dfrac{\partial . Q_1\gamma}{\partial a} - \dfrac{\partial . Q_2\gamma}{\partial b} = 0, & Z'' + Q\gamma + Q_1\dfrac{\partial\zeta}{\partial a} + Q_2\dfrac{\partial\zeta}{\partial b} = 0. \end{cases}$$

Von der Gleichung des Princips der virtuellen Geschwindigkeiten ist hienach nichts übrig geblieben als die Gleichung

$$(85)\quad 0 = \delta\Omega' + \int (Q_1 \cos p + Q_2 \sin p)\,(\alpha\,\delta\xi + \beta\,\delta\eta + \gamma\,\delta\zeta)\,ds,$$

in welcher nur noch einfache Integrale auftreten.

Unter diesen Integralzeichen sind alle Grössen nur noch Functionen von s, daher hätte es keinen Sinn, wenn man bei der Anwendung der Methode der Multiplicatoren wieder sämmtliche Gleichungen (82), mit Factoren multiplicirt, einführen wollte. Man wird vielmehr statt der letzten beiden Gleichungen nur eine Combination derselben benützen, in welcher nach s differenzirt wird, statt nach a oder b.

Um den Differentialquotienten nach s zu bilden, fixiren wir zunächst den Sinn, in welchem s gezählt wird, dahin, dass die Richtung des positiven s durch 90^0 von der positiven XAxe zur positiven YAxe gelangt. Gehen wir nun in der Richtung des positiven s um eine kleine Strecke ε vorwärts, so vermindert sich a um $\varepsilon \sin p$, während y um $\varepsilon \cos p$ wächst. Eine Function also von a und b geht dadurch über in:

$$f(a - \varepsilon \sin p,\ b + \varepsilon \cos p) = f + \varepsilon\left(\frac{\partial f}{\partial b} . \cos p - \frac{\partial f}{\partial a} . \sin p\right) + \ldots$$

Der Differentialquotient $\dfrac{\partial f}{\partial s}$, welcher die Grenze von

$$\frac{f(a - \varepsilon \sin p,\ b + \varepsilon \cos p) - f(a, b)}{\varepsilon}$$

ist, wird hienach

$$\frac{\partial f}{\partial s} = \frac{\partial f}{\partial b} \cos p - \frac{\partial f}{\partial a} \sin p.$$

Und so folgt aus den letzten beiden Gleichungen (82), wenn man die zweite derselben mit $-\sin p$, die dritte mit $\cos p$ multiplicirt und die Summe nimmt:

$$\alpha \frac{\partial \delta \xi}{\partial s} + \beta \frac{\partial \delta \eta}{\partial s} + \gamma \frac{\partial \delta \zeta}{\partial s} + \frac{\partial \xi}{\partial s} \delta \alpha + \frac{\partial \eta}{\partial s} \delta \beta + \frac{\partial \zeta}{\partial s} \delta \gamma = 0.$$

Indem wir jetzt diese und die erste Gleichung (82) mit Factoren D, Δ multiplicirt unter dem Integralzeichen zu Ω hinzufügen, erhalten wir aus (85) die Gleichung:

$$(86)\quad 0 = \int \left\{ \begin{aligned} & \Xi' \delta\xi + H' \delta\eta + Z' \delta\zeta + \Xi'' \delta\alpha + H'' \delta\beta + Z'' \delta\gamma \\ & \qquad + D(\alpha\,\delta\alpha + \beta\,\delta\beta + \gamma\,\delta\gamma) \\ & + \Delta \Big(\alpha \frac{\partial \delta\xi}{\partial s} + \beta \frac{\partial \delta\eta}{\partial s} + \gamma \frac{\partial \delta\zeta}{\partial s} \\ & \qquad + \frac{\partial \xi}{\partial s} \delta\alpha + \frac{\partial \eta}{\partial s} \delta\beta + \frac{\partial \zeta}{\partial s} \delta\gamma \Big) \\ & + (Q_1 \cos p + Q_2 \sin p)(\alpha\,\delta\xi + \beta\,\delta\eta + \gamma\,\delta\zeta). \end{aligned} \right\} ds.$$

Auch hier wird es nöthig sein, den Theil, welcher Differentialquotienten der Variationen enthält, durch theilweise Integration umzuformen. Bemerken wir, dass dabei der von dem Integralzeichen befreite Theil, da über die ganze Randcurve integrirt wird, zwischen Grenzen zu nehmen ist, welche zusammenfallen, und dass er desshalb verschwindet, so findet sich:

$$\int \Delta \left(\alpha \frac{\partial \delta \xi}{\partial s} + \beta \frac{\partial \delta \eta}{\partial s} + \gamma \frac{\partial \delta \zeta}{\partial s} \right) ds$$

$$= - \int \left(\delta\xi \frac{\partial . \Delta\alpha}{\partial s} + \delta\eta \frac{\partial . \Delta\beta}{\partial s} + \delta\zeta \frac{\partial . \Delta\gamma}{\partial s} \right) ds.$$

Führt man dies in die Gleichung (86) ein, und lässt nun die Coefficienten sämmtlicher Variationen verschwinden, so ergiebt sich:

$$(87)\quad \left\{ \begin{aligned} & \Xi' + \alpha(Q_1 \cos p + Q_2 \sin p) - \frac{\partial . \Delta\alpha}{\partial s} = 0, \quad \Xi'' + D\alpha + \Delta \frac{\partial \xi}{\partial s} = 0 \\ & H' + \beta(Q_1 \cos p + Q_2 \sin p) - \frac{\partial . \Delta\beta}{\partial s} = 0, \quad H'' + D\beta + \Delta \frac{\partial \eta}{\partial s} = 0 \\ & Z' + \gamma(Q_1 \cos p + Q_2 \sin p) - \frac{\partial . \Delta\gamma}{\partial s} = 0, \quad Z'' + D\gamma + \Delta \frac{\partial \zeta}{\partial s} = 0. \end{aligned} \right.$$

Diese Gleichungen sind es, welche in allen Punkten der Randcurve erfüllt sein müssen. Sie zusammen mit (84) bestimmen das Problem.

Diese Systeme vereinfachen sich in etwas, wenn man je drei entsprechende Gleichungen mit $\alpha_1, \beta_1, \gamma_1$, oder mit $\alpha_2, \beta_2, \gamma_2$, oder mit α, β, γ multiplicirt und jedesmal addirt. Alsdann kann man diejenigen Combinationen, welche lediglich zur Bestimmung der Unbekannten Q und D dienen, auslassen; die übrigen aber geben mit Rücksicht auf (57), (58), (60), und indem man überall nur die Grössen niedrigster Ordnung beibehält, die folgenden Gleichungen:

(88) . für jeden Punkt der Mittelfläche:

$$\left\{\begin{aligned}
&X'\alpha_1 + Y'\beta_1 + Z'\gamma_1 + Q_1 r_2 + Q_2 s_2 = 0\\
&X'\alpha_2 + Y'\beta_2 + Z'\gamma_2 - Q_1 r_1 - Q_2 s_1 = 0\\
&X'\alpha + Y'\beta + Z'\gamma - \frac{\partial Q_1}{\partial a} - \frac{\partial Q_2}{\partial b} = 0\\
&X''\alpha_1 + Y''\beta_1 + Z''\gamma_1 + Q_1 = 0\\
&X''\alpha_1 + Y''\beta_2 + Z''\gamma_2 + Q_2 = 0,
\end{aligned}\right.$$

für jeden Punkt der Randcurve:

$$\left\{\begin{aligned}
&\Xi'\alpha_1 + H'\beta_1 + Z'\gamma_1 + \Delta(s_2\cos p - r_2\sin p) = 0\\
&\Xi'\alpha_2 + H'\beta_2 + Z'\gamma_2 + \Delta(s_1\cos p - r_1\sin p) = 0\\
&\Xi'\alpha + H'\beta + Z'\gamma + Q_1\cos p + Q_2\sin p - \frac{\partial\Delta}{\partial s} = 0\\
&\Xi''\alpha_1 + H''\beta_1 + Z''\gamma_1 - \Delta\sin p = 0\\
&\Xi''\alpha_2 + H''\beta_2 + Z''\gamma_2 + \Delta\cos p = 0.
\end{aligned}\right.$$

Ich komme jetzt dazu, die Ausdrücke für die Kräfte X', Ξ' etc. anzugeben, welche in diesen Gleichungen auftreten. Jeder dieser Ausdrücke besteht aus zwei Theilen, deren einer immer von den äussern Kräften herrührt, während der andere in den Spannungen t_{13}, t_{23}, t_{33} seinen Ursprung findet. Die ersten Theile sind sehr leicht zu bilden. Es seien die Componenten der auf das Element $da\,db\,dz$ des Innern wirkenden Kräfte:

$$A\,da\,db\,dz,\quad B\,da\,db\,dz,\quad C\,da\,db\,dz.$$

Dann sind die betreffenden Theile von X, Y, Z die Grössen A, B, C selbst; die entsprechenden Theile von X', Y', Z', X'', Y'', Z'' also sind die Integrale:

$$(89)\quad \ldots\ldots \left\{\begin{aligned}
A' &= \int A\,dz, & A'' &= \int Az\,dz,\\
B' &= \int B\,dz, & B'' &= \int Bz\,dz,\\
C' &= \int C\,dz, & C'' &= \int Cz\,dz.
\end{aligned}\right.$$

ausgedehnt, wenn h die Dicke der Platte bedeutet, über alle Werthe von z zwischen $-\frac{h}{2}$ und $+\frac{h}{2}$.

§ 69. Einführung der Werthe der Spannungen. Definitive Form der Gleichgewichtsbedingungen.

Um nun die von den Spannungen herrührenden Glieder zu bestimmen, kehren wir zu dem Element $da\,db\,dz$ zurück. Die drei Normalen der Seitenflächen desselben sind nichts anders als die mit dem Element verbundenen Axen der X, Y, Z, welche nach der Verschiebung die Cosinus

$$\begin{array}{ccc} \alpha_1, & \beta_1, & \gamma_1, \\ \alpha_2, & \beta_2, & \gamma_2, \\ \alpha, & \beta, & \gamma \end{array}$$

gegen die Raumaxen bilden. Auf diejenigen Seitenflächen desselben, welche den negativen Axen zugewandt sind, wirken nach dem Vorigen Spannungskräfte, deren Componenten nach den Axen der X, Y, Z dargestellt sind durch

$$\begin{array}{ccc} -t_{11}\,db\,dz, & -t_{12}\,db\,dz, & 0 \\ -t_{12}\,da\,dz, & -t_{22}\,da\,dz, & 0 \\ 0, & 0, & 0. \end{array}$$

Zerlegen wir die Spannungen aber statt dessen nach den Raumaxen X', Y', Z', so ergeben sich folgende Componenten parallel der

Axe X':	Axe Y':	Axe Z':
$-(t_{11}\alpha_1 + t_{12}\alpha_2)\,db\,dz,$	$-(t_{11}\beta_1 + t_{12}\beta_2)\,db\,dz,$	$-(t_{11}\gamma_1 + t_{12}\gamma_2)\,db\,dz$
$-(t_{12}\alpha_1 + t_{22}\alpha_2)\,da\,dz,$	$-(t_{12}\beta_1 + t_{22}\beta_2)\,da\,dz,$	$-(t_{12}\gamma_1 + t_{22}\gamma_2)\,da\,dz.$

Die auf die entgegenstehenden Flächen wirkenden Componenten erhält man, wenn man die Vorzeichen entgegengesetzt nimmt und zugleich in den Componenten der ersten Reihe a in $a + da$, in denen der zweiten b in $b + db$ verwandelt. Addirt man zu den so entstehenden Componenten die vorigen, so ergeben sich als Resultat fogende Spannungskräfte:

$$\text{Nach der Axe } X'\text{:}\ \left(\frac{\partial(t_{11}\alpha_1 + t_{12}\alpha_2)}{\partial a} + \frac{\partial(t_{12}\alpha_1 + t_{22}\alpha_2)}{\partial b}\right) da\,db\,dz$$

Nach der Axe Y': $\left(\frac{\partial(t_{11}\beta_1 + t_{12}\beta_2)}{\partial a} + \frac{\partial(t_{12}\beta_1 + t_{22}\beta_2)}{\partial b}\right) da\, db\, dz$

Nach der Axe Z': $\left(\frac{\partial(t_{11}\gamma_1 + t_{12}\gamma_2)}{\partial a} + \frac{\partial(t_{12}\gamma_1 + t_{22}\gamma_2)}{\partial b}\right) da\, db\, dz.$

Von diesen Spannungen entspringen also in den Kräften X', Y', Z' die Theile:

$$(90) \ldots \begin{cases} \int \left[\frac{\partial(t_{11}\alpha_1 + t_{12}\alpha_2)}{\partial a} + \frac{\partial(t_{12}\alpha_1 + t_{22}\alpha_2)}{\partial b}\right] dz \\ \int \left[\frac{\partial(t_{11}\beta_1 + t_{12}\beta_2)}{\partial a} + \frac{\partial(t_{12}\beta_1 + t_{22}\beta_2)}{\partial b}\right] dz \\ \int \left[\frac{\partial(t_{11}\gamma_1 + t_{12}\gamma_2)}{\partial a} + \frac{\partial(t_{12}\gamma_1 + t_{22}\gamma_2)}{\partial b}\right] dz. \end{cases}$$

Drei ähnliche Ausdrücke treten in X'', Y'', Z'' auf; sie unterscheiden sich von den Vorigen nur dadurch, dass unter dem Integralzeichen ein Factor z hinzutritt.

Es findet sich aber, wenn man die Werthe der t aus (65) entnimmt, und die Integrationen zwischen den Grenzen $-\frac{h}{2}$ und $+\frac{h}{2}$ ausführt:

$$(91) \begin{cases} \int t_{11}\, dz = \frac{E\,h}{1-\mu^2}(\sigma_1 + \mu\sigma_2), & \int t_{11} z\, dz = -\frac{E\,h^3}{12(1-\mu^2)}(r_2 - \mu s_1) \\ \int t_{22}\, dz = \frac{E\,h}{1-\mu^2}(\sigma_2 + \mu\sigma_1), & \int t_{22} z\, dz = \frac{E\,h^3}{12(1-\mu^2)}(s_1 - \mu r_2) \\ \int t_{12}\, dz = \frac{E\,h}{2(1+\mu)}\tau, & \int t_{12} z\, dz = \frac{E\,h^3}{12(1+\mu)} r_1. \end{cases}$$

Setzt man diese Werthe in (90) und die entsprechenden Theile von X'', Y'', Z'' ein, und fügt die Theile (89) hinzu, so ergeben sich folgende Werthe:

$$X' = A' + \frac{Eh}{1-\mu^2}\cdot$$

$$\left\{\frac{\partial.\left[(\sigma_1 + \mu\sigma_2)\alpha_1 + \frac{1-\mu}{2}\tau\alpha_2\right]}{\partial a} + \frac{\partial.\left[\frac{1-\mu}{2}\tau\alpha_1 + (\sigma_2 + \mu\sigma_1)\alpha_2\right]}{\partial b}\right\}$$

$$Y' = B' + \frac{Eh}{1-\mu^2}\cdot$$

$$\left\{\frac{\partial.\left[(\sigma_1 + \mu\sigma_2)\beta_1 + \frac{(1-\mu)}{2}\tau\beta_2\right]}{\partial a} + \frac{\partial.\left[\frac{(1-\mu)}{2}\tau\beta_1 + (\sigma_2 + \mu\sigma_1)\beta_2\right]}{\partial b}\right\}$$

$$Z'' = C' + \frac{Eh}{1-\mu^2}\cdot$$

$$\left\{\frac{\partial.\left[(\sigma_1+\mu\sigma_2)\gamma_1+\frac{1-\mu}{2}\tau\gamma_2\right]}{\partial a}+\frac{\partial.\left[\frac{1-\mu}{2}\tau\gamma_1+(\sigma_2+\mu\sigma_1)\gamma_2\right]}{\partial b}\right\}$$

$$X'' = A'' + \frac{Eh^3}{12(1-\mu^2)}\cdot$$

$$\left\{\frac{\partial.[-(r_2-\mu s_1)\alpha_1+(1-\mu)r_1\alpha_2]}{\partial a}+\frac{\partial.[(1-\mu)r_1\alpha_1+(s_1-\mu r_2)\alpha_2]}{\partial b}\right\}$$

$$Y'' = B'' + \frac{Eh^3}{12(1-\mu^2)}\cdot$$

$$\left\{\frac{\partial.[-(r_2-\mu s_1)\beta_1+(1-\mu)r_1\beta_2]}{\partial a}+\frac{\partial.[(1-\mu)r_1\beta_1+(s_1-\mu r_2)\beta_2]}{\partial b}\right\}$$

$$Z'' = C'' + \frac{Eh^3}{12(1-\mu^2)}\cdot$$

$$\left\{\frac{\partial.[-(r_2-\mu s_1)\gamma_1+(1-\mu)r_1\gamma_2]}{\partial a}+\frac{\partial.[(1-\mu)r_1\gamma_1+(s_1-\mu r_2)\gamma_2]}{\partial b}\right\}.$$

Führen wir dies endlich in die ersten fünf Gleichungen (88) ein, so ergeben sich diese in der folgenden definitiven Form:

$$(92).\left\{\begin{array}{l}
A'\alpha_1+B'\beta_1+C'\gamma_1+Q_1r_2+Q_2s_2\\
\qquad+\frac{Eh}{1-\mu^2}\left\{\frac{\partial(\sigma_1+\mu\sigma_2)}{\partial a}+\frac{1-\mu}{2}\frac{\partial\tau}{\partial b}\right\}=0\\
A'\alpha_2+B'\beta_2+C'\gamma_2-Q_1r_1-Q_2s_1\\
\qquad+\frac{Eh}{1-\mu^2}\left\{\frac{1-\mu}{2}\frac{\partial\tau}{\partial a}+\frac{\partial(\sigma_2+\mu\sigma_1)}{\partial b}\right\}=0\\
A'\alpha+B'\beta+C'\gamma-\frac{\partial Q_1}{\partial a}-\frac{\partial Q_2}{\partial b}\\
\qquad+\frac{Eh}{1-\mu^2}\left\{(\sigma_1+\mu\sigma_2)r_2-(1-\mu)\tau r_1-(\sigma_2+\mu\sigma_1)s_1\right\}=0\\
A''\alpha_1+B''\beta_1+C''\gamma_1+Q_1\\
\qquad+\frac{Eh^3}{12(1-\mu^2)}\left\{-\frac{\partial(r_2-\mu s_1)}{\partial a}+(1-\mu)\frac{\partial r_1}{\partial b}\right\}=0\\
A''\alpha_2+B''\beta_2+C''\gamma_2+Q_2\\
\qquad+\frac{Eh^3}{12(1-\mu^2)}\left\{(1-\mu)\frac{\partial r_1}{\partial a}+\frac{\partial(s_1-\mu r_2)}{\partial b}\right\}=0.
\end{array}\right.$$

Man hat sich dabei erlaubt die Gleichungen

$$r = 0, \quad s = 0, \quad s_2 = -r_1$$

zu benützen, welche bis auf Grössen höherer Ordnung erfüllt sind [§ 65, 63].

Um nun in ähnlicher Weise die Grössen Ξ', H' etc. zu bestimmen, seien zunächst

$$U\,dz\,ds, \quad V\,dz\,ds, \quad W\,dz\,ds$$

die Componenten der auf ein Element des Randes $dz\,ds$ wirkenden äussern Kräfte. Die von diesen Kräften in Ξ', H', Z', Ξ'', H'', Z'' herrührenden Theile sind dann, mit Anwendung einer der früheren analogen Bezeichnung:

$$U' = \int U\,dz, \qquad U'' = \int Uz\,dz$$

$$V' = \int V\,dz, \qquad V'' = \int Vz\,dz$$

$$W' = \int W\,dz, \qquad W'' = \int W\,dz.$$

Um nun Ξ' etc. zu bilden, haben wir von diesen Grössen die entsprechenden Integrale abzuziehen, welche entstehen, indem wir U, V, W durch die für das Randelement $ds\,dz$ berechneten Spannungen ersetzen. Da die Normale des Elements gegen die in diesem festen Axen X, Y, Z die Winkel p, $90^0 - p$, 90^0 bildet, so sind nach unsern Fundamentalgleichungen die Componenten der für das Randelement berechneten Spannung, nach diesen Axen zerlegt:

$$t_{11} \cos p + t_{12} \sin p, \quad t_{21} \cos p + t_{22} \sin p, \quad 0;$$

und dies sind sofort die Grössen, welche, nicht bei Ξ, H, Z selbst, sondern bei den nach den X, Y, Z Axen zerlegten Kräften

$$\Xi\,\alpha_1 + H\,\beta_1 + Z\,\gamma_1$$

$$\Xi\,\alpha_2 + H\,\beta_2 + Z\,\gamma_2$$

$$\Xi\,\alpha + H\,\beta + Z\,\gamma$$

zur Anwendung kommen. Integrirt man also nach z, um die mit einem und zwei Strichen versehenen Grössen zu bilden, und entnimmt die Integrale der t aus (91), so erhält man folgende Ausdrücke:

$$\Xi' \alpha_1 + H' \beta_1 + Z' \gamma_1 = U' \alpha_1 + V' \beta_1 + W' \gamma_1 - \frac{Eh}{1-\mu^2} \left\{ (\sigma_1 + \mu\sigma_2) \cos p + \frac{1-\mu}{2} \tau \sin p \right\},$$

$$\Xi' \alpha_2 + H' \beta_1 + Z' \gamma = U' \alpha_2 + V' \beta_2 + W' \gamma_2 - \frac{Eh}{1-\mu^2} \left\{ \frac{1-\mu}{2} \tau \cos p + (\sigma_2 + \mu\sigma_1) \sin p \right\},$$

$$\Xi' \alpha + H' \beta + Z' \gamma = U' \alpha + V' \beta + W' \gamma,$$

$$\Xi'' \alpha_1 + H'' \beta_1 + Z'' \gamma_1 = U'' \alpha_1 + V'' \beta_1 + W'' \gamma_1 - \frac{Eh^3}{12(1-\mu^2)} \left\{ -(r_2 - \mu s_1) \cos p + (1-\mu) r_1 \sin p \right\},$$

$$\Xi'' \alpha_2 + H'' \beta_2 + Z'' \gamma_2 = U'' \alpha_2 + V'' \beta_2 + W'' \gamma_2 - \frac{Eh^3}{12(1-\mu^2)} \left\{ (1-\mu) r_1 \cos p + (s_1 - \mu r_2) \sin p \right\},$$

$$\Xi'' \alpha + H'' \beta + Z'' \gamma = U'' \alpha + V'' \beta + W'' \gamma;$$

und die letzten Gleichungen (88) gehen also über in:

$$(93).\quad \begin{cases} U' \alpha_1 + V' \beta_1 + W' \gamma_1 + \varDelta (s_2 \cos p - r_2 \sin p) \\ \qquad - \dfrac{Eh}{1-\mu^2} \left\{ (\sigma_1 + \mu\sigma_2) \cos p + \dfrac{1-\mu}{2} \tau \sin p \right\} = 0 \\ U' \alpha_2 + V' \beta_2 + W' \gamma_2 - \varDelta (s_1 \cos p - r_1 \sin p) \\ \qquad - \dfrac{Eh}{1-\mu} \left\{ \dfrac{1-\mu}{2} \tau \cos p + (\sigma_2 + \mu\sigma_1) \sin p \right\} = 0 \\ U' \alpha + V' \beta + W' \gamma - \dfrac{d\varDelta}{ds} + Q_1 \cos p + Q_2 \sin p = 0 \\ U'' \alpha_1 + V'' \beta_1 + W'' \gamma_1 - \varDelta \sin p \\ \qquad - \dfrac{Eh^3}{12(1-\mu^2)} \left[-(r_2 - \mu s_1) \cos p + (1-\mu) r_1 \sin p \right] = 0. \\ U'' \alpha_2 + V'' \beta_2 + W'' \gamma_2 + \varDelta \cos p \\ \qquad - \dfrac{Eh^3}{12(1-\mu^2)} \left[(1-\mu) r_1 \cos p + (s_1 - \mu r_2) \sin p \right] = 0. \end{cases}$$

§ 70. Theilung des Problems. Erste Annäherung. Bestimmung der abwickelbaren Fläche.

Von den Gleichungen (92), (93) ausgehend, sind wir nun im Stande, die Behandlung des Problems zu überschauen.

Dieselbe sondert sich in drei verschiedene Theile. Der erste Theil hat zum Zweck die Bestimmung der abwickelbaren Fläche, von welcher die Mittelfläche der Platte im gebogenen Zustande nur sehr wenig abweicht. Der zweite Theil beschäftigt sich sodann mit der Aufsuchung der Dilatationen σ_1, σ_2, τ, welche durch die äussern Kräfte hervorgerufen werden; der dritte endlich mit den Bestimmungen der kleinen Abweichungen der wirklichen Gestalt der Mittelfläche von der gefundenen abwickelbaren Fläche.

Bei dem ersten Theil des Problems hat man sich nur der beiden letzten Gleichungen (92), sowie der drei letzten Gleichungen (93) zu bedienen. Aus den ersten nämlich ergiebt sich:

$$(94).\quad \begin{cases} Q_1 = -(A''\alpha_1 + B''\beta_1 + C''\gamma_1) \\ \qquad + \dfrac{Eh^3}{12(1-\mu^2)}\left(\dfrac{\partial(r_2-\mu s_1)}{\partial a} - (1-\mu)\dfrac{\partial r_1}{\partial b}\right) \\ Q_2 = -(A''\alpha_2 + B''\beta_2 + C''\gamma_2) \\ \qquad - \dfrac{Eh^3}{12(1-\mu^2)}\left(\dfrac{\partial(s_1-\mu r_2)}{\partial b} + (1-\mu)\dfrac{\partial r_1}{\partial a}\right). \end{cases}$$

Denken wir uns nun diese Werthe in die letzten drei Gleichungen (93) eingeführt. Dabei können wir die α, β, γ, r, s mittels der in erster Annäherung geltenden Formeln des § 67 durch die Functionen ξ_0, η_0, ζ_0, sowie durch die Grössen λ, φ, σ ausdrücken, welche zur Darstellung der entstehenden abwickelbaren Fläche benützt wurden.

Es entstehen auf diese Weise drei Differentialgleichungen, welche ξ_0, η_0, ζ_0, λ, φ, σ, $\varDelta$ enthalten, welche aber auch noch a_0, b_0 enthalten können, insofern es möglich ist, dass die auf einen Punkt des Randes wirkenden Kräfte von der Lage des Orts abhängig sein können, an welchem dieser Punkt sich ursprünglich befand.

Indess ist es leicht, von vorn herein einige dieser Grössen durch die übrigen auszudrücken. Aus den Gleichungen (70), (72), § 67 ergiebt sich sofort:

(95) . . . . $a_0 = a - \lambda \cos\varphi, \quad b_0 = b - \lambda \sin\varphi.$

Da wir hier nur von dem Rande der Platte sprechen, so bedeuten a, b die ursprünglichen Coordinaten eines Randelements, und sind als solche gegebene Functionen von s. Die obigen Gleichungen führen also a_0, b_0 zurück auf bekannte Functionen und auf die Unbekannten λ, φ, von denen die erstere hier die Strecke bedeutet, welche von der Randcurve auf einer Tangente der Gratlinie abgeschnitten wird, vom Berührungspunkt an gerechnet.

Differenziren wir jene Gleichungen, und führen als unabhängige Veränderliche jetzt überall den Bogen s der Randcurve ein, indem wir durch die oben angefügten Striche jetzt die Differentiation nach dieser Veränderlichen bezeichnen. Da p der Winkel der nach aussen gerichteten Normale der Randcurve gegen die XAxe war, so ist $90^0 + p$ der Winkel, welchen ds gegen jene Axe bildet; und die Cosinus dieses Elements gegen die Axen der X, Y, die Grössen a', b', haben die Werthe:

$$a' = -\sin p, \quad b' = \cos p.$$

Zugleich war (72)

$$a'_0 = \sigma' \cos\varphi, \quad b'_0 = \sigma' \sin\varphi.$$

Aus der Differentiation der Gleichungen (95) findet sich also:

$$\sigma' \cos\varphi = -\sin p - \lambda' \cos\varphi + \lambda \varphi' \sin\varphi$$
$$\sigma' \sin\varphi = \cos p - \lambda' \sin\varphi - \lambda \varphi' \cos\varphi;$$

oder wenn man einmal mit $\cos\varphi$, $\sin\varphi$, das andere Mal mit $\sin\varphi$, $-\cos\varphi$ multiplicirt, und jedesmal addirt:

(96) . . . . $\begin{cases} \sigma' = \sin(\varphi - p) - \lambda' \\ 0 = -\cos(\varphi - p) + \lambda\varphi'. \end{cases}$

Aus der zweiten dieser Gleichungen kann man λ durch φ und die gegebene Function p ausdrücken; aus der ersten findet sich dann ebenso σ', welches allein (nicht σ) in den Gleichungen des Problems vorkommt.

Und so sieht man, dass sich die Unbekannten auf fünf, auf ξ_0, η_0, ζ_0, φ, Δ zurückfüren lassen; oder selbst auf vier, da auch Δ leicht zu eliminiren ist.

Zwischen diesen Unbekannten bestehen nun ausser den erwähnten drei Gleichungen die beiden [vgl. § 67, (69)—(74)]:

$$(96a) \ldots \begin{cases} \xi'^2_0 + \eta'^2_0 + \zeta'^2_0 = \sigma'^2 \\ \xi''^2_0 + \eta''^2_0 + \zeta''^2_0 = \sigma''^2 + \sigma'^2 \varphi'^2. \end{cases}$$

Die rechten Theile dieser Gleichungen kann man nach dem Vorhergehenden durch σ und durch bekannte Functionen ausdrücken. Diese beiden Gleichungen, mit den erwähnten drei zusammen, genügen offenbar, um die fünf unbekannten Functionen zu bestimmen; es bleibt also nichts übrig, als die wirkliche Aufstellung der letztern Gleichungen, jener, welche aus den Randbedingungen entspringen.

Wenn man, um in die oben gegebenen Ausdrücke der Q die Werthe der r, s einführen zu können, wie sie in § 67 gefunden wurden, bei den auszuführenden Differentiationen die Differentialquotienten von s und λ nach a und b aus den Gleichungen (76) entnimmt, so erhält man zunächst:

$$\frac{\partial r_2}{\partial a} - \frac{\partial r_1}{\partial b} = -\frac{d(\Omega \sin\varphi)}{\lambda^2 \varphi' ds} - \frac{(\Omega \sin\varphi)\sigma'}{\lambda^3 \varphi'}$$

$$\frac{\partial s_1}{\partial b} + \frac{\partial r_1}{\partial a} = -\frac{d(\Omega \cos\varphi)}{\lambda^2 \varphi' ds} - \frac{(\Omega \cos\varphi)\sigma'}{\lambda^3 \varphi'}$$

$$\frac{\partial s_1}{\partial a} - \frac{\partial r_1}{\partial b} = 0, \quad \frac{\partial r_2}{\partial b} + \frac{\partial r_1}{\partial a} = 0;$$

und deswegen:

$$(97) \ldots \begin{cases} Q_1 = -(A''\alpha_1 + B''\beta_1 + C''\gamma_1) \\ \qquad - \frac{Eh^3}{12(1-\mu^2)} \left\{ \frac{\Omega\sigma' \sin\varphi}{\lambda^3 \varphi'} + \frac{\Omega' \sin\varphi}{\lambda^2 \varphi'} + \frac{\Omega \cos\varphi}{\lambda^2} \right\} \\ Q_2 = -(A''\alpha_2 + B''\beta_2 + C''\gamma_2) \\ \qquad + \frac{Eh^3}{12(1-\mu^2)} \left\{ \frac{\Omega\sigma' \cos\varphi}{\lambda^3 \varphi'} + \frac{\Omega' \cos\varphi}{\lambda^2 \varphi'} - \frac{\Omega \sin\varphi}{\lambda^2} \right\}. \end{cases}$$

Setzt man diese Ausdrücke nun in die drei letzten Gleichungen (93) ein, so ergeben sich dieselben in folgender Form:

$$
(98)\;.\;\left\{\begin{aligned}
\Delta' &= U'\alpha + V'\beta + W'\gamma \\
&- (A''\alpha_1 + B''\beta_1 + C''\gamma_1)\cos p - (A''\alpha_2 + B''\beta_2 + C''\gamma_2)\sin p \\
&- \frac{Eh^3}{12(1-\mu^2)}\left\{\frac{\Omega}{\lambda^2}\cos(\varphi - p) + \left(\frac{\Omega\sigma'}{\lambda^3\varphi'} + \frac{\Omega'}{\lambda^2\varphi'}\right)\sin(\varphi - p)\right\}, \\
\Delta \sin p &= U''\alpha_1 + V''\beta_1 + W''\gamma_1 \\
&+ \frac{Eh^3}{12(1-\mu^2)}\cdot\frac{\Omega}{\lambda}[\sin\varphi\sin(\varphi - p) + \mu\cos\varphi\cos(\varphi - p)], \\
-\dot{\Delta}\cos p &= U''\alpha_2 + V''\beta_2 + W''\gamma_2 \\
&- \frac{Eh^3}{12(1-\mu^2)}\cdot\frac{\Omega}{\lambda}[\cos\varphi\sin(\varphi - p) - \mu\sin\varphi\cos(\varphi - p)].
\end{aligned}\right.
$$

Statt der beiden letzten setzt man etwas bequemer die beiden Combinationen:

$$
\begin{aligned}
0 = (U''\alpha_1 + V''\beta_1 + W''\gamma_1)\cos p + (U''\alpha_2 + V''\beta_2 + W''\gamma_2)\sin p \\
+ \frac{Eh^3}{12(1-\mu^2)}\,\frac{\Omega}{\lambda}\,[\sin^2(\varphi - p) + \mu\cos^2(\varphi - p)]
\end{aligned}
$$

$$
\begin{aligned}
\Delta = (U''\alpha_1 + V''\beta_1 + W''\gamma_1)\sin p - (U''\alpha_2 + V''\beta_2 + W''\gamma_2)\cos p \\
+ \frac{Eh^3}{12(1+\mu)}\,\frac{\Omega}{\lambda}\,\sin(\varphi - p)\cos(\tilde{\varphi} - p).
\end{aligned}
$$

Führen wir endlich die Bezeichnungen ein:

$$
(99)\;.\;\left\{\begin{aligned}
K &= U'\alpha + V'\beta + W'\gamma - (A''\alpha_1 + B''\beta_1 + C''\gamma)\cos p \\
&\qquad - (A''\alpha_2 + B''\beta_2 + C''\gamma_2)\sin p \\
M &= (U''\alpha_1 + V''\beta_1 + W''\gamma_1)\cos p + (U''\alpha_2 + V''\beta_2 + W''\gamma_2)\sin p \\
N &= (U''\alpha_1 + V''\beta_1 + W''\gamma_1)\sin p - (U''\alpha_2 + V''\beta_2 + W''\gamma_2)\cos p,
\end{aligned}\right.
$$

so erhalten wir nach Elimination von Δ aus (98) die folgenden Gleichungen:

$$
(100).\left\{\begin{aligned}
0 &= K - \frac{dN}{ds} \\
&- \frac{Eh^3}{12(1-\mu^2)}\left[\frac{\Omega}{\lambda^2}\cos(\varphi - p) + \left(\frac{\Omega\sigma'}{\lambda^3\varphi'} + \frac{\Omega'}{\lambda^2\varphi'}\right)\sin(\varphi - p)\right. \\
&\qquad \left. + (1-\mu)\frac{d}{ds}\left(\frac{\Omega}{\lambda}\sin(\varphi - p)\cos(\varphi - p)\right)\right] \\
0 &= M + \frac{Eh^3}{12(1-\mu^2)}\cdot\frac{\Omega}{\lambda}[\sin^2(\varphi - p) + \mu\cos^2(\varphi - p)].
\end{aligned}\right.
$$

Man hat hier die Veränderliche Δ herausgeschafft; hingegen kann man Ω als Unbekannte neu einführen, und die Definitionsgleichung

$$(101)\,.\quad \Omega = \frac{\xi_0'''(\eta_0'\zeta_0''-\zeta_0'\eta_0'')+\eta_0'''(\zeta_0'\xi_0'-\xi_0'\zeta_0'')+\zeta_0'''(\xi_0'\eta_0''-\eta_0'\xi_0'')}{\varphi'^3\,\sigma'^3}$$

als neue Gleichung hinzufügen. In (96), 96[a]), (100), (101) hat man dann 7 Gleichungen mit ebensoviel unbekannten Functionen ξ, η, ζ, σ, λ, φ, Ω.

Die Ausdrücke, welche durch K, M, N bezeichnet wurden, haben eine einfache mechanische Bedeutung. Wenn ursprünglich Ξ, H, Z die auf die Flächeneinheit bezogenen Componenten der Kräfte waren, welche auf den Rand wirkten, zerlegt nach den Raumaxen, so sind

$$\Xi\alpha + H\beta + Z\gamma, \quad \Xi\alpha_1 + H\beta_1 + Z\gamma_1, \quad \Xi\alpha_2 + H\beta_2 + Z\gamma_2$$

die Componenten derselben Kräfte, zerlegt nach den im Randelement festen Axen der X, Y, Z, und es sind

$$\Xi\alpha + H\beta + Z\gamma$$
$$(\Xi\alpha_1 + H\beta_1 + Z\gamma_1)\cos p + (\Xi\alpha_2 + H\beta_2 + Z\gamma_2)\sin p$$
$$-(\Xi\alpha_1 + H\beta_1 + Z\gamma_1)\sin p + (\Xi\alpha_2 + H\beta_2 + Z\gamma_2)\cos p$$

die Componenten zerlegt nach den drei auf einander senkrechten Richtungen, welche durch die Z Axe, die positive Richtung des Bogenelements und die nach aussen gerichtete Normale des Randes gebildet werden. Multipliciren wir die letzten beiden Componenten mit $z\,dz\,ds$ und integriren von $-\frac{h}{2}$ bis $+\frac{h}{2}$, so erhalten wir $M ds$ und $-N ds$; und es sind demnach, wie man sofort übersieht, $M ds$ und $N ds$ diejenigen auf das Randelement ds wirkenden äussern Kräftepaare, welche um die positive Richtung des Bogenelements und um die nach aussen gerichtete Normale zu drehen bestrebt sind.

Die Grösse K besteht aus zwei Theilen. Der erste derselben ist die erste der obigen drei Componenten, nach z integrirt. Dieser Theil mit ds multiplicirt, ist also die nach der Normale der Mittelfläche gerichtete Componente der auf das Randelement ds wirkenden Kräfte. Der zweite Theil von K aber ist mit $-M$ ganz analog gebildet, nur dass dabei die auf das Innere wirkenden Kräfte eingeführt sind.

§ 71. Ein specieller Fall. Hindeutung auf die Theorie ursprünglich gekrümmter Platten.

Die Grössen K, M, N sind im Allgemeinen Functionen von s, ξ_0 etc. und machen dadurch die gleichzeitige Betrachtung aller 7 Differentialgleichungen nothwendig. Ich will indess eines Falles gedenken, in welchem die Behandlung des Systems sich wesentlich vereinfacht, indem K, M, N nur von s abhängen, und so von vorn herein gegebene Functionen sind. Dies tritt ein, wenn auf das Innere keine Kräfte wirken, auf den Rand aber Kräfte, welche mit dem Randelement der Grösse und Richtung nach fest verbunden sind.

In diesem Fall nämlich kann man aus der zweiten Gleichung (100) $\frac{\Omega}{\lambda}$ durch $(\varphi - p)$ ausdrücken; und indem man den erhaltenen Werth in die erste Gleichung (100) einführt, ergiebt sich eine Differentialgleichung erster Ordnung

$$(101a) \quad 0 = K - \frac{dN}{ds} + \Bigg[\frac{M\,[1 + tg^2(\varphi - p)]}{\sin^2(\varphi - p) + \mu\cos^2(\varphi - p)}\,\frac{d\varphi}{ds} + tg(\varphi - p)\,\frac{d}{ds}\left(\frac{M}{\sin^2(\varphi - p) + \mu\cos^2(\varphi - p)}\right) + (1 - \mu)\,\frac{d}{ds}\left(\frac{M\sin(\varphi - p)\cos(\varphi - p)}{\sin^2(\varphi - p) + \mu\cos^2(\varphi - p)}\right)\Bigg],$$

welche ausser φ nur gegebene Functionen von s enthält, und durch die Substitution $z = tg(\varphi - p)$ leicht von allem Trigonometrischen befreit wird. Hat man diese Gleichung integrirt, und demnach φ gefunden, so findet man Ω, λ, σ aus den Gleichungen

$$(101b) \quad \begin{cases} \lambda = \dfrac{\cos(\varphi - p)}{\varphi'}, \quad \sigma' = \sin(\varphi - p) - \lambda', \\[2ex] \Omega = -\dfrac{12(1 - \mu^2)}{Eh^3} \cdot \dfrac{\lambda M}{\sin^2(\varphi - p) + \mu\cos^2(\varphi - p)}. \end{cases}$$

Man kennt sonach vollständig den Winkel zweier nächsten Linien und zweier nächster Tangentenebenen der entstehenden abwickelbaren Fläche oder Krümmungsradius und Torsionsradius ihrer Gratlinie, sowie die Lage der später diese Gratlinie bildenden Curve in der ausgebreiteten Mittelfläche. Es bleibt endlich übrig, aus diesen Elementen die abwickelbare Fläche selbst, oder die Lage der Gratlinie im Raum darzustellen. Man benutzt hiezu die folgenden drei simultanen Gleichungen (96[a]), (101):

$$\xi_0'^2 + \eta_0'^2 + \zeta_0'^2 = \sigma'^2$$

$$\xi_0''^2 + \eta_0'' + \zeta_0''^2 = \sigma''^2 + \sigma'^2 \varphi'^2$$

$$\xi_0'''(\eta_0'\zeta_0'' - \zeta_0'\eta_0'') + \eta_0'''(\zeta_0'\xi_0'' - \xi_0'\zeta_0'') + \zeta_0'''(\xi_0'\eta_0'' - \eta_0'\xi_0'') = \Omega \,.\, \varphi'^3 \sigma'^3,$$

welche, wenn man darin ξ_0', η_0', ζ_0' als die Unbekannten ansieht, bezüglich zur 0ten, 1ten, 2ten Ordnung aufsteigen. Ein einfacheres Verfahren besteht darin, das man auf die Coefficienten α, β . . . zurückgeht. Mit Hülfe der Gleichungen (79), (80[b]) und der analogen bildet man nämlich leicht das folgende System, in welchen für die r, s ihre oben berechneten Werthe gesetzt sind:

$$\alpha' = \Omega\varphi'(\alpha_1 \sin\varphi - \alpha_2 \cos\varphi) \quad \alpha_1' = -\Omega\varphi'\alpha \sin\varphi \quad \alpha_2' = \Omega\varphi'\alpha\cos\varphi$$

$$\beta' = \Omega\varphi'(\beta_1 \sin\varphi - \beta_2 \cos\varphi) \quad \beta_1' = -\Omega\varphi'\beta \sin\varphi \quad \beta_2' = \Omega\varphi'\beta\cos\varphi$$

$$\gamma' = \Omega\varphi'(\gamma_2 \sin\varphi - \gamma_2 \cos\varphi) \quad \gamma_1' = -\Omega\varphi'\gamma \sin\varphi \quad \gamma_2' = \Omega\varphi'\gamma\cos\varphi.$$

Man bemerkt, dass die drei Gleichungen der ersten Horizontalreihe, welche nur die α enthalten, ein System für sich bilden, ebenso die der zweiten etc., und dass die andern Systeme mit dem ersten völlig identisch sind. Es kommt also nur darauf an, die Integrale eines dieser Systeme zu finden, wobei denn zugleich immer ein Integral

$$\alpha_1^2 + \alpha_2^2 + \alpha^2 = 1, \text{ etc.}$$

bekannt ist, sodann für die α, β, γ gleichartige Ausdrücke mit verschiedenen willkürlichen Constanten zu setzen, diese letzten endlich den Gleichungen (57) gemäss zu bestimmen. Die Werthe der ξ_0, η_0, ζ_0 finden sich nach Bestimmung dieser Coefficienten durch blosse Integration; denn es ist nach (77)

$$\frac{d\xi_0}{ds} = (\alpha_1 \cos\varphi + \alpha_2 \sin\varphi)\frac{d\sigma}{ds}$$

$$\frac{d\eta_0}{ds} = (\beta_1 \cos\varphi + \beta_2 \sin\varphi)\frac{d\sigma}{ds}$$

$$\frac{d\zeta_0}{ds} = (\gamma_1 \cos\varphi + \gamma_2 \sin\varphi)\frac{d\sigma}{ds}.$$

Es mag genügen, auf die Behandlung des Gegenstandes hier hingewiesen zu haben. Ich bemerke nur noch, dass die angedeutete Lösung in sofern nicht immer zu einem Ziel führt, als es von vorn herein Bedingung ist, dass die Linien der abwickelbaren Fläche sich nirgend innerhalb der Mittelfläche selbst schneiden dürfen. Wenn also die Lösung des Problems auf dergleichen Zustände führt, so muss man schliessen, dass in Wirklichkeit Ausnahmspunkte auftreten müssen, welche von der gegenwärtigen Betrachtung ausgeschlossen waren.

Aber umgekehrt kann man immer die Aufgabe lösen, diejenigen auf den Rand wirkenden Kräfte zu finden, welche geeignet sind, einer gegebenen Platte die Gestalt einer vorgeschriebenen abwickelbaren Fläche zu geben. Und zwar kann man dabei immer N verschwinden lassen, während M, K sich aus den Gleichungen (101^a), (101^b) bestimmen. Diese Bemerkung bildet die Grundlage für die Theorie solcher Platten, welche bereits im natürlichen Zustande die Gestalt einer abwickelbaren Fläche besitzen. Man sieht hier eine Reihe interessanter Probleme vor sich, welche sich naturgemäss denjenigen anreihen, die oben in Bezug auf dünne Stäbe behandelt worden sind, und welche man leicht ähnlich wie diese anzugreifen im Stande ist.

§ 72. Bestimmung der Dilatationen. Zweite Annäherung.

Wenn so der erste Theil des Problems nur auf ein System gewöhnlicher Differentialgleichungen führt, so führen hingegen die andern Theile auf simultane partielle Differentialgleichungen. Ich werde diese Probleme nur andeutend berühren.

Der zweite Theil des ganzen Problems beschäftigt sich mit der Bestimmung der Ausdehnungen und Verschiebungen σ_1, σ_2, τ, welche durch die äussern Kräfte in den Elementen der Platte hervorgerufen werden. Hiezu hat man die ersten drei Gleichungen (92), welche, wenn für Q_1, Q_2, r_1, r_2 etc. die im Vorigen gefundenen Näherungswerthe eingesetzt werden, in partielle Differentialgleichungen zur Bestimmung jener Functionen übergehen, in denen sämmtliche Coefficienten bekannte Functionen von λ, s, oder, was dasselbe ist, von a und b sind. Die allgemeinste Lösung solcher Gleichengen führt gewisse Willkürlichkeiten mit sich; und es sind die am Rande der Platte zu erfüllenden ersten beiden Gleichungen (93), welche zur Bestimmung derselben dienen. Ich bemerke nur noch, dass die allgemeinste Lösung der erwähnten Gleichungen (92) sich unter allen Umständen angeben lässt; eine eigenthümliche und merkwürdige Eigenschaft, auf deren Begründung ich hier nicht näher eingehen kann.

Der dritte Theil des Problems endlich beschäftigt sich mit den kleinen Correctionen, welche die zuvor gefundenen Werthe der ξ, η, ζ, α... in Folge einer Abweichung der gebogenen Mittelfläche von der Form einer abwickelbaren Fläche erfahren, sobald man sich nicht mehr gestattet, die kleinen Verschiebungen σ_1, σ_2, τ zu vernachlässigen. Um diese Correctionen zu bestimmen, setze ich in den ursprünglichen Formeln überall

$$\xi = \xi' + \xi'', \ \eta = \eta' + \eta'' \ldots, \ \alpha = \alpha' + \alpha'' \ldots \text{ etc.}$$

wo die mit einem obern Strich bezeichneten Grössen die im Vorigen gefundenen Annäherungswerthe bezeichnen, die ξ'' etc. aber Correctionen, sehr kleine Grössen erster Ordnung bezeichnen. Inzwischen ist schon in § 57 (35ᵃ) die Form angegeben, welche man den Correctionen der α geben muss, um den für die α zu erfüllenden Bedingungen (57) identisch zu genügen. Man kann nach jenen Formeln setzen:

$$\alpha_1'' = q_2\alpha' - q\alpha_2', \quad \alpha_2'' = q\alpha_1' - q_1\alpha', \quad \alpha'' = q_1\alpha_2' - q_2\alpha_1'$$
$$\beta_1'' = q_2\beta' - q\beta_2', \quad \beta_2'' = q\beta_1' - q_1\beta', \quad \beta'' = q_1\beta_2' - q_2\beta_1'$$
$$\gamma_1'' = q_2\gamma' - q\gamma_2', \quad \gamma_2'' = q\gamma_1' - q_1\gamma', \quad \gamma'' = q_1\gamma_2' - q_2\gamma_1',$$

wo die q von einander unabhängige, sehr kleine Grössen bezeichnen. In die Ausdrücke der r, s eingesetzt, giebt dies sofort für die Correctionen dieser Grössen die folgenden Ausdrücke:

$$(102)\ldots\begin{cases} r_1'' = \dfrac{\partial q_1}{\partial a} + q_2 r' - q r_2', & s_1'' = \dfrac{\partial q_1}{\partial b} + q_2 s' - q s_2' \\[2ex] r_2'' = \dfrac{\partial q_2}{\partial a} + q r_1' - q_1 r', & s_2'' = \dfrac{\partial q_2}{\partial b} + q s_1' - q_1 s' \\[2ex] r'' = \dfrac{\partial q}{\partial a} + q_1 r_2' - q_2 r_1', & s'' = \dfrac{\partial q}{\partial a} + q_1 s_2' - q_2 s_1'. \end{cases}$$

Die Correctionen der Grössen $\dfrac{\partial\xi}{\partial a}$, $\dfrac{\partial\xi}{\partial b}$ ... findet man aus den Gleichungen (58) indem man die Grössen Nullter Ordnung, welche auf beiden Seiten bereits gleich sind, fortlässt, und nur die Grössen erster Ordnung beibehält. Mit Benutzung der oben gegebenen Ausdrücke der α erhält man sodann:

$$(103)\;.\left\{\begin{aligned}
\frac{\partial\xi''}{\partial a}&=q_2\alpha'-q\alpha_2'+\alpha_1'\sigma_1\,, & \frac{\partial\xi''}{\partial b}&=q\alpha_1'-q\alpha'+\tau\alpha_1'+\sigma_2\alpha_2'\\
\frac{\partial\eta''}{\partial a}&=q_2\beta'-q\beta_2'+\beta_1'\sigma_1\,, & \frac{\partial\eta''}{\partial b}&=q\beta_1'-q_1\beta'+\tau\beta_1'+\sigma_2\beta_2'\\
\frac{\partial\zeta''}{\partial a}&=q_2\gamma'-q\gamma_2'+\gamma_1'\sigma_1\,, & \frac{\partial\zeta''}{\partial b}&=q\gamma_1'-q_1\gamma'+\tau\gamma_1'+\sigma_2\gamma_2'.
\end{aligned}\right.$$

Diese Gleichungen genügen eben, um die sechs Grössen q_1, q_2, q, σ_1, σ_2, τ durch die Differentialquotienten von ξ'', η'', ζ'' auszudrücken. Multiplicirt man die Gleichungen jedes dieser Systeme mit α_1', β_1', γ_1' oder mit α_2', β_2', γ_2' oder mit α', β', γ' und addirt jedesmal, so gelangt man, wegen der zwischen den α' etc. eintretenden Beziehungen (57) zu folgenden Ausdrücken:

$$(104)\;.\;.\left\{\begin{aligned}
\sigma_1&=\alpha_1'\frac{\partial\xi''}{\partial a}+\beta_1'\frac{\partial\eta''}{\partial a}+\gamma_1'\frac{\partial\zeta''}{\partial a}\,,\\
-q&=\alpha_2'\frac{\partial\xi''}{\partial a}+\beta_2'\frac{\partial\eta''}{\partial a}+\gamma_2'\frac{\partial\zeta''}{\partial a}\,,\\
q_2&=\alpha'\frac{\partial\xi''}{\partial a}+\beta'\frac{\partial\eta''}{\partial a}+\gamma'\frac{\partial\zeta''}{\partial a}\,,\\
q+\tau&=\alpha_1'\frac{\partial\xi''}{\partial b}+\beta_1'\frac{\partial\eta''}{\partial b}+\gamma_1'\frac{\partial\zeta''}{\partial b}\,,\\
\sigma_2&=\alpha_2'\frac{\partial\xi''}{\partial b}+\beta_2'\frac{\partial\eta''}{\partial b}+\gamma_2'\frac{\partial\zeta''}{\partial b}\,,\\
-q_1&=\alpha'\frac{\partial\xi''}{\partial b}+\beta'\frac{\partial\eta''}{\partial b}+\gamma'\frac{\partial\zeta''}{\partial b}.
\end{aligned}\right.$$

Aber inzwischen waren im zweiten Theile des Problems die Grössen σ_1, σ_2, τ bestimmt. Bildet man daher aus diesen sechs Gleichungen diejenigen drei Combinationen, welche die unbekannten Functionen q nicht mehr enthalten, so bilden die übrigen ein System von partiellen Differentialgleichungen zur Bestimmung von ξ'', η'', ζ''. Diese drei Combinationen sind:

$$(105)\;.\;.\left\{\begin{aligned}
\sigma_1&=\alpha_1'\frac{\partial\xi''}{\partial a}+\beta_1'\frac{\partial\eta''}{\partial a}+\gamma_1'\frac{\partial\zeta''}{\partial a}\\
\sigma_2&=\alpha_2'\frac{\partial\xi''}{\partial b}+\beta_2'\frac{\partial\eta''}{\partial b}+\gamma_2'\frac{\partial\zeta''}{\partial b}\\
\tau&=\alpha_2'\frac{\partial\xi''}{\partial a}+\beta_2'\frac{\partial\eta''}{\partial a}+\gamma_2'\frac{\partial\zeta''}{\partial a}\\
&\quad+\alpha_1'\frac{\partial\xi''}{\partial b}+\beta_1'\frac{\partial\eta''}{\partial b}+\gamma_1'\frac{\partial\zeta''}{\partial b}
\end{aligned}\right.$$

Auch diese Gleichungen, welche, wie die oben erwähnten, ihre allgemeinsten Lösungen in allen Fällen anzugeben gestatten, führen bei ihrer Integration gewisse Willkürlichkeiten mit sich. Zu ihrer Bestimmung bedarf man wieder gewisser am Rande zu erfüllender Bedingungen. Und diese ergeben sich, wenn man in denjenigen Gleichungen, die bei der ersten Annäherung benützt wurden, die Grössen erster Ordnung berücksichtigt. Man muss also erstlich sämmtliche Terme dieser Ordnung beibehalten, welche im Vorigen vernachlässigt wurden; insbesondere aber ist es nothwendig, bei den Grössen u, v, w und den Ausdrücken der Spannungen ebenfalls die Grössen der nächsten Ordnung beizubehalten, und demgemäss in den Gleichungen (60^a), (60^b) zu der nächsthöheren Annäherung fortzuschreiten, was übrigens den entwickelten Methoden gemäss leicht ausgeführt wird. So gelangt man zu einer modificirten Gestalt der letzten beiden Gleichungen (92) und der drei letzten Gleichungen (93); und wenn man in denselben die gefundenen Näherungswerthe nebst beigefügten Correctionen einführt, verschwinden die endlichen Terme identisch, während die Terme erster Ordnung die in Rede stehenden Bedingungen ergeben.

Ich habe hier eine kurze Skizze von der Reihenfolge der Probleme entwickelt, auf welche man bei der Behandlung des Problems endlicher Biegungen sehr dünner Platten geführt wird. Nur in einem einzigen Falle kann man ohne Weiteres vorschreiten, um die vorgeführten Probleme selbst zu untersuchen; dann nämlich, wenn die endlichen Biegungen aufhören, und nur die an die ursprüngliche Gestalt der Mittelfläche anzubringenden Correctionen aufzufinden sind. Dieser Fall, in welchem alle Theile der Platte von ihrer ursprünglichen Lage nur sehr wenig abweichen, soll jetzt eingehender behandelt werden.

§ 73. Kleine Verschiebungen.

Wenn die Platte nur sehr kleine Verschiebungen erfahren hat, so ist der ursprüngliche, natürliche Zustand selbst bereits die erste Annäherung. Unter solchen Umständen fallen überall die Axen X, Y, Z mit den Axen X', Y', Z' auch nach der Verschiebung nahezu in dieselbe Richtung; und die erste Annäherung besteht darin, dass man sie parallel werden lässt, dass man also setzt:

$$\alpha_1' = \beta_2' = \gamma' = 1\,, \quad \alpha_2' = \alpha' = \beta' = \beta_1' = \gamma_1' = \gamma_2' = 0.$$

So erhält man aus (104):

$$\sigma_1 = \frac{\partial \xi''}{\partial a}, \quad q + \tau = \frac{\partial \xi''}{\partial b}$$

$$-q = \frac{\partial \eta''}{\partial a}, \qquad \sigma_2 = \frac{\partial \eta''}{\partial b}, \qquad \tau = \frac{\partial \xi''}{\partial b} + \frac{\partial \eta''}{\partial a}$$

$$q_2 = \frac{\partial \zeta''}{\partial a}, \quad -q_1 = \frac{\partial \zeta''}{\partial b}.$$

Da zugleich die Grössen r', s', welche sich aus Differentialquotienten der constant gewordenen Grössen α', β' . . . zusammensetzen, offenbar verschwinden, so fallen die Grössen r'', s'' mit den r, s selbst zusammen, und man erhält aus (102):

$$r_1 = \frac{\partial q_1}{\partial a} = -\frac{\partial^2 \zeta''}{\partial a \partial b}, \qquad s_1 = \frac{\partial q_1}{\partial b} = -\frac{\partial^2 \zeta''}{\partial b^2}$$

$$r_2 = \frac{\partial q_2}{\partial a} = \frac{\partial^2 \zeta''}{\partial a^2}, \qquad s_2 = \frac{\partial q_2}{\partial b} = \frac{\partial^2 \zeta''}{\partial a \partial b}$$

$$r_0 = \frac{\partial q}{\partial a} = -\frac{\partial^2 \eta''}{\partial a^2}, \qquad s_0 = \frac{\partial q}{\partial b} = -\frac{\partial^2 \eta''}{\partial a \partial b}.$$

Im Obigen sind alle Grössen durch die kleinen Verschiebungen ξ'', η'', ζ'' ausgedrückt, welche die Theilchen der Mittelfläche, von der Ruhelage aus gerechnet, erfahren. Führen wir diese Ausdrücke in die Gleichungen (92), (93) ein, so erscheinen die Probleme des § 72 in modificirter Form. Und zwar ist es hier nicht nothwendig, bei der Berechnung der Spannungen mehr als die Terme niedrigster Ordnung, wie dies oben geschah, beizubehalten; denn diese werden bereits von einer höhern Ordnung, als in dem Falle endlicher Biegungen, indem die früher endlichen Grössen r, s hier Grössen der ersten Ordnung sind.

Die erwähnten Gleichungen gehen nun, durch Einführung von ξ'', η'', ζ'' (von denen ich jetzt der Kürze wegen die Indices auslassen will, so dass also ξ, η, ζ die Verschiebungen selbst bedeuten) in die folgenden über:

$$(105). \left\{ \begin{array}{l} \dfrac{\partial^2 \xi}{\partial a^2} + \mu \dfrac{\partial^2 \eta}{\partial a \partial b} + \dfrac{1-\mu}{2} \dfrac{\partial}{\partial b}\left(\dfrac{\partial \xi}{\partial b} + \dfrac{\partial \eta}{\partial a}\right) + \dfrac{(1-\mu^2)A'}{Eh} = 0 \\ \dfrac{\partial^2 \eta}{\partial b^2} + \mu \dfrac{\partial^2 \xi}{\partial a \partial b} + \dfrac{1-\mu}{2} \dfrac{\partial}{\partial a}\left(\dfrac{\partial \xi}{\partial b} + \dfrac{\partial \eta}{\partial a}\right) + \dfrac{(1-\mu^2)B'}{Eh} = 0 \\ \text{mit den Grenzbedingungen:} \\ \left(\dfrac{\partial \xi}{\partial a} + \mu \dfrac{\partial \eta}{\partial b}\right)\cos p + \dfrac{1-\mu}{2}\left(\dfrac{\partial \xi}{\partial b} + \dfrac{\partial \eta}{\partial a}\right)\sin p = \dfrac{1-\mu^2}{Eh} U' \\ \left(\dfrac{\partial \eta}{\partial b} + \mu \dfrac{\partial \xi}{\partial a}\right)\sin p + \dfrac{1-\mu}{2}\left(\dfrac{\partial \xi}{\partial b} + \dfrac{\partial \eta}{\partial a}\right)\cos p = \dfrac{1-\mu^2}{Eh} V' \end{array} \right.$$

und:

$$
(106).\left\{
\begin{aligned}
&\frac{\partial^4\zeta}{\partial a^4}+2\frac{\partial^4\zeta}{\partial a^2\partial b^2}+\frac{\partial^4\zeta}{\partial b^4}=\frac{12(1-\mu^2)}{Eh^3}\left(C'+\frac{\partial A''}{\partial a}+\frac{\partial B''}{\partial b}\right)\\
&+\frac{12}{h^2}\left\{\left(\frac{\partial\xi}{\partial a}+\mu\frac{\partial\eta}{\partial b}\right)\frac{\partial^2\zeta}{\partial a^2}+\left(\frac{\partial\eta}{\partial b}+\mu\frac{\partial\xi}{\partial a}\right)\frac{\partial^2\zeta}{\partial b^2}\right.\\
&\qquad\left.+(1-\mu)\left(\frac{\partial\xi}{\partial b}+\frac{\partial\eta}{\partial a}\right)\frac{\partial^2\zeta}{\partial a\partial b}\right\}\\
&\text{mit den Grenzbedingungen:}\\
&(1-\mu)\left(\frac{\partial^2\zeta}{\partial b^2}\sin^2p+\frac{\partial^2\zeta}{\partial a^2}\cos^2p+2\frac{\partial^2\zeta}{\partial a\partial b}\sin p\cos p\right)\\
&+\mu\left(\frac{\partial^2\zeta}{\partial a^2}+\frac{\partial^2\zeta}{\partial b^2}\right)=-\frac{12(1-\mu^2)}{Eh^3}(U''\cos p+V''\sin p)\\
&(1-\mu)\frac{\partial}{\partial s}\left\{\left(\frac{\partial^2\zeta}{\partial b^2}-\frac{\partial^2\zeta}{\partial a^2}\right)\sin p\cos p+\frac{\partial^2\zeta}{\partial a\partial b}(\cos^2p-\sin^2p)\right\}\\
&+\left(\frac{\partial^3\zeta}{\partial a^3}+\frac{\partial^3\zeta}{\partial a\partial b^2}\right)\cos p+\left(\frac{\partial^3\zeta}{\partial b^3}+\frac{\partial^3\zeta}{\partial b\partial a^2}\right)\sin p=\\
&=\frac{12(1-\mu^2)}{Eh^3}\left[A''\cos p+B''\sin p-W'+\frac{\partial(U''\sin p-V''\cos p)}{\partial s}\right].
\end{aligned}\right.
$$

Das erste dieser Systeme bestimmt, für sich, die Verschiebungen parallel der Mittelfläche selbst; das andere hingegen, wenn die ersten Verschiebungen bekannt sind, die Verschiebungen senkrecht zur Mittelfläche. In den letztern Gleichungen durften die Produkte der Verschiebungen nicht schlechthin vernachlässigt werden, insofern sie durch die sehr kleine Grösse h^2 dividirt sind. Auch haben jene Glieder unter Umständen einen sehr bedeutenden Einfluss. Bezüglich des erstern Systems bemerke ich noch, dass es genau mit den Systemen (154), (156) p. 166, übereinstimmt, nur dass hier noch Glieder auftreten, welche von den auf das Innere wirkenden Kräften abhängen, dass hingegen diejenigen Glieder fehlen, welche dort mit höhern Potenzen von h multiplicirt erschienen.

Ich werde die beiden Systeme (105), (106) für den Fall einer kreisförmigen Platte behandeln. In dem ersten Systeme werde ich über die Natur der äussern Kräfte gar keine Voraussetzungen machen. Im zweiten System aber werde ich zunächst die vereinfachende Voraussetzung eintreten lassen, dass die Verschiebungen ξ, η, der Mittelfläche parallel, welche in jenen Gleichungen auftreten, im Wesentlichen nur in einer gleichförmigen Ausdehnung bestehen, welche der ganzen Platte mitgetheilt sei; wobei der Fall nicht ausgeschlossen ist, dass noch andere Verschiebungen solcher Art vorhanden seien, nur seien sie klein genug, um die Vernachlässigung in dem letzten Gliede der ersten Gleichung (106) zu gestatten. Ich werde also annehmen, dass die in jener Gleichung auftretenden Grössen ξ, η aus dem System (105) erhalten werden, wenn man darin die auf das Innere wirkenden Kräfte A', B' gleich Null setzt, statt der auf den Rand wirkenden Kräfte U', V' aber eine überall gleiche normale Zugkraft einführt, welche für die Flächeneinheit berechnet den Werth T hat, so dass

$$U' = Th\cos p, \qquad V' = Th\sin p.$$

In diesem Fall ist, wenn wir dem Anfangspunkt der a, b keine Verrückungen parallel der Mittelfläche ertheilen, die Lösung der Gleichungen (105) in den Formeln enthalten:

$$\xi = \varepsilon a, \quad \eta = \varepsilon b,$$

wo

$$\varepsilon = \frac{1-\mu}{E}\, T.$$

Und es geht demnach die erste Gleichung (106) in die Form über, welche nur mit constanten Coefficienten behaftet ist:

$$(107)\,.\,.\ \frac{\partial^4\zeta}{\partial a^4} + 2\frac{\partial^4\zeta}{\partial a^2\partial b^2} + \frac{\partial^4\zeta}{\partial b^4} - \frac{12\,\varepsilon}{h^2}(1+\mu)\left(\frac{\partial^2\zeta}{\partial a^2} + \frac{\partial^2\zeta}{\partial b^2}\right)$$
$$= \frac{12\,(1-\mu^2)}{Eh^3}\left(C' + \frac{\partial A''}{\partial a} + \frac{\partial B''}{\partial b}\right).$$

Es soll später die weitere Transformation dieser Gleichung angegeben werden, deren man bei Schwingungsproblemen bedarf. Für die im Folgenden durchgeführten Gleichgewichtsprobleme aber werde ich insbesondere $\varepsilon = 0$ setzen.

§ 74. Kleine Verschiebungen einer kreisförmigen Platte in ihrer Ebene.

Im § 44 p. 168, sind bereits die allgemeinen Formeln angeführt, welche zur Einführung von Polarcoordinaten dienen, wie denn überhaupt das hier zu behandelnde Problem sich dem dort durchgeführten aufs genaueste anschliesst. Nehmen wir bei der kreisförmigen Platte den Mittelpunkt zum Anfangspunkt der a, b und setzen:

$$a = r\cos\vartheta, \quad b = r\sin\vartheta,$$

so hat man nach den Formeln des angeführten §:

$$\begin{aligned} da &= dr\cos\vartheta - r\sin\vartheta\, d\vartheta \\ db &= dr\sin\vartheta + r\cos\vartheta\, d\vartheta, \end{aligned}$$

und für jede Function Ω:

$$(108) \ldots \left\{ \begin{aligned} \frac{\partial\Omega}{\partial a} &= \frac{\partial\Omega}{\partial r}\cos\vartheta - \frac{\partial\Omega}{r\partial\vartheta}\sin\vartheta \\ \frac{\partial\Omega}{\partial b} &= \frac{\partial\Omega}{\partial r}\sin\vartheta + \frac{\partial\Omega}{r\partial\vartheta}\cos\vartheta \\ \frac{\partial\Omega}{\partial r} &= \frac{\partial\Omega}{\partial a}\cos\vartheta + \frac{\partial\Omega}{\partial b}\sin\vartheta \\ \frac{\partial\Omega}{r\partial\vartheta} &= -\frac{\partial\Omega}{\partial a}\sin\vartheta + \frac{\partial\Omega}{\partial b}\cos\vartheta. \end{aligned} \right.$$

Giebt man nun den beiden ersten Gleichungen (105) zuerst die Form:

$$\begin{aligned} \frac{\partial}{\partial a}\left(\frac{\partial\xi}{\partial a} + \frac{\partial\eta}{\partial b}\right) + \frac{1-\mu}{2}\frac{\partial}{\partial b}\left(\frac{\partial\xi}{\partial b} - \frac{\partial\eta}{\partial a}\right) &= -\frac{1-\mu^2}{Eh}A' \\ \frac{\partial}{\partial b}\left(\frac{\partial\xi}{\partial a} + \frac{\partial\eta}{\partial b}\right) - \frac{1-\mu}{2}\frac{\partial}{\partial a}\left(\frac{\partial\xi}{\partial b} - \frac{\partial\eta}{\partial a}\right) &= -\frac{1-\mu^2}{Eh}B' \end{aligned}$$

so hat man, indem man diese Gleichungen mit $\cos\vartheta$, $\sin\vartheta$ oder mit $-\sin\vartheta$, $\cos\vartheta$ multiplicirt, und jedesmal die Gleichungen (108) berücksichtigt:

$$
(109).\left\{
\begin{aligned}
&\frac{\partial}{\partial r}\left(\frac{\partial \xi}{\partial a}+\frac{\partial \eta}{\partial b}\right)+\frac{1-\mu}{2}\,\frac{\partial}{r\partial \vartheta}\left(\frac{\partial \xi}{\partial a}-\frac{\partial \eta}{\partial a}\right)\\
&\qquad=-\frac{(1-\mu^2)}{Eh}\,(A'\cos\vartheta+B'\sin\vartheta)\\
&\frac{\partial}{r\partial \vartheta}\left(\frac{\partial \xi}{\partial a}+\frac{\partial \eta}{\partial b}\right)-\frac{1-\mu}{2}\,\frac{\partial}{\partial r}\left(\frac{\partial \xi}{\partial b}-\frac{\partial \eta}{\partial a}\right)\\
&\qquad=\frac{(1-\mu^2)}{Eh}\,(A'\sin\vartheta-B'\cos\vartheta).
\end{aligned}\right.
$$

Ich werde zeigen, wie man die allgemeinen Integrale dieser Gleichungen findet, in einer Form, welche für die Betrachtung kreisförmiger Platten zweckmässig ist; eine Untersuchung, die übrigens genau der des § 44 analog verläuft. Zu diesem Ende denke ich mir zunächst die beiden Grössen

$$A'\cos\vartheta+B'\sin\vartheta,\quad A'\sin\vartheta-B'\cos\vartheta,$$

welche nichts anderes sind, als die Componenten der auf das Innere wirkenden Kräfte, zerlegt nach der Richtung des Radius und senkrecht dagegen, in der Form dargestellt:

$$
\begin{aligned}
\frac{1}{h}(A'\cos\vartheta+B'\sin\vartheta)&=\varrho_0+\varrho_1\cos\vartheta+\varrho_2\cos 2\vartheta\,.\,.\\
&\quad+\varrho_1'\sin\vartheta+\varrho_2'\sin 2\vartheta\,.\,.\,.\\
\frac{1}{h}(A'\sin\vartheta-B'\cos\vartheta)&=\nu_0+\nu_1\cos\vartheta+\nu_2\cos 2\vartheta\,.\,.\\
&\quad+\nu_1'\sin\vartheta+\nu_2'\sin 2\vartheta\,.\,.\,.
\end{aligned}
$$

Nach den im Frühern wiederholt angewandten Sätzen findet man die ϱ, ν sehr leicht, nämlich ausgedrückt durch die Formeln:

$$\varrho_0=\frac{1}{2\pi h}\int_0^{2\pi}(A'\cos\vartheta+B'\sin\vartheta)\,d\vartheta$$

$$\varrho_i=\frac{1}{\pi h}\int_0^{2\pi}(A'\cos\vartheta+B'\sin\vartheta)\cos i\vartheta\,d\vartheta,$$

$$\varrho_i'=\frac{1}{\pi h}\int_0^{2\pi}(A'\cos\vartheta+B'\sin\vartheta)\sin i\vartheta\,d\vartheta,$$

$$\nu_0=\frac{1}{2\pi h}\int_0^{2\pi}(A'\sin\vartheta-B'\cos\vartheta)\,d\vartheta,$$

$$\nu_i = \frac{1}{\pi h} \int_0^{2\pi} (A' \sin\vartheta - B' \cos\vartheta) \cos i\vartheta \, d\vartheta,$$

$$\nu_i' = \frac{1}{\pi h} \int_0^{2\pi} (A' \sin\vartheta - B' \cos\vartheta) \sin i\vartheta \, d\vartheta.$$

Setzt man nun in änlicher Weise:

$$(110) \begin{cases} \frac{\partial\xi}{\partial a} + \frac{\partial\eta}{\partial b} = u + u_1 \cos\vartheta + u_2 \cos 2\vartheta \ldots + u'_1 \sin\vartheta + u'_2 \sin 2\vartheta \ldots \\ \frac{\partial\xi}{\partial b} - \frac{\partial\eta}{\partial a} = v + v_1 \cos\vartheta + v_2 \cos 2\vartheta \ldots + v'_1 \sin\vartheta + v'_2 \sin 2\vartheta \ldots \end{cases}$$

wo die u, v nur noch Functionen des Radius sind, ebenso wie die ϱ, ν; so zerfallen beide Seiten der Gleichungen (109) in eine Reihe von Gliedern, welche mit den Sinus und Cosinus der Vielfachen von ϑ multiplicirt sind. Wenn man daher die Coefficienten entsprechender Sinus und Cosinus auf beiden Seiten einander gleich setzt, so erhält man die folgenden einzelnen Gleichungen, in denen i die Werthe 1, 2.. ∞ annehmen kann:

$$(111) \ldots \begin{cases} \frac{du}{dr} = -\frac{1-\mu^2}{E}\varrho_0 \\ \frac{du_i}{dr} + \frac{1-\mu}{2r} i v'_i = -\frac{1-\mu^2}{E}\varrho_i \\ \frac{du'_i}{dr} - \frac{1-\mu}{2r} i v_i = -\frac{1-\mu^2}{E}\varrho'_i \\ \frac{1-\mu}{2}\frac{dv}{dr} = -\frac{1-\mu^2}{E}\nu_0 \\ \frac{1-\mu}{2}\frac{dv_i}{dr} - \frac{1}{r} i u'_i = -\frac{1-\mu^2}{E}\nu_i \\ \frac{1-\mu}{2}\frac{dv'_i}{dr} + \frac{1}{r} i u_i = -\frac{1-\mu^2}{E}\nu'_i \end{cases}$$

Aus den ersten beiden Gleichungen findet man sofort:

$$(112) \;.\; u = A_0 - \frac{1-\mu^2}{E}\int_0^r \varrho_0 \, dr, \quad v = \frac{2B_0}{1-\mu} - \frac{2(1+\mu)}{E}\int_0^r \nu_0 \, dr,$$

wo A_0, B_0 willkürliche Constanten sind.

Die andern Gleichungen fallen unter das Schema:

$$(113) \quad \ldots\ldots\ldots \begin{cases} \dfrac{dU}{dr} + \dfrac{iV}{r} = S \\[2mm] \dfrac{dV}{dr} + \dfrac{iU}{r} = T, \end{cases}$$

wo S und T gegebene Functionen von r bedeuten.

Es ist leicht aus Gleichungen dieser Form die allgemeinen Werthe von U, V zu ermitteln.

Bildet man nämlich die Combinationen:

$$\frac{d(U+V)}{dr} + i\,\frac{U+V}{r} = S + T$$

$$\frac{d(U-V)}{dr} - i\,\frac{U-V}{r} = S - T,$$

so erhält man integrirbare Formen, sobald man die erste Gleichung mit r^i, die zweite mit $\frac{1}{r^i}$ multiplicirt, denn die entstehenden Formeln kann man in der Gestalt schreiben:

$$\frac{d.\,r^i(U+V)}{dr} = (S+T)\,r^i$$

$$\frac{d.\,\dfrac{U-V}{r^i}}{dr} = \frac{S-T}{r^i},$$

woraus durch Integration:

$$U + V = \frac{1}{r^i}\int_0^r (S+T)\,r^i\,dr + \frac{C}{r^i}$$

$$U - V = -\,r^i\int_r^R (S-T)\,\frac{dr}{r^i} + C'\,r^i.$$

Es bezeichnet hier R den Radius der Scheibe, und es sind in der letzten Gleichung die Integrationsgrenzen r, R statt 0, r gewählt, damit die zu integrirende Function innerhalb des Intervalls der Integration nicht unendlich werde.

Bemerken wir, dass überhaupt sämmtliche hier vorkommende Grössen auch für $r = 0$ benützbar werden müssen, also für diesen Werth von r nicht unendlich werden dürfen, so zeigt sich, dass $C = 0$ sein muss, alle übrigen Glieder erfüllen die in Rede stehende Bedingung. Man überzeugt sich davon sofort, wenn man sich statt $S+T$, $S-T$ die absolut grössten Werthe gesetzt denkt, welche diese Functionen auf der Scheibe überhaupt annehmen können. Sind diese Werthe M, N, so ist offenbar in Folge dessen, ohne Rücksicht auf die Vorzeichen:

$$\frac{1}{r^i}\int_0^r (S+T)\, r^i\, dr < \frac{M}{r^i}\int_0^r r^i\, dr$$

$$r^i \int_r^R (S-T)\,\frac{dr}{r^i} < N r^i \int_r^R \frac{dr}{r^i},$$

Wenn man die letzten Integrationen ausführt, so bleiben die betrachteten Ausdrücke bezüglich kleiner als die Grössen:

$$\frac{Mr}{i+1},\quad \frac{Nr^i}{i-1}\left(\frac{1}{r^{i-1}} - \frac{1}{R^{i-1}}\right),$$

oder, wenn $i=1$, kleiner als

$$\frac{Mr}{2},\ Nr\log\left(\frac{R}{r}\right);$$

Grössen, welche sämmtlich für $r=0$ keineswegs unendlich werden. Die Zulässigkeit der gefundenen Ausdrücke für U, V ist hierdurch dargethan. Demnach werden die Werthe von U und V selbst die folgenden:

$$U = \frac{1}{2r^i}\int_0^r (S+T)\, r^i\, dr - \frac{r^i}{2}\int_r^R (S-T)\,\frac{dr}{r^i} + \frac{C' r^i}{2}$$

$$V = \frac{1}{2r^i}\int_0^r (S+T)\, r^i\, dr + \frac{r^i}{2}\int_r^R (S-T)\,\frac{dr}{r^i} - \frac{C' r^i}{2},$$

welche nur noch die willkürliche Constante C' enthalten.

Wenden wir dies auf die Gleichungen (111) an, indem wir erstlich $U=u_i$, $V=\frac{1-\mu}{2}v_i'$, zweitens $U=u_i'$, $V=-\frac{1-\mu}{2}v_i$ setzen, so erhalten wir die Formeln:

$$(114)\ \ldots \left\{\begin{array}{l} u_i = U_i + A_i r^i,\quad v_i = V_i + \dfrac{2B_i r^i}{1-\mu} \\ u_i' = U_i' + B_i r^i,\quad v_i' = V_i' - \dfrac{2A_i r^i}{1-\mu}, \end{array}\right.$$

wobei durch U_i, U'_i, V_i, V'_i der Kürze wegen folgende gegebene Functionen von r bezeichnet sind:

$$(115)\left\{\begin{aligned} U_i &= -\frac{1-\mu^2}{2r^i E}\int_0^r(\varrho_i+\nu'_i)\,r^i\,dr+\frac{r^i(1-\mu^2)}{2E}\int_r^R(\varrho_i-\nu'_i)\frac{dr}{r^i}\\ U'_i &= -\frac{1-\mu^2}{2r^i E}\int_0^r(\varrho'_i-\nu_i)\,r^i\,dr+\frac{r^i(1-\mu^2)}{2E}\int_r^R(\varrho'_i+\nu_i)\frac{dr}{r^i}\\ V_i &= \frac{1+\mu}{r^i E}\int_0^r(\varrho'_i-\nu_i)\,r^i\,dr+\frac{r^i(1+\mu)}{E}\int_r^R(\varrho'_i+\nu_i)\frac{dr}{r^i}\\ V'_i &= -\frac{1+\mu}{r^i E}\int_0^r(\varrho_i+\nu'_i)\,r^i\,dr-\frac{r^i(1+\mu)}{E}\int_r^R(\varrho_i-\nu'_i)\frac{dr}{r^i}, \end{aligned}\right.$$

und wo A_i, B_i wieder willkürliche Constanten bezeichnen.

Setzt man in den Gleichungen (112) auch noch, diesen Bezeichnungen analog:

$$(116)\ \ldots\ U_0=-\frac{1-\mu^2}{E}\int_0^r\varrho_0\,dr,\quad V_0=-\frac{2(1+\mu)}{E}\int_0^r\nu_0\,dr,$$

so erhält man endlich aus (110) folgende Ausdrücke:

$$(117)\left\{\begin{aligned} \frac{\partial\xi}{\partial a}+\frac{\partial\eta}{\partial b} &= U_0+U_1\cos\vartheta+U_2\cos 2\vartheta\ldots+U'_1\sin\vartheta+U'_2\sin 2\vartheta\ldots\\ &\quad+A_0+A_1 r\cos\vartheta+A_2 r^2\cos 2\vartheta\ldots+B_1 r\sin\vartheta+B_2 r^2\sin 2\vartheta\ldots\\ \frac{\partial\xi}{\partial b}-\frac{\partial\eta}{\partial a} &= V_0+V_1\cos\vartheta+V_2\cos 2\vartheta\ldots+V'_1\sin\vartheta+V'_2\sin 2\vartheta\ldots\\ &\quad+\frac{2}{1-\mu}(B_0+B_1 r\cos\vartheta+B_2 r^2\cos 2\vartheta\ldots-A_1 r\sin\vartheta-A_2 r^2\sin 2\vartheta\ldots) \end{aligned}\right.$$

aus welchen die allgemeinsten Ausdrücke der ξ, η zu entwickeln sind. In diesen Gleichungen sind die U, V bestimmte Functionen, die A, B weiterhin zu bestimmende Constanten.

Durch die Ableitung der Gleichungen (117) ist ein erster Theil der Aufgabe bereits gelöst, indem man an Stelle der Differentialgleichungen zweiter Ordnung (109) nur noch Gleichungen erster Ordnung vor sich hat.

Um nun aber diese Gleichungen zu integriren, ist es zweckmässig, nicht die Verschiebungen ξ, η zu suchen, welche parallel den Coordinatenaxen ausgeführt werden, sondern die Verschiebungen in der Richtung des Radius und in derjenigen darauf senkrechten Richtung, welche der Richtung des wachsenden ϑ entspricht. Man kann sich dies so vorstellen, als habe bei der Verschiebung der Punkt r, ϑ eine Drehung φ am Radius r ausgeführt, und sei dann um eine kleine Strecke ϱ in der Richtung des Radius vorwärts gegangen, um in seine Endposition zu gelangen. Demnach hat man ganz analog den Formeln:

$$a = r \cos\vartheta, \quad b = r \sin\vartheta,$$

nach der Verschiebung:

$$a + \xi = (r + \varrho) \cos(\vartheta + \varphi), \quad b + \eta = (r + \varrho) \sin(\vartheta + \varphi);$$

und entwickelt man hier nach Potenzen der sehr kleinen Grössen ϱ, φ, indem man nur die ersten Potenzen beibehält, so ergeben sich die Formeln:

$$(118) \quad . \; . \quad \xi = \varrho \cos\vartheta - r\varphi \sin\vartheta, \quad \eta = \varrho \sin\vartheta + r\varphi \cos\vartheta,$$

mittels deren ξ, η durch die neuen Verschiebungen ϱ, φ auszudrücken sind.

Diese Ausdrücke, in die linken Theile von (117) eingeführt, ergeben, wenn zugleich die Differentiation nach a, b aus (108) durch eine Differentiation nach r, ϑ ersetzt wird:

$$\frac{\partial \xi}{\partial a} + \frac{\partial \eta}{\partial b} = \frac{\partial \varrho}{\partial r} + \frac{\partial \varphi}{\partial \vartheta} + \frac{\varrho}{r}$$

$$\frac{\partial \xi}{\partial b} - \frac{\partial \eta}{\partial a} = - r \frac{\partial \varphi}{\partial r} + \frac{\partial \varrho}{r \partial \vartheta} - 2\varphi.$$

Und nach Ausführung dieser Transformation sind φ, ϱ selbst sehr leicht zu finden. Denn man kann sich diese Grössen ebenfalls unter der Gestalt vorstellen:

$$\varrho = p_0 + p_1 \cos\vartheta + p_2 \cos 2\vartheta \ldots + p'_1 \sin\vartheta + p'_2 \sin 2\vartheta \ldots$$
$$\varphi = q_0 + q_1 \cos\vartheta + q_2 \cos 2\vartheta \ldots + q'_1 \sin\vartheta + q'_2 \sin 2\vartheta \ldots,$$

wobei die p, q Functionen von r allein sein sollen. Setzt man nun diese Reihen in die Gleichungen (117) ein, und vergleicht die Coefficienten gleicher Sinus und Cosinus, so erhält man die folgenden Gleichungen zur Bestimmung jener Grössen:

$$\frac{dp_0}{dr} \qquad + \frac{p_0}{r} = U_0 + A_0$$

$$\frac{dp_i}{dr} + i\,q'_i + \frac{p_i}{r} = U'_i + A_i\, r^i$$

$$\frac{dp'_i}{dr} + i\,q_i + \frac{p'_i}{r} = U'_i + B_i\, r^i$$

$$r\,\frac{dq_0}{dr} \qquad + 2q_0 = -V_0 - \frac{2B_0}{1-\mu}$$

$$r\,\frac{dq_i}{dr} - \frac{i}{r}\,p'_i + 2q_i = -V_i - \frac{2B_i r^i}{1-\mu}$$

$$r\,\frac{dq'_i}{dr} + \frac{i}{r}\,p_i + 2q'_i = -V'_i + \frac{2A_i r^i}{1-\mu}.$$

Diese Gleichungen fallen gleichfalls unter das Schema (113), wenn man sie mit r multiplicirt, und, indem man $r\ p_i$, $r^2\ p_i$, $r\,.\,p'_i$, $r^2 q'_i$ als die Unbekannten ansieht, ihnen die Form giebt:

$$\frac{d\,.\,rp_0}{dr} \qquad = r\,(U_0 + A),$$

$$\frac{d\,.\,rp_i}{dr} + \frac{ir^2q'_i}{r} = r\,(U_i + A_i\, r^i),$$

$$\frac{d\,.\,rp'_i}{dr} - \frac{i\,r^2q_i}{\partial r} = r\,(U'_i + B_i\, r^i),$$

$$\frac{d\,.\,r^2q_0}{dr} \qquad = -r\,V_0 - \frac{2Br}{1-\mu}$$

$$\frac{d\,.\,r^2q_i}{dr} - \frac{i\,.\,rp'_i}{r} = -V_i\, r - \frac{2B_i r^{i+1}}{1-\mu}$$

$$\frac{d\,.\,r^2q'_i}{dr} = \frac{i\,.\,r\,p_i}{r} = -V'_i\, r + \frac{2A_i r^{i+1}}{1-\mu}.$$

Die Benützung der früheren Formeln gibt daher sofort:

$$(119)\quad \begin{cases} p_0 = P_0 + \dfrac{A_0 r}{2}, \quad q_0 = Q_0 - \dfrac{B_0}{1-\mu} \\ p_i = P_i - \dfrac{A_i r^{i-1}}{4}\left(\dfrac{1+\mu}{1-\mu}\,\dfrac{r^2}{i+1} + \dfrac{3-\mu}{1-\mu}\,(R^2-r^2)\right) + C_i r^{i-1} \\ q_i = Q_i + \dfrac{B_i r^{i-2}}{4}\left(\dfrac{3-\mu}{1-\mu}\,\dfrac{r^2}{i+1} - \dfrac{1+\mu}{1-\mu}\,(R^2-r^2)\right) + D_i r^{i-2} \\ p'_i = P'_i - \dfrac{B_i r^{i-1}}{4}\left(\dfrac{3-\mu}{1-\mu}\,\dfrac{r^2}{i+1} + \dfrac{1+\mu}{1-\mu}\,(R^2-r^2)\right) + D_i r^{i-1} \\ q'_i = Q'_i - \dfrac{A_i r^{i-2}}{4}\left(\dfrac{1+\mu}{1-\mu}\,\dfrac{r^2}{i+1} - \dfrac{3-\mu}{1-\mu}\,(R^2-r^2)\right) - C_i r^{i-2}, \end{cases}$$

wobei P_0, Q_0, P_i, Q_i etc. folgende bekannte Functionen bedeuten:

$$P_0 = \frac{1}{r}\int_0^r r\, U_0\, dr, \qquad Q_0 = -\frac{1}{r^2}\int_0^r r\, V_0\, dr$$

$$P_i = \frac{1}{2\, r^{i+1}}\int_0^r r^{i+1}(U_i - V'_i)\, dr - \frac{r^{i-1}}{2}\int_r^R \frac{U_i + V'_i}{r^{i-1}}\, dr$$

$$Q_i = -\frac{1}{2 r^{i+2}}\int_0^r r^{i+1}(U'_i + V_i)\, dr - \frac{r^{i-2}}{2}\int_r^R \frac{U'_i - V_i}{r^{i-1}}\, dr$$

$$P'_i = \frac{1}{2 r^{i+1}}\int_0^r r^{i+1}(U'_i + V_i)\, dr - \frac{r^{i-1}}{2}\int_r^R \frac{U'_i - V_i}{r^{i-1}}\, dr$$

$$Q'_i = \frac{1}{2 r^{i+2}}\int_0^r r^{i+1}(U_i - V'_i)\, dr + \frac{r^{i-2}}{2}\int_r^R \frac{U_i + V'_i}{r^{i-1}}\, dr$$

und wo die C, D willkürliche Constanten sind. Die Integrationsconstanten bei p_0, q_0 sind gleich Null gesetzt, damit die Werthe von p_0, rq_0, für $r = 0$ nicht unendlich gross werden.

Fasst man alles zusammen, so hat man endlich für ϱ, φ folgende Ausdrücke, welche die allgemeinste hier anwendbare Lösung der Gleichungen (109) darstellen:

$$\begin{aligned}
\varrho = {} & P_0 + P_1 \cos\vartheta + P_2 \cos 2\vartheta \ldots + P'_1 \sin\vartheta + P'_2 \sin 2\vartheta \ldots \\
& + \frac{A_0 r}{2} + \frac{1+\mu}{4(1-\mu)}\left(\frac{A_1 r^2}{2}\cos\vartheta + \frac{A_2 r^3}{3}\cos 2\vartheta \ldots\right) \\
& \quad - \frac{3-\mu}{4(1-\mu)}\left(\frac{B_2 r^2}{2}\sin\vartheta + \frac{B_2 r^3}{3}\sin 3\vartheta \ldots\right) \\
& - (R^2 - r^2)\left[\frac{3-\mu}{4(1-\mu)}(A_1 \cos\vartheta + A_2\, r \cos 2\vartheta \ldots)\right. \\
& \qquad \left. + \frac{1+\mu}{4(1-\mu)}(B_1 \sin\vartheta + B_2\, r \sin 2\vartheta \ldots)\right] \\
& + C_1 \cos\vartheta + C_2\, r \cos 2\vartheta \ldots + D_1 \sin\vartheta + D_2\, r \sin 2\vartheta \ldots
\end{aligned}$$

$$\varphi = Q_0 + Q_1 \cos\vartheta + Q_2 \cos 2\vartheta \ldots + Q'_1 \sin\vartheta + Q'_2 \sin 2\vartheta \ldots$$
$$- \frac{B_0}{1-\mu} + \frac{3-\mu}{4(1-\mu)} \left(\frac{B_1 r}{2} \cos\vartheta + \frac{B_2 r^2}{3} \cos 2\vartheta \ldots \right)$$
$$- \frac{1+\mu}{4(1-\mu)} \left(\frac{A_1 r}{2} \sin\vartheta + \frac{A_2 r^2}{3} \sin 2\vartheta \ldots \right)$$
$$- (R^2 - r^2) \left[\frac{1+\mu}{4(1-\mu)} \left(\frac{B_1}{r} \cos\vartheta + B_2 \cos 2\vartheta \ldots \right) \right.$$
$$\left. - \frac{3-\mu}{4(1-\mu)} \left(\frac{A_1}{r} \sin\vartheta + A_2 \sin 2\vartheta \ldots \right) \right]$$
$$+ \frac{D_1}{r} \cos\vartheta + D_2 \cos 2\vartheta \ldots - \frac{C_1}{r} \sin\vartheta - C_2 \sin 2\vartheta \ldots.$$

Dass hier in φ die mit B, C, D behafteten Glieder unendlich gross werden, wenn $r = 0$, kann kein Bedenken erregen, denn es bleibt $r.\varphi$ endlich, und damit behalten auch die Verschiebungen ξ, η überall endliche Werthe.

Die Bestimmung der in diesen Ausdrücken vorkommenden willkürlichen Constanten geschieht nun mit Hülfe der Grenzbedingungen, welche am Rande der Platte zu erfüllen sind. Ist die Platte vollkommen frei, und gegebenen auf den Rand wirkenden Zugkräften unterworfen, so sind diese Grenzbedingungen die letzten beiden Gleichungen (105). Es ist nicht schwer, abgesehen von einiger Rechnung, in diesen Gleichungen statt ξ, η die Veränderlichen ϱ, φ einzuführen, die Differentiation nach a, b durch Differentiation nach r, ϑ zu ersetzen, die Kräfte U', V' selbst nach Sinus und Cosinus der Vielfachen von ϑ, ähnlich wie oben A', B', zu entwickeln, und indem man die Coefficienten gleicher Sinus und Cosinus auf beiden Seiten jener Gleichungen vergleicht, die nöthigen Bedingungen zur Bestimmung der A, B, C, D zu erhalten.

Ich werde die einfache Voraussetzung machen, die Platte sei mit ihrem Rande befestigt, so dass die Elemente des Randes nicht verschoben werden können. In diesem Fall geben die letzten Gleichungen (105) nur die Widerstandskräfte an, welche von der Befestigung zu leisten sind. Zur Bestimmung der Constanten aber hat man:

$$\xi = 0, \quad \eta = 0, \quad \text{für } r = R,$$

wenn R den Radius der Platte bezeichnet; oder, was dasselbe ist, $\varphi = 0$, $\varrho = 0$. Und so kann man auf die Gleichungen (119) zurückgehen, und die p, q, p', q' verschwinden lassen, was sofort die nöthigen Bedingungen aufs Einfachste ergiebt. Man erhält demnach, wenn man durch einen darübergesetzten Horizontalstrich andeutet, dass in den betreffenden Functionen R an die Stelle von r gesetzt werden soll:

$$A_0 = -\frac{2\overline{P}_0}{R}, \qquad B = \frac{(1-\mu)\overline{Q}_0}{R},$$

$$A_i = 2\,\frac{1-\mu}{1+\mu}\,\frac{i+1}{R^{i+1}}(\overline{P}_i + R\overline{Q}'_i), \qquad C_i = -\frac{\overline{P}_i - R\overline{Q}'_i}{2R^{i-1}}$$

$$B_i = 2\,\frac{1-\mu}{3-\mu}\,\frac{i+1}{R^{i+1}}(\overline{P}'_i - R\overline{Q}_i), \qquad D_i = -\frac{\overline{P}'_i + R\overline{Q}_i}{2R^{i-1}}.$$

Durch diese Bestimmung ist die Lösung des Problems vollständig gegeben.

§ 75. Kleine Verschiebungen einer kreisförmigen Platte senkrecht gegen ihre Ebene.

Die Gleichung (107), welche zur Bestimmung der transversalen Verschiebungen einer Platte bei gleichförmiger Spannung ihrer Fläche führt, ist viel bequemer zu behandeln. Denken wir uns die Mittelfläche durch concentrische Kreise und durch Radien zerlegt, so erhält man ein Doppelsystem von Linien, in welchen jede Linie des einen Systems jede Linie des andern senkrecht durchschneidet. Ferner entspricht jeder Linie des einen Systems (jedem concentrischen Kreise) ein individueller Werth von r, jeder des andern Systems (jedem Radius) ein individueller Werth von ϑ. Sind nun, wie hier, a, b die ursprünglichen rechtwinkligen Coordinaten, r, ϑ die einem solchen System entsprechenden neuen Veränderlichen, so wird die in p. 118 (102) aufgestellte allgemeine Transformationsformel, welche für jede Function B_0 gilt:

$$\frac{\partial^2 B_0}{\partial a^2} + \frac{\partial^2 B_0}{\partial b^2} = \frac{1}{\sqrt{AB}}\left\{\frac{\partial}{\partial r}\left(\sqrt{\frac{B}{A}}\,\frac{\partial B_0}{\partial r}\right) + \frac{\partial}{\partial \vartheta}\left(\sqrt{\frac{A}{B}}\,\frac{\partial B_0}{\partial \vartheta}\right)\right\};$$

und zwar sind dabei A, B die Coefficienten der Formel

$$ds^2 = A\,dr^2 + B\,d\vartheta^2,$$

durch welche das Quadrat eines beliebigen in der Fläche gezogenen Linienelements sich mittels der Elemente dr, $d\vartheta$ ausdrückt.

Indess kann man im vorliegenden Fall sich immer ein kleines rechtwinkliches Dreieck mit einer beliebig grossen und beliebig gerichteten Hypotenuse ds denken, dessen eine Kathete mit der Richtung des nach dem einen Ende von ds gezogenen Radius

r zusammenfällt. Die Länge dieser Kathete ist also die Distanz zweier durch die Endpunkte von ds gelegten concentrischen Kreise dr, indess die andre ein kleiner Kreissbogen $r\,d\vartheta$ wird. Somit hat man

$$ds^2 = dr^2 + r^2\,d\vartheta^2,$$

oder es folgt, wenn man dies mit dem obigen allgemeinen Ausdruck von ds^2 vergleicht:

$$A = 1, \qquad B = r^2,$$

so dass die Transformationsformel übergeht in:

$$\frac{\partial^2 B_0}{\partial a^2} + \frac{\partial^2 B_0}{\partial b^2} = \frac{\partial}{r\partial r}\left(r\,\frac{\partial B_0}{\partial r}\right) + \frac{1}{r^2}\,\frac{\partial^2 B_0}{\partial \vartheta^2}.$$

Dies auf die Gleichung (107) angewandt, giebt zunächst:

$$(119a)\;\ldots\;\frac{\partial^2 \zeta}{\partial a^2} + \frac{\partial^2 \zeta}{\partial b^2} = \frac{\partial^2 \zeta}{\partial r^2} + \frac{1}{r}\,\frac{\partial \zeta}{\partial r} + \frac{1}{r^2}\,\frac{\partial^2 \zeta}{\partial \vartheta^2},$$

sodann aber

$$\frac{\partial^4 \zeta}{\partial a^4} + 2\,\frac{\partial^4 \zeta}{\partial a^2\,\partial b^2} + \frac{\partial^4 \zeta}{\partial b^4} = \frac{\partial^2}{\partial a^2}\left(\frac{\partial^2 \zeta}{\partial a^2} + \frac{\partial^2 \zeta}{\partial b^2}\right) + \frac{\partial^2}{\partial b^2}\left(\frac{\partial^2 \zeta}{\partial a^2} + \frac{\partial^2 \zeta}{\partial b^2}\right)$$

$$= \frac{\partial^4 \zeta}{\partial r^4} + \frac{2}{r}\,\frac{\partial^3 \zeta}{\partial r^3} - \frac{1}{r^2}\,\frac{\partial^2 \zeta}{\partial r^2} + \frac{1}{r^3}\frac{\partial \zeta}{\partial r}$$

$$+ \frac{\partial^2}{\partial \vartheta^2}\left(\frac{2}{r^2}\,\frac{\partial^2 \zeta}{\partial r^2} - \frac{2}{r^3}\,\frac{\partial \zeta}{\partial r} + \frac{4\zeta}{r^4}\right) + \frac{1}{r^4}\,\frac{\partial^4 \zeta}{\partial \vartheta^4};$$

so dass jene Gleichung endlich folgende Gestalt annimmt:

$$(120)\left\{\begin{aligned} &\frac{\partial^4 \zeta}{\partial r^4} + \frac{2}{r}\,\frac{\partial^3 \zeta}{\partial r^3} - \frac{1}{r^2}\,\frac{\partial^2 \zeta}{\partial r^2} + \frac{1}{r^3}\,\frac{\partial \zeta}{\partial r} - \frac{12\varepsilon\,(1+\mu)}{h^2}\left(\frac{\partial^2 \zeta}{\partial r^2} + \frac{1}{r}\,\frac{\partial \zeta}{\partial r}\right) \\ &+ \frac{\partial^2}{\partial \vartheta^2}\left[\frac{2}{r^2}\,\frac{\partial^2 \zeta}{\partial r^2} - \frac{2}{r^3}\,\frac{\partial \zeta}{\partial r} + \frac{4\zeta}{r^4} - \frac{12\varepsilon\,(1+\mu)}{h^2}\,\frac{\zeta}{r^2}\right] + \frac{1}{r^4}\,\frac{\partial^4 \zeta}{\partial \vartheta^4} \\ &= \frac{12\,(1-\mu^2)}{Eh^3}\left(C' + \frac{\partial A''}{\partial a} + \frac{\partial B''}{\partial b}\right). \end{aligned}\right.$$

Ich stelle mir nun die Function $C' + \frac{\partial A''}{\partial a} + \frac{\partial B''}{\partial b}$ nach Sinus und Cosinus der Vielfachen von ϑ entwickelt vor, so dass

$$C' + \frac{\partial A''}{\partial a} + \frac{\partial B''}{\partial b} = \gamma_0 + \gamma_1 \cos\vartheta + \gamma_2 \cos 2\vartheta \ldots + \gamma'_1 \sin\vartheta + \gamma'_2 \sin 2\vartheta \ldots,$$

wo die Grössen

$$(120a) \ldots \begin{cases} \gamma_0 = \frac{1}{2\pi}\int_0^{2\pi}\left(C' + \frac{\partial A''}{\partial a} + \frac{\partial B''}{\partial b}\right) d\vartheta \\ \gamma_i = \frac{1}{\pi}\int_0^{2\pi}\left(C' + \frac{\partial A''}{\partial a} + \frac{\partial B''}{\partial b}\right) \cos i\vartheta \, d\vartheta \\ \gamma'_i = \frac{1}{\pi}\int_0^{2\pi}\left(C' + \frac{\partial A''}{\partial a} + \frac{\partial B''}{\partial b}\right) \sin i\vartheta \, d\vartheta \end{cases}$$

allein Functionen von r sind. Denkt man sich, um den allgemeinsten aus (120) entspringenden Ausdruck der gesuchten Function ζ zu finden, diese in ähnlicher Weise in die Reihe entwickelt:

$$\zeta = \zeta_0 + \zeta_1 \cos\vartheta + \zeta_2 \cos 2\vartheta \ldots + \zeta'_1 \sin\vartheta + \zeta'_2 \sin 2\vartheta \ldots,$$

wo auch ζ_0, ζ_1 etc. nur noch von r abhängen sollen, so gehen beide Seiten der Gleichung (120) in analoge Entwicklungen über; und indem man die Coefficienten gleicher Sinus und Cosinus vergleicht, erhält man zur Bestimmung der ζ_i folgende Gleichung:

$$(121) \ldots \begin{cases} \frac{d^4\zeta_i}{dr^4} + \frac{2}{r}\frac{d^3\zeta_i}{dr^3} - \frac{1}{r^2}\frac{d^2\zeta_i}{dr^2} + \frac{1}{r^3}\frac{d\zeta_i}{dr} - \frac{12\varepsilon(1+\mu)}{h^2}\left(\frac{d^2\zeta_i}{dr^2} + \frac{1}{r}\frac{d\zeta_i}{dr}\right) \\ -i^2\left[\frac{2}{r^2}\frac{d^2\zeta_i}{dr^2} - \frac{2}{r^3}\frac{d\zeta_i}{dr} + \frac{4\zeta}{r^4} - \frac{12\varepsilon(1+\mu)}{h^2}\frac{\zeta_i}{r^2}\right] + \frac{i^4}{r^4}\zeta_i = \frac{12(1-\mu^2)}{Eh^3}\gamma_i. \end{cases}$$

Für ζ_i' erhält man ganz dieselbe Gleichung, nur dass γ_i' an die Stelle von γ_i tritt.

Es hat keine Schwierigkeit, zu den allgemeinen Integralen dieser Gleichung zu gelangen, indem man zunächst den rechten Theil vernachlässigt, die Integrale in Reihenform aufsucht, und sodann die Berücksichtigung des rechten Theils mit Hülfe der Variation der Constanten ausführt. Indessen soll im Folgenden der Einfachheit wegen $\varepsilon = 0$ gesetzt werden, so dass in der Platte keine Spannung nach der Ebene ihrer Mittelfläche vorhanden ist. Man kann dann auf gleiche Weise verfahren, hat aber den Vortheil, dass man keiner Reihenentwicklung bedarf. Ersetzen wir nämlich dann die Gleichung (121) durch die Combination der beiden folgenden:

$$(122) \ldots \begin{cases} \frac{d^2\Omega}{dr^2} + \frac{1}{r}\frac{d\Omega}{dr} - \frac{i^2\Omega}{r^2} = \frac{12(1-\mu^2)}{Eh^3}\gamma_i, \\ \frac{d^2\zeta_i}{dr^2} + \frac{1}{r}\frac{d\zeta_i}{dr} - \frac{i^2\zeta_i}{r^2} = \Omega, \end{cases}$$

aus welchen wirklich die Gleichung (121) (für $\varepsilon = 0$) hervorgeht, wenn man den Werth von Ω aus der zweiten in die erste einsetzt. Vernachlässigt man nun zuerst das von γ_i abhängige Glied, und nimmt ζ, Ω versuchsweise als Potenzen von r an, so findet sich leicht das vollständige Integral jener Gleichungen ausgedrückt durch;

$$(123) \quad \ldots\ldots \zeta_i = A_i\, r^i + B_i\, r^{i+2} + \frac{C_i}{r^i} + \frac{D_i}{r^{i-2}}$$

wo A_i, B_i, C_i, D_i willkürliche Constanten bedeuten. Will man nun in der ersten Gleichung (122) das von γ_i abhängige Glied berücksichtigen, so muss man die A, B, C, D nach der Methode der Variation der Constanten als Functionen von r ansehen. Da man aber hiebei statt einer gesuchten Function ζ vier dergleichen eingeführt hat, so kann man noch drei beliebige Gleichungen zwischen diesen Grössen annehmen. Man wählt diese Gleichungen dann so, dass nicht nur ζ selbst, sondern auch seine drei ersten Differentialquotienten, d. h. neben $\frac{d\zeta_i}{dr}$ auch Ω und $\frac{d\Omega}{dr}$ genau dieselbe Form beibehalten, wie wenn die Grössen A, B, C, D noch constant wären, indem man jedesmal bei der Bildung eines Differentialquotienten von ζ die von der Differentiation der A etc. herrührenden Terme zusammen verschwinden lässt. Dies giebt denn die Bedingungen:

$$(124) \ldots \begin{cases} 0 = r^i \dfrac{dA_i}{dr} + r^{i+2} \dfrac{dB_i}{dr} + \dfrac{1}{r^i} \dfrac{dC_i}{dr} + \dfrac{1}{r^{i-2}} \dfrac{dD_i}{dr} - \\[2ex] 0 = i\,.\,r^{i-1} \dfrac{dA_i}{dr} + (i+2)\, r^{i+1} \dfrac{dB_i}{dr} - \dfrac{1}{r^{i+1}} \dfrac{dC_i}{dr} - \dfrac{i-2}{r^{i-1}} \dfrac{dD_i}{dr} \\[2ex] 0 = i\,(i-1)\, r^{i-2} \dfrac{dA_i}{dr} + (i+2)\,(i+1)\, r^i \dfrac{dB_i}{dr} \\[2ex] \quad + \dfrac{i(i+1)}{r^{i+2}} \dfrac{dC_i}{dr} + \dfrac{(i-2)(i-1)}{r^i} \dfrac{dD_i}{dr}\,; \end{cases}$$

und nachdem wir dies angenommen haben, bleibt von den Gleichungen (122) oder von der Gleichung (121) nichts übrig, als:

$$(125) \ldots \frac{12\,(1-\mu^2)}{Eh^3}\, \gamma_i = i\,(i-1)(i-2)\, r^{i-3} \frac{dA_i}{dr} + (i+2)(i+1)\, i \frac{dB_i}{dr}$$
$$- \frac{i\,(i+1)(i+2)}{r^{i+3}} \frac{dC_i}{dr} - \frac{(i-2)(i-1)\, i}{r^{i+1}} \frac{dD_i}{dr}\,.$$

Die vier Gleichungen (124), (125) genügen völlig, um zunächst auf lineare Weise die Differentialquotienten der A etc., dann aber durch Integration diese selbst zu bestimmen. Die Behandlung des obigen Systems geschieht auf elegante Weise so, dass man durch passende Potenzen von r dividirt, sodann aber die erste Gleichung (124), mit passenden Zahlen multiplicirt von den andern abzieht, und auf diese Weise dem System zunächst die Form giebt:

$$r^{i-3}\frac{dA_i}{dr} + r^{i-1}\frac{dB_i}{dr} + \frac{1}{r^{i+3}}\frac{dC_i}{dr} + \frac{1}{r^{i+1}}\frac{dD_i}{dr} = 0$$

$$i\, r^{i-3}\frac{dA_i}{dr} + (i+2)\, r^{i-1}\frac{dB_i}{dr} - \frac{1}{r^{i+3}}\frac{dC_i}{dr} - \frac{i-2}{r^{i+1}}\frac{dD_i}{dr} = 0$$

$$i^2\, r^{i-3}\frac{dA_i}{dr} + (i+2)^2 r^{i-1}\frac{dB_i}{dr} + \frac{i^2}{r^{i+3}}\frac{dC_i}{dr} + \frac{(i-2)^2}{r^{i+1}}\frac{dD_i}{dr} = 0$$

$$i^3\, r^{i-3}\frac{dA_i}{dr} + (i+2)^3 r^{i-1}\frac{dB_i}{dr} - \frac{i^3}{r^{i+3}}\frac{dC_i}{dr} - \frac{(i-2)^3}{r^{i+1}}\frac{dD_i}{dr} =$$

$$= \frac{12(1-\mu^2)}{Eh^3}\gamma_i.$$

In diesen Gleichungen erscheinen als Unbekannte die Grössen

$$r^{i-3}\frac{dA_i}{dr},\quad r^{i-1}\frac{dB_i}{dr},\quad \frac{1}{r^{i+3}}\frac{dC_i}{dr},\quad \frac{1}{r^{i+1}}\frac{dD_i}{dr},$$

ihre Coefficienten aber sind die aufeinanderfolgenden Potenzen von i, $i+2$, $-i$, $-i+2$. Es ist aus den Elementen der Algebra bekannt, dass die Auflösungen eines Systems von der Form:

$$\begin{array}{l} x_1 + x_2 + x_n \ldots = 0 \\ a_1 x_1 + a_2 x_2 + a_n x_n \ldots = 0 \\ a_1^2 x_1 + a_2^2 x_2 + a_n^2 x_n \ldots = 0 \\ \quad \cdot \quad \cdot \quad \cdot \quad \cdot \quad \cdot \quad \cdot \\ a_1^{n-1} x_1 + a_2^{n-1} x_2 + a_n^{n-1} x_n \ldots = \varkappa \end{array}$$

in der Formel:

$$x_i = \frac{\varkappa}{(a_i - a_1)(a_i - a_2)\ldots(a_i - a_n)}$$

enthalten sind; wo im Nenner nur der verschwindende Factor $a_i - a_i$ auszulassen ist. Mit Anwendung dieser Formel erhält man aus den vorstehenden Gleichungen die Werthe:

$$r^{i-3}\frac{dA_i}{dr} = -\frac{3(1-\mu^2)}{2.i(i-1)Eh^3}\gamma_i$$

$$r^{i-1}\frac{dB_i}{dr} = \frac{3(1-\mu^2)}{2.i(i+1)Eh^3}\gamma_i$$

$$\frac{1}{r^{i+3}}\frac{dC_i}{dr} = -\frac{3(1-\mu^2)}{2.i(i+1)\,Eh^3}\gamma_i$$

$$\frac{1}{r^{i+1}}\frac{dD_i}{dr} = \frac{3(1-\mu^2)}{2.i(i-1)\,Eh^3}\gamma_i,$$

und daraus durch Integration:

$$A_i = \frac{3(1-\mu^2)}{2\,i\,(i-1)\,Eh^3}\int_r^R \frac{\gamma_i\,dr}{r^{i-3}} + K_i$$

$$B_i = -\frac{3(1-\mu^2)}{2\,i\,(i+1)\,Eh^3}\int_r^R \frac{\gamma_i\,dr}{r^{i-1}} + L_i$$

$$C_i = -\frac{3(1-\mu^2)}{2\,i\,(i+1)\,Eh^3}\int_0^r \gamma_i\,r^{i+3}\,dr + M_i$$

$$D_i = \frac{3(1-\mu^2)}{2\,i\,(i-1)\,Eh^3}\int_0^r \gamma_i\,.\,r^{i+1}\,dr + N_i,$$

wo denn die K, L, M, N wirkliche Constanten bedeuten. Von diesen bestimmen zwei sich sogleich. Denn damit der Werth von ζ und seine in den Gleichungen (122) auftretenden Differentialquotienten und Verbindungen aus (123) durch Einführung dieser Werthe für $r=0$ in keiner Weise unendlich werden, müssen M_i, N_i nothwendig verschwinden. Und setzt man nun der Kürze wegen:

$$(126)\;.\; z_i = \frac{3(1-\mu^2)}{2\,i\,Eh^3}\left\{ r^i \int_r^R \frac{\gamma_i}{(i-1)r^{i-3}}\,dr - r^{i+2}\int_r^R \frac{\gamma_i}{(i+1)r^{i-1}}\,dr - \frac{1}{r^i}\int_0^r \frac{\gamma_i}{i+1}\,r^{i+3}\,dr + \frac{1}{r^{i-2}}\int_0^r \frac{\gamma_i}{i-1}\,r^{i+1}\,dr \right\}$$

wo also z_i eine vollkommen gegebene Function ist, so wird der allgemeine Ausdruck von ζ_i:

$$(127)\ldots\ldots\; \zeta_i = z_i + K_i\,r^i + L_i\,r^{i+2}.$$

Nur die Fälle $i=0$ und $i=1$ erfordern noch eine besondere Betrachtung. In diesen Fällen wird das Integral der Gleichung (121) nicht mehr durch die Form (123) dargestellt, sondern man erhält:

$$\zeta_0 = A_0 + B_0\,r^2 + (C_0 + D_0\,r^2)\log r$$

$$\zeta_1 = A_1 r + B_1\,r^3 + \frac{C_1}{r} + D_1 r \log r.$$

An Stelle der Systeme (124), (125) treten dann die folgenden:

$$\frac{dA_0}{dr} + r^2 \frac{dB_0}{dr} + \log r \frac{dC_0}{dr} + r^2 \log r \frac{dD_0}{dr} = 0$$

$$2r \frac{dB_0}{dr} + \frac{1}{r}\frac{dC_0}{dr} + r(1+2\log r)\frac{dD_0}{dr} = 0$$

$$2\frac{dB_0}{dr} - \frac{1}{r^2}\frac{dC_0}{dr} + (3+2\log r)\frac{dD_0}{dr} = 0$$

$$\frac{2}{r^3}\frac{dC_0}{dr} + \frac{2}{r}\frac{dD_0}{dr} = \frac{12(1-\mu^2)\gamma_0}{Eh^3}$$

und:

$$r\frac{dA_1}{dr} + r^3 \frac{dB_1}{dr} + \frac{1}{r}\frac{dC_1}{dr} + r\log r \frac{dD_1}{dr} = 0$$

$$\frac{dA_1}{dr} + 3r^2\frac{dB_1}{dr} - \frac{1}{r^2}\frac{dC_1}{dr} + (1+\log r)\frac{dD_1}{dr} = 0$$

$$6r\frac{dB_1}{dr} + \frac{2}{r^3}\frac{dC_1}{dr} + \frac{1}{r}\frac{dD_1}{dr} = 0$$

$$6\frac{dB_1}{dr} - \frac{6}{r^4}\frac{dC_1}{dr} - \frac{1}{r^2}\frac{dD_1}{dr} = \frac{12(1-\mu^2)\gamma_1}{Eh^3},$$

und man erhält hieraus:

$$\frac{dA_0}{dr} = \frac{3(1-\mu^2)\gamma_0 r^3(1-\log r)}{Eh^3}, \quad A_0 = K_0 - \frac{3(1-\mu^2)}{Eh^3}\int_r^R \gamma_0 r^3(1-\log r)dr$$

$$\frac{dB_0}{dr} = -\frac{3(1-\mu^2)\gamma_0 r(1+\log r)}{Eh^3}, \quad B_0 = L_0 + \frac{3(1-\mu^2)}{Eh^3}\int_r^R \gamma_0 r(1+\log r)\,dr$$

$$\frac{dC_0}{dr} = \frac{3(1-\mu^2)\gamma_0 r^3}{Eh^3}, \quad C_0 = M_0 + \frac{3(1-\mu^2)}{Eh^3}\int_0^r \gamma_0 r^3\,dr$$

$$\frac{dD_0}{dr} = \frac{3(1-\mu^2)\gamma_0 r}{Eh^3}, \quad D_0 = N_0 + \frac{3(1-\mu^2)}{Eh^3}\int_0^r \gamma_0 r\,dr$$

$$\frac{dA_1}{dr} = \frac{3(1-\mu^2)\gamma_1}{Eh^3} r^2 \log r, \quad A_1 = K_1 - \frac{3(1-\mu^2)}{Eh^3}\int_r^R \gamma_1 r^2 \log r\,dr$$

$$\frac{dB_1}{dr} = \frac{3(1-\mu^2)\gamma_1}{4Eh^3}, \quad B_1 = L_1 - \frac{3(1-\mu^2)}{4Eh^3}\int_r^R \gamma_1\,dr$$

$$\frac{dC_1}{dr} = -\frac{3(1-\mu^2)\gamma_1}{4Eh^3} r^4, \qquad C_1 = M_1 - \frac{3(1-\mu^2)}{4Eh^3}\int^r \gamma_1 r^4 \, dr$$

$$\frac{dD_1}{dr} = -\frac{3(1-\mu^2)\gamma_1}{Eh^3} r^2, \qquad D_1 = N_1 - \frac{3(1-\mu^2)}{Eh^3}\int_0^r \gamma_1 r^2 \, dr.$$

Auch hier müssen die Constanten M_0, N_0, M_1, N_1 gleich Null gesetzt werden, damit ζ_0, ζ_1 und ihre Differentialquotienten für $r = 0$ nicht unendlich gross seien. Und bezeichnet man analog mit (126) durch z_0, z_1 die Functionen:

$$(128) \begin{cases} z_0 = \dfrac{3(1-\mu^2)}{Eh^3}\Big\{-\displaystyle\int_r^R \gamma_0 r^3 (1-\log r)\, dr + r^2 \int_r^R \gamma_0 r (1+\log r) dr \\ \qquad + \log r \displaystyle\int_0^r \gamma_0 r^3 \, dr + r^2 \log r \int_0^r \gamma_0 r \, dr\Big\} \\ z_1 = \dfrac{3(1-\mu^2)}{Eh^3}\Big\{-r\displaystyle\int_r^R \gamma_1 r^2 \log r \, dr - \frac{r^3}{4}\int_r^R \gamma_1 \, dr \\ \qquad - \dfrac{1}{4r}\displaystyle\int_0^r \gamma_1 r^4 \, dr - r \log r \int_0^r \gamma_1 r^2 \, dr\Big\}, \end{cases}$$

so ergeben sich für ζ_0, ζ_1 die Werthe:

$$\zeta_0 = z_0 + K_0 + L_0 r^2$$
$$\zeta_1 = z_1 + K_1 r + L_1 r^3,$$

so dass, abgesehen von den Ausdrücken der z_0, z_1, auch ζ_0, ζ_1 in der allgemeinen Formel (127) enthalten sind.

Die Ausdrücke der ζ' sind ebenso in der Formel

$$\zeta_i' = z_i + K_i r^i + L_i r^{i+2}$$

enthalten; und die Werthe der z' findet man aus den z, wenn man darin die γ durch die γ' ersetzt.

Es sind endlich noch, vermöge der Grenzbedingungen, die Constanten K, L zu bestimmen. Ich werde annehmen, die Platte sei mit ihrem Rande befestigt, und dergestalt eingeklemmt, dass ihre äussersten Elemente genöthigt werden, der ursprünglichen Ebene der Mittelfläche parallel zu bleiben. Alsdann hat man für $r = R$ nicht bloss $\zeta = 0$, sondern auch $\dfrac{\partial \zeta}{\partial r}$ gleich

Null; und es müssen also nicht bloss die z, z', sondern auch deren erste Differentialquotienten verschwinden. Bezeichnen wir wieder durch übergesetzte Horizontalstriche die Werthe der Functionen für $r = R$, so sind die Bedingungen also:

$$\overline{z}_i + R^i K_i + R^{i+2} L_i = 0$$

$$\overline{\frac{dz_i}{dr}} + i R^{i-1} K_i + (i+2) R^{i+1} L_i = 0,$$

und analog für die ζ'; woraus sich denn die Werthe von K_i, L_i in der Form:

$$K_i = \frac{R \overline{\frac{dz_i}{dr}} - (i+2)\overline{z}_i}{2R^i}, \quad L_i = \frac{-R\overline{\frac{dz_i}{dr}} + i\overline{z}_i}{2R^{i+2}}$$

ergeben.

Ganz ähnliche Werthe erhält man für die K', L', nur sind die z dann durch die z' zu ersetzen; und so erhält man durch Einführung in ζ_i endlich den völlig bestimmten Ausdruck dieser Function:

$$\zeta_i = z_i + \left(R\overline{\frac{dz_i}{dr}} - (i+2)\overline{z}_i\right)\frac{r^i}{2R^i} - \left(R\overline{\frac{dz_i}{dr}} - i\overline{z}_i\right)\frac{r^{i+2}}{2R^{i+2}},$$

nebst einer analogen Formel für ζ_i'.

§ 76. Biegung einer am Rande eingespannten kreisförmigen Platte durch ein einzelnes Gewicht.

Im Vorigen ist die Lösung der Aufgabe auf die Berechnung gewisser Integrale zurückgeführt, die in den Functionen z auftreten, und welche von den auf das Innere wirkenden Kräften abhängig sind. Ich werde nun insbesondere den Fall einer horizontalen Platte behandeln, welche an einer einzelnen Stelle durch ein Gewicht belastet ist. Diese Aufgabe kann man mit grosser Annäherung so behandeln, als wäre an Stelle des Gewichts eine auf das Innere des betreffenden Elementes wirkende Kraft gegeben, deren Wirkungskreis nur auf einen sehr kleinen Raum beschränkt ist. Uebrigens ist der Fall, wo mehrere Gewichte an verschiedenen Punkten angebracht sind, ganz ebenso zu behandeln; die dann entstehenden Verschiebungen sind nichts anderes, als die Summe derjenigen, welche von den einzelnen Gewichten herrühren würden.

Sei also ein einziges Gewicht vorhanden; denken wir uns statt dessen eine sehr grosse Kraft C', welche auf ein Element der Platte, entsprechend dem Element dq der Mittelfläche, wirkt, und zwar so, dass $C'dq$ sich einer endlichen Grenze P, dem gegebenen Gewichte, nähert; so aber dass ausserhalb dieses Elementes C' den Werth Null besitzt. Die Kräftepaare A'', B'' verschwinden.

Das Element dq kann man sich nun darstellen als ein kleines Rechteck $rd\vartheta . dr$, welches zwischen zwei sehr nahen concentrischen Kreisen und zwei sehr nahen Radien eingeschlossen wird. Bemerken wir, dass in den Functionen z überall Integrale der Form

$$\int \gamma_i . f(r)\, rdr$$

vorkommen, und dass die γ selbst von der Form

$$\int C' . F(\vartheta)\, d\vartheta$$

sind, dass also die ersteren Integrale in der That Doppelintegrale von der Form

$$\int\int C' . F(\vartheta) . f(r)\, rdrd\vartheta$$

sind, ausgedehnt über gewisse Theile der Mittelfläche. Da nun C' nur an der Stelle des Gewichts P, welche durch die Polarcoordinaten r_0, ϑ_0 bezeichnet sein mag, von Null verschieden ist, und dort $C' . rdr . d\vartheta$ in den endlichen Werth P übergeht, so sieht man, dass jenes Doppelintegral den Werth

$$0 \text{ oder } P . F(\vartheta_0)\, f(r)_0$$

annimmt, jenachdem der Punkt ϑ_0, r_0 innerhalb oder ausserhalb des Intervalls liegt, auf welches die Integration sich bezieht. Inzwischen geht die Integration nach ϑ immer von 0 bis 2π, über den ganzen Umfang eines concentrischen Ringes; die Integration nach r hingegen entweder von 0 bis r oder von r bis R. Es ist also der Werth jenes Integrals, wenn die Grenzen nach r 0 und r sind, 0 oder $P . F(\vartheta_0)\, f(r_0)$, jenachdem r kleiner oder grösser als r_0; und umgekehrt verhält es sich, wenn die Integrationsgrenzen r und R sind.

Die Function, welche soeben allgemein durch $F(\vartheta)$ bezeichnet wurde, ist nach (120) für

$$\gamma_0 \ldots \frac{1}{2\pi}$$

$$\gamma_i \ldots \frac{\cos i\vartheta}{\pi}$$

$$\gamma_i' \ldots \frac{\sin i\vartheta}{\pi};$$

und wenn man dies berücksichtigt, so ergeben die Formeln (126), (128) für die Functionen z folgende Ausdrücke:

$r < r_0$:

$$z_0 = \frac{3(1-\mu^2)P}{2\pi Eh^3}\left(r^2(1+\log r_0) - r_0^2(1-\log r_0)\right)$$

$$z_1 = -\frac{3(1-\mu^2)P}{\pi Eh^3}\left(rr_0 \log r_0 + \frac{r^3}{4r_0}\right)\cos\vartheta_0$$

$$z_i = \frac{3(1-\mu^2)P}{2i\pi Eh^3}\left(\frac{r^i}{(i-1)r_0^{i-2}} - \frac{r^{i+2}}{(i+1)r_0^i}\right)\cos i\vartheta_0$$

$r > r_0$:

$$z_0 = \frac{3(1-\mu^2)P}{2\pi Eh^3}(r^2 + r_0^2)\log r$$

$$z_1 = -\frac{3(1-\mu^2)P}{\pi Eh^3}\left(\frac{r_0^3}{4r} + rr_0 \log r_0\right)\cos\vartheta_0$$

$$z_i = \frac{3(1-\mu^2)P}{2i\pi Eh^3}\left(\frac{r_0^i}{(i-1)r^{i-2}} - \frac{r_0^{i+2}}{(i+1)r^i}\right)\cos i\vartheta_0;$$

Die Werthe der z_i' ergeben sich aus diesen, wenn man $\cos\vartheta_0$, $\cos i\vartheta_0$ durch $\sin\vartheta_0$, $\sin i\vartheta_0$ ersetzt.

Es ist hienach leicht, die vollständigen Ausdrücke der ζ_i zu entwickeln, und demnach ζ selbst zu finden. Mittels einiger Rechnung, welche ohne alle Schwierigkeiten verläuft, finden sich folgende Resultate:

$$\zeta = Z_0 + Z_1\cos(\vartheta - \vartheta_0) + Z_2\cos 2(\vartheta - \vartheta_0) + \ldots,$$

wo für $r < r_0$:

$$Z_0 = \frac{3(1-\mu^2)P}{2\pi Eh^3}\Big[[r^2(1+\log r_0) - r_0^2(1-\log r_0)]$$
$$+ \frac{R^2-r^2}{2R}\left(2R\log R + \frac{R^2+r_0^2}{R}\right) - (R^2+r_0^2)\log R\Big]$$

$$Z_1 = \frac{3(1-\mu^2)P}{\pi E h^3}\Big[-rr_0\log r_0 - \frac{r^3}{4r_0} + \frac{R^2-r^2}{2R^2}r\Big(\frac{r_0^3}{4R^2} + r_0\log R + r_0\Big) + \frac{3R^2-r^2}{2R^3}r\Big(\frac{r_0^3}{4R} + Rr_0\log R\Big)\Big]$$

$$Z_i = \frac{3(1-\mu^2)P}{2i\pi E h^3}\Big[\frac{r^i}{(i-1)r_0^{i-2}} - \frac{r^{i+2}}{(i+1)r_0^i} + \frac{R^2-r^2}{2R^{i+1}}r^i\Big(\frac{i}{i+1}\frac{r_0^{i+2}}{R^{i+1}} - \frac{i-2}{i-1}\frac{r_0^i}{R^{i-1}}\Big) + \frac{(i+2)R^2-ir^2}{2R^{i+2}}r^i\Big(\frac{r_0^{i+2}}{(i+1)R^i} - \frac{r_0^i}{(i-1)R^{i-2}}\Big)\Big],$$

für $r > r_0$:

$$Z_0 = \frac{3(1-\mu^2)P}{2\pi E h^3}\Big[(r^2+r_0^2)\log r + \frac{R^2-r^2}{2R}\Big(2R\log R + \frac{R^2+r_0^2}{R}\Big) - (R^2+r_0^2)\log R\Big]$$

$$Z_1 = \frac{3(1-\mu^2)P}{\pi E h^3}\Big[-\frac{r_0^3}{4r} - rr_0\log r + \frac{R^2-r^2}{2R^2}r\Big(\frac{r_0^3}{4R^2} + r_0\log R + r_0\Big) + \frac{3R^2-r^2}{2R^3}r\Big(\frac{r_0^3}{4R} + Rr_0\log R\Big)\Big]$$

$$Z_i = \frac{3(1-\mu^2)P}{2i\pi E h^3}\Big[\frac{r_0^i}{(i-1)r^{i-2}} - \frac{r_0^{i+2}}{(i+1)r^i} + \frac{R^2-r^2}{2R^{i+1}}r^i\Big(\frac{i}{i+1}\frac{r_0^{i+2}}{R^{i+1}} - \frac{i-2}{i-1}\frac{r_0^i}{R^{i-1}}\Big) + \frac{(i+2)R^2-ir^2}{2R^{i+2}}r^i\Big(\frac{r_0^{i+2}}{(i+1)R^i} - \frac{r_0^i}{(i-1)R^{i-2}}\Big)\Big]$$

Entwickelungen, welche für $r = r_0$, wie es sein muss, in eine einzige zusammenfallen.

Auf so verwickelte Formen führt ein Problem, dessen analoges, bei Stäben, mit Recht unter die elementarsten gezählt wird. Und selbst dann nur gelang es, wenn die Peripherie der Scheibe kreisförmig vorausgesetzt wurde. Inzwischen muss auf die Wichtigkeit des Problems auch für Anwendungen hingewiesen werden, so wie auf die Methode, mit deren Hülfe es vielleicht auch für andere Formen gelingt, die Lösung des Problems herzustellen.

Die obigen Formeln vereinfachen sich wesentlich, wenn der belastete Punkt in den Mittelpunkt der Scheibe rückt. Denn alsdann ist $r_0 = 0$, und man bedarf nur eines Systems von Formeln, da r niemals kleiner als r_0 werden kann. Man erhält für diesen Fall, indem alle andern Z verschwinden, und nur Z_0 einen Werth behält:

$$\zeta = \frac{3(1-\mu^2)P}{4\pi E h^3}\left\{R^2 - r^2 - 2r^2 \log \frac{R}{r}\cdot\right\},$$

und daraus für $r = 0$ die Senkung, welche die belastete Stelle erfährt:

$$\zeta = \frac{3(1-\mu^2)PR^2}{4\pi E h^3};$$

proportional der Belastung, proportional der Fläche der Scheibe, und umgekehrt proportional dem Cubus ihrer Dicke.

§ 77. Bewegungen.

Mit Hülfe des d'Alembertschen Princips kann man aus den oben aufgestellten allgemeinen Gleichgewichtsbedingungen sofort für Bewegungen der Scheibe die entsprechenden Gleichungen aufstellen. Hiezu ist weiter nichts erforderlich, als dass man zu den Kräften, welche auf das Innere wirken, diejenigen hinzufügt, welche geeignet wären, die eintretenden Beschleunigungen aufzuheben.

Sind also x', y', z' die Coordinaten des Elements $da\, db\, dz$, und ist ferner G das Gewicht die Volumeneinheit, so hat man in jedem solchen Element die Kräfte

$$-\frac{G}{g}\frac{\partial^2 x'}{\partial t^2}\, da\, db\, dz, \quad -\frac{G}{g}\frac{\partial^2 y'}{\partial t^2}\, da\, db\, dz, \quad -\frac{G}{g}\frac{\partial^2 z'}{\partial t^2}\, da\, db\, dz$$

hinzuzufügen. An Stelle der in die Gleichungen (92) eingehenden Grössen

$$A' = \int A\, dz, \quad B' = \int B\, dz, \quad C' = \int C\, dz$$

$$A'' = \int Az\, dz, \quad B'' = \int Bz\, dz, \quad C'' = \int Cz\, dz$$

hat man also jetzt folgende treten zu lassen:

$$A' = \frac{G}{g}\int \frac{\partial^2 x'}{\partial t^2}\, dz, \quad B' = \frac{G}{g}\int \frac{\partial^2 y'}{\partial t^2}\, dz, \quad C' = \frac{G}{g}\int \frac{\partial^2 z'}{\partial t^2}\, dz$$

$$A'' = \frac{G}{g}\int \frac{\partial^2 x'}{\partial t^2} z\, dz, \quad B'' = \frac{G}{g}\int \frac{\partial^2 y'}{\partial t^2} z\, dz, \quad C'' = \frac{G}{g}\int \frac{\partial^2 z'}{\partial t^2} z\, dz,$$

die Integrale immer über die ganze Dicke der Platte ausgedehnt, d. h. von $z = -\frac{h}{2}$ bis $z = +\frac{h}{2}$. Nun hat das betrachtete Element, wenn ξ, η, ζ die Coordinaten des ihm entsprechenden Punkts der Mittelfläche nach der Verschiebung bedeuten, nach (56) ($x = y = 0$ gesetzt und mit Vernachlässigung von Grössen höherer Ordnung) die Coordinaten:

$$x' = \xi + \alpha z$$
$$y' = \eta + \beta z$$
$$z' = \zeta + \gamma z.$$

Es nehmen also sofort die oben aufgestellten sechs Ausdrücke folgende Werthe an:

$$A' = \frac{Gh}{g}\frac{\partial^2 \xi}{\partial t^2}, \quad B' = \frac{Gh}{g}\frac{\partial^2 \eta}{\partial t^2}, \quad C' = \frac{Gh}{g}\frac{\partial^2 \zeta}{\partial t^2}$$

$$A'' = \frac{Gh^3}{12g}\frac{\partial^2 \alpha}{\partial t^2}, \quad B'' = \frac{Gh^3}{12g}\frac{\partial^2 \beta}{\partial t^2}, \quad C'' = \frac{Gh^3}{12g}\frac{\partial^2 \gamma}{\partial t^2};$$

und indem man diese Ausdrücke an Stelle von A', B' etc. in die Gleichungen (92) einführt, erhält man die allgemeinsten Bewegungsgleichungen der Platte.

Ich werde im Folgenden nur die kleinen Bewegungen genauer betrachten, welche eine Platte, bei kleinen Ausweichungen aus ihrer Gleichgewichtslage, senkrecht gegen ihre Ebene ausführt. Dabei kann man voraussetzen, dass auf das Innere der Platte keine zur Platte senkrechten Kräfte wirken. Denn nach den Betrachtungen des §. 14 sind die Schwingungen eines Körpers um irgend welche Gleichgewichtslage, die derselbe in Folge äusserer Kräfte angenommen, genau dieselben wie die Schwingungen um seine natürliche Gleichgewichtslage. Hiebei ist nur vorausgesetzt, dass die Bewegungsgleichungen, sowie die entsprechenden des Gleichgewichts für die kleinen Verschiebungen linear seien. Dies trifft nun für die Gleichungen (105) zu, von denen die Schwingungen und Verschiebungen der Platte in ihrer eigenen Ebene abhängen; ebenso auch noch für die Gleichungen

(106), von denen die zur Platte senkrechten Schwingungen abhängen, wenn man dabei allein die Grösse ζ ins Auge fasst. Aber nicht mehr gleichgültig werden für die letztern Bewegungen die Verschiebungen, welche die Platte in ihrer Ebene annimmt; da diese Verschiebungen in den Gleichungen der transversalen Schwingungen selbst als Coefficienten auftreten. Die Schwingungen ändern sich also, welche bei Verschiebungen in Richtung der Platte andere werden; sie ändern sich z. B. wenn der ganzen Platte eine gewisse Spannung mitgetheilt wird, wie dies in der Gleichung (107) angenommen wurde.

Und indem ich diese Transversalbewegungen allein im Auge behalte, werde ich zwei Fälle insbesondere behandeln. Der eine derselben ist derjenige, wo die Platte ganz frei sich selbst überlassen ist; ein Fall, welcher sowohl in seiner physicalischen Gestaltung als in seiner mathematischen Behandlung seit langer Zeit die Aufmerksamkeit auf sich gezogen hat. Denn indem sich in einer solchen Platte, bei vollkommen rein angegebenen Tönen, gewisse Linien, Knotenlinien, bilden, welche an der Bewegung nicht theilnehmen, in ähnlicher Weise wie die Knotenpunkte einer schwingenden Saite, so entsteht der bekannte physicalische Versuch, nach welchem aufgestreuter Sand, in diesen Knotenlinien sich anhäufend, eigenthümliche Curven, Klangfiguren, bildet. Allerdings ist es nur bei kreisförmigen Scheiben, durch Kirchhoff, bisher gelungen, diese Linien zu bestimmen; welcher Fall denn auch unten allein ausgeführt werden soll.

Der zweite Fall, welchen man gewöhnlich aus der Theorie der biegsamen Körper ableitet, ist der einer stark gespannten Membrane, welche, mit ihrem Rande befestigt, unter dem Einfluss der Elasticität und der ihr mitgetheilten Spannung kleine Schwingungen ausführt. Auch hier werde ich die Begrenzung kreisförmig annehmen. Man erhält durch diese Betrachtung Resultate, welche von den in der Theorie der biegsamen Körper entwickelten in derselben Art abweichen, wie oben bei schwingenden Saiten eine Abweichung von der einfachen Tonfolge angezeigt wurde.

§. 78. Klangfiguren einer kreisförmigen freien Platte.

Die Theorie der Klangfiguren einer dünnen kreisförmigen Scheibe knüpft sich aufs leichteste an die Betrachtungen des § 75 an, und zwar an die Gleichung (120), welche die allgemeine Bedingungsgleichung für transversale Verschiebungen bereits in Polarcoordinaten ausgedrückt zeigt.

Kehren wir für den Augenblick zu den Gleichungen (106), (107) zurück. Bei eintretenden Bewegungen hat man in denselben statt C', A'', B'' zu setzen:

$$C' - \frac{Gh}{g}\frac{\partial^2\zeta}{\partial t^2}, \qquad A'' - \frac{Gh^3}{12g}\frac{\partial^2\alpha}{\partial t^2}, \qquad B'' - \frac{Gh^3}{12\,g}\frac{\partial^2\beta}{\partial t^2};$$

und da nach den §§ 72, 73 bei kleinen Verschiebungen

$$\alpha = -q_2 = -\frac{\partial\zeta}{\partial a}$$

$$\beta = -q_1 = -\frac{\partial\zeta}{\partial b},$$

so gehen diese Ausdrücke über in:

$$C' - \frac{Gh}{g}\frac{\partial^2\zeta}{\partial t^2}, \qquad A'' - \frac{Gh^3}{12g}\frac{\partial^3\zeta}{\partial a\,\partial t^2}, \qquad B'' - \frac{Gh^3}{12g}\frac{\partial^3\zeta}{\partial b\,\partial t^2}.$$

Die beiden Combinationen dieser Grössen, welche in den Gleichungen (106), (107) allein vorkommen, werden demnach:

$$C' + \frac{\partial A''}{\partial a} + \frac{\partial B''}{\partial b} - \frac{Gh}{g}\frac{\partial^2}{\partial t^2}\left\{\zeta - \frac{h^2}{12}\left(\frac{\partial^2\zeta}{\partial a^2} + \frac{\partial^2\zeta}{\partial b^2}\right)\right\},$$

$$A''\cos p + B''\sin p - \frac{Gh^3}{12g}\frac{\partial^2}{\partial t^2}\left(\frac{\partial\zeta}{\partial n}\right).$$

Im vorliegenden Falle sollen nun äussere Kräfte weder auf das Innere noch auf den Rand der Scheibe wirken; auch eine Spannung soll der Scheibe nicht mitgetheilt sein, so dass Verschiebungen ξ, η nicht existiren. Demnach gehen die Gleichungen (106), (107) im gegenwärtigen Falle in folgende über:

$$\frac{\partial^4\zeta}{\partial a^4} + 2\frac{\partial^4\zeta}{\partial a^2\partial b^2} + \frac{\partial^4\zeta}{\partial b^4} = -\frac{12(1-\mu^2)G}{Eh^2g}\frac{\partial^2}{\partial t^2}\left[\zeta - \frac{h^2}{12}\left(\frac{\partial^2\zeta}{\partial a^2} + \frac{\partial^2\zeta}{\partial b^2}\right)\right],$$

welche in allen Punkten der Scheibe zu erfüllen ist, nebst den Grenzbedingungen:

$$(1-\mu)\left(\frac{\partial^2\zeta}{\partial b^2}\sin^2 p+\frac{\partial^2\zeta}{\partial a^2}\cos^2 p+2\frac{\partial^2\zeta}{\partial a\,\partial b}\sin p\cos p\right)$$
$$+\mu\left(\frac{\partial^2\zeta}{\partial a^2}+\frac{\partial^2\zeta}{\partial b^2}\right)=0$$

$$(1-\mu)\frac{\partial}{\partial s}\left\{\left(\frac{\partial^2\zeta}{\partial b^2}-\frac{\partial^2\zeta}{\partial a^2}\right)\sin p\cos p+\frac{\partial^2\zeta}{\partial a\,\partial b}(\cos^2 p-\sin^2 p)\right\}$$
$$+\frac{\partial}{\partial n}\left(\frac{\partial^2\zeta}{\partial a^2}+\frac{\partial^2\zeta}{\partial b^2}\right)=-\frac{(1-\mu^2)G}{Eg}\frac{\partial}{\partial n}\left(\frac{\partial^2\zeta}{\partial t^2}\right).$$

In diesen Gleichungen könnte man überall die mit h^2 multiplicirten Terme vernachlässigen, wenn dieselben nicht gerade die höchsten Differentialquotienten enthielten. Da es geschehen kann und wirklich eintritt, dass unter Umständen jene Differentiationen sehr grosse Factoren mit sich führen, so ist es, um die Anwendbarkeit der Resultate nicht zu beschränken, nothwendig, diese Terme beizubehalten.

Im Fall der kreisförmigen Scheibe sind nun Polarcoordinaten r, ϑ einzuführen; die Grenzbedingungen sind zu erfüllen für $r=R$; die Elemente dr, ds von Normale und Bogen der Randcurve gehen in dr und $Rd\vartheta$ über.

Es ist sehr leicht, auch alles Uebrige in die Form überzuführen, in welcher nach den Polarcoordinaten differenzirt wird. Schon in § 75 (119ᵃ) fand sich:

$$\frac{\partial^2\zeta}{\partial a^2}+\frac{\partial^2\zeta}{\partial b^2}=\frac{\partial^2\zeta}{\partial r^2}+\frac{1}{r}\frac{\partial\zeta}{\partial r}+\frac{1}{r^2}\frac{\partial^2\zeta}{\partial\vartheta^2};$$

und da ferner, nach p. 309, (108) ganz allgemein

$$\frac{\partial\Omega}{\partial a}=\frac{\partial\Omega}{\partial r}\cos\vartheta-\frac{\partial\Omega}{r\partial\vartheta}\sin\vartheta,\qquad \frac{\partial\Omega}{\partial r}=\frac{\partial\Omega}{\partial a}\cos\vartheta+\frac{\partial\Omega}{\partial b}\sin\vartheta,$$

$$\frac{\partial\Omega}{\partial b}=\frac{\partial\Omega}{\partial r}\sin\vartheta+\frac{\partial\Omega}{r\partial\vartheta}\cos\vartheta,\qquad \frac{\partial\Omega}{r\partial\vartheta}=-\frac{\partial\Omega}{\partial a}\sin\vartheta+\frac{\partial\Omega}{\partial b}\cos\vartheta,$$

so hat man:

$$\frac{\partial^2\zeta}{\partial r^2}=\frac{\partial^2\zeta}{\partial a^2}\cos^2\vartheta+2\frac{\partial^2\zeta}{\partial a\partial b}\sin\vartheta\cos\vartheta+\frac{\partial^2\zeta}{\partial b^2}\sin^2\vartheta$$
$$+\left(-\frac{\partial\zeta}{\partial a}\sin\vartheta+\frac{\partial\zeta}{\partial b}\cos\vartheta\right)\left(\frac{\partial\vartheta}{\partial a}\cos\vartheta+\frac{\partial\vartheta}{\partial b}\sin\vartheta\right)$$

oder da der letzte Factor, der gleich $\frac{\partial\vartheta}{\partial r}$ ist, verschwindet:

$$\frac{\partial^2\zeta}{\partial r^2} = \frac{\partial^2\zeta}{\partial a^2}\cos^2\vartheta + 2\,\frac{\partial^2\zeta}{\partial a\partial b}\sin\vartheta\cos\vartheta + \frac{\partial^2\zeta}{\partial b^2}\sin^2\vartheta.$$

Ebenso wird

$$\frac{\partial}{\partial r}\left(\frac{\partial\zeta}{r\partial\vartheta}\right) = \left(\frac{\partial^2\zeta}{\partial b^2} - \frac{\partial^2\zeta}{\partial a^2}\right)\sin\vartheta\cos\vartheta + \frac{\partial^2\zeta}{\partial a\,\partial b}(\cos^2\vartheta - \sin^2\vartheta).$$

Nimmt man noch die Gleichungen p. 320 hinzu, so sind sämmtliche in obigen Gleichungen auftretenden Combinationen bereits ausgedrückt, und durch Einführung derselben gehen jene in die Form über:

(129).

in jedem Punkte:

$$\frac{\partial^4\zeta}{\partial r^4} + \frac{2}{r^3}\frac{\partial^3\zeta}{\partial r^3} - \frac{1}{r^2}\frac{\partial^2\zeta}{\partial r^2} + \frac{1}{r^3}\frac{\partial\zeta}{\partial r}$$
$$+ \frac{\partial^2}{\partial\vartheta^2}\left(\frac{2}{r^2}\frac{\partial^2\zeta}{\partial r^2} - \frac{2}{r^3}\frac{\partial\zeta}{\partial r} + \frac{4\zeta}{r^4}\right) + \frac{1}{r^4}\frac{\partial^4\zeta}{\partial\vartheta^4}$$
$$= -\frac{1}{a^4}\frac{\partial^2}{\partial t^2}\left\{\zeta - \frac{h^2}{12}\left(\frac{\partial^2\zeta}{\partial r^2} + \frac{1}{r}\frac{\partial\zeta}{\partial r} + \frac{1}{r^2}\frac{\partial^2\zeta}{\partial\vartheta^2}\right)\right\};$$

am Rande:

$$\frac{\partial^2\zeta}{\partial r^2} + \mu\left(\frac{1}{r}\frac{\partial\zeta}{\partial r} + \frac{1}{r^2}\frac{\partial^2\zeta}{\partial\vartheta^2}\right) = 0$$
$$\frac{\partial}{\partial r}\left(\frac{\partial^2\zeta}{\partial r^2} + \frac{1}{r}\frac{\partial\zeta}{\partial r}\right) + \frac{\partial^2}{\partial\vartheta^2}\left(\frac{2-\mu}{r^2}\frac{\partial\zeta}{\partial r} - \frac{3-\mu}{r^3}\zeta\right)$$
$$= \frac{h^2}{12a^4}\frac{\partial^3\zeta}{\partial t^2\,\partial r}.$$

wobei der Kürze wegen

$$a^4 = \frac{Eg\,h^2}{12G(1-\mu^2)}$$

gesetzt worden ist.

Untersuchen wir nun die verschiedenen Arten von Schwingungen, welche in der Platte auftreten können. Nach den allgemeinen Principien, welche in § 19 dargestellt sind, kann man jeden einzelnen Ton, welcher in der Platte auftritt, in der Weise ausdrücken, dass man ζ gleich einer Function der Coordinaten setzt, multiplicirt mit $\cos \varkappa t$ oder $\sin \varkappa t$; die Grösse $\varkappa$ hängt dann von einer transscendenten Gleichung ab, deren Wurzeln die verschiedenen dem Körper entsprechenden Töne angeben. Indess zeigt schon eine oberflächliche Betrachtung der Gleichungen

(129), dass man jene Function der Coordinaten in der Weise nach Sinus und Cosinus der Vielfachen von ϑ geordnet darstellen kann, dass jeder Coefficient der Entwicklung, nur von r abhängig, sich unabhängig von allen andern bestimmt. Mit andern Worten, man kann die Function ζ in der Form darstellen:

$$\zeta = \Sigma\Sigma\ [A_{mn} \cos m\vartheta \cos \varkappa_{mn} t + B_{mn} \sin m\vartheta \cos \varkappa_{mn} t$$
$$+ C_{mn} \cos m\vartheta \sin \varkappa_{mn} t + D_{mn} \sin m\vartheta \sin \varkappa_{mn} t],$$

wo m alle ganze Zahlen von 0 bis ∞ bedeuten kann, und wo die Grössen $\varkappa_{mn}$ die Wurzeln der schon erwähnten, weiterhin aufzustellenden transscendenten Gleichung sind. Die A, B, C, D sind nur Functionen von r; auch sieht man sofort, dass sowohl die allgemeine Gleichung, wie die Randgleichungen (129) für alle diese Functionen bei gleichem Indexpaar dieselbe Form annehmen. Man kann daraus schliessen, dass A_{mn}, B_{mn}, C_{mn}, D_{mn} sämmtlich gleich derselben Function von r sind, nur multiplicirt mit verschiedenen willkürlichen Constanten, oder dass

$$(130)\ .\ \begin{cases} \zeta = \Sigma\Sigma R_{mn} [\alpha_{mn} \cos m\vartheta \cos \varkappa_{mn} t + \beta_{mn} \sin m\vartheta \cos \varkappa_{mn} t \\ \qquad + \gamma_{mn} \cos m\vartheta \sin \varkappa_{mn} t + \delta_{mn} \sin m\vartheta \sin \varkappa_{mn} t], \end{cases}$$

wo R_{mn} eine Function von r bezeichnet, die $\alpha, \beta, \gamma, \delta$ aber willkürliche Constanten sind.

Für R_{mn} erhält man nun zunächst aus der ersten Gleichung (129) die allgemeine Gleichung:

$$(131)\begin{cases} \dfrac{d^4 R_{mn}}{dr^4} + \dfrac{2}{r}\dfrac{d^3 R_{mn}}{dr^3} - \dfrac{1+2m^2}{r^2}\dfrac{d^2 R_{mn}}{dr^2} + \dfrac{1+2m^2}{r^3}\dfrac{dR_{mn}}{dr} \\ \qquad + \dfrac{m^4-4m^2}{r^4} R_{mn} \\ = \dfrac{\varkappa_{mn}^2}{a^4}\left[R_{mn} - \dfrac{h^2}{12}\left(\dfrac{d^2R_{mn}}{dr^2} + \dfrac{dR_{mn}}{r\,dr} - \dfrac{m^2 R_{mn}}{r^2}\right)\right] \end{cases}$$

aus den andern Gleichungen (129) aber die Grenzbedingungen für $r = R$:

$$(132)\begin{cases} \dfrac{d^2R_{mn}}{dr^2} + \mu\left(\dfrac{1}{r}\dfrac{dR_{mn}}{dr} - \dfrac{m^2}{r^2} R_{mn}\right) = 0 \\ \dfrac{d}{dr}\left(\dfrac{d^2R_{mn}}{dr^2} + \dfrac{1}{r}\dfrac{dR_{mn}}{dr}\right) - m^2\left(\dfrac{2-\mu}{r^2}\dfrac{dR_{mn}}{dr} - \dfrac{3-\mu}{r^3} R_{mn}\right) \\ \qquad = -\dfrac{h^2 \varkappa_{mn}^2}{12\, a^4}\dfrac{dR_{mn}}{dr}. \end{cases}$$

Der ersten Gleichung gemäss findet man leicht Ausdrücke für R_{mn}, wenn man dieselben sich nach aufsteigenden Potenzen von r entwickelt denkt, von einer beliebigen beginnend; also wenn man versuchsweise setzt:

$$R_{mn} = c\,r^i + c_1\,r^{i+2} + c_2\,r^{i+4} \ldots ,$$

Dass in dieser Reihe nur von zwei zu zwei fortschreitende Potenzen von r angesetzt sind, wird durch den Erfolg gerechtfertigt. Denn führt man diese Reihe in die Gleichung (131) ein, und setzt sodann die Coefficienten gleich hoher Potenzen von r auf beiden Seiten einander gleich, so erhält man die folgende Reihe von Gleichungen:

$$(i^2 - m^2)\,[(i-2)^2 - m^2]\,c = 0$$

$$[(i+2)^2 - m^2]\,(i^2 - m^2)\,c_1 = \quad - \frac{\varkappa_{mn}^2\,h^2}{12\,a^4}\,(i^2 - m^2)\,c$$

$$[(i+4)^2 - m^2)]\,[(i+2)^2 - m^2]\,c_2 = - \frac{\varkappa_{mn}^2\,h^2}{12\,a^4}\,[(i+2)^2 - m^2)c_1 + \frac{\varkappa_{mn}^2}{a^4}\,c$$

$$[(i+6)^2 - m^2]\,[(i+4)^2 - m^2]\,c_3 = - \frac{\varkappa_{mn}^2\,h^2}{12\,a^4}\,[(i+4)^2 - m^2]c_2 + \frac{\varkappa_{mn}^2}{a^4}\,c_1$$

$$[(i+8)^2 - m^2]\,[(i+6)^2 - m^2]\,c_4 = - \frac{\varkappa_{mn}^2\,h^2}{12\,a^4}\,[(i+6)^2 - m^2]c_3 + \frac{\varkappa_{mn}^2}{a^4}\,c_2.$$

. . . .

Die erste von diesen Gleichungen giebt diejenigen Werthe von i an, welche für die Reihenentwicklung zulässig sind. Es sind deren vier:

$$i = m,\ -m,\ m+2,\ -m+2;$$

doch bemerke ich, dass es nur nöthig ist, die Werthe $i = m$, $i = -m$ zu betrachten, indem die Anwendung der andern Werthe nur auf Reihenentwicklungen führen, welche durch blosse Combination der aus den erstern Werthen entspringenden abzuleiten sind.

Die Werthe $i = m$, $i = -m$ haben nämlich die bemerkenswerthe Eigenschaft, dass für sie nicht blos die erste, sondern auch die zweite der vorliegenden Gleichungen identisch erfüllt ist. Demnach bleibt nicht blos die Constante c, sondern auch c_1 willkürlich, während die übrigen Constanten successive durch diese sich ausdrücken lassen. Man erhält also auf diese Weise sowohl für $i = m$, als für $i = -m$ Integrale mit zwei willkürlichen Constanten, und demnach durch ihre Combination die allgemeinste Lösung, deren die Gleichung (131) fähig ist.

Aber auch der Werth $i = -m$ ist nicht zu untersuchen. Denn für $i = -m$ enthält die Reihe negative Potenzen und ist also nicht anwendbar, wo, wie hier, der betrachtete Körper den Punkt $r = 0$ enthält.

Eine besondre Bemerkung erheischen die Fälle $m = 0$, $m = 1$, wo von den vier Werthen $m, -m, m+2, -m+2$ zwei einander gleich werden. In solchem Fall nämlich stellen allerdings die auf dem eingeschlagenen Wege erhaltenen Integrale, deren einige zusammenfallen, nicht mehr alle Integrale der betrachteten Differentialgleichung dar. Aber die Integrale, welche man weiter gewinnen kann, enthalten *log* r, was für $r = 0$ unendlich wird, und sind deswegen ebenfalls hier nicht brauchbar.

Setzt man nun in die obigen Gleichungen den Werth $i = m$ ein, so gehen dieselben in folgendes System zur Bestimmung der c über:

$$0 = 16.1.2\,(m+1)(m+2)\;c_2 + \frac{1(m+1)\varkappa_{mn}{}^2 h^2}{3a^4}\;c_1 - \frac{\varkappa_{mn}{}^2}{a^4}\;c$$

$$0 = 16.2.3\,(m+2)(m+3)\;c_3 + \frac{2(m+2)\varkappa_{mn}{}^2 h^2}{3a^4}\;c_2 - \frac{\varkappa_{mn}{}^2}{a^4}\;c_1$$

$$0 = 16.3.4\,(m+3)(m+4)\;c_4 + \frac{3(m+3)\varkappa_{mn}{}^2 h^2}{3a^4}\;c_3 - \frac{\varkappa_{mn}{}^2}{a^4}\;c_2.$$

. . . .

Alle diese Gleichungen reduciren sich, wenn man

$$c_i = \frac{p^i\,c}{1.2..\,i\,(m+1)(m+2)..(m+i)}$$

setzt, auf die eine Gleichung, welche zur Bestimmung von p dient:

$$16\,p^2 + \frac{\varkappa_{mn}{}^2 h^2}{3a^4}\,p - \frac{\varkappa_{mn}{}^2}{a^4} = 0;$$

und da diese quadratische Gleichung

$$p = -\frac{\varkappa_{mn}{}^2 h^2}{96\,a^4} \pm \sqrt{\frac{\varkappa_{mn}{}^2}{16\,a^4} + \left(\frac{\varkappa_{mn}{}^2 h^2}{96\,a^4}\right)^2},$$

also zwei Werthe für p ergiebt, so kann man c_i aus zwei Gliedern der angenommenen Form zusammensetzen, in deren jedem für p eine Wurzel dieser Gleichung gesetzt ist. Oder man hat, wenn

$$p_{mn} = \frac{\varkappa_{mn}^2 h^2}{96 a^4} - \sqrt{\frac{\varkappa_{mn}^2}{16 a^4} + \left(\frac{\varkappa_{mn}^2 h^2}{96 a^4}\right)^2},$$

$$q_{mn} = \frac{\varkappa_{mn}^2 h^2}{96\, a^4} + \sqrt{\frac{\varkappa_{mn}^2}{16 a^4} + \left(\frac{\varkappa_{mn}^2 h^2}{96 a^4}\right)^2}$$

gesetzt wird, so dass q_{mn} stets eine positive Zahl, p_{mn} stets eine negative bedeutet, für c_i den allgemeinsten Ausdruck mit zwei willkürlichen Constanten A, B:

$$c_i = (-1)^i \cdot \frac{A_{mn}\, p_{mn}^{\;i} + B_{mn}\, q_{mn}^{\;i}}{1 \cdot 2 \ldots i\,(m+1)\,(m+2) \ldots (m+i)}.$$

Und es ist demnach der allgemeinste hier anwendbare Werth von R_{mn}:

$$(133) \; \ldots\ldots\; R_{mn} = A_{mn}\, \varphi_m\left(r\sqrt{p_{mn}}\right) + B_{mn}\, \varphi_m\left(r\sqrt{q_{mn}}\right),$$

wobei $\varphi_m(x)$ die Reihe bezeichnet:

$$(134)\; \varphi_m(x) = x^m \left(1 - \frac{x^2}{1\,(m+1)} + \frac{x^4}{1 \cdot 2 (m+1)(m+2)} - \ldots\right).$$

Dieser Ausdruck ist nun in die Bedingungsgleichungen (132) einzuführen. Die erste derselben gilt dann, wenn die obern Striche Differentialquotienten bedeuten:

$$0 = A_{mn} \left\{ p_{mn} \varphi_m''(R\sqrt{p_{mn}}) + \frac{\mu\sqrt{p_{mn}}}{R}\, \varphi_m'(R\sqrt{p_{mn}}) - \frac{m^2 \mu}{R^2}\, \varphi_m(R\sqrt{p_{mn}}) \right\}$$
$$+ B_{mn} \left\{ q_{mn} \varphi_m''(R\sqrt{q_{mn}}) + \frac{\mu\sqrt{q_{mn}}}{R}\, \varphi_m'(R\sqrt{q_{mn}}) - \frac{m^2 \mu}{R^2}\, \varphi_m(R\sqrt{q_{mn}}) \right\}$$

und man kann daher setzen:

$$A_{mn} = \quad q_{mn} \varphi_m''(R\sqrt{q_{mn}}) + \frac{\mu\sqrt{q_{mn}}}{R}\, \varphi_m'(R\sqrt{q_{mn}}) - \frac{m^2 \mu}{R^2}\, \varphi_m(R\sqrt{q_{mn}})$$

$$B_{mn} = -p_{mn} \varphi_m''(R\sqrt{p_{mn}}) - \frac{\mu\sqrt{p_{mn}}}{R}\, \varphi_m'(R\sqrt{p_{mn}}) + \frac{m^2 \mu}{R^2}\, \varphi_m(R\sqrt{p_{mn}}).$$

Bildet man endlich die zweite jener Bedingungsgleichungen, und ersetzt die A, B darin durch die oben gefundenen Werthe, so erhält man die Gleichung:

$$\left[p_{mn}\sqrt{p_{mn}}\,\varphi_m'''(R\sqrt{p_{mn}}) + \frac{p_{mn}}{R}\varphi_m''(R\sqrt{p_{mn}})\right.$$

$$\left.+\left(\frac{h^2\varkappa_{mn}^2}{12\,a^4} - \frac{1+m^2(2-\mu)}{R^2}\right)\sqrt{p_{mn}}\,\varphi_m'(R\sqrt{p_{mn}}) + \frac{m^2(3-\mu)}{R^3}\varphi_m(R\sqrt{p_{mn}})\right].$$

$$\cdot\left[q_{mn}\varphi_m''(R\sqrt{q_{mn}}) + \frac{\mu\sqrt{q_{mn}}}{R}\varphi_m'(R\sqrt{q_{mn}}) - \frac{m^2\mu}{R^2}\varphi_m(R\sqrt{q_{mn}})\right]$$

$$-\left[q_{mn}\sqrt{q_{mn}}\,\varphi_m'''(R\sqrt{q_{mn}}) + \frac{q_{mn}}{R}\varphi_m''(R\sqrt{q_{mn}})\right.$$

$$\left.+\left(\frac{h^2\varkappa_{mn}^2}{12\,a^4} - \frac{1+m^2(2-\mu)}{R^2}\right)\sqrt{q_{mn}}\,\varphi_m'(R\sqrt{q_{mn}}) + \frac{m^2(3-\mu)}{R^3}\varphi_m(R\sqrt{q_{mn}})\right].$$

$$\cdot\left[p_{mn}\varphi_m''(R\sqrt{p_{mn}}) + \frac{\mu\sqrt{p_{mn}}}{R}\varphi_m'(R\sqrt{p_{mn}}) - \frac{m^2\mu}{R^2}\varphi_m(R\sqrt{p_{mn}})\right] = 0,$$

in welcher ausser der in p_{mn}, q_{mn} enthaltenen Grösse $\varkappa_{mn}$ nichts mehr unbekannt ist. Dies also ist die transcendente Gleichung für $\varkappa_{mn}$, deren Wurzeln die verschiedenen möglichen Einzelschwingungen angeben.

Ich bemerke, dass nur scheinbar in dieser Gleichung Quadratwurzeln aus p_{mn}, q_{mn} vorkommen. In der That übersicht man sofort, dass der Natur der Function φ_m gemäss die ganze Gleichung durch $\sqrt{p_{mn}}^{\,m}\cdot\sqrt{q_{mn}}^{\,m}$ theilbar ist, und dass der Rest, der wesentliche Theil der Gleichung, dann p_{mn}, q_{mn} nur in rationaler Form enthält. Noch mehr, die in p_{mn}, q_{mn} selbst auftretende Quadratwurzel kommt nur als gemeinschaftlicher Factor vor; denn da offenbar die Gleichung identisch erfüllt ist, wenn $p_{mn} = q_{mn}$ gesetzt wird, so muss die entwickelte Form derselben $p_{mn} - q_{mn}$, d. h. eben jene Quadratwurzel als Factor enthalten. Alles übrige muss dann von jener Wurzel befreit sein; denn der linke Theil der Gleichung ändert sein Zeichen, wenn man p_{mn} mit q_{mn} vertauscht, d. h. das Zeichen der Quadratwurzel wechselt. Da nun dasselbe mit dem ausgeschiedenen Factor geschieht, so muss der Rest bei dieser Vertauschung ungeändert bleiben, d. h. er muss rational sein. Die ausgerechnete Form der obigen Gleichung enthält also nur, in rationaler Form, gerade Potenzen von $\varkappa_{mn}^2$. Dass die so gebildete Gleichung nur reelle und positive Wurzeln, also auch nur reelle Werthe der $\varkappa_{mn}$ selbst ergiebt, wird weiter unten bewiesen werden.

Wenn man sämmtliche Wurzeln dieser transscendenten Gleichung kennt, so sind auch die Functionen R vollständig gegeben, und demnach ζ bis auf die willkürlichen Constanten α, β, γ, δ bestimmt. Diese letztern finden ihre Bestimmung durch den Anfangszustand, wovon weiter unten die Rede sein wird; der ganze Charakter des Problems aber wird durch die ihnen jedesmal zukommenden Werthe nicht modificirt.

Kehren wir zu den Einzelschwingungen zurück. In der transscendenten Gleichung konnte man $\frac{\varkappa_{mn}^2}{a^4}$ als die Unbekannten betrachten. Sei τ_{m1}^2, τ_{m2}^2 ... die Reihe der Werthe, welche diese Grösse in Folge dessen annimmt. Die Zahlen τ hängen nur noch von h und R, also von den Dimensionen der Platte ab, und von der Elasticitätsconstanten μ. Für kleinere Wurzeln kann man selbst die mit h^2 multiplicirten Glieder vernachlässigen; die Grössen τ werden dann mit R^2 umgekehrt proportional. Dies ist die Form, in welcher Kirchhoff jene Gleichung aufgestellt hat; doch können für sehr grosse Wurzeln die mit h^2 multiplicirten Glieder, die zugleich auch immer mit τ^2 multiplicirt sind, einen wesentlichen Einfluss gewinnen.

Die Schwingungszahlen der Töne, welche die Scheibe anzugeben im Stande ist, sind die verschiedenen Werthe der Zahl $\frac{\varkappa_{mn}}{2\pi}$ oder es sind die Grössen

$$\frac{a^2\tau_{m1}}{2\pi}, \quad \frac{a^2\tau_{m2}}{2\pi}, \quad \ldots: .$$

Die Verhältnisse dieser Schwingungszahlen hängen dem obigen nach ausser von m nur von der Zahl μ und den Dimensionen ab, ja für die tieferen Töne fast nur von μ; und so zeigt also jede Platte bei welcher diese Constante den nämlichen Werth bewahrt, nahezu dieselbe Tonreihe mit verschiedener Höhe des Grundtons. Dieser selbst aber ist gegeben durch die Schwingungszahl

$$\frac{a^2\tau_{m1}}{2\pi} = \frac{\tau_{m1}}{2\pi} \cdot \frac{h\sqrt{Eg}}{\sqrt{12(1-\mu^2)G}};$$

eine Zahl, welche der Dicke der Scheibe und der Quadratwurzel des Elasticitätsmoduls direkt proportional ist, so dass mit beiden die Höhe des Grundtons zunimmt; aber mit dem Quadrat des Radius (wegen τ_{m1}) umgekehrt proportional, und ebenso mit der Quadratwurzel des specifischen Gewichts, so dass bei grösserm

Durchmesser und grösserm specifischen Gewicht tiefere Töne erscheinen.

Aber es ist keine einfache Tonreihe, welche auf diese Weise in der Scheibe hervorgebracht werden kann, sondern es giebt deren unendlich viele, entsprechend den verschiedenen Werthen der Zahl m, welche man in die transscendente Gleichung einführen kann. Diese verschiedenen Tonreihen unterscheiden sich von einander in ganz ähnlicher Weise wie die verschiedenen Töne einer Saite, durch die verschiedene Lage der Punkte in der Scheibe, welche für einen bestimmten Ton an der Bewegung nicht Theil nehmen, die Knotenlinien des Tons. Die Einzelbewegungen wurden dargestellt durch eine Gleichung von der Form:

$$\zeta = C \,.\, R_{mn} \,.\, \cos m\vartheta \,.\, \cos \varkappa_n t.$$

Sucht man also diejenigen Punkte, welche bei der diesem Tone entsprechenden Bewegung in Ruhe bleiben, so hat man nur:

$$R_{mn} \,.\, \cos m\vartheta = 0$$

zu setzen. Es ist also entweder

$$\cos m\vartheta = 0, \text{ oder } R_{mn} = 0.$$

Die erste Gleichung führt auf gewisse Werthe von ϑ, welche durch die Reihe

$$\vartheta = \frac{\pi}{2m}, \frac{3\pi}{2m}, \frac{5\pi}{2m} \; \ldots \; \frac{(2m-1)\pi}{2m}$$

gegeben sind; also auf m verschiedene Radien, welche gleiche Winkel gegen einander bilden. So theilt sich also für diese Bewegungen die Scheibe fächerartig in m Theile, deren jeder für sich schwingt. Und diese Knotenlinien sind allen Wurzeln der entsprechenden transscendenten Gleichung gemeinsam; sie bilden das unterscheidende Merkmal für jede der unendlich vielen Tonreihen, von welchen oben die Rede war. Auch ändert sich dies Resultat nicht, wenn man in dem Ausdruck der Einzelschwingung $\sin m\vartheta$ statt $\cos m\vartheta$ einführt.

Ausser diesen, den sämmtlichen Tönen einer Reihe gemeinsamen Knotenlinien existirt nun noch eine zweite Art, welche für jeden Ton jeder Reihe eine andere ist. Dies sind concentrische Kreise, deren Radien aus der Gleichung

$$R_{mn} = 0$$

zu berechnen sind; und welche also sowohl von m als von der speciellen Wurzel $\varkappa_{mn}$ der transscendenten Gleichung abhängen.

§ 79. Schwingungen einer kreisförmigen gespannten Membrane.

Die Schwingungen einer gespannten Membrane unterscheiden sich von den soeben betrachteten zunächst dadurch, dass in der allgemeinen Bewegungsgleichung, welche aus der Gleichgewichtsgleichung (107) abgeleitet wurde, auch diejenigen Terme beizubehalten sind, welche von der Spannung abhängen. Ist diese T, so war in der Gleichung (107), p. 308 der Term

$$-\frac{12(1-\mu^2)T}{Eh^2}\left(\frac{\partial^2\zeta}{\partial a^2}+\frac{\partial^2\zeta}{\partial b^2}\right)$$

einzuführen. Setzt man also

$$(135) \quad \ldots\ldots\ldots \quad b^2=\frac{Eh^2}{12(1-\mu^2)T},$$

und erwägt, dass nach Einführung der Polarcoordinaten:

$$\frac{\partial^2\zeta}{\partial a^2}+\frac{\partial^2\zeta}{\partial b^2}=\frac{\partial^2\zeta}{\partial r^2}+\frac{1}{r}\frac{\partial\zeta}{\partial r}+\frac{1}{r^2}\frac{\partial^2\zeta}{\partial\vartheta^2}$$

gefunden wurde (p. 335), so tritt an Stelle der Gleichung (107) hier die folgende:

$$(136) \quad \left\{\begin{aligned}&\left(\frac{\partial^4\zeta}{\partial r^4}+\frac{2}{r}\frac{\partial^3\zeta}{\partial r^3}-\frac{1}{r^2}\frac{\partial^2\zeta}{\partial r^2}+\frac{1}{r^3}\frac{\partial\zeta}{\partial r}\right)\\&+\frac{\partial^2}{\partial\vartheta^2}\left[\frac{2}{r^2}\frac{\partial^2\zeta}{\partial r^2}-\frac{2}{r^3}\frac{\partial\zeta}{\partial r}+\frac{4\zeta}{r^4}\right]+\frac{1}{r^4}\frac{\partial^4\zeta}{\partial\vartheta^4}\\&-\frac{1}{b^2}\left(\frac{\partial^2\zeta}{\partial r^2}+\frac{1}{r}\frac{\partial\zeta}{\partial r}+\frac{1}{r^2}\frac{\partial^2\zeta}{\partial\vartheta^2}\right)\\&=-\frac{1}{a^4}\left[\frac{\partial^2\zeta}{\partial t^2}-\frac{h^2}{12}\frac{\partial^2}{\partial t^2}\left(\frac{\partial^2\zeta}{\partial r^2}+\frac{1}{r}\frac{\partial\zeta}{\partial r}+\frac{1}{r^2}\frac{\partial^2\zeta}{\partial\vartheta^2}\right)\right].\end{aligned}\right.$$

Aber auch die Grenzbedingungen ändern sich gleichzeitig. Denn der Rand der Platte ist jetzt nicht mehr frei, sondern denjenigen Kräften ausgesetzt, welche zur Befestigung nothwendig sind; nicht Drehungsmomenten, da wir nicht eine unveränderliche Richtung der letzten Elemente der Mittelfläche annehmen, wohl aber Zugkräften senkrecht zur Mittelfläche. Von den in p. 307, (106) aufgestellten Grenzbedingungen giebt daher die letzte nur diese Kräfte an, und ist ferner nicht zu berücksichtigen. Die erste hingegen giebt, da U'', V'' verschwinden müssen, eine Bedingung, dieselbe, welche schon in p. 336 transformirt wurde, und dort die Form annahm (129):

$$(137) \ldots\ldots \frac{\partial^2\zeta}{\partial r^2} + \mu\left(\frac{1}{r}\frac{\partial\zeta}{\partial r} + \frac{1}{r^2}\frac{\partial^2\zeta}{\partial\vartheta^2}\right) = 0.$$

Zu dieser tritt dann als zweite Bedingung diejenige ein, welche das Festhalten des Randes ausdrückt, dass nämlich am Rande überall

$$(138) \ldots\ldots\ldots\ldots\ldots \zeta = 0.$$

Betrachtet man nun die Gleichungen (136)—(138) genauer, so ergiebt sich ohne Weiteres, dass auch hier der Gesammtzustand der schwingenden Membrane, wie im vorigen § der Zustand der Platte, durch den Ausdruck

$$\zeta = \Sigma\Sigma R_{mn}(\alpha_{mn}\cos m\vartheta\cos\varkappa_{mn}t + \beta_{mn}\sin m\vartheta\cos\varkappa_{mn}t + \gamma_{mn}\cos m\vartheta\sin\varkappa_{mn}t + \delta_{mn}\sin m\vartheta\sin\varkappa_{mn}t)$$

dargestellt wird, wo die α, β, γ, δ wieder Constante sind, die Function R_{mn} aber eine veränderte Bedeutung annimmt. In der That ergeben sich durch Einführung dieses Ausdrucks für R_{mn} verträgliche und genügende Gleichungen; man erhält aus (136) die für jeden Werth von r zu erfüllende Gleichung:

$$(139)\begin{cases} \frac{d^4R_{mn}}{dr^4} + \frac{2}{r}\frac{d^3R_{mn}}{dr^3} - \frac{1+2m^2}{r^2}\frac{d^2R_{mn}}{dr} + \frac{1+2m^2}{r^3}\frac{dR_{mn}}{dr} \\ + \frac{m^4-4m^2}{r^4}R_{mn} - \frac{1}{b^2}\left(\frac{d^2R_{mn}}{dr^2} + \frac{1}{r}\frac{dR_{mn}}{dr} - \frac{m^2}{r^2}R_{mn}\right) \\ = \frac{\varkappa_{mn}^2}{a^4}\left[R_{mn} - \frac{h^2}{12}\left(\frac{d^2R_{mn}}{dr^2} + \frac{1}{r}\frac{dR_{mn}}{dr} - \frac{m^2R_{mn}}{r^2}\right)\right]; \end{cases}$$

aus (137), (138) aber die Bedingungen

$$(140) \ldots \frac{d^2R_{mn}}{dr^2} + \mu\left(\frac{1}{r}\frac{dR_{mn}}{dr} - \frac{m^2}{r^2}R_{mn}\right) = 0,\ R_{mn} = 0$$

denen für $r = R$ zu genügen ist.

Denken wir uns R_{mn}, um die Gleichung (139) zu befriedigen, wieder nach aufsteigenden Potenzen von r entwickelt, also in der Form

$$R_{mn} = c\,r^i + c_1\,r^{i+2} + c_2\,r^{i+2} \ldots\ldots$$

Führt man dies in (139) ein, und setzt auf beiden Seiten der Gleichung die Coefficienten gleich hoher Potenzen von r einander gleich, so erhält man zur Bestimmung der c folgendes System:

$$(141)\begin{cases} 0 = (i^2-m^2)\,[(i-2)^2-m^2]\,c \\ 0 = [(i+2)^2-m^2]\,(i^2-m^2)\,c_1 - (i^2-m^2)\left(\frac{h^2\varkappa_{mn}^2}{12a^4}-\frac{1}{b^2}\right)c \\ 0 = [(i+4)^2-m^2][(i+2)^2-m^2]c_2 - [(i+2)^2-m^2]\left(\frac{h^2\varkappa_{mn}^2}{12a^4}-\frac{1}{b^2}\right)c_1 - \frac{\varkappa_{mn}^2}{a^4}c \\ 0 = [(i+6)^2-m^2][(i+4)^2-m^2]c_3 - [(i+4)^2-m^2]\left(\frac{h^2\varkappa_{mn}^2}{12a^4}-\frac{1}{b^2}\right)c_2 - \frac{\varkappa_{mn}^2}{a^4}c_1 \\ \quad\cdot\quad\cdot\quad\cdot\quad\cdot\quad\cdot\quad\cdot \end{cases}$$

Diese Gleichungen haben ganz genau die Form derjenigen, welche im vorigen § betrachtet wurden. Man findet also, ganz wie dort, wenn wieder φ_m die bei jener Untersuchung eingeführte Reihe bedeutet:

$$R_{mn} = A_{mn}\,\varphi_m(r\sqrt{p_{mn}}) + B_{mn}\,\varphi\,(r\sqrt{q_{mn}}),$$

wo:

$$p_{mn} = \frac{h^2\varkappa_{mn}^2}{96\,a^4} - \frac{1}{8\,b^2} - \sqrt{\frac{\varkappa_{mn}^2}{16\,a^4} + \left(\frac{h^2\varkappa_{mn}^2}{96a^4} - \frac{1}{8b^2}\right)^2}$$

$$q_{mn} = \frac{h^2\varkappa_{mn}^2}{96\,a^4} - \frac{1}{8\,b^2} + \sqrt{\frac{\varkappa_{mn}^2}{16\,a^4} + \left(\frac{h^2\varkappa_{mn}^2}{96a^4} - \frac{1}{8b^2}\right)^2}$$

Nachdem so die allgemeine Form von R_{mn} gefunden worden, macht die Erfüllung der Grenzbedingungen keine Schwierigkeit. Die zweite Gleichung (140) giebt:

$$0 = A_{mn}\,\varphi_m(R\sqrt{p_{mn}}) + B_{mn}\,\varphi_m\,(R\sqrt{q_{mn}}),$$

und man kann also setzen:

$$A_{mn} = \varphi_m\,(R\sqrt{q_{mn}}),\quad B_{mn} = -\,\varphi_m\,(R\sqrt{p_{mn}}),$$

wodurch R_{mn} die definitive Form:

$$(142)\;.\; R_{mn} = \varphi_m(R\sqrt{q_{mn}})\varphi_m(-r\sqrt{p_{mn}}) - \varphi_m(-R\sqrt{p_{mn}})\varphi_m(r\sqrt{q_{mn}})$$

annimmt. Die erste Gleichung (140) aber giebt dann sofort:

$$(143)\;.\;\begin{cases} \varphi_m(R\sqrt{q_{mn}})\left\{\frac{\partial^2\varphi_m(R\sqrt{p_{mn}})}{\partial R^2} + \frac{\mu}{R}\,\frac{\partial\varphi_m(R\sqrt{p_{mn}})}{\partial R}\right\} \\ -\,\varphi_m(R\sqrt{p_{mn}})\left\{\frac{\partial^2\varphi_m(R\sqrt{q_{mn}})}{\partial R^2} + \frac{\mu}{R}\,\frac{\partial\varphi_m(R\sqrt{q_{mn}})}{\partial R}\right\} = 0, \end{cases}$$

die transscendente Gleichung, deren Wurzeln, die ihr entsprechenden Grössen $\varkappa_n$, die der Membrane zukommenden Einzelschwingungen angeben.

Abgesehen von der veränderten Form von R_{mn} und der transscendenten Gleichung ist offenbar der Charakter des Problems hier völlig derselbe wie in dem vorhin behandelten Fall der freien Platte; es ist daher auch nicht nöthig, das bezüglich der Tonreihen und Knotenlinien Gesagte hier zu wiederholen.

Die Einführung des Anfangszustandes geschieht ebenfalls bei beiden Problemen auf ganz dieselbe Weise. Ehe ich indess auf diesen Punkt eingehe, ist es nöthig, eine die Functionen R betreffenden Integralformel zu bilden. Und zwar ergiebt sich diese als specieller Fall einer allgemeinen Formel, welche zugleich den allgemeinen Beweis für die Realität der Grössen $\varkappa_n$ enthält; wie man im folgenden § sehen wird.

§ 80. Beweis der Periodicität der Bewegungen. Bestimmtheit der Gleichgewichtsprobleme.

Zum Schluss dieser Untersuchungen ist noch der Beweis zu führen, dass die hier vorkommenden transscendenten Gleichungen wirklich nur reelle positive Wurzeln besitzen.

Ich knüpfe diesen Beweis an die allgemeinere Gleichung (136), da, um aus dieser die Gleichung für die freie Platte zu erhalten, nur b unendlich zu setzen ist. Und um den Beweis sofort in ganzer Allgemeinheit zu führen, werde ich auf die ursprüngliche Form zurückgehen, welche jene Gleichung für rechtwinklige Coordinaten annimmt, die Form:

$$\left(\frac{\partial^4\zeta}{\partial x^4} + 2\,\frac{\partial^4\zeta}{\partial y^2\partial x^2} + \frac{\partial^4\zeta}{\partial y^4}\right) - \frac{1}{b^2}\left(\frac{\partial^2\zeta}{\partial x^2} + \frac{\partial^2\zeta}{\partial y^2}\right)$$
$$= -\frac{1}{a^4}\left[\zeta - \frac{h^2}{12}\left(\frac{\partial^2\zeta}{\partial x^2} + \frac{\partial^2\zeta}{\partial y^2}\right)\right].$$

Dabei sind die früher durch a, b bezeichneten Coordinaten hier durch x, y bezeichnet, da inzwischen die Buchstaben a, b anderweitige Verwendung fanden.

Seien nun

$$\zeta = u \cos \varkappa t, \quad \zeta = v \cos \lambda t$$

die Ausdrücke für irgend zwei Einzelschwingungen. Alsdann genügen, wenn man diese Ausdrücke, in denen u, v nur noch von den Coordinaten abhängen, in die obige Gleichung einführt, die Functionen u, v den folgenden beiden Gleichungen:

$$(144)\ldots\left\{\begin{aligned}&\left(\frac{\partial^4 u}{\partial x^4}+2\frac{\partial^4 u}{\partial x^2\partial y^2}+\frac{\partial^4 u}{\partial y^4}\right)-\frac{1}{b^2}\left(\frac{\partial^2 u}{\partial x^2}+\frac{\partial^2 u}{\partial y^2}\right)\\&\qquad=\frac{\varkappa^2}{a^4}\left[u-\frac{h^2}{12}\left(\frac{\partial^2 u}{\partial x^2}+\frac{\partial^2 u}{\partial y^2}\right)\right]\\&\left(\frac{\partial^4 v}{\partial x^4}+2\frac{\partial^4 v}{\partial x^2\partial y^2}+\frac{\partial^4 v}{\partial y^2}\right)-\frac{1}{b^2}\left(\frac{\partial^2 v}{\partial x^2}+\frac{\partial^2 v}{\partial y^2}\right)\\&\qquad=\frac{\lambda^2}{a^4}\left[v-\frac{h^2}{12}\left(\frac{\partial^2 v}{\partial x^2}+\frac{\partial^2 v}{\partial y^2}\right)\right].\end{aligned}\right.$$

Der ganze in Rede stehende Beweis beruht nun auf der Betrachtung des Integrals:

$$J=\iint\left\{(1-\mu)\left(\frac{\partial^2 u}{\partial x^2}\frac{\partial^2 v}{\partial x^2}+2\frac{\partial^2 u}{\partial x\,\partial y}\frac{\partial^2 v}{\partial x\,\partial y}+\frac{\partial^2 u}{\partial y^2}\frac{\partial^2 v}{\partial y^2}\right)\right.$$
$$\left.+\mu\left(\frac{\partial^2 u}{\partial x^2}+\frac{\partial^2 u}{\partial y^2}\right)\left(\frac{\partial^2 v}{\partial x^2}+\frac{\partial^2 v}{\partial y^2}\right)+\frac{1}{b^2}\left(\frac{\partial u}{\partial x}\frac{\partial v}{\partial x}+\frac{\partial u}{\partial y}\frac{\partial v}{\partial y}\right)\right\}dx\,dy,$$

welches über die ganze Mittelfläche ausgedehnt werden soll. Dieses Integral ist symmetrisch für u und v, und kann durch theilweise Integration auf doppelte Weise behandelt werden; einmal indem man immer die Differentialquotienten von v theilweise integrirt, das andere Mal, indem man ebenso mit den Differentialquotienten von u verfährt.

Wenn wir irgend ein Integral der Form

$$\iint\left(A\frac{\partial A'}{\partial x}+B\frac{\partial B'}{\partial y}\right)dx\,dy,$$

welches über die Fläche ausgedehnt wird, theilweise integriren, so dass die theilweise Integration bei dem ersten Theil des Integrals längs eines Flächenstreifens von der Breite dy ausgeführt wird, dessen Endpunkte untere Indices 0, 1 andeuten, die Integration des zweiten Theils längs eines Flächenstreifens von der Breite dx, dessen Endpunkte obere Indices 0, 1 andeuten, so erhalten wir:

$$\iint\left(A\frac{\partial A'}{\partial x}+B\frac{\partial B'}{\partial y}\right)dx\,dy=\int[(AA')_1-(AA')_0]\,dy$$
$$+\int[(BB')^1-(BB')^0]\,dx-\iint\left(A'\frac{\partial A}{\partial x}+B'\frac{\partial B}{\partial y}\right)dy\,dx.$$

Es ist schon wiederholt gezeigt, wie die Integrationen nach

dy, dx in den beiden ersten Integralen rechts sich auf eine Integration über den ganzen Umfang zurückführen lassen; so dass, wenn ds das Element der Peripherie, p den Winkel der nach aussen gerichteten Normale gegen die X Axe bezeichnet:

$$\int [(AA')_1 - (AA')_0]\, dy = \int AA' \cos p\, ds$$

$$\int [(BB')^1 - (BB')^0]\, dx = \int BB' \sin p\, ds.$$

Und demnach erhält man die folgende identische Gleichung:

$$\int\int \left(A \frac{\partial A'}{\partial x} + B \frac{\partial B'}{\partial y}\right) dx\, dy = \int (AA' \cos p + BB' \sin p)\, ds$$
$$- \int\int \left(A' \frac{\partial A}{\partial x} + B' \frac{\partial B}{\partial y}\right) dx\, dy.$$

Wenden wir diesen Satz auf die einzelnen Glieder des Integrals J in der Weise an, dass an Stelle von A, B immer die Differentialquotienten von u, an Stelle von $\frac{\partial A'}{\partial x}$, $\frac{\partial B'}{\partial y}$ aber die Differentialquotienten von v treten, so ergiebt sich, alles zusammen genommen, für J folgender transformirte Ausdruck:

$$\int \Big\{ (1-\mu) \left[\left(\frac{\partial^2 u}{\partial x^2} \cos p + \frac{\partial^2 u}{\partial x\, \partial y} \sin p \right) \frac{\partial v}{\partial x} \right.$$
$$\left. + \left(\frac{\partial^2 u}{\partial x\, \partial y} \cos p + \frac{\partial^2 u}{\partial y^2} \sin p \right) \frac{\partial v}{\partial y} \right]$$
$$+ \mu \left(\frac{\partial^2 u}{\partial x^2} + \frac{\partial^2 u}{\partial y^2} \right) \left(\frac{\partial v}{\partial x} \cos p + \frac{\partial v}{\partial y} \sin p \right)$$
$$+ \frac{v}{b^2} \left(\frac{\partial u}{\partial x} \cos p + \frac{\partial u}{\partial y} \sin p \right) \Big\}\, ds$$
$$- \int\int \Big\{ \left[\frac{\partial v}{\partial x} \left(\frac{\partial^3 u}{\partial x^3} + \frac{\partial^3 u}{\partial x \partial y^2} \right) + \frac{\partial v}{\partial y} \left(\frac{\partial^3 u}{\partial x^2 \partial y} + \frac{\partial^3 u}{\partial y^3} \right) \right]$$
$$+ \frac{v}{b^2} \left(\frac{\partial^2 u}{\partial x^2} + \frac{\partial^2 u}{\partial y^2} \right) \Big\}\, dx\, dy.$$

Behandelt man nun mittels der angeführten allgemeinen Formel den in eckige Klammern geschlossenen Theil des letzten Integrals nochmals, indem man

$$A' = B' = v, \quad A = \frac{\partial^3 u}{\partial x^3} + \frac{\partial^3 u}{\partial x \partial y^2}, \quad B = \frac{\partial^3 u}{\partial x\, \partial y^2} + \frac{\partial^3 u}{\partial y^3}$$

setzt, so geht derselbe über in:

$$\int v \left\{ \left(\frac{\partial^3 u}{\partial x^3} + \frac{\partial^3 u}{\partial x \partial y^2} \right) \cos p + \left(\frac{\partial^3 u}{\partial x^2 \partial y} + \frac{\partial^3 u}{\partial y^3} \right) \sin p \right\} ds$$

$$- \iint v \left(\frac{\partial^4 u}{\partial x^4} + 2 \frac{\partial^4 u}{\partial x^2 \partial y^2} + \frac{\partial^4 u}{\partial y^4} \right) dx\, dy.$$

Und so hat man die Formel:

$$J = \int \Big\{ (1-\mu) \Big[\left(\frac{\partial^2 u}{\partial x^2} \cos p + \frac{\partial^2 u}{\partial x\, \partial y} \sin p \right) \frac{\partial v}{\partial x}$$

$$+ \left(\frac{\partial^2 u}{\partial x\, \partial y} \cos p + \frac{\partial^2 u}{\partial y^2} \sin p \right) \frac{\partial v}{\partial y} \Big]$$

$$+ \mu \left(\frac{\partial^2 u}{\partial x^2} + \frac{\partial^2 u}{\partial y^2} \right) \left(\frac{\partial v}{\partial x} \cos p + \frac{\partial v}{\partial y} \sin p \right)$$

$$+ \frac{v}{b^2} \left(\frac{\partial u}{\partial x} \cos p + \frac{\partial u}{\partial y} \sin p \right)$$

$$- v \left[\left(\frac{\partial^3 u}{\partial x^3} + \frac{\partial^3 u}{\partial x \partial y^2} \right) \cos p + \left(\frac{\partial^3 u}{\partial x^2 \partial y} + \frac{\partial^3 u}{\partial y^3} \right) \sin p \right] \Big\} ds$$

$$+ \iint v \left[\left\{ \frac{\partial^4 u}{\partial x^4} + 2 \frac{\partial^4 u}{\partial x^2 \partial y^2} + \frac{\partial^4 u}{\partial y^4} \right\} - \frac{1}{b^2} \left(\frac{\partial^2 u}{\partial x^2} + \frac{\partial^2 u}{\partial y^2} \right) \right] dx\, dy.$$

Man kann diese Ausdrücke vereinfachen, indem man die Differentialquotienten nach der Normale und nach dem Bogen der Randcurve einführt. Wenn man von einem Punkt der Randcurve zu einem benachbarten ausserhalb derselben vorwärts geht, indem man um dn in Richtung der Normale und sodann um ds in Richtung des Bogens vorwärts geht, so hängen offenbar die Veränderungen der Coordinaten x, y mit dn, ds durch die Formeln zusammen

$$dx = dn \cos p - ds \sin p$$
$$dy = dn \sin p + ds \cos p,$$

und daher, wenn Ω eine beliebige Function ist:

$$\frac{\partial \Omega}{\partial n} = \frac{\partial \Omega}{\partial x} \frac{\partial x}{\partial n} + \frac{\partial \Omega}{\partial y} \frac{\partial y}{\partial n} = \frac{\partial \Omega}{\partial x} \cos p + \frac{\partial \Omega}{\partial y} \sin p$$

$$\frac{\partial \Omega}{\partial s} = \frac{\partial \Omega}{\partial x} \frac{\partial x}{\partial s} + \frac{\partial \Omega}{\partial y} \frac{\partial y}{\partial s} = - \frac{\partial \Omega}{\partial x} \sin p + \frac{\partial \Omega}{\partial y} \cos p,$$

also auch:

$$\frac{\partial \Omega}{\partial n} \cos p - \frac{\partial \Omega}{\partial s} \sin p = \frac{\partial \Omega}{\partial x}$$

$$\frac{\partial \Omega}{\partial n} \sin p + \frac{\partial \Omega}{\partial s} \cos p = \frac{\partial \Omega}{\partial y}.$$

Wenden wir dies auf den ersten in eckige Klammern geschlossenen Theil von J an, indem wir $\frac{\partial v}{\partial x}$, $\frac{\partial v}{\partial y}$ durch $\frac{\partial v}{\partial n}$, $\frac{\partial v}{\partial s}$ ersetzen, so können wir den Theil, welcher mit $\frac{\partial v}{\partial s}$ multiplicirt ist:

$$\int (1-\mu)\left[\left(\frac{\partial^2 u}{\partial y^2}-\frac{\partial^2 u}{\partial x^2}\right)\cos p\,\sin p+\frac{\partial^2 u}{\partial x\,\partial y}(\cos^2 p-\sin^2 p)\right]\frac{\partial v}{\partial s}\,ds$$

nach s partiell integriren, und der integrirte Ausdruck verschwindet zwischen den Grenzen, da sich die Integration auf die ganze Randcurve bezieht, also beide Integrationsgrenzen zusammenfallen; es bleibt nur der transformirte Ausdruck:

$$-\int (1-\mu)\,v\frac{\partial}{\partial s}\left[\left(\frac{\partial^2 u}{\partial y^2}-\frac{\partial^2 u}{\partial x^2}\right)\cos p\sin p-\frac{\partial^2 u}{\partial x\,\partial y}(\cos^2 p-\sin^2 p)\right]ds.$$

Und so kann man J in folgender Weise darstellen:

$$(145) \quad \ldots\ldots J=\int\left(v\,U'+\frac{\partial v}{\partial n}U''\right)ds+\iint v\,U\,dx\,dy,$$

wo

$$(146)\quad \begin{cases} U'=-\dfrac{\partial}{\partial n}\left(\dfrac{\partial^2 u}{\partial x^2}+\dfrac{\partial^2 u}{\partial y^2}\right) \\ \quad -(1-\mu)\dfrac{\partial}{\partial s}\left[\left(\dfrac{\partial^2 u}{\partial y^2}-\dfrac{\partial^2 u}{\partial x^2}\right)\cos p\sin p-\dfrac{\partial^2 u}{\partial x\,\partial y}(\cos^2 p-\sin^2 p)\right] \\ U''=(1-\mu)\left(\dfrac{\partial^2 u}{\partial x^2}\cos^2 p+\dfrac{\partial^2 u}{\partial y^2}\sin^2 p+2\dfrac{\partial^2 u}{\partial x\,\partial y}\sin p\cos p\right) \\ \quad +\mu\left(\dfrac{\partial^2 u}{\partial x^2}+\dfrac{\partial^2 u}{\partial y^2}\right)+\dfrac{1}{b^2}\dfrac{\partial u}{\partial n} \\ U=\dfrac{\partial^4 u}{\partial x^4}+2\dfrac{\partial^4 u}{\partial x^2\,\partial y^2}+\dfrac{\partial^4 u}{\partial y^4}-\dfrac{1}{b^2}\left(\dfrac{\partial^2 u}{\partial x^2}+\dfrac{\partial^2 u}{\partial y^2}\right). \end{cases}$$

Setzen wir nunmehr für U den Werth, welchen dieser Ausdruck der ersten Gleichung (144) zufolge in allen Punkten der Mittelfläche erhalten soll, so findet sich:

$$\iint v\,U\,dx\,dy=\frac{\varkappa^2}{a^4}\iint v\left[u-\frac{h^2}{12}\left(\frac{\partial^2 u}{\partial x^2}+\frac{\partial^2 u}{\partial y^2}\right)\right]dx\,dy.$$

Auf den letzten Theil dieses Integrals kann die im Vorigen abgeleitete Grundformel angewandt werden, indem man $A=B=v$, $A'=\frac{\partial u}{\partial x}$, $B'=\frac{\partial u}{\partial y}$ setzt. Dann kommt:

$$\iint v\, U\, dx\, dy = -\frac{h^2 \varkappa^2}{12 a^4} \int v \frac{\partial u}{\partial n}\, ds$$

$$+ \frac{\varkappa^2}{a^4} \iint \left[v\, u + \frac{h^2}{12} \left(\frac{\partial u}{\partial x}\frac{\partial v}{\partial x} + \frac{\partial u}{\partial y}\frac{\partial v}{\partial y} \right) \right] dx\, dy;$$

und sonach für J folgender definitive Ausdruck:

$$J = \int \left\{ v \left(U' - \frac{h^2 \varkappa^2}{12 a^4} \frac{\partial u}{\partial n} \right) + U'' \frac{\partial v}{\partial n} \right\} ds$$

$$+ \frac{\varkappa^2}{a^4} \iint \left[v\, u + \frac{h^2}{12} \left(\frac{\partial u}{\partial x}\frac{\partial v}{\partial x} + \frac{\partial u}{\partial y}\frac{\partial v}{\partial y} \right) \right] dx\, dy.$$

Bemerken wir nun, dass die Grösse

$$v \left(U' - \frac{h^2 \varkappa^2}{12 a^4} \frac{\partial u}{\partial n} \right) + U'' \frac{\partial v}{\partial n}$$

in folgenden Fällen für alle Punkte des Randes verschwindet:

1) Wenn derselbe der Lage und Richtung der Grenzelemente nach festgehalten wird. Alsdann nämlich verschwinden offenbar überall die Grössen v, $\frac{\partial v}{\partial n}$.

2) Wenn derselbe nur festgehalten wird, ohne dass auch die Richtung der Randelemente fixirt wird. Dann nämlich verschwindet v, und die erste der Grenzbedingungen (106) führt auf $U'' = 0$, wie dies im vorigen § bereits gezeigt wurde.

3) Wenn der Rand vollkommen frei ist. Dann sind die Glieder mit b überall auszulassen, und die Grenzbedingungen (106) führen, wie dies in § 78 geschah, auf

$$U'' = 0, \qquad U' = \frac{h^2 \varkappa^2}{12 a^4} \frac{\partial u}{\partial n}.$$

In allen diesen Fällen also hat man:

$$(146a)\ .\ J = \frac{\varkappa^2}{a^4} \iint \left\{ v\, u + \frac{h^2}{12} \left(\frac{\partial u}{\partial x}\frac{\partial v}{\partial x} + \frac{\partial u}{\partial y}\frac{\partial v}{\partial y} \right) \right\} dx\, dy.$$

Nun war J ein für u, v symmetrischer Ausdruck, es muss also J unverändert bleiben, wenn man u mit v, also auch $\varkappa$ mit λ vertauscht. Da hiebei das obige Doppelintegral sich nicht ändert, wohl aber $\varkappa^2$ in λ^2 übergeht, so ist dies, wofern nur nicht $\varkappa = \lambda$, nur dann möglich, wenn

$$\iint \left\{ v\, u + \frac{h^2}{12} \left(\frac{\partial u}{\partial x}\frac{\partial v}{\partial x} + \frac{\partial u}{\partial y}\frac{\partial v}{\partial y} \right) \right\} dx\, dy = 0.$$

Diese Gleichung also muss für je zwei Einzellösungen bestehen, denen verschiedene Wurzeln der transscendenten Gleichung entsprechen.

Aus dieser Gleichung folgt zunächst, dass die transscendente Gleichung, auf welche jedes Problem schliesslich führt, nur reelle Werthe für $\varkappa^2$ ergeben kann. Denn wären $\varkappa^2$, λ^2 conjugirt imaginär, also jedenfalls ungleich, so könnte man auch u mit v, $\frac{\partial u}{\partial x}$ mit $\frac{\partial v}{\partial x}$, $\frac{\partial u}{\partial y}$ mit $\frac{\partial v}{\partial y}$ als conjugirt betrachten: die obige Gleichung gäbe also, da das Produkt conjugirter Grössen stets positiv ist, eine Summe positiver Grössen der Null gleich, was ein Widerspruch ist.

Aber auch positiv sind alle Werthe der $\varkappa^2$, und somit alle $\varkappa$ selbst reell. Denn setzt man $u = v$, so wird J in seiner ursprünglichen Form das Integral einer Summe von Quadraten, also jedenfalls positiv; und demnach

$$\varkappa^2 = \frac{\int\int\left\{u^2 + \frac{h^2}{12}\left[\left(\frac{\partial u}{\partial x}\right)^2 + \left(\frac{\partial u}{\partial y}\right)^2\right]\right\} dx\, dy.}{J}$$

der Quotient zweier positiven Zahlen, also auch selbst positiv, was zu beweisen war.

Das Problem, welches im Vorigen noch ungelöst blieb, die Bewegungen einer Scheibe oder Membrane aus gegebenen Anfangszuständen zu bestimmen, erledigt sich ebenfalls mit Hülfe der obigen Gleichung, welche für Polarcoordinaten in die Form übergeht:

$$(147) \ldots 0 = \int\int\left[u\, v + \frac{h^2}{12}\left(\frac{\partial u}{\partial r}\frac{\partial v}{\partial r} + \frac{1}{r^2}\frac{\partial u}{\partial \vartheta}\frac{\partial v}{\partial \vartheta}\right)\right] r\, dr\, d\vartheta.$$

Setzen wir wieder

$$\zeta = \Sigma\Sigma\, R_{mn}\left[(\alpha_{mn}\cos m\vartheta + \beta_{mn}\sin m\vartheta)\cos\varkappa_{mn}t \right.$$
$$\left. + (\gamma_{mn}\cos m\vartheta + \delta_{mn}\sin m\vartheta)\sin\varkappa_{mn}t\right].$$

Ist nun für $t = 0$, $\zeta = f(r, \vartheta)$ und die Geschwindigkeit durch die Gleichung

$$\frac{\partial\zeta}{\partial t} = F(r, \vartheta)$$

gegeben, so hat man zur Bestimmung der Constanten die Gleichungen:

$$(148) \quad \begin{cases} f(r,\vartheta) = \Sigma\Sigma \quad R_{mn}(\alpha_{mn}\cos m\vartheta + \beta_{mn}\sin m\vartheta) \\ F(r,\vartheta) = \Sigma\Sigma\varkappa_{mn}R_{mn}(\gamma_{mn}\cos m\vartheta + \beta_{mn}\sin m\vartheta). \end{cases}$$

Betrachten wir nun eine Einzellösung

$$v = R_{mn}(\alpha \cos m\vartheta + \beta \sin m\vartheta)$$

und bilden die Ausdrücke, welche aus dem obigen Doppelintegral entstehen, wenn man u durch $f(r,\vartheta)$ oder $F(r,\vartheta)$ ersetzt. Die entstehenden Ausdrücke müssen der Summe derjenigen gleich sein, welche entstehen, wenn man in dem Integral (147) u durch jedes einzelne Glied der rechten Theile von (148) ersetzt. Aber die so gebildeten Integrale verschwinden nach (147) sämmtlich, bis auf dasjenige, in welchem die Indices m, n bei u gleich den Indices m, n in v sind. Es bleibt endlich:

$$\int\int\Big[\Big(f.R_{mn} + \frac{h^2}{12}\frac{\partial f}{\partial r}\frac{dR_{mn}}{dr}\Big)(\alpha\cos m\vartheta + \beta\sin m\vartheta)$$

$$+ \frac{h^2 m}{12 r^2}\frac{\partial f}{\partial \vartheta}R_{mn}(-\alpha\sin m\vartheta + \beta\cos m\vartheta)\Big]\, r\,dr\,d\vartheta =$$

$$\int\int\Big[\Big(R^2_{mn} + \frac{h^2}{12}\Big(\frac{dR_{mn}}{dr}\Big)^2\Big)(\alpha\cos m\vartheta + \beta\sin m\vartheta)(\alpha_{mn}\cos m\vartheta + \beta_{mn}\sin m\vartheta)$$

$$+ \frac{h^2 m^2}{12 r^2}R^2_{mn}(\alpha\sin m\vartheta - \beta\cos m\vartheta)(\alpha_{mn}\sin m\vartheta - \beta_{mn}\cos m\vartheta)\Big]\, r\,dr\,d\vartheta,$$

nebst einer entsprechenden Gleichung für F. Führt man rechts die Integrationen aus, wodurch die rechte Seite der obigen Gleichung in:

$$\pi\int_0^R\Big[R^2_{mn}\Big(1 + \frac{h^2 m^2}{12 r^2}\Big) + \frac{h^2}{12}\Big(\frac{dR_{mn}}{dr}\Big)^2\Big]\, r\,dr\,.\,(\alpha\alpha_{mn} + \beta\beta_{mn})$$

übergeht, und vergleicht dann die Coefficienten der ganz beliebigen Zahlen α, β, so ergiebt sich sofort die gesuchte Bestimmung für α_{mn}, β_{mn}; während γ_{mn}, δ_{mn} sich ganz ebenso aus der analogen Gleichung ergeben, auf welche die zweite der Gleichungen (148) führt.

Die Gleichung (147) ist indess noch einer andern Anwendung fähig. Untersucht man das Gleichgewicht einer Scheibe, welche durch äussere Kräfte nur sehr wenig deformirt wird, bezüglich ihrer Verschiebungen senkrecht zur Mittelfläche, so lässt sich mittels der Gleichung (147) die Eindeutigkeit und Bestimmtheit der Aufgabe nachweisen. Man nehme zwei Gleichgewichtszustände als möglich an. Bildet man die Gleichungen für die Verschiebung in beiden Fällen und zieht sie von einander ab, so erhält man für die Differenz der Verschiebungen die nämlichen Gleichungen, aus denen nur die Kräfte sich herausgehoben haben. Diese Differenz sei u.

Setzen wir nun in den oben entwickelten Formeln diese Function sowohl für u als für v ein, zugleich aber, da es sich nur um Gleichgewichtszustände handelt, $\varkappa = 0$. Die Gleichung (146[a]) giebt dann $J = 0$, oder, da J sich in seiner ursprünglichen Gestalt in eine Summe von Quadraten verwandelt, und diese daher einzeln verschwinden müssen:

$$\frac{\partial^2 u}{\partial x^2} = 0, \quad \frac{\partial^2 u}{\partial y^2} = 0, \quad \frac{\partial^2 u}{\partial x \partial y} = 0.$$

Hienach kann u, die Differenz der angenommenen verschiedenen Gleichgewichtslagen, nur von der Form

$$ax + by + c$$

sein, wo a, b, c Constante sind. Nun kann man immer, um das Coordinatensystem nach der Verschiebung zu fixiren, annehmen, dass im Anfangspunkt die Verschiebung Null sei; dass der nächste Punkt, der ursprünglich auf der X Axe gelegen, auch nachher sich auf derselben befinde; und dass das benachbarte Element der Mittelfläche auch nachher in der XY Ebene liege. Man kann mit andern Worten annehmen, dass für $x = 0$, $y = 0$, u, $\frac{\partial u}{\partial x}$, $\frac{\partial u}{\partial y}$ verschwinde; d. h. man kann a, b, c gleich Null setzen. So ist denn also die Differenz zweier Gleichgewichtslagen nothwendig Null und jede Gleichgewichtslage immer eindeutig bestimmt.

Anwendungen.

§ 81. Ausdehnung von Stäben mit überall gleichem Querschnitt.

Nachdem in den vorigen Abschnitten die allgemeinen Grundlagen der Theorie ausgeführt und an einzelnen Beispielen erläutert sind, werde ich im Folgenden einzelne der dort erhaltenen Resultate in ihren Anwendungen weiter verfolgen. Bei solchen Anwendungen, ist die Benützung gerader, cylindrischer Stäbe in ihren drei hauptsächlichsten Verhaltungsweisen, ausgedehnt, gebogen und tordirt, von besonderer Wichtigkeit, und ich werde daher die Theorie solcher Stäbe besonders ausführen. Als Grundlagen dienen dabei die Formeln, welche aus dem de Saint-Vénantschen Problem entwickelt sind, und deren ausgedehntere Zulässigkeit für verhältnissmässig kleine Querschnitte später dargethan ist. Man wird sich erlauben müssen, jene Formeln auch auf einige Aufgaben anzuwenden, für welche sie nicht mehr ganz statthaft erscheinen, namentlich also, wenn der Stab aufhört vollkommen cylindrisch zu sein. Es wird in den betreffenden Fällen immer auf den Mangel an Strenge hingewiesen werden; eine Gewissenhaftigkeit, welche ebenso natürlich als nothwendig erscheint, und welche dennoch leider in Schriften über Anwendungen dieser Art nur zu häufig vermisst wird.

Betrachten wir also zuerst den Fall von Stäben, welche ausgedehnt werden durch Kräfte, die nach ihrer Längsaxe gerichtet sind. Geschieht es durch eine einzige, auf das Ende wirkende Kraft P, so ist, wenn q den Querschnitt bezeichnet, die im Körper hervorgerufene Längsspannung $\frac{P}{q}$; nach der ursprünglichen Definition des Elasticitätsmoduls ist ferner die eintretende Ausdehnung der Längeneinheit $\frac{P}{Eq}$, und also die ganze Verlängerung eines Stabes von der Länge l:

$$\lambda = \frac{Pl}{Eq}.$$

Diese Formel beruht auf der Voraussetzung, dass alle Punkte eines Querschnitts gleiche Spannungen erfahren, was nur eintritt, sobald man sich die Zugkraft P über den letzten Querschnitt gleichmässig vertheilt denken darf, und also um so mehr für erfüllt gelten kann, je kleiner der Querschnitt ist.

Wenn zugleich auf das Innere Kräfte der Axe parallel wirken, deren Grösse an der Stelle z der Längsaxe, für die Einheit des Volumens berechnet, durch Γ bezeichnet sei, wenn man ferner durch w die Verschiebung des Querschnitts bezeichnet, welcher ursprünglich die Coordinate z hatte, so wurde, für kleine Querschnitte, in § 54 eine Formel gefunden, welche man etwa in folgender Weise wiederherstellen kann. Rechnen wir die z von einem Ende des Stabes, welches als fest gelten mag, so dass w für dasselbe verschwindet. Ein Querschnitt, dessen Coordinate ursprünglich z war, hat später die Coordinate $z + w$; ein nächster, $z + dz$, später die Coordinate $z + dz + w + dw$. Es ist also die Länge des Elements dz in

$$dz + dw = dz\left(1 + \frac{dw}{dz}\right)$$

übergegangen. Die Verlängerung der Längeneinheit (welche veränderlich ist mit z), wird also $\frac{dw}{dz}$, und die zum Herstellen dieser Verlängerung nöthige Spannung ist $E\,\frac{dw}{dz}$, die Kraft endlich, die, nicht auf die Querschnittseinheit, sondern auf den Querschnitt q wirken muss, um dieselbe hervorzubringen, wird

$$Eq\,\frac{dw}{dz}.$$

Die Kraft ist aber in der That zugleich dieselbe, mit welcher der Querschnitt sich wieder zu verkürzen bestrebt ist. Setzen wir also jetzt die Bedingung des äussern Gleichgewichts an für denjenigen Theil des Stabes, welcher zwischen dem Querschnitt z und dem Ende $z = l$ enthalten ist, indem wir die Summe aller nach der ZAxe wirkenden Kräfte verschwinden lassen, so ist dabei einerseits die rückwärts wirkende Kraft $Eq\,\frac{dw}{dz}$ zu berücksichtigen, andrerseits die auf das Ende wirkende Kraft P, und die auf die Elemente des Innern wirkenden Kräfte Γ. Diese waren auf die Einheit des Volumens bezogen; auf ein Element $q\,dz_{0}$ wirkt also die Kraft $\Gamma q\,dz$, und es ergiebt sich somit die Gleichung:

$$Eq\,\frac{dw}{dz} = P + \int_{z}^{l} \Gamma q\,dz.$$

Durch Differentiation nach z ergiebt sich die erwähnte Formel, vom Integralzeichen befreit. In der That aber kann man die Formel sofort benutzen wie sie steht; denn Γ wird zwar im Allgemeinen von der Coordinate $z + w$ seines Angriffspunkts abhängen; aber da w sehr klein ist, so kann man dasselbe innerhalb der festgehaltenen Annäherung vernachlässigen, und also Γ als bekannte Function von z selbst betrachten, wodurch denn das Integral sofort ausführbar wird.

Die Spannungen in dem Stabe sind demnach dargestellt durch die Gleichung

$$(1) \;\ldots\ldots\ldots\; E\,\frac{dw}{dz} = \frac{P}{q} + \frac{1}{q}\int_{z}^{l} \Gamma q\,dz,$$

die Verschiebungen also durch:

$$(2) \;\ldots\ldots\; w = \frac{Pz}{Eq} + \frac{1}{Eq}\int_{0}^{z}\left(\int_{z}^{l} \Gamma q\,dz\right) dz.$$

Ist etwa der Stab in verticaler Stellung der Schwere unterworfen, und nennt man G das Gewicht der Volumeneinheit, so hat man, jenachdem das freie Ende nach unten oder nach oben gewandt ist, $\Gamma = + G$ oder $\Gamma = - G$, daher, indem ich beide Fälle zusammenfasse:

$$E\,\frac{dw}{dz} = \frac{P}{q} \pm G\,(l - z)$$

$$w = \frac{Pz}{Eq} \pm \frac{G}{E}\left(lz - \frac{z^2}{2}\right);$$

endlich die Gesammtausdehnung des Stabes:

$$w_l = \frac{Pl}{Eq} \pm \frac{Gl^2}{2E}.$$

Bemerkt man, dass Gql das Gesammtgewicht des Stabes ist, und setzt die rechte Seite dieser Gleichung in die Form

$$\frac{l}{Eq}\left(P \pm \frac{Gql}{2}\right)$$

so sieht man, dass die Gesammtausdehnung genau so erfolgt, als wenn neben der Kraft P eine im Sinne der Schwere wirkende Zug- oder Druckkraft angebracht wäre, deren Grösse dem halben Gewicht des Stabes gleichkäme. Die ganze Ausdehnung verschwindet, wenn P selbst der Schwere entgegengerichtet, und dem halben Gewichte gleich ist.

Der Ausdruck der Spannung enthält nur die erste Potenz von z. Denkt man sich, um dies graphisch darzustellen, die Spannung jedes Elements über demselben senkrecht gegen die Axe angetragen, so erhält man eine gerade Linie

$$y = \frac{P}{q} \pm G(l - z).$$

Es folgt daraus sofort, dass die grösste Spannung an einem Ende eintritt, also entweder

$$\frac{P}{q} \qquad \text{bei } z = l$$

oder

$$\frac{P}{q} \pm Gl \text{ bei } z = 0$$

ist; eines oder das andere, je nach Richtung und Grösse von P. Führt man, wie im Folgenden immer geschehen soll, eine vorgeschriebene Maximalspannung T ein, welche nirgend überschritten werden soll, so muss die grösste jener Zahlen kleiner als T bleiben.

Ein andres Beispiel liefert ein Stab, welcher, senkrecht gegen eine Drehungsaxe gestellt, und mit seinem festen Ende in dieser gelegen, in gleichförmige Drehung versetzt wird, wie etwa die Speiche eines Rades. Die Winkelgeschwindigkeit der Drehung sei ω. Die aus dieser entspringende Centrifugalkraft im Elemente z ist, wenn wieder G das Gewicht der Volumeneinheit bezeichnet:

$$\Gamma q\,dz = \frac{G}{g}\,\omega^2 z q\,dz,$$

oder es ist

$$\Gamma = \frac{G}{g}\,\omega^2 z.$$

Man hat also aus (1), (2) für Spannung und Verschiebung:

$$E\frac{dw}{dz} = \frac{P}{q} + \frac{G}{g}\omega^2\frac{l^2 - z^2}{2}$$

$$w = \frac{P}{Eq}z + \frac{G}{Eg}\frac{\omega^2}{2}\left(l^2 z - \frac{z^3}{2}\right).$$

Die Gesammtausdehnung wird:

$$w_l = \frac{Pl}{Eq} + \frac{G\omega^2 l^3}{3Eg} = \frac{l}{Eq}\left(P + \frac{Gql\,.\,\omega^2 l^2}{3}\right).$$

Sie ist ebenso gross, als wenn der dritte Theil des Gesammtgewichts Gql am Ende des Stabes als mitrotirendes Gewicht angebracht wäre. Die Spannung kann man sich wieder als Ordinate y über jedem Element angetragen denken. Die Endpunkte dieser Ordinaten bilden dann die Parabel:

$$y = \frac{P}{q} + \frac{G}{g}\omega^2\frac{l^2 - z^2}{2},$$

deren Axe, da die Gleichung für den Uebergang von z in $-z$ unverändert bleibt, mit der Axe $z = 0$, d, h. der Drehungsaxe zusammenfällt, während ihr Scheitel in dieser Axe durch die Ordinate:

$$y = \frac{P}{q} + \frac{G}{g}\frac{\omega^2 l^2}{2}$$

gegeben ist. Auch hier ist die grösste Spannung deswegen an einem der beiden Endpunkte des Stabes, also entweder gleich

$$\frac{P}{q} + \frac{G}{g}\frac{\omega^2 l^2}{2} \text{ oder } \frac{P}{q},$$

wo je nach der Richtung und Grösse von P eins oder das andre eintreten kann.

§ 82. Ausdehnung von Stäben bei veränderlichem Querschnitt und überall gleicher Spannung.

Die Schlussfolge, mit deren Hülfe oben die Gleichung (1) abgeleitet wurde, lässt vermuthen, dass dieselbe auch dann noch nahezu richtig sein könne, wenn der Querschnitt nicht völlig constant, sondern kleinen Veränderungen unterworfen ist, selbst also eine Functionen von z ist, welche aber von einem constanten Werthe nicht sehr bedeutend abweicht. Allerdings ist dann die

Bedingung einer im ganzen Querschnitt gleichen Spannung ohne Zweifel nicht mehr erfüllt; aber man darf wohl die Schwankungen auch in dieser Beziehung für um so kleiner, die Formeln also für um so angenäherter halten, je kleiner der Querschnitt selbst und dessen Schwankungen ausfallen. In diesem Sinne stellt man die Frage, wie diese Schwankungen in der Grösse des Querschnitts gewählt werden müssen, damit die Spannung überall dieselbe sei, alle Querschnitte sonach gleich stark in Anspruch genommen werden.

Setzt man, wie immer, diese erlaubte und zulässige Spannung gleich T, so kann man der Gleichung (1) die Form geben:

$$Tq = P + \int_z^l \Gamma q \, dz.$$

Differenzirt man nun nach z, wobei q als veränderlich gilt, so hat man:

$$T \frac{dq}{dz} = - \Gamma q,$$

und für $z = l$ die Grenzbedingung:

$$Tq_l = P.$$

Die erste Gleichung giebt q selbst als Function von z; denn schreibt man jene Gleichung in der Form

$$\frac{dq}{q} = - \frac{\Gamma}{T} dz,$$

so findet sich durch Integration von z bis l, wobei die Grenzbedingung zu berücksichtigen ist:

$$\log q - \log \frac{P}{T} = \frac{1}{T} \int_z^l \Gamma dz,$$

oder, wenn man von den Logarithmen zu den Zahlen übergeht;

$$(3) \quad \ldots\ldots\ldots \quad q = \frac{P}{T} e^{\frac{1}{T}\int_z^l \Gamma dz}.$$

Es ist ganz im Charakter der festgehaltenen Voraussetzungen, wenn hier nur die Grösse des Querschnitts bestimmt wird, seine Gestalt ganz unbestimmt bleibt. Denn wenn wirklich die Spannung in jedem Punkte eines Querschnitts völlig dieselbe wäre, so würde die Form des Querschnitts für die Tragkraft ganz gleichgültig sein, nur seine Grösse massgebend; was denn hier in der angenäherten Betrachtung sich ebenfalls ausspricht. Hat man eine bestimmte Querschnittsgestalt gewählt, so berechnet man die Dimensionen nach der Formel (3 ohne Weiteres.

Wenden wir diese Formeln auf die beiden speciellen Aufgaben an, welche auch im vorigen § hervorgehoben wurden. Ist nur die Schwerkraft thätig und das obere Ende des Stabes fest, so hat man $\Gamma = G$, und demnach:

$$q = \frac{P}{T} \cdot e^{\frac{G}{T}(l - z)}$$

Ueber die Querschnittszunahme erhält man leicht eine Vorstellung, wenn man sich den Stab in n gleiche Theile getheilt denkt, und dann q für die Theilpunkte berechnet. In diesen Theilpunkten hat $l - z$, vom freien Ende gerechnet, die Werthe $0, \frac{l}{n}, \frac{2l}{n} \ldots l$, und wenn man also

$$a = e^{\frac{Gl}{nT}}$$

setzt, so erhält man für die entsprechenden Werthe von q eine geometrische Reihe:

$$\frac{P}{T}, \frac{P}{T}a, \frac{P}{T}a^2 \ldots \frac{P}{T}a^n,$$

wodurch sich das Gesetz der Zunahme einfach ausspricht.

Ist die Centrifugalkraft wirkend, ähnlich wie es im vorigen § angenommen wurde, so nehmen die Querschnitte noch schneller zu. Es ist dann

$$\Gamma = \frac{G}{g}\omega^2 z,$$

also

$$q = \frac{P}{T} e^{\frac{G\omega^2}{2gT}(l^2 - z^2)} .$$

Das Gesetz der Zunahme stellt sich hier ähnlich wie im vorigen Fall durch die folgende Reihe dar, welche wieder die Querschnitte für $l - z = 0, \frac{l}{n}, \frac{2l}{n} \ldots$ ergiebt:

$$q = \frac{P}{T}, \ \frac{P}{T} b^{2n-1}, \ \frac{P}{T} b^{4n-4}, \ \frac{P}{T} b^{6n-9} \dots \frac{P}{T} b^{n^2},$$

wo

$$b = e^{\frac{G \omega^2 l^2}{2 n^2 g T}}$$

gesetzt ist. Die Exponenten bilden aber hier nicht mehr eine arithmetische Reihe erster Ordnung, sondern eine viel schneller wachsende arithmetische Reihe zweiter Ordnung.

Man kann diese Betrachtungen leicht dadurch modificiren, dass man statt einer überall gleichförmigen Ausdehnung eine überall gleichförmige Zusammendrückung annimmt. Man hat dann nur P und T negativ anzunehmen, im Uebrigen aber völlig dieselben Formeln zu benützen.

§ 83. Biegung. Allgemeine Voraussetzungen und Bestimmungen.

Für die Biegung hat man nach dem frühern folgende Grundlagen gewonnen.

Ein ursprünglich gerader cylindrischer Stab, welcher durch äussere Kräfte schwach gebogen wird, setzt seine Biegung aus zwei Biegungen zusammen, deren jede die Axe des Stabes nur einfach krümmen würde. Die Ebenen dieser Biegungen sind die Ebenen, welche man durch die Axe des Stabes und je eine Hauptaxe seiner Querschnitte legen kann. Die Richtungen dieser Ebenen sind also im Allgemeinen bestimmt; nur wenn die beiden Hauptträgheitsmomente des Querschnitts gleich werden, kann man statt ihrer zwei beliebige, senkrecht gegen einander durch die Axe des Stabes gelegte Ebenen annehmen.

Sind u, v die in diesen beiden Ebenen eintretenden seitlichen Verschiebungen der Schwerpunktslinie, so bestimmen dieselben sich, für kleine Querschnitte, aus den Gleichungen:

$$(4) \quad \dots\dots\dots \quad \begin{cases} E q \lambda^2 \dfrac{d^2 u}{d z^2} = M \\ E q \varkappa^2 \dfrac{d^2 v}{d z^2} = -N, \end{cases}$$

wo M und N die Drehungsmomente der äussern Kräfte sind, welche von der Stelle z bis zum Ende des Stabes angreifen, bezogen auf zwei den X, Y Axen parallel durch den Schwerpunkt des

Querschnitts z gelegten Drehungsaxen. Statt dieser Gleichungen kann man aber auch nach § 54 die folgenden ihnen äquivalenten setzen:

$$(5) \ldots\ldots \begin{cases} Eq\lambda^2 \dfrac{d^4u}{dz^4} = S\dfrac{d^2u}{dz^2} + U + \dfrac{dW_1}{dz} \\ Eq\varkappa^2 \dfrac{d^4v}{dz^4} = S\dfrac{d^2v}{dz^2} + V + \dfrac{dW_2}{dz} \end{cases}$$

wobei S eine am Ende des Stabes in seiner Längsrichtung wirkende Zugkraft ist, und U, V, W_1, W_2 die p. 205, 206 angegebenen Combinationen der auf das Innere wirkenden Kräfte sind. Dazu treten dann die Grenzbedingungen für das Ende des Stabes;

$$(5a) \ldots \begin{cases} Eq\lambda^2 \left(\dfrac{d^3u}{dz^3}\right)_l = -K + S\left(\dfrac{du}{dz}\right)_l + (W_1)_l \\ Eq\varkappa^2 \left(\dfrac{d^3v}{dz^3}\right)_l = -L + S\left(\dfrac{dv}{dz}\right)_l + (W_2)_l \end{cases}$$

und

$$(5b) \ldots\ldots\ldots \begin{cases} Eq\lambda^2 \left(\dfrac{d^2u}{dz^2}\right)_l = (A')_l \\ Eq\varkappa^2 \left(\dfrac{d^2v}{dz^2}\right)_l = -(B')_l; \end{cases}$$

wo K, L die XY Componenten sind, welche am Ende des Stabes wirken, $(A')_l$, $(B')_l$ die daselbst auftretenden Drehungsmomente. Die letztern werden positiv gezählt, wenn sie, von der entsprechenden positiven Axe gesehen, drehen wie der Zeiger einer Uhr, und die gegenseitige Lage der Coordinatenaxen ist so gedacht, dass von der positiven X Axe gesehen der Zeiger einer Uhr von der positiven Y Axe sich durch 90° zur positiven Z Axe bewegen würde.

Sind nämlich $\overline{X} dx\,dy\,d\overline{z}$, $\overline{Y} dx\,dy\,d\overline{z}$, $\overline{Z} dx\,dy\,d\overline{z}$ die auf ein Element wirkenden Kräfte, dessen Coordinaten durch x, y, $\overline{z}$ bezeichnet sein sollen, so sind die Grössen M, N, die Drehungsmomente aller Kräfte die auf den zwischen den Querschnitten z und l enthaltenen Stabtheil wirken, bezogen auf die durch den Schwerpunkt 0, 0, z des Querschnitts z gelegten Hauptaxen, ihrer Natur nach durch die Gleichungen definirt:

$$(5c)\;.\;\begin{cases} M = (A')_l + K(l - z) - S(u_l - u) \\ \qquad + \int\int\int_z^l [\bar{X}(\bar{z} - z) - \bar{Z}x]\, dx\, dy\, d\bar{z} \\ N = (B')_l - L(l - z) + S(v_l - v) \\ \qquad - \int\int\int_z^l [\bar{Y}(\bar{z} - z) - \bar{Z}y]\, dx\, dy\, d\bar{z}; \end{cases}$$

wobei die ohne Grenzbezeichnung hingesetzten Integrale eine Integration über den ganzen Querschnitt andeuten. Aus diesen Ausdrücken ergiebt sich

$$\frac{dM}{dz} = - K + S\frac{du}{dz} - \int\int\left(\int_z^l \bar{X}\, d\bar{z} - Zx\right) d\bar{x}\, d\bar{y}$$

$$\frac{dN}{dz} = \quad L - S\frac{dv}{dz} + \int\int\left(\int_z^l \bar{Y}\, d\bar{z} - Zy\right) d\bar{x}\, d\bar{y};$$

und nach nochmaliger Differentiation:

$$\frac{d^2M}{dz^2} = \quad M\frac{d^2u}{dz^2} + \int\int\left(X + \frac{dZ}{dz}x\right) dx\, dy$$

$$\frac{d^2N}{dz^2} = - M\frac{d^2v}{dz^2} - \int\int\left(Y + \frac{dZ}{dz}y\right) dx\, dy.$$

Dabei sind die Horizontalstriche jedesmal ausgelassen, sobald in der betreffenden Function z an Stelle von $\bar{z}$ zu setzen war.

Erinnern wir uns nun, dass in p. 206, 207 folgende Bezeichnungen eingeführt wurden:

$$U = \int\int X\, dx\, dy, \quad U_1 = \int\int Xx\, dx\, dy, \quad U_2 = \int\int Xy\, dx\, dy$$

$$V = \int\int Y\, dx\, dy, \quad V_1 = \int\int Yx\, dx\, dy, \quad V_2 = \int\int Yy\, dx\, dy$$

$$W = \int\int Z\, dx\, dy, \quad W_1 = \int\int Zx\, dx\, dy, \quad W_2 = \int\int Zy\, dx\, dy,$$

so gehen diese Ausdrücke in folgende über:

$$\frac{dM}{dz} = - K + S\frac{du}{dz} - \int_z^l U\, dz + W_1$$

$$\frac{dN}{dz} = \quad L + S\frac{dv}{dz} + \int_z^l V\, dz - W_2,$$

$$\frac{d^2M}{dz^2} = S\frac{d^2u}{dz^2} + U + \frac{dW_1}{dz}$$

$$\frac{d^2N}{dz^2} = -S\frac{d^2v}{dz^2} - V - \frac{dW_2}{dz}.$$

Aus den Gleichungen (4) erhält man also zunächst durch zweimalige Differentiation sofort die Gleichungen (5) selbst; indem man aber in den Gleichungen (4) selbst, oder in den durch einmalige Differentiation daraus hervorgehenden $z = l$ setzt, ergeben sich die Bedingungsgleichungen 5^a, 5^b, wodurch die vollständige Uebereinstimmung nachgewiesen ist.

Ich bemerke, dass in den meisten Fällen die durch W_1, W_2 bezeichneten Integrale verschwinden. Hauptsächlich dann ist ihr Auftreten von Wichtigkeit, wenn es sich darum handelt, mittels des d'Alembertschen Princips zu den Bewegungsgleichungen überzugehen.

Die Spannung in einem Punkte, welcher in seinem Querschnitt die Coordinaten x, y hat, ergiebt sich aus der Formel (55) p. 265, nach welcher daselbst die Längsspannung:

$$(7 \ldots\ldots\quad t_{33} = \frac{S}{q} - E\left(x\frac{d^2u}{dz^2} + y\frac{d^2v}{dz^2}\right)$$

eintritt. Um die am meisten angespannte Stelle des Körpers zu finden, auf welche es in den Anwendungen wesentlich ankommt, muss man die Maxima dieses Ausdrucks aufsuchen. In jedem Querschnitt existirt ein solches Maximum wirklich, und man findet die betreffende Stelle sehr leicht. Denn innerhalb des Querschnitts sind die Grössen $\frac{d^2u}{dz^2}$, $\frac{d^2v}{dz^2}$ constant. Betrachtet man also die Gerade

$$x\frac{d^2u}{dz^2} + y\frac{d^2v}{dz^2} = 1,$$

oder wenn man für die zweiten Differentialquotienten die reciproken Krümmungshalbmesser setzt:

$$(8) \ldots\ldots\ldots\quad \frac{x}{\varrho} + \frac{y}{\varrho'} = 1,$$

so schneidet diese Gerade von den Axen X, Y die Strecken ϱ, ϱ' selbst ab. Die Gerade ferner

$$\frac{x}{\varrho} + \frac{y}{\varrho'} = m,$$

welche dieser parallel ist, schneidet die Strecken $m\varrho$, $m\varrho'$ ab.

Die Spannung indess in denjenigen Punkten, in welchen diese Gerade den Querschnitt trifft, ist

$$t_{33} = \frac{S}{q} - \varepsilon m;$$

und man findet also die Punkte grösster und kleinster Spannung im Querschnitt, wenn man das Maximum von m sucht, d. h. diejenigen Punkte, in denen eine der Geraden S) parallel gezogene Linie die Peripherie des Querschnitts eben noch berührt. Man hat so folgende Regel:

> Um den am meisten gespannten Punkt eines Querschnitts zu finden, trage man die Krümmungshalbmesser der beiden Biegungen auf den entsprechenden Hauptaxen des Querschnitts an, und ziehe eine Parallele zur Verbindungslinie ihrer Endpunkte, so dass sie die Peripherie berührt. Die Berührungspunkte sind dann die am meisten oder am wenigsten gespannten oder gedrückten Punkte des Querschnitts.

Die am stärksten angegriffenen Punkte der Querschnitte bilden sonach auf der Oberfläche des Stabes eine Curve. Das absolute Spannungsmaximum tritt auf dieser Curve an irgend einer Stelle ein, und ist den Regeln der Differentialrechnung gemäss zu finden. Indess ist zu bemerken, dass nicht immer ein wirkliches Maximum existirt, sondern dass in vielen Fällen nur ein grösster Werth der Spannung eintritt; dieses findet dann an den Enden des Stabes statt, die jedesmal besonders zu untersuchen sind. Mit andern Worten, man hat jedesmal die Maxima der Spannung und ihre Werthe an den Endpunkten aufzusuchen, unter diesen Grössen aber die absolut grösste zu wählen.

Bei ebener Biegung, wo also u oder v verschwindet, wird die Sache viel einfacher. In der angegebenen Construction wird dann ein Krümmungshalbmesser unendlich, die Tangente also mit der einen Hauptaxe parallel. Und so ist die am meisten gespannte Faser immer diejenige, welche von der Hauptaxe, um welche die Drehung bei der Biegung vor sich geht, am weitesten entfernt ist, ihre Spannung aber drückt sich, wenn $x = \pm h$ jenen Abstand bezeichnet, durch

$$(8a) \ldots\ldots\ldots\ldots \quad t_{33} = \frac{S}{q} \mp \frac{Eh}{\varrho}$$

aus.

Dieses stimmt genau mit den Voraussetzungen der gewöhnlichen Theorie überein; wie sich denn alle Hypothesen derselben bestätigt finden, wenn man den Querschnitt sich äusserst klein denkt. Aber nur unter dieser Voraussetzung sind sie erfüllt; nur unter dieser Voraussetzung bleiben die Querschnitse eben auch nach eingetretener Biegung, wachsen die Spannungen gleichförmig in parallelen Streifen desselben. Nur eins bleibt unmöglich: das Eintreten einer ebenen Biegung, deren Biegungsebene nicht durch die eine Hauptaxe jedes Querschnitts hindurchgeht.

Die Formeln des § 55 geben ähnliche Resultate auch für ursprünglich gekrümmte Stäbe. Ich übergehe die Discussion derselben, und werde nur für geradlinige Stäbe die hauptsächlichsten Aufgaben behandeln, wobei immer eine ebene Biegung vorausgesetzt werden soll.

§ 84. Biegung unter dem Einfluss stetig vertheilter Kräfte ohne Zug oder Druck in der Richtung der Axe.

Gehen wir von den Gleichungen (4 aus. Ein Stab werde gebogen durch Kräfte, welche gegen seine Axe senkrecht gerichtet sind; und nehmen wir an, dass er nicht zugleich durch eine sehr grosse Zugkraft gespannt oder gedrückt sei, so wie dass keine Kräftepaare auf sein Inneres wirken, d. h. dass W_1, W_2 verschwinden. Betrachten wir allein die Biegung in der Ebene, welche durch seine Axe und die mit X parallele Hauptaxe seines Querschnitts bestimmt ist. In diesem Fall hat man also für die Verschiebungen des Stabes senkrecht gegen seine Axe die Gleichung:

$$(9 \quad . \; . \; . \; . \; . \; . \; . \; . \; . \; . \; . \; . \; Eq\lambda^2 \frac{d^2u}{dz^2} = M$$

wo

$$(10) \; . \; . \; . \; M = (A')_l + K'(l - z) + \int_z^l U(\bar{z} - z)\, dz$$

und wo nur das Glied $S\ (u_l - u)$ ausgefallen ist, als ein Glied höherer Ordnung, sobald nicht S ausserordentlich gross ist.

In diesem Falle ist also M eine gegebene Function von z; und man findet durch einmalige Integration:

$$(11) \ldots\ldots\ldots\ldots \frac{du}{dz} = c + \int_0^z \frac{M}{Eq\lambda^2} dz,$$

und durch eine zweite Integration:

$$(12) \ldots\ldots u = c' + cz + \int_0^z \left(\int_0^z \frac{M}{Eq\lambda^2} dz \right) dz.$$

Hiebei bezeichnen c, c' willkürliche Constanten. Man bestimmt dieselben, indem man sich erinnert, dass $\frac{du}{dz}$ die Tangente des Winkels bedeutet, welchen die geometrische Tangente der Schwerpunktslinie gegen die ursprüngliche Richtung der Stabaxe, die ZAxe bildet; oder auch dieser Winkel selbst, da man bei den kleinen Abweichungen der Axe von ihrer ursprünglichen Richtung den Winkel mit seiner Tangente verwechseln darf. Fasst man nun die geometrischen Bedingungen ins Auge, denen der Stab unterworfen sein kann, so ergeben sich folgende Hauptfälle und eine denselben entsprechende Bestimmung der Constanten:

1) Der Stab sei an einem Ende eingeklemmt, so dass für $z = 0$ Ort und Richtung der Schwerpunktlinie bestimmt ist. Am andern Ende wirke nur eine Kraft P, in Richtung der XAxe, senkrecht gegen die Axe des Stabes. Man hat also sofort

$$K = P, \qquad (A')_l = 0;$$

dann aber, aus (11), (12), da für $z = 0$ auch u und $\frac{du}{dz}$ verschwinden müssen:

$$c = 0, \qquad c' = 0.$$

Und so stellt sich die Lösung der Aufgabe in der Form dar:

$$(13) \ldots \begin{cases} u = \int_0^z \left\{ \int_0^z \frac{1}{Eq\lambda^2} \left[P(l-z) + \int_z^l \overline{U} (\overline{z} - z) d\overline{z} \right] dz \right\} dz \\ \quad = \frac{P}{Eq\lambda^2} \left(\frac{lz^2}{2} - \frac{z^3}{6} \right) + \int_0^z \int_0^z \frac{\int_z^l \overline{U} (\overline{z} - z) d\overline{z}}{Eq\lambda^2} dz\, dz. \end{cases}$$

Ist also nur die Kraft P vorhanden, keine auf das Innere wirkende Kraft thätig, so wird einfach

(14) . . . . $u = \frac{P}{Eq\lambda^2}\left(\frac{l z^2}{2} - \frac{z^3}{6}\right)$,

der Pfeil der Biegung, für $z = l$:

$$u_l = \frac{P}{Eq\lambda^2} \cdot \frac{l^3}{3}.$$

Ist der Stab horizontal und wird noch das Eigengewicht berücksichtigt oder eine gleichförmig vertheilte Last, die man annähernd als eine Verstärkung des Eigengewichts ansehen kann, so hat man nur für $\overline{U}$ das Gewicht Gq der Längeneinheit zu setzen. Es wird dann

$$\int_z^l \overline{U}(\overline{z} - z)\, d\overline{z} = \frac{Gq(l - z)^2}{2},$$

und demnach

(15) . . $u = \frac{P}{Eq\lambda^2}\left(\frac{lz^2}{2} - \frac{z^3}{6}\right) + \frac{G}{E\lambda^2}\left(\frac{l^2 z^2}{4} - \frac{l z^3}{6} + \frac{z^4}{24}\right)$.

Der Pfeil der Biegung wird:

$$u_l = \frac{l^3}{Ep\lambda^2}\left\{\frac{P}{3} + \frac{Gql}{8}\right\};$$

was, da Gql das ganze Gewicht bezeichnet, ebensoviel ist, als wäre das am Ende angebrachte Gewicht P um $\frac{3}{8}$ des Stabgewichts vergrössert worden.

2) Der Stab sei an einem Ende eingeklemmt, mit dem andern Ende, in gleicher Höhe, auf eine Widerlage frei aufgelegt. Dieser Fall unterscheidet sich von dem vorigen nur dadurch, dass die Kraft P hier nicht gegeben ist, sondern in einen unbekannten Druck $-Q$ übergeht, den die Widerlage gegen das freie Stabende ausübt. Dafür tritt die neue Bedingung hinzu, dass u nicht nur für $z = 0$, sondern auch für $z = l$ verschwinden muss; und dies liefert aus (13) die Bestimmung von $Q = -P$, wenn man $z = l$, $u = 0$ setzt:

(16) . . . . $Q = \frac{3}{l^3}\int_0^l\int_0^z\left(\int_z^l \overline{U}(\overline{z} - z)\, d\overline{z}\right) dz\, dz.$

Wenn man die Grösse Q hieraus bestimmt hat, wird u aus der Formel (13) erhalten, nur $-Q$ an die Stelle von P gesetzt.

Ist z. B. der Stab gleichförmig belastet, also $U = Gq$, so findet sich aus (15), wenn man $P = -Q$, $u = 0$, $z = l$ setzt:

$$Q \frac{l^3}{3q} = G \frac{l^4}{8},$$

also

$$Q = \frac{3\,Glq}{8},$$

und indem man demgemäss in (15) $P = -\frac{3}{8} Glq$ setzt:

$$(17) \ldots\ldots \quad u = \frac{G}{E\lambda^2} \cdot \frac{3 l^2 z^2 - 5 l z^3 + 2 z^4}{48}.$$

Die Curve, welche die Stabaxe hienach annimmt, biegt sich anfangs abwärts, mit der concaven Seite nach unten, sodann aber, indem an einer Stelle ein Punkt ohne Krümmung (Wendepunkt) eintritt, wendet sich zunächst die concave Seite der Curve, sodann nachdem an einer weitern Stelle die Tangente horizontal geworden, auch die Richtung der Curve nach oben. Die Lage des Wendepunkts, wo die Krümmung, also $\frac{1}{\varrho} = \frac{d^2u}{dz^2}$ verschwinden sollte, findet man aus der Gleichung:

$$0 = \frac{d^2u}{dz^2} \text{ oder } 0 = l^2 - 5lz + 4z^2,$$

durch welche neben $z = l$ (das freie Ende erfährt natürlich ebenfalls keine Krümmung) sich für den gesuchten Punkt

$$z = \frac{l}{4}$$

ergiebt. Der Wendepunkt liegt also dreimal so weit von dem freien Ende entfernt, wie von dem eingeklemmten.

Die horizontale Tangente aber findet sich aus

$$0 = \frac{du}{dz} \text{ oder } 0 = 6l^2z - 15lz^2 + 8z^3.$$

Mit Uebergehung von $z = 0$ ergiebt sich daraus

$$z = \frac{15 \pm \sqrt{33}}{16}\, l,$$

wo offenbar nur das untere Zeichen auf einen Punkt führt, der dem Stabe wirklich angehört, nämlich auf

$$z = 0{,}58\ldots l,$$

und dieser Werth von z giebt also den Ort des Punkts mit horizontaler Tangente.

Es verdient noch Erwähnung, dass die Last sich auf die beiden Unterstützungspunkte ungleich vertheilt. Während an dem frei aufliegenden Ende der auszuhaltende Druck gleich $\frac{3}{8}$ des Gesammtgewichts gefunden wurde, ist der Druck in dem eingeklemmten Ende offenbar $\frac{5}{8}$ desselben, so dass beide Widerlagspunkte zusammen die ganze Belastung tragen.

3) Der Stab sei an beiden Enden eingeklemmt; also sowohl für $z = 0$ als für $z = l$ soll u nebst $\frac{du}{dz}$ verschwinden. So hat man im ganzen vier Bedingungen; aber auch, in (11) — (13), vier unbestimmte Grössen. Denn in diesem Fall sind weder K noch $(A')_l$ nothwendig gleich Null; sondern sie stellen vielmehr die unbekannte Druckkraft und das unbekannte Drehungsmoment dar, mit welcher die Fassung Lage und Richtung des Stabes bei $z = l$ erhalten muss. Bezeichnet man diese durch $-Q$ und R, so ist aus (9)

$$(18) \quad \ldots \quad Eq\lambda^2 \frac{d^2u}{dz^2} = R - Q(l - z) + \int_z^l \overline{U}(\overline{z} - z)\,d\overline{z};$$

also durch Integration:

$$(19) \begin{cases} Eq\lambda^2 \dfrac{du}{dz} = Rz - Q\left(lz - \dfrac{z^2}{2}\right) + \displaystyle\int_0^z \left[\int_z^l \overline{U}(\overline{z} - z)\,d\overline{z}\right] dz, \\ Eq\lambda^2 u = R\dfrac{z^2}{2} - Q\left(\dfrac{lz^2}{2} - \dfrac{z^3}{6}\right) + \displaystyle\int_0^z\int_0^z \left[\int_z^l \overline{U}(\overline{z} - z)\,d\overline{z}\right] dz\,dz. \end{cases}$$

Die Integrationsconstanten sind gleich Null gesetzt, und dadurch bereits die Bedingung erfüllt, dass u und $\frac{du}{dz}$ mit $z = 0$ verschwinden sollten. Die andern beiden Bedingungen, dass nämlich diese Grössen auch bei $z = l$ verschwinden sollten, erfüllt man, indem man aus (19) R, Q entsprechend bestimmt.

Setzt man der Kürze wegen:

$$A = \int_0^l \left[\int_z^l \overline{U}(\overline{z} - z)\,d\overline{z}\right] dz$$

$$B = \int_0^l\int_0^z \left[\int_z^l \overline{U}(\overline{z} - z)\,d\overline{z}\right] dz\,dz,$$

so werden die aus (19) entspringenden Bedingungen demgemäss folgende:

$$o = R\,l - Q\,\frac{l^2}{2} + A$$

$$o = R\,\frac{l^2}{2} - Q\,\frac{l^3}{3} + B,$$

woraus:

$$R = \frac{6B}{l} - 4A, \quad Q = \frac{12B}{l^2} - \frac{6A}{l}.$$

Hiedurch sind sowohl die von der Fassung zu fordernden Kräfte bestimmt, als endlich auch u selbst, in welchem nach Einführung von R, Q alles bekannt ist.

Betrachten wir wieder den Fall gleichmässiger Belastung. Da $\overline{U} = Gq$, so wird die Gleichung (18):

$$Eq\,\lambda^2\,\frac{d^2u}{dz^2} = R - Q\,(l - z) + Gq\,\frac{(l - z)^2}{2};$$

und man erhält durch Integration, mit geringer Modification des oben eingeschlagenen Weges:

$$Eq\,\lambda^2\,\frac{du}{dz} = -R\,(l - z) + Q\,\frac{(l - z)^2}{2} - Gq\,\frac{(l - z)^3}{6}$$

$$Eq\,\lambda^2\,u = R\,\frac{(l - z)^2}{2} - Q\,\frac{(l - z)^3}{6} + Gq\,\frac{(l - z)^4}{24}.$$

Die Integration ist hier so geführt, dass die Bedingungen $u = 0$, $\frac{du}{dz} = 0$ für $z = l$ bereits erfüllt sind. Um nun dieselben Bedingungen auch für $z = 0$ zu erfüllen, erhält man hieraus die Gleichungen:

$$0 = -R\,l + Q\,\frac{l^2}{2} - Gq\,\frac{l^3}{6}$$

$$0 = R\,\frac{l^2}{2} - Q\,\frac{l^3}{6} + Gq\,\frac{l^4}{24};$$

aus welchen:

$$R = \frac{Gql^2}{12}, \qquad Q = \frac{Gql}{2}.$$

Der Druck an den Endpunkten ist also, wie man das auch sofort aus der Symmetrie sieht, gleich der Hälfte des Gesammtgewichts; und jede Fassung hat einem Drehungsmoment zu widerstehen, welches gleich dem Gewicht ist, multiplicirt mit dem zwölften Theil der Länge als Hebelarm.

Die Einführung der Werthe von R, Q giebt endlich:

$$u = \frac{G}{24 E \lambda^2} \cdot z^2 (l - z)^2.$$

Die symmetrische Form der Curve zeigt sich darin, dass u sich nicht ändert, wenn z mit $l - z$ vertauscht wird. Die Curve hat eine horizontale Tangente bei $z = \frac{l}{2}$, in der Mitte; Wendepunkte aber, bei welchen der Sinn der Krümmung sich ändert, wo

$$\frac{d^2 u}{dz^2} = 0, \text{ d. h. } l^2 - 6zl + 6z^2 = 0,$$

woraus

$$z = l\left(\tfrac{1}{2} \pm \sqrt{\tfrac{1}{12}}\right).$$

Die beiden hiedurch bestimmten Wendepunkte liegen, wie man sieht, symmetrisch zur Mitte des Stabes.

Die grösste Senkung tritt in der Mitte ein, und hat den Werth

$$u_{\frac{l}{2}} = \frac{G l^4}{384 . E \lambda^2}.$$

4) Endlich können beide Stabenden frei aufliegen. In diesem Falle kann keines der Enden einem Drehungsmomente unterworfen sein, es muss also in (10) nicht nur $(A')_l$ verschwinden, sondern auch für $z = 0$ muss $M = 0$ werden, so dass

$$0 = lK + \int_0^l \overline{U}\,(\overline{z} - z)\,dz.$$

Hieraus bestimmt sich sofort der Druck $Q = -K$, den die Widerlage am Ende $z = l$ ausüben muss; und setzt man den aus dieser Gleichung erhaltenen Werth von K:

$$K = -Q = -\frac{1}{l}\int_0^l \overline{U}\,(\overline{z} - z)\,dz.$$

in M ein, so ist dieses Moment vollständig bekannt. Man findet demnach aus (9) durch Integration:

$$Eq\lambda^2 \frac{du}{dz} = c + \int_0^z M\,dz$$

$$Eq\lambda^2 \; u = cz + \int_0^z\!\!\int_0^z M\,dz\,dz.$$

Nur bei der letzten Integration ist die Constante auszulassen, da ohnedies u bei $z = 0$ verschwinden soll; die Constante c aber bestimmt sich aus der Bedingung, dass u auch bei $z = l$ verschwinde. Setzt man in der letzten Gleichung $u = 0$, $z = l$, so findet sich sofort

$$c = -\frac{1}{l}\int_0^l\int_0^z M\, dz\,.\,dz.$$

Wenden wir dies wieder auf den Fall der gleichförmigen Belastung an. Da $U = Gq$, so ist

$$M = K(l - z) + Gq\,\frac{(l - z)^2}{2};$$

und also, damit M für $z = 0$ verschwinde:

$$Kl + \frac{Gq\,l^2}{2} = 0, \qquad K = -\frac{Gq\,l}{2}.$$

Setzt man diesen Werth in M ein, so findet sich

$$M = -Gq\,\frac{lz - z^2}{2}, \qquad Eq\,\lambda^2\,\frac{d^2u}{dz^2} = -Gq\,\frac{lz - z^2}{2},$$

und also durch Integration:

$$\frac{du}{dz} = c - \frac{G}{E\lambda^2}\left(\frac{lz^2}{4} - \frac{z^3}{6}\right)$$

$$u = cz - \frac{G}{E\lambda^2}\left(\frac{lz^3}{12} - \frac{z^4}{24}\right).$$

Die Constante c ist endlich so zu bestimmen, dass u bei $z = l$ verschwindet. Es wird also

$$0 = cl - \frac{G}{E\lambda^2}\cdot\frac{l^4}{24}, \qquad c = \frac{Gl^3}{24E\lambda^2},$$

und demnach:

$$u = \frac{G}{24E\lambda^2}\,(l^3z - 2lz^3 + z^4).$$

Die grösste Senkung, in der Mitte, giebt hier den Werth:

$$u_{\frac{l}{2}} = \frac{5Gl^4}{384\,E\lambda^2},$$

fünfmal so gross als im vorigen Falle.

§ 85. Spannungen. Tragvermögen.

Der Werth der grössten Spannung in jedem Querschnitt wird aus der Formel (8ᵃ) § 83, da eine erhebliche Längsspannung des Ganzen nicht vorhanden sein soll, durch den Ausdruck $\pm \frac{Eh}{\varrho}$ dargestellt, wo h die Entfernung einer der beiden entferntesten Stellen des Querschnitts von derjenigen Hauptaxe darstellt, um welche bei der Biegung der Querschnitt sich dreht. Man sieht, dass von diesen entferntesten Fasern immer die eine comprimirt, die andere ausgedehnt wird; und es wird, wenn nicht anderweitige Gründe vorliegen, passend sein, den Querschnitt so zu gestalten, dass die Entfernungen beider äussersten Fasern von der gedachten Hauptaxe gleich gross werden, damit diese beiden Fasern gleich stark in Anspruch genommen seien.

Die absolut gespannteste Stelle findet sich, wenn wir auch noch für ϱ den kleinsten Werth setzen, dessen dasselbe fähig ist. Man findet diesen, indem man das Maximum von $\frac{1}{\varrho}$ sucht, und dasselbe mit dem Werthe dieser Grösse an den Enden des Stabes vergleicht. Da nun nach (9)

$$\frac{1}{\varrho} = \frac{d^2u}{dz^2} = \frac{M}{Eq\lambda^2},$$

so finden sich etwaige Maxima aus der Gleichung:

$$0 = \frac{dM}{dz}$$

oder, wenn man den Werth von M aus (10) entnimmt:

$$0 = -K - \int_z^l U\,dz.$$

Der Ausdruck rechts ist nichts anderes als die Summe aller zur Stabaxe senkrecht wirkender Kräfte, von der Stelle z bis zum Ende des Stabes. Ein Maximum der Krümmung tritt also jedesmal ein, wo die Summe aller dieser Kräfte verschwindet. In den vorhin behandelten vier Aufgaben, bei denen gleichmässige Belastungen angenommen waren, wirkten auf das Ende $z = l$ bezüglich die Kräfte

$$P, \quad -\tfrac{3}{8}\,Glq, \quad -\tfrac{1}{2}\,Glq, \quad -\tfrac{1}{2}\,Glq.$$

Hieraus folgt sofort, dass ein Maximum der Krümmung im ersten Fall überhaupt nicht eintreten kann; dass es im zweiten Falle da eintreten muss, wo, von der fraglichen Stelle an bis zum Ende das Gewicht des Körpers $\frac{3}{8}$ Glq beträgt, also um $\frac{3}{8}\,l$ vom Ende $z = l$ entfernt; und dass es aus denselben Gründen in den beiden andern Fällen in der Mitte des Stabes auftritt. Inzwischen waren die Ausdrücke von $\frac{d^2u}{dz^2} = \frac{1}{\varrho}$ in den betrachteten vier Fällen die folgenden:

$$\frac{P}{Eq\lambda^2}(l - z) + \frac{G}{E\lambda^2}\frac{(l-z)^2}{2},$$

$$\frac{G}{E\lambda^2}\frac{l^2 - 5lz + 4z^2}{8},$$

$$\frac{G}{E\lambda^2}\frac{l^2 - 6lz + 6z^2}{12},$$

$$-\frac{G}{E\lambda^2}\frac{lz - z^2}{2}.$$

Führt man die obigen Werthe ein, so erhält man den Werth von $\frac{1}{\varrho}$ in den Stellen des Krümmungsmaximums:

$$\ldots,\quad -\frac{9Gl^2}{128E\lambda^2},\quad -\frac{G}{24E\lambda^2},\quad -\frac{G}{8E\lambda^2}.$$

Hingegen sind die Werthe von $\frac{1}{\varrho}$ an den Endpunkten;

bei $z = 0$:

$$\frac{Pl}{Eq\lambda^2} + \frac{Gl^2}{2E\lambda^2},\qquad \frac{Gl^2}{8E\lambda^2},\qquad \frac{Gl^2}{12E\lambda^2},\qquad 0;$$

bei $z = l$:

$$0,\qquad 0,\qquad \frac{Gl^2}{12E\lambda^2},\qquad 0.$$

In den beiden ersten Fällen also tritt die grösste Spannung bei $z = 0$ ein; im dritten Fall nimmt dieselbe an beiden Enden gleichzeitig denselben grössten Werth an, im letzten Fall ist sie am grössten in der Mitte.

Führt man den gefundenen grössten Werth von $\frac{1}{\varrho}$ in den Ausdruck der Spannung ein und setzt

$$\frac{Eh}{\varrho} = T,$$

wo T die grösste zulässige Spannung bedeutet, so erhält man den Ausdruck für das Tragvermögen des Stabes. In den vorigen Problemen also hat man die folgenden vier Gleichungen, welche man auf diese Weise bildet:

$$\frac{h}{\lambda^2}\left(\frac{P}{q}+\frac{Gl^2}{2}\right)=T,$$

$$\frac{h}{\lambda^2}\cdot\frac{Gl^2}{8}=T$$

$$\frac{h}{\lambda^2}\cdot\frac{Gl^2}{12}=T$$

$$\frac{h}{\lambda^2}\cdot\frac{Gl^2}{8}=T.$$

Setzt man im ersten Falle $P=0$, so dass der Stab immer nur eine gleichförmige Belastung auszuhalten hat, so ergeben sich die Werthe der zulässigen Belastung für die Längeneinheit hienach aus den Formeln:

$$(19^a) \quad \ldots\ldots G = 2\cdot\frac{T\lambda^2}{l^2h},\quad 8\cdot\frac{T\lambda^2}{l^2h},\quad 12\cdot\frac{T\lambda^2}{l^2h},\quad 8\cdot\frac{T\lambda^2}{l^2h}.$$

Sie ist 4mal so gross bei Unterstützung beider Enden, als wenn nur ein Ende gehalten wird; 6 mal so gross, wenn beide Enden eingeklemmt sind.

Andrerseits ergeben sich, bei gegebener Belastung die zulässigen Längen:

$$l=\lambda\sqrt{\frac{2T}{Gh}},\quad \lambda\sqrt{\frac{8T}{Gh}},\quad \lambda\sqrt{\frac{12T}{Gh}},\quad \lambda\sqrt{\frac{8T}{Gh}},$$

und die für gegebenes Gewicht und gegebene Länge nöthigen Trägheitsradien:

$$\lambda=l\sqrt{\frac{Gh}{2T}},\quad l\sqrt{\frac{Gh}{8T}},\quad l\sqrt{\frac{Gh}{12T}},\quad l\sqrt{\frac{Gh}{8T}}.$$

Ist eine Längsspannung vorhanden, die aber nicht so excessiv gross ist, dass sie in der Gleichung der Curve berücksichtigt werden müsste, so treten an Stelle des Ausdrucks $\frac{Eh}{\varrho}$ die beiden folgenden:

$$\frac{S}{q}+\frac{Eh}{\varrho},\quad \frac{S}{q}-\frac{Eh'}{\varrho},$$

wenn S die spannende Kraft ist, h, h' die Abstände der nach entgegengesetzten Seiten von der Biegungsaxe des Querschnitts entferntesten Fasern bedeuten. Man kann natürlich mit diesen Grössen genau dieselben Betrachtungen durchführen, wie vorhin für die eine $\frac{Eh}{\varrho}$. Ist wieder $h' = h$, so wird in jedem Querschnitt eine der äussersten Spannungen vergrössert, die andre verkleinert, wohl selbst in ihr Gegentheil verkehrt. Es wird nicht nöthig sein, auf diese einfachen Verhältnisse hier näher einzugehen.

§. 86. Berechnung der Trägheitsradien.

Die im Vorigen vorkommenden Betrachtungen beruhen wesentlich auf der Kenntniss des Trägheitsradius λ, über dessen Berechnung denn hier einiges beigefügt werden mag.

Gemäss der bei Einführung von $\varkappa$, λ gegebenen Definition (82), p. 98 war $\lambda^2 q$ das Trägheitsmoment des Querschnitts in Bezug auf die YAxe (welche in dem vorhin behandelten Falle gegen die Biegungsebene senkrecht war), $\varkappa^2 q$ ebenso das Trägheitsmoment für die XAxe; also

$$\lambda^2 q = \int x^2 dq, \qquad \varkappa^2 q = \int y^2 dq.$$

Damit war die Bestimmung dieser beiden Grössen auf die Berechnung zweier Integrale zurückgeführt, vorausgesetzt, dass die Lage der Hauptaxen bekannt vorlag. Anders aber wenn diese selbst erst gesucht werden müssen.

Sind zunächst irgend zwei durch den Schwerpunkt gelegte auf einander senkrechte Axen gegeben, X', Y', und nennen wir r, φ die Polarcoordinaten eines Elements dq mit den rechtwinkligen Coordinaten x', y', so sind, in Bezug auf ein Coordinatensystem, dessen XAxe mit X' den Winkel α, mit Y' den Winkel $\frac{\pi}{2} - \alpha$ bildet, die Polarcoordinaten desselben Elements $x = r \cos(\varphi - \alpha)$, $y = r \sin(\varphi - \alpha)$, oder man hat

$$x = r \cos(\varphi - \alpha) = x' \cos\alpha + y' \sin\alpha$$
$$y = r \sin(\varphi - \alpha) = y' \cos\alpha - x' \sin\alpha.$$

Denken wir uns nun unter X, Y die Hauptaxen des Querschnitts, deren Lage bekannt ist, sobald man den Winkel α gefunden, so hat man nach § 28 zur Definition der Hauptaxen die Bedingung:

$$(20)\ldots 0=\int xy\,dq=\int (x'\cos\alpha+y'\sin\alpha)(y'\cos\alpha-x'\sin\alpha)\,dq;$$

die Trägheitsmomente $\lambda^2 q$, $\varkappa^2 q$ aber bestimmen sich durch die Formeln:

$$(21)\ldots\begin{cases}\lambda^2 q=\int x^2dq=\int (x'\cos\alpha+y'\sin\alpha)^2\,dq\\ \varkappa^2 q=\int y^2dq=\int (y'\cos\alpha-x'\sin\alpha)^2\,dq.\end{cases}$$

Nehmen wir nun an, es sei die Grösse des Querschnitts bestimmt, und man habe zugleich für das ursprüngliche Coordinatensystem die drei Integrale

$$\int x'^2dq,\qquad \int x'y'\,dq,\qquad \int y'^2\,dq$$

berechnet. Setzen wir

$$(21)\ldots\ldots\ldots\begin{cases}a_{11}\cdot q=\int y'^2dq\\ a_{22}\cdot q=\int x'^2dq\\ a_{12}\cdot q=\int x'y'\,dq,\end{cases}$$

so gehen die Gleichungen (20), (21) in die folgenden über:

$$(23)\begin{cases}\lambda^2=a_{11}\sin^2\alpha-2a_{12}\sin\alpha\cos\alpha+a_{22}\cos^2\alpha\\ \varkappa^2=a_{11}\cos^2\alpha+2a_{12}\sin\alpha\cos\alpha+a_{22}\sin^2\alpha\\ 0=a_{11}\sin\alpha\cos\alpha+a_{12}(\sin^2\alpha-\cos^2\alpha)-a_{22}\sin\alpha\cos\alpha.\end{cases}$$

Aus diesen drei Gleichungen sind α, λ, $\varkappa$, Lage der Hauptaxen und Grösse der Trägheitsradien zu berechnen. Zu diesem Ende kann man zwei Wege einschlagen.

Der nächstliegende besteht darin, dass man aus der letzten Gleichung mit Hülfe der Formel

$$(24)\ldots\ldots\frac{2\sin\alpha\cos\alpha}{\cos^2\alpha-\sin^2\alpha}=\operatorname{tg}2\alpha=\frac{2a_{12}}{a_{11}-a_{22}}$$

den Winkel α berechnet. Dies führt auf zwei Werthe von 2α, welche sich nur um zwei Rechte von einander unterscheiden. Unter diesen giebt es stets einen, für welchen auch noch:

(24[a]) $\sin 2\alpha = \frac{2a_{12}}{\sqrt{(a_{11}-a_{22})^2+4a_{12}^2}}, \quad \cos 2\alpha = \frac{a_{11}-a_{22}}{\sqrt{(a_{11}-a_{22})^2+4a_{12}^2}}.$

Wählen wir diesen und führen mittels der Formeln

$$\cos^2\alpha = \frac{1+\cos 2\alpha}{2}, \quad \sin^2\alpha = \frac{1-\cos 2\alpha}{2}, \quad \sin\alpha\cos\alpha = \frac{\sin 2\alpha}{2}$$

die Werthe von $\cos\alpha$, $\sin\alpha$ in die Ausdrücke von $\varkappa$, λ ein, so ergiebt sich:

$$(25) \ldots \begin{cases} \lambda^2 = \frac{1}{2}\left\{a_{11}+a_{22}-\sqrt{(a_{22}-a_{11})^2+4a_{12}^2}\right\} \\ \varkappa^2 = \frac{1}{2}\left\{a_{11}+a_{22}+\sqrt{(a_{22}-a_{11})^2+4a_{12}^2}\right\}. \end{cases}$$

Der zweite, elegantere Weg besteht darin, dass man zunächst die erste Gleichung (23) mit $\cos\alpha$, die dritte mit $-\sin\alpha$, oder die erste mit $\sin\alpha$, die dritte mit $\cos\alpha$ multiplicirt, und sodann die zweite mit $\cos\alpha$, die dritte mit $\sin\alpha$, oder die zweite mit $\sin\alpha$, die dritte mit $-\cos\alpha$. Addirt man jedesmal die erhaltenen Paare von Gleichungen, so ergiebt sich:

$(a_{11}-\lambda^2)\sin\alpha - a_{12}\cos\alpha = 0$	$(a_{11}-\varkappa^2)\cos\alpha + a_{12}\sin\alpha = 0$
$-a_{12}\sin\alpha + (a_{22}-\lambda^2)\cos\alpha = 0$	$a_{12}\cos\alpha + (a_{22}-\varkappa^2)\sin\alpha = 0.$

Eliminirt man den Winkel α aus jedem dieser Systeme, so ergiebt sich für $\varkappa^2$, λ^2 dieselbe quadratische Gleichung, welche, wenn man durch z die Veränderliche darstellt, die Form

$$(a_{11}-z)(a_{22}-z) - a_{12}^2 = 0$$

hat. Die Auflösung dieser Gleichung giebt

$$z = \frac{1}{2}\left\{a_{11}+a_{22} \pm \sqrt{(a_{22}-a_{11})^2+4a_{12}^2}\right\},$$

und damit unmittelbar die oben in (25) angegebenen Werthe von $\varkappa^2$, λ^2.

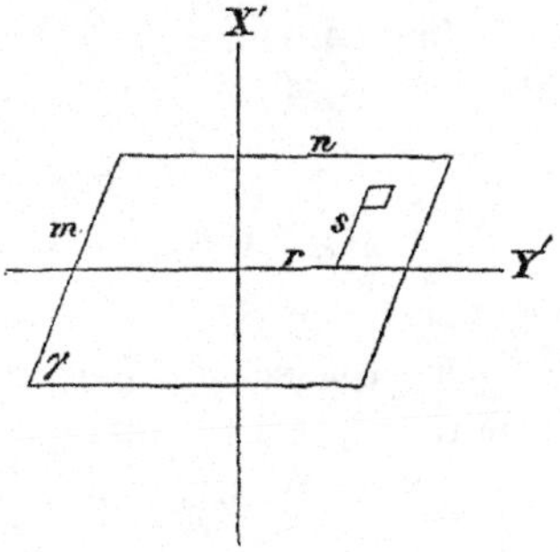

Als Beispiel werde ich den Fall eines Parallelogramms behandeln, dessen eine Seite, der Y'Axe parallel gerichtet, die Länge n hat, während die andre, m, den Winkel γ gegen die erste bildet. Führt man schiefwinklige Coordinaten r, s ein, welche den Axen parallel gezählt werden, und setzt demgemäss:

$$x' = s\sin\gamma, \qquad y' = r + s\cos\gamma,$$

betrachtet man ferner als Element der Fläche ein kleines Parallelogramm mit den Seiten dr, $ds \sin\gamma$, so hat man:

$$q = \alpha\beta \sin\gamma, \text{ und}$$

$$a_{11} \cdot \alpha\beta \sin\gamma = \int_{-\frac{m}{2}}^{\frac{m}{2}} \int_{-\frac{n}{2}}^{\frac{n}{2}} (r + s\cos\gamma)^2 \, dr \, ds \sin\gamma$$

$$a_{22} \cdot \alpha\beta \sin\gamma = \int_{-\frac{m}{2}}^{\frac{m}{2}} \int_{-\frac{n}{2}}^{\frac{n}{2}} s^2 \sin^2\gamma \,.\, dr \, ds \sin\gamma$$

$$a_{12} \cdot \alpha\beta \sin\gamma = \int_{-\frac{m}{n}}^{\frac{m}{2}} \int_{-\frac{n}{2}}^{\frac{n}{2}} s \sin\gamma \, (r + s\cos\gamma) \, dr \, ds \sin\gamma$$

oder, nach Ausführung der Integrationen:

$$a_{11} = \frac{m^2 + n^2 \cos^2\gamma}{12}, \quad a_{22} = \frac{n^2 \sin^2\gamma}{12},$$

$$a_{12} = -\frac{n^2 \sin\gamma \cos\gamma}{12}.$$

Daher geben die Gleichungen (24^a) für die Lage der Hauptaxen die Bestimmung:

$$\cos 2\alpha = \frac{m^2 + n^2 \cos 2\gamma}{\sqrt{m^4 + n^4 + 2m^2 n^2 \cos 2\gamma}}$$

$$\sin 2\alpha = -\frac{n^2 \sin 2\gamma}{\sqrt{m^4 + n^4 + 2m^2 n^2 \cos 2\gamma}}.$$

Die Gleichungen (25) aber liefern die Trägheitsradien der Hauptaxen selbst:

$$\lambda^2 = \tfrac{1}{24} \left\{ m^2 + n^2 - \sqrt{m^4 + n^4 + 2m^2 n^2 \cos 2\gamma} \right\}$$

$$\varkappa^2 = \tfrac{1}{24} \left\{ m^2 + n^2 + \sqrt{m^4 + n^4 + 2m^2 n^2 \cos 2\gamma} \right\}. \text{ —}$$

Schon in § 30 ist darauf hingewiesen worden, dass wenn in dem Querschnitt eine Symmetrieaxe existirt, diese zugleich eine Hauptaxe ist. In diesem Fall ist also das Coordinatensystem X, Y ohne Weiteres bekannt, und es bleibt nur die Aufgabe, die Integrale

$$\lambda^2 q = \int x^2 \, dq, \qquad \varkappa^2 q = \int y^2 \, dq$$

direkt zu berechnen. Man kann sich, um die Rechnung durchzuführen, die Fläche in Streifen getheilt denken, entweder parallel der XAxe, von der Breite dy, oder parallel der YAxe, von der Breite dx. Hält man die erste Vorstellung fest, und integrirt, indem man $dq = dx\,dy$ setzt zuerst über einen solchen der XAxe parallelen Streifen, dessen Endpunkte die Coordinaten x_0, x_1 haben mögen, so findet sich

$$\lambda^2 q = \int \frac{x_1^3 - x_0^3}{3} \, dy, \quad \varkappa^2 q = \int y^2 (x_1 - x_0) \, dy,$$

wo die Integration sich nun noch in der Richtung der YAxe über alle Streifen erstreckt, aus denen der Querschnitt besteht; dabei sind dann x_1, x_0 aus der Gleichung der Begrenzungscurve durch y auszudrücken.

Hält man hingegen die zweite Vorstellungsweise fest, und integrirt zuerst parallel der YAxe, so kommt:

$$\lambda^2 q = \int x^2 (y_1 - y_0) \, dx, \qquad \varkappa^2 q = \int \frac{y_1^3 - y_0^3}{3} \, dx;$$

die Endcoordinaten y_1, y_0 des Streifens sind durch x mittels der Gleichung der Begrenzungscurve auszudrücken, und sodann nach x über alle Streifen zu integriren, in welche die Fläche zerlegt war.

Ist die Fläche ein Rechteck mit den Seiten a, b, so ist nach der ersten Anschauungsweise $x_1 = - x_0 = \frac{a}{2}$, und die Grenzen für y werden $-\frac{b}{2}$, $\frac{b}{2}$; so dass

$$\lambda^2 ab = \int_{-\frac{b}{2}}^{+\frac{b}{2}} \frac{a^3}{12} \, dy = \frac{a^3 b}{12}, \quad \lambda^2 = \frac{a^2}{12};$$

$$\varkappa^2 ab = \int_{-\frac{b}{2}}^{+\frac{b}{2}} a y^2 \, dy = \frac{a b^3}{12}, \quad \lambda^2 = \frac{b^2}{12}.$$

Ist die Peripherie des Querschnitts eine Ellipse, und stellt man diese etwa durch die Gleichungen

$$x = a \cos\varphi, \quad y = b \sin\varphi$$

dar, wo a, b ihre Hauptaxen bedeuten, so wird

$$x_1 = -x_0 = a \cos\varphi, \quad dy = b \cos\varphi \, d\varphi,$$

und die Grenzwerthe, welche φ für die äussersten, der XAxe parallelen Streifen annimmt, sind $-\frac{\pi}{2}$, $+\frac{\pi}{2}$. Daher

$$\lambda^2 . q = \frac{2a^3 b}{3} \int_{-\frac{\pi}{2}}^{\frac{\pi}{2}} \cos^4\varphi \, d\varphi = \frac{a^3 b}{4}$$

$$\varkappa^2 . q = 2a^3 b \int_{-\frac{\pi}{2}}^{\frac{\pi}{2}} \sin^2\varphi \cos^2\varphi \, d\varphi = \frac{a b^3}{4},$$

oder, da $q = ab\pi$:

$$\lambda^2 = \frac{a^2}{4}, \quad \varkappa^2 = \frac{b^2}{4}. \text{ —}$$

Die Lage der Hauptaxen wird endlich nothwendig unbestimmt, sobald gleichzeitig $a_{12} = 0$, $a_{11} = a_{22}$, wo dann $tg\, 2\alpha$ die Form $\frac{0}{0}$ annimmt, In diesem Fall findet sich ferner aus (23):

$$\lambda^2 = \varkappa^2 = a_{11},$$

so dass jede Axe Hauptaxe sein kann, und immer dasselbe Trägheitsmoment besitzt. Es werden also dann alle Trägheitsmomente einander gleich, wie man auch die Axe legen mag, und in diesem Fall genügt die Berechnung eines einzigen Integrals.

Dies tritt z. B. immer dann ein, wenn der Querschnitt zwei Symmetrieaxen besitzt, welche gegen einander nicht senkrecht sind. Jede Symmetrieaxe konnte nach dem Vorigen nämlich als Hauptaxe angesehen werden; die beiden Symmetrieaxen führen deswegen auf zwei verschiedene Hauptaxensysteme, und diese können nur dann existiren, wenn es deren unendlich viele giebt, d. h. wenn jede Axe als Hauptaxe betrachtet werden kann.

Ein Beispiel bildet ein regelmässiges Polygon. Die Berechnung des einen Integrals geschieht dabei leicht auf folgende Weise. Da $\lambda^2 = \varkappa^2$, so ist auch

$$\lambda^2 q = \int x^2 dq = \int y^2 dq = \tfrac{1}{2} \int (x^2 + y^2)\, dq.$$

Da nun x^2+y^2 das Quadrat des Abstandes von dq bis zum Mittelpunkt ist, so ist in diesem letzten Integral keine Spur von der zufälligen Lage des Coordinatensystems mehr vorhanden, und denkt man sich also dasselbe in $2n$ Theile getheilt, deren jeder sich auf eines der $2n$ Dreiecke bezieht, die ihre Spitze im Mittelpunkt und die Hälfte einer Polygonseite zur Grundlinie haben, so muss jeder dieser $2n$ Theile denselben Werth haben. Dehnt man demnach die Integration nur über die Fläche eines solchen Dreiecks aus, so hat man:

$$\lambda^2 q = n \int x^2 + y^2)\, dq.$$

Legen wir jetzt, um das Integral für ein einzelnes Dreieck zu berechnen, das Coordinatensystem so, dass der Anfangspunkt wie früher bleibt, die XAxe aber mit der zur Polygonseite senkrechten Kathete zusammenfällt. Zerlegt man die Fläche des Dreiecks in Streifen von der Breite dx, und bemerkt, dass der am Anfangspunkt gelegene Winkel $\frac{\pi}{n}$, also die Länge eines um x vom Mittelpunkte entfernten Streifens $y_1 = x\, tg\, \frac{\pi}{n}$ ist, so giebt die Integration längs eines solchen Streifens zuerst:

$$\int (x^2+y^2)\, dq = \int\int (x^2+y^2)\, dx\, dy = \int \left(x^2 y_1 + \frac{y_1^3}{2}\right) dx$$
$$= \left(tg\, \frac{\pi}{n} + \tfrac{1}{3}\, tg^3\, \frac{\pi}{n}\right) \int x^3\, dx.$$

Ist nun a die Seite des Polygons, also $\frac{a}{2}$ die eine Kathete des Dreieckes, $\frac{a}{2}\, ctg\, \frac{\pi}{2}$ die andre, so hat man nach x noch von 0 bis $\frac{a}{2}\, ctg\, \frac{\pi}{n}$ zu integriren, und findet also

$$\int (x^2+y^2)\, dq = \left(tg\, \frac{\pi}{n} + \tfrac{1}{3}\, tg^3\, \frac{\pi}{n}\right) \frac{\left(\frac{a}{2}\, ctg\, \frac{\pi}{n}\right)^4}{4},$$

oder

$$= \frac{a^4}{64}\left(ctg^3\, \frac{\pi}{n} + \tfrac{1}{3}\, ctg\, \frac{\pi}{n}\right);$$

und endlich

$$\lambda^2 q = \frac{na^4}{64}\left(ctg^3 \frac{\pi}{n} + \tfrac{1}{3} ctg \frac{\pi}{n}\right).$$

Indess ist der Inhalt des soeben betrachteten Dreiecks $\frac{a^2}{8}\ ctg\ \frac{\pi}{n}$ und also

$$q = \frac{na^2}{4}\ ctg\ \frac{\pi}{n};$$

daher:

$$\lambda^2 = \frac{a^2}{16}\left(ctg^2 \frac{\pi}{n} + \tfrac{1}{3}\right),$$

was zu finden war. —

Ich komme nun zur Entwickelung einer Formel, welche gestattet, das Trägheitsmoment eines zusammengesetzten Querschnitts aus den Trägheitsmomenten seiner Theile zu finden. Die ganze Aufgabe der Bestimmung von $\varkappa$, λ kam, wie man sah, auf die Bestimmung der drei Integrale

$$a_{11}\, q = \int y^2\, dq, \qquad a_{22}\, q = \int x^2\, dq, \qquad a_{12}\, q = \int x\, y\, dq$$

zurück, wo die X, Y beliebige durch den Schwerpunkt gelegte rechtwinklige Axen bedeuten. Nehmen wir nun an, der Querschnitt bestehe aus einzelnen einfacheren Theilen, deren Schwerpunkte in jenem Coordinatensystem die Coordinaten

$$\alpha_1,\ \beta_1; \qquad \alpha_2,\ \beta_2;\ \ldots$$

haben. Legen wir nun durch diese Schwerpunkte Axen X_1, Y_1; X_2, Y_2 . . ., welche den Axen X, Y parallel sind, und bestimmen jedes Element dq_1 des ersten Theils durch die Coordinaten x_1, y_1 bezüglich der Axen X_1, Y_1; beziehen wir ebenso jedes Element dq_2 des zweiten Theils auf die Axen X_2, Y_2, und bezeichnen seine Coordinaten durch x_2, y_2 u. s. w. Alsdann ist im ersten Theil

$$x = x_1 + \alpha_1, \quad y = y_1 + \beta_1,$$

im zweiten

$$x = x_2 + \alpha_2, \quad y = y_2 + \beta_2,$$

u. s. w. Daher, wenn wir die einzelnen Integrale rechts nur über die entsprechenden einzelnen Theile des Querschnitts ausdehnen:

$$\int y^2\,dq = \int (y_1+\beta_1)^2\,dq_1 + \int (y_2+\beta_2)^2\,dq_2 \ldots$$
$$= \int y_1^2\,dq_1 + \int y_2^2\,dq_2 \ldots + \beta_1^2 \int dq_1 + \beta_2^2 \int dq_2 \ldots$$
$$+ 2\left\{\beta_1 \int y_1\,dq_1 + \beta_2 \int y_2\,dq_2 \ldots\right\}$$
$$\int x^2\,dq = \int (x_1+\alpha_1)^2\,dq_1 + \int (x_2+\alpha_2)^2\,dq_2 \ldots$$
$$= \int x_1^2\,dq_1 + \int x_2^2\,dq_2 \ldots + \alpha_1^2 \int dq_1 + \alpha_2^2 \int dq_2 \ldots$$
$$+ 2\left\{\alpha_1 \int x_1\,dq_1 + \alpha_2 \int x_2\,dq_2 + \ldots\right\}$$
$$\int xy\,dq = \int (x_1+\alpha_1)(y_1+\beta_1)\,dq_1 + \int (x_2+\alpha_2)(y_2+\beta_2)\,dq_2 \ldots$$
$$= \int x_1 y_1\,dq_1 + \int x_2 y_2\,dq_2 \ldots + \alpha_1\beta_1 \int dq_1 + \alpha_2\beta_2 \int dq_2 \ldots$$
$$+ \alpha_1 \int y_1\,dq_1 + \alpha_2 \int y_2\,dq_2 \ldots + \beta_1 \int x_1\,dq_1 + \beta_2 \int x_2\,dq_2 \ldots$$

Hier sind die Integrale $\int dq_1$, $\int dq_2 \ldots$ nichts anderes, als die Flächen $q_1, q_2 \ldots$ der einzelnen Theile. Es sind aber ferner

$$\frac{\int x_1\,dq_1}{\int dq_1}, \quad \frac{\int y_1\,dq_1}{\int dq_1}$$

die Coordinaten des Schwerpunkts des ersten Theils bezogen auf das Coordinatensystem X_1, Y_1; und da in diesem der Schwerpunkt der Anfangspunkt war, so müssen jene Coordinaten nothwendig Null sein, also die Zähler der angegebenen Ausdrücke verschwinden. Ebenso hat man

$$\int x_2\,dq_2 = 0, \quad \int y_2\,dq_2 = 0 \text{ u. s. w.}$$

Endlich haben die Grössen

$$\int x_1^2\,dq_1, \quad \int x_1 y_1\,dq_2, \quad \int y_1^2\,dq_2$$

für den ersten Theil genau dieselbe Bedeutung, wie $a_{11}q$, $a_{12}q$, $a_{22}q$ in Bezug auf den ganzen Querschnitt. Bezeichnen wir diese Integrale demnach durch $a_{11}'q_1$, $a_{12}'q_1$, $a_{22}'q_1$, ebenso die analogen Grössen für den zweiten Theil durch $a_{11}''q_2$,

$a_{12}''q_2$, $a_{22}''q_2$ etc., so erhalten wir aus den obigen Gleichungen zur Berechnung von a_{11}, a_{12}, a_{22} folgende Formeln.

$$a_{11}q = a_{11}'q_1 + a_{11}''q_2 \ldots + \alpha_1^2 q_1 + \alpha_2^2 q_2 \ldots$$
$$a_{22}q = a_{22}'q_2 + a_{22}''q_2 \ldots + \beta_1^2 q_1 + \beta_2^2 q_2 \ldots$$
$$a_{12}q = a_{12}'q_1 + a_{12}''q_2 \ldots + \alpha_1\beta_1 q_1 + \alpha_2\beta_2 q_2 \ldots,$$

wodurch die Berechnung jener Grössen für den ganzen Querschnitt auf die Berechnung der entsprechenden Grössen für die einzelnen Querschnitte und die Bestimmung ihrer Schwerpunkte zurückgeführt ist.

Eine wesentliche Vereinfachung erfahren diese Formeln, wenn etwa sämmtliche Schwerpunkte auf einer Geraden liegen, welche zugleich Hauptaxe der einzelnen Theile ist. Diese Gerade ist dann auch Hauptaxe des ganzen; wählen wir sie zur XAxe, so verschwinden sämmtliche a_{12}, sowie sämmtliche β, und die a_{11} gehen in die entsprechenden λ^2, die a_{22} in die $\varkappa^2$ über. Man erhält so die Formeln:

$$\lambda^2 q = \lambda_1^2 q_1 + \lambda_2^2 q_2 \ldots + \alpha_1^2 q_1 + \alpha_2^2 q_2 \ldots$$
$$\varkappa^2 q = \varkappa_1^2 q_1 + \varkappa_2^2 q_2 \ldots$$

Diese Formeln sind auch dann noch anwendbar, wenn einzelne Querschnittstheile als Flächenstücke auftreten, welche aus andern herausgeschnitten sind; wo denn nur erstere mit negativen Zeichen eingeführt werden.

Ich werde diese Formeln insbesondere auf den Fall eines Hohlkörpers anwenden, dessen Querschnitt durch zwei ähnliche und ähnlich gelegene Figuren mit gemeinschaftlichem Schwerpunkt begrenzt wird.

Setzen wir also die Flächen aus zwei Theilen zusammen, deren einer die volle Fläche, deren anderer der herausgeschnittene Theil ist. Da die Schwerpunkte beider zusammenfallen, so verschwinden auch die α; und sind q_1, q_2 die Flächen, λ_1, $\varkappa_1$, λ_2, $\varkappa_2$ die Trägheitsradien beider Theile, so erhält man nach dem Vorigen für den ganzen Querschnitt die Formeln:

$$\lambda^2 q = \lambda_1^2 q_1 - \lambda_2^2 q_2, \quad \varkappa^2 q = \varkappa_1^2 q_1 - \varkappa_2^2 q_2,$$

oder da offenbar $q = q_1 - q_2$ ist:

$$\lambda^2 = \frac{\lambda_1^2 q_1 - \lambda_2^2 q_2}{q_1 - q_2}, \quad \varkappa^2 = \frac{\varkappa_1^2 q_1 - \varkappa_2^2 q_2}{q_1 - q_2}.$$

Vergleichen wir diese Trägheitsradien mit denen eines Querschnitts, welcher von ähnlicher Form, aber voll ist, und dessen

Grösse der des gegebenen gleich kommt, der also einem vollen Stabe von gleicher Masse angehört. Die diesem Querschnitt entsprechenden Grössen seien durch den Index 0 bezeichnet; es ist dann zunächst

$$q_0 = q_1 - q_2.$$

Aber, wenn man annimmt, dass jede Linie des ganzen Querschnitts q_1 aus einer entsprechenden von q_0 durch eine Vergrösserung im Verhältniss von $1 : m$, jede Linie in q_2 durch Vergrösserung im Verhältniss von $1 : n$ entstanden sei, so hat man auch:

$$\lambda_1 = m\,\lambda_0, \quad \varkappa_1 = m\,\varkappa_0, \quad \lambda_2 = n\,\lambda_0, \quad \varkappa_2 = n\,\varkappa_0,$$

$$q_1 = m^2\,q_0, \quad q_2 = n^2\,q_0,$$

mithin

$$1 = m^2 - n^2,$$

und die Formeln für λ^2, $\varkappa^2$ werden:

$$\lambda^2 = \lambda_0^2\,(m^2 + n^2), \qquad \varkappa^2 = \varkappa_0^2\,(m^2 + n^2)$$
$$= \lambda_0^2\,(2m^2 - 1), \qquad = \varkappa_0^2\,(2m^2 - 1).$$

Erinnern wir uns nun, dass das Tragvermögen dem Verhältniss $\frac{\lambda^2}{h}$ proportional wurde, dass aber offenbar h, die Entfernung der am meisten entfernten Faser von der Drehungsaxe, $= h_0\,m$, so wird:

$$\frac{\lambda^2}{h} = \frac{\lambda_0^2}{h_0}\left(2\,m - \frac{1}{m}\right),$$

und das Tragvermögen des hohlen Stabes ist also gegen das des vollen Stabes im Verhältniss von $1 : 2m - \frac{1}{m}$ vergrössert, wenn die Dimensionen der äussern Figur gegen die der vollen Figur im Verhältniss von $1 : m$ vergrössert sind.

§ 87. Biegung unter dem Einfluss stetig vertheilter Kräfte, verbunden mit Einzelkräften.

Von den Formeln des § 84 kann man leicht zu dem Fall übergehen, wo nicht blos stetig vertheilte Kräfte auf den Stab wirken, sondern wo auch an einzelnen Stellen besondere Einzelkräfte angebracht sind. Man kann dies so behandeln, dass man von den stetig vertheilten Kräften sich einen Theil abgesondert denkt und diesen dann so einrichtet, dass nur innerhalb sehr kleiner Theile des Stabes diese Kräfte einen sehr grossen Werth erhalten, an allen übrigen aber verschwinden. Diese stetigen Kräfte gehen dann in Einzelkräfte über, und die Formeln des § 84 liefern leicht die betreffenden Biegungen.

Eine natürlichere Methode ist vielleicht die, wo man von vorn herein sich durch die Angriffspunkte der Einzelkräfte den Stab in eine gewisse Anzahl von Theilen zerlegt denkt. Für jeden dieser Theile hat man dann eine besondere Gleichgewichtsbedingung anzusetzen; und jede derselben hat eine etwas andere Form, da jede der Einzelkräfte nur dann bei der Aufstellung der Gleichungen zu berücksichtigen ist, wenn der betreffende Theil des Stabes sich zwischen $z = 0$ und ihrem Angriffspunkte befindet, nicht aber, wenn derselbe zwischen diesem Angriffspunkte und dem andern Ende des Stabes liegt.

Bezeichnen wir die Ausschreitungen in den verschiedenen Theilen des Stabes durch $u_1, u_2 \ldots u_n$, die Entfernungen der Angriffspunkte der Einzelkräfte $P_1, P_2 \ldots P_n$ von dem Ende $z = 0$ durch $l_1, l_1 + l_2, l_1 + l_2 + l_3 \ldots$, so dass $l_1, l_2 \ldots l_3$ die Längen der einzelnen Stabtheile sind, und ist endlich M das Moment der stetig vertheilten Kräfte, so hat man die Gleichungen anzusetzen:

$$(26) \ldots \begin{cases} Eq\lambda^2 \dfrac{d^2u_1}{dz^2} = M + P_1(l_1 - z) + P_2(l_1 + l_2 - z) \ldots + P_n(l_1 + l_2 \ldots l_n - z) \\ Eq\lambda^2 \dfrac{d^2u_2}{dz^2} = M \qquad + P_2(l_1 + l_2 - z) \ldots + P_n(l_1 + l_2 \ldots l_n - z) \\ \qquad \ldots\ldots \\ Eq\lambda^2 \dfrac{d^2u_n}{dz^2} = M \qquad + P_n(l_1 + l_2 \ldots l_n - z). \end{cases}$$

Die Integration jeder dieser Gleichungen führt zwei willkürliche Constanten mit sich. Zur Bestimmung derselben hat man die äussern Bedingungen, denen die Enden des Stabes unterworfen sind; vor allem aber die Bedingung, dass der Stab ein continuirliches Ganze bilde, dass also überall, wo zwei Theile des Stabes zusammenstossen, die Verschiebungen u und die Winkel der Tangenten gegen die ZAxe, aus jedem der Stabtheile berechnet, denselben Werth geben. Man hat also für

$$z = \quad l_1: \quad u_1 = u_2, \quad \frac{du_1}{dz} = \frac{du_2}{dz}$$

$$z = l_1 + l_2: \quad u_2 = u_3, \quad \frac{du_2}{dz} = \frac{du_3}{dz}$$

. . . .

Wenn man diese Bedingungen berücksichtigt, so stellen die ersten Integrale der Gleichungen (26) sich sofort unter der Form dar:

$$\frac{du_1}{dz} = -\frac{P_1(l_1 - z)^2}{2Eq\lambda^2} - \frac{P_2(l_1 + l_2 - z)^2}{2Eq\lambda^2} \cdots - \frac{P_n(l_1 + l_2 \ldots l_n - z)^2}{2Eq\lambda^2} + \int_0^z \frac{M\,dz}{Eq\lambda^2} + \alpha$$

$$\frac{du_2}{dz} = \qquad - \frac{P_2(l_1 + l_2 - z)^2}{2Eq\lambda^2} \cdots - \frac{P_n(l_1 + l_2 \ldots l_n - z)^2}{2Eq\lambda^2} + \int_0^z \frac{M\,dz}{Eq\lambda^2} + \alpha$$

. . . . . .

$$\frac{du_n}{dz} = \qquad - \frac{P_n(l_1 + l_2 \ldots l_n - z)^2}{2Eq\lambda^2} + \int_0^z \frac{M\,dz}{Eq\lambda^2} + \alpha.$$

Man sieht, dass die Bedingung, es solle für $z = l$, $\frac{du_1}{dz} = \frac{du_2}{dz}$, für $z = l_1 + l_2$, $\frac{du_2}{dz} = \frac{du_3}{dz}$ werden etc., nichts weiter erfordert, als dass die Integrationsconstante α überall dieselbe sei. Ganz ebenso giebt eine nochmalige Integration:

$$
(26\text{a}) \ldots \left\{
\begin{aligned}
u_1 &= \frac{P_1(l_1-z)^3}{6Eq\lambda^2} + \frac{P_2(l_1+l_2-z)^3}{6Eq\lambda^2} \ldots + \frac{P_n(l_1+l_2\ldots l_n-z)^3}{6Eq\lambda^2} \\
&\quad + \int_0^z\!\!\int_0^z \frac{Mdz\,dz}{Eq\lambda^2} + \alpha z + \beta \\
u_2 &= \frac{P_2(l_1+l_2-z)^3}{6Eq\lambda^2} \ldots + \frac{P_n(l_1+l_2\ldots l_n-z)^3}{6Eq\lambda^2} \\
&\quad + \int_0^z\!\!\int_0^z \frac{Mdz\,dz}{Eq\lambda^2} + \alpha z + \beta \\
&\ldots\ldots \\
u_n &= \frac{P_n(l_1+l_2\ldots l_n-z)^3}{6Eq\lambda^2} \\
&\quad + \int_0^z\!\!\int_0^z \frac{Mdz\,dz}{Eq\lambda^2} + \alpha z + \beta.
\end{aligned}
\right.
$$

Auch hier erfordert die Bedingung, dass für $z = l$, $u_1 = u_2$, für $z = l_1 + l_2$, $u_2 = u_3$ etc., nichts weiter als dass die Constante β in allen diesen Gleichungen denselben Werth habe. Die Bedingungen für die Continuität des Stabes sind hiedurch sämmtlich erfüllt, und es sind nur die Constanten α, β übrig, welche den anderweitigen Bedingungen gemäss zu bestimmen sind.

Das obige System ist auch dann noch zu benützen, wenn die Kräfte P nicht bekannt, sondern selbst unbekannte Druckkräfte sind, welche in etwaigen Unterstützungspunkten auftreten. Dann treten zugleich neben diesen neuen Unbekannten auch neue Bedingungen auf, welche ausdrücken, dass die Lage der unterstützten Punkte eine vorausbestimmte ist.

Ich werde das Beispiel eines gleichförmig belasteten Stabes behandeln, welcher mit seinen Endpunkten frei aufliegt, und in $n - 1$ in gleichen Abständen zwischen jenen gelegenen Punkten unterstützt wird. Nennen wir l den Abstand zweier Unterstützungspunkte, so ist $l_1 = l_n \ldots = l$ und $n \, . \, l$ die Länge des ganzen Stabes. Zugleich mögen die Druckkräfte, welche von den Unterstützungspunkten und dem Widerlager bei $z = l$ auszuüben sind, durch Q_1, $Q_2 \ldots Q_n$ dargestellt werden, wo denn $P_1 = - Q_1$, $P_2 = - Q_2 \ldots$. Endlich ist, wenn G das Gewicht für die Längeneinheit bezeichnet:

$$M = \frac{G(nl - z)^2}{2}.$$

Und so geht das System der obigen Gleichungen über in:

$$u_1 = -\frac{Q_1(l-z)^3}{6Eq\lambda^2} - \frac{Q_2(2l-z)^3}{6Eq\lambda^2} \dots - \frac{Q_n(nl-z)^3}{6Eq\lambda^2}$$
$$+ \frac{G}{Eq\lambda^2}\left(\frac{n^2l^2z^2}{4} - \frac{nlz^3}{6} + \frac{z^4}{24}\right) + \alpha z + \beta$$

$$u_2 = \qquad - \frac{Q_2(2l-z)^3}{6Eq\lambda^2} \dots - \frac{Q_n(nl-z)^3}{6Eq\lambda^2}$$
$$+ \frac{G}{Eq\lambda^2}\left(\frac{n^2l^2z^2}{4} - \frac{nlz^3}{6} + \frac{z^4}{24}\right) + \alpha z + \beta$$

. . . .

$$u_n = \qquad - \frac{Q_n(nl-z)^3}{6Eq\lambda^2}$$
$$+ \frac{G}{Eq\lambda^2}\left(\frac{n^2l^2z^2}{4} - \frac{nlz^3}{6} + \frac{z^4}{24}\right) + \alpha z + \beta.$$

Die Bedingungen, denen die Constanten unterworfen sind, bestehen nun zunächst darin, dass in allen Unterstutzungspunkten die betreffenden Grössen u verschwinden müssen. Setzt man also für $z = 0$, $u_1 = 0$, für $z = l$, $u_1 = u_2 = 0$ etc. so erhält man die Bedingungen:

$$(27) \quad \left\{ \begin{aligned}
1^3.Q_1 + 2^3.Q_2 + 3^3.Q_3 \dots + n^3 Q_n &= \frac{6Eq\lambda^2}{l^3}\,.\,\beta \\
1^3.Q_2 + 2^3.Q_3 \dots + (n-1)^3 Q_n &= \frac{6Eq\lambda^2}{l^3}(1.\alpha l + \beta) \\
&+ \left(\frac{3.1^2.n^2}{2} - 1^3.n + \frac{1^4}{4}\right) Gl \\
1^3.Q_3 \dots + (n-2)^3 Q_n &= \frac{6Eq\lambda^2}{l^3}(2\alpha l + \beta) \\
&+ \left(\frac{3.2^2.n^2}{2} - 2^3.n + \frac{2^4}{4}\right) Gl \\
&\dots\dots \\
1^3.Q_n &= \frac{6Eq\lambda^2}{l^3}[(n-1)\alpha l + \beta] \\
&+ \left(\frac{3.(n-1)^2 n^2}{2} - (n-1)^3 n + \frac{(n-1)^4}{4}\right) Gl \\
0 &= \frac{6Eq\lambda^2}{l^3}(n\alpha l + \beta) \\
&+ \left(\frac{3n^2.n^2}{2} - n^3.n + \frac{n^4}{4}\right) Gl.
\end{aligned} \right.$$

Zu denselben treten noch zwei andere, welche ausdrücken, dass an den frei aufliegenden Enden keine Krümmung stattfindet, dass also $\frac{d^2u}{dz^2}$ für $z = 0$ und $z = l$ verschwindet. Der zweite dieser Bedingungen ist inzwischen, wie man leicht sieht, schon erfüllt, die erste giebt:

$$(28) \ldots\ldots Q_1 + 2Q_2 + \ldots nQ_n = \frac{Gn^2l}{2}.$$

Um nun aus den Gleichungen (27), (28) die Unbekannten Q_1, $Q_2 \ldots Q_n$ zu finden, kann man folgendermassen verfahren. Welches auch die Zahl i sein mag, immer hat man die Gleichungen:

$$(i + 4) - 4(i + 3) + 6(i + 2) - 4(i + 1) + i = 0$$
$$(i + 4)^2 - 4(i + 3)^2 + 6(i + 2)^2 - 4(i + 1)^2 + i^2 = 0$$
$$(i + 4)^3 - 4(i + 3)^3 + 6(i + 2)^3 - 4(i + 1)^3 + i^3 = 0$$
$$(i + 4)^4 - 4(i + 3)^4 + 6(i + 2)^4 - 4(i + 1)^4 + i^4 = 24.$$

Addirt man also zu jeder der Gleichungen (27) die vier folgenden, bezüglich multiplicirt mit -4, $+6$, -4, $+1$, so erhält man das einfachere System:

$$(29) \ldots\ldots \begin{cases} Q_1 + 4Q_2 + Q_3 = 6Gl \\ Q_2 + 4Q_3 + Q_4 = 6Gl \\ \ldots\ldots\ldots \\ Q_{n-3} + 4Q_{n-2} + Q_{n-1} = 6Gl, \end{cases}$$

welches, verbunden mit den letzten vier Gleichungen (27) jenes System ersetzt. Bestimmt man zunächst aus (29) die Q durch eine möglichst geringe Anzahl unter ihnen, so bleiben nothwendig zwei unbestimmt; oder mit andern Worten, es wird dem System auf die allgemeinste Weise genügt, wenn die Lösungen zwei willkürliche Zahlen enthalten. Dies aber erreicht man immer, wenn man

$$Q_i = Gl + Ap^i + Bq^i$$

setzt, unter p, q die Wurzeln der quadratischen Gleichung

$$z^2 + 4z + 1 = 0$$

verstanden. Denn setzt man

$$(30) \ldots p^2 + 4p + 1 = 0, \quad q^2 + 4q + 1 = 0,$$

und führt die Werthe der Q_i in die Gleichungen (29) ein, so werden jene Gleichungen identisch erfüllt, und A, B bleiben ganz willkürlich. Da nun aus der quadratischen Gleichung

$$p = -2 + \sqrt{3}, \quad q = -2 - \sqrt{3}$$

folgt, so hat man:

$$(31) \ldots \begin{cases} Q_1 = Gl + A(-2 + \sqrt{3}) + B(-2 - \sqrt{3}) \\ Q_2 = Gl + A(-2 + \sqrt{3})^2 + B(-2 - \sqrt{3})^2 \\ \quad \cdot \quad \cdot \quad \cdot \quad \cdot \quad \cdot \quad \cdot \\ Q_{n-1} = Gl + A(-2 + \sqrt{3})^{n-1} + B(-2 - \sqrt{3})^{n-1}. \end{cases}$$

Ferner aber folgt, wenn man zu der viertletzten Gleichung (27) die drei folgenden addirt, multiplicirt mit $-3, 3, -1$, oder zur drittletzten die beiden folgenden, mit $-2, 1$ multiplicirt:

$$(32) \ldots\ldots \begin{cases} Q_{n-2} + 5Q_{n-1} + 6Q_n = 9Gl \\ Q_{n-1} + 6Q_n = \frac{7}{2} Gl; \end{cases}$$

was denn, verbunden mit 28), genügt, um A, B, Q_n, und also die ganze Druckvertheilung zu ermitteln. Man kürzt inzwischen die Betrachtung durch die Bemerkung ab, dass wegen der Symmetrie der Anordnung nothwendig;

$$Q_1 = Q_{n-1}, \quad Q_2 = Q_{n-2} \ldots$$

oder allgemein

$$Ap^i + Bq^i = Ap^{n-i} + Bq^{n-i}.$$

Da nun wegen der quadratischen Gleichung das Product pq gleich 1, oder $q = \frac{1}{p}$ ist, so schliesst man, dass diese Gleichung nur für alle Werthe von i bestehen kann, wenn

$$Ap^n - B.$$

Ausserdem erhält man aus (32):

$$Q_{n-2} + 4Q_{n-1} = \frac{11}{2} Gl,$$

oder:

$$A(p^{n-2} + 4p^{n-1}) + B(q^{n-2} + 4q^{n-1}) = \frac{Gl}{2};$$

oder auch, wegen der quadratischen Gleichung:

$$Ap^n + Bq^n = -\frac{Gl}{2}.$$

Das mit der vorigen Gleichung für A, B verbunden, giebt sofort, indem wir q durch $\frac{1}{p}$ ersetzen:

$$B = -\frac{Gl}{2} \frac{p^n}{1 + p^n}, \quad A = -\frac{Gl}{2} \frac{1}{1 + p^n}.$$

Und sonach werden die Druckkräfte Q_1, Q_2 ... aus (31) durch die allgemeine Gleichung dargestellt:

$$Q_i = Gl\left(1 - \frac{p^i + p^{n-i}}{2(1 + p^n)}\right),$$

wo

$$p = -2 + \sqrt{3}.$$

Eine Ausnahme von dieser Formel macht nur Q_n, welches nach (32) den Werth

$$Q_n = Gl\left\{\frac{5}{12} + \frac{p + p^{n-1}}{12(1 + p^n)}\right\}$$

annimmt.

Die Druckvertheilung ist durch diese Formeln völlig gegeben. Man bestimmt auch leicht aus den letzten Gleichungen (27) die Constanten α, β und demnach die Verschiebungen selbst, was indess hier kein hervorragendes Interesse hat.

Auch kann man von diesen Resultaten ausgehend, leicht den gefährlichen Querschnitt, d. h. denjenigen bestimmen, in welchem $\frac{1}{\varrho}$ den grössten Werth hat. Dabei ist nur zu bemerken, dass ausser den Punkten eines wirklichen Maximums der Krümmung und den Endpunkten hier auch noch die Endpunkte der verschiedenen Stabtheile, also die Angriffspunkte der Druckkräfte selbst in Betrachtung kommen. Es genügt diese Punkte hier angedeutet zu haben.

§ 88. Veränderliche Querschnitte.

Wenn man es sich gestatten will, so kann man ganz ähnliche Betrachtungen auch dann noch anwenden, wenn die verbundenen Stabtheile verschiedene Querschnitte haben; wobei denn in den Formeln des vorigen § nur auch $q \cdot \lambda^2$ von Theil zu Theil sich ändert. Diese Anwendung ist nicht mehr völlig streng, indess wohl zu gestatten, sofern die Abweichungen der aufeinanderfolgenden Querschnittsformen nicht sehr gross sind.

Mit viel grösserer Strenge kann man jene Formeln, unter geringen Modificationen, benützen, wenn neben Einzelkräften auch die stetigen Kräfte, also die fortlaufenden Belastungen an gewissen Stellen sich sprungweise ändern. Alsdann sind die Ausdrücke von M selbst in den verschiedenen Stabtheilen verschieden; da inzwischen dabei an der Methode nichts geändert wird, so genügt es, auf Probleme dieser Art und ihre Behandlungsweise hingewiesen zu haben.

An die Betrachtung sprungweise veränderlicher Querschnitte knüpft sich leicht die Betrachtung eines Körpers, dessen Querschnitt, innerhalb enger Grenzen, sich stetig verändert. Dieser Fall ist natürlich strenge genommen in den Formeln, welche wir hier zu Grunde gelegt haben, nicht enthalten; doch kann man sie mit einiger Annäherung auch dann noch für passend erachten, wenn die Veränderungen der Querschnitte, so wie ihre absoluten Grössen, hinlänglich klein sind. Man hat in den Grundformeln § 84 9., 10), dann nur q sowohl als λ als eine gegebene Function von z zu betrachten, im Uebrigen aber genau so zu verfahren; wie dort geschehen.

Man kann indess aus diesen Betrachtungen insbesondere das Problem ableiten, die Veränderung der Querschnitte so zu bestimmen, dass der Stab in jedem seiner Querschnitte gleich stark in Anspruch genommen sei, dass also die Spannung der äussersten Faser in jedem Querschnitt dieselbe Grösse habe; eine Aufgabe, welche für gewisse Kräftesysteme wenigstens gelöst werden kann, welche für andre offenbar unmöglich ist und keinen Sinn hat. Ich werde dabei immer voraussetzen, dass die auf das Innere wirkenden Kräfte nur von z, nicht von der Lage des Punktes im Querschnitte abhängen, wie dies mit grosser Annäherung meistens der Fall ist. Alsdann nehmen U, V die Form $A.q$, $B.q$ an, und es sind dann A, B die Componenten der auf das Innere wirkenden Kräfte, bezogen auf die Volumeneinheit.

Bei dieser Aufgabe erscheinen die Grössen q, λ als Unbekannte des Problems. Da es deren zwei sind, so ist die Aufgabe nicht völlig bestimmt, sondern man kann über die Gestalt des Querschnitts noch in einer gewissen Weise verfügen. Ich werde annehmen, sämmtliche Querschnitte seien ähnliche Figuren von gegebener Form, deren Schwerpunkte im natürlichen Zustand eine gerade Linie, die ZAxe, bilden.

Bezeichnen wir nun durch q_1 den Querschnitt am Ende $z = l$, durch λ_1 seinen Trägheitsradius, durch h_1 die Entfernung seiner äussersten Faser von der YAxe des Querschnitts. Für jeden andern Querschnitt seien dieselben Grössen durch q, λ, h bezeichnet. Der Aehnlichkeit der Figuren wegen ist dann:

$$(33) \ldots\ldots\ldots q = \frac{h^2}{h_1^{\,2}} q_1, \quad \lambda = \frac{h}{h_1} \lambda_1;$$

so dass die Grösse h als einzige Veränderliche zurückbleibt, und als Function von z zu bestimmen ist. Die gefundene Gleichung $h = f\,(z)$ hat sodann eine einfache geometrische Bedeutung; die entferntesten Punkte der Querschnitte, auf die XZEbene projicirt, bilden eine Curve, deren Gleichung $h = f\,(z)$ ist.

Die grösste Spannung in jedem Querschnitt stellt sich nach § 85 durch die Grösse $\frac{Eh}{\varrho}$ dar. Damit also diese Spannung für alle Querschnitte derselbe sei, muss $\frac{h}{\varrho}$ überall denselben Werth haben, und bezeichnet wieder T den Werth dieser grössten Spannung, so hat man

$$\frac{h}{\varrho} = \frac{T}{E}.$$

Setzt man nun aus dieser Gleichung für $\frac{1}{\varrho} = \frac{d^2u}{dz^2}$ seinen Werth in die Gleichung (9), und drückt auch q, λ aus (33) durch h aus, so erhält man:

$$\frac{Tq_1\lambda_1^{\,2}}{h_1^{\,4}} \cdot h^3 = M$$

$$= (A')_l + K(l - z) + \frac{q_1}{h_1^{\,2}} \int_z^l A(\zeta - z)\, h^2\, d\zeta.$$

Um aus diesen Gleichungen h zu entwickeln, differenzire ich zunächst, wodurch sich die Gleichung

$$(34) \ldots\ldots \frac{Tq_1\lambda_1^{\,2}}{h_1^{\,4}} \cdot 3h^2 \frac{dh}{dz} = -K - \frac{q_1}{h_1^{\,2}} \int_z^l A h^2\, dz$$

ergiebt; setzt man noch in der ursprünglichen Gleichung $z = l$, so findet sich die Grenzbedingung;

$$(35) \ldots\ldots\ldots\ldots \frac{Tq_1\lambda_1^{\,2}}{h_1} = (A')_l.$$

Ist in dieser Gleichung das Drehungsmoment $(A')_l$ gegeben, so wird dieselbe massgebend für die Grösse dieses letzten Querschnitts. Denn da die Form des Querschnitts gegeben sein soll, so sind

$\frac{q_1}{h^2_1}$, $\frac{\lambda_1}{h_1}$ gegebene numerische Grössen, und es findet sich daher aus der obigen Gleichung:

$$h_1 = \sqrt[3]{\frac{h_1^4}{q_1 \lambda_1^2} \cdot \frac{(A')_l}{T}},$$

wo nunmehr rechts alles bekannt ist.

Setzt man in der Gleichung (34) $z = l$, so ergiebt sich

$$3 \frac{T q_1 \lambda_1^2}{h_1^2} \left(\frac{dh}{dz}\right)_l = - K.$$

Man erhält hieraus die Tangente des Winkels, welche die geometrische Tangente der oben erwähnten Curve $h = f(z)$ am Ende gegen die Stabaxe bildet:

$$(36) \; . \; . \left(\frac{dh}{dz}\right)_l = - \frac{h_1^2 K}{3 T q_1 \lambda_1^2} = - \frac{K}{3} \sqrt[3]{\frac{h_1^4}{q_1 \lambda_1^2} \cdot \frac{1}{T (A')_l^2}}.$$

Es zeigt sich, dass für $(A')_l = 0$ die Gössa h_1 verschwindet, während $\frac{dh_1}{dz}$ unendlich wird. Ist also am Ende kein Drehungsmoment thätig, so erscheint der Stab dort abgerundet. Ist hingegen $K = 0$, so verschwindet $\frac{dh_1}{dz}$; der Stab endet cylindrisch.

Differenziren wir endlich nochmals die Gleichung (34), so erhalten wir für h die Differentialgleichung zweiter Ordnung:

$$(37) \; . \; . \; . \; . \; . \; . \; . \; . \; . \frac{d}{dz}\left(h^2 \frac{dh}{dz}\right) = \frac{h_1^2 A}{3 T \lambda_1^2} \cdot h^2.$$

Die Integration dieser Gleichung führt zwei willkürliche Constanten mit sich, zu deren Bestimmung die Gleichungen (35), (36) dienen, oder wenn man den ersten gemäss h_1 bereits bestimmt hat, die Gleichung (36) und die Bedingung, dass für $z = l$, h in h_1 übergehe. Ich bemerke, dass die Gleichung (37) von der Grösse h_1 nur scheinbar abhängt. Denn wie schon gesagt, ist der Quotient $\frac{h_1}{\lambda_1}$ eine reine Zahl, welche nur von der Gestalt des gewählten Querschnittes abhängt.

Sei die Schwere die einzige wirkende Kraft, also $A = G$, wo G das Gewicht der Volumeneinheit bedeutet. Setzt man dann der Kürze wegen

$$(38) \; . \; . \; . \; . \; . \; . \; . \; . \; m = \frac{2}{15} \frac{h_1^2 A}{T \lambda_1^2},$$

so geht die Gleichung 37 über in:

$$\frac{d}{dz}\left(h^2 \frac{dh}{dz}\right) = \frac{5m}{2} h^2.$$

Dieselbe wird integrabel, wenn man sie mit $h^2 \frac{dh}{dz}$ multiplicirt; und durch Integration findet man:

$$(39) \quad \ldots\ldots\ldots \quad \left(h^2 \frac{dh}{dz}\right)^2 = m h^5 + c.$$

Die Constante c bestimmt sich aus den Gleichungen 35), (36). Denn setzt man $z = l$, und für h, $\frac{dh}{dz}$ die dort gegebenen Werthe, so findet sich:

$$(40) \quad \ldots\ldots\ldots \quad c = \left(\frac{K h_1^{\,4}}{3 q_1 \lambda_1^{\,2} T}\right)^2 - m \left(\frac{h_1^{\,4} A'_l}{q_1 \lambda_1^{\,2} T}\right)^{\frac{5}{3}}.$$

Die Gleichung 39) aber giebt dann:

$$(41 \quad \ldots\ldots\ldots \quad z = \int \frac{h^2 dh}{\sqrt{m h^5 + c}} + \text{Const.},$$

ein Ausdruck, welchen man im Allgemeinen durch Reihenentwickelung behandeln muss, um h durch z auszudrücken.

Ich bemerke indess, dass das Problem lösbar wird, wenn auf das Ende des Stabs keine äussern Kräfte wirken. Es wird dann unbestimmt; denn nimmt man nur $h_1 = 0$ an, wodurch der wie schon erwähnt rein numerische Werth des in m vorkommenden Verhältnisses $\frac{h_1}{\lambda_1}$ nicht geändert wird, so sind die Gleichungen (35, (36) von selbst erfüllt, so dass jede Bedingung zur Bestimmung der Constante c fortfällt. Man kann diese also z. B. gleich Null setzen; und es bleibt dann

$$z = \int \frac{dh}{\sqrt{mh}} + C$$

oder

$$h = \frac{m}{4} (z + C)^2.$$

Da nun für $z = l$ $h = 0$ werden sollte, so ist noch

$$C = - l,$$

und also endlich

$$h = \frac{m}{4} (l - z)^2.$$

Die gesuchte Curve ist also eine Parabel, deren Scheitel am Ende des Stabes liegt, und deren Axe gegen die Stabaxe senkrecht gerichtet ist. Aber diese Curve ist nur eine einzige unter der unendlich grossen Anzahl derjenigen, welche die Gleichung (41) in sich schliesst.

Anders gestalten sich die Verhältnisse, wenn gar keine Kräfte auf das Innere wirkend gedacht werden, sondern wenn nur das Ende $z = l$ Kräften unterworfen ist. In diesem Falle ist $A = 0$, also nach (37)

$$(42) \quad \ldots\ldots\ldots\ldots \quad h^2 \frac{dh}{dz} = c,$$

und durch nochmalige Integration:

$$(43) \quad \ldots\ldots\ldots\ldots \quad \frac{h^3}{3} = cz + c'.$$

Die Constanten c, c' bestimmen sich den Gleichungen (35), (36) gemäss. Entnimmt man nämlich aus jenen Gleichungen die Werthe:

$$h_1 = \sqrt[3]{\frac{h_1^4}{q_1 \lambda_1^2} \cdot \frac{A_l'}{T}},$$

$$\left(\frac{dh}{dz}\right)_l = -\frac{K}{3} \sqrt[3]{\frac{h_1^4}{q_1 \lambda_1^2} \cdot \frac{1}{T A_l'^2}},$$

so geben die Gleichungen (42), (43), für $z = l$:

$$c = h_1^2 \left(\frac{dh}{dz}\right)_l = -\frac{K}{3T} \frac{h_1^4}{q_1 \lambda_1^2}.$$

$$c' = \frac{h_1^3}{3} - cl = \frac{h_1^4}{T q_1 \lambda_1^2} \cdot \frac{A_l' + Kl}{3}.$$

Mit Hülfe dieser Bestimmungen ist endlich die Gleichung der gesuchten Curve:

$$h = \sqrt[3]{\frac{3 h_1^4}{T q_1 \lambda_1^2}} \cdot \sqrt[3]{A_l' + K(l - z)}.$$

Wenn auch $A_l' = 0$, also nur am Ende des Stabes eine gegen seine Axe senkrechte Kraft wirkt, hat man einfacher:

$$h = \sqrt[3]{\frac{3 K h_1^4}{T q_1 \lambda_1^2}} \cdot \sqrt[3]{l - z};$$

eine cubische Parabel, deren Scheitel sich im Endpunkte des Stabes befindet.

§ 89. Biegung bei sehr grossem Zug oder Druck in der Richtung der Längsaxe. Säulenfestigkeit.

Ich kehre zu den Gleichungen des § 83 zurück, um auch diejenigen Fälle in Betracht zu ziehen, in denen eine sehr grosse Zug- oder Druckkraft, welche in der Richtung der Stabaxe wirkt, die Berücksichtigung der Glieder $S(u_l - u)$ in dem Ausdrucke von M p. 365, oben) erforderlich macht.

Bezeichnen wir jetzt durch M das Drehungsmoment aller Kräfte, welche gegen die Stabaxe senkrecht gerichtet sind, so wird das vollständige Drehungsmoment

$$M - S(u_l - u),$$

wo S, wenn positiv, eine am Ende dex ZAxe parallel wirkende Zugkraft, wenn negativ, eine Druckkraft bedeutet; und wo u_l die Ablenkung des Endes $z = l$ darstellt. In der Gleichung, von welcher die Biegung abhängt:

$$(44) \quad \dots\dots\dots \quad Eq\lambda^2 \frac{d^2u}{dz^2} = M - S(u_l - u)$$

ist dann nicht mehr der ganze Ausdruck rechts eine gegebene Function von z, sondern nur M ist eine solche. Die Variation der Constanten führt einfach zur Integration: auf folgende Weise, wobei nur zu unterscheiden, ob S positiv oder negativ ist.

Sei zunächst S positiv, der Stab einer Zugkraft unterworfen. Lässt man M erstlich aus, so integrirt sich die Gleichung:

$$45) \quad \dots\dots\dots \quad Eq\lambda^2 \frac{d^2u}{dz^2} = -S(u_l - u)$$

durch einen Ausdruck von der Form:

$$(46) \quad \dots\dots\dots \quad u = u_l + Ae^{\alpha z} + Be^{-\alpha z};$$

und indem man diesen Ausdruck in (45) einführt, findet man, dass A, B völlig beliebig bleiben, und dass

$$(47) \quad \dots\dots\dots \quad \alpha = \sqrt{\frac{S}{Eq\lambda^2}}.$$

Um nun in (44) auch M zu berücksichtigen, denken wir

uns, es habe auch das Integral von (44) die Form (46). Dann können natürlich A, B nicht mehr constant sein; vielmehr müssen sie beide als veränderlich eingeführt werden, und da man so zwei Unbekannte statt einer einführt, so kann man zwischen beiden eine beliebige Relation festsetzen. Man wählt diese in der Weise, dass auch der erste Differentialquotient von u dieselbe Form beibehält, wie wenn A, B constant wären; so also, dass die von der Differentiation von A, B herrührenden Theile für sich verschwinden. Dies giebt die Bedingung:

$$0 = \frac{dA}{dz} e^{\alpha z} + \frac{dB}{dz} e^{-\alpha z};$$

und wenn man mit Rücksicht hierauf den zweiten Differentialquotienten von u bildet und in (44) einführt, so erhält man:

$$\frac{M}{\sqrt{Eq\lambda^2 S}} = \frac{dA}{dz} e^{\alpha z} - \frac{dB}{dz} e^{-\alpha z}.$$

Aus dieser Gleichung in Verbindung mit der vorigen findet man sofort:

$$\frac{dA}{dz} \cdot e^{\alpha z} = \frac{M}{2\sqrt{Eq\lambda^2 S}}$$

$$\frac{dB}{dz} \cdot e^{-\alpha z} = -\frac{M}{2\sqrt{Eq\lambda^2 S}}$$

und durch Integration:

$$A = -\int_z^l \frac{e^{-\alpha z} M}{2\sqrt{Eq\lambda^2 S}} dz + A_0$$

$$B = \int_z^l \frac{e^{\alpha z} M}{2\sqrt{Eq\lambda^2 S}} dz + B_0,$$

so dass der definitive Ausdruck von u der folgende wird:

$$u = u_l + A_0 e^{\alpha z} + B_0 e^{-\alpha z}$$
$$+ \frac{1}{2\sqrt{Eq\lambda^2 S}} \left\{ e^{-\alpha z} \int_z^l M e^{\alpha z} dz - e^{\alpha z} \int_z^l M e^{-\alpha z} dz \right\}.$$

Dieser Ausdruck enthält noch drei unbestimmte Grössen;

u_l selbst, und die Integrationsconstanten A_0, B_0. Eine zwischen diesen Grössen eintretende Bedingung ergiebt sich von selbst; nämlich für $z = l$, wo $u = u_l$ wird:

$$(48) \quad \ldots\ldots\ldots \quad 0 = A_0 e^{\alpha l} + B_0 e^{-\alpha l}.$$

Zwei weitere Bedingungen muss die Natur der gegebenen Aufgabe liefern.

Um nur einen einfachen Fall zu behandeln, nehme ich an, der Stab sei ausser S gar keinen äusseren Kräften unterworfen, also $M = 0$; aber er sei an seinem Ende ($z = 0$) fest, und gezwungen eine von der ZAxe sehr wenig abweichende Richtung anzunehmen. Der kleine Ablenkungswinkel sei ε, so dass $\frac{du}{dz} = \varepsilon$ für $z = 0$. Hieraus ergiebt sich, dass der Ausdruck für u übergeht in:

$$u = u_l + A_0 e^{\alpha z} + B_0 e^{-\alpha z},$$

und dass für $z = 0$:

$$0 = u_l + A_0 + B_0$$
$$\varepsilon = \alpha (A_0 - B_0).$$

Hieraus, in Verbindung mit 48 findet man:

$$A_0 = \frac{\varepsilon e^{-\alpha l}}{\alpha (e^{\alpha l} + e^{-\alpha l})}, \qquad B_0 = -\frac{\varepsilon e^{\alpha l}}{\alpha (e^{\alpha l} + e^{-\alpha l})}$$

$$u_l = \frac{\varepsilon}{\alpha} \cdot \frac{e^{\alpha l} - e^{-\alpha l}}{e^{\alpha l} + e^{-\alpha l}}.$$

Und der Ausdruck für u wird endlich:

$$u = \frac{\varepsilon}{\alpha} \cdot \frac{\left[e^{\alpha l} - e^{-\alpha l}\right] - \left[e^{\alpha (l-z)} - e^{-\alpha (l-z)}\right]}{e^{\alpha l} + e^{-\alpha l}}. -$$

Ist der Stab einem Druck $\varDelta = -S$ in der Richtung seiner Langsaxe unterworfen, so erhalt man ähnlich aus (44), indem man zunächst M auslässt:

$$Eq \lambda^2 \frac{d^2 u}{dz^2} = \varDelta (u_l - u);$$

eine Gleichung, welche durch den Ausdruck

$$(49) \quad \ldots\ldots\ldots \quad u = u_l + A \cos \beta z + B \sin \beta z$$

integrirt wird. Und zwar sind A, B dabei, wie eine Einführung dieses Ausdrucks in die obige Gleichung lehrt, ganz willkürlich, β aber hat den Werth:

(50) . . . . $\beta = \sqrt{\frac{\Delta}{Eq\lambda^2}}$.

Wendet man nun den Ausdruck (49) auch zur Integration der vollständigen Gleichung

51) . . . . . . $Eq\lambda^2 \frac{d^2u}{dz^2} = M + \Delta(u_l - u$

an, indem man A, B wieder als Veränderliche betrachtet, so hat man, wie vorhin zwischen A, B, eine Bedingungsgleichung so einzuführen, dass auch der Differentialquotient von u noch dieselbe Form bewahrt, wie wenn A, B constant wären. Man setzt also

$$\frac{dA}{dz}\cos\beta z + \frac{dB}{dz}\sin\beta z = 0;$$

und die Gleichung (51) geht dann durch Einführung des gewählten Ausdrucks von u in die Form über:

$$-\frac{dA}{dz}\sin\beta z + \frac{dB}{dz}\cos\beta z = \frac{M}{\sqrt{Eq\lambda^2\Delta}}.$$

Aus dieser Gleichung, mit der vorigen verbunden, findet man sofort:

$$\frac{dA}{dz} = -\frac{M\sin\beta z}{2\sqrt{Eq\lambda^2\Delta}}, \quad \frac{dB}{dz} = \frac{M\cos\beta z}{2\sqrt{Eq\lambda^2\Delta}},$$

und daraus durch Integration

$$A = \int_z^l \frac{M\sin\beta z}{2\sqrt{Eq\lambda^2\Delta}}\,dz + A_0$$

$$B = -\int_z^l \frac{M\cos\beta z}{2\sqrt{Eq\lambda^2\Delta}}\,dz + B_0,$$

so dass der definitive Ausdruck von u folgender wird:

(52) . . . . $u = u_l + A_0\cos\beta z + B_0\sin\beta z$

$$+ \cos\beta z \int_z^l \frac{M\sin\beta z}{2\sqrt{Eq\lambda^2\Delta}}\,dz - \sin\beta z \int_z^l \frac{M\cos\beta z}{2\sqrt{Eq\lambda^2\Delta}}\,dz.$$

Auch hier enthält u drei willkürliche Grössen u_l, A_0, B_0; auch hier tritt zwischen denselben eine Bedingung ein, die man erhält, wenn man gleichzeitig $z = l$, $u = u_l$ setzt; die Bedingung:

(53) . . . . $0 = A_0 \cos \beta l + B_0 \sin \beta l.$

Zwei weitere Bedingungen müssen die anderweitigen Bestimmungen liefern.

Betrachten wir wieder den einfachen Fall, wo Lage und Richtung des Elements $z = 0$, letztere von der ZAxe sehr wenig abweichend, gegeben sind, während andre Kräfte nicht wirken, also M und die davon abhängigen Glieder nicht vorhanden sind. Man hat dann wieder für $z = 0$, $\frac{du}{dz} = \varepsilon$, und also aus (52) die Bedingungen:

$$0 = u_l + A_0$$
$$\varepsilon = \beta B_0.$$

Mit (53) verbunden geben diese Gleichungen:

$$B_0 = \frac{\varepsilon}{\beta}, \quad A_0 = -\frac{\varepsilon}{\beta} \operatorname{tg} \beta l, \quad u_l = \frac{\varepsilon}{\beta} \operatorname{tg} \beta l;$$

und wenn man dies in den Ausdruck von u einführt, erhält man den Werth von u in der Form:

(54) . . . . $u = \frac{\varepsilon}{\beta} \left\{ \sin \beta z + \operatorname{tg} \beta l \, . \, (1 - \cos \beta z) \right\}.$

Es ist nun aber zu bemerken, dass seiner ganzen Entstehungsart nach dieser Ausdruck nur innerhalb gewisser Grenzen richtig sein kann. Denn da eine Druckkraft angewandt wird, so können offenbar, bei grosser Länge des Stabes, endliche Biegungen eintreten; sollte dies aber geschehen, so sind die Grundlagen nicht mehr vorhanden, auf denen die Betrachtung beruht, und man muss auf die Betrachtungen des § 53 zurückgehen.

Diese Einschränkung, wonach also die Formeln nur für mässige Längen gültig sind, trifft beim Eintreten einer Zugkraft nicht zu, ist aber in dem vorliegenden Falle höchst wesentlich, und ihre Vernachlässigung hat zu den wunderbarsten Vorstellungen geführt, indem man die obigen Formeln (oder ganz ähnliche) auf die Theorie der Säulenfestigkeit anwandte.

Denken wir uns eine Säule, welche, an ihrem untern Ende eingemauert, am oberen Ende durch eine Last Δ gedrückt wird.

Es gilt die Last zu finden, bei welcher eine Biegung der Säule beginnt. Lässt man nun, da die Saule unten vertical ist, also ihre Richtung mit der der Kraft Δ zusammenfällt, in der Formel 54., $\varepsilon = 0$ werden, so wird auch $u = 0$, also es tritt keine Biegung ein. Aber, so lautet der übliche Schluss, dies gilt nur, so lange nicht der in u vorkommende constante Nenner $\cos\beta l$ selbst verschwindet. Tritt dies ein, so nimmt u die Form $\frac{0}{0}$ an; es kann also Biegung eintreten, und zwar jede beliebige, die Säule kann in unendlich viel verschiedenen Krümmungen ihr Gleichgewicht finden.

Dies Resultat ist so offenbar absurd, dass es wunderbar scheinen kann, wenn man dasselbe eher auf alle Weise sich annehmbar zu machen gestrebt hat, statt den Grund eines solchen Resultats in dem Nächstliegenden zu suchen, in einer falschen Voraussetzung. Denn in der That ist es klar, dass sobald $\cos\beta l$ grosse Werthe erlangt, wobei denn u, falls ε auch sehr klein ist, dennoch merklich werden kann, die auf kleine Verbiegungen berechneten Formeln gar nicht mehr anwendbar sind. Zugleich aber wird es dann sofort zweifelhaft, ob die erhaltene Grenze $\cos\beta l = 0$, oder $l = \frac{\pi}{2\beta}$ wirklich diejenige Grenze ist, bei welcher Biegungen eintreten. Dass dies Resultat dennoch richtig ist, muss als ein günstiger Zufall betrachtet werden, wenigstens vom Standpunkte derjenigen aus, welche nach der auseinandergesetzten Schlussweise verfuhren.

Da es sich vielmehr hier offenbar um Längen handelt, bei denen endliche Biegungen möglich sind, so muss man auf die vollständigen Formeln zurückgehn, in denen $\frac{1}{\varrho}$ noch nicht durch seinen angenäherten Werth $\frac{d^2u}{dz^2}$ ersetzt war. Zu dieser Annäherung, welche auf der Kleinheit der Winkel beruht, den die gebogene Stabaxe gegen ihre ursprüngliche Richtung bildet, hat man hier gar kein Recht mehr. Die vollständigen Formeln finden sich in § 53 auseinander gesetzt und behandelt. Es fand sich dort, (indem man M nur durch Δ ersetzt) für die Länge des Stabes, bei welcher die Biegung beginnt

$$l = \frac{\pi}{2}\sqrt{\frac{Eq\,\lambda^2}{\varDelta}},$$

was allerdings mit dem Ausdruck $l = \frac{\pi}{2\beta}$ übereinstimmt.

In Wirklichkeit also beginnt bei dieser Länge der Säule die Biegung; darüber hinaus aber sind die Biegungen durchaus an keiner Stelle unbestimmt, sondern sind durch die Formeln des § 53 gegeben. Die verticale, nicht gebogene Stellung der Säule ist immer noch möglich; aber nur vor jener Grenze ist sie stabil, und sie wird labil, wenn jene Grenze überschritten wird.

Das Gleichgewicht belasteter Säulen beruht offenbar auf zwei Umständen. Die Säule darf weder sich biegen, noch zerdrückt werden. Ersteres ist durch die Formel

$$l\sqrt{\frac{\varDelta}{Eq\,\lambda^2}} < \frac{\pi}{2}$$

bedingt. Das andere führt, wenn T die erlaubte Spannung ist, auf die Formel

$$\varDelta q = T,$$

zur Bestimmung der Grenze für die Belastung. Aus beiden Gleichungen zusammen sind sodann die passenden Verhältnisse zu ermitteln.

Ist die Säule mit ihrem untern Ende nicht fest, sondern kann sich um dasselbe drehen, so würde sie bei einer kleinen Biegung offenbar sich so stellen, dass das belastete Ende vertical über dem unterstützten läge, und dass die Mitte der Säule vertical gerichtet ist. Man kann die Säule dann so betrachten, als wäre sie aus zwei in der oben betrachteten Weise eingemauerten zusammengesetzt, deren jeder nur die Hälfte der ganzen Länge zukäme. Man erhält also die entsprechende Formel für diesen Fall, wenn man im Vorigen $\frac{l}{2}$ an die Stelle von l setzt, d. h. man erhält die Bedingung

$$l\sqrt{\frac{\varDelta}{Eq\,\lambda^2}} < \pi.$$

Löst man diese Formel nach $\varDelta$ auf, so zeigt sich für dasselbe eine viermal so hohe Grenze, wie im vorigen Fall; die Tragfähigkeit der Säule ist also vervierfacht.

§ 90. Stabsysteme ohne Biegung.

In der Baustatik wird die Aufgabe von Wichtigkeit, die Biegungen, Verlängerungen und Spannungen zu ermitteln, welche in einem beliebig combinirten Stabsystem herrschen. Denken wir uns der Einfachheit wegen, die Stäbe seien in ihrem Innern keinen äussern Kräften unterworfen, abstrahiren wir also von den kleinen Biegungen, welche das eigene Gewicht in denselben hervorruft; obwohl principielle Schwierigkeiten auch der Berücksichtigung dieser letztern nicht im Wege stehen. Denken wir uns also zunächst ein irgendwie verbundenes Stabsystem, dessen geometrische Constitution gegeben ist. Die Stabe desselben werden sich in verschiedenen Punkten treffen, und solche Verbindungspunkte sollen Knotenpunkte des Systems genannt werden. Offenbar ist die geometrische Anordnung des ganzen Systems gegeben, wenn die Lage der Knotenpunkte durch ihre Coordinaten bestimmt ist.

Denken wir uns nun, nachdem alles in gegebener Weise fixirt ist, Kräfte eintretend, welche in den verschiedenen Knotenpunkten angreifen. Die Aufgabe ist, die kleinen Verschiebungen der Knotenpunkte, sowie die in den Stäben dadurch entstehenden Spannungen zu bestimmen.

Der einfachste Fall nun, an welchem sich der ganze Charakter des Problems bequem entwickeln lässt, ist derjenige, wo alle Knotenpunkte nur in die Endpunkte der Stäbe fallen; und wo zugleich die einzelnen Stäbe in ihren Verbindungsstellen vollkommen beweglich sind. Denn in diesem Fall treten überhaupt keine Biegungen ein; indem sich die einzelnen Stäbe ein wenig verlängern, verkürzen, ihre Richtung ein wenig verändern, wird sich der neue Gleichgewichtszustand herstellen.

Es ist dabei festzuhalten, dass alle diese Verschiebungen äusserst klein sein müssen, und dass es nur nöthig sein wird, ihre ersten Potenzen zu berücksichtigen. Nehmen wir also an, in dem einfachsten Falle, dessen soeben gedacht war, seien x_i, y_i, z_i die ursprünglichen Coordinaten eines Knotenpunkts, x_k, y_k, z_k die eines andern, welcher mit jenen durch einen Stab verbunden ist, r_{ik} die ursprüngliche Länge dieses Stabes. Nach der Verschiebung nun seien

$$x_\iota + u_\iota, \quad y_\iota + v_\iota, \quad z_\iota + w_\iota$$
$$x_k + u_k, \quad y_k + v_k, \quad z_k + w_k$$

die veränderten Coordinaten jener Knotenpunkte, und

$$r_{\iota k} + \varrho_{\iota k}$$

ihre veränderte Entfernung, also $\varrho_{\iota k}$ die Verlängerung des Stabes, welcher zwischen beiden Punkten sich befand. Da offenbar

$$r_{\iota k}^2 = (x_\iota - x_k)^2 + (y_\iota - y_k)^2 + (z_\iota - z_k)^2$$

so ist auch ähnlich:

$$(r_{\iota k} + \varrho_{\iota k})^2 = (x_\iota - x_k + u_\iota - u_k)^2 + (y_\iota - y_k + v_\iota - v_k)^2 + (z_\iota - z_k + w_\iota - w_k)^2.$$

Aber $\varrho_{\iota k}$ und die u, v, w sind sehr kleine Grössen. Zieht man also die erste Gleichung von der zweiten ab, vernachlässigt die Quadrate der sehr kleinen Grössen, und dividirt endlich durch $2r_{\iota k}$, so erhält man den Ausdruck der Verlängerung des Stabes durch die Coordinaten der ihn begrenzenden Knotenpunkte:

$$(55) \quad \varrho_{\iota k} = \frac{(x_\iota - x_k)(u_\iota - u_k) + (y_\iota - y_k)(v_\iota - v_k) + (z_\iota - z_k)(w_\iota - w_k)}{r_{\iota k}}.$$

Aus dieser Verlängerung entsteht eine elastische Kraft, mit welcher der Stab sich wieder zusammenzuziehen bestrebt ist; dieselbe ist im Punkte i gegen den Punkt k gerichtet und umgekehrt, ihre Grösse ist nach § 81:

$$\frac{E_{\iota k} \cdot q_{\iota k} \cdot \varrho_{\iota k}}{r_{\iota k}},$$

wenn $E_{\iota k}$ den Elasticitätsmodulus, $q_{\iota k}$ den Querschnitt des betreffenden Stabes bezeichnet.

Diese Kraft fällt der Richtung nach mit der verschobenen Richtung von $r_{\iota k}$ zusammen; aber da diese von seiner ursprünglichen nur sehr wenig abweicht, so kann man die obige Kraft auch so ansehen, als hätte sie die ursprüngliche Richtung von $r_{\iota k}$. Und wenn man sie in ihre rechtwinkligen Componenten zerlegen will, hat man sie nur mit den Cosinus zu multipliciren die $r_{\iota k}$ gegen die Axen bildet. Da nun die Projectionen von $r_{\iota k}$ offenbar $x_k - x_\iota$, $y_k - y_\iota$, $z_k - z_\iota$ sind, so sind die Cosinus derjenigen Richtung, welche vom Punkt i gegen den Punkt k gewandt ist:

$$\frac{x_k - x_\iota}{r_{\iota k}}, \quad \frac{y_k - y_\iota}{r_{\iota k}}, \quad \frac{z_k - z_\iota}{r_{\iota k}},$$

und also die im Punkte i wirkenden Componenten der elastischen Kraft:

$$\frac{E_{ik}\, q_{ik}\, \varrho_{ik}\, (x_k - x_i)}{r_{ik}^2}, \quad \frac{E_{ik}\, q_{ik}\, \varrho_{ik}\, (y_k - y_i)}{r_{ik}^2}, \quad \frac{E_{ik}\, q_{ik}\, \varrho_{ik}\, (z_k - z_i)}{r_{ik}^2}.$$

In dem Punkte i müssen sich alle Kräfte das Gleichgewicht halten, welche in demselben angreifen. Es sind dies die elastischen Kräfte, entsprechend allen Punkten k, welche mit dem Punkte i fest verbunden sind, und ausserdem die äussern Kräfte, welche in i angreifen, und deren Componenten ich durch X_i, Y_i, Z_i bezeichnen will. Setzen wir nun die Gleichgewichtsbedingungen an, d. h. lassen wir die Summen entsprechender Componenten verschwinden, so ergeben sich die drei Gleichungen:

$$(56) \quad \ldots \left\{ \begin{array}{l} X_i + \Sigma_k \dfrac{E_{ik}\, q_{ik}\, \varrho_{ik}\, (x_k - x_i)}{r_{ik}^2} = 0 \\[2ex] Y_i + \Sigma_k \dfrac{E_{ik}\, q_{ik}\, \varrho_{ik}\, (y_k - y_i)}{r_{ik}^2} = 0 \\[2ex] Z_i + \Sigma_k \dfrac{E_{ik}\, q_{ik}\, \varrho_{ik}\, (z_k - z_i)}{r_{ik}^2} = 0. \end{array} \right.$$

In diesen Gleichungen ist nichts unbekannt als die in den ϱ vorkommenden Grössen u, v, w. Sind also n Knotenpunkte vorhanden, so treten im Ganzen $3n$ Unbekannte u, v, w auf. Und ebenso gross ist die Zahl der Gleichgewichtsbedingungen (56), wenn man für alle Knotenpunkte diese Bedingungen aufstellt.

Dennoch würde man irren, wenn man glaubte aus den Gleichungen (56 die $3n$ Grössen u, v, w bestimmen zu können. Denn man bildet aus ihnen leicht die sechs Combinationen:

$$\begin{array}{ll} \Sigma X_i = 0, & \Sigma (Y_i z_i - Z_i y_i) = 0 \\ \Sigma Y_i = 0, & \Sigma (Z_i x_i - X_i z_i) = 0 \\ \Sigma Z_i = 0, & \Sigma (X_i y_i - Y_i x_i) = 0, \end{array}$$

aus welchen die Unbekannten ganz verschwunden sind. Diese sechs Gleichungen sind nichts als die bekannten Bedingungen dafür, dass die äussern Kräfte sich an dem System das Gleichgewicht halten. Da nun diese sechs Gleichungen bei der Bestimmung der u, v, w ganz ausscheiden, so bleiben von jenen nothwendig sechs unbestimmt.

Dies ist indess in völliger Uebereinstimmung mit den Betrachtungen des § 21, nach welchen immer noch auszudrücken ist, dass gewisse Punkte und Richtungen, die für die vollständige Fixirung des Coordinatensystems nothwendig sind, unveränderlich bleiben. Durch solche Bedingungen werden dann immer noch sechs weitere Gleichungen hervorgerufen, welche mit 56 zusammen zur Bestimmung der u, v, w völlig genügen.

In den meisten Aufgaben aber gestaltet sich die Sache ein wenig anders. Es wird in der Regel die Lage gewisser Knotenpunkte von vorn herein bestimmt sein, indem dieselben an feste Widerlager geheftet sind; und dann sind die Gleichungen 56 nicht nur hinreichend, sondern sogar zur Bestimmung der u, v, w nicht alle nothwendig. Für die festliegenden Knotenpunkte nämlich sind die X, Y, Z keineswegs gegeben, sondern dieselben bestimmen sich erst aus den betreffenden Gleichungen (56), so dass einige dieser Gleichungen nichts weiter ergeben, als den Druck, mit dem die Widerlagen in den festgelegten Knotenpunkten widerstehen müssen.

Als einfachstes Beispiel werde ich den Fall behandeln, wo eine Kraft durch mehrere in ihrem Angriffspunkt zusammenlaufende Streben im Gleichgewicht gehalten wird, deren andere Enden festgehalten werden. Ich lege den Anfangspunkt in die Stelle, welche jener Punkt vor dem Eintreten der Bestastung inne hatte. Seine Coordinaten sind also anfangs Null, später seien sie u, v, w. Alle andern u_k, v_k, w_k verschwinden; und sind x_k, y_k, z_k die Coordinaten des festen Endpunkts irgend einer Strebe, so wird die Verlängerung derselben aus (55):

$$\varrho_k = -\frac{u x_k + v y_k + w z_k}{r_k},$$

wo jetzt der Index i ausgelassen ist, da derselbe sich nur auf den einzigen Punkt u, v, w beziehen kann. Die in dieser Strebe erregte elastische Kraft ist:

$$-\frac{E_k q_k}{r_k} \cdot \frac{u x_k + v y_k + w z_k}{r_k}.$$

Die Gleichungen (56) aber werden:

$$(57 \ldots\ldots \quad \begin{cases} X = a_{11}\, u + a_{12}\, v + a_{13}\, w \\ Y = a_{21}\, u + a_{22}\, v + a_{23}\, w \\ Z = a_{31}\, u + a_{32}\, v + a_{33}\, w, \end{cases}$$

wo X, Y, Z die Componenten der auf den betrachteten Punkt wirkenden Kräfte sind, die Coefficienten a aber folgende, in Bezug auf alle Streben genommenen Summen bedeuten:

$$a_{11} = \Sigma \frac{E_k\, q_k\, x_k^2}{r_k^3}, \quad a_{23} = a_{32} = \Sigma \frac{E_k\, q_k\, y_k\, z_k}{r_k^3}$$

$$a_{22} = \Sigma \frac{E_k\, q_k\, y_k^2}{r_k^3}, \quad a_{31} = a_{12} = \Sigma \frac{E_k\, q_k\, z_k\, x_k}{r_k^3}$$

$$a_{33} = \Sigma \frac{E_k\, q_k\, z_k^2}{r_k^3}, \quad a_{12} = a_{21} = \Sigma \frac{E_k\, q_k\, x_k\, y_k}{r_k^3}.$$

Bezeichnet man durch $\varDelta$ den aus diesen Grössen gebildeten Ausdruck:

$$\varDelta = a_{11}\, a_{22}\, a_{33} + 2\, a_{12}\, a_{23}\, a_{31} - a_{11}\, a_{33}^2 - a_{22}\, a_{31}^2 - a_{33}\, a_{12}^2,$$

und durch $\varDelta_{11}$ etc. die Grössen:

$$\varDelta_{11} = a_{22}\, a_{33} - a_{23}^2, \qquad \varDelta_{23} = \varDelta_{32} = a_{12}\, a_{13} - a_{11}\, a_{23}$$

$$\varDelta_{22} = a_{33}\, a_{11} - a_{31}^2, \qquad \varDelta_{31} = \varDelta_{12} = a_{23}\, a_{21} - a_{22}\, a_{31}$$

$$\varDelta_{33} = a_{11}\, a_{22} - a_{12}^2, \qquad \varDelta_{12} = \varDelta_{21} = a_{11}\, a_{32} - a_{31}\, a_{12},$$

so ist die Auflösung der Gleichungen 57 und damit die Lösung des ganzen Problems durch die Gleichungen gegeben:

$$u = \frac{\varDelta_{11}\, X + \varDelta_{12}\, Y + \varDelta_{13}\, Z}{\varDelta}$$

$$v = \frac{\varDelta_{21}\, X + \varDelta_{22}\, Y + \varDelta_{23}\, Z}{\varDelta}$$

$$w = \frac{\varDelta_{31}\, X + \varDelta_{32}\, Y + \varDelta_{33}\, Z}{\varDelta}.$$

§ 91. Stabsysteme mit Biegung.

Das Problem wird sehr viel verwickelter, obwohl keineswegs principiell schwieriger, sobald Knotenpunkte, d. h. Verbindungsstellen, auch irgendwie in die Stäbe selbst, nicht blos an ihre Endpunkte fallen. Das allgemeine Princip wird auch hier darin bestehen, dass man die Verschiebungen der Knotenpunkte zunächst wie bekannte Grössen behandelt, aus ihnen die eintretenden elastischen Kräfte bestimmt, mit welchen die Stäbe in ihren Knotenpunkten reagiren, und endlich die Gleichgewichtsbedingungen für die in den Knotenpunkten wirkenden äussern und elastischen Kräfte aufstellen; Gleichungen die schliesslich genau hinreichen um aus ihnen die eingeführten Verschiebungen zu bestimmen.

Offenbar kommt die ganze Aufgabe auf folgendes Fundamentalproblem zurück:

Die Kräfte zu bestimmen, welche man in bestimmten Punkten des Stabes muss angreifen lassen, damit der Stab in einer Weise verbogen werde, bei welcher jene Punkte vorausbestimmte Verschiebungen erhalten.

Dies Problem ist gewissermassen das umgekehrte von dem, welches in § 87 behandelt wurde, und lässt sich mit Hülfe der dort gefundenen Formeln leicht lösen.

Legen wir, um Alles auf dieses Problem zurückzuführen, den Anfangspunkt eines neuen Coordinatensystems X', Y', Z' in ein Ende des Stabes, die Z' Axe in die Axe des Stabes selbst, die Axen X', Y' in die Hauptaxen seines Querschnitts. Dieses Coordinatensystem sei, vermöge der Lage des betrachteten Stabes gegenüber dem ganzen System, mit dem Raumsystem X, Y, Z durch die Gleichungen verbunden:

$$\begin{aligned} x &= \xi + \alpha_1 x' + \alpha_2 y' + \alpha z' \\ y &= \eta + \beta_1 x' + \beta_2 y' + \beta z' \\ z &= \zeta + \gamma_1 x' + \gamma_2 y' + \gamma z', \end{aligned}$$

wo ξ, η, ζ die wirklichen Coordinaten des Endpunktes sind, in welchem der Coordinatenanfang der X', Y', Z' gelegt wurde, α, etc. die Cosinus der Winkel, welche die neuen Axen mit den ursprünglichen bilden (vgl. § 49). Nach der Biegung hat man nur $x + u$, $x' + u'$ ... für x, x' ... zu setzen, und es ergiebt sich, wenn man die ersten Gleichungen von den neu erhaltenen abzieht:

$$\begin{aligned} u &= \alpha_1 u' + \alpha_2 v' + \alpha w' \\ v &= \beta_1 u' + \beta_2 v' + \beta w' \\ w &= \gamma_1 u' + \gamma_2 v' + \gamma w', \end{aligned}$$

oder auch, wenn man diese Gleichungen mit α_1, β_1, γ_1 oder α_2, β_2, γ_2, oder α, β, γ multiplicirt und jedesmal addirt, mit Rücksicht auf die in § 49 entwickelten allgemeinen Beziehungen (5), (6):

$$(58) \quad \ldots\ldots \quad \begin{cases} u' = \alpha_1 u + \beta_1 v + \gamma_1 w \\ v' = \alpha_2 u + \beta_2 v + \gamma_2 w \\ w' = \alpha\, u + \beta\, v + \gamma\, w. \end{cases}$$

In dem betrachteten Stabe sollen jetzt die Knotenpunkte 1, 2 . . . n, Ende des Stabes in den Abständen l_1, $l_1 + l_2$, . . . $l_1 + l_2 \ldots + l_n$ von dem gewählten Nullpunkte liegen. In diesen Punkten mögen elastische Kräfte erregt werden, deren Componenten, nach den Axen X', Y', Z' folgende sind:

$$X_1', \; Y_1', \; Z_1'; \quad X_2', \; Y_2', \; Z_2' \ldots$$

Dieselben, zerlegt nach den festen Raumaxen, geben die Componenten:

$$59. \quad \left\{ \begin{array}{ll} X_1 = \alpha_1 X_1' + \alpha_2 Y_1' + \alpha Z_1', & X_2 = \alpha_1 X_2' + \alpha_2 Y_2' + \alpha Z_2' \\ Y_1 = \beta_1 Y' + \beta_2 Y_1' + \beta Z_1'. & Y_2 = \beta_1 X_2' + \beta_2 Y_2' + \beta Z_2' \\ Z_1 = \gamma_1 X_1' + \gamma_2 Y_1' + \gamma Z_1', & Z_2 = \gamma_1 X_2' + \gamma_2 Y_2' + \gamma Z_2'. \\ & \text{u. s. w.} \end{array} \right.$$

Man übersieht sofort, wie bei der Bildung der Gleichgewichtsgleichungen für jeden Knotenpunkt die Kräfte X, Y, Z zu benützen sind. Stellt man die Componenten der äussern Kräfte durch A_1, B_1, C_1. A_2, B_2, C_2 . . . dar, so müssen diese sich mit den elastischen Kräften in jedem Knotenpunkt das Gleichgewicht halten; und man hat also in jedem Knotenpunkte die betreffende der Componenten A, B, C, addirt zu den entsprechenden Componenten X, Y, Z der durch diesen Knotenpunkt gehenden Stabe gleich Null zu setzen, um die nöthigen Bedingungen zu finden, welche den Gleichungen (56 analog sind.

Behalten wir bei der Allgemeinheit der Betrachtung den Gang des Ganzen im Auge. In den aufzustellenden Gleichgewichtsbedingungen, von denen soeben die Rede war, sind die Verschiebungen u, v, w die Unbekannten. Und zwar drücken sich zunächst die unmittelbar in jenen Gleichungen enthaltenen Grössen X, Y, Z aus (59) durch die Grössen X', Y', Z' aus, die Grössen X', Y', Z' durch die u', v', w', endlich nach 58 die u', v', w' durch die u, v, w. Man sieht wie Alles zurückgeführt ist auf den, in dem oben aufgestellten Fundamentalproblem zu begründenden Zusammenhang der X', Y', Z' mit den u', v', w'. Und diesen endlich ermittelt man auf folgende Weise.

Beziehen wir u_0', v_0', w_0' auf den Anfangspunkt, so sind

$$u_0', \; v_0', \; w'; \quad u_1', \; v_1'; \; w_1'; \quad u_2', \; v_2', \; w_2' \ldots$$

der oben gewählten Bezeichnungsweise gemäss die Verschiebungen der in einem Stabe enthaltenen Knotenpunkte. Zugleich sind, X_0', Y_0', Z_0', X_1', Y_1', Z_1' ... die aus der elastischen Reaction entspringenden Kräfte. Man kann sich also die Biegung des Stabes hervorgebracht denken von den Kräften:

$$-X_0',\ -Y_0',\ Z_0';\ -X_1',\ -Y_1',\ -Z_1';\ \text{etc.}$$

welche in den einzelnen Knotenpunkten angreifen.

Diese Kräfte haben einen sehr verschiedenen Effect. Die Kräfte $-Z_0'$, $-Z_1'$ etc. bringen nur Verlängerungen oder Verkürzungen in den einzelnen Theilen des Stabes hervor. Der Theil l_1, dessen Endpunkte die Coordinaten 0 und l_1 haben, ist nur der Kraft $-Z_0'$ unterworfen, welche ihn zusammenpresst, und er erfährt also die Verlängerung

$$w_1' - w_0' = \frac{Z_0' l_1}{Eq}.$$

Im Knotenpunkt 1 muss ein Theil der Kraft $-Z_1'$ angewandt werden, um den vorigen Stabtheil im Gleichgewicht zu halten; und da die hierzu nöthige Kraft offenbar Z_0' ist, so bleibt die Kraft $-Z_1' + Z_1'$, welche den zweiten Stabtheil l_2 zusammenpresst, und diesem die Verlängerung

$$w_2' - w_1' = \frac{Z_0' + Z_1'}{Eq}\, l_2$$

mittheilt.

Fährt man in dieser Weise fort, so ergiebt sich allmählich folgendes System von Formeln.

$$60) \ldots \left\{ \begin{aligned} w_1' - w_0' &= \frac{Z_0'\, l_1}{Eq} \\ w_2' - w_1' &= \frac{(Z_0'+Z_1'\, l_2}{Eq} \\ w_3' - w_2' &- \frac{Z'+Z_1'+Z_2'\, l_3}{Eq} \\ &\ldots \\ w_n' - w_{n-1}' &= \frac{Z_0'+Z_1'+\ldots Z_{n-1}'\, l_n}{Eq}; \end{aligned} \right.$$

zuletzt aber, da der letzte Stabtheil durch die auf sein Ende wirkende Kraft $-Z_n'$ im Gleichgewicht gehalten werden muss:

$$61) \ldots\ldots Z_0' + Z_1' + Z_2' \ldots + Z_n' = 0.$$

Die Gleichungen (60.), (61) genügen, um die Kräfte Z' durch die w' auszudrücken.

Jedes der Kräftesysteme $-X_0'$, $-X_1'$ ... $-X_n'$ und $-Y_0'$, $-Y_1'$ ... $-Y_n'$ hingegen bringt für sich eine ebene Biegung hervor. Um sie zu finden, setze ich in den Gleichungen des § 87 für P_1, P_2 ... einmal $-X_1'$, $-X_2'$ ... $-X_n'$, das andere Mal $-Y_1'$, $-Y_2'$ — Y_n'. Setzt man zugleich $M=0$, und sodann in der ersten jener Gleichungen $z=0$ und $z=l_1$, in der zweiten $z=l_1+l_2$, in der dritten $z=l_1+l_2+l_3$ etc., und für u, λ entweder u', λ oder v', $\varkappa$, so erhält man die folgenden beiden Systeme, welche in dem vorliegenden Fall das Problem lösen:

$$
(62)\quad \left\{\begin{aligned}
6Eq\lambda^2 u_0' &= -X_1'l_1^3 - X_2'(l_1+l_2)^3 - X_3'(l_1+l_2+l_3)^3 \dots \\
&\qquad - X_n'(l_1+l_2+l_3\dots l_n)^3 + \beta \\
6Eq\lambda^2 u_1' &= \qquad -X_2'l_2^3 \qquad -X_3'(l_2+l_3)^3 \qquad \dots \\
&\qquad - X_n'(l_2+l_3\dots l_n)^3 + \alpha l_1 + \beta \\
6Eq\lambda^2 u_2' &= \qquad\qquad -X_3'l_3^3 \qquad \dots \\
&\qquad - X_n'(l_3+\dots l_n)^3 + \alpha(l_1+l_2) + \beta \\
&\qquad \dots\dots \\
6Eq\lambda^2 u_n' &= \qquad\qquad \alpha(l_1+l_2\dots l_n) + \beta;
\end{aligned}\right.
$$

und ein zweites System von gleicher Form, in dem nur statt der unbestimmten Constanten α, β andere, γ, δ, einzuführen sind:

$$
(63)\quad \left\{\begin{aligned}
6Eq\varkappa^2 v_0' &= -Y_1'l_1^3 - Y_2'(l_1+l_2)^3 - Y_3'(l_1+l_2+l_3)^3 \dots \\
&\qquad - Y_n'(l_1+l_2\dots l_n)^3 + \delta \\
6Eq\varkappa^2 v_1' &= \qquad -Y_2'l_2^3 \qquad -Y_3'(l_2+l_3)^3 \qquad \dots \\
&\qquad - Y_n'(l_2+l_3\dots l_n)^3 + \gamma l_1 + \delta \\
6Eq\varkappa^2 v_2' &= \qquad\qquad -Y_3'l_3^3 \qquad \dots \\
&\qquad - Y_n'(l_3+\dots l_n)^3 + \gamma(l_1+l_2) + \delta \\
&\qquad \dots\dots\dots \\
6Eq\varkappa^2 v_n' &= \qquad\qquad \gamma(l_1+l_2\dots l_n) + \delta.
\end{aligned}\right.
$$

Zu diesen Gleichungen treten noch die aus 26) für $z=0$ entspringenden Gleichungen, welche aussagen, dass im Punkte $z=0$, der keinem Kräftepaar unterworfen sein soll, auch keine Biegung eintritt:

$$
(64)\ \dots\ \left\{\begin{aligned}
0 &= X_1'l_1 + X_2'(l_1+l_2) + \dots X_n'(l_1+l_2\dots+l_n) \\
0 &= Y_1'l_1 + Y_2'(l_1+l_2) + \dots Y_n'(l_1+l_2\dots+l_n);
\end{aligned}\right.
$$

und die beiden Gleichungen:

$$
(65)\ \dots\dots\ \left\{\begin{aligned}
0 &= X_0' + X_1' + X_2' \dots + X_n' \\
0 &= Y_0' + Y_1' + Y_2' \dots + Y_n',
\end{aligned}\right.
$$

durch welche, mit den vorigen zusammen, ausgedrückt wird, dass der Stab sich im äussern Gleichgewichte befinde.

Die Gleichungen 62 — 65 genügen nun in der That vollständig, um die Kräfte X', Y' durch die Verschiebungen u', v' auszudrücken; denn sie geben, die X', α, β, oder die Y', γ, δ als die Unbekannten betrachtet, Systeme linearer Gleichungen, durch deren Auflösung man zum Ziel gelangt.

Hat man für jeden Stab diese Systeme gelöst, und die Lösungen in die erstgedachten Gleichgewichtsbedingungen für die einzelnen Knotenpunkte eingeführt, sowie die u', v', w' aus 58 durch die u, v, w ausgedrückt, so bilden jene Gleichgewichtsbedingungen ein System linearer Gleichungen zur Bestimmung von u, v, w. Das Problem ist also auf die Lösung eines Systems linearer Gleichungen zurückgeführt, und somit als völlig gelöst zu betrachten. —

Ich wende dies beispielsweise auf eine einfache Aufgabe an. Ein Stab 0,2, in dessen Mitte sich der Punkt 1 befindet, liegt horizontal, seine Enden durch Widerlager gestützt. Von 1 geht eine senkrechte Strebe aus, von 0, 2 zwei geneigte; alle diese treffen sich im Punkte 3, welcher eine Last P trägt.

Legen wir die ZAxe horizontal in die Linie 12, die XAxe vertical nach oben in 13. Die geometrische Gestalt des Systems ist gegeben, wenn man die Linien $01 = 12 = l$, $13 = l'$ kennt.

Die ursprünglichen Coordinaten der Punkte sind dann:

$$0: 0, -l; \quad 1: 0,0; \quad 2: 0,l; \quad 3: l',0.$$

Und von den Verschiebungsgrössen u, v, w sind nur u_3, u_1 von Null verschieden; alle übrigen verschwinden wegen der Symmetrie oder wegen der äussern Bedingungen.

Demnach geben die Formeln des vorigen § für die Streben 03, 13, 23, welche nur gedrückt oder verlängert werden, die Verlangerungen.

$$\varrho_{03} = \varrho_{23} = \frac{l' u_3}{\sqrt{l^2 + l'^2}}$$

$$\varrho_{13} = u_3 - u_1.$$

Da der Cosinus von 03 oder 23 gegen die XAxe offenbar gleich $\frac{l'}{\sqrt{l^2+l'^2}}$ ist, so ergeben sich hieraus folgende XComponenten, welche von diesen Verlängerungen oder Zusammendrückungen herrühren, wobei nur Elasticitätsmodulus und Querschnitt der Einfachheit wegen überall gleich vorausgesetzt ist:

$$\text{in } 3: -Eq\left\{\frac{2\,l'^2\,u_3}{\sqrt{l^2+l'^2}^3}+\frac{u_3-u_1}{l}\right\}$$

$$\text{in } 1.: Eq\,\frac{u_3-u_1}{l}.$$

Da nun im Punkt 3 die äussere Kraft P der XAxe entgegenwirkt, so findet sich sofort die Gleichgewichtsbedingung:

$$(66 \quad \ldots G + Eq\left\{\frac{2\,l'^2\,u}{\sqrt{l^2+l'^2}^3}+\frac{u_3-u_1}{l}\right\}=0.$$

Der untere Stab aber wird gebogen. Ich setze voraus, eine Hauptaxe seiner Querschnitte sei in der Verticalebene enthalten. Die Biegung ist also eine ebene; und indem man die Formeln (62) anwendet, darin $l_1 = l_2 = l$, $u_0' = u_2' = 0$ setzt, u_1' aber mit u_1 verwechselt, da die gewählten Coordinatenaxen ohnedies schon mit der Längsaxe des Stabes und einer Hauptaxe seines Querschnitts zusammenfallen, findet man:

$$\begin{aligned} 0 &= -X_1'.l^3 - X_2'.8l^3 + \beta \\ 6Eq\lambda^2 u_1 &= -X_2'.l^3 + \alpha l + \beta \\ 0 &= 2\alpha l + \beta \end{aligned}$$

Nimmt man dazu noch aus 64)

$$0 = X_1'l + 2X_2'l,$$

so ergiebt sich sofort, was man allein braucht:

$$X_1' = -\frac{6\,Eq\,\lambda^2\,u_1}{l^3}.$$

Lässt man also auch noch die Summe der auf 1 wirkenden XComponenten verschwinden, so findet sich:

$$(67) \quad \ldots\ldots 0 = u_3 - u_1 - \frac{6\,\lambda^2}{l^2}\,u_1;$$

und demnach aus 66, 67, zusammen:

$$u_1 = -\frac{G}{Eq\left\{\frac{2\,l'^2\left(1+\frac{6\,\lambda^2}{l}\right)}{\sqrt{l^2+l'^2}^3}+\frac{6\,\lambda^2}{l^3}\right\}}$$

$$u_3 = -\frac{G\left(1+\frac{6\lambda^2}{l^2}\right)}{Eq\left\{\frac{2\,l'^2\left(1+\frac{6\lambda^2}{l^2}\right)}{\sqrt{l^2+l'^2}^3}+\frac{6\lambda^2}{l^3}\right\}}$$

Es ist leicht, indem man diese Werthe einführt, die vollständigen Ausdrücke der Kräfte X und der ihnen entsprechenden Spannungen niederzuschreiben. —

In dem Vorigen ist nur noch die Eine Voraussetzung festgehalten worden, dass die Beweglichkeit jedes Stabes um jeden seiner Befestigungspunkte unbeschränkt sei. Hebt man diese Voraussetzung auch noch auf, so treten Kräftepaare hinzu, welche in den Knotenpunkten die Stäbe in gewisse Richtungen zu zwingen geeignet sind. Zugleich aber werden die Stäbe dann im Allgemeinen tordirt; mit Rücksicht darauf ist man im Stande auch für diesen allgemeinsten Fall die Betrachtung durchzuführen. Doch werde ich, da die Principien bereits dargelegt sind, auf dies noch verwickeltere Problem nicht mehr eingehen.

§ 92. Torsion.

Es ist schon in § 38 der Principien Erwähnung geschehen, auf welche eine elementare Theorie der Torsion gegründet werden muss. Denken wir uns einen Cylinder von kreisförmigem Querschnitt; das eine Ende desselben wird festgehalten, das andere um einen Winkel φ gedreht. Eine Faser, um r von der Axe des Cylinders entfernt, geht in eine Schraubenlinie über, deren ganze Höhe l, die Länge des Stabes ist, und deren Ende bei der Drehung den Bogen $r\,.\,\varphi$ beschrieben hat. Die Abwickelung der Schraubenfläche giebt also ein rechtwinkliges Dreieck, dessen grössere Kathete l, dessen sehr kleine andere Kathete $r\,.\,\varphi$ ist; und es ergiebt sich daraus der sehr kleine Winkel ψ, welchen die Richtung der Schraubenlinie gegen die Stabaxe bildet (oder die Tangente dieses Winkels :

$$\psi = \frac{r\varphi}{l}.$$

Dieser Winkel nur muss sehr klein bleiben; ist daher r nur gegen l sehr klein, so kann φ eine mässige Grösse, selbst mehrere Umdrehungen, erreichen.

Denken wir uns die Elemente dieser Schraubenlinie wie die Stufen einer Wendeltreppe. Jedes hat dann gegen das Vorangehende eine kleine Seitenverschiebung erfahren, deren Grösse unmittelbar durch den Winkel ψ gemessen wird. Aber nach § 3 entwickelt sich dabei in der Querschnittseinheit eine Kraft $\frac{E\psi}{2(1+\mu)}$, welche das Element in seine ursprüngliche Lage zurückzuziehen bestrebt ist; in einer Faser vom Querschnitt dq also die Kraft:

$$\frac{E\psi\, dq}{2(1+\mu)} = \frac{E r \varphi\, dq}{2l(1+\mu)}.$$

Betrachten wir jetzt den letzten Querschnitt. Alle seine Fasern streben in ihre natürliche Lage zurück, mit Kräften, welche durch den gegebenen Ausdruck dargestellt, und dem Querschnitt parallel, gegen r senkrecht gerichtet sind. Alle diese ergeben das Drehungsmoment:

$$(68) \quad \ldots\ldots\ldots\ldots \quad M = \frac{E\varphi}{2(1+\mu)l} \int r^2\, dq;$$

und diese Formel giebt sofort das Moment M der äussern Kräfte, welches erforderlich ist, eine Torsion um den Winkel φ hervorzurufen.

Wendet man diese Formel auf andre Querschnittsformen an, so ist darin die stillschweigende Voraussetzung enthalten, dass die Elemente des Stabes in dem Querschnitt keine Verschiebung erleiden. Diese Voraussetzung ist offenbar unrichtig, und die betreffenden Formeln daher nur mit grösster Vorsicht zu gebrauchen; der Weg zur Aufstellung strenger Formeln ist im Frühern auseinander gesetzt.

Freilich ist die Benützung der obigen Formel sehr bequem. Denn das hier vorkommende Integral

$$\int r^2\, dq = \int (x^2 + y^2)\, dq,$$

das Trägheitsmoment des Querschnitts in Bezug auf die Stabaxe, ist offenbar nur die Summe der oben mit $\varkappa^2 q$, $\lambda^2 q$ bezeichneten Integrale (§ 86), und man hat sofort:

$$M = \frac{E\varphi(\varkappa^2 + \lambda^2)q}{2(1+\mu)}.$$

Aber dieser Vortheil wird durch die Ungenauigkeit, wie es scheint, mehr als aufgewogen. Jene Ungenauigkeit zeigt sich am unmittelbarsten bei der Betrachtung der gespanntesten Faser, und also bei der sehr wesentlichen Frage, wo ein Zerreissen des Stabes zunächst zu befürchten ist. Wäre die gemachte Voraussetzung richtig, so wäre offenbar die Verschiebung, also auch die Spannung, in der entferntesten Faser am grössten. Schon bei der Betrachtung des elliptischen Querschnitts aber in § 37, wo sich die betreffenden Formeln gegeben finden, zeigte sich, dass in Wahrheit nicht die am Ende der grossen Axe, sondern die am Ende der kleinen Axe befindliche Faser am meisten gespannt ist. Es scheint daher, dass man für Querschnitte, die nur irgend erheblich vom Kreise abweichen, schlechterdings auf jene genauern Formeln zurückgehen müsse.

Führen wir indess wenigstens für den Kreis die Betrachtung durch. In irgend einer Stelle seiner Peripherie heben wir ein rechtwinkliges Prisma hervor, in welchem eine Seite, dz, der Stabaxe, die zweite dx dem Radius parallel sein soll, während die dritte dy dem Rande selbst parallel ist. Auf die Flächen $dy.dz$ wirken offenbar keine Spannungen; auf $dx.dy$ wirkt, mit dy parallel, die Spannung:

$$\frac{E\psi\, dx\, dy}{2(1+\mu)},$$

welche man erhält, wenn man in der oben angegebenen Formel $dq = dx\, dy$ setzt. Des Gleichgewichts wegen muss zugleich eine Spannung:

$$\frac{E\psi\, dx\, dz}{2(1+\mu)}$$

auf die Flächen $dx\, dz$ wirken, so dass aus den auf die letzten beiden Paare gegenüberliegender Flächen wirkenden Kräften sich zwei Kräftepaare

$$\frac{E\psi\, dx\, dy\, dz}{2(1+\mu)}$$

zusammensetzen, welche einander gerade aufheben. Legen wir jetzt durch das Prisma mit dx parallel einem Schnitt, welcher die Axe des Stabes dz unter einem Winkel α schneidet, so entsteht aus dem rechtwinkligen Parallelepipedon ein rechtwinklig dreiseitiges Prisma, und wenn dz eine Seite des

Grunddreiecks geblieben ist, so sind die andern $dz \,.\, tg\,\alpha$, $\frac{dz}{\cos\alpha}$. Wie wir wissen, wirkt nun auf die Fläche $dx\,dz$ die Spannung $\frac{E\psi\,dx\,dz}{2(1+\mu)}$; auf die Fläche $dx\,dz\,tg\,\alpha$ die Spannung $\frac{E\psi\,dx\,dz}{2(1+\mu)}\,tg\,\alpha$. Soll das innere Gleichgewicht gewahrt sein, so müssen auf die neue Schnittfläche $\frac{dx\,dz}{\cos\alpha}$ elastische Kräfte von gleicher Grösse wirken, oder, für die Flächeneinheit, die Componenten:

$$\frac{E\psi}{2(1+\mu)}\cos\alpha, \qquad \frac{E\psi}{2(1+\mu)}\sin\alpha$$

Zerlegt man diese Componenten nach der Richtung der neuen Schnittfläche und senkrecht darauf, so findet sich:

$$\text{parallel:} \quad \frac{E\psi}{2(1+\mu)}(\cos^2\alpha - \sin^2\alpha)$$

$$\text{senkrecht:} \quad \frac{E\psi}{2(1+\mu)}\,2\sin\alpha\cos\alpha.$$

Das grösste Bestreben, senkrecht zur Fläche ein Abreissen zu bewirken, tritt also dann hervor, wenn $\alpha = 45^0$, wo die senkrechte Componente ihren grössten Werth:

$$\frac{E\psi}{2(1+\mu)}$$

annimmt, und dies ist also die Richtung, in welcher zunächst ein Zerreissen oder Zerdrücken zu befürchten ist: senkrecht gegen eine Ebene, welche durch den Radius des Querschnitts gelegt ist, und deren Neigung gegen die Stabaxe nach der einen oder nach der andern Seite 45^0 beträgt. Die Spannung aber, welche dies Zerreissen oder Zerdrücken zu bewerkstelligen bestrebt ist, erhält man, wenn man im obigen für ψ seinen Werth $\frac{r\varphi}{l}$, für r den Radius a des Querschnitts substituirt. Nennt man wieder T die grösste zulässige Spannung, so darf höchstens

$$\frac{Ea\varphi}{2(1+\mu)l} = T$$

sein, ohne dass eine Gefahr vorhanden ist. Und führt man aus dieser Formel den Werth von φ in (68) ein, so zeigt sich, dass das Drehungsmoment M höchstens den Werth:

69) . . . . $$M = T \frac{\int r^2 \, dp}{a}$$

haben darf.

Für den Kreis war $\varkappa^2 = \lambda^2 = \frac{a^2}{4}$ (§ 84), so dass also das Integral $\int r^2 \, dq$ den Werth $(\varkappa^2 + \lambda^2)\, q = \frac{a^4 \pi}{2}$ erhält und sich

$$M = T \frac{a^3 \pi}{2}$$

als grösstes zulässiges Drehungsmoment ergiebt. Für eine angenäherte Anwendung auf Querschnitte, die von der Kreisgestalt abweichen, würde man den Voraussetzungen gemäss

$$M = Tq \frac{\varkappa^2 + \lambda^2}{a}$$

setzen, und unter a die Entfernung des fernsten Punkts des Querschnitts vom Schwerpunkte desselben verstehen; welches die gebräuchliche Formel ist.

Printed in Dunstable, United Kingdom

91219915R00248